高等院校精品课系列教材
高等院校经济数学系列教材

线性代数

(第五版)

上海财经大学数学学院 编

上海财经大学出版社

图书在版编目(CIP)数据

线性代数:配习题集/上海财经大学数学学院编. —5版. —上海:上海财经大学出版社,2020.8

高等院校精品课系列教材

高等院校经济数学系列教材

ISBN 978-7-5642-3559-8/F · 3559

Ⅰ.①线… Ⅱ.①上… Ⅲ.①线性代数-高等学校-教材 Ⅳ.①O151.2

中国版本图书馆CIP数据核字(2020)第096762号

□ 责任编辑 刘光本

□ 责编电邮 lgb55@126.com

□ 责编电话 021—65904890

□ 封面设计 张克瑶

线 性 代 数

(第五版)

上海财经大学数学学院 编

上海财经大学出版社出版发行

(上海市中山北一路369号 邮编200083)

网 址:http://www.sufep.com

电子邮箱:webmaster @ sufep.com

全国新华书店经销

上海新文印刷厂有限公司印刷装订

2020年8月第5版 2022年11月第2次印刷

787mm×1092mm 1/16 13印张 333千字

(习题集12.5印张 320千字)

印数:39 001—41 000 定价:69.00元

(本书配习题集 请向售书单位索取)

前　言

"线性代数"是高等院校理工类和经管类专业学生必修的一门基础理论课程，它的基本概念、理论和方法具有较强的逻辑性、抽象性和广泛的实用性。通过该课程的学习，能使学生掌握该课程的基本理论和基本方法，且对学生其他能力（如逻辑推理能力、抽象思维能力）的培养和数学素养的提高也有着重要的作用。这些理论、方法和能力为后续课程的学习及在各个学科中进行理论研究和实践工作提供了必要的保证，受到各院校的高度重视。

根据21世纪经济管理人才对基础数学教学的要求，本着"厚基础、宽口径、高素质"的理念，上海财经大学数学学院从2003年开始着手编写《高等数学》《线性代数》和《概率论与数理统计》，并在2003年6月出版了《线性代数》教材。参加第一版教材编写的教师是：王健（第一章行列式），李志远（第二章矩阵、第五章线性方程组、第七章线性代数在线性规划中的应用），钱晓明（第三章向量的线性相关性与矩阵的秩），张远征（第四章线性空间、第六章特征值与二次型），叶玉全（第八章 Matlab 在线性代数中的应用）。由冉启康副教授和张远征副教授进行统稿。

"线性代数"在2006年被上海财经大学纳入学校精品课程建设项目，受到校领导与教务处的大力支持和资助，也得到了数学学院领导的极大关注和帮助。为此我们对《线性代数》教材进行了修订，并在2007年2月出版了《线性代数》（第二版）。第二版的宗旨是在国家教育委员会颁发的《线性代数教学大纲》的基本框架下，在保证学科的系统性、逻辑性和科学性的前提下，力求做到通俗易懂、由浅入深、兼顾发展。在内容上，交换了原第四章的线性空间与第五章的线性方程组，如此在方程组理论的有关证明中，比较多地使用了向量的线性相关性工具；在线性空间这一章，先对向量空间做了充分叙述，在此基础上再引进线性空间与线性变换这些比较抽象的概念。最后是两个附录，其一是线性代数的一些实际应用例子介绍；其二是对进行数学实验的 Matlab 软件在线性代数方面的简单使用做了一些简单介绍。参加第二版编写的成员是：顾桂定（第一章行列式），李志远（第二章矩阵），钱晓明（第三章向量的线性相关性与矩阵的秩），张震峰（第四章线性方程组），董程栋（第五章线性空间），张远征（第六章特征值与二次型），周解勇（附录 A、附录 B）。最后由顾桂定和张远征进行统稿。

2010年我们重新编写了《线性代数习题集》。借此机会，我们又对《线性代数》教材进行了新的修订，在第二章的内容安排上交换了第三节与第四节的顺序，并做了一定的修改。这主要是考虑到使教材与习题集形成一个更全面完善的整体(当然也可以独立使用),以期同学们能更好地掌握“线性代数”这门课的知识。2011 年 2 月出版了《线性代数》(含习题集)(第三版),受到读者的认可,有不少学校也使用了该教材。参加第三版教材编写的成员是:顾桂定(第一章),田方(第二章),钱晓明(第三章),张震峰(第四章),董程栋(第五章),张远征(第六章)。最后由顾桂定进行统稿。

2015 年出版的《线性代数》(第四版)在例题讲解、解题方法上注意与配套习题集的呼应,增删了一些例题,加强了与几何上的联系,修正了原教材上的一些错误,更换了考研题。参加第四版编写的成员是:顾桂定(第一章),田方(第二章),钱晓明(第三章),张震峰(第四章),董程栋(第五章),张远征(第六章)。最后由顾桂定进行统稿。

此次我们又进行了教材(含习题集)的修订,增删了一些例题与习题,修正了原教材(含习题集)上的一些错处,更新了综合自测卷和考研题。参加第五版编写的成员是:顾桂定(第一章),刘春丽(第二章),钱晓明(第三章),张震峰(第四章),董程栋(第五章),张远征(第六章)。最后由顾桂定进行统稿。

本书可作为工科、经管类专业的教材或教学参考书。

由于编者水平所限,书中不当之处在所难免,恳请广大读者与同仁批评指正。

顾桂定

二〇二〇年八月

目 录

第一章

行列式

行列式是研究矩阵性质的一个重要工具. 在本章中,我们介绍一般 n 阶行列式的定义及一些基本性质,最后是著名的克莱姆(Cramer)法则. 本章的重点是行列式的计算和克莱姆法则;难点是一般 n 阶行列式的计算. 一般而言,对于 4 阶或以上阶的行列式,首先都要利用行列式性质化其至某些容易计算的具有特殊结构的行列式,或展开成低阶行列式再进行计算.

关于行列式计算方法的综述,在《习题集》①里有介绍,同学们可参阅.

第一节　排列与逆序

为引出 n 阶行列式的定义,首先介绍有关排列与逆序等概念.

一、排列

定义 1.1　n 个不同自然数 1,2,…,n 组成的一个有序数组 $p_1\ p_2\cdots\ p_n$,称作 n 级**排列**,其中每个自然数 p_i 称作该排列的第 i 个元素.

如 1,2,3 三个自然数,213 是一个 3 级排列,此时 $p_1=2,p_2=1,p_3=3$;312 也是一个 3 级排列,此时 $p_1=3,p_2=1,p_3=2$. 值得指出的是上述定义中的"有序"两个字,123 和 213 是两个不同的排列.

那么 1,2,3 可以有多少种不同的排列呢? 我们可以一一列出,共有 6 种不同的排列:123,132,213,231,312,321. 那么 n 个自然数可以构成多少种不同的排列呢? 按照一一列出的办法显然不是一个好办法.

我们不妨考虑 4 个自然数 1,2,3,4 的所有排列. 首先从 4 个数中任意抽出一个数排在第 1 位置上,成为元素 p_1,显然,这种抽取有 4 种可能性;其次在余下的 3 个数中再抽出一个数排在第二位置上,作为元素 p_2,而这种可能性有 3 种;于是形成 p_1p_2 的可能性就有 4×3 种;继续下去,再在余下的 2 个数中再抽出一个数排在第三位置上,作为元素 p_3,而这种可能性只有 2 种了;直到最后只剩下一个数放在第 4 位置上,成为元素 p_4,这只有一种取法,于是 4 个自然

① 《习题集》是指与此教材配套的由上海财经大学数学学院编写的《线性代数习题集》,简称《习题集》,下同.

数共有 $4\times3\times2\times1=4!=24$ 种不同排列．这种统计方法称之为乘法原理．

我们一般用 P_n 表示所有 n 级不同排列的种数．故 $P_4=4!=24$；$P_3=3!=6$. 不难得到：

$$P_n=n(n-1)\cdots21=n!.$$

二、逆序

标准顺序排列 n 个不同自然数按从小到大自然顺序的排列 $123\cdots n$，称之为(n 级)标准顺序排列．如 123 是一个(3 级)标准顺序排列．

定义 1.2 在排列 $p_1p_2\cdots p_n$ 中，若有 $p_s>p_t(s<t)$，则称 p_s 与 p_t 构成该排列的一个**逆序**；一个排列中，所有逆序的总数称作该排列的逆序数，记作 $\tau(p_1p_2\cdots p_n)$. 当 $\tau(p_1p_2\cdots p_n)$ 为奇数时，称 $p_1p_2\cdots p_n$ 为**奇排列**；当 $\tau(p_1p_2\cdots p_n)$ 为偶数或零时，称 $p_1p_2\cdots p_n$ 为**偶排列**．

如排列 231，由于 2 与 1 构成一个逆序，3 与 1 也构成一个逆序，故 $\tau(231)=2$，从而 231 是一个偶排列；同样对于排列 321，由于 2 与 1、3 与 1、3 与 2 分别构成一个逆序，故 $\tau(321)=3$，321 是一个奇排列．标准顺序排列是偶排列，因为其逆序数为零．

逆序数的计算方法 设 $p_1p_2\cdots p_n$ 是一个 n 级排列．根据逆序数的定义，我们可以定义该排列中某个元素 p_i 的逆序数为：在 $p_1p_2\cdots p_{i-1}$ 中比 p_i 大的个数，记为 t_i. 于是

$$\tau(p_1p_2\cdots p_n)=t_1+t_2+\cdots+t_n=\sum_{i=1}^{n}t_i.$$

例 1 计算 $\tau(32415)$ 和 $\tau(n(n-1)(n-2)\cdots21)$．

解 对于排列 32415，有 $t_1=0,t_2=1,t_3=0,t_4=3,t_5=0$，故 $\tau(32415)=4$. 而排列 $n(n-1)(n-2)\cdots21$，则 $t_1=0,t_2=1,t_3=2,\cdots,t_{n-1}=n-2,t_n=n-1$，故

$$\tau(n(n-1)(n-2)\cdots21)=0+1+2+\cdots+(n-2)+(n-1)=\frac{n(n-1)}{2}.$$

三、对换

定义 1.3 在某个 n 级排列中，任意对换两个元素的位置(如对换 p_s 与 p_t 的位置)，其余元素不动，称作该排列的一个**对换**，可记作

$$p_1\cdots p_s\cdots p_t\cdots p_n\xrightarrow{(p_s,p_t)}p_1\cdots p_t\cdots p_s\cdots p_n.$$

对换对排列的奇偶性是会产生影响的．例如，$\tau(123)=0$，即 123 是偶排列，现对换 1 和 2 的位置，得排列 213，即 $123\xrightarrow{(1,2)}213$. 而 $\tau(213)=1$，故排列 213 是奇排列．事实上，我们有

定理 1.1 对换改变排列的奇偶性．

证明 (1)相邻位置元素的对换．设

$$a_1\cdots a_lpqb_1\cdots b_m\xrightarrow{(p,q)}a_1\cdots a_lqpb_1\cdots b_m,$$

并设原排列元素 p,q 的逆序数为 $t_{l+1}=s_1,t_{l+2}=s_2$，则对换之后排列的元素 q,p 的逆序数分别是

$$\bar{t}_{l+1}=\begin{cases}s_2-1, & p>q\\ s_2, & p<q\end{cases},\qquad \bar{t}_{l+2}=\begin{cases}s_1, & p>q\\ s_1+1, & p<q.\end{cases}$$

所以该两个元素的逆序数之和在两个排列中总是相差 1，而其余元素的逆序数都没有变化，故

两个排列的奇偶性不同．

(2)任意位置元素的对换．设

$$a_1\cdots a_l p c_1\cdots c_m q b_1\cdots b_k \xrightarrow{(p,q)} a_1\cdots a_l q c_1\cdots c_m p b_1\cdots b_k,$$

该对换可以分解成：

先作 $m+1$ 次相邻元素的对换：$a_1\cdots a_l c_1\cdots c_m q p b_1\cdots b_k$；

再作 m 次相邻元素的对换：$a_1\cdots a_l q c_1\cdots c_m p b_1\cdots b_k$.

该过程共进行了 $2m+1$ 次相邻位置的对换，由(1)的结论，两个排列的奇偶性不同． ■

推论　任意一个 n 级排列 $p_1p_2\cdots p_n$，都可以对换成标准顺序的排列 $12\cdots n$，且对换的次数与排列 $p_1p_2\cdots p_n$ 具有相同的奇偶性．

例 2　把 32415 对换成标准顺序的排列．

解　$32415\xrightarrow{(1,3)}12435\xrightarrow{(3,4)}12345$，故 32415 是一个偶排列．但注意 $\tau(32415)=2$ 并不一定成立．事实上，$\tau(32415)=4$.

定理 1.2　所有 n 级排列中($n\geqslant 2$)，奇偶排列各有一半．

证明　我们可以对 n 用归纳法来证．$n=2$ 时，只有 12 和 21 两种排列，奇偶排列各为一个，结论成立．设 $n-1$ 时结论成立，即对于 $1,2,\cdots,n-1$ 构成的 $(n-1)!$ 个排列中，奇偶排列各有一半．当 n 时，考察 n 级排列 $p_1p_2\cdots p_n$，对任意某个固定元素 $p_i=n$ 取定后，则剩下元素的排列构成了 $n-1$ 级的全排列，由归纳法假设，奇偶排列各有一半．而 n 级排列可以看成是 n 个如此的 $n-1$ 级排列构成，每一个 $n-1$ 级排列的奇偶排列都各有一半，于是 n 级排列的奇偶排列也各有一半． ■

如在所有 6 种 3 级排列中，有奇排列三个：321，213，132；偶排列三个：123，231，312.

第二节　行列式的定义

为简单起见，在本章中我们总是在实数范围 R 上讨论问题．事实上，所有的定义、性质和定理都可相应地推广到复数 C 上．

一、2 阶和 3 阶行列式

由 $2^2=4$ 个数，按下列形式排成 2 行 2 列的方形

$$\begin{vmatrix} a_{11} & a_{12} \\ a_{21} & a_{22} \end{vmatrix},$$

称为 2 阶行列式，一般可记作 D_2，其被定义为一个具有 2！项的代数和：

$$\begin{vmatrix} a_{11} & a_{12} \\ a_{21} & a_{22} \end{vmatrix}=a_{11}a_{22}-a_{12}a_{21}.$$

由 $3^2=9$ 个数组成的 3 行 3 列的 3 阶行列式，记作 D_3，其被定义为一个具有 3！项的代数和

$$\begin{vmatrix} a_{11} & a_{12} & a_{13} \\ a_{21} & a_{22} & a_{23} \\ a_{31} & a_{32} & a_{33} \end{vmatrix}$$

$$=a_{11}a_{22}a_{33}+a_{12}a_{23}a_{31}+a_{13}a_{21}a_{32}-a_{13}a_{22}a_{31}-a_{12}a_{21}a_{33}-a_{11}a_{23}a_{32}. \tag{1.1}$$

一般3阶行列式的计算可按对角线法得到．所谓对角线法，指的是(1.1)式右端的六项中，三项符号为正的项是按行列式从左上到右下(45°)连线相乘得到，如第一项从左上角的 a_{11} 经 a_{22} 连到 a_{33}；第二项从 a_{12} 到 a_{23}，遇到右边界再移到下一行的左边界，连接 a_{31}，…；对于三项符号为负则是按行列式从右上到左下(45°)连线相乘得到，遇到左边界再移到下一行的右边界，进行连接．

例3 计算3阶行列式 $\begin{vmatrix}3 & 0 & 1\\ 2 & -5 & -1\\ 4 & -3 & -1\end{vmatrix}$ 的值．

解 按对角线法，

$$\begin{vmatrix}3 & 0 & 1\\ 2 & -5 & -1\\ 4 & -3 & -1\end{vmatrix}=3\times(-5)\times(-1)+0\times(-1)\times4+1\times2\times(-3)-1\times(-5)\times4-0\times2\times(-1)-3\times(-1)\times(-3)=15+0+(-6)-(-20)-0-9=20.$$

现在我们来考察三阶行列式定义(1.1)右端代数和的特征：

(1)共有 $3!=6$ 项相加，其最后结果是一个数值；

(2)每项有3个数相乘：$a_{1p_1}a_{2p_2}a_{3p_3}$，而每个数取自不同行不同列，即行足标固定为123，列足标则是1,2,3的某个排列 $p_1p_2p_3$；

(3)每项的符号由列足标排列 $p_1p_2p_3$ 的奇偶性决定，即符号是 $(-1)^{\tau(p_1p_2p_3)}$．

故三阶行列式(1.1)可写成

$$D_3=\begin{vmatrix}a_{11} & a_{12} & a_{13}\\ a_{21} & a_{22} & a_{23}\\ a_{31} & a_{32} & a_{33}\end{vmatrix}=\sum_{3!}(-1)^{\tau(p_1p_2p_3)}a_{1p_1}a_{2p_2}a_{3p_3}. \tag{1.2}$$

二、n 阶行列式

定义1.4 由 n^2 个数组成的 n 行 n 列的 n 阶行列式定义为如下 $n!$ 项的代数和：

$$\begin{vmatrix}a_{11} & a_{12} & \cdots & a_{1n}\\ a_{21} & a_{22} & \cdots & a_{2n}\\ \cdots & \cdots & \cdots & \cdots\\ a_{n1} & a_{n2} & \cdots & a_{nn}\end{vmatrix}=\sum_{n!}(-1)^{\tau(p_1p_2\cdots p_n)}a_{1p_1}a_{2p_2}\cdots a_{np_n}, \tag{1.3}$$

其中 $\sum\limits_{n!}$ 表示对所有 n 阶列足标排列 $p_1p_2\cdots p_n$ 对应的项 $a_{1p_1}a_{2p_2}\cdots a_{np_n}$ 求和，共有 $P_n=n!$ 项．在第 i 行第 j 列交叉位置上的元素称为 (i,j) 元素，一般用 a_{ij} 表示．(i,i) 位置上的元素 a_{ii} 称作对角元素．n 阶行列式一般可记作 D_n(或 D)；有时也可记作 $\det(a_{ij})$．

特别地，定义1阶行列式(即 $n=1$)为：$|a_{11}|=a_{11}$．

显然，n 阶行列式定义的代数和具有以上类似于3阶行列式的三项特征，即

(1)有 $n!$ 项相加，其最后结果是一个数值；

(2)每项有 n 个数相乘：$a_{1p_1}a_{2p_2}\cdots a_{np_n}$，而每个数取自不同行不同列，即行足标固定为 $12\cdots n$，列足标则是 $1,2,\cdots,n$ 的某个排列 $p_1p_2\cdots p_n$；

(3)每项的符号由列足标排列 $p_1p_2\cdots p_n$ 的奇偶性决定，即符号是$(-1)^{\tau(p_1p_2\cdots p_n)}$.

例 4 利用行列式的定义证明

$$D_4=\begin{vmatrix} a_{11} & 0 & 0 & 0 \\ a_{21} & a_{22} & 0 & 0 \\ a_{31} & a_{32} & a_{33} & 0 \\ a_{41} & a_{42} & a_{43} & a_{44} \end{vmatrix}=a_{11}a_{22}a_{33}a_{44}.$$

证明 由定义

$$D_4=\sum_{4!}(-1)^{\tau(p_1p_2p_3p_4)}a_{1p_1}a_{2p_2}a_{3p_3}a_{4p_4}.$$

考察带有 a_{1p_1} 的项，由于元素 $a_{12}=a_{13}=a_{14}=0$，故在所有加项中除了形如 $a_{11}a_{2p_2}a_{3p_3}a_{4p_4}$ 的项，其余的项都为零，而这些保留下来的项有 3! 个．

由于 $p_1=1$ 已取定，故 p_2,p_3,p_4 只有在 2,3,4 中取值．又由于 $a_{23}=a_{24}=0$，故上述保留下来的 3! 项中，除了形如 $a_{11}a_{22}a_{3p_3}a_{4p_4}$ 的项，其余的项都为零，此时剩下的项还有 2! 个．

由于 $p_1=1,p_2=2$ 已取定，故 p_3,p_4 只能取值 3 或 4，而 $a_{34}=0$，所以 p_3 取 3，如此 p_4 只能取 4．于是在所有 24 项中，只剩有一项 $a_{11}a_{22}a_{33}a_{44}$，其余项都为零．又由于 $\tau(1234)=0$，从而成立

$$D_4=a_{11}a_{22}a_{33}a_{44}.$$

例 4 的结论可推广到一般 n 阶**下三角行列式**情形：

$$\begin{vmatrix} a_{11} & 0 & \cdots & 0 \\ a_{21} & a_{22} & \cdots & 0 \\ \cdots & \cdots & \cdots & \cdots \\ a_{n1} & a_{n2} & \cdots & a_{nn} \end{vmatrix}=a_{11}a_{22}\cdots a_{nn}.$$

类似地，**上三角行列式**和**对角行列式**也成立同样的结论：

$$\begin{vmatrix} a_{11} & a_{12} & \cdots & a_{1n} \\ 0 & a_{22} & \cdots & a_{2n} \\ \cdots & \cdots & \cdots & \cdots \\ 0 & 0 & \cdots & a_{nn} \end{vmatrix}=a_{11}a_{22}\cdots a_{nn},\quad \begin{vmatrix} a_{11} & 0 & \cdots & 0 \\ 0 & a_{22} & \cdots & 0 \\ \cdots & \cdots & \cdots & \cdots \\ 0 & 0 & \cdots & a_{nn} \end{vmatrix}=a_{11}a_{22}\cdots a_{nn},$$

即下(上)三角或对角行列式的值等于对角元素的乘积．显然，若下(上)三角或对角行列式的对角元素有零元素，则该行列式的值为零．

如

$$\begin{vmatrix} 3 & 0 & 0 & 0 \\ -2 & 4 & 0 & 0 \\ 0 & -1 & -1 & 0 \\ 1 & 2 & 5 & 1 \end{vmatrix}=3\times4\times(-1)\times1=-12,$$

$$\begin{vmatrix} 1 & -3 & 0 & 2 \\ 0 & 0 & 0 & -2 \\ 0 & 0 & -2 & 1 \\ 0 & 0 & 0 & 3 \end{vmatrix}=1\times0\times(-2)\times3=0.$$

例 5 设 n 阶(反对角)行列式:

$$D=\begin{vmatrix} 0 & 0 & \cdots & 0 & d_1 \\ 0 & 0 & \cdots & d_2 & 0 \\ \cdots & \cdots & \cdots & \cdots & \cdots \\ 0 & d_{n-1} & \cdots & 0 & 0 \\ d_n & 0 & \cdots & 0 & 0 \end{vmatrix},$$

利用行列式的定义,计算 D 的值.

解 由定义,$D=\sum\limits_{n!}(-1)^{\tau(p_1p_2\cdots p_n)}a_{1p_1}a_{2p_2}\cdots a_{np_n}$. 注意到行列式的零元素分布,除了 $p_1=n$ 的项 $a_{1n}a_{2p_2}\cdots a_{np_n}$,其他的项都为零. 当 p_1 取定为 n 时,$p_2,\cdots,p_n$ 只能在 $1,2,\cdots,(n-1)$ 中取值. 同样,除了 $p_2=n-1$ 的项 $a_{1n}a_{2,n-1}\cdots a_{np_n}$,其他的项都为零. $p_1=n,p_2=n-1$ 取定后,$p_3,\cdots,p_n$ 只能在 $1,2,\cdots,(n-2)$ 中取值. 最后,p_n 只能取 1. 因此所有 $n!$ 项中只剩下一项:$a_{1n}a_{2,n-1}\cdots a_{n1}=d_1d_2\cdots d_n$. 由例 1,该项的符号是 $(-1)^{\tau(n(n-1)\cdots 2\cdot 1)}=(-1)^{\frac{n(n-1)}{2}}$. 于是得到

$$D=\begin{vmatrix} 0 & 0 & \cdots & 0 & d_1 \\ 0 & 0 & \cdots & d_2 & 0 \\ \cdots & \cdots & \cdots & \cdots & \cdots \\ 0 & d_{n-1} & \cdots & 0 & 0 \\ d_n & 0 & \cdots & 0 & 0 \end{vmatrix}=(-1)^{\frac{n(n-1)}{2}}d_1d_2\cdots d_n.$$

例 5 的结论可推广到一般 n 阶**反上三角行列式**和**反下三角行列式**:

$$\begin{vmatrix} a_{11} & a_{12} & \cdots & a_{1,n-1} & a_{1n} \\ a_{21} & a_{22} & \cdots & a_{2,n-1} & 0 \\ \cdots & \cdots & \cdots & \cdots & \cdots \\ a_{n-1,1} & a_{n-1,2} & \cdots & 0 & 0 \\ a_{n1} & 0 & \cdots & 0 & 0 \end{vmatrix}=(-1)^{\frac{n(n-1)}{2}}a_{1n}a_{2,n-1}\cdots a_{n-1,2}a_{n1},$$

$$\begin{vmatrix} 0 & 0 & \cdots & 0 & a_{1n} \\ 0 & 0 & \cdots & a_{2,n-1} & a_{2n} \\ \cdots & \cdots & \cdots & \cdots & \cdots \\ 0 & a_{n-1,2} & \cdots & a_{n-1,n-1} & a_{n-1,n} \\ a_{n1} & a_{n2} & \cdots & a_{n,n-1} & a_{nn} \end{vmatrix}=(-1)^{\frac{n(n-1)}{2}}a_{1n}a_{2,n-1}\cdots a_{n-1,2}a_{n1}.$$

其证明完全同例 5. 也可用降阶法计算,参见《习题集》第一章的例 16.

例 6 利用行列式的定义证明

$$D=\begin{vmatrix} a_{11} & 0 & \cdots & 0 \\ a_{21} & a_{22} & \cdots & a_{2n} \\ \cdots & \cdots & \cdots & \cdots \\ a_{n1} & a_{n2} & \cdots & a_{nn} \end{vmatrix}=a_{11}\begin{vmatrix} a_{22} & \cdots & a_{2n} \\ \cdots & \cdots & \cdots \\ a_{n2} & \cdots & a_{nn} \end{vmatrix}.$$

证明 由定义,$D=\sum\limits_{n!}(-1)^{\tau(p_1p_2\cdots p_n)}a_{1p_1}a_{2p_2}\cdots p_{np_n}$. 注意到行列式的零元素分布,除了 p_1 取 1 的项 $a_{11}a_{2p_2}\cdots a_{np_n}$,其他的项都为零,而这些剩下的项有 $(n-1)!$. 当 p_1 取定为 1

时，$p_2,\cdots,p_n$ 只能在 $2,\cdots,n$ 中取值．又由于 $\tau(1p_2\cdots p_n)=\tau(p_2\cdots p_n)$，我们得到

$$D=\sum_{(n-1)!}(-1)^{\tau(1p_2\cdots p_n)}a_{11}a_{2p_2}\cdots a_{np_n}=a_{11}\sum_{(n-1)!}(-1)^{\tau(p_2\cdots p_n)}a_{2p_2}\cdots a_{np_n}$$

$$=a_{11}\begin{vmatrix} a_{22} & \cdots & a_{2n} \\ \cdots & \cdots & \cdots \\ a_{n2} & \cdots & a_{nn} \end{vmatrix}.$$

行列式的定义也可以按下列形式给出：

定义 1.4*　由 n^2 个数组成的 n 行 n 列的 n 阶行列式定义如下：

$$\begin{vmatrix} a_{11} & a_{12} & \cdots & a_{1n} \\ a_{21} & a_{22} & \cdots & a_{2n} \\ \cdots & \cdots & \cdots & \cdots \\ a_{n1} & a_{n2} & \cdots & a_{nn} \end{vmatrix}=\sum_{n!}(-1)^{\tau(q_1q_2\cdots q_n)}a_{q_11}a_{q_22}\cdots a_{q_nn}, \tag{1.3*}$$

其中，$\sum\limits_{n!}$ 表示对所有 n 阶行足标排列 $q_1q_2\cdots q_n$ 对应的项 $a_{q_11}a_{q_22}\cdots a_{q_nn}$ 求和，共有 $P_n=n!$ 项．

证明　我们要证明 $\sum\limits_{n!}(-1)^{\tau(q_1q_2\cdots q_n)}a_{q_11}a_{q_22}\cdots a_{q_nn}=\sum\limits_{n!}(-1)^{\tau(p_1p_2\cdots p_n)}a_{1p_1}a_{2p_2}\cdots a_{np_n}$．交换左边和式中各项 $a_{q_11}a_{q_22}\cdots a_{q_nn}$ 的元素 a_{q_ii} 位置，使得

$$a_{q_11}a_{q_22}\cdots a_{q_nn}=a_{1p_1}a_{2p_2}\cdots a_{np_n}.$$

我们假设这些元素经过 m 次的位置对换而完成．于是排列 $q_1q_2\cdots q_n$ 经 m 次对换成标准顺序排列 $12\cdots n$；同时排列 $12\cdots n$ 也是经 m 次对换成 $p_1p_2\cdots p_n$（例如 $a_{31}a_{12}a_{23}=a_{12}a_{23}a_{31}$ 是经两次位置对换而成的，故 $312\xrightarrow{2}123$；同时 $123\xrightarrow{2}231$）．由定理 1.1 的推论，排列 $q_1q_2\cdots q_n$ 与排列 $p_1p_2\cdots p_n$ 具有相同的奇偶性．于是

$$\sum_{n!}(-1)^{\tau(q_1q_2\cdots q_n)}a_{q_11}a_{q_22}\cdots a_{q_nn}=\sum_{n!}(-1)^{\tau(p_1p_2\cdots p_n)}a_{1p_1}a_{2p_2}\cdots a_{np_n}=D.$$ ■

事实上，行列式更一般的定义是：

$$\begin{vmatrix} a_{11} & a_{12} & \cdots & a_{1n} \\ a_{21} & a_{22} & \cdots & a_{2n} \\ \cdots & \cdots & \cdots & \cdots \\ a_{n1} & a_{n2} & \cdots & a_{nn} \end{vmatrix}=\sum_{n!}(-1)^{\tau(p_1p_2\cdots p_n)+\tau(q_1q_2\cdots q_n)}a_{p_1q_1}a_{p_2q_2}\cdots a_{p_nq_n}.$$

第三节　行列式的基本性质

在本小节和第四节中，我们用 $D=\det(a_{ij})$ 表示 n 阶行列式

$$D=\begin{vmatrix} a_{11} & a_{12} & \cdots & a_{1n} \\ a_{21} & a_{22} & \cdots & a_{2n} \\ \cdots & \cdots & \cdots & \cdots \\ a_{n1} & a_{n2} & \cdots & a_{nn} \end{vmatrix}. \tag{1.4}$$

转置行列式　行列式 D 的行与列对应互换得到的新行列式，称为行列式 D 的转置行列式，记作 D^T，即

$$D^T=\begin{vmatrix} a_{11} & a_{21} & \cdots & a_{n1} \\ a_{12} & a_{22} & \cdots & a_{n2} \\ \cdots & \cdots & \cdots & \cdots \\ a_{1n} & a_{2n} & \cdots & a_{nn} \end{vmatrix},$$

也就是说，D^T 中(i,j)位置上的元素，记作 b_{ij}，就是原行列式 D 中(j,i)位置上的元素 a_{ji}，即成立 $b_{ij}=a_{ji}$.

如 $D=\begin{vmatrix} 3 & 0 & 1 \\ 1 & -5 & 0 \\ 1 & 2 & -1 \end{vmatrix}$，则 $D^T=\begin{vmatrix} 3 & 1 & 1 \\ 0 & -5 & 2 \\ 1 & 0 & -1 \end{vmatrix}$，并经计算，有

$$D=\begin{vmatrix} 3 & 0 & 1 \\ 1 & -5 & 0 \\ 1 & 2 & -1 \end{vmatrix}=22,\quad D^T=\begin{vmatrix} 3 & 1 & 1 \\ 0 & -5 & 2 \\ 1 & 0 & -1 \end{vmatrix}=22.$$

事实上，这是一个一般性的结论．

性质 1 $D=D^T$.

证明 记 $D^T=\det(b_{ij})$，则 $b_{ij}=a_{ji}$．由定义 1.4 和等价定义 1.4*，

$$D^T=\sum_{n!}(-1)^{\tau(p_1p_2\cdots p_n)}b_{1p_1}b_{2p_2}\cdots b_{np_n}=\sum_{n!}(-1)^{\tau(p_1p_2\cdots p_n)}a_{p_11}a_{p_22}\cdots a_{p_nn}=D. \qquad \blacksquare$$

该性质表明，在行列式中行与列所处的地位是相同的．因此，对行成立的行列式性质，对列也同样成立．

性质 2 任意对换行列式的两行(或两列)元素，其值变号(为了叙述上的方便，我们用记号 $r_s\leftrightarrow r_t$ 来表示对换第 s 行与第 t 行的元素，用 $c_s\leftrightarrow c_t$ 表示对换第 s 列与第 t 列的元素).

证明 设 $D=\det(a_{ij})$，交换第 s 行与第 t 行元素，得到的新行列式为

$$\overline{D}=\begin{vmatrix} b_{11} & b_{12} & \cdots & b_{1n} \\ b_{21} & b_{22} & \cdots & b_{2n} \\ \cdots & \cdots & \cdots & \cdots \\ b_{n1} & b_{n2} & \cdots & b_{nn} \end{vmatrix},$$

其中，$b_{ij}=a_{ij}(i\neq s,t,\forall j)$，$b_{sj}=a_{tj}$，$b_{tj}=a_{sj}(\forall j)$．于是

$$\begin{aligned}\overline{D}&=\sum_{n!}(-1)^{\tau(p_1\cdots p_s\cdots p_t\cdots p_n)}b_{1p_1}\cdots b_{sp_s}\cdots b_{tp_t}\cdots b_{np_n}\\&=\sum_{n!}(-1)^{\tau(p_1\cdots p_s\cdots p_t\cdots p_n)}a_{1p_1}\cdots a_{tp_s}\cdots a_{sp_t}\cdots a_{np_n}\\&=\sum_{n!}(-1)^{\tau(p_1\cdots p_s\cdots p_t\cdots p_n)}a_{1p_1}\cdots a_{sp_t}\cdots a_{tp_s}\cdots a_{np_n}.\end{aligned}$$

由定理 1.1，$(-1)^{\tau(p_1\cdots p_s\cdots p_t\cdots p_n)}=(-1)\cdot(-1)^{\tau(p_1\cdots p_t\cdots p_s\cdots p_n)}$，从而

$$\overline{D}=-\sum_{n!}(-1)^{\tau(p_1\cdots p_t\cdots p_s\cdots p_n)}a_{1p_1}\cdots a_{sp_t}\cdots a_{tp_s}\cdots a_{np_n}=-D. \qquad \blacksquare$$

如 $\begin{vmatrix} 3 & 0 & 1 \\ 1 & -5 & 0 \\ 1 & 2 & -1 \end{vmatrix}=15+0+2-(-5)-0-0=22$，交换第二行和第三行的元素，则

$$\begin{vmatrix} 3 & 0 & 1 \\ 1 & 2 & -1 \\ 1 & -5 & 0 \end{vmatrix}=0+0+(-5)-2-0-15=-22,$$

即成立

$$\begin{vmatrix} 3 & 0 & 1 \\ 1 & -5 & 0 \\ 1 & 2 & -1 \end{vmatrix} = -\begin{vmatrix} 3 & 0 & 1 \\ 1 & 2 & -1 \\ 1 & -5 & 0 \end{vmatrix}.$$

推论 两行(或两列)元素对应相同的行列式,其值为零.

证明 把该两行元素对换得到的行列式仍是原来的行列式,但由性质 2,得 $D=-D$,所以 $D=0$. ■

如 $\begin{vmatrix} 3 & 0 & 1 \\ 1 & 2 & -1 \\ 1 & 2 & -1 \end{vmatrix} = -6+0+2-2-0-(-6)=0.$

性质 3 若行列式某行(或某列)元素有公因子 λ,则 λ 可提到行列式外面(我们用记号 $r_s \to \lambda$ 来表示第 s 行元素提取公因子 λ;$c_s \to \lambda$ 则表示第 s 列提取公因子 λ),即

$$\begin{vmatrix} a_{11} & a_{12} & \cdots & a_{1n} \\ \cdots & \cdots & \cdots & \cdots \\ \lambda a_{s1} & \lambda a_{s2} & \cdots & \lambda a_{sn} \\ \cdots & \cdots & \cdots & \cdots \\ a_{n1} & a_{n2} & \cdots & a_{nn} \end{vmatrix} = \lambda \begin{vmatrix} a_{11} & a_{12} & \cdots & a_{1n} \\ \cdots & \cdots & \cdots & \cdots \\ a_{s1} & a_{s2} & \cdots & a_{sn} \\ \cdots & \cdots & \cdots & \cdots \\ a_{n1} & a_{n2} & \cdots & a_{nn} \end{vmatrix}.$$

特别地,若行列式中某行(或某列)的元素全为零,则行列式的值为零.

证明 由定义,左边的行列式等于

$$\begin{aligned} &\sum_{n!} (-1)^{\tau(p_1 \cdots p_s \cdots p_n)} a_{1p_1} \cdots (\lambda a_{sp_s}) \cdots a_{np_n} \\ =& \lambda \sum_{n!} (-1)^{\tau(p_1 \cdots p_s \cdots p_n)} a_{1p_1} \cdots a_{sp_s} \cdots a_{np_n} = \lambda D. \end{aligned}$$ ■

如 $\begin{vmatrix} 3 & 0 & 1 \\ 1 & -5 & 0 \\ 1 & 2 & -1 \end{vmatrix} = 22$, $\begin{vmatrix} 3 & 0 & 1 \\ 3 & -15 & 0 \\ 1 & 2 & -1 \end{vmatrix} = 66$, 即成立

$$\begin{vmatrix} 3 & 0 & 1 \\ 3 & -15 & 0 \\ 1 & 2 & -1 \end{vmatrix} = \begin{vmatrix} 3 & 0 & 1 \\ 3\times 1 & 3\times(-5) & 3\times 0 \\ 1 & 2 & -1 \end{vmatrix} = 3\times \begin{vmatrix} 3 & 0 & 1 \\ 1 & -5 & 0 \\ 1 & 2 & -1 \end{vmatrix}.$$

由性质 3 和性质 2 的推论,可得下列结论:

性质 4 行列式中若有两行(或两列)对应元素成比例,其值为零.

如 $\begin{vmatrix} 3 & 2 & 1 \\ -6 & -4 & -2 \\ 1 & 2 & -1 \end{vmatrix} = 12+(-4)+(-12)-(-4)-12-(-12)=0$,其第二行元素是第一行元素的$(-2)$倍.

由行列式的定义,可得到:

性质 5 行列式成立

$$\begin{vmatrix} a_{11} & a_{12} & \cdots & a_{1n} \\ \cdots & \cdots & \cdots & \cdots \\ a'_{s1}+a''_{s1} & a'_{s2}+a''_{s2} & \cdots & a'_{sn}+a''_{sn} \\ \cdots & \cdots & \cdots & \cdots \\ a_{n1} & a_{n2} & \cdots & a_{nn} \end{vmatrix}$$

$$=\begin{vmatrix} a_{11} & a_{12} & \cdots & a_{1n} \\ \cdots & \cdots & \cdots & \cdots \\ a'_{s1} & a'_{s2} & \cdots & a'_{sn} \\ \cdots & \cdots & \cdots & \cdots \\ a_{n1} & a_{n2} & \cdots & a_{nn} \end{vmatrix}+\begin{vmatrix} a_{11} & a_{12} & \cdots & a_{1n} \\ \cdots & \cdots & \cdots & \cdots \\ a''_{s1} & a''_{s2} & \cdots & a''_{sn} \\ \cdots & \cdots & \cdots & \cdots \\ a_{n1} & a_{n2} & \cdots & a_{nn} \end{vmatrix},$$

称之为行列式按第 s 行分折，也可以按第 s 列分折．

如

$$\begin{vmatrix} 3 & 0 & 1 \\ 1 & -5 & 0 \\ 1 & 2 & -1 \end{vmatrix}=\begin{vmatrix} 3 & 0 & 1 \\ 1 & -5 & 0 \\ 0+1 & 1+1 & -2+1 \end{vmatrix}$$

$$=\begin{vmatrix} 3 & 0 & 1 \\ 1 & -5 & 0 \\ 0 & 1 & -2 \end{vmatrix}+\begin{vmatrix} 3 & 0 & 1 \\ 1 & -5 & 0 \\ 1 & 1 & 1 \end{vmatrix}$$

$$=31+(-9)=22,$$

直接计算，有 $\begin{vmatrix} 3 & 0 & 1 \\ 1 & -5 & 0 \\ 1 & 2 & -1 \end{vmatrix}=22.$

利用性质 5 和性质 4，又可得到下列性质：

性质 6 行列式某行（或某列）元素加上另一行（或另一列）元素的 λ 倍（如第 t 行元素加上第 s 行元素的 λ 倍，我们用记号 $r_t+\lambda r_s$ 来表示这一过程；若是列，则用记号 $c_t+\lambda c_s$ 来表示），行列式的值不变，即

$$\begin{vmatrix} a_{11} & a_{12} & \cdots & a_{1n} \\ \cdots & \cdots & \cdots & \cdots \\ a_{s1} & a_{s2} & \cdots & a_{sn} \\ \cdots & \cdots & \cdots & \cdots \\ a_{t1} & a_{t2} & \cdots & a_{tn} \\ \cdots & \cdots & \cdots & \cdots \\ a_{n1} & a_{n2} & \cdots & a_{nn} \end{vmatrix}\xlongequal{r_t+\lambda r_s}\begin{vmatrix} a_{11} & a_{12} & \cdots & a_{1n} \\ \cdots & \cdots & \cdots & \cdots \\ a_{s1} & a_{s2} & \cdots & a_{sn} \\ \cdots & \cdots & \cdots & \cdots \\ a_{t1}+\lambda a_{s1} & a_{t2}+\lambda a_{s2} & \cdots & a_{tn}+\lambda a_{sn} \\ \cdots & \cdots & \cdots & \cdots \\ a_{n1} & a_{n2} & \cdots & a_{nn} \end{vmatrix}.$$

如 $\begin{vmatrix} 3 & 0 & 1 \\ 1 & -5 & 0 \\ 1 & 2 & -1 \end{vmatrix}=22$，第二行的元素加上第三行元素的 2 倍（注意，第三行元素本身并不改变），则有

$$\begin{vmatrix} 3 & 0 & 1 \\ 3 & -1 & -2 \\ 1 & 2 & -1 \end{vmatrix}=3+0+6-(-1)-0-(-12)=22.$$

用行列式的定义来计算行列式的值是很困难的．一般来说，对于高于 3 阶行列式的计算，应首先利用行列式的性质(特别是性质 6)，将其转换为便于计算的行列式(如上(下)三角行列式，或某行(列)元素都为零的行列式，或具有性质 4 的行列式等).

例 7 计算行列式 $D=\begin{vmatrix} 2 & -1 & 1 & -1 \\ 0 & 0 & 4 & -1 \\ 0 & 2 & 4 & 1 \\ -2 & 0 & 3 & 2 \end{vmatrix}$ 的值．

解 利用行列式的性质 6，将 D 化至上三角行列式．这一过程一般是从左到右逐列进行的．第四行元素加上第一行元素的 1 倍(相当于第四行元素加上第一行的元素)，

$$\begin{vmatrix} 2 & -1 & 1 & -1 \\ 0 & 0 & 4 & -1 \\ 0 & 2 & 4 & 1 \\ -2 & 0 & 3 & 2 \end{vmatrix} \xlongequal{r_4+r_1} \begin{vmatrix} 2 & -1 & 1 & -1 \\ 0 & 0 & 4 & -1 \\ 0 & 2 & 4 & 1 \\ 0 & -1 & 4 & 1 \end{vmatrix},$$

这就完成了第一列的上三角化．接下来是第二列、第三列的上三角化：

$$\begin{vmatrix} 2 & -1 & 1 & -1 \\ 0 & 0 & 4 & -1 \\ 0 & 2 & 4 & 1 \\ 0 & -1 & 4 & 1 \end{vmatrix} \xlongequal{(r_2 \leftrightarrow r_4)} - \begin{vmatrix} 2 & -1 & 1 & -1 \\ 0 & -1 & 4 & 1 \\ 0 & 2 & 4 & 1 \\ 0 & 0 & 4 & -1 \end{vmatrix} \xlongequal{(r_3+2r_2)} - \begin{vmatrix} 2 & -1 & 1 & -1 \\ 0 & -1 & 4 & -1 \\ 0 & 0 & 12 & 3 \\ 0 & 0 & 4 & -1 \end{vmatrix}$$

$$\xlongequal{\left(r_4-\frac{1}{3}r_3\right)} - \begin{vmatrix} 2 & -1 & 1 & -1 \\ 0 & -1 & 4 & -1 \\ 0 & 0 & 12 & 3 \\ 0 & 0 & 0 & -2 \end{vmatrix} = -48.$$

这种把行列式逐列上三角化的方法，具有一般性的思想. 但在具体计算时，主要适合于元素为数字的行列式.

例 8 计算行列式 $D=\begin{vmatrix} 1 & 2 & 3 & 4 \\ 5 & 6 & 7 & 8 \\ 9 & 10 & 11 & 12 \\ 13 & 14 & 15 & 16 \end{vmatrix}$ 的值．

解 利用行列式的性质，有

$$\begin{vmatrix} 1 & 2 & 3 & 4 \\ 5 & 6 & 7 & 8 \\ 9 & 10 & 11 & 12 \\ 13 & 14 & 15 & 16 \end{vmatrix} \xlongequal{(r_2+(-1)r_1;\, r_4+(-1)r_3)} \begin{vmatrix} 1 & 2 & 3 & 4 \\ 4 & 4 & 4 & 4 \\ 9 & 10 & 11 & 12 \\ 4 & 4 & 4 & 4 \end{vmatrix} = 0.$$

例 9 证明 $D=\begin{vmatrix} a_1+b_1 & b_1+c_1 & c_1+a_1 \\ a_2+b_2 & b_2+c_2 & c_2+a_2 \\ a_3+b_3 & b_3+c_3 & c_3+a_3 \end{vmatrix} = 2\times \begin{vmatrix} a_1 & b_1 & c_1 \\ a_2 & b_2 & c_2 \\ a_3 & b_3 & c_3 \end{vmatrix}$.

证明 第一列元素分别加上第二列、第三列元素，再提取第一列的公因子 2，

$$D=2\times \begin{vmatrix} a_1+b_1+c_1 & b_1+c_1 & c_1+a_1 \\ a_2+b_2+c_2 & b_2+c_2 & c_2+a_2 \\ a_3+b_3+c_3 & b_3+c_3 & c_3+a_3 \end{vmatrix}$$

$$\xlongequal{(c_2+(-1)c_1;c_3+(-1)c_1)}2\times\begin{vmatrix}a_1+b_1+c_1 & -a_1 & -b_1\\a_2+b_2+c_2 & -a_2 & -b_2\\a_3+b_3+c_3 & -a_3 & -b_3\end{vmatrix}$$

$$\xlongequal{(c_1+c_2;c_1+c_3)}2\times\begin{vmatrix}c_1 & -a_1 & -b_1\\c_2 & -a_2 & -b_2\\c_3 & -a_3 & -b_3\end{vmatrix}$$

$$=2\times\begin{vmatrix}a_1 & b_1 & c_1\\a_2 & b_2 & c_2\\a_3 & b_3 & c_3\end{vmatrix}.$$

最后一个等式是按下列过程得到:分别抽取第二列、第三列的公因子(−1);再交换第一列和第二列、第二列和第三列.

例 10 计算行列式 $D=\begin{vmatrix}x & a & a & \cdots & a\\a & x & a & \cdots & a\\a & a & x & \cdots & a\\\cdots & \cdots & \cdots & \cdots & \cdots\\a & a & a & \cdots & x\end{vmatrix}$ 的值.

解 第一列的元素分别加上第二列、第三列、…、第 n 列元素(的 1 倍),再抽去第一列的公因子 $x+(n-1)a$,得到

$$D=[x+(n-1)a]\begin{vmatrix}1 & a & a & \cdots & a\\1 & x & a & \cdots & a\\1 & a & x & \cdots & a\\\cdots & \cdots & \cdots & \cdots & \cdots\\1 & a & a & \cdots & x\end{vmatrix}.$$

第二行、第三行、…、第 n 行分别加上第一行的(−1)倍,得到

$$D=[x+(n-1)a]\begin{vmatrix}1 & a & a & \cdots & a\\0 & x-a & 0 & \cdots & 0\\0 & 0 & x-a & \cdots & 0\\\cdots & \cdots & \cdots & \cdots & \cdots\\0 & 0 & 0 & \cdots & x-a\end{vmatrix}$$

$$=[x+(n-1)a](x-a)^{n-1}.$$

该行列式有一个特征,每行的元素之和是一个常数.通常可以考虑先把各列加到第 1 列上去,再处理.可参见《习题集》第一章的例 6、例 7.

例 11 计算行列式 $D=\begin{vmatrix}1+a_1 & a_2 & a_3 & \cdots & a_n\\a_1 & b_2+a_2 & a_3 & \cdots & a_n\\a_1 & a_2 & b_3+a_3 & \cdots & a_n\\\cdots & \cdots & \cdots & \cdots & \cdots\\a_1 & a_2 & a_3 & \cdots & b_n+a_n\end{vmatrix}$ 的值,其中 $b_2,\cdots,b_n\neq0$.

解 用第一行的(−1)倍加到下面的行,

$$D=\begin{vmatrix} 1+a_1 & a_2 & a_3 & \cdots & a_n \\ -1 & b_2 & 0 & \cdots & 0 \\ -1 & 0 & b_3 & \cdots & 0 \\ \cdots & \cdots & \cdots & \cdots & \cdots \\ -1 & 0 & 0 & \cdots & b_n \end{vmatrix}, \tag{1.5}$$

再用第 j 列的 $\dfrac{1}{b_j}$ 倍($j=2,\cdots,n$)加到第一列,成一上三角行列式,

$$D=\begin{vmatrix} 1+a_1+\dfrac{a_2}{b_2}+\cdots+\dfrac{a_n}{b_n} & a_2 & a_3 & \cdots & a_n \\ 0 & b_2 & 0 & \cdots & 0 \\ 0 & 0 & b_3 & \cdots & 0 \\ \cdots & \cdots & \cdots & \cdots & \cdots \\ 0 & 0 & 0 & \cdots & b_n \end{vmatrix}$$

$$=b_2\cdots b_n\left(1+a_1+\sum_{i=2}^{n}\frac{a_i}{b_i}\right).$$

我们称(1.5)形式的行列式为箭形(指向左上方)行列式,由此进一步很容易再化成上三角行列式,有关箭形行列式(包括其他形式的箭形)的计算可见《习题集》第一章的例 8、例 9.

第四节 行列式的展开

显然高阶行列式的计算比低阶行列式的计算复杂得多. 那么高阶行列式的计算是否可通过低阶行列式的计算来完成? 本节介绍的行列式展开便是这样一个过程. 为此,我们先介绍行列式的余子式和代数余子式的概念.

定义 1.5 在 n 阶行列式 D(见式(1.4))中,划去位置(i,j)上元素 a_{ij} 所在的第 i 行和第 j 列元素,余下的元素按原顺序组成的 $n-1$ 阶行列式,称作(a_{ij} 所在)位置(i,j)的**余子式**,记作 M_{ij};称 $A_{ij}=(-1)^{i+j}\cdot M_{ij}$ 为(a_{ij} 所在)位置(i,j)的**代数余子式**.

如 3 阶行列式 $D=\begin{vmatrix} a_{11} & a_{12} & a_{13} \\ a_{21} & a_{22} & a_{23} \\ a_{31} & a_{32} & a_{33} \end{vmatrix}$,(2,3)位置的余子式和代数余子式分别是 $M_{23}=\begin{vmatrix} a_{11} & a_{12} \\ a_{31} & a_{32} \end{vmatrix}$ 和 $A_{23}=(-1)^{2+3}M_{23}$.

在给出行列式展开定理之前,先给出一个引理.

引理 1.3 若行列式 D 的某行(或某列)除了一个元素,如 a_{ij} 外,其余元素都为零,则该行列式的值等于该元素 a_{ij} 与其所在位置(i,j)的代数余子式 A_{ij} 的乘积,即

$$D=a_{ij}A_{ij}.$$

证明 (1)当 $i=j=1$,此时

$$D=\begin{vmatrix} a_{11} & 0 & \cdots & 0 \\ a_{21} & a_{22} & \cdots & a_{2n} \\ \cdots & \cdots & \cdots & \cdots \\ a_{n1} & a_{n2} & \cdots & a_{nn} \end{vmatrix},$$

这是例 6 的情形，成立

$$D=a_{11}\begin{vmatrix} a_{22} & \cdots & a_{2n} \\ \cdots & \cdots & \cdots \\ a_{n2} & \cdots & a_{nn} \end{vmatrix}=a_{11}M_{11}=a_{11}(-1)^{1+1}M_{11}=a_{11}A_{11}.$$

(2)一般情形，即

$$D=\begin{vmatrix} a_{11} & \cdots & a_{1j} & \cdots & a_{1n} \\ \cdots & \cdots & \cdots & \cdots & \cdots \\ 0 & \cdots & a_{ij} & \cdots & 0 \\ \cdots & \cdots & \cdots & \cdots & \cdots \\ a_{n1} & \cdots & a_{nj} & \cdots & a_{nn} \end{vmatrix}.$$

先对 D 进行行的交换，经 $i-1$ 次相邻行的交换，将第 i 行元素交换到第 1 行；再将第 j 列元素（经 $j-1$ 次）相邻交换到第 1 列．由行列式性质，前后两个行列式的符号变换了 $i+j-2$ 次，即

$$D=(-1)^{i+j-2}\begin{vmatrix} a_{ij} & 0 & \cdots & 0 & 0 & \cdots & 0 \\ a_{1j} & a_{11} & \cdots & a_{1,j-1} & a_{1,j+1} & \cdots & a_{1n} \\ \cdots & & & & & & \\ a_{i-1,j} & a_{i-1,1} & \cdots & a_{i-1,j-1} & a_{i-1,j+1} & \cdots & a_{i-1,n} \\ a_{i+1,j} & a_{i+1,1} & \cdots & a_{i+1,j-1} & a_{i+1,j+1} & \cdots & a_{i+1,n} \\ \cdots & & & & & & \\ a_{nj} & a_{n1} & \cdots & a_{n,j-1} & a_{n,j+1} & \cdots & a_{nn} \end{vmatrix},$$

注意到上述行列式的右下角一块 $n-1$ 阶的行列式即是原行列式在位置(i,j)的余子式 M_{ij}，再由例 6，可得

$$D=(-1)^{i+j-2}a_{ij}M_{ij}=a_{ij}(-1)^{i+j}M_{ij}=a_{ij}A_{ij}.$$ ■

定理 1.4 是著名的行列式展开定理．

定理 1.4 对于 n 阶行列式 D（见式(1.4)），成立

$$D=a_{i1}A_{i1}+a_{i2}A_{i2}+\cdots+a_{in}A_{in},1\leqslant i\leqslant n.（按第 i 行展开） \tag{1.6}$$

或

$$D=a_{1j}A_{1j}+a_{2j}A_{2j}+\cdots+a_{nj}A_{nj},1\leqslant j\leqslant n.（按第 j 列展开） \tag{1.7}$$

证明 由行列式性质 5，

$$D=\begin{vmatrix} a_{11} & a_{12} & \cdots & a_{1n} \\ \cdots & \cdots & & \cdots \\ a_{i1}+0+\cdots+0 & 0+a_{i2}+\cdots+0 & \cdots & 0+0+\cdots a_{in} \\ \cdots & \cdots & \cdots & \cdots \\ a_{n1} & a_{n2} & \cdots & a_{nn} \end{vmatrix}$$

$$=\begin{vmatrix} a_{11} & a_{12} & \cdots & a_{1n} \\ \cdots & \cdots & \cdots & \cdots \\ a_{i1} & 0 & \cdots & 0 \\ \cdots & \cdots & \cdots & \cdots \\ a_{n1} & a_{n2} & \cdots & a_{nn} \end{vmatrix}+\begin{vmatrix} a_{11} & a_{12} & \cdots & a_{1n} \\ \cdots & \cdots & \cdots & \cdots \\ 0 & a_{i2} & \cdots & 0 \\ \cdots & \cdots & \cdots & \cdots \\ a_{n1} & a_{n2} & \cdots & a_{nn} \end{vmatrix}+\cdots+\begin{vmatrix} a_{11} & a_{12} & \cdots & a_{1n} \\ \cdots & \cdots & \cdots & \cdots \\ 0 & 0 & \cdots & a_{in} \\ \cdots & \cdots & \cdots & \cdots \\ a_{n1} & a_{n2} & \cdots & a_{nn} \end{vmatrix}.$$

由引理 1.3,可得

$$D=a_{i1}A_{i1}+a_{i2}A_{i2}+\cdots+a_{in}A_{in},1\leqslant i\leqslant n.$$

列展开公式(1.7)的证明类似. ■

例 12 利用行列式的展开计算行列式的值(见例 7),

$$D=\begin{vmatrix}2&-1&1&-1\\0&0&4&-1\\0&2&4&1\\-2&0&3&2\end{vmatrix}.$$

解 取 $i=1$, 即按 D 的第一行展开,由(1.6),

$$D=2\times(-1)^2\begin{vmatrix}0&4&-1\\2&4&1\\0&3&2\end{vmatrix}+(-1)\times(-1)^3\begin{vmatrix}0&4&-1\\0&4&1\\-2&3&2\end{vmatrix}+$$

$$1\times(-1)^4\begin{vmatrix}0&0&-1\\0&2&1\\-2&0&2\end{vmatrix}+(-1)\times(-1)^5\begin{vmatrix}0&0&4\\0&2&4\\-2&0&3\end{vmatrix}$$

$$=2\times(-22)+(-16)+(-4)+16=-48.$$

我们也可取 $j=1$, 即按 D 的第一列展开,由(1.7)式,

$$D=2\times(-1)^2\begin{vmatrix}0&4&-1\\2&4&1\\0&3&2\end{vmatrix}+0\times(-1)^3\begin{vmatrix}-1&1&-1\\2&4&1\\0&3&2\end{vmatrix}$$

$$+0\times(-1)^4\begin{vmatrix}-1&1&-1\\0&4&-1\\0&3&2\end{vmatrix}+(-2)\times(-1)^5\begin{vmatrix}-1&1&-1\\0&4&-1\\2&4&1\end{vmatrix}$$

$$=2\times(-22)+0+0+2\times(-2)=-48.$$

我们可以看到,按第一行展开有 4 项,按第一列展开只有 2 项(其余 2 项为零),因此在考虑按哪一行或哪一列展开时,一般应选取零元素最多的行或列进行展开,以简便计算.

若展开式中元素与代数余子式所处的行(或列)不同,则有下列重要推论.

推论 行列式某行(或某列)的元素与另一行(或另一列)对应位置上的代数余子式乘积之和等于零,即

$$a_{i1}A_{j1}+a_{i2}A_{j2}+\cdots+a_{in}A_{jn}=0,\quad i\neq j,\tag{1.8}$$

或

$$a_{1i}A_{1j}+a_{2i}A_{2j}+\cdots+a_{ni}A_{nj}=0,\quad i\neq j.\tag{1.9}$$

证明 由展开定理,对 D 按第 j 行展开,有

$$D=a_{j1}A_{j1}+a_{j2}A_{j2}+\cdots+a_{jn}A_{jn}=\begin{vmatrix}a_{11}&\cdots&a_{1n}\\\cdots&\cdots&\cdots\\a_{i1}&\cdots&a_{in}\\\cdots&\cdots&\cdots\\a_{j1}&\cdots&a_{jn}\\\cdots&\cdots&\cdots\\a_{n1}&\cdots&a_{nn}\end{vmatrix}.$$

上式中对第 j 行元素 a_{jk} 的任意取值都成立．现取第 j 行的元素值为 a_{ik}，即取 $a_{jk}=a_{ik}$，$k=1$，…，n，由行列式性质 2 的推论，右端行列式为零，从而(1.8)式成立．(1.9)式的证明类似． ■

例 13 取例 12 的行列式，验证推论的结论．

解 取 $i=2,j=3$，按(1.8)式，有

$$\begin{aligned}&a_{21}A_{31}+a_{22}A_{32}+a_{23}A_{33}+a_{24}A_{34}\\&=0\times A_{31}+0\times A_{32}+4(-1)^6\begin{vmatrix}2&-1&-1\\0&0&-1\\-2&0&2\end{vmatrix}\\&\quad+(-1)\times(-1)^7\begin{vmatrix}2&-1&1\\0&0&4\\-2&0&3\end{vmatrix}\\&=4\times(-2)+(-1)\times(-8)=0.\end{aligned}$$

例 14 已知 5 阶行列式

$$D_5=\begin{vmatrix}1&2&3&4&5\\2&2&2&1&1\\3&1&2&4&5\\1&1&1&2&2\\4&3&1&5&0\end{vmatrix}=27,$$

计算 $A_{41}+A_{42}+A_{43}$ 和 $A_{44}+A_{45}$，其中 A_{4j} 是 D_5 在位置$(4,j)$上的代数余子式．

解 分别由展开定理(关于第四行展开)和推论$(i=2,j=4)$的结论，有

$$\begin{cases}A_{41}+A_{42}+A_{43}+2(A_{44}+A_{45})=27\\2(A_{41}+A_{42}+A_{43})+A_{44}+A_{45}=0\end{cases},$$

由此可解得 $A_{41}+A_{42}+A_{43}=-9$ 和 $A_{44}+A_{45}=18$.

例 15 计算 n 阶三对角行列式的值，

$$D_n=\begin{vmatrix}2&-1&0&\cdots&0&0\\-1&2&-1&\cdots&0&0\\0&-1&2&\cdots&0&0\\\cdots&\cdots&\ddots&\ddots&\ddots&\cdots\\0&0&0&\cdots&2&-1\\0&0&0&\cdots&-1&2\end{vmatrix}.$$

解 将行列式 D_n 按第一列展开，注意到其(1,1)位置的代数余子式 $A_{11}=D_{n-1}$，于是

$$D_n=2\cdot D_{n-1}+(-1)\times(-1)^{2+1}\begin{vmatrix}-1&0&0&\cdots&0\\-1&2&-1&\cdots&0\\0&-1&2&\cdots&0\\\cdots&\cdots&\cdots&\cdots&\cdots\\0&0&\cdots&-1&2\end{vmatrix}.$$

等式右边的 $n-1$ 阶行列式按第一行展开，其(1,1)位置的代数余子式 A_{11}(相对于右端 $n-1$ 阶的行列式)是一个 $n-2$ 阶行列式，且 $A_{11}=D_{n-2}$. 于是成立递推关系：

$$D_n=2\cdot D_{n-1}-D_{n-2},\quad n=3,4,\cdots,\tag{1.10}$$

其中，$D_1=2,D_2=3$. 从(1.10)式，我们可以进一步得到，

$$D_n-D_{n-1}=D_{n-1}-D_{n-2}=D_{n-2}-D_{n-3}=\cdots=D_2-D_1=1,$$

即 D_n 成一等差数列，其公差 $d=1$. 故成立 $D_n=D_1+(n-1)\cdot d=n+1$.

对于一般的三对角行列式，也可以用行列式的展开方式，建立类似于式(1.10)的三项递推关系，见习题第 20 题以及《习题集》第一章的例 19.

例 16 证明范德蒙(Vandermon)行列式

$$V_n=\begin{vmatrix}1&1&\cdots&1\\x_1&x_2&\cdots&x_n\\x_1^2&x_2^2&\cdots&x_n^2\\\cdots&\cdots&\cdots&\cdots\\x_1^{n-1}&x_2^{n-1}&\cdots&x_n^{n-1}\end{vmatrix}=\prod_{1\leqslant j<i\leqslant n}(x_i-x_j),$$

其中，连乘积号是对满足 $1\leqslant j<i\leqslant n$ 的所有因子 (x_i-x_j) 的乘积.

如 $n=3$，$\prod\limits_{1\leqslant j<i\leqslant 3}(x_i-x_j)=(x_2-x_1)(x_3-x_1)(x_3-x_2)$，而

$$\begin{vmatrix}1&1&1\\2&3&5\\2^2&3^2&5^2\end{vmatrix}=(3-2)\times(5-2)\times(5-3)=1\times3\times2=6.$$

证明 用归纳法证明，当 $n=2$ 时，

$$V_2=\begin{vmatrix}1&1\\x_1&x_2\end{vmatrix}=x_2-x_1=\prod_{1\leqslant j<i\leqslant 2}(x_i-x_j),$$

结论成立. 假设结论对 $n-1$ 阶成立，现证明 n 时的结论.

把 V_n 的第一列上三角化，即依次作下列变换：$r_n-x_1r_{n-1}$；$r_{n-1}-x_1r_{n-2}$；…；$r_2-x_1r_1$，则

$$V_n=\begin{vmatrix}1&1&1&\cdots&1\\0&x_2-x_1&x_3-x_1&\cdots&x_n-x_1\\0&x_2(x_2-x_1)&x_3(x_3-x_1)&\cdots&x_n(x_n-x_1)\\\cdots&\cdots&\cdots&\cdots&\cdots\\0&x_2^{n-2}(x_2-x_1)&x_3^{n-2}(x_3-x_1)&\cdots&x_n^{n-2}(x_n-x_1)\end{vmatrix}.$$

按第一列展开，只有一项；在余下的 $n-1$ 阶行列式中，分别提取公因子 (x_2-x_1)；(x_3-x_1)；…；(x_n-x_1)，于是成立

$$V_n=(x_2-x_1)\cdots(x_n-x_1)\begin{vmatrix}1&1&\cdots&1\\x_2&x_3&\cdots&x_n\\\cdots&\cdots&\cdots&\cdots\\x_2^{n-2}&x_3^{n-2}&\cdots&x_n^{n-2}\end{vmatrix},$$

上式右端的行列式已是一个 $n-1$ 阶范德蒙行列式. 根据归纳法假设，成立

$$V_n=(x_2-x_1)\cdots(x_n-x_1)\prod_{2\leqslant j<i\leqslant n}(x_i-x_j)=\prod_{1\leqslant j<i\leqslant n}(x_i-x_j).$$

例 17 证明

$$\begin{vmatrix} a_{11} & \cdots & a_{1k} & 0 & \cdots & 0 \\ \vdots & & \vdots & \vdots & & \vdots \\ a_{k1} & \cdots & a_{kk} & 0 & \cdots & 0 \\ c_{11} & \cdots & c_{1k} & b_{11} & \cdots & b_{1m} \\ \vdots & & \vdots & \vdots & & \vdots \\ c_{m1} & \cdots & c_{mk} & b_{m1} & \cdots & b_{mm} \end{vmatrix} = \begin{vmatrix} a_{11} & \cdots & a_{1k} \\ \vdots & & \vdots \\ a_{k1} & \cdots & a_{kk} \end{vmatrix} \begin{vmatrix} b_{11} & \cdots & b_{1m} \\ \vdots & & \vdots \\ b_{m1} & \cdots & b_{mm} \end{vmatrix}.$$

证明 对 k 用归纳法来证.

$k=1$ 时,即为例 6 的结论,故成立. 设 $k-1$ 时结论成立. 则当 k 时,对等式左端行列式(记为 D)的第一行展开,有 k 项,

$$D=a_{11}\begin{vmatrix} a_{22} & \cdots & a_{2k} & 0 & \cdots & 0 \\ \vdots & & \vdots & \vdots & & \vdots \\ a_{k2} & \cdots & a_{kk} & 0 & \cdots & 0 \\ c_{12} & \cdots & c_{1k} & b_{11} & \cdots & b_{1m} \\ \vdots & & \vdots & \vdots & & \vdots \\ c_{m2} & \cdots & c_{mk} & b_{m1} & \cdots & b_{mm} \end{vmatrix}$$

$$+\cdots+a_{1k}(-1)^{1+k}\begin{vmatrix} a_{21} & \cdots & a_{2,k-1} & 0 & \cdots & 0 \\ \vdots & & \vdots & \vdots & & \vdots \\ a_{k1} & \cdots & a_{k,k-1} & 0 & \cdots & 0 \\ c_{11} & \cdots & c_{1,k-1} & b_{11} & \cdots & b_{1m} \\ \vdots & & \vdots & \vdots & & \vdots \\ c_{m1} & \cdots & c_{m,k-1} & b_{m1} & \cdots & b_{mm} \end{vmatrix}.$$

注意到上述行列式都是 $k-1$ 情形下的行列式,故根据归纳法假设,成立

$$D=a_{11}\begin{vmatrix} a_{22} & \cdots & a_{2k} \\ \vdots & & \vdots \\ a_{k2} & \cdots & a_{kk} \end{vmatrix}\begin{vmatrix} b_{11} & \cdots & b_{1m} \\ \vdots & & \vdots \\ b_{m1} & \cdots & b_{mm} \end{vmatrix}$$

$$+\cdots+a_{1k}(-1)^{1+k}\begin{vmatrix} a_{21} & \cdots & a_{2,k-1} \\ \vdots & & \vdots \\ a_{k1} & \cdots & a_{k,k-1} \end{vmatrix}\begin{vmatrix} b_{11} & \cdots & b_{1m} \\ \vdots & & \vdots \\ b_{m1} & \cdots & b_{mm} \end{vmatrix}$$

$$=\left(a_{11}\begin{vmatrix} a_{22} & \cdots & a_{2k} \\ \vdots & & \vdots \\ a_{k2} & \cdots & a_{kk} \end{vmatrix}+\cdots+a_{1k}(-1)^{1+k}\begin{vmatrix} a_{21} & \cdots & a_{2,k-1} \\ \vdots & & \vdots \\ a_{k1} & \cdots & a_{k,k-1} \end{vmatrix}\right)\begin{vmatrix} b_{11} & \cdots & b_{1m} \\ \vdots & & \vdots \\ b_{m1} & \cdots & b_{mm} \end{vmatrix}.$$

而由展开公式,

$$\begin{vmatrix} a_{11} & \cdots & a_{1k} \\ \vdots & & \vdots \\ a_{k1} & \cdots & a_{kk} \end{vmatrix}=\left(a_{11}\begin{vmatrix} a_{22} & \cdots & a_{2k} \\ \vdots & & \vdots \\ a_{k2} & \cdots & a_{kk} \end{vmatrix}+\cdots+a_{1k}(-1)^{1+k}\begin{vmatrix} a_{21} & \cdots & a_{2,k-1} \\ \vdots & & \vdots \\ a_{k1} & \cdots & a_{k,k-1} \end{vmatrix}\right),$$

即成立

$$D=\begin{vmatrix} a_{11} & \cdots & a_{1k} \\ \vdots & & \vdots \\ a_{k1} & \cdots & a_{kk} \end{vmatrix}\begin{vmatrix} b_{11} & \cdots & b_{1m} \\ \vdots & & \vdots \\ b_{m1} & \cdots & b_{mm} \end{vmatrix}.$$

这一结论在以后矩阵行列式计算中会经常用到.

下例行列式的计算方法称之为析因子方法,《习题集》中有进一步的介绍.

例 18 计算行列式

$$D=\begin{vmatrix}1 & 1 & 2 & 3\\ 1 & 2-x^2 & 2 & 3\\ 2 & 3 & 1 & 5\\ 2 & 3 & 1 & 9-x^2\end{vmatrix}.$$

解 D 可以看成一个关于 x 的多项式 $f(x)$,且由行列式定义,其是一个 4 次多项式.

当 $x=\pm1$ 时,$f(\pm1)=\begin{vmatrix}1 & 1 & 2 & 3\\ 1 & 1 & 2 & 3\\ 2 & 3 & 1 & 5\\ 2 & 3 & 1 & 8\end{vmatrix}=0.$

当 $x=\pm2$ 时,$f(\pm2)=\begin{vmatrix}1 & 1 & 2 & 3\\ 1 & -2 & 2 & 3\\ 2 & 3 & 1 & 5\\ 2 & 3 & 1 & 5\end{vmatrix}=0.$

可见,$f(x)$有因子:$x-1,x+1,x-2,x+2$,故

$$D=C(x-1)(x+1)(x-2)(x+2).$$

令 $x=0$,直接计算行列式,得 $D=-12$;由上式得 $C=-3$. 于是

$$D=-3(x-1)(x+1)(x-2)(x+2).$$

第五节 克莱姆法则

在这一节,研究下列具有 n 个未知量 n 个方程的线性方程组

$$\begin{cases}a_{11}x_1+a_{12}x_2+\cdots+a_{1n}x_n=b_1\\ a_{21}x_1+a_{22}x_2+\cdots+a_{2n}x_n=b_2\\ \cdots\cdots\\ a_{n1}x_1+a_{n2}x_2+\cdots+a_{nn}x_n=b_n\end{cases},\tag{1.11}$$

其中,系数 a_{ij} 和右端项 b_i 是已知的数,x_i 是需要求解的未知量. 这里的线性含义是指方程组(1.11)关于未知量 x_i 都是一次(线性)的. 一般我们称方程组(1.11)为 n 元线性方程组. 将方程组的 n^2 个系数 a_{ij} 按下列形式构成的 n 阶行列式,记作 D,

$$D=\begin{vmatrix}a_{11} & a_{12} & \cdots & a_{1n}\\ a_{21} & a_{22} & \cdots & a_{2n}\\ \cdots & \cdots & \cdots & \cdots\\ a_{n1} & a_{n2} & \cdots & a_{nn}\end{vmatrix}\tag{1.12}$$

称作 n 元线性方程组(1.11)的**系数行列式**,其第 i 行元素即为(1.11)中第 i 个方程的系数,第 j 列元素即为第 j 个未知量 x_j 前的系数.

在中学里,我们会用消元法求解二元($n=2$)、三元($n=3$)等线性方程组. 那么在求出这些解之前,你是否可以事先判断出这些方程组解的存在性、解的唯一性? 并且解是否有表

达式?

本节介绍的克莱姆(Cramer)法则(见定理 1.5),在线性方程组(1.11)的理论上扮演着重要角色. 但在实际计算时,并不实用,因为其计算量太大,一般还是用消元法或其他方法来计算方程组(1.11)的解(见第四章).

定理 1.5(克莱姆法则) 如果 n 元线性方程组(1.11)的 $D\neq 0$,则方程组(1.11)的解存在且唯一,并且解为

$$x_j=\frac{D_j}{D},\quad j=1,\cdots,n, \tag{1.13}$$

其中,D_j 是用 $b_1,b_2,\cdots,b_n$ 替换 D 中第 j 列元素所构成的 n 阶行列式

$$D_j=\begin{vmatrix} a_{11} & \cdots & a_{1,j-1} & b_1 & a_{1,j+1} & \cdots & a_{1n} \\ a_{21} & \cdots & a_{2,j-1} & b_2 & a_{2,j+1} & \cdots & a_{2n} \\ \cdots & \cdots & \cdots & \cdots & \cdots & \cdots & \cdots \\ a_{n1} & \cdots & a_{n,j-1} & b_n & a_{n,j+1} & \cdots & a_{nn} \end{vmatrix}.$$

证明 本定理的证明分两步:

(1)证明(1.13)式是方程组(1.11)的解. 这只要把 $x_j=\dfrac{D_j}{D}$ 代入到方程组(1.11)的左端第 i 个方程,验证左端等于右端 b_i 即可,而 $i=1,\cdots,n$.

(2)对于方程组(1.11)的任意一组解 $x_j=c_j,j=1,\cdots,n$,都成立 $c_j=\dfrac{D_j}{D},j=1,\cdots,n$,这便说明解是唯一的.

我们先证(1). 首先,把 D_j 按第 j 列展开,有

$$D_j=b_1A_{1j}+b_2A_{2j}+\cdots+b_nA_{nj}=\sum_{k=1}^{n}b_kA_{kj},$$

其中,A_{kj} 是系数行列式 D 中元素 a_{kj} 所在位置 (k,j) 的代数余子式,把 $x_j=\dfrac{1}{D}\sum\limits_{k=1}^{n}b_kA_{kj}$ 代入(1.11)式左端第 i 个方程,得

$$\begin{aligned}\sum_{j=1}^{n}a_{ij}\Big(\frac{1}{D}\sum_{k=1}^{n}b_kA_{kj}\Big)&=\frac{1}{D}\sum_{j=1}^{n}a_{ij}\big(\sum_{k=1}^{n}b_kA_{kj}\big)=\frac{1}{D}\sum_{j=1}^{n}\sum_{k=1}^{n}a_{ij}b_kA_{kj}\\&=\frac{1}{D}\sum_{k=1}^{n}\sum_{j=1}^{n}a_{ij}b_kA_{kj}=\frac{1}{D}\sum_{k=1}^{n}b_k\big(\sum_{j=1}^{n}a_{ij}A_{kj}\big).\end{aligned}$$

根据展开定理及其推论,只有当 $k=i$ 时,括号中的和 $\sum\limits_{j=1}^{n}a_{ij}A_{kj}$ 等于 D;而当 $k\neq i$ 时,$\sum\limits_{j=1}^{n}a_{ij}A_{kj}=0$. 因此外面一个和号中,所有 n 项中只剩第 i 项,于是

$$\frac{1}{D}\sum_{k=1}^{n}b_k\big(\sum_{j=1}^{n}a_{ij}A_{kj}\big)=\frac{1}{D}b_i\cdot D=b_i,\quad i=1,\cdots,n,$$

即 $x_j=\dfrac{D_j}{D}$ 是方程组(1.11)的解.

下面证明(2),即方程组(1.11)的解是唯一的. 设 $x_1=c_1,x_2=c_2,\cdots,x_n=c_n$ 是方程组(1.11)的任意一组解,代入(1.11),等式成立

$$\begin{cases} a_{11}c_1+\cdots+a_{1j}c_j+\cdots+a_{1n}c_n=b_1 \\ a_{21}c_1+\cdots+a_{2j}c_j+\cdots+a_{2n}c_n=b_2 \\ \cdots\cdots \\ a_{n1}c_1+\cdots+a_{nj}c_j+\cdots+a_{mn}c_n=b_n \end{cases},$$

在上面 n 个等式的两端分别依次乘 $A_{1j}, A_{2j}, \cdots, A_{nj}$，然后再把各个等式的两端相加，得

$$\left(\sum_{i=1}^{n} a_{i1}A_{ij}\right)c_1+\cdots+\left(\sum_{i=1}^{n} a_{ij}A_{ij}\right)c_j+\cdots+\left(\sum_{i=1}^{n} a_{in}A_{ij}\right)c_n=\sum_{i=1}^{n} b_iA_{ij}.$$

由展开定理及其推论，上式左端只有 c_j 的系数 $\sum_{i=1}^{n} a_{ij}A_{ij}=D$，其余项的系数都为零，而右端 $\sum_{i=1}^{n} b_iA_{ij}=D_j$，于是成立

$$Dc_j=D_j.$$

因为 $D\neq 0$，故 $c_j=\dfrac{D_j}{D}, j=1,\cdots,n.$ ■

例 19 利用克莱姆法则，求下列方程组的解：

$$\begin{cases} 2x_1-x_2=2 \\ -x_1+2x_2-x_3=0 \\ -x_2+2x_3-x_4=-3 \\ -x_3+2x_4=3 \end{cases}.$$

解 系数行列式

$$D=\begin{vmatrix} 2 & -1 & 0 & 0 \\ -1 & 2 & -1 & 0 \\ 0 & -1 & 2 & -1 \\ 0 & 0 & -1 & 2 \end{vmatrix},$$

这是例 15 中 $n=4$ 的行列式，故 $D=5\neq 0$. 由克莱姆法则，方程组的解存在且唯一．又由于

$$D_1=\begin{vmatrix} 2 & -1 & 0 & 0 \\ 0 & 2 & -1 & 0 \\ -3 & -1 & 2 & -1 \\ 3 & 0 & -1 & 2 \end{vmatrix} \xlongequal{(r_4+2r_3)} \begin{vmatrix} 2 & -1 & 0 & 0 \\ 0 & 2 & -1 & 0 \\ -3 & -1 & 2 & -1 \\ -3 & -2 & 3 & 0 \end{vmatrix}$$

$$=\begin{vmatrix} 2 & -1 & 0 \\ 0 & 2 & -1 \\ -3 & -2 & 3 \end{vmatrix}=5,$$

上述 4 阶行列式是按最后一列展开得到 3 阶行列式的．类似有

$$D_2=\begin{vmatrix} 2 & 2 & 0 & 0 \\ -1 & 0 & -1 & 0 \\ 0 & -3 & 2 & -1 \\ 0 & 3 & -1 & 2 \end{vmatrix}=0;$$

$$D_3=\begin{vmatrix} 2 & -1 & 2 & 0 \\ -1 & 2 & 0 & 0 \\ 0 & -1 & -3 & -1 \\ 0 & 0 & 3 & 2 \end{vmatrix}=-5;$$

$$D_4=\begin{vmatrix} 2 & -1 & 0 & 2 \\ -1 & 2 & -1 & 0 \\ 0 & -1 & 2 & -3 \\ 0 & 0 & -1 & 3 \end{vmatrix}=5.$$

于是

$$x_1=\frac{D_1}{D}=1, x_2=\frac{D_2}{D}=0, x_3=\frac{D_3}{D}=-1, x_4=\frac{D_4}{D}=1.$$

齐次线性方程组 在方程组 (1.11) 中,若右端项都为零,即

$$\begin{cases} a_{11}x_1+a_{12}x_2+\cdots+a_{1n}x_n=0 \\ a_{21}x_1+a_{22}x_2+\cdots+a_{2n}x_n=0 \\ \cdots\cdots \\ a_{n1}x_1+a_{n2}x_2+\cdots+a_{nn}x_n=0 \end{cases}, \tag{1.14}$$

称方程组(1.14)为 n 元齐次线性方程组.

显然,方程组(1.14)的解无条件地存在,因为 $x_1=x_2=\cdots=x_n=0$ 满足方程组 (1.14),称其为方程组 (1.14)的零解. 现在的问题是方程组(1.14)是否存在非零解. 根据克莱姆法则,可得到下列结论:

定理 1.6 若方程组(1.14)有非零解,则系数行列式 $D=0$.

事实上,系数行列式 $D=0$ 是齐次线性方程组有非零解的充分必要条件. 见第三章定理 3.15 的推论 2.

例 20 已知方程组

$$\begin{cases} (5-\lambda)x_1+2x_2+2x_3=0 \\ 2x_1+(6-\lambda)x_2=0 \\ 2x_1+(4-\lambda)x_3=0 \end{cases}$$

有非零解,则参数 λ 应取何值?

解 由于系数行列式是

$$\begin{aligned} D &= \begin{vmatrix} 5-\lambda & 2 & 2 \\ 2 & 6-\lambda & 0 \\ 2 & 0 & 4-\lambda \end{vmatrix} \\ &=(5-\lambda)(6-\lambda)(4-\lambda)-4(6-\lambda)-4(4-\lambda) \\ &=(5-\lambda)(6-\lambda)(4-\lambda)-40+8\lambda \\ &=(5-\lambda)[(6-\lambda)(4-\lambda)-8] \\ &=(5-\lambda)(2-\lambda)(8-\lambda), \end{aligned}$$

由定理 1.6,成立 $D=0$,即 $\lambda=5$,或 $\lambda=2$,或 $\lambda=8$.

习题一

1. 计算以下排列的逆序数,判别其奇偶性:

(1) 365412;

(2) 5173246;

(3) 7654321；

(4)$n(n-1)\cdots 21$；

(5)$135\cdots(2n-1)(2n)(2n-2)\cdots 42$．

2. 选择 i 与 k，使下列排列(1)成为奇排列，使(2)成为偶排列：

(1)$231i5k7$；

(2)$ik23567$．

3. 写出把排列 1356742 变换成排列 4132567 的对换．

4. 分别写出 4 阶行列式和 5 阶行列式中所有带有负号且包含因子 $a_{12}a_{23}$ 的项．

5. 按定义计算下列行列式的值：

(1)$\begin{vmatrix} 3 & 0 & 1 \\ 1 & -5 & 0 \\ 1 & 0 & -1 \end{vmatrix}$；

(2)$\begin{vmatrix} 2 & 0 & 0 & 1 \\ 1 & 0 & -1 & 0 \\ 0 & 1 & 2 & 0 \\ 0 & 3 & 0 & 4 \end{vmatrix}$；

(3)$\begin{vmatrix} 0 & 1 & 0 & \cdots & 0 \\ 0 & 0 & 2 & \cdots & 0 \\ \cdots & \cdots & \cdots & \cdots & \cdots \\ 0 & 0 & 0 & \cdots & n-1 \\ n & 0 & 0 & \cdots & 0 \end{vmatrix}$．

6. 按定义说明 n 阶行列式 $\begin{vmatrix} \lambda-a_{11} & -a_{12} & \cdots & -a_{1n} \\ -a_{21} & \lambda-a_{22} & \cdots & -a_{2n} \\ \vdots & \vdots & \vdots & \vdots \\ -a_{n1} & -a_{n2} & \cdots & \lambda-a_{nn} \end{vmatrix}$ 是一个关于 λ 的 n 次多项式，且其 $n-1$ 次项的系数为 $-(a_{11}+\cdots+a_{nn})$．

7. 按定义写出行列式 $\begin{vmatrix} 2x & x & 1 & 2 \\ 1 & x & 1 & -1 \\ 3 & 2 & x & 1 \\ 1 & 1 & 1 & x \end{vmatrix}$ 中 x^4 与 x^3 前的系数．

8. 试证：若一个 n 阶行列式中等于零的元素个数多于 n^2-n，则此行列式一定等于零．

9. 用 $b^{i-j}(b\neq 0)$ 乘以行列式 D 中每个元素 a_{ij}，$i,j=1,\cdots,n$，试证所得新行列式与 D 相等．

10. 计算下列行列式的值：

(1)$\begin{vmatrix} 1 & 2 \\ 6 & -3 \end{vmatrix}$；

(2)$|-2|$；

(3)$\begin{vmatrix} a+bi & b \\ i & a-bi \end{vmatrix}$，其中 $i=\sqrt{-1}$；

(4) $\begin{vmatrix} 2-\lambda & 3 \\ -1 & 1-\lambda \end{vmatrix}$;

(5) $\begin{vmatrix} \sin\theta & \cos\theta \\ -\cos\theta & \sin\theta \end{vmatrix}$;

(6) $\begin{vmatrix} \sin\theta & 0 & \cos\theta \\ 0 & 1 & 0 \\ -\cos\theta & 0 & \sin\theta \end{vmatrix}$;

(7) $\begin{vmatrix} 2 & 3 & 4 \\ 5 & -2 & 1 \\ 1 & 2 & 3 \end{vmatrix}$;

(8) $\begin{vmatrix} x & a & b \\ x^2 & a^2 & b^2 \\ a+b & x+b & x+a \end{vmatrix}$;

(9) $\begin{vmatrix} a & 0 & 0 & 0 \\ 0 & b & 0 & 0 \\ 0 & 0 & c & 0 \\ 0 & 0 & 0 & d \end{vmatrix}$;

(10) $\begin{vmatrix} 3 & 0 & 0 & 0 \\ 2 & -1 & 0 & 0 \\ 0 & 2 & 2 & 0 \\ 2 & -4 & 1 & -5 \end{vmatrix}$;

(11) $\begin{vmatrix} 3 & 2 & 0 & 0 \\ 2 & -1 & 0 & 0 \\ 0 & 2 & 2 & 1 \\ 2 & 4 & 1 & -5 \end{vmatrix}$;

(12) $\begin{vmatrix} 1 & 4 & 9 & 16 \\ 4 & 9 & 16 & 25 \\ 9 & 16 & 25 & 36 \\ 16 & 25 & 36 & 49 \end{vmatrix}$;

(13) $\begin{vmatrix} 3 & 0 & 3 & 1 \\ 2 & -1 & 2 & 5 \\ 0 & 2 & 0 & -4 \\ 2 & -4 & 2 & 3 \end{vmatrix}$;

(14) $\begin{vmatrix} x^2+1 & xy & xz \\ xy & y^2+1 & yz \\ xz & yz & z^2+1 \end{vmatrix}$.

11. 利用变换把下列行列式化至上三角行列式,进而计算出行列式的值:

(1) $\begin{vmatrix} 3 & 0 & 2 \\ -1 & 5 & 0 \\ 1 & 9 & 6 \end{vmatrix}$;

(2) $\begin{vmatrix} 2 & 1 & 4 & 1 \\ 3 & -1 & 2 & 1 \\ 1 & 2 & 3 & 2 \\ 5 & 0 & 6 & 2 \end{vmatrix}$;

(3) $\begin{vmatrix} 2 & 0 & -1 & 3 \\ 4 & 0 & 1 & -1 \\ -3 & 1 & 0 & 1 \\ 1 & 4 & 1 & 1 \end{vmatrix}$;

(4) $\begin{vmatrix} 1 & 1 & 1 & 1 \\ 1 & -i & -1 & i \\ 1 & -1 & 1 & -1 \\ 1 & i & -1 & -i \end{vmatrix}$,其中 i 是虚数单位.

12. 已知 n 阶行列式 D_n 的元素为

(1) $a_{ij}=\begin{cases} -1, & i>j \\ 1, & i\leqslant j \end{cases}$;

(2) $a_{ij}=\begin{cases} -1, & i>j \\ j, & i\leqslant j \end{cases}$,

计算 $n=2,3,4$ 时的行列式值,并推测一般 n 时 D_n 的值.

13. 利用展开定理,计算下列行列式的值:

(1) $\begin{vmatrix} 4 & 5 & 0 & 1 & 0 \\ 0 & 0 & 0 & 0 & 1 \\ 4 & 1 & 8 & 2 & 0 \\ 1 & 0 & 0 & 1 & 3 \\ 4 & 8 & 0 & 1 & -1 \end{vmatrix}$;

(2) $\begin{vmatrix} a & 0 & 0 & 1 \\ 0 & b & 0 & 0 \\ 0 & 0 & c & 0 \\ 1 & 0 & 0 & d \end{vmatrix}$;

(3) $\begin{vmatrix} a & 0 & \cdots & 0 & 1 \\ 0 & a & \cdots & 0 & 0 \\ \cdots & \cdots & \cdots & \cdots & \cdots \\ 0 & 0 & \cdots & a & 0 \\ 1 & 0 & \cdots & 0 & a \end{vmatrix}$;

(4) $\begin{vmatrix} 1-a & a & 0 & 0 & 0 \\ -1 & 1-a & a & 0 & 0 \\ 0 & -1 & 1-a & a & 0 \\ 0 & 0 & -1 & 1-a & a \\ 0 & 0 & 0 & -1 & 1-a \end{vmatrix}$;

$$(5)D_6=\begin{vmatrix} a & 0 & 0 & 0 & 0 & b \\ 0 & a & 0 & 0 & b & 0 \\ 0 & 0 & a & b & 0 & 0 \\ 0 & 0 & c & d & 0 & 0 \\ 0 & c & 0 & 0 & d & 0 \\ c & 0 & 0 & 0 & 0 & d \end{vmatrix};$$

$$D_{2n}=\begin{vmatrix} a & \cdots & 0 & 0 & \cdots & b \\ \cdots & \ddots & \cdots & \cdots & ⋰ & \cdots \\ 0 & \cdots & a & b & \cdots & 0 \\ 0 & \cdots & c & d & \cdots & 0 \\ \cdots & ⋰ & \cdots & \cdots & \ddots & \cdots \\ c & \cdots & 0 & 0 & \cdots & d \end{vmatrix}.$$

14. 若 n 阶行列式不等于零,那么它的所有 $n-1$ 阶子式能否都为零?所有 $n-2$ 阶子式能否都为零?为什么?

15. 能否将一个 r 阶行列式写成与其值相等的 $r+1$ 阶行列式?反之,一个 r 阶行列式能否写成与其值相等的 $r-1$ 阶行列式($r>1$)?

16. 计算下列行列式的值:

$$(1)\begin{vmatrix} 1+a & 1 & 1 & 1 \\ 1 & 1-a & 1 & 1 \\ 1 & 1 & 1+b & 1 \\ 1 & 1 & 1 & 1-b \end{vmatrix},ab\neq 0;$$

$$(2)\begin{vmatrix} -a_1 & a_1 & 0 & \cdots & 0 & 0 \\ 0 & -a_2 & a_2 & \cdots & 0 & 0 \\ \cdots & \cdots & \cdots & \cdots & \cdots & \cdots \\ 0 & 0 & 0 & \cdots & -a_n & a_n \\ 1 & 1 & 1 & \cdots & 1 & 1 \end{vmatrix};$$

$$(3)\begin{vmatrix} 1 & 3 & 3 & \cdots & 3 \\ 3 & 2 & 3 & \cdots & 3 \\ 3 & 3 & 3 & \cdots & 3 \\ \cdots & \cdots & \cdots & \cdots & \cdots \\ 3 & 3 & 3 & \cdots & n \end{vmatrix};$$

$$(4)\begin{vmatrix} 1 & 1 & 0 & 0 & 0 & 1 \\ x_1 & x_2 & 0 & 0 & 0 & x_3 \\ a_1 & b_1 & 1 & 1 & 1 & c_1 \\ a_2 & b_2 & x_1 & x_2 & x_3 & c_2 \\ a_3 & b_3 & x_1^2 & x_2^2 & x_3^2 & c_3 \\ x_1^2 & x_2^2 & 0 & 0 & 0 & x_3^2 \end{vmatrix}.$$

17.

(1)设 $D=\begin{vmatrix} a & b & c & d \\ c & b & d & a \\ d & b & c & a \\ a & b & d & c \end{vmatrix}$,求 $A_{14}+A_{24}+A_{34}+A_{44}$ 的值.

(2)设 $D=\begin{vmatrix} 2 & 2 & 3 \\ 1 & 1 & 2 \\ 2 & x & y \end{vmatrix}$. 其 $A_{11}+A_{12}+A_{13}=1$,求 D 的值.

(3)设 $D=\begin{vmatrix} 1 & 1 & 1 & 2 \\ 1 & 1 & -2 & 0 \\ 1 & 2 & 0 & -1 \\ 2 & -3 & 4 & 3 \end{vmatrix}$,求 $A_{41}+A_{42}+A_{43}+A_{44}$ 的值.

18.

(1)计算 $\begin{vmatrix} 2 & 2 & -1 & 3 \\ 4 & x^2-5 & -2 & 6 \\ -3 & 2 & -1 & x^2+1 \\ 3 & -2 & 1 & -2 \end{vmatrix}$;

(2)解关于未知量 x 的方程 $\begin{vmatrix} a_1-x & a_2 & \cdots & a_n \\ a_1 & a_2-x & \cdots & a_n \\ \cdots & \cdots & \cdots & \cdots \\ a_1 & a_2 & \cdots & a_n-x \end{vmatrix}=0.$

19. 证明下列结论:

(1) $\begin{vmatrix} ax+by & ay+bz & az+bx \\ ay+bz & az+bx & ax+by \\ az+bx & ax+by & ay+bz \end{vmatrix}=(a^3+b^3)\begin{vmatrix} x & y & z \\ y & z & x \\ z & x & y \end{vmatrix}$;

(2) $\begin{vmatrix} a^2 & (a+1)^2 & (a+2)^2 & (a+3)^2 \\ b^2 & (b+1)^2 & (b+2)^2 & (b+3)^2 \\ c^2 & (c+1)^2 & (c+2)^2 & (c+3)^2 \\ d^2 & (d+1)^2 & (d+2)^2 & (d+3)^2 \end{vmatrix}=0$;

(3) $\begin{vmatrix} 1 & 1 & 1 & 1 \\ a & b & c & d \\ a^2 & b^2 & c^2 & d^2 \\ a^3 & b^3 & c^3 & d^3 \end{vmatrix}=(a-b)(a-c)(a-d)(b-c)(b-d)(c-d)$;

(4) $\begin{vmatrix} a_1-b_1 & a_1-b_2 & \cdots & a_1-b_n \\ a_2-b_1 & a_2-b_2 & \cdots & a_2-b_n \\ \cdots & \cdots & \cdots & \cdots \\ a_n-b_1 & a_n-b_2 & \cdots & a_n-b_n \end{vmatrix}=0,(n\geqslant 3)$;

(5) $\begin{vmatrix} 0 & a & a-b & a-c & a-d \\ -a & 0 & b & b-c & b-d \\ b-a & -b & 0 & c & c-d \\ c-a & c-b & -c & 0 & d \\ d-a & d-b & d-c & -d & 0 \end{vmatrix}=0$;

(6) $D_n=\begin{vmatrix} x & -1 & 0 & \cdots & 0 & 0 \\ 0 & x & -1 & \cdots & 0 & 0 \\ \cdots & \cdots & \cdots & \cdots & \cdots & \cdots \\ 0 & 0 & 0 & \cdots & x & -1 \\ a_n & a_{n-1} & a_{n-2} & \cdots & a_2 & x+a_1 \end{vmatrix}=x^n+a_1x^{n-1}+\cdots+a_{n-1}x+a_n$;

(7) $\begin{vmatrix} a_0 & 1 & 1 & \cdots & 1 \\ 1 & a_1 & 0 & \cdots & 0 \\ 1 & 0 & a_2 & \cdots & 0 \\ \cdots & \cdots & \cdots & \cdots & \cdots \\ 1 & 0 & 0 & \cdots & a_n \end{vmatrix}=a_1a_2\cdots a_n\left(a_0-\sum_{i=1}^{n}\frac{1}{a_i}\right)$，其中 $a_i\neq 0, i=1,\cdots,n$.

20. 利用展开定理，

(1)建立三对角行列式的递推关系式，

$$D_n=\begin{vmatrix} a_1 & b_1 & 0 & 0 & \cdots & 0 & 0 & 0 \\ c_2 & a_2 & b_2 & 0 & \cdots & 0 & 0 & 0 \\ 0 & c_3 & a_3 & b_3 & \cdots & 0 & 0 & 0 \\ 0 & 0 & c_4 & a_4 & \cdots & 0 & 0 & 0 \\ \cdots & \cdots & \cdots & \cdots & \cdots & \cdots & \cdots & \cdots \\ 0 & 0 & 0 & 0 & \cdots & a_{n-2} & b_{n-2} & 0 \\ 0 & 0 & 0 & 0 & \cdots & c_{n-1} & a_{n-1} & b_{n-1} \\ 0 & 0 & 0 & 0 & \cdots & 0 & c_n & a_n \end{vmatrix};$$

(2)证明(利用归纳法)

$$D_n=\begin{vmatrix} a+b & 1 & 0 & \cdots & 0 & 0 \\ ab & a+b & 1 & \cdots & 0 & 0 \\ 0 & ab & a+b & \cdots & 0 & 0 \\ \cdots & \cdots & \cdots & \cdots & \cdots & \cdots \\ 0 & 0 & 0 & \cdots & a+b & 1 \\ 0 & 0 & 0 & \cdots & ab & a+b \end{vmatrix}=\frac{a^{n+1}-b^{n+1}}{a-b}, (a\neq b).$$

21. 利用范德蒙行列式的结论，计算下列行列式：

$$\begin{vmatrix} 1 & a & a^2 & \cdots & a^n \\ 1 & a-1 & (a-1)^2 & \cdots & (a-1)^n \\ \cdots & \cdots & \cdots & \cdots & \cdots \\ 1 & a-n & (a-n)^2 & \cdots & (a-n)^n \end{vmatrix}.$$

22. 计算下列行列式的值：

(1)$D=\begin{vmatrix} 1+a_1 & 1 & 1 & \cdots & 1 \\ 1 & 1+a_2 & 1 & \cdots & 1 \\ 1 & 1 & 1+a_3 & \cdots & 1 \\ \cdots & \cdots & \cdots & \cdots & \cdots \\ 1 & 1 & 1 & \cdots & 1+a_n \end{vmatrix}$,其中 $a_i\neq 0$.

(2)$D=\begin{vmatrix} b_n & \cdots & b_2 & b_1 & a_0 \\ 0 & \cdots & 0 & a_1 & c_1 \\ 0 & \cdots & a_2 & 0 & c_2 \\ \cdots & \cdots & \cdots & \cdots & \cdots \\ a_n & \cdots & 0 & 0 & c_n \end{vmatrix}$,其中 $a_i\neq 0$.

(3)$D=\begin{vmatrix} x & a_1 & a_2 & \cdots & a_n \\ a_1 & x & a_2 & \cdots & a_n \\ a_1 & a_2 & x & \cdots & a_n \\ \cdots & \cdots & \cdots & \cdots & \cdots \\ a_1 & a_2 & a_3 & \cdots & x \end{vmatrix}$.

(4)$D=\begin{vmatrix} x_1 & b_2 & \cdots & b_{n-1} & b_n \\ b_1 & x_2 & \cdots & b_{n-1} & b_n \\ \cdots & \cdots & \cdots & \cdots & \cdots \\ b_1 & b_2 & \cdots & x_{n-1} & b_n \\ b_1 & b_2 & \cdots & b_{n-1} & x_n \end{vmatrix}$,其中 $x_i\neq b_i$.

23. 证明下列结论：

(1)设 $b_{ij}=(a_{i1}+a_{i2}+\cdots+a_{in})-a_{ij}$,证明

$$\begin{vmatrix} b_{11} & b_{12} & \cdots & b_{1n} \\ b_{21} & b_{22} & \cdots & b_{2n} \\ \cdots & \cdots & \cdots & \cdots \\ b_{n1} & b_{n2} & \cdots & b_{nn} \end{vmatrix}=(-1)^{n-1}(n-1)\begin{vmatrix} a_{11} & a_{12} & \cdots & a_{1n} \\ a_{21} & a_{22} & \cdots & a_{2n} \\ \cdots & \cdots & \cdots & \cdots \\ a_{n1} & a_{n2} & \cdots & a_{nn} \end{vmatrix}.$$

(2)设 $D(t)=\begin{vmatrix} a_{11}+t & a_{12}+t & \cdots & a_{1n}+t \\ a_{21}+t & a_{22}+t & \cdots & a_{2n}+t \\ \cdots & \cdots & \cdots & \cdots \\ a_{n1}+t & a_{n2}+t & \cdots & a_{nn}+t \end{vmatrix}$,证明 $D(t)=D(0)+t\sum\limits_{i,j=1}^{n}A_{ij}$,其中 A_{ij} 是 $D(0)$的代数余子式.

(3)证明 $\begin{vmatrix} 1 & 1 & \cdots & 1 \\ 1 & C_2^1 & \cdots & C_n^1 \\ 1 & C_3^2 & \cdots & C_{n+1}^2 \\ \cdots & \cdots & \cdots & \cdots \\ 1 & C_n^{n-1} & \cdots & C_{2n-2}^{n-1} \end{vmatrix}=1$,其中 $C_n^k=\dfrac{n!}{k!\,(n-k)!}$是组合系数.

24. 用克莱姆法则计算下列方程组的解：

(1)$\begin{cases}5x_1-x_2=9\\3x_1-3x_2+x_3=20\\x_1+x_2+x_3=2\end{cases}$;

(2)$\begin{cases}2x_1+3x_2+x_3-x_4=2\\x_1+2x_2+5x_3+3x_4=5\\-x_1+3x_3+x_4=1\\x_1-x_2+x_3=-1\end{cases}$;

(3)$\begin{cases}x+y+z=a+b+c\\ax+by+cz=a^2+b^2+c^2\\bcx+acy+abz=3abc\end{cases}$,其中 a,b,c 是互不相等的数.

25. 当 λ 取何值时,下列方程能运用克莱姆法则求解,并写出此解:

$$\begin{cases}4x_1+\lambda x_2=b_1\\2x_1-x_2=b_2\end{cases}.$$

26. 设下列齐次方程组有非零解,则 λ,μ 应取何值,并求出其中一组非零解:

(1)$\begin{cases}(1-\lambda)x_1+2x_2=0\\3x_1+(2-\lambda)x_2=0\end{cases}$;

(2)$\begin{cases}(\lambda+1)x_1+x_2+x_3=0\\x_1+(\lambda+1)x_2+x_3=0\\x_1+x_2+(\lambda+1)x_3=0\end{cases}$;

(3)$\begin{cases}\lambda x_1+x_2+x_3=0\\x_1+\mu x_2+x_3=0\\x_1+2\mu x_2+x_3=0\end{cases}$;

(4)$\begin{cases}x_1+\lambda x_2+x_3=0\\x_1-x_2+x_3=0\\\lambda x_1+x_2+2x_3=0\end{cases}$.

进一步,若上述方程组(4)的右端改为 $\begin{pmatrix}2\\3\\2\end{pmatrix}$,则 λ 为何值时,方程组有唯一解?求其解.

27. 设水银密度 ρ 与温度 t 的关系为

$$\rho=a_0+a_1t+a_2t^2+a_3t^3.$$

由实验测得以下数据:

t:	0°	10°	20°	30°
ρ:	13.60	13.57	13.55	13.52

求出 $t=15^\circ$ 时水银密度(取小数两位).

28. 设多项式 $f(t)=a_0+a_1t+a_2t^2+\cdots+a_nt^n$,证明:若 $f(t)$ 有 $n+1$ 个互异零点,则

$$f(t)\equiv 0.$$

29. 证明:使一平面上三个点 (x_1,y_1),(x_2,y_2),(x_3,y_3) 位于同一直线上的充分必要条件是

$$\begin{vmatrix}x_1 & y_1 & 1\\x_2 & y_2 & 1\\x_3 & y_3 & 1\end{vmatrix}=0.$$

第二章

矩阵

矩阵是线性代数的研究对象和重要工具，许多理论问题和实际问题都可以用矩阵表示，并通过矩阵的研究得以解决.

本章主要介绍矩阵的概念、矩阵的运算、可逆矩阵、分块矩阵和矩阵的初等变换.

第一节　矩阵的概念

一、矩阵的概念

定义 2.1　由 $m\times n$ 个数 $a_{ij}(i=1,2,\cdots,m;j=1,2,\cdots,n)$ 排成的 m 行 n 列的矩形数表

$$\begin{pmatrix} a_{11} & a_{12} & \cdots & a_{1n} \\ a_{21} & a_{22} & \cdots & a_{2n} \\ \cdots & \cdots & \cdots & \cdots \\ a_{m1} & a_{m2} & \cdots & a_{mn} \end{pmatrix}, \tag{2.1}$$

称为 m 行 n 列**矩阵**，简称 $m\times n$ 矩阵．这 $m\times n$ 个数称为矩阵的元素，a_{ij} 表示矩阵的第 i 行第 j 列元素. 矩阵通常用大写字母 $A,B,C,\cdots$ 表示. 一个 $m\times n$ 矩阵 A 可以简记为 $A=(a_{ij})_{m\times n}$ 或 $A_{m\times n}$. 元素全部为实数的矩阵称为实矩阵，元素全部为复数的矩阵称为复矩阵. 本书中的矩阵除特别说明外，都指实矩阵.

特别地，当 $m=n$ 时，矩阵 A 称为 n 阶矩阵或 n 阶**方阵**. 从左上角到右下角元素的连线称为主对角线，其上的元素称为对角元素．从左下角到右上角元素的连线称为反对角线. 当 $m=1$ 时，表示只有一行的矩阵

$$A=(a_1 \quad a_2 \quad \cdots \quad a_n),$$

称为**行矩阵**(也称行向量). 当 $n=1$ 时，表示只有一列的矩阵

$$A=\begin{pmatrix} a_1 \\ a_2 \\ \vdots \\ a_m \end{pmatrix},$$

称为**列矩阵**(也称列向量). 而当 $m=n=1$ 时,矩阵便退化为一个数,括号可略去.

二、几种特殊的矩阵

元素全为 0 的矩阵,称为**零矩阵**. $m\times n$ 零矩阵记为 $O_{m\times n}$ 或简记为 O.

如果 n 阶矩阵 $A=(a_{ij})$ 中的元素满足条件:$a_{ij}=0\ (i\neq j)(i,j=1,2,\cdots,n)$,即除主对角线上的元素外,其余元素全为 0 的方阵,则称 A 为 n 阶**对角矩阵**,即

$$A=\begin{pmatrix} a_{11} & 0 & \cdots & 0 \\ 0 & a_{22} & \cdots & 0 \\ \cdots & \cdots & \cdots & \cdots \\ 0 & 0 & \cdots & a_{nn} \end{pmatrix}.$$

特别地,当所有主对角线上的元素全为常数 k 时,即

$$A=\begin{pmatrix} k & 0 & \cdots & 0 \\ 0 & k & \cdots & 0 \\ \cdots & \cdots & \cdots & \cdots \\ 0 & 0 & \cdots & k \end{pmatrix},$$

则称 A 为 n 阶**数量矩阵**;又若 $k=1$,即

$$A=\begin{pmatrix} 1 & 0 & \cdots & 0 \\ 0 & 1 & \cdots & 0 \\ \cdots & \cdots & \cdots & \cdots \\ 0 & 0 & \cdots & 1 \end{pmatrix},$$

则称 A 为 n 阶**单位矩阵**,记作 I_n 或简记为 I.

如果 n 阶矩阵 $A=(a_{ij})$ 中的元素满足条件:$a_{ij}=0(i>j)$,则称 A 为 n 阶**上三角矩阵**,即

$$A=\begin{pmatrix} a_{11} & a_{12} & \cdots & a_{1n} \\ 0 & a_{22} & \cdots & a_{2n} \\ \cdots & \cdots & \cdots & \cdots \\ 0 & 0 & \cdots & a_{nn} \end{pmatrix}.$$

如果 n 阶矩阵 $A=(a_{ij})$ 中的元素满足条件:$a_{ij}=0(i<j)$,则称 A 为 n 阶**下三角矩阵**,即

$$A=\begin{pmatrix} a_{11} & 0 & \cdots & 0 \\ a_{21} & a_{22} & \cdots & 0 \\ \cdots & \cdots & \cdots & \cdots \\ a_{n1} & a_{n2} & \cdots & a_{nn} \end{pmatrix}.$$

三、同型与相等

定义 2.2 设 $A=(a_{ij})$,$B=(b_{ij})$都为 $m\times n$ 矩阵,如果

$$a_{ij}=b_{ij}\ (i=1,2,\cdots,m;j=1,2,\cdots,n),$$

则称矩阵 A 与 B 相等,记作 $A=B$.

若两个矩阵行数相等,列数相等,则称它们是同型矩阵. 两个矩阵相等,当且仅当它们是同型矩阵且它们的对应元素都相等.

第二节 矩阵的基本运算

矩阵的用途广泛不是在于把一些数排成矩阵的形式，而是在于我们可以对它进行一些有实际意义的运算，从而使它成为进行理论研究和解决实际问题的有力工具．

一、矩阵的线性运算

1. 矩阵的加法

定义 2.3 两个 $m\times n$ 矩阵 $A=(a_{ij})$，$B=(b_{ij})$ 对应元素相加所得到的 $m\times n$ 矩阵，称为矩阵 A 与 B 的**和**，记作 $A+B$，即

$$A+B=(a_{ij}+b_{ij})_{m\times n}.$$

注意：只有当两个矩阵是同型矩阵时，这两个矩阵才能进行加法运算．

定义 2.4 矩阵 $A=(a_{ij})_{m\times n}$ 的各元素都变号后得到的矩阵，称为矩阵 A 的**负矩阵**，记作 $-A$，即

$$-A=(-a_{ij})_{m\times n}.$$

根据矩阵加法和负矩阵的概念，可以定义矩阵的减法：减去一个矩阵相当于加上这个矩阵的负矩阵，即

$$A-B=A+(-B)=(a_{ij}-b_{ij})_{m\times n}.$$

2. 数与矩阵的乘法

定义 2.5 以数 k 乘矩阵 $A=(a_{ij})_{m\times n}$ 的每一个元素所得到的矩阵，称为数 k 与矩阵 A 的乘法（简称数乘），记作 kA 或 Ak，即

$$kA=Ak=(ka_{ij})_{m\times n}.$$

矩阵 $A=(a_{ij})_{m\times n}$ 的负矩阵实质上是数 -1 与矩阵 A 的乘积. 因此，$-A=(-1)A$.

矩阵的加法和数乘统称为矩阵的线性运算. 矩阵的线性运算满足如下规律：

(1) $A+B=B+A$；

(2) $(A+B)+C=A+(B+C)$；

(3) $A+O=A$；

(4) $A+(-A)=O$；

(5) $k(A+B)=kA+kB$；

(6) $(k+l)A=kA+lA$；

(7) $klA=k(lA)=l(kA)$；

(8) $1A=A$.

其中，A，B，C 均为同型矩阵，k，l 为常数．

二、矩阵与矩阵的乘法

定义 2.6 设 $A=(a_{ij})$ 为一个 $m\times s$ 矩阵，$B=(b_{ij})$ 为一个 $s\times n$ 矩阵，规定矩阵 A 与矩阵 B 的乘积为一个 $m\times n$ 矩阵 $C=(c_{ij})$，其中，

$$\begin{aligned} c_{ij} &= a_{i1}b_{1j}+a_{i2}b_{2j}+\cdots+a_{is}b_{sj} \\ &= \sum_{k=1}^{s} a_{ik}b_{kj}\,(i=1,2,\cdots,m;j=1,2,\cdots,n), \end{aligned}$$

并把此乘积记作 $C=AB$.

注意:(1)只有当左矩阵 A 的列数等于右矩阵 B 的行数时,AB 乘积才有意义,否则不能相乘.(2)AB 有意义时,它的行数等于左矩阵 A 的行数,它的列数等于右矩阵 B 的列数,并且它的第 i 行第 j 列元素等于左矩阵 A 的第 i 行元素与右矩阵 B 的第 j 列对应元素的乘积之和,可以直观地表示如下:

$$\begin{pmatrix} a_{11} & a_{12} & \cdots & a_{1s} \\ \cdots & \cdots & \cdots & \cdots \\ \boxed{a_{i1} \quad a_{i2} \quad \cdots \quad a_{is}} \\ \cdots & \cdots & \cdots & \cdots \\ a_{m1} & a_{m2} & \cdots & a_{ms} \end{pmatrix} \begin{pmatrix} b_{11} & \cdots & b_{1j} & \cdots & b_{1n} \\ b_{21} & \cdots & b_{2j} & \cdots & b_{2n} \\ \cdots & \cdots & \cdots & \cdots & \cdots \\ b_{s1} & \cdots & b_{sj} & \cdots & b_{sn} \end{pmatrix} = \begin{pmatrix} c_{11} & \cdots & c_{1j} & \cdots & c_{1n} \\ \cdots & \cdots & \cdots & \cdots & \cdots \\ c_{i1} & \cdots & \boxed{c_{ij}} & \cdots & c_{in} \\ \cdots & \cdots & \cdots & \cdots & \cdots \\ c_{m1} & \cdots & c_{mj} & \cdots & c_{mn} \end{pmatrix},$$

其中,

$$c_{ij}=(a_{i1} \quad a_{i2} \quad \cdots \quad a_{is}) \begin{pmatrix} b_{1j} \\ b_{2j} \\ \vdots \\ b_{sj} \end{pmatrix} = a_{i1}b_{1j}+a_{i2}b_{2j}+\cdots+a_{is}b_{sj}$$

$$=\sum_{k=1}^{s} a_{ik}b_{kj} \quad (i=1,2,\cdots,m;j=1,2,\cdots,n).$$

例 1 设矩阵

$$A=\begin{pmatrix} 1 & 2 & 0 & 1 \\ 2 & 1 & 3 & 4 \end{pmatrix}, B=\begin{pmatrix} 1 & 0 & -1 \\ 0 & 1 & 2 \\ 2 & -1 & 0 \\ -1 & 3 & -2 \end{pmatrix},$$

求 AB 和 BA.

解

$$AB=\begin{pmatrix} 1 & 2 & 0 & 1 \\ 2 & 1 & 3 & 4 \end{pmatrix} \begin{pmatrix} 1 & 0 & -1 \\ 0 & 1 & 2 \\ 2 & -1 & 0 \\ -1 & 3 & -2 \end{pmatrix}$$

$$=\begin{pmatrix} 1\times1+2\times0+0\times2+1\times(-1) & \cdots \\ 2\times1+1\times0+3\times2+4\times(-1) & \cdots \end{pmatrix} = \begin{pmatrix} 0 & 5 & 1 \\ 4 & 10 & -8 \end{pmatrix}.$$

BA 无意义.

例 2 设矩阵

$$A=\begin{pmatrix} 2 & -4 \\ -1 & 2 \end{pmatrix}, B=\begin{pmatrix} 2 & 4 \\ 3 & 6 \end{pmatrix},$$

求 AB 和 BA.

解

$$AB=\begin{pmatrix} 2 & -4 \\ -1 & 2 \end{pmatrix} \begin{pmatrix} 2 & 4 \\ 3 & 6 \end{pmatrix} = \begin{pmatrix} -8 & -16 \\ 4 & 8 \end{pmatrix},$$

$$BA=\begin{pmatrix} 2 & 4 \\ 3 & 6 \end{pmatrix} \begin{pmatrix} 2 & -4 \\ -1 & 2 \end{pmatrix} = \begin{pmatrix} 0 & 0 \\ 0 & 0 \end{pmatrix}.$$

由以上两例可见，两个矩阵 A，B 相乘，当 AB 有意义时，BA 不一定有意义；即使 AB 和 BA 都有意义，AB 与 BA 也不一定相等. 因此，矩阵的乘法不满足交换律．但也有特殊情况，如对 n 阶矩阵 A 和数量矩阵 kI_n，满足 $kI_nA=AkI_n=kA$. 从例 2 我们还可以看到，两个非零矩阵的乘积可能是零矩阵．因此，当已知 $AB=O$ 时，一般不能推出 $A=O$ 或 $B=O$ 的结论，即矩阵乘法不满足零因子律.

例 3 已知矩阵

$$A=\begin{pmatrix}1 & 2\\ 2 & 4\end{pmatrix},B=\begin{pmatrix}1 & 3\\ -2 & -1\end{pmatrix},C=\begin{pmatrix}-7 & 5\\ 2 & -2\end{pmatrix},$$

求证：$AB=AC$.

证明

$$AB=\begin{pmatrix}1 & 2\\ 2 & 4\end{pmatrix}\begin{pmatrix}1 & 3\\ -2 & -1\end{pmatrix}=\begin{pmatrix}-3 & 1\\ -6 & 2\end{pmatrix},$$

$$AC=\begin{pmatrix}1 & 2\\ 2 & 4\end{pmatrix}\begin{pmatrix}-7 & 5\\ 2 & -2\end{pmatrix}=\begin{pmatrix}-3 & 1\\ -6 & 2\end{pmatrix},$$

所以 $AB=AC$.

由此可见，即使 $AB=AC$，且 $A\neq O$，也不能简单地在等式两边约去矩阵 A，而推出 $B=C$ 的结论，即矩阵乘法不满足消去律. 所以矩阵的乘法有别于一般数的乘法，应引起初学者注意.

但矩阵乘法满足以下运算规律：

(1)结合律 $A(BC)=(AB)C$；

(2)分配律 $A(B+C)=AB+AC$，

$(B+C)A=BA+CA$；

(3) $k(AB)=(kA)B=A(kB)$；

(4) $IA=A,AI=A$；

其中，有关矩阵均假定可以进行有关运算，k 为一个常数．

证明 这里只证(1)，其余由读者自己证明．

设 $A=(a_{ij})_{m\times s}$，$B=(b_{ij})_{s\times t}$，$C=(c_{ij})_{t\times n}$，若记 $AB=D=(d_{ij})_{m\times t}$，$BC=T=(t_{ij})_{s\times n}$，则

$$d_{ij}=\sum_{k=1}^{s}a_{ik}b_{kj}\quad(i=1,2,\cdots,m;j=1,2,\cdots,t),$$

$$t_{ij}=\sum_{l=1}^{t}b_{il}c_{lj}\quad(i=1,2,\cdots,s;j=1,2,\cdots,n).$$

若记 $A(BC)=R=(r_{ij})_{m\times n}$，$(AB)C=W=(w_{ij})_{m\times n}$，则

$$\begin{aligned}r_{ij}&=\sum_{k=1}^{s}a_{ik}t_{kj}=\sum_{k=1}^{s}a_{ik}(\sum_{l=1}^{t}b_{kl}c_{lj})\\&=\sum_{k=1}^{s}\sum_{l=1}^{t}a_{ik}b_{kl}c_{lj},\\w_{ij}&=\sum_{l=1}^{t}d_{il}c_{lj}=\sum_{l=1}^{t}(\sum_{k=1}^{s}a_{ik}b_{kl})c_{lj}\\&=\sum_{k=1}^{s}\sum_{l=1}^{t}a_{ik}b_{kl}c_{lj}.\end{aligned}$$

所以

$$r_{ij}=w_{ij}=\sum_{k=1}^{s}\sum_{l=1}^{t}a_{ik}b_{kl}c_{lj}\quad (i=1,2,\cdots,m;j=1,2,\cdots,n),$$

即 $R=W$，亦即 $A(BC)=(AB)C$. ■

例 4 设变量 $y_1,y_2,\cdots,y_m$ 与变量 $x_1,x_2,\cdots,x_n$ 之间有如下线性关系：

$$\begin{cases}y_1=a_{11}x_1+a_{12}x_2+\cdots+a_{1n}x_n\\ y_2=a_{21}x_1+a_{22}x_2+\cdots+a_{2n}x_n\\ \qquad\cdots\cdots\\ y_m=a_{m1}x_1+a_{m2}x_2+\cdots+a_{mn}x_n\end{cases},\tag{2.2}$$

而变量 $x_1,x_2,\cdots,x_n$ 与变量 $t_1,t_2,\cdots,t_s$ 之间有如下线性关系：

$$\begin{cases}x_1=b_{11}t_1+b_{12}t_2+\cdots+b_{1s}t_s\\ x_2=b_{21}t_1+b_{22}t_2+\cdots+b_{2s}t_s\\ \qquad\cdots\cdots\\ x_n=b_{n1}t_1+b_{n2}t_2+\cdots+b_{ns}t_s\end{cases},\tag{2.3}$$

求变量 $y_1,y_2,\cdots,y_m$ 与变量 $t_1,t_2,\cdots,t_s$ 之间的线性关系.

解 如果记

$$A=\begin{pmatrix}a_{11}&a_{12}&\cdots&a_{1n}\\a_{21}&a_{22}&\cdots&a_{2n}\\\cdots&\cdots&\cdots&\cdots\\a_{m1}&a_{m2}&\cdots&a_{mn}\end{pmatrix},Y=\begin{pmatrix}y_1\\y_2\\\vdots\\y_m\end{pmatrix},X=\begin{pmatrix}x_1\\x_2\\\vdots\\x_n\end{pmatrix},$$

$$B=\begin{pmatrix}b_{11}&b_{12}&\cdots&b_{1s}\\b_{21}&b_{22}&\cdots&b_{2s}\\\cdots&\cdots&\cdots&\cdots\\b_{n1}&b_{n2}&\cdots&b_{ns}\end{pmatrix},T=\begin{pmatrix}t_1\\t_2\\\vdots\\t_s\end{pmatrix},$$

则(2.2)式和(2.3)式可以分别写成如下的矩阵形式：

$$Y=AX,\quad X=BT.$$

将后式代入前式可得

$$Y=AX=A(BT)=(AB)T.$$

若记

$$AB=C=\begin{pmatrix}c_{11}&c_{12}&\cdots&c_{1s}\\c_{21}&c_{22}&\cdots&c_{2s}\\\cdots&\cdots&\cdots&\cdots\\c_{m1}&c_{m2}&\cdots&c_{ms}\end{pmatrix},$$

于是，就可以得到变量 $y_1,y_2,\cdots,y_m$ 与变量 $t_1,t_2,\cdots,t_s$ 之间的线性关系：

$$\begin{cases}y_1=c_{11}t_1+c_{12}t_2+\cdots+c_{1s}t_s\\ y_2=c_{21}t_1+c_{22}t_2+\cdots+c_{2s}t_s\\ \qquad\cdots\cdots\\ y_m=c_{m1}t_1+c_{m2}t_2+\cdots+c_{ms}t_s\end{cases}.$$

三、方阵的幂与多项式

如前所述，并非任何两个矩阵都可以相加和相乘，但对于两个 n 阶方阵，它们的加法和乘法都有意义，而且运算的结果仍为 n 阶方阵.

定义 2.7 设 A 为 n 阶方阵，k 为正整数，则 k 个 A 的连乘积称为方阵 A 的 k 次幂，记作 A^k，即

$$A^k=\underbrace{AA\cdots A}_{k个}.$$

一般规定 $A^0=I(A\neq O)$.

方阵的幂具有以下性质：

性质 1 $A^kA^l=A^{k+l}$；

性质 2 $(A^k)^l=A^{kl}$；

其中，A 为 n 阶方阵，k,l 为正整数.

如果 n 阶方阵 A 满足条件 $A^2=A$，则称 A 为 n 阶**幂等矩阵**.

例如，$A=\begin{pmatrix}1&1\\0&0\end{pmatrix}$为一个 2 阶幂等矩阵.

如果 n 阶方阵 A 满足条件 $A^k=O$(k 为正整数)，则称 A 为 n 阶**幂零矩阵**.

例 5 已知矩阵 $A=\begin{pmatrix}0&1&0&0\\0&0&1&0\\0&0&0&0\\0&0&0&0\end{pmatrix}$，求证：$A$ 为幂零矩阵.

证明

$$A^2=AA=\begin{pmatrix}0&1&0&0\\0&0&1&0\\0&0&0&0\\0&0&0&0\end{pmatrix}\begin{pmatrix}0&1&0&0\\0&0&1&0\\0&0&0&0\\0&0&0&0\end{pmatrix}=\begin{pmatrix}0&0&1&0\\0&0&0&0\\0&0&0&0\\0&0&0&0\end{pmatrix},$$

$$A^3=A^2A=\begin{pmatrix}0&0&1&0\\0&0&0&0\\0&0&0&0\\0&0&0&0\end{pmatrix}\begin{pmatrix}0&1&0&0\\0&0&1&0\\0&0&0&0\\0&0&0&0\end{pmatrix}=\begin{pmatrix}0&0&0&0\\0&0&0&0\\0&0&0&0\\0&0&0&0\end{pmatrix},$$

即 $A^3=O$. 所以 A 为 4 阶幂零矩阵.

由于矩阵的乘法一般不满足交换律，所以对于两个 n 阶方阵 A,B，一般来说

$$(AB)^k\neq A^kB^k.$$

例 6 设矩阵

$$A=\begin{pmatrix}1&1\\-1&0\end{pmatrix},B=\begin{pmatrix}1&-1\\-1&1\end{pmatrix},$$

求$(AB)^2$ 与 A^2B^2.

解

$$AB=\begin{pmatrix}1&1\\-1&0\end{pmatrix}\begin{pmatrix}1&-1\\-1&1\end{pmatrix}=\begin{pmatrix}0&0\\-1&1\end{pmatrix},$$

$$(AB)^2=\begin{pmatrix}0&0\\-1&1\end{pmatrix}^2=\begin{pmatrix}0&0\\-1&1\end{pmatrix},$$

$$A^2=\begin{pmatrix}1&1\\-1&0\end{pmatrix}^2=\begin{pmatrix}0&1\\-1&-1\end{pmatrix},$$

$$B^2=\begin{pmatrix}1 & -1\\ -1 & 1\end{pmatrix}^2=\begin{pmatrix}2 & -2\\ -2 & 2\end{pmatrix},$$

$$A^2B^2=\begin{pmatrix}0 & 1\\ -1 & -1\end{pmatrix}\begin{pmatrix}2 & -2\\ -2 & 2\end{pmatrix}=\begin{pmatrix}-2 & 2\\ 0 & 0\end{pmatrix},$$

可见$(AB)^2\neq A^2B^2$.

例 7 已知A,B为n阶方阵,且满足$A^2=A,B^2=B,(A-B)^2=A+B$,证明

$$AB=BA=0.$$

证明 由$(A-B)^2=A^2-AB-BA+B^2=A+B$,得

$$AB=-BA. \tag{2.4}$$

在式(2.4)两边左乘A,得$A^2B=-ABA$,即$AB=-ABA$.

在式(2.4)两边右乘A,得$ABA=-BA^2$,即$ABA=-BA$.

从而命题得证.

四、矩阵的转置

定义 2.8 把一个$m\times n$矩阵A的行换成同序数的列而得到的$n\times m$矩阵,称为矩阵A的**转置矩阵**,记作A^T或A',即若

$$A=\begin{pmatrix}a_{11} & a_{12} & \cdots & a_{1n}\\ a_{21} & a_{22} & \cdots & a_{2n}\\ \cdots & \cdots & \cdots & \cdots\\ a_{m1} & a_{m2} & \cdots & a_{mn}\end{pmatrix},$$

则

$$A^T=\begin{pmatrix}a_{11} & a_{21} & \cdots & a_{m1}\\ a_{12} & a_{22} & \cdots & a_{m2}\\ \cdots & \cdots & \cdots & \cdots\\ a_{1n} & a_{2n} & \cdots & a_{mn}\end{pmatrix}.$$

例如,矩阵

$$A=\begin{pmatrix}1 & 2 & 3\\ 4 & 5 & 6\end{pmatrix}$$

的转置矩阵就是

$$A^T=\begin{pmatrix}1 & 4\\ 2 & 5\\ 3 & 6\end{pmatrix}.$$

矩阵的转置具有以下性质:

性质 1 $(A^T)^T=A$;

性质 2 $(A+B)^T=A^T+B^T$;

性质 3 $(kA)^T=kA^T$;

性质 4 $(AB)^T=B^TA^T$;

其中,有关矩阵均假定可以进行有关的运算,k为一个常数.

证明 这里我们仅证明性质 4,其余由读者自己证明.

设 $A=(a_{ij})_{m\times s}$，$B=(b_{ij})_{s\times n}$，则 AB 为 $m\times n$ 矩阵，B^T 为 $n\times s$ 矩阵，A^T 为 $s\times m$ 矩阵，所以 $(AB)^T$ 与 B^TA^T 均为 $n\times m$ 矩阵．若记 $(AB)^T=C=(c_{ij})_{n\times m}$，$B^TA^T=D=(d_{ij})_{n\times m}$，则矩阵 C 的第 i 行第 j 列元素 c_{ij} 就是矩阵 AB 的第 j 行第 i 列元素，也就是矩阵 A 的第 j 行元素与矩阵 B 的第 i 列对应元素的乘积之和，即

$$c_{ij}=a_{j1}b_{1i}+a_{j2}b_{2i}+\cdots+a_{js}b_{si}=\sum_{k=1}^{s}a_{jk}b_{ki}.$$

矩阵 D 的第 i 行第 j 列元素 d_{ij} 就是矩阵 B^T 的第 i 行元素与矩阵 A^T 的第 j 列对应元素的乘积之和，也就是矩阵 B 的第 i 列元素与矩阵 A 第 j 行对应元素的乘积之和，即

$$d_{ij}=b_{1i}a_{j1}+b_{2i}a_{j2}+\cdots+b_{si}a_{js}=\sum_{k=1}^{s}b_{ki}a_{jk}=\sum_{k=1}^{s}a_{jk}b_{ki},$$

可见 $c_{ij}=d_{ij}\ (i=1,2,\cdots,n;j=1,2,\cdots,m)$．所以 $C=D$，即

$$(AB)^T=B^TA^T.$$ ■

例 8 已知矩阵

$$A=\begin{pmatrix}2&0&-1\\1&3&2\end{pmatrix},B=\begin{pmatrix}1&7&-1\\4&2&3\\2&0&1\end{pmatrix},$$

求 $(AB)^T$．

解法一 因为

$$AB=\begin{pmatrix}2&0&-1\\1&3&2\end{pmatrix}\begin{pmatrix}1&7&-1\\4&2&3\\2&0&1\end{pmatrix}=\begin{pmatrix}0&14&-3\\17&13&10\end{pmatrix},$$

所以

$$(AB)^T=\begin{pmatrix}0&17\\14&13\\-3&10\end{pmatrix}.$$

解法二

$$(AB)^T=B^TA^T=\begin{pmatrix}1&4&2\\7&2&0\\-1&3&1\end{pmatrix}\begin{pmatrix}2&1\\0&3\\-1&2\end{pmatrix}=\begin{pmatrix}0&17\\14&13\\-3&10\end{pmatrix}.$$

性质 4 可以推广到有限个矩阵连乘的情况，即

$$(A_1A_2\cdots A_k)^T=A_k^T\cdots A_2^TA_1^T.$$

例 9 n 阶方阵 $A=(a_{ij})_{n\times n}$ 的对角元素 $a_{ii}\ (i=1,2,\cdots,n)$ 之和，称为方阵 A 的**迹**，记作 $tr(A)$，即

$$tr(A)=a_{11}+a_{22}+\cdots+a_{nn}=\sum_{i=1}^{n}a_{ii}.$$

求证：如果 n 阶矩阵 A 对于任意的 n 阶矩阵 B，都有 $tr(AB)=0$，则 $A=O$.

证明 设 n 阶矩阵 $A=(a_{ij})_{n\times n}$．若取 $B=A^T$，且记 $AA^T=C=(c_{ij})_{n\times n}$，则

$$c_{ij}=\sum_{k=1}^{n}a_{ik}a_{jk}\quad(i,j=1,2,\cdots,n).$$

于是

$$tr(AB)=tr(AA^T)=tr(C)=\sum_{i=1}^{n}c_{ii}$$
$$=\sum_{i=1}^{n}\sum_{k=1}^{n}a_{ik}a_{ik}=\sum_{i=1}^{n}\sum_{k=1}^{n}a_{ik}^2.$$

若 $tr(AB)=0$，即有 $\sum_{i=1}^{n}\sum_{k=1}^{n}a_{ik}^2=0$. 所以 $a_{ik}=0(i,k=1,2,\cdots,n)$，即 $A=O$.

设 $f(x)=a_mx^m+a_{m-1}x^{m-1}+\cdots+a_1x+a_0$ 为关于变量 x 的 m 次多项式，其中，m 为正整数，$a_0,a_1,\cdots,a_m$ 均为常数．设 A 为 n 阶矩阵，I 为 n 阶单位阵，则

$$f(A)=a_mA^m+a_{m-1}A^{m-1}+\cdots+a_1A+a_0I$$

称为矩阵 A 的 m 次**多项式**.

例 10 设多项式 $f(x)=x^3-6x^2+3x-2$，矩阵 $B=\begin{pmatrix}1\\2\\3\end{pmatrix}$，$C=(1\quad -2\quad 3)$，记矩阵 $A=BC$，求矩阵 A 的多项式 $f(A)$.

解

$$A=BC=\begin{pmatrix}1\\2\\3\end{pmatrix}(1\quad -2\quad 3)=\begin{pmatrix}1&-2&3\\2&-4&6\\3&-6&9\end{pmatrix},$$

$$CB=(1\quad -2\quad 3)\begin{pmatrix}1\\2\\3\end{pmatrix}=6,$$

$$A^k=(BC)^k=B(CB)^{k-1}C=6^{k-1}BC=6^{k-1}A.$$

因为 $f(x)=x^3-6x^2+3x-2$，所以

$$f(A)=A^3-6A^2+3A-2I=6^2A-6\times 6A+3A-2I$$
$$=3A-2I=3\begin{pmatrix}1&-2&3\\2&-4&6\\3&-6&9\end{pmatrix}-\begin{pmatrix}2&0&0\\0&2&0\\0&0&2\end{pmatrix}=\begin{pmatrix}1&-6&9\\6&-14&18\\9&-18&25\end{pmatrix}.$$

注意：矩阵高阶幂的求解是线性代数中的一个重要问题。对一些特殊结构的矩阵，可以利用矩阵乘法的结合律来求解矩阵高阶幂。

例 11 设 $\alpha=(1,0,-1)^T$，矩阵 $A=\alpha\alpha^T$，求 A^n.

解 因为

$$A=\alpha\alpha^T=\begin{pmatrix}1\\0\\-1\end{pmatrix}(1\quad 0\quad -1)=\begin{pmatrix}1&0&-1\\0&0&0\\-1&0&1\end{pmatrix},$$

$$\alpha^T\alpha=(1\quad 0\quad -1)\begin{pmatrix}1\\0\\-1\end{pmatrix}=2,$$

所以可得

$$A^n=(\alpha\alpha^T)^n=\alpha(\alpha^T\alpha)^{n-1}\alpha^T=2^{n-1}\alpha\alpha^T=2^{n-1}\begin{pmatrix}1&0&-1\\0&0&0\\-1&0&1\end{pmatrix}.$$

如果 n 阶矩阵 A 满足条件：$A^T=A$，则称 A 为 n 阶**对称矩阵**.

由对称矩阵所满足的条件可得：方阵 $A=(a_{ij})_{n\times n}$ 为对称矩阵的充分必要条件是 $a_{ij}=a_{ji}$ $(i,j=1,2,\cdots,n)$.

例如，

$$A=\begin{pmatrix}1 & 0 & -3\\ 0 & 2 & 5\\ -3 & 5 & 0\end{pmatrix}$$

为一个对称矩阵，其元素关于 A 的主对角线对称.

设 A 为 $m\times n$ 矩阵，则 A^TA 和 AA^T 均为对称矩阵.

如果 n 阶矩阵 A 满足条件：$A^T=-A$，则称 A 为 n 阶**反对称矩阵**.

由反对称矩阵所满足的条件可得：方阵 $A=(a_{ij})_{n\times n}$ 为反对称矩阵的充分必要条件是 $a_{ij}=-a_{ji}(i,j=1,2,\cdots,n)$. 因此，反对称矩阵的主对角元素均为零.

例如

$$A=\begin{pmatrix}0 & 1 & 2 & 3\\ -1 & 0 & -3 & 4\\ -2 & 3 & 0 & 5\\ -3 & -4 & -5 & 0\end{pmatrix}$$

为一个 4 阶反对称矩阵.

如果 A,B 为同阶对称（反对称）矩阵，k 为常数，则可以验证 $A+B,kA$ 仍为对称（反对称）矩阵，而 AB 不一定为对称（反对称）矩阵.

性质　设 A 为 n 阶方阵，则 $A+A^T$ 为对称矩阵，$A-A^T$ 为反对称矩阵.

五、方阵的行列式

定义 2.9　由 n 阶方阵 A 的元素按原来的位置所构成的行列式，称为方阵 A 的行列式，记作 $|A|$ 或 $\det A$，即如果

$$A=\begin{pmatrix}a_{11} & a_{12} & \cdots & a_{1n}\\ a_{21} & a_{22} & \cdots & a_{2n}\\ \cdots & \cdots & \cdots & \cdots\\ a_{n1} & a_{n2} & \cdots & a_{nn}\end{pmatrix},$$

则

$$|A|=\begin{vmatrix}a_{11} & a_{12} & \cdots & a_{1n}\\ a_{21} & a_{22} & \cdots & a_{2n}\\ \cdots & \cdots & \cdots & \cdots\\ a_{n1} & a_{n2} & \cdots & a_{nn}\end{vmatrix}.$$

有时把矩阵 $A=(a_{ij})$ 的行列式也记作 $|(a_{ij})|$.

注意：n 阶方阵 A 与它的行列式 $|A|$ 是完全不同的两个概念，n 阶方阵 A 为 n^2 个数排列成的一个正方形数表，而 $|A|$ 为 $n!$ 项的代数和，代表一个与 A 对应的数.

方阵的行列式具有以下性质：

性质 1　$|A^T|=|A|$；

性质 2 $|kA|=k^n|A|$；

性质 3 $|AB|=|A||B|$；

其中，A,B 均为 n 阶方阵，k 为一个常数.

性质 1,2 很容易证明，性质 3 的证明较烦琐，这里从略.

例 12 已知矩阵

$$A=\begin{pmatrix}1 & 2\\ 3 & 4\end{pmatrix},B=\begin{pmatrix}2 & -5\\ 3 & 4\end{pmatrix},$$

求$|AB|$.

解法一 因为

$$AB=\begin{pmatrix}1 & 2\\ 3 & 4\end{pmatrix}\begin{pmatrix}2 & -5\\ 3 & 4\end{pmatrix}=\begin{pmatrix}8 & 3\\ 18 & 1\end{pmatrix},$$

所以

$$|AB|=\begin{vmatrix}8 & 3\\ 18 & 1\end{vmatrix}=-46.$$

解法二

$$|AB|=|A||B|=\begin{vmatrix}1 & 2\\ 3 & 4\end{vmatrix}\begin{vmatrix}2 & -5\\ 3 & 4\end{vmatrix}=-2\times 23=-46.$$

由性质 3 可知，对于 n 阶方阵 A,B，一般来说 $AB\neq BA$，但是$|AB|=|BA|$总成立.

性质 3 可以推广到有限个 n 阶方阵连乘的情况，即

$$|A_1A_2\cdots A_k|=|A_1||A_2|\cdots|A_k|.$$

第三节 可逆矩阵

引进了矩阵及其运算以后，我们可以把 n 元线性方程组

$$\begin{cases}a_{11}x_1+a_{12}x_2+\cdots+a_{1n}x_n=b_1\\ a_{21}x_1+a_{22}x_2+\cdots+a_{2n}x_n=b_2\\ \cdots\cdots\\ a_{n1}x_1+a_{n2}x_2+\cdots+a_{nn}x_n=b_n\end{cases}\tag{2.5}$$

写成如下矩阵形式

$$AX=B,\tag{2.5$'$}$$

其中，

$$A=\begin{pmatrix}a_{11} & a_{12} & \cdots & a_{1n}\\ a_{21} & a_{22} & \cdots & a_{2n}\\ \cdots & \cdots & \cdots & \cdots\\ a_{n1} & a_{n2} & \cdots & a_{nn}\end{pmatrix},X=\begin{pmatrix}x_1\\ x_2\\ \vdots\\ x_n\end{pmatrix},B=\begin{pmatrix}b_1\\ b_2\\ \vdots\\ b_n\end{pmatrix}.$$

于是将求方程组(2.5)的解转化为求相应的矩阵方程(2.5′)的未知矩阵 X.

对于一元线性方程 $ax=b$，当数 $a\neq 0$ 时，必存在其倒数 a^{-1} 使得 $a^{-1}a=aa^{-1}=1$.于是，在该方程的两边同乘 a^{-1}，即可求得方程的解 $x=a^{-1}b$.

类似地，对于矩阵方程(2.5′)，若存在一个 n 阶矩阵 C，使得 $CA=AC=I$，则在方程(2.5′)的两边同时左乘矩阵 C，即可求得未知矩阵 $X=CB$.

因此，对于一个 n 阶矩阵 A，是否存在一个 n 阶矩阵 C，使得 $AC=CA=I$？如果这样的矩阵 C 存在，如何求出它？这是本节讨论的主要内容．

一、逆矩阵的概念

定义 2.10 设 A 为一个 n 阶方阵，如果存在一个 n 阶方阵 B，使得

$$AB=BA=I,$$

则称方阵 A 为**可逆矩阵**，或称 A 可逆，并且称 B 为 A 的一个**逆(矩)阵**；否则，称 A 不可逆．

例如，矩阵 $A=\begin{pmatrix}1&2\\2&5\end{pmatrix}$，存在一个矩阵 $B=\begin{pmatrix}5&-2\\-2&1\end{pmatrix}$，使得 $AB=BA=I$．所以 A 可逆，且 B 为 A 的一个逆矩阵．

而矩阵 $A=\begin{pmatrix}1&2\\2&4\end{pmatrix}$，则不存在这样的矩阵 B，使得 $AB=BA=I$．所以矩阵 A 不可逆．

可逆矩阵具有如下性质：

性质 1 如果方阵 A 可逆，则 A 的逆矩阵是唯一的．

证明 设 B,C 都为 A 的逆矩阵，则有 $AB=BA=I$，$AC=CA=I$．于是，

$$B=BI=B(AC)=(BA)C=IC=C.$$

所以方阵 A 的逆矩阵是唯一的． ■

我们常用记号 A^{-1} 表示方阵 A 的逆阵，所以对可逆矩阵 A，有

$$AA^{-1}=A^{-1}A=I.$$

方阵的逆阵还有以下性质：

性质 2 如果方阵 A 可逆，则 A^{-1} 也可逆，且 $(A^{-1})^{-1}=A$.

性质 3 如果方阵 A 可逆，数 $k\neq 0$，则 kA 也可逆，且

$$(kA)^{-1}=\frac{1}{k}A^{-1}.$$

性质 4 如果方阵 A 可逆，则 A^T 也可逆，且 $(A^T)^{-1}=(A^{-1})^T$.

性质 5 如果两个同阶方阵 A,B 均可逆，则 AB 也可逆，且

$$(AB)^{-1}=B^{-1}A^{-1}.$$

我们只证性质 4,5，其余两个性质由读者自己证明．

证明 性质 4：设方阵 A 可逆，则有

$$AA^{-1}=A^{-1}A=I,$$

上式两边取转置得，

$$(A^{-1})^TA^T=A^T(A^{-1})^T=I.$$

由逆矩阵的定义可知，A^T 可逆，且 $(A^{-1})^T$ 是 A^T 的逆矩阵，即

$$(A^T)^{-1}=(A^{-1})^T.$$

证明 性质 5：设 A,B 为两个同阶可逆阵，则有

$$AA^{-1}=A^{-1}A=I,\quad BB^{-1}=B^{-1}B=I.$$

于是，

$$(AB)(B^{-1}A^{-1})=A(BB^{-1})A^{-1}=AIA^{-1}=AA^{-1}=I,$$
$$(B^{-1}A^{-1})(AB)=B^{-1}(A^{-1}A)B=B^{-1}IB=B^{-1}B=I.$$

所以有

$$(AB)(B^{-1}A^{-1})=(B^{-1}A^{-1})(AB)=I.$$

由逆矩阵的定义可知,AB 可逆,且 $B^{-1}A^{-1}$ 为 AB 的逆矩阵,即

$$(AB)^{-1}=B^{-1}A^{-1}.$$

■

性质 5 可以推广到有限个同阶可逆阵相乘的情况,即如果 $A_1,A_2,\cdots,A_k$ 为 k 个同阶可逆阵,则

$$(A_1A_2\cdots A_k)^{-1}=A_k^{-1}\cdots A_2^{-1}A_1^{-1}.$$

例 13 设 A,B,C 均为 n 阶方阵,$C=A+CA$,$B=I+AB$,证明 $B-C=I$.

证明 由 $C=A+CA$ 和 $B=I+AB$,得

$C(I-A)=A$,$(I-A)B=I$ 又可得 $C=A(I-A)^{-1}$,$B=(I-A)^{-1}$.

从而 $B-C=(I-A)^{-1}-A(I-A)^{-1}=(I-A)^{-1}(I-A)=I$.

二、可逆矩阵的判别定理及求法

前面我们提到,有的矩阵是可逆的,有的矩阵是不可逆的. 下面要讨论的问题是,在什么条件下矩阵 A 可逆? 若矩阵 A 可逆,则如何求出 A^{-1}?

定义 2.11 设 n 阶矩阵 $A=(a_{ij})_{n\times n}$,A_{ij} 为 $|A|$ 中元素 a_{ij} 的代数余子式,则矩阵

$$A^*=\begin{pmatrix} A_{11} & A_{21} & \cdots & A_{n1} \\ A_{12} & A_{22} & \cdots & A_{n2} \\ \cdots & \cdots & \cdots & \cdots \\ A_{1n} & A_{2n} & \cdots & A_{nn} \end{pmatrix},$$

称为矩阵 A 的**伴随矩阵**.

注意:定义说明 A^* 中第 i 列的元素为矩阵 A 中第 i 行元素的代数余子式,其中,$i=1,2,\cdots,n$.

定理 2.1 任意一个 n 阶矩阵 A 与其伴随矩阵 A^* 的乘积等于数量矩阵 $|A|I$,即

$$AA^*=A^*A=|A|I.$$

证明 根据第一章的展开定理及其推论可得

$$AA^*=\begin{pmatrix} a_{11} & a_{12} & \cdots & a_{1n} \\ a_{21} & a_{22} & \cdots & a_{2n} \\ \cdots & \cdots & \cdots & \cdots \\ a_{n1} & a_{n2} & \cdots & a_{nn} \end{pmatrix}\begin{pmatrix} A_{11} & A_{21} & \cdots & A_{n1} \\ A_{12} & A_{22} & \cdots & A_{n2} \\ \cdots & \cdots & \cdots & \cdots \\ A_{1n} & A_{2n} & \cdots & A_{nn} \end{pmatrix}$$

$$=\begin{pmatrix} |A| & 0 & \cdots & 0 \\ 0 & |A| & \cdots & 0 \\ \cdots & & \cdots & \cdots \\ 0 & 0 & \cdots & |A| \end{pmatrix}=|A|I.$$

同理可证,$A^*A=|A|I$. 于是,

$$AA^*=A^*A=|A|I.$$

■

定理 2.2 n 阶方阵 A 可逆的充分必要条件是 A 的行列式 $|A|\neq 0$,且当 A 可逆时,

$$A^{-1}=\frac{1}{|A|}A^*. \tag{2.6}$$

证明 **必要性** 设方阵 A 可逆,则存在 A^{-1} 使得

$$AA^{-1}=I.$$

对上式两边取行列式，

$$|A||A^{-1}|=|AA^{-1}|=|I|=1.$$

所以$|A|\neq 0$.

充分性 若$|A|\neq 0$,则由$AA^*=A^*A=|A|I$,可得

$$A\left(\frac{1}{|A|}A^*\right)=\left(\frac{1}{|A|}A^*\right)A=I.$$

由逆矩阵的定义可知,方阵A可逆,且$\frac{1}{|A|}A^*$为A的逆矩阵,即

$$A^{-1}=\frac{1}{|A|}A^*.$$ ■

注意:上述定理不但给出了判断一个矩阵是否可逆的条件,同时也给出了求逆矩阵的一种方法.

例 14 求二阶矩阵$A=\begin{pmatrix}a & b\\ c & d\end{pmatrix}$的逆矩阵.

解 因为$|A|=ad-bc$,且余子式依次为

$$M_{11}=d,M_{12}=c,M_{21}=b,M_{22}=a,$$

则

$$A^*=\begin{pmatrix}d & -b\\ -c & a\end{pmatrix},$$

所以当$|A|\neq 0$时，

$$A^{-1}=\frac{1}{ad-bc}\begin{pmatrix}d & -b\\ -c & a\end{pmatrix}.$$

注意:此例的结果可作为公式应用.

例 15 判断矩阵

$$A=\begin{pmatrix}1 & 0 & 2\\ 0 & 3 & 2\\ 1 & -2 & 0\end{pmatrix}$$

是否可逆.若A可逆,求A^{-1}.

解 因为

$$|A|=\begin{vmatrix}1 & 0 & 2\\ 0 & 3 & 2\\ 1 & -2 & 0\end{vmatrix}=-2\neq 0,$$

所以A可逆,而且

$$A_{11}=\begin{vmatrix}3 & 2\\ -2 & 0\end{vmatrix}=4,A_{12}=-\begin{vmatrix}0 & 2\\ 1 & 0\end{vmatrix}=2,A_{13}=\begin{vmatrix}0 & 3\\ 1 & -2\end{vmatrix}=-3,$$

$$A_{21}=-\begin{vmatrix}0 & 2\\ -2 & 0\end{vmatrix}=-4,A_{22}=\begin{vmatrix}1 & 2\\ 1 & 0\end{vmatrix}=-2,A_{23}=-\begin{vmatrix}1 & 0\\ 1 & -2\end{vmatrix}=2,$$

$$A_{31}=\begin{vmatrix}0 & 2\\ 3 & 2\end{vmatrix}=-6,A_{32}=-\begin{vmatrix}1 & 2\\ 0 & 2\end{vmatrix}=-2,A_{33}=\begin{vmatrix}1 & 0\\ 0 & 3\end{vmatrix}=3.$$

从而得到A的逆矩阵为

$$A^{-1}=\frac{1}{|A|}A^*=\frac{1}{|A|}\begin{pmatrix}A_{11} & A_{21} & A_{31}\\ A_{12} & A_{22} & A_{32}\\ A_{13} & A_{23} & A_{33}\end{pmatrix}$$

$$=-\frac{1}{2}\begin{pmatrix}4 & -4 & -6\\ 2 & -2 & -2\\ -3 & 2 & 3\end{pmatrix}=\begin{pmatrix}-2 & 2 & 3\\ -1 & 1 & 1\\ \frac{3}{2} & -1 & -\frac{3}{2}\end{pmatrix}.$$

推论 设 A,B 均为 n 阶方阵,且 $AB=I$ 或 $BA=I$,则 A,B 均可逆,且

$$A^{-1}=B,\ B^{-1}=A.$$

证明 由 $AB=I$ 可得

$$|AB|=|A||B|=|I|=1.$$

所以 $|A|\neq 0$,$|B|\neq 0$. 由定理 2.2 可知,A,B 均可逆. 在 $AB=I$ 的两边左乘 A^{-1},得

$$A^{-1}=B.$$

在 $AB=I$ 的两边右乘 B^{-1},得

$$B^{-1}=A.$$ ■

注意:由此可见,判断 B 为 A 的逆矩阵,只需验证 $AB=I$ 或者 $BA=I$ 中一个即可. 运用这一推论来判断 B 是否为 A 的逆矩阵,比直接利用定义要简单得多.

例 16 设 n 阶方阵 A 满足关系式

$$A^3+A^2-3A+I=O,$$

且 $|A-I|\neq 0$,求证:A 可逆,且 $A^{-1}=A+2I$.

证明 由所给关系式,得到

$$(A^2+2A-I)(A-I)=O.$$

因为 $|A-I|\neq 0$,所以 $A-I$ 可逆. 于是,在上式两边右乘 $(A-I)^{-1}$,得

$$A^2+2A-I=O.$$

从而有

$$A(A+2I)=I.$$

由定理 2.2 的推论可知,A 可逆,且 $A^{-1}=A+2I$.

通常我们还将方阵按其行列式分类:

定义 2.12 设 A 为 n 阶矩阵,如果 $|A|\neq 0$,则称 A 为**非奇异矩阵**,否则称 A 为**奇异矩阵**.

可见,可逆矩阵就是非奇异矩阵,不可逆矩阵就是奇异矩阵.

利用公式(2.6)求逆阵时,计算量比较大,对于一个 n 阶可逆矩阵 A,求 A^{-1} 时就要计算 n^2+1 个行列式. 因此,在求阶数较高矩阵的逆阵时,一般不采用公式(2.6)的求逆方法,而采用一种更为简便的求逆方法,这种求逆方法我们将在第五节介绍.

根据伴随矩阵的定义,我们还可以得到伴随矩阵的性质:

性质(其中 A 为 n 阶方阵)

(1)若 A 可逆,则 A^* 也可逆,且 $(A^*)^{-1}=(A^{-1})^*=\frac{A}{|A|}$;

(2)$(kA)^*=k^{n-1}A^*$;

(3)$(A^k)^*=(A^*)^k$;

(4) $(A^T)^* = (A^*)^T$；

(5) $(A^*)^* = |A|^{n-2}A$，其中 $n \geqslant 3$；

(6) $(AB)^* = B^*A^*$

(7) $|A^*| = |A|^{n-1}$.

三、用逆矩阵解线性方程组和矩阵方程

本节一开始我们就提到求 n 元线性方程组(2.5)的解，相当于求相应的矩阵方程(2.5′)的未知矩阵，即方程

$$AX = B$$

的未知矩阵 X. 显然，若方阵 A 可逆，则 $X = A^{-1}B$ 为方程(2.5′)的唯一解，即方程组(2.5)的唯一解.

例 17 解线性方程组

$$\begin{cases} x_1 + 2x_3 = 3 \\ 3x_2 + 2x_3 = 2. \\ x_1 - 2x_2 = 5 \end{cases}$$

解 若将方程组的系数，变量及右端项分别记为矩阵

$$A = \begin{pmatrix} 1 & 0 & 2 \\ 0 & 3 & 2 \\ 1 & -2 & 0 \end{pmatrix}, X = \begin{pmatrix} x_1 \\ x_2 \\ x_3 \end{pmatrix}, B = \begin{pmatrix} 3 \\ 2 \\ 5 \end{pmatrix},$$

则原方程组对应的矩阵方程为

$$AX = B.$$

由例 14 可知方阵 A 可逆，且

$$A^{-1} = \begin{pmatrix} -2 & 2 & 3 \\ -1 & 1 & 1 \\ \frac{3}{2} & -1 & -\frac{3}{2} \end{pmatrix},$$

于是，求得矩阵方程 $AX = B$ 的未知矩阵

$$X = A^{-1}B = \begin{pmatrix} -2 & 2 & 3 \\ -1 & 1 & 1 \\ \frac{3}{2} & -1 & -\frac{3}{2} \end{pmatrix} \begin{pmatrix} 3 \\ 2 \\ 5 \end{pmatrix} = \begin{pmatrix} 13 \\ 4 \\ -5 \end{pmatrix},$$

即得方程组的解 $x_1 = 13, x_2 = 4, x_3 = -5$.

例 18 设矩阵

$$A = \begin{pmatrix} 1 & 0 & 2 \\ 0 & 3 & 2 \\ 1 & -2 & 0 \end{pmatrix}, B = \begin{pmatrix} 3 & 1 \\ 5 & 2 \end{pmatrix}, C = \begin{pmatrix} 1 & 3 \\ 2 & 2 \\ 3 & 1 \end{pmatrix},$$

求矩阵 X，使它满足 $AXB = C$.

解 由于方阵 A，B 均可逆，在矩阵方程 $AXB = C$ 的两边左乘 A^{-1} 同时右乘 B^{-1}，即得

$$X = A^{-1}CB^{-1}.$$

而

$$A^{-1}=\begin{pmatrix}-2 & 2 & 3\\ -1 & 1 & 1\\ \dfrac{3}{2} & -1 & -\dfrac{3}{2}\end{pmatrix}, B^{-1}=\begin{pmatrix}2 & -1\\ -5 & 3\end{pmatrix}.$$

所以

$$X=A^{-1}CB^{-1}=\begin{pmatrix}-2 & 2 & 3\\ -1 & 1 & 1\\ \dfrac{3}{2} & -1 & -\dfrac{3}{2}\end{pmatrix}\begin{pmatrix}1 & 3\\ 2 & 2\\ 3 & 1\end{pmatrix}\begin{pmatrix}2 & -1\\ -5 & 3\end{pmatrix}$$

$$=\begin{pmatrix}11 & 1\\ 4 & 0\\ -5 & 1\end{pmatrix}\begin{pmatrix}2 & -1\\ -5 & 3\end{pmatrix}=\begin{pmatrix}17 & -8\\ 8 & -4\\ -15 & 8\end{pmatrix}.$$

第四节　分块矩阵

在矩阵的运算和研究中，有时需要将行数和列数较高的矩阵作分块处理，使原矩阵结构显得简单，从而使矩阵的运算变得方便，简洁．

一、矩阵分块

在矩阵 A 的行间或列间分别用若干条横线和纵线将它分割成许多个小矩阵，每一个小矩阵称为 A 的子块或子矩阵，以子块为元素的形式上的矩阵称为**分块矩阵**．

例如，矩阵

$$A=\begin{pmatrix}a_{11} & a_{12} & a_{13} & a_{14}\\ a_{21} & a_{22} & a_{23} & a_{24}\\ a_{31} & a_{32} & a_{33} & a_{34}\end{pmatrix}$$

可以做如下形式的分块：

$$A=\left(\begin{array}{cc:cc}a_{11} & a_{12} & a_{13} & a_{14}\\ a_{21} & a_{22} & a_{23} & a_{24}\\ \hdashline a_{31} & a_{32} & a_{33} & a_{34}\end{array}\right).$$

如果将分割成的每一个子块都看作一个矩阵，并把它们分别记作

$$A_{11}=\begin{pmatrix}a_{11} & a_{12}\\ a_{21} & a_{22}\end{pmatrix},\qquad A_{12}=\begin{pmatrix}a_{13} & a_{14}\\ a_{23} & a_{24}\end{pmatrix},$$

$$A_{21}=(a_{31}\quad a_{32}),\qquad A_{22}=(a_{33}\quad a_{34}),$$

则 A 的分块矩阵就可以简单地记为

$$A=\begin{pmatrix}A_{11} & A_{12}\\ A_{21} & A_{22}\end{pmatrix}.$$

一个矩阵可以根据不同的需要，采用不同的分块形式．

例如，对上面的矩阵 A 也可以做如下形式的分块，

$$A=\left(\begin{array}{c:cc:c} a_{11} & a_{12} & a_{13} & a_{14} \\ a_{21} & a_{22} & a_{23} & a_{24} \\ \hdashline a_{31} & a_{32} & a_{33} & a_{34} \end{array}\right)=\begin{pmatrix} A_{11} & A_{12} & A_{13} \\ A_{21} & A_{22} & A_{23} \end{pmatrix},$$

其中，

$$A_{11}=\begin{pmatrix} a_{11} \\ a_{21} \end{pmatrix},A_{12}=\begin{pmatrix} a_{12} & a_{13} \\ a_{22} & a_{23} \end{pmatrix},A_{13}=\begin{pmatrix} a_{14} \\ a_{24} \end{pmatrix},$$

$$A_{21}=(a_{31}),A_{22}=(a_{32} \quad a_{33}),A_{23}=(a_{34}).$$

或者对矩阵 A 做如下分块

$$A=\left(\begin{array}{c:c:c:c} a_{11} & a_{12} & a_{13} & a_{14} \\ a_{21} & a_{22} & a_{23} & a_{24} \\ a_{31} & a_{32} & a_{33} & a_{34} \end{array}\right)=\begin{pmatrix} A_{11} & A_{12} & A_{13} & A_{14} \end{pmatrix},$$

其中，$A_{11}=\begin{pmatrix} a_{11} \\ a_{21} \\ a_{31} \end{pmatrix},A_{12}=\begin{pmatrix} a_{12} \\ a_{22} \\ a_{32} \end{pmatrix},A_{13}=\begin{pmatrix} a_{13} \\ a_{23} \\ a_{33} \end{pmatrix},A_{14}=\begin{pmatrix} a_{14} \\ a_{24} \\ a_{34} \end{pmatrix}$.

二、分块矩阵的运算

把矩阵 $A=(a_{ij})$ 写成分块矩阵 $A=(A_{ij})$ 后，一方面可以将 A 看作以数 a_{ij} 为元素的矩阵，而另一方面又可以将 A 看作以 A_{ij} 为子块的分块矩阵．只要对矩阵按适当的形式分块，那么在对分块矩阵进行运算时，就可以将子块当作一般矩阵中的一个元素来看待，并按一般矩阵的运算规则进行运算．

1. 分块矩阵的加减法

设 $A=(a_{ij})$，$B=(b_{ij})$ 都为 $m\times n$ 矩阵，如果对 A，B 作同样形式的分块，即

$$A=\begin{pmatrix} A_{11} & A_{12} & \cdots & A_{1q} \\ A_{21} & A_{22} & \cdots & A_{2q} \\ \cdots & \cdots & \cdots & \cdots \\ A_{p1} & A_{p2} & \cdots & A_{pq} \end{pmatrix},B=\begin{pmatrix} B_{11} & B_{12} & \cdots & B_{1q} \\ B_{21} & B_{22} & \cdots & B_{2q} \\ \cdots & \cdots & \cdots & \cdots \\ B_{p1} & B_{p2} & \cdots & B_{pq} \end{pmatrix},$$

其中，对应的子块 A_{ij} 与 B_{ij} $(i=1,2,\cdots,p;j=1,2,\cdots,q)$ 有相同的行数和相同的列数，则

$$A\pm B=\begin{pmatrix} A_{11}\pm B_{11} & A_{12}\pm B_{12} & \cdots & A_{1q}\pm B_{1q} \\ A_{21}\pm B_{21} & A_{22}\pm B_{22} & \cdots & A_{2q}\pm B_{2q} \\ \cdots & \cdots & \cdots & \cdots \\ A_{p1}\pm B_{p1} & A_{p2}\pm B_{p2} & \cdots & A_{pq}\pm B_{pq} \end{pmatrix}.$$

2. 数与分块矩阵的乘法

设 $A=(a_{ij})$ 为 $m\times n$ 矩阵，k 为一个常数，如果将 A 分块为上述形式，则

$$kA=\begin{pmatrix} kA_{11} & kA_{12} & \cdots & kA_{1q} \\ kA_{21} & kA_{22} & \cdots & kA_{2q} \\ \cdots & \cdots & \cdots & \cdots \\ kA_{p1} & kA_{p2} & \cdots & kA_{pq} \end{pmatrix}.$$

3. 分块矩阵的乘法

设 A 为一个 $m\times s$ 矩阵，B 为一个 $s\times n$ 矩阵，如果 A,B 分块如下

$$A=(A_{ik})_{p\times t}=\begin{pmatrix} A_{11} & A_{12} & \cdots & A_{1t} \\ A_{21} & A_{22} & \cdots & A_{2t} \\ \cdots & \cdots & \cdots & \cdots \\ A_{p1} & A_{p2} & \cdots & A_{pt} \end{pmatrix}\begin{matrix} m_1 \\ m_2 \\ \vdots \\ m_p \end{matrix},$$
$$\quad\quad s_1 \quad s_2 \quad \cdots \quad s_t$$

$$B=(B_{kj})_{t\times q}=\begin{pmatrix} B_{11} & B_{12} & \cdots & B_{1q} \\ B_{21} & B_{22} & \cdots & B_{2q} \\ \cdots & \cdots & \cdots & \cdots \\ B_{t1} & B_{t2} & \cdots & B_{tq} \end{pmatrix}\begin{matrix} s_1 \\ s_2 \\ \vdots \\ s_t \end{matrix},$$
$$\quad\quad n_1 \quad n_2 \quad \cdots \quad n_q$$

其中，A_{ik} 为 $m_i\times s_k$ 子矩阵，B_{kj} 为 $s_k\times n_j$ 子矩阵，且 $n_1+n_2+\cdots+n_q=n,m_1+m_2+\cdots+m_p=m$，$s_1+s_2+\cdots+s_t=s$. 则

$$AB=(C_{ij})_{p\times q}=\begin{pmatrix} C_{11} & C_{12} & \cdots & C_{1q} \\ C_{21} & C_{22} & \cdots & C_{2q} \\ \cdots & \cdots & \cdots & \cdots \\ C_{p1} & C_{p2} & \cdots & c_{pq} \end{pmatrix}\begin{matrix} m_1 \\ m_2 \\ \vdots \\ m_p \end{matrix},$$
$$\quad\quad n_1 \quad n_2 \quad \cdots \quad n_q$$

其中，

$$\begin{aligned} C_{ij} &=A_{i1}B_{1j}+A_{i2}B_{2j}+\cdots+A_{it}B_{tj} \\ &=\sum_{k=1}^{t}A_{ik}B_{kj}(i=1,2,\cdots,p;j=1,2,\cdots,q). \end{aligned}$$

注意：由分块矩阵的乘法规则可知，在矩阵 A,B 分块相乘时，(1)要求 A,B 按普通矩阵的乘法是能相乘的(即左矩阵 A 的列数与右矩阵 B 的行数相同)；(2)要求对左矩阵 A 的列的分法与对右矩阵 B 的行的分法一致(不但要求左矩阵 A 分块后的列数与右矩阵 B 分块后的行数相同，而且要求左矩阵 A 分块后的第 k 列子块的列数与右矩阵 B 分块后的第 k 行子块的行数相同)；(3)对左矩阵 A 的行的分法与对右矩阵 B 的列的分法可以是任意的．最后，将分块矩阵中的子块当作单个元素按普通矩阵的乘法相乘．总之，对应矩阵乘法的矩阵分块原则，一是使运算可行，二是使运算简便．

例 19 设矩阵

$$A=\begin{pmatrix} 1 & 0 & -2 & 0 \\ 0 & 1 & 0 & -2 \\ 0 & 0 & 5 & 3 \end{pmatrix},B=\begin{pmatrix} -3 & 0 & 3 \\ 1 & 4 & 0 \\ 0 & 1 & 0 \\ 0 & 0 & 1 \end{pmatrix},$$

用分块矩阵求 AB.

解 若对矩阵 A 做如下分块

$$A=\left(\begin{array}{cc:cc} 1 & 0 & -2 & 0 \\ 0 & 1 & 0 & -2 \\ \hdashline 0 & 0 & 5 & 3 \end{array}\right)=\begin{pmatrix} I_2 & -2I_2 \\ O & A_{22} \end{pmatrix},$$

且对矩阵 B 做如下相应的分块

$$B=\left(\begin{array}{c:cc}-3 & 0 & 3\\ 1 & 4 & 0\\ \hdashline 0 & 1 & 0\\ 0 & 0 & 1\end{array}\right)=\begin{pmatrix}B_{11} & B_{12}\\ O & I_2\end{pmatrix},$$

则按分块矩阵的乘法,

$$AB=\begin{pmatrix}I_2 & -2I_2\\ O & A_{22}\end{pmatrix}\begin{pmatrix}B_{11} & B_{12}\\ O & I_2\end{pmatrix}=\begin{pmatrix}B_{11} & B_{12}-2I_2\\ O & A_{22}\end{pmatrix}.$$

而

$$B_{12}-2I_2=\begin{pmatrix}0 & 3\\ 4 & 0\end{pmatrix}-\begin{pmatrix}2 & 0\\ 0 & 2\end{pmatrix}=\begin{pmatrix}-2 & 3\\ 4 & -2\end{pmatrix},$$

于是,求得

$$AB=\left(\begin{array}{c:cc}-3 & -2 & 3\\ 1 & 4 & -2\\ \hdashline 0 & 5 & 3\end{array}\right).$$

若对矩阵 A 的分块形式不变,而对矩阵 B 改为如下形式分块,

$$B=\left(\begin{array}{c:cc}-3 & 0 & 3\\ \hdashline 1 & 4 & 0\\ \hdashline 0 & 1 & 0\\ 0 & 0 & 1\end{array}\right)=\begin{pmatrix}B_{11} & B_{12}\\ B_{21} & B_{22}\\ O & I_2\end{pmatrix},$$

或

$$B=\left(\begin{array}{c:cc}-3 & 0 & 3\\ 1 & 4 & 0\\ 0 & 1 & 0\\ \hdashline 0 & 0 & 1\end{array}\right)=\begin{pmatrix}B_{11} & B_{12}\\ B_{21} & B_{22}\end{pmatrix},$$

则矩阵 A 与 B 均不能分块相乘.

若对矩阵 A 的分块形式不变,而对矩阵 B 改为如下形式分块,

$$B=\left(\begin{array}{ccc}-3 & 0 & 3\\ 1 & 4 & 0\\ \hdashline 0 & 1 & 0\\ 0 & 0 & 1\end{array}\right)=\begin{pmatrix}B_{11}\\ B_{21}\end{pmatrix},$$

或

$$B=\left(\begin{array}{c:c:c}-3 & 0 & 3\\ 1 & 4 & 0\\ \hdashline 0 & 1 & 0\\ 0 & 0 & 1\end{array}\right)=\begin{pmatrix}B_{11} & B_{12} & B_{13}\\ B_{21} & B_{22} & B_{23}\end{pmatrix},$$

则矩阵 A 与 B 均能分块相乘,但在运算时这两种分块形式不如前面第一种分块形式简便.

例 20 设矩阵 $A=(a_{ik})_{m\times s}$,$B=(b_{kj})_{s\times n}$,若将矩阵 B 按列分块为

$$B=(B_1 \quad B_2 \quad \cdots \quad B_n),$$

其中，

$$B_j=\begin{pmatrix}b_{1j}\\ b_{2j}\\ \vdots\\ b_{sj}\end{pmatrix}\quad(j=1,2,\cdots,n),$$

则 $AB=A(B_1\quad B_2\quad\cdots\quad B_n)=(AB_1\quad AB_2\quad\cdots\quad AB_n)$.

若将矩阵 A 按行分块为

$$A=\begin{pmatrix}A_1\\ A_2\\ \vdots\\ A_m\end{pmatrix},$$

其中，$A_i=(a_{i1}\quad a_{i2}\quad\cdots\quad a_{is})\quad(i=1,2,\cdots,m)$，则

$$AB=\begin{pmatrix}A_1\\ A_2\\ \vdots\\ A_m\end{pmatrix}B=\begin{pmatrix}A_1B\\ A_2B\\ \vdots\\ A_mB\end{pmatrix}.$$

注意：上例是在计算矩阵乘法时常用的两种分块方法.

4. 分块矩阵的转置

设分块矩阵

$$A=\begin{pmatrix}A_{11} & A_{12} & \cdots & A_{1q}\\ A_{21} & A_{22} & \cdots & A_{2q}\\ \vdots & \vdots & & \vdots\\ A_{p1} & A_{p2} & \cdots & A_{pq}\end{pmatrix},$$

容易直接验证分块矩阵 A 的转置矩阵为

$$A^T=\begin{pmatrix}A_{11}^T & A_{21}^T & \cdots & A_{p1}^T\\ A_{12}^T & A_{22}^T & \cdots & A_{p2}^T\\ \vdots & \vdots & & \vdots\\ A_{1q}^T & A_{2q}^T & \cdots & A_{pq}^T\end{pmatrix}.$$

例如，设分块矩阵 $A=\left(\begin{array}{c:cc:c}1 & 2 & 3 & 4\\ \hdashline 5 & 6 & 7 & 8\\ 9 & 10 & 11 & 12\end{array}\right)=\begin{pmatrix}A_{11} & A_{12} & A_{13}\\ A_{21} & A_{22} & A_{23}\end{pmatrix}$，

则

$$A^T=\begin{pmatrix}A_{11}^T & A_{21}^T\\ A_{12}^T & A_{22}^T\\ A_{13}^T & A_{23}^T\end{pmatrix}=\left(\begin{array}{c:cc}1 & 5 & 9\\ \hdashline 2 & 6 & 10\\ 3 & 7 & 11\\ \hdashline 4 & 8 & 12\end{array}\right).$$

5. 分块矩阵的行列式

具有某些特殊结构的分块矩阵，其行列式的计算有十分简单的结果.

例如，设分块矩阵

$$P=\begin{pmatrix}A & C\\ O & B\end{pmatrix},$$

其中，A,B 分别为 r,s 阶方阵，C 为 $r\times s$ 矩阵，O 为 $s\times r$ 零矩阵，则由第一章中例 17 的结论即可证得

$$|P|=\begin{vmatrix}A & C\\ O & B\end{vmatrix}=|A||B|.$$

类似地，上三角形分块矩阵

$$A=\begin{pmatrix}A_{11} & A_{12} & \cdots & A_{1p}\\ O & A_{22} & \cdots & A_{2p}\\ \cdots & \cdots & \cdots & \cdots\\ O & O & \cdots & A_{pp}\end{pmatrix},$$

其中，$A_{ii}(i=1,2,\cdots,p)$ 均为方阵，O 为零子块，则也有

$$|A|=\begin{vmatrix}A_{11} & A_{12} & \cdots & A_{1p}\\ O & A_{22} & \cdots & A_{2p}\\ \cdots & \cdots & \cdots & \cdots\\ O & O & \cdots & A_{pp}\end{vmatrix}=|A_{11}||A_{22}|\cdots|A_{pp}|.$$

定义 2.13 设 A 为 n 阶方阵，若 A 的分块矩阵只有主对角线上有非零子块，其余子块都为零矩阵，且非零子块都为方阵，即

$$A=\begin{pmatrix}A_{11} & & & \\ & A_{22} & & \\ & & \ddots & \\ & & & A_{pp}\end{pmatrix},$$

其中，$A_{ii}(i=1,2,\cdots,p)$ 均为方阵，那么称 A 为分块对角矩阵.

分块对角矩阵的行列式 $|A|=|A_{11}||A_{22}|\cdots|A_{pp}|$.

三、分块矩阵求逆

对于某些阶数较高的矩阵的求逆问题，运用分块矩阵可以转化为较低阶矩阵的求逆问题.

例 21 设分块矩阵

$$M=\begin{pmatrix}A & O\\ C & B\end{pmatrix},$$

其中，A,B 分别为 r,s 阶可逆阵，C 为 $s\times r$ 矩阵，O 为 $r\times s$ 零矩阵. 求证：分块矩阵 M 可逆，并求 M^{-1}.

解 因为 A,B 均可逆，所以 $|A|\neq 0$，$|B|\neq 0$. 于是，

$$|M|=\begin{vmatrix}A & O\\ C & B\end{vmatrix}=|A||B|\neq 0,$$

所以 M 可逆. 设 M 的逆矩阵

$$M^{-1}=\begin{pmatrix}X & Z\\ W & Y\end{pmatrix},$$

其中，X,Y 分别为 r,s 阶方阵，Z 为 $r\times s$ 矩阵，W 为 $s\times r$ 矩阵，则有 $MM^{-1}=I$，即

$$\begin{pmatrix} A & O \\ C & B \end{pmatrix}\begin{pmatrix} X & Z \\ W & Y \end{pmatrix}=\begin{pmatrix} I_r & O \\ O & I_s \end{pmatrix},$$

从而，

$$\begin{pmatrix} AX & AZ \\ CX+BW & CZ+BY \end{pmatrix}=\begin{pmatrix} I_r & O \\ O & I_s \end{pmatrix}.$$

于是，得到矩阵方程组：

$$\begin{cases} AX=I_r & ① \\ AZ=O & ② \\ CX+BW=O & ③ \\ CZ+BY=I_s & ④ \end{cases} \tag{2.7}$$

在(2.7)式中的①，②两边均左乘 A^{-1}，得

$$X=A^{-1},Z=O.$$

把 $X=A^{-1}$ 代入(2.7)式中的③，得

$$BW=-CA^{-1}.$$

上式两边左乘 B^{-1}，得

$$W=-B^{-1}CA^{-1}.$$

把 $Z=O$ 代入(2.7)式中的④，得

$$BY=I_s.$$

上式两边左乘 B^{-1}，得

$$Y=B^{-1}.$$

于是，求得

$$M^{-1}=\begin{pmatrix} A^{-1} & O \\ -B^{-1}CA^{-1} & B^{-1} \end{pmatrix}.$$

同理

$$\begin{pmatrix} A & C \\ O & B \end{pmatrix}^{-1}=\begin{pmatrix} A^{-1} & -A^{-1}CB^{-1} \\ O & B^{-1} \end{pmatrix}.$$

特别地，如果 M 中的子块 $C=O$，则

$$\begin{pmatrix} A & O \\ O & B \end{pmatrix}^{-1}=\begin{pmatrix} A^{-1} & O \\ O & B^{-1} \end{pmatrix}.$$

这一结果还可以推广到更一般的分块对角矩阵．设分块对角阵

$$A=\begin{pmatrix} A_{11} & O & \cdots & O \\ O & A_{22} & \cdots & O \\ O & O & \cdots & A_{pp} \end{pmatrix},$$

当 $A_{ii}(i=1,2,\cdots,p)$ 均为可逆矩阵时，A 可逆，且

$$A^{-1}=\begin{pmatrix} A_{11}^{-1} & O & \cdots & O \\ O & A_{22}^{-1} & \cdots & O \\ \cdots & \cdots & \cdots & \cdots \\ O & O & \cdots & A_{pp}^{-1} \end{pmatrix}.$$

例 22　设矩阵

$$H=\begin{pmatrix}3&1&0&0&0\\2&1&0&0&0\\1&0&1&0&1\\1&1&-1&1&1\\0&1&2&-1&1\end{pmatrix},$$

用分块形式求 H^{-1}.

解　将矩阵 H 分块如下,

$$H=\left(\begin{array}{cc:ccc}3&1&0&0&0\\2&1&0&0&0\\ \hdashline 1&0&1&0&1\\1&1&-1&1&1\\0&1&2&-1&1\end{array}\right)=\begin{pmatrix}A&O\\C&B\end{pmatrix},$$

其中,

$$A=\begin{pmatrix}3&1\\2&1\end{pmatrix},B=\begin{pmatrix}1&0&1\\-1&1&1\\2&-1&1\end{pmatrix},C=\begin{pmatrix}1&0\\1&1\\0&1\end{pmatrix}.$$

容易求得

$$A^{-1}=\begin{pmatrix}1&-1\\-2&3\end{pmatrix},B^{-1}=\begin{pmatrix}2&-1&-1\\3&-1&-2\\-1&1&1\end{pmatrix},$$

$$-B^{-1}CA^{-1}=-\begin{pmatrix}2&-1&-1\\3&-1&-2\\-1&1&1\end{pmatrix}\begin{pmatrix}1&0\\1&1\\0&1\end{pmatrix}\begin{pmatrix}1&-1\\-2&3\end{pmatrix}=\begin{pmatrix}-5&7\\-8&11\\4&-6\end{pmatrix}.$$

所以,得

$$H^{-1}=\left(\begin{array}{cc:ccc}1&-1&0&0&0\\-2&3&0&0&0\\ \hdashline -5&7&2&-1&-1\\-8&11&3&-1&-2\\4&-6&-1&1&1\end{array}\right).$$

例 23　设矩阵

$$A=\begin{pmatrix}2&1&0&0&0\\5&3&0&0&0\\0&0&1&-1&0\\0&0&1&-2&0\\0&0&0&0&6\end{pmatrix},$$

用分块形式求 A^{-1}.

解　将矩阵 A 分块如下

$$A=\left(\begin{array}{cc:cc:c}2&1&0&0&0\\5&3&0&0&0\\ \hdashline 0&0&1&-1&0\\0&0&1&-2&0\\ \hdashline 0&0&0&0&6\end{array}\right)=\begin{pmatrix}A_{11}&O&O\\O&A_{22}&O\\O&O&A_{33}\end{pmatrix}.$$

容易求得

$$A_{11}^{-1}=\begin{pmatrix}3&-1\\-5&2\end{pmatrix},A_{22}^{-1}=\begin{pmatrix}2&-1\\1&-1\end{pmatrix},A_{33}^{-1}=\frac{1}{6}.$$

所以，

$$A^{-1}=\left(\begin{array}{cc:cc:c}3&-1&0&0&0\\-5&2&0&0&0\\ \hdashline 0&0&2&-1&0\\0&0&1&-1&0\\ \hdashline 0&0&0&0&\frac{1}{6}\end{array}\right).$$

第五节　矩阵的初等变换

这一节我们介绍矩阵的初等变换，并在此基础上，给出用初等变换求逆矩阵及求解矩阵方程，包括求解线性方程组的方法．

一、初等变换和初等矩阵

在中学代数中，我们已经学过用消元法求解二元，三元线性方程组．实际上，这一方法也适用于求解更为一般的多元线性方程组．

引例　解线性方程组

$$\begin{cases}x_1+3x_2-2x_3=5\\3x_1+2x_2-5x_3=14.\\x_1+4x_2-3x_3=6\end{cases}\tag{1}$$

解　方程组(1)中第二个方程和第三个方程分别加上第一个方程的-3倍和-1倍，得

$$\begin{cases}x_1+3x_2-2x_3=5\\\quad\ -7x_2+x_3=-1,\\\qquad\ \ x_2-x_3=1\end{cases}\tag{2}$$

将方程组(2)中第二个方程和第三个方程交换，得

$$\begin{cases}x_1+3x_2-2x_3=5\\\qquad\ \ x_2-x_3=1\quad,\\\quad\ -7x_2+x_3=-1\end{cases}\tag{3}$$

方程组(3)中第三个方程加上第二个方程的 7 倍，得

$$\begin{cases}x_1+3x_2-2x_3=5\\\qquad\ \ x_2-x_3=1.\\\qquad\quad\ -6x_3=6\end{cases}\tag{4}$$

方程组(4)称为阶梯形方程组,其特点是自上而下的各个方程所含未知量个数依次减少．显然方程组(1)与(4)同解．

从阶梯形方程组(4)的第三个方程可求得 x_3 的值,将 x_3 的值代入(4)的第二个方程,求得 x_2 的值,最后将 x_2,x_3 的值同时代入(4)的第一个方程,求得 x_1 的值. 从而得到原方程组(1)的解．我们将这一过程叙述如下：

方程组(4)中第三个方程乘以 $-\frac{1}{6}$,得

$$\begin{cases} x_1+3x_2-2x_3=5 \\ \qquad x_2-\ x_3=1 \\ \qquad\qquad x_3=-1 \end{cases}, \tag{5}$$

方程组(5)中第一个方程和第二个方程分别加上第三个方程的 2 倍和 1 倍,得

$$\begin{cases} x_1+3x_2=3 \\ \qquad x_2=0 \\ \qquad x_3=-1 \end{cases}, \tag{6}$$

方程组(6)中第一个方程加上第二个方程的 -3 倍,得

$$\begin{cases} x_1 \qquad\qquad =3 \\ \qquad x_2 \qquad =0 \\ \qquad\qquad x_3 =-1 \end{cases}. \tag{7}$$

显然方程组(1)到(7)都是同解方程组,所以原方程组(1)的解为

$$x_1=3,x_2=0,x_3=-1.$$

以上解线性方程组的方法称为消元法．由原方程组(1)到阶梯形方程组(4)称为消元过程,由方程组(4)到(7)称为回代过程．

由消元法的求解过程可以看到,我们对方程组反复进行如下三种变换：

(1)对调两个方程的位置；

(2)用一个不等于零的数乘某一个方程；

(3)把某一个方程的若干倍加到另一个方程上．

以上三种变换的每一种都称为方程组的初等变换. 由于这三种初等变换都是可逆的,因此变换前的方程组与变换后的方程组是同解方程组.

由引例的求解过程可知,对方程组(1)进行初等变换,仅仅只对方程组的系数和右端的常数进行运算,未知量并未参与运算. 从而,若将由它的系数和右端常数项所构成的矩阵称为增广矩阵(详见第四章)

$$(A\quad B)=\left(\begin{array}{ccc:c} 1 & 3 & -2 & 5 \\ 3 & 2 & -5 & 14 \\ 1 & 4 & -3 & 6 \end{array}\right),$$

则对方程组(1)进行初等变换相当于对增广矩阵的各行进行相应的变换,这种变换称为矩阵的初等行变换．矩阵的变换除了初等行变换外,还有初等列变换．下面我们引入矩阵初等变换的定义．

定义 2.14　以下三种变换称为矩阵的**初等变换**：

(1)对调矩阵的两行(列)(对调第 i,j 两行,记作 $r_i \leftrightarrow r_j$；对调第 i,j 两列,记作 $c_i \leftrightarrow c_j$)；

(2)用一个不等于零的数乘矩阵的某一行(列)(用数 $k\neq 0$ 乘第 i 行,记作 $r_i\times k$；乘第 i

列，记作 $c_i \times k$)；

(3)把矩阵的某一行(列)的 k 倍加到另一行(列)上(第 j 行的 k 倍加到第 i 行上，记作 r_i+kr_j；第 j 列的 k 倍加到第 i 列上，记作 c_i+kc_j).

定义 2.15 由单位矩阵经过一次初等变换所得到的矩阵，称为**初等矩阵**.

因为初等变换有三种，所以初等矩阵也有三类，以下是与上述三种初等变换相对应的三类初等矩阵.

(1)对调单位矩阵的第 i,j 两行(列)，得初等矩阵

$$E(i,j)=\begin{pmatrix}1&&&&&&&&\\&\ddots&&&&&&&\\&&1&&&&&&\\&&&0&\cdots&\cdots&1&&\\&&&\vdots&1&&\vdots&&\\&&&\vdots&&\ddots&\vdots&&\\&&&\vdots&&1&\vdots&&\\&&&1&\cdots&\cdots&0&&\\&&&&&&&1&\\&&&&&&&&\ddots\\&&&&&&&&&1\end{pmatrix}\begin{matrix}\\\\\\(i)\\\\\\\\(j)\\\\\\\\\end{matrix}.$$
$$\qquad\qquad(i)\qquad\quad(j)$$

(2)用数 $k\neq 0$ 乘单位矩阵的第 i 行(列)，得初等矩阵

$$E(i(k))=\begin{pmatrix}1&&&&&\\&\ddots&&&&\\&&1&&&\\&&&k&&\\&&&&1&\\&&&&&\ddots\\&&&&&&1\end{pmatrix}\begin{matrix}\\\\\\(i)\\\\\\\\\end{matrix}.$$
$$(i)$$

(3)把单位矩阵的第 j 行(第 i 列)的 k 倍加到第 i 行(第 j 列)上，得初等矩阵

$$E(j(k),i)=\begin{pmatrix}1&&&&\\&\ddots&&&\\&&1&\cdots&k&&\\&&&\ddots&\vdots&&\\&&&&1&&\\&&&&&\ddots&\\&&&&&&1\end{pmatrix}\begin{matrix}\\\\(i)\\\\(j)\\\\\\\end{matrix}=E(j,i(k)).$$
$$(i)\quad(j)$$

对以上三类初等矩阵分别求行列式，可得

$|E(i,j)|=-1\neq 0,|E(i(k))|=k\neq 0,|E(j(k),i)|=|E(j,i(k))|=1\neq 0.$

所以三类初等矩阵都是可逆矩阵，而且可以验证，

$$E(i,j)^{-1}=E(i,j),E(i(k))^{-1}=E\left(i\left(\frac{1}{k}\right)\right),$$

$$E(j(k),i)^{-1}=E(j,i(k))^{-1}=E(j(-k),i)=E(j,i(-k)).$$

由此可见，初等矩阵的逆矩阵仍然是同类型的初等矩阵.

矩阵的初等变换与初等矩阵有着非常密切的关系，这种关系可以由定理 2.3 给出.

定理 2.3 设 A 为 $m\times n$ 矩阵，对 A 做一次初等行变换，则相当于在 A 的左边乘上一个相应的 m 阶初等矩阵；对 A 做一次初等列变换，则相当于在 A 的右边乘上一个相应的 n 阶初

等矩阵.

证明 我们仅对 A 做一次第三种初等变换的情况加以证明.

设 $m\times n$ 矩阵 $A=(a_{ij})$，I_m 为 m 阶单位矩阵. 若将矩阵 A，I_m 按行分块如下：

$$A=\begin{pmatrix}A_1\\ \vdots\\ A_i\\ \vdots\\ A_j\\ \vdots\\ A_m\end{pmatrix},\quad I_m=\begin{pmatrix}\varepsilon_1\\ \vdots\\ \varepsilon_i\\ \vdots\\ \varepsilon_j\\ \vdots\\ \varepsilon_m\end{pmatrix},$$

其中，

$$A_s=(a_{s1}\quad a_{s2}\quad \cdots \quad a_{sn}),(s=1,2,\cdots,m),$$

$$\varepsilon_t=(0\quad \cdots \quad \underset{(t)}{1} \quad \cdots \quad 0),(t=1,2,\cdots,m).$$

则

$$E(j(k),i)A=\begin{pmatrix}\varepsilon_1\\ \vdots\\ \varepsilon_i+k\varepsilon_j\\ \vdots\\ \varepsilon_j\\ \vdots\\ \varepsilon_m\end{pmatrix}A=\begin{pmatrix}\varepsilon_1 A\\ \vdots\\ \varepsilon_i A+k\varepsilon_j A\\ \vdots\\ \varepsilon_j A\\ \vdots\\ \varepsilon_m A\end{pmatrix}=\begin{pmatrix}A_1\\ \vdots\\ A_i+kA_j\\ \vdots\\ A_j\\ \vdots\\ A_m\end{pmatrix}\begin{matrix}\\ \\ \text{第 } i \text{ 行}\\ \\ \text{第 } j \text{ 行}\\ \\ \\ \end{matrix}.$$

由此可见，把矩阵 A 的第 j 行的 k 倍加到第 i 行上就相当于在 A 的左边乘上一个相应的 m 阶初等矩阵 $E(j(k),i)$.

如果将矩阵 A，I_n 均按列分块，则可以证得，把矩阵 A 的第 i 列的 k 倍加到第 j 列上就相当于在 A 的右边乘上一个相应的 n 阶初等矩阵 $E(j,i(k))$. 其余两种初等变换的情况可以类似地证明. ■

二、矩阵的等价

定义 2.16 若矩阵 A 经有限次初等变换化为矩阵 B，则称矩阵 A 与 B 等价，记作 $A\to B$.

根据初等矩阵的性质，两个 $m\times n$ 矩阵 A 与 B 等价的充分且必要条件是存在有限个 m 阶初等矩阵 $P_1,P_2,\cdots,P_s$ 和 n 阶初等矩阵 $Q_1,Q_2,\cdots,Q_t$，使得

$$P_s\cdots P_2P_1AQ_1Q_2\cdots Q_t=B.$$

或者更简单地说，两个 $m\times n$ 矩阵 A 与 B 等价的充分且必要条件是存在 m 阶可逆矩阵 P 和 n 阶可逆矩阵 Q，使得，

$$PAQ=B.$$

矩阵的等价还具有以下性质：

性质 1 反身性： $A\to A$；

性质 2 对称性： 若 $A\to B$，则 $B\to A$；

性质 3 传递性：若 $A \to B, B \to C$，则 $A \to C$；
其中，A,B,C 均为 $m \times n$ 矩阵．

这里我们只证性质 2,3，性质 1 由读者自己证明．

证明 性质 2：若 $A \to B$，则存在有限个初等矩阵 $P_1,P_2,\cdots,P_s$ 和 $Q_1,Q_2,\cdots,Q_t$，使得，

$$P_s \cdots P_2 P_1 A Q_1 Q_2 \cdots Q_t = B. \tag{2.8}$$

由于初等矩阵均为可逆矩阵，且有限个可逆矩阵的乘积仍然是可逆的，所以在(2.8)式的两边同时左乘 $(P_s \cdots P_2 P_1)^{-1}$，右乘 $(Q_1 Q_2 \cdots Q_t)^{-1}$，即得，

$$P_1^{-1} P_2^{-1} \cdots P_s^{-1} B Q_t^{-1} \cdots Q_2^{-1} Q_1^{-1} = A. \tag{2.9}$$

由于逆矩阵 $P_1^{-1},P_2^{-1},\cdots,P_s^{-1}$ 和 $Q_1^{-1},Q_2^{-1},\cdots,Q_t^{-1}$ 仍然是初等矩阵，所以(2.9)式表示矩阵 B 经有限次初等变换化为矩阵 A，即矩阵 B 等价于矩阵 A．

证明 性质 3：若 $A \to B, B \to C$，则必存在有限个初等矩阵 $P_1,P_2,\cdots,P_s,Q_1,Q_2,\cdots,Q_t$，$R_1,R_2,\cdots,R_k$ 和 $S_1,S_2,\cdots,S_l$，使得

$$P_s \cdots P_2 P_1 A Q_1 Q_2 \cdots Q_t = B,$$
$$R_k \cdots R_2 R_1 B S_1 S_2 \cdots S_l = C.$$

将前式的 B 代入后式，得

$$R_k \cdots R_2 R_1 P_s \cdots P_2 P_1 A Q_1 Q_2 \cdots Q_t S_1 S_2 \cdots S_l = C.$$

该式表示矩阵 A 经过有限次初等变换化为矩阵 C．所以矩阵 A 与矩阵 C 等价，即 $A \to C$． ■

为了给出用初等变换求逆矩阵的方法，我们先介绍下面的定义和定理．设矩阵

$$A=\begin{pmatrix} 1 & -1 & 8 & -5 & 2 \\ 0 & 1 & -3 & 0 & 1 \\ 0 & 0 & 0 & 8 & -8 \\ 0 & 0 & 0 & 0 & 0 \end{pmatrix},$$

上面矩阵 A 称为**行阶梯形矩阵**，其特点是：

(1)自上而下的各行中，每个非零行的首个非零元素前面零的个数依次增加，使非零行呈阶梯形，且每个阶梯仅有一行；

(2)元素全为零的行(若有的话)都位于矩阵的最下面．

继续对上面的行阶梯形矩阵 A 进行初等行变换，

$$A \xrightarrow[r_1+5r_3']{r_3'=r_3\times\frac{1}{8}} \begin{pmatrix} 1 & -1 & 8 & 0 & -3 \\ 0 & 1 & -3 & 0 & 1 \\ 0 & 0 & 0 & 1 & -1 \\ 0 & 0 & 0 & 0 & 0 \end{pmatrix}$$

$$\xrightarrow{r_1+r_2} \begin{pmatrix} 1 & 0 & 5 & 0 & -2 \\ 0 & 1 & -3 & 0 & 1 \\ 0 & 0 & 0 & 1 & -1 \\ 0 & 0 & 0 & 0 & 0 \end{pmatrix} = B.$$

上面矩阵 B 称为**行最简形矩阵**．其特点是：

(1)具有行阶梯形矩阵的特点；

(2)每一行的首个非零元素都为 1，且该元素所在列的其余元素都为 0.

对上面的行最简形矩阵 B 进行初等列变换

$$B \xrightarrow{c_3 \leftrightarrow c_4} \begin{pmatrix} 1 & 0 & 0 & 5 & -2 \\ 0 & 1 & 0 & -3 & 1 \\ 0 & 0 & 1 & 0 & -1 \\ 0 & 0 & 0 & 0 & 0 \end{pmatrix}$$

$$\xrightarrow[c_5+2c_1-c_2+c_3]{c_4-5c_1+3c_2} \begin{pmatrix} 1 & 0 & 0 & 0 & 0 \\ 0 & 1 & 0 & 0 & 0 \\ 0 & 0 & 1 & 0 & 0 \\ 0 & 0 & 0 & 0 & 0 \end{pmatrix} = \begin{pmatrix} I_3 & O \\ O & O \end{pmatrix} = C.$$

上面矩阵 C 称为**最简形矩阵**,简称标准形.其特点是左上角为一个单位矩阵,其余元素都为 0. 任何一个矩阵都可经初等行变换,化至行阶梯形和行最简形．再经列变换,化为最简形矩阵,即:

定理 2.4 任意一个 $m\times n$ 矩阵 A 都与形式为

$$D_{m\times n} = \begin{pmatrix} 1 & & & & & \\ & \ddots & & & & \\ & & 1 & & & \\ & & & 0 & & \\ & & & & \ddots & \\ & & & & & 0 \end{pmatrix} = \begin{pmatrix} I_r & O \\ O & O \end{pmatrix}$$

（前 r 行、前 r 列：r 行，r 列）

的矩阵等价,称 $D_{m\times n}$ 为矩阵 A 的**等价标准形**(简称**标准形**).

证明 设矩阵

$$A = \begin{pmatrix} a_{11} & a_{12} & \cdots & a_{1n} \\ a_{21} & a_{22} & \cdots & a_{2n} \\ \cdots & \cdots & \cdots & \cdots \\ a_{m1} & a_{m2} & \cdots & a_{mn} \end{pmatrix}.$$

若 A 中的元素全为零,则 A 本身就是一个 $r=0$ 的标准形矩阵 $D_{m\times n}$,由等价关系的反身性可知,$A\to D_{m\times n}$.

若 A 中的元素不全为零,则经过适当的初等变换,A 一定可以化为一个左上角元素不为零的矩阵,故不妨假定 $a_{11}\neq 0$.

1. 第 1 行各元素的 $-\dfrac{a_{i1}}{a_{11}}$ 倍加到第 $i(i=2,3,\cdots,m)$ 行的对应元素上去,于是

$$A \xrightarrow[(i=2,3,\cdots,m)]{r_i - \frac{a_{i1}}{a_{11}} r_1} \begin{pmatrix} a_{11} & a_{12} & \cdots & a_{1n} \\ 0 & a'_{22} & \cdots & a'_{2n} \\ \cdots & \cdots & \cdots & \cdots \\ 0 & a'_{m2} & \cdots & a'_{mn} \end{pmatrix} = A_1,$$

其中,$a'_{ij} = a_{ij} - \dfrac{a_{i1}}{a_{11}} a_{1j} (i=2,3,\cdots,m;j=2,3,\cdots,n)$.

2. A_1 的第 1 列各元素的 $-\dfrac{a_{1j}}{a_{11}}$ 倍加到第 $j(j=2,3,\cdots,n)$ 列对应元素上去,再以 $\dfrac{1}{a_{11}}$ 乘第 1 列,于是

$$A_1 \xrightarrow[c_1 \times \frac{1}{a_{11}}]{c_j - \frac{a_{1j}}{a_{11}} c_1} \begin{pmatrix} 1 & 0 & \cdots & 0 \\ 0 & a'_{22} & \cdots & a'_{2n} \\ \cdots & \cdots & \cdots & \cdots \\ 0 & a'_{m2} & \cdots & a'_{mn} \end{pmatrix} = \begin{pmatrix} I_1 & O \\ O & B_1 \end{pmatrix} = A_2,$$

其中,B_1 是一个$(m-1)\times(n-1)$矩阵．若 $B_1=O$,则 A_2 就是一个 $r=1$ 的标准形矩阵 $D_{m\times n}$,因此 $A\to D_{m\times n}$．若 $B_1\neq O$,则 A_2 有待于进一步作初等变换．

3. 对 B_1 重复上述步骤,直至将 A 化为以下的标准形

$$D_{m\times n} = \begin{pmatrix} 1 & & & & & \\ & \ddots & & & & \\ & & 1 & & & \\ & & & 0 & & \\ & & & & \ddots & \\ & & & & & 0 \end{pmatrix} = \begin{pmatrix} I_r & O \\ O & O \end{pmatrix}.$$

（前 r 行、r 列）

以上过程说明,任意一个 $m\times n$ 矩阵 A 经过有限次初等变换一定可以化为标准形矩阵 $D_{m\times n}$,由矩阵的等价定义可知,$A\to D_{m\times n}$. ■

定理 2.5 n 阶方阵 A 可逆的充分必要条件是 A 与 n 阶单位矩阵等价．

证明 **必要性**:设 n 阶方阵 A 可逆,则由定理 2.4 可知,A 一定等价于 n 阶标准形矩阵 D,即 $A\to D$. 所以必存在有限个初等矩阵 $P_1,P_2,\cdots,P_s$ 和 $Q_1,Q_2,\cdots,Q_t$,使得,

$$P_s\cdots P_2P_1AQ_1Q_2\cdots Q_t=D.$$

由于方阵 A 可逆及这些初等矩阵均可逆,所以上式左边的乘积仍是可逆的,从而矩阵 D 可逆. 所以$|D|\neq 0$,这说明 D 中没有任何一行任何一列的元素全为零,即 D 的主对角元素全为 1,故 $D=I$. 所以 A 与 I 等价．

充分性:设 $A\to I$,则必存在有限个初等矩阵 $P_1,P_2,\cdots,P_s$ 和 $Q_1,Q_2,\cdots,Q_t$,使得,

$$P_s\cdots P_2P_1AQ_1Q_2\cdots Q_t=I.$$

对上式两边取行列式,得,

$$|P_s|\cdots|P_2||P_1||A||Q_1||Q_2|\cdots|Q_t|=1.$$

所以$|A|\neq 0$,即 A 为可逆矩阵． ■

可见可逆矩阵的标准形是单位矩阵. 实际上,下面将证明可逆矩阵的行最简形也是单位矩阵.

定理 2.6 n 阶方阵 A 可逆的充分必要条件是它可以表示成若干个初等矩阵的乘积．

证明 **必要性**:设 A 为 n 阶可逆阵,则由定理 2.5 可知,$A\to I$,从而 $I\to A$. 因此存在有限个初等矩阵 $P_1,P_2,\cdots,P_s$ 和 $Q_1,Q_2,\cdots,Q_t$,使得,

$$P_s\cdots P_2P_1IQ_1Q_2\cdots Q_t=A,$$

即

$$A=P_s\cdots P_2P_1Q_1Q_2\cdots Q_t.$$

所以 A 可以表示成若干个初等矩阵的乘积．

充分性:设 A 可以表示成若干个初等矩阵的乘积,而初等矩阵为可逆的,且可逆矩阵的乘积仍为可逆的,所以 A 为可逆矩阵． ■

推论 可逆矩阵经过若干次初等行变换即可化为单位矩阵.

证明 由定理 2.6 知,对于 A 的逆矩阵 A^{-1},存在有限个初等矩阵 $P_1,P_2,\cdots,P_m$,使 $A^{-1}=P_1P_2\cdots P_m$,则

$$A^{-1}A=P_1P_2\cdots P_mA=I,$$

即说明可逆矩阵 A 经过若干次初等行变换化为单位矩阵.

例 24 设矩阵 $A=\begin{pmatrix}1&3&6&2\\3&9&21&6\\2&6&12&4\end{pmatrix}$,求 A 的标准形矩阵 D 和可逆矩阵 P,Q,使 $PAQ=D$.

解 对矩阵 A 作初等变换

$$A=\begin{pmatrix}1&3&6&2\\3&9&21&6\\2&6&12&4\end{pmatrix}$$

$$\xrightarrow[r_3-2r_1]{r_2-3r_1}\begin{pmatrix}1&3&6&2\\0&0&3&0\\0&0&0&0\end{pmatrix}\xrightarrow[r_2\times\frac{1}{3}]{r_1-2r_2}\begin{pmatrix}1&3&0&2\\0&0&1&0\\0&0&0&0\end{pmatrix}$$

$$\xrightarrow[c_4-2c_1]{c_2-3c_1}\begin{pmatrix}1&0&0&0\\0&0&1&0\\0&0&0&0\end{pmatrix}\xrightarrow{c_2\leftrightarrow c_3}\begin{pmatrix}1&0&0&0\\0&1&0&0\\0&0&0&0\end{pmatrix}=D.$$

把上述一系列变换写成矩阵形式,有

$$\begin{aligned}P&=E\left(2\left(\frac{1}{3}\right)\right)E(2(-2),1)E(1(-2),3)E(1(-3),2)\\&=\begin{pmatrix}1&0&0\\0&\frac{1}{3}&0\\0&0&1\end{pmatrix}\begin{pmatrix}1&-2&0\\0&1&0\\0&0&1\end{pmatrix}\begin{pmatrix}1&0&0\\0&1&0\\-2&0&1\end{pmatrix}\begin{pmatrix}1&0&0\\-3&1&0\\0&0&1\end{pmatrix}\\&=\begin{pmatrix}7&-2&0\\-1&\frac{1}{3}&0\\-2&0&1\end{pmatrix},\end{aligned}$$

$$\begin{aligned}Q&=E(2,1(-3))E(4,1(-2))E(2,3)\\&=\begin{pmatrix}1&-3&0&0\\0&1&0&0\\0&0&1&0\\0&0&0&1\end{pmatrix}\begin{pmatrix}1&0&0&-2\\0&1&0&0\\0&0&1&0\\0&0&0&1\end{pmatrix}\begin{pmatrix}1&0&0&0\\0&0&1&0\\0&1&0&0\\0&0&0&1\end{pmatrix}\\&=\begin{pmatrix}1&0&-3&-2\\0&0&1&0\\0&1&0&0\\0&0&0&1\end{pmatrix},\end{aligned}$$

即得 $PAQ=D$.

三、用初等变换求逆矩阵

利用上面的定理我们可以推出用初等变换求逆矩阵的方法．事实上，如果 A 可逆，则 A^{-1} 也可逆．根据定理 2.6，A^{-1} 可以表示成若干个初等矩阵的乘积，不妨假定有 m 个初等矩阵 $P_1,P_2,\cdots,P_m$，使得

$$P_m\cdots P_2P_1=A^{-1}.$$

则由 $A^{-1}A=I,A^{-1}I=A^{-1}$ 即得

$$P_m\cdots P_2P_1A=I,$$
$$P_m\cdots P_2P_1I=A^{-1}.$$

利用分块矩阵把上两式合并为

$$P_m\cdots P_2P_1(A\quad I)=(I\quad A^{-1}).$$

该式说明，若方阵 A 可逆，则分块矩阵 $(A\quad I)$ 经有限次初等行变换一定可以化为分块矩阵 $(I\quad A^{-1})$．于是，我们就得到用初等行变换求 n 阶可逆矩阵 A 的逆矩阵的方法．

先构造一个 $n\times 2n$ 矩阵 $(A\quad I)$，然后对矩阵 $(A\quad I)$ 进行初等行变换，当左侧矩阵 A 化为单位矩阵 I 时，则右侧单位矩阵 I 就化为 A 的逆矩阵 A^{-1}，即

$$(A\quad I)\xrightarrow{\text{初等行变换}}(I\quad A^{-1}).$$

类似地，我们可以推出用初等列变换求 n 阶可逆矩阵 A 的逆矩阵的方法，即构造一个 $2n\times n$ 矩阵 $\begin{pmatrix}A\\I\end{pmatrix}$，进行初等列变换，当上方矩阵化为单位矩阵 I 时，则下方单位矩阵 I 就化为 A 的逆矩阵 A^{-1}，即

$$\begin{pmatrix}A\\I\end{pmatrix}\xrightarrow{\text{初等列变换}}\begin{pmatrix}I\\A^{-1}\end{pmatrix}.$$

例 25 求矩阵

$$A=\begin{pmatrix}2&2&3\\1&-1&0\\-1&2&1\end{pmatrix}$$

的逆矩阵．

解

$$(A\quad I)=\left(\begin{array}{ccc:ccc}2&2&3&1&0&0\\1&-1&0&0&1&0\\-1&2&1&0&0&1\end{array}\right)$$

$$\xrightarrow{r_1\leftrightarrow r_2}\left(\begin{array}{ccc:ccc}1&-1&0&0&1&0\\2&2&3&1&0&0\\-1&2&1&0&0&1\end{array}\right)$$

$$\xrightarrow[r_3+r_1]{r_2-2r_1}\left(\begin{array}{ccc:ccc}1&-1&0&0&1&0\\0&4&3&1&-2&0\\0&1&1&0&1&1\end{array}\right)$$

$$\xrightarrow{r_2\leftrightarrow r_3}\left(\begin{array}{ccc:ccc}1&-1&0&0&1&0\\0&1&1&0&1&1\\0&4&3&1&-2&0\end{array}\right)$$

$$\xrightarrow[r_3-4r_2]{r_1+r_2}\left(\begin{array}{ccc:ccc}1&0&1&0&2&1\\0&1&1&0&1&1\\0&0&-1&1&-6&-4\end{array}\right)$$

$$\xrightarrow[r_3\times(-1)]{\substack{r_1+r_3\\r_2+r_3}}\left(\begin{array}{ccc:ccc}1&0&0&1&-4&-3\\0&1&0&1&-5&-3\\0&0&1&-1&6&4\end{array}\right).$$

所以，

$$A^{-1}=\begin{pmatrix}1&-4&-3\\1&-5&-3\\-1&6&4\end{pmatrix}.$$

注意：用初等变换求矩阵 A 的逆矩阵时，不必事先通过计算行列式 $|A|$ 的值来检验矩阵 A 是否可逆. 如果不知道矩阵 A 是否可逆，仍可按上述方法去做，在对矩阵 $(A\quad I)$ 进行初等行变换的过程中，当左侧子块中有一行的元素全为零时，则矩阵 A 不可逆（因为矩阵 A 不等价于单位矩阵 I）.

例 26　求矩阵

$$A=\begin{pmatrix}2&3&14\\2&7&-2\\1&3&1\end{pmatrix}$$

的逆矩阵 .

解

$$(A\quad I)=\left(\begin{array}{ccc:ccc}2&3&14&1&0&0\\2&7&-2&0&1&0\\1&3&1&0&0&1\end{array}\right)$$

$$\xrightarrow{r_1\leftrightarrow r_3}\left(\begin{array}{ccc:ccc}1&3&1&0&0&1\\2&7&-2&0&1&0\\2&3&14&1&0&0\end{array}\right)$$

$$\xrightarrow{\substack{r_2\leftrightarrow 2r_1\\r_3-2r_1}}\left(\begin{array}{ccc:ccc}1&3&1&0&0&1\\0&1&-4&0&1&-2\\0&-3&12&1&0&-2\end{array}\right)$$

$$\xrightarrow[r_3+3r_2]{r_1-3r_2}\left(\begin{array}{ccc:ccc}1&0&13&0&-3&7\\0&1&-4&0&1&-2\\0&0&0&1&3&-8\end{array}\right).$$

由此可见，A 不等价于单位阵 I. 所以 A 不可逆 .

四、用初等变换求解矩阵方程及线性方程组

设矩阵方程

$$AX=B, \tag{2.10}$$

其中，A 为 n 阶方阵，X 为 $n\times l$ 矩阵（未知），B 为 $n\times l$ 矩阵. 若 A 可逆，则 $X=A^{-1}B$. 因此，我们可以先求 A^{-1}，再计算 $A^{-1}B$，即可求得方程(2.10)的解 $X=A^{-1}B$. 这种方法的关键是

求 A 的逆矩阵. 有关求逆问题我们已在前面详细讨论过. 下面介绍另一种更为简便的求解矩阵方程(2.10)的方法,此方法是利用初等行变换直接求出 $A^{-1}B$.

设存在 s 个初等矩阵 $P_1,P_2,\cdots,P_s$,使

$$P_s\cdots P_2P_1=A^{-1}, \tag{2.11}$$

在(2.11)式的两边同时右乘 A,得

$$P_s\cdots P_2P_1A=I,$$

在(2.11)式的两边同时右乘 B,得

$$P_s\cdots P_2P_1B=A^{-1}B.$$

利用分块矩阵把上两式合并为

$$P_s\cdots P_2P_1(A\quad B)=(I\quad A^{-1}B).$$

此式说明,若方阵 A 可逆,则矩阵 $(A\quad B)$ 经有限次初等行变换一定可以化为矩阵 $(I\quad A^{-1}B)$. 于是,我们就得到用初等行变换求解矩阵方程(2.10)的方法.

先构造 $n\times(n+l)$ 矩阵 $(A\quad B)$,然后对矩阵 $(A\quad B)$ 进行初等行变换. 当左侧矩阵 A 化为单位矩阵 I 时,则右侧矩阵 B 就化为 $A^{-1}B$,即

$$(A\quad B)\xrightarrow{\text{初等行变换}}(I\quad A^{-1}B).$$

例 27 已知矩阵

$$A=\begin{pmatrix}0&1&-1\\1&1&2\\0&-1&0\end{pmatrix},B=\begin{pmatrix}-2&2\\-3&1\\3&-1\end{pmatrix},$$

求矩阵 X,使 $AX=B$.

解

$$(A\quad B)=\left(\begin{array}{ccc:cc}0&1&-1&-2&2\\1&1&2&-3&1\\0&-1&0&3&-1\end{array}\right)$$

$$\xrightarrow{r_1\leftrightarrow r_2}\left(\begin{array}{ccc:cc}1&1&2&-3&1\\0&1&-1&-2&2\\0&-1&0&3&-1\end{array}\right)$$

$$\xrightarrow[r_3+r_2]{r_1-r_2}\left(\begin{array}{ccc:cc}1&0&3&-1&-1\\0&1&-1&-2&2\\0&0&-1&1&1\end{array}\right)$$

$$\xrightarrow[r_3\times(-1)]{r_1+3r_3,\ r_2-r_3}\left(\begin{array}{ccc:cc}1&0&0&2&2\\0&1&0&-3&1\\0&0&1&-1&-1\end{array}\right).$$

于是,求得

$$X=A^{-1}B=\begin{pmatrix}2&2\\-3&1\\-1&-1\end{pmatrix}.$$

设 A 为 n 阶方阵,X 为 $n\times1$ 矩阵(未知),B 为 $n\times1$ 矩阵,则 $AX=B$ 就为含有 n 个方程的 n 元线性方程组的矩阵形式. 因此,用初等行变换也可求解线性方程组.

类似地，求解矩阵方程 $YA=C$. 当 A 可逆时，则可对矩阵$\begin{pmatrix}A\\C\end{pmatrix}$作初等列变换，

$$\begin{pmatrix}A\\C\end{pmatrix}\xrightarrow{\text{初等列变换}}\begin{pmatrix}I\\CA^{-1}\end{pmatrix}.$$

即可得

$$Y=CA^{-1}.$$

注意：运用矩阵的初等变换方法求解线性方程组，不但要比用克莱姆法则和求逆矩阵方法求解线性方程组更简便，而且还能够求解那些不适合用克莱姆法则和求逆矩阵方法求解的线性方程组．实际上，对方程组的增广矩阵进行初等行变换就相当于对方程组进行同解变形．下面我们给出用初等行变换实现高斯消元法求解一般线性方程组的方法．而有关理论将在第四章中详细介绍．

例 28 用矩阵的初等行变换解引例中的线性方程组．

解 对方程组进行初等变换，相当于对它的增广矩阵进行相应的初等行变换．利用矩阵的初等行变换将方程组的消元过程表示如下：

$$(A\quad B)=\left(\begin{array}{ccc:c}1&3&-2&5\\3&2&-5&14\\1&4&-3&6\end{array}\right)$$

$$\xrightarrow[r_3-r_1]{r_2-3r_1}\left(\begin{array}{ccc:c}1&3&-2&5\\0&-7&1&-1\\0&1&-1&1\end{array}\right)$$

$$\xrightarrow{r_2\leftrightarrow r_3}\left(\begin{array}{ccc:c}1&3&-2&5\\0&1&-1&1\\0&-7&1&-1\end{array}\right)$$

$$\xrightarrow{r_3+7r_2}\left(\begin{array}{ccc:c}1&3&-2&5\\0&1&-1&1\\0&0&-6&6\end{array}\right).$$

对上面的行阶梯形矩阵进行初等行变换，将回代过程表示如下：

$$\xrightarrow{r_3\times\left(-\frac{1}{6}\right)}\left(\begin{array}{ccc:c}1&3&-2&5\\0&1&-1&1\\0&0&1&-1\end{array}\right)\xrightarrow[r_2+r_3]{r_1+2r_3}\left(\begin{array}{ccc:c}1&3&0&3\\0&1&0&0\\0&0&1&-1\end{array}\right)$$

$$\xrightarrow{r_1-3r_2}\left(\begin{array}{ccc:c}1&0&0&3\\0&1&0&0\\0&0&1&-1\end{array}\right).$$

由上面最后一个行最简形矩阵得到方程组的解：

$$x_1=3,x_2=0,x_3=-1.$$

例 29 设 A,B 满足 $A^*BA=2BA-4I$，其中 $A=\begin{pmatrix}1&&\\&1&\\&&-2\end{pmatrix}$，求矩阵 B.

解 将等式 $A^*BA=2BA-4I$ 两边同时左乘 A，右乘 A^{-1}，得

$$\begin{aligned}(AA^*)B(AA^{-1})=2AB(AA^{-1})-4I&\Rightarrow|A|I\cdot B\cdot I\\&=2AB-4I\Rightarrow-2B=2AB-4I\Rightarrow(A+I)B=2I,\end{aligned}$$

从而 $B=\begin{pmatrix}1 & & \\ & 1 & \\ & & -2\end{pmatrix}$.

例 30 已知 A,B 为 3 阶矩阵，且满足 $2A^{-1}B=B-4I$.

(1)证明 $A-2I$ 可逆；

(2)若 $B=\begin{pmatrix}1 & -2 & 0\\ 1 & 2 & 0\\ 0 & 0 & 2\end{pmatrix}$，求 A.

解 (1)将 $2A^{-1}B=B-4I$ 的两边同时左乘 A，整理得

$$AB-2B-4A=O,$$
$$(A-2I)(B-4I)=8I,$$

即

$$(A-2I)\left[\frac{1}{8}(B-4I)\right]=I,$$

因此 $A-2I$ 可逆，且 $(A-2I)^{-1}=\frac{1}{8}(B-4I)$.

(2)由(1)中 $(A-2I)(B-4I)=8I$ 可知 $A=2I+8(B-4I)^{-1}$，计算可得

$$(B-4I)^{-1}=\begin{pmatrix}-\frac{1}{4} & \frac{1}{4} & 0\\ -\frac{1}{8} & -\frac{3}{8} & 0\\ 0 & 0 & -\frac{1}{2}\end{pmatrix},$$

从而，

$$A=2I+8(B-4I)^{-1}=\begin{pmatrix}0 & 2 & 0\\ -1 & -1 & 0\\ 0 & 0 & -2\end{pmatrix}.$$

习题二

1. 设矩阵

$$A=\begin{pmatrix}1 & -2 & 3\\ -4 & 5 & -6\end{pmatrix},B=\begin{pmatrix}0 & 3 & 5\\ 7 & -8 & -2\end{pmatrix},$$

求 $A+B,A-B,3A-2B,AB,AB^T$.

2. 设矩阵

$$A=\begin{pmatrix}3 & 1 & 0\\ -1 & 2 & 1\\ 3 & 4 & 2\end{pmatrix},B=\begin{pmatrix}1 & -1 & 0\\ 2 & -2 & 5\\ 3 & 4 & 1\end{pmatrix},$$

求 $AB-BA,A^2-B^2,(A+B)(A-B),B^TA^T$.

3. 计算下列矩阵的乘积：

(1)$\begin{pmatrix}1 & 3 & 4\\3 & -2 & 1\\0 & 7 & 5\end{pmatrix}\begin{pmatrix}5\\3\\1\end{pmatrix}$;

(2)$\begin{pmatrix}1 & 2 & 3 & 4\end{pmatrix}\begin{pmatrix}4\\3\\2\\1\end{pmatrix}$;

(3)$\begin{pmatrix}4\\3\\2\\1\end{pmatrix}\begin{pmatrix}1 & 2 & 3 & 4\end{pmatrix}$;

(4)$\begin{pmatrix}2 & 1 & 4 & 0\end{pmatrix}\begin{pmatrix}1 & 3 & 1\\0 & -1 & 2\\1 & -3 & 1\\4 & 0 & -2\end{pmatrix}$;

(5)$\begin{pmatrix}\lambda_1 & 0 & 0\\0 & \lambda_2 & 0\\0 & 0 & \lambda_3\end{pmatrix}\begin{pmatrix}a_{11} & a_{12} & a_{13} & a_{14}\\a_{21} & a_{22} & a_{23} & a_{24}\\a_{31} & a_{32} & a_{33} & a_{34}\end{pmatrix}$;

(6)$\begin{pmatrix}-3 & 1 & 0 & 2 & 1\\-1 & 0 & 1 & -1 & 1\\0 & 2 & 0 & 1 & -1\\-1 & 1 & 0 & -2 & 1\end{pmatrix}\begin{pmatrix}-1 & 2 & 1\\0 & 1 & 2\\1 & -1 & 1\\2 & 0 & 1\\1 & -1 & -1\end{pmatrix}$;

(7)$\begin{pmatrix}a & b & c\\c & b & a\\1 & 1 & 1\end{pmatrix}\begin{pmatrix}1 & a & c\\1 & b & b\\1 & c & a\end{pmatrix}$;

(8)$\begin{pmatrix}x & y & 1\end{pmatrix}\begin{pmatrix}a_{11} & a_{12} & b_1\\a_{12} & a_{22} & b_2\\b_1 & b_2 & c\end{pmatrix}\begin{pmatrix}x\\y\\1\end{pmatrix}$.

4. 已知变量 $x_1,x_2,x_3,y_1,y_2,y_3,z_1,z_2$ 有如下线性关系：

$$\begin{cases}x_1=2y_1 \qquad\qquad +y_3\\x_2=-2y_1+3y_2+2y_3,\\x_3=4y_1+y_2+5y_3\end{cases}\qquad\begin{cases}y_1=-3z_1+z_2\\y_2=2z_1+z_2\\y_3=-z_1+3z_2\end{cases},$$

试求将变量 x_1,x_2,x_3 由变量 z_1,z_2 线性表示的矩阵表示.

5. 设 $A=(a_{ij})$和 $B=(b_{ij})$均为 n 阶矩阵,求证：

(1)$\mathrm{tr}(A+B)=\mathrm{tr}(A)+\mathrm{tr}(B)$;

(2)$\mathrm{tr}(kA)=k\,\mathrm{tr}(A)$($k$ 为任意常数);

(3)$\mathrm{tr}(A^T)=\mathrm{tr}(A)$;

(4)$\mathrm{tr}(AB)=\mathrm{tr}(BA)$.

6. 计算：

(1)$\begin{pmatrix}3 & 2\\-4 & -2\end{pmatrix}^4$；

(2)$\begin{pmatrix}1 & 1\\0 & 1\end{pmatrix}^n$；

(3)$\begin{pmatrix}\lambda_1 & 0 & 0\\0 & \lambda_2 & 0\\0 & 0 & \lambda_3\end{pmatrix}^n$；

(4)$\begin{pmatrix}\lambda & 1 & 0\\0 & \lambda & 1\\0 & 0 & \lambda\end{pmatrix}^n$.

7.(1)已知 $f(x)=x^2+2x+1,A=\begin{pmatrix}3 & 1 & 1\\1 & 3 & 1\\1 & 1 & 3\end{pmatrix}$，求 $f(A)$.

(2)设 $\alpha=\begin{pmatrix}1\\2\\3\end{pmatrix},\beta=\begin{pmatrix}2\\-2\\1\end{pmatrix},A=(\alpha\alpha^T)^2$，若 $f(x)=x^TAx$，求 $f(\beta)$.

8. 证明：

(1)设 A,B 为同阶对称矩阵，则 AB 也为对称矩阵的充分必要条件是 $AB=BA$；

(2)任意方阵可唯一分解为一个对称矩阵和一个反对称矩阵之和.

9. 证明奇数阶反对称矩阵 A 的行列式 $|A|=0$.

10. 求下列矩阵的逆矩阵：

(1)$\begin{pmatrix}1 & 3\\2 & 4\end{pmatrix}$；

(2)$\begin{pmatrix}a & b\\c & d\end{pmatrix}(ad\neq bc)$；

(3)$\begin{pmatrix}2 & -2 & 3\\1 & 1 & 1\\1 & 3 & -1\end{pmatrix}$；

(4)$\begin{pmatrix}0 & 2 & 1\\1 & -1 & 1\\3 & -1 & 2\end{pmatrix}$.

11. 设 A 为行和相等的可逆阵，证明 A^{-1},A^* 也是行和相等的矩阵.

12. 设 A,B 均为 n 阶方阵，若 $|A+B|\neq 0$，且 $AB=BA$，证明

$$(A-B)(A+B)^*=(A+B)^*(A-B).$$

13. 设 A,B 都是 n 阶方阵，且 $A^2=A,B^2=B,(A+B)^2=A+B$. 证明 $AB=0$.

14. 设 A,B 均是 n 阶方阵，且 $(I+AB)$ 可逆，证明 $I+BA$ 也可逆，并且

$$(I+BA)^{-1}=I-B(I+AB)^{-1}A.$$

15. 设 A 为 n 阶方阵，I 为 n 阶单位矩阵，证明若 $A^2=A$ 且 $A\neq I$，则 A 必为奇异矩阵.

16. 设 A,B 均为 n 阶方阵，证明若 $A^TA=I,BB^T=I$，且 $|A|=-|B|$，则 $A+B$ 必为奇

异矩阵．

17．证明 A 为 n 阶方阵，且 $A^k=O$(k 为正整数)，则 $I-A$ 可逆；当 k 为奇数时，$I+A$ 也可逆．

18．设 A,B 均为 n 阶方阵，I 为 n 阶单位矩阵，若满足条件 $A+B=AB$，求证：

(1)$A-I$ 可逆，并求出$(A-I)^{-1}$；

(2)$AB=BA$．

19．设 A 为 n 阶方阵，A^* 是 A 的伴随矩阵，求证：

(1)若 A 可逆，则 A^* 也可逆，且$|A^*|=|A|^{n-1}$，并求出 A^* 的逆矩阵$(A^*)^{-1}$；

(2)若$|A|=0$，则$|A^*|=0$．

20．已知 n 阶矩阵 A 满足 $2A(A-I)=A^3$，求$(I-A)^{-1}$．

21．设 A 为 3 阶方阵，A^* 为 A 的伴随矩阵，若$|A|=\dfrac{1}{2}$，求$|(3A)^{-1}-2A^*|$的值．

22．按矩阵 $A(B)$的指定分块，对矩阵 $B(A)$作相应的分块，并利用分块矩阵的乘法求出 AB．

(1)$A=\left(\begin{array}{c:cc}2&1&0\\1&0&1\\ \hdashline 0&2&1\\0&0&3\end{array}\right)$，$B=\begin{pmatrix}1&2&1&0\\-1&0&0&1\\0&-1&0&0\end{pmatrix}$；

(2)$A=\begin{pmatrix}0&1&2\\2&1&3\\1&-1&0\end{pmatrix}$，$B=\left(\begin{array}{cc}0&1\\ \hdashline 1&0\\0&1\end{array}\right)$．

23．设 A 为 3 阶方阵，且$|A|=2$，若把 A 按列分块为 $A=(A_1\quad A_2\quad A_3)$，其中，$A_j$ $(j=1,2,3)$为 A 的第 j 列，求：

(1)$|A_1\quad -3A_3\quad A_2|$；

(2)$|A_3-3A_1\quad 2A_2\quad A_1|$．

24．设 A 为 $m\times n$ 矩阵，B 为 $n\times s$ 矩阵，则 $AB=O_{m\times s}$ 的充分必要条件是 B 的每一列是齐次线性方程组 $AX=O_{m\times 1}$ 的解．

25．利用分块矩阵求下列矩阵的逆矩阵：

(1)$\begin{pmatrix}1&0&0&0\\1&2&0&0\\1&2&3&0\\1&2&3&4\end{pmatrix}$；

(2)$\begin{pmatrix}1&2&3&4\\0&1&2&3\\0&0&1&2\\0&0&0&1\end{pmatrix}$；

(3)$\begin{pmatrix}1&4&0&0&0\\1&3&0&0&0\\0&0&1&1&0\\0&0&3&5&0\\0&0&0&0&8\end{pmatrix}$；

(4)$\begin{pmatrix}0&0&1&0&0\\0&0&0&2&0\\0&0&0&0&3\\0&4&0&0&0\\5&0&0&0&0\end{pmatrix}$.

26. 设 A 为 $m\times n$ 矩阵,B 为 $n\times m$ 矩阵,证明 $|I_m-AB|=|I_n-BA|$.

27. 设 A,B,C,D 均为 n 阶方阵,

(1)证明分块矩阵 $P=\begin{pmatrix}A&B\\B&A\end{pmatrix}$ 可逆的充分必要条件是 $A+B$ 及 $A-B$ 可逆.

(2)证明若 A,B 均可逆,则分块矩阵 $H=\begin{pmatrix}A&D\\C&B\end{pmatrix}$ 可逆的充分必要条件是 $B-CA^{-1}D$ 和 $A-DB^{-1}C$ 都可逆.

(3)若 $|A|=x,|B|=y$,求 $\begin{pmatrix}0&A\\B&0\end{pmatrix}^*$.

28. 把下列矩阵化为标准形:

(1)$\begin{pmatrix}0&1\\2&3\end{pmatrix}$;

(2)$\begin{pmatrix}2&-3&5\\-4&5&3\end{pmatrix}$;

(3)$\begin{pmatrix}1&-2&1\\-2&5&-4\\1&-4&6\end{pmatrix}$;

(4)$\begin{pmatrix}2&-1&4&-1\\4&-2&5&4\\2&-1&3&1\end{pmatrix}$.

29. 用初等变换求下列矩阵的逆矩阵:

(1)$\begin{pmatrix}2&1&-2\\-7&-3&8\\3&1&-3\end{pmatrix}$;

(2)$\begin{pmatrix}3&2&1\\2&1&2\\4&3&1\end{pmatrix}$;

(3)$\begin{pmatrix}1&1&1&-1\\1&1&-1&-1\\1&-1&1&-1\\1&-1&-1&1\end{pmatrix}$;

(4)$\begin{pmatrix}1&2&3&4\\2&3&1&2\\1&1&1&-1\\1&0&-2&-6\end{pmatrix}$.

30. 把矩阵 $A=\begin{pmatrix}2&1\\3&1\end{pmatrix}$ 表示成 3 个初等矩阵的乘积.

31. 已知三阶方阵 A 的逆矩阵为 $A^{-1}=\begin{pmatrix}1&1&1\\1&2&1\\1&1&3\end{pmatrix}$，试求其伴随矩阵 A^* 为逆矩阵.

32. 设矩阵

$$A=\begin{pmatrix}1&0&2\\2&3&4\\3&0&6\end{pmatrix},\quad B=\begin{pmatrix}1&&\\&0&\\&&6\end{pmatrix},$$

求矩阵 P,Q，使 $PAQ=B$.

33. 解下列矩阵方程：

(1) $\begin{pmatrix}2&1&-1\\2&1&0\\1&-1&1\end{pmatrix}X=\begin{pmatrix}2&3\\1&2\\4&-1\end{pmatrix}$；

(2) $X\begin{pmatrix}2&1&-1\\2&1&0\\1&-1&1\end{pmatrix}=\begin{pmatrix}1&-2&3\\4&3&2\end{pmatrix}$；

(3) $\begin{pmatrix}1&3&4\\2&1&1\\2&4&5\end{pmatrix}X\begin{pmatrix}3&-1\\-5&2\end{pmatrix}=\begin{pmatrix}-2&1\\-13&6\\-6&3\end{pmatrix}$.

34. 已知矩阵

$$A=\begin{pmatrix}3&-4&-3\\1&-3&-3\\-1&6&6\end{pmatrix},$$

求矩阵 B，使 $A+2B=BA$.

35. 求线性方程组 $\begin{cases}x_1+4x_2+3x_3=1\\2x_1+5x_2+4x_3=4\\x_1-3x_2-2x_3=5\end{cases}$ 的解.

36. 已知 $A=\begin{pmatrix}1&1&-1\\-1&1&1\\1&-1&1\end{pmatrix}$，矩阵 X 满足 $A^*X=A^{-1}+2X$ 其中 A^* 是 A 的伴随矩阵，求矩阵 X.

37. 设 $(2I-C^{-1}B)A^T=C^{-1}$，其中 I 是 4 阶单位矩阵，A^T 是 4 阶矩阵 A 的转置矩阵，$B=\begin{pmatrix}1&2&-3&-2\\0&1&2&-3\\0&0&1&2\\0&0&0&1\end{pmatrix}$，$C=\begin{pmatrix}1&2&0&1\\0&1&2&0\\0&0&1&2\\0&0&0&1\end{pmatrix}$，求 A.

第三章

向量的线性相关性与矩阵的秩

向量的线性相关性是线性代数中最基本的概念,也是线性代数的核心问题．在本章中我们介绍向量的线性表示、线性相关、线性无关、向量组的极大线性无关组和秩的概念及相关性质,最后介绍矩阵的秩. 本章的重点是理解向量组线性相关性和秩这两个重要概念. 对于本章的计算题,有些需要结合第四章方程组的理论进行计算.

第一节　n 维向量

一、向量的定义

定义 3.1　n 个数组成的有序数组

$$(a_1,a_2,\cdots,a_n)$$

称为 **n 维向量**,a_i 称为向量的第 i 个**分量**．所有分量都是实数的向量称为**实向量**,分量为复数的向量称为**复向量**．向量一般用小写希腊字母 α,β,γ 表示,分量一般用小写英文字母 a_i,b_i 表示．

向量既可以写成一行 $\alpha=(a_1,a_2,\cdots,a_n)$,称为行向量;也可以写成一列

$$\alpha=\begin{pmatrix}a_1\\a_2\\\vdots\\a_n\end{pmatrix},$$

称为列向量．作为向量写成行向量或列向量没有本质的区别,只是写法不同．由于行向量类似一个行矩阵,列向量类似一个列矩阵．有时也将它们看成矩阵,进行具体的矩阵运算时,行向量和列向量是有区别的．有时我们也运用矩阵的一些记号来表示向量,例如

$$\alpha=\begin{pmatrix}a_1\\a_2\\\vdots\\a_n\end{pmatrix},$$

也可以写成 $\alpha=(a_1,a_2,\cdots,a_n)^T$.

将 n 维实向量的全体组成的集合记为 R^n，称为 n 维向量空间．如果没有特别说明，本教材讨论的向量都是指实向量，基本采用列向量形式表示．

所有分量都为 0 的向量 $(0,0,\cdots,0)^T$，称为**零向量**，记作 0. 在有的教材中，零向量也记为 0 或 θ. 本教材中记为 0. 读者阅读时需分清数 0，还是零向量. n 维向量组

$$e_1=(1,0,\cdots,0)^T,e_2=(0,1,\cdots,0)^T,\cdots,e_n=(0,0,\cdots,1)^T$$

称为 **n 维单位坐标向量组**．

定义 3.2　n 维向量

$$\alpha=(a_1,a_2,\cdots,a_n)^T,\quad \beta=(b_1,b_2,\cdots,b_n)^T,$$

如果 $a_i=b_i,i=1,2,\cdots,n$，称向量 α 与 β **相等**，记作 $\alpha=\beta$.

二、向量的运算

1. 向量的加法

n 维向量

$$\alpha=(a_1,a_2,\cdots,a_n)^T,\beta=(b_1,b_2,\cdots,b_n)^T,$$

称向量 $\gamma=(a_1+b_1,a_2+b_2,\cdots,a_n+b_n)^T$ 为 α 与 β 的**和**，记作 $\gamma=\alpha+\beta$，它也是一个 n 维向量．

2. 向量的数乘

n 维向量 $\alpha=(a_1,a_2,\cdots,a_n)^T$，$k$ 为任意实数，称向量 $(ka_1,ka_2,\cdots,ka_n)^T$ 为 k 与 α 的**数乘**，记作 $k\alpha$（或 αk），它也是一个 n 维向量．

向量 $(-1)\alpha=(-a_1,-a_2,\cdots,-a_n)^T$ 称为向量 α 的**负向量**，记作 $-\alpha$.

利用负向量我们可以定义向量的**减法**：$\alpha-\beta=\alpha+(-\beta)$.

3. 性质

不难验证向量的加法和数乘具有以下 8 条性质（α,β,γ 为任意 n 维向量，k,l 为任意实数）：

(1) $\alpha+\beta=\beta+\alpha$；

(2) $\alpha+(\beta+\gamma)=(\alpha+\beta)+\gamma$；

(3) $\alpha+0=\alpha$；

(4) $\alpha+(-\alpha)=0$；

(5) $(kl)\alpha=k(l\alpha)$；

(6) $1\cdot\alpha=\alpha$；

(7) $(k+l)\alpha=k\alpha+l\alpha$；

(8) $k(\alpha+\beta)=k\alpha+k\beta$.

第二节　向量间的线性相关性

除非特别指明，下面提到的向量都是 n 维向量．

定义 3.3　对于向量组 $\alpha_1,\alpha_2,\cdots,\alpha_s$ 以及向量 β，若存在数 $k_1,k_2,\cdots,k_s$，使得

$$\beta=k_1\alpha_1+k_2\alpha_2+\cdots+k_s\alpha_s,$$

称向量 β 是向量组 $\alpha_1,\alpha_2,\cdots,\alpha_s$ 的**线性组合**，或者称向量 β 可以由向量组 $\alpha_1,\alpha_2,\cdots,\alpha_s$ **线性**

表示.

例 1 设三维向量 $\alpha_1=\begin{pmatrix}1\\2\\1\end{pmatrix},\alpha_2=\begin{pmatrix}0\\-1\\1\end{pmatrix},\alpha_3=\begin{pmatrix}2\\-2\\3\end{pmatrix},\beta=\begin{pmatrix}4\\3\\4\end{pmatrix}$,可以看到 $\beta=2\alpha_1-\alpha_2+\alpha_3$,因此,向量 β 是向量组 $\alpha_1,\alpha_2,\alpha_3$ 的线性组合.

例 2 零向量可以由任意向量组 $\alpha_1,\alpha_2,\cdots,\alpha_s$ 线性表示,这是因为

$$0=0\alpha_1+0\alpha_2+\cdots+0\alpha_s.$$

例 3 任意 n 维向量 $\alpha=(a_1,a_2,\cdots,a_n)^T$ 都可以由 n 维单位坐标向量组 $e_1,e_2,\cdots,e_n$ 线性表示,这是因为 $\alpha=a_1e_1+a_2e_2+\cdots+a_ne_n$.

一个向量是否可以由一组向量线性表示,这可以通过线性方程组的形式描述. 设 n 维向量

$$\alpha_i=\begin{pmatrix}a_{1i}\\a_{2i}\\\vdots\\a_{ni}\end{pmatrix},i=1,2,\cdots,s,\quad \beta=\begin{pmatrix}b_1\\b_2\\\vdots\\b_n\end{pmatrix}.$$

向量 β 可以由向量组 $\alpha_1,\alpha_2,\cdots,\alpha_s$ 线性表示,即存在一组数 $k_1,k_2,\cdots,k_s$ 使得

$$\beta=k_1\alpha_1+k_2\alpha_2+\cdots+k_s\alpha_s.$$

根据向量相等的定义,即对应分量相等,则上式可以写成:

$$\begin{cases}a_{11}k_1+a_{12}k_2+\cdots+a_{1s}k_s=b_1\\a_{21}k_1+a_{22}k_2+\cdots+a_{2s}k_s=b_2\\\cdots\cdots\\a_{n1}k_1+a_{n2}k_2+\cdots+a_{ns}k_s=b_n\end{cases},\tag{3.1}$$

因此,向量 β 可以由向量组 $\alpha_1,\alpha_2,\cdots,\alpha_s$ 线性表示的充分必要条件是线性方程组(3.1)有解,且表达式的系数为相应线性方程组的解.

例 4 按(3.1),求出例 1 中的表达式.

解 设 $\beta=k_1\alpha_1+k_2\alpha_2+k_3\alpha_3$,则

$$\begin{cases}k_1+2k_3=4\\2k_1-k_2-2k_3=3.\\k_1+k_2+3k_3=4\end{cases}$$

求解方程组得:$k_1=2,k_2=-1,k_3=1$. 于是

$$\beta=2\alpha_1-\alpha_2+\alpha_3.$$

例 5 设 $\alpha_1=\begin{pmatrix}1\\1\\0\end{pmatrix},\alpha_2=\begin{pmatrix}1\\3\\-1\end{pmatrix},\alpha_3=\begin{pmatrix}5\\3\\t\end{pmatrix},\beta=\begin{pmatrix}2\\6\\-1\end{pmatrix}$,问 t 为何值时,β 可以由向量组 $\alpha_1,\alpha_2,\alpha_3$ 线性表示?

解 设 $\beta=k_1\alpha_1+k_2\alpha_2+k_3\alpha_3$,则

$$\begin{cases}k_1+k_2+5k_3=2\\k_1+3k_2+3k_3=6.\\-k_2+tk_3=-1\end{cases}$$

方程组的系数行列式为

$$\begin{vmatrix} 1 & 1 & 5 \\ 1 & 3 & 3 \\ 0 & -1 & t \end{vmatrix} = 2(t-1).$$

当 $t \neq 1$ 时，由克莱姆法则得方程组有唯一解，即 β 可以由向量组 $\alpha_1, \alpha_2, \alpha_3$ 线性表示，且表示法唯一．

当 $t=1$ 时，第二个方程减去第一个方程得 $2k_2-2k_3=4$，即 $k_2-k_3=2$，这与第三个方程 $-k_2+k_3=-1$ 矛盾．所以方程组无解，即 β 不可以由向量组 $\alpha_1, \alpha_2, \alpha_3$ 线性表示．

定义 3.4　设 n 维向量组 $\alpha_1, \alpha_2, \cdots, \alpha_s$，若存在一组不全为 0 的数 $k_1, k_2, \cdots, k_s$，使得

$$k_1\alpha_1 + k_2\alpha_2 + \cdots + k_s\alpha_s = 0,$$

称 $\alpha_1, \alpha_2, \cdots, \alpha_s$ **线性相关**．否则，称 $\alpha_1, \alpha_2, \cdots, \alpha_s$ **线性无关**．

例 6　含有零向量的向量组线性相关．

解　设向量组为 $0, \alpha_1, \alpha_2, \cdots, \alpha_s$．因为

$$1 \cdot 0 + 0\alpha_1 + 0\alpha_2 + \cdots + 0\alpha_s = 0$$

恒成立，而 $1, 0, 0, \cdots, 0$ 不全为零，所以 $0, \alpha_1, \alpha_2, \cdots, \alpha_s$ 线性相关．

从定义 3.4 中可以看到，所谓 $\alpha_1, \alpha_2, \cdots, \alpha_s$ 线性无关是指：没有不全为 0 的数 $k_1, k_2, \cdots, k_s$，使得

$$k_1\alpha_1 + k_2\alpha_2 + \cdots + k_s\alpha_s = 0;$$

这就是说，如果使得

$$k_1\alpha_1 + k_2\alpha_2 + \cdots + k_s\alpha_s = 0$$

成立，数 $k_1, k_2, \cdots, k_s$ 必须全为零：$k_1=0, k_2=0, \cdots, k_s=0$，则 $\alpha_1, \alpha_2, \cdots, \alpha_s$ 线性无关．所以 $\alpha_1, \alpha_2, \cdots, \alpha_s$ 线性无关可以定义为：当且仅当 $k_1, k_2, \cdots, k_s$ 全为 0 时，

$$k_1\alpha_1 + k_2\alpha_2 + \cdots + k_s\alpha_s = 0.$$

例 7　n 维单位坐标向量组 $e_1, e_2, \cdots, e_n$ 线性无关．

解　设 $k_1e_1 + k_2e_2 + \cdots + k_ne_n = 0$，则 $(k_1, k_2, \cdots, k_n)^T = (0, 0, \cdots, 0)^T$．于是 $k_1=0, k_2=0, \cdots, k_n=0$，因此 $e_1, e_2, \cdots, e_n$ 线性无关．

判别向量组的线性相关性，可以转化为齐次线性方程组是否有非零解的问题．设 n 维向量组 $\alpha_i = \begin{pmatrix} a_{1i} \\ a_{2i} \\ \vdots \\ a_{ni} \end{pmatrix}, i=1,2,\cdots,s$，令

$$k_1\alpha_1 + k_2\alpha_2 + \cdots + k_s\alpha_s = 0.$$

根据向量的对应分量相等，上式可以写成齐次线性方程组

$$\begin{cases} a_{11}k_1 + a_{12}k_2 + \cdots + a_{1s}k_s = 0 \\ a_{21}k_1 + a_{22}k_2 + \cdots + a_{2s}k_s = 0 \\ \cdots\cdots \\ a_{n1}k_1 + a_{n2}k_2 + \cdots + a_{ns}k_s = 0 \end{cases}. \tag{3.2}$$

因此，向量组 $\alpha_1, \alpha_2, \cdots, \alpha_s$ 线性相关的充分必要条件是齐次线性方程组(3.2)有非零解，向量组 $\alpha_1, \alpha_2, \cdots, \alpha_s$ 线性无关的充分必要条件是齐次线性方程组(3.2)只有零解．

定理 3.1 对于 n 个 n 维向量 $\alpha_i=\begin{pmatrix}a_{1i}\\a_{2i}\\\vdots\\a_{ni}\end{pmatrix}$，$i=1,2,\cdots,n$，向量组 $\alpha_1,\alpha_2,\cdots,\alpha_n$ 线性无关的充分必要条件是它们组成的行列式

$$\begin{vmatrix}a_{11}&a_{12}&\cdots&a_{1n}\\a_{21}&a_{22}&\cdots&a_{2n}\\\cdots&\cdots&\cdots&\cdots\\a_{n1}&a_{n2}&\cdots&a_{nn}\end{vmatrix}\neq 0.$$

证明 见本章第四节定理 3.15 的推论 3. ■

例 8 设 $\alpha_1=\begin{pmatrix}1\\0\\-1\end{pmatrix}$，$\alpha_2=\begin{pmatrix}-1\\-1\\2\end{pmatrix}$，$\alpha_3=\begin{pmatrix}2\\3\\-5\end{pmatrix}$，讨论 $\alpha_1,\alpha_2,\alpha_3$ 的线性相关性.

解 因为 $\begin{vmatrix}1&-1&2\\0&-1&3\\-1&2&-5\end{vmatrix}=0$，所以 $\alpha_1,\alpha_2,\alpha_3$ 线性相关.

事实上

$$1\alpha_1+3\alpha_2+1\alpha_3=0,$$

由这个表达式也可以得出 $\alpha_1,\alpha_2,\alpha_3$ 线性相关.

例 9 设向量组 $\alpha_1,\alpha_2,\alpha_3$ 线性无关，$\beta_1=\alpha_1+2\alpha_2+\alpha_3$，$\beta_2=2\alpha_1+\alpha_2+\alpha_3$，$\beta_3=\alpha_1+\alpha_2+2\alpha_3$. 证明 β_1,β_2,β_3 线性无关.

证明 设数 k_1,k_2,k_3 使得

$$k_1\beta_1+k_2\beta_2+k_3\beta_3=0,$$

即

$$k_1(\alpha_1+2\alpha_2+\alpha_3)+k_2(2\alpha_1+\alpha_2+\alpha_3)+k_3(\alpha_1+\alpha_2+2\alpha_3)=0,$$
$$(k_1+2k_2+k_3)\alpha_1+(2k_1+k_2+k_3)\alpha_2+(k_1+k_2+2k_3)\alpha_3=0.$$

因为 $\alpha_1,\alpha_2,\alpha_3$ 线性无关，所以

$$\begin{cases}k_1+2k_2+k_3=0\\2k_1+k_2+k_3=0.\\k_1+k_2+2k_3=0\end{cases}$$

因为系数行列式

$$\begin{vmatrix}1&2&1\\2&1&1\\1&1&2\end{vmatrix}=-4\neq 0,$$

由克莱姆法则得齐次方程组只有零解，即 $k_1=k_2=k_3=0$. 所以 β_1,β_2,β_3 线性无关.

定理 3.2 设 n 维向量组 $\alpha_1,\alpha_2,\cdots,\alpha_s$ 线性相关，则向量组 $\alpha_1,\alpha_2,\cdots,\alpha_s,\alpha_{s+1},\cdots,\alpha_m$ $(m>s)$ 也线性相关.

证明 因为 $\alpha_1,\alpha_2,\cdots,\alpha_s$ 线性相关，所以存在一组不全为 0 的数 $k_1,k_2,\cdots,k_s$，使得

$$k_1\alpha_1+k_2\alpha_2+\cdots+k_s\alpha_s=0,$$

于是

$$k_1\alpha_1+k_2\alpha_2+\cdots+k_s\alpha_s+0\cdot\alpha_{s+1}+\cdots+0\cdot\alpha_m=0.$$

因此，$\alpha_1,\alpha_2,\cdots,\alpha_m$ 线性相关．■

这个定理说明，如果一个向量组的一部分向量组线性相关，那么整个向量组也线性相关，即**部分相关则整体相关**．换句话说，如果整个向量组线性无关，那么它的部分向量组一定也线性无关，即**整体无关则部分无关**．但需要注意的是，定理反过来不成立，即整体相关，但部分不一定相关．例如，例 8 中 $\alpha_1,\alpha_2,\alpha_3$ 线性相关，但是 α_1,α_2 线性无关．

定理 3.3 设 n 维向量组 $\alpha_i=\begin{pmatrix}a_{1i}\\a_{2i}\\\vdots\\a_{ni}\end{pmatrix}$，$i=1,2,\cdots,s$，添加一个分量后组成的 $n+1$ 维向量组 $\beta_i=\begin{pmatrix}a_{1i}\\a_{2i}\\\vdots\\a_{ni}\\b_i\end{pmatrix}$，$i=1,2,\cdots,s$．若向量组 $\alpha_1,\alpha_2,\cdots,\alpha_s$ 线性无关，则向量组 $\beta_1,\beta_2,\cdots,\beta_s$ 也线性无关．

证明 设 $k_1\beta_1+k_2\beta_2+\cdots+k_s\beta_s=0$，即

$$\begin{cases}a_{11}k_1+a_{12}k_2+\cdots+a_{1s}k_s=0\\ \cdots\cdots\\ a_{n1}k_1+a_{n2}k_2+\cdots+a_{ns}k_s=0\\ b_1k_1+b_2k_2+\cdots+b_sk_s=0\end{cases}.$$

由前面 n 个方程得

$$k_1\alpha_1+k_2\alpha_2+\cdots+k_s\alpha_s=0,$$

因为 $\alpha_1,\alpha_2,\cdots,\alpha_s$ 线性无关，所以 $k_1=k_2=\cdots=k_s=0$，因此 $\beta_1,\beta_2,\cdots,\beta_s$ 也线性无关．■

从定理 3.3 的证明中可以看到，所添加的分量不一定在最后，也可以添加多个分量，只要所添加的分量对应位置相同，定理仍然成立．例如，$\begin{pmatrix}1\\0\\0\end{pmatrix},\begin{pmatrix}0\\1\\0\end{pmatrix},\begin{pmatrix}0\\0\\1\end{pmatrix}$线性无关，则 $\begin{pmatrix}1\\\underline{2}\\0\\\underline{1}\\0\end{pmatrix},\begin{pmatrix}0\\\underline{-1}\\1\\\underline{-5}\\0\end{pmatrix},\begin{pmatrix}0\\\underline{2}\\0\\\underline{-5}\\1\end{pmatrix}$ 也线性无关．

推论 n 维向量组 $\alpha_1,\alpha_2,\cdots,\alpha_s$ 的每个向量相应添上 m 个分量后成为 $m+n$ 维向量组 $\gamma_1,\gamma_2,\cdots,\gamma_s$，如果 n 维向量组 $\alpha_1,\alpha_2,\cdots,\alpha_s$ 线性无关，那么添加分量后的 $m+n$ 维向量组 $\gamma_1,\gamma_2,\cdots,\gamma_s$ 也线性无关．反之，如果 $m+n$ 维向量组 $\gamma_1,\gamma_2,\cdots,\gamma_s$ 线性相关，那么相应地去掉 m 个分量后的 n 维向量组 $\alpha_1,\alpha_2,\cdots,\alpha_s$ 也线性相关．

定理 3.4 n 维向量组 $\alpha_1,\alpha_2,\cdots,\alpha_s$ 线性相关的充分必要条件是 $\alpha_1,\alpha_2,\cdots,\alpha_s$ 中至少有一

个向量可以由其余 $s-1$ 个向量线性表示．

证明 **充分性** 设 $\alpha_1,\alpha_2,\cdots,\alpha_s$ 中至少有一个向量可以由其余 $s-1$ 个向量线性表示．不妨设 α_1 可以由 $\alpha_2,\cdots,\alpha_s$ 线性表示，则存在一组数 $k_2,\cdots,k_s$，使得

$$\alpha_1=k_2\alpha_2+\cdots+k_s\alpha_s,$$

于是

$$\alpha_1-k_2\alpha_2-\cdots-k_s\alpha_s=0.$$

因为数 $1,-k_2,\cdots,-k_s$ 不全为零，所以 $\alpha_1,\alpha_2,\cdots,\alpha_s$ 线性相关．

必要性 设 $\alpha_1,\alpha_2,\cdots,\alpha_s$ 线性相关，则存在不全为零的数 $l_1,l_2,\cdots,l_s$，使得

$$l_1\alpha_1+l_2\alpha_2+\cdots+l_s\alpha_s=0.$$

因为 $l_1,l_2,\cdots,l_s$ 不全为零，不妨假设 $l_s\neq0$. 由上式得

$$\alpha_s=-\frac{l_1}{l_s}\alpha_1-\frac{l_2}{l_s}\alpha_2-\cdots-\frac{l_{s-1}}{l_s}\alpha_{s-1},$$

所以 α_s 可以由 $\alpha_1,\alpha_2,\cdots,\alpha_{s-1}$ 线性表示． ■

推论 $\alpha_1,\alpha_2,\cdots,\alpha_s$ 线性无关的充分必要条件是 $\alpha_1,\alpha_2,\cdots,\alpha_s$ 中任意一个向量都不可以由其余 $s-1$ 个向量线性表示．

定理 3.5 设 n 维向量组 $\alpha_1,\alpha_2,\cdots,\alpha_s$ 线性无关，则 $\alpha_1,\alpha_2,\cdots,\alpha_s,\beta$ 线性相关的充分必要条件是 β 可以由 $\alpha_1,\alpha_2,\cdots,\alpha_s$ 线性表示．

证明 充分性由定理 3.4 证得．下面证明必要性．

因为 $\alpha_1,\alpha_2,\cdots,\alpha_s,\beta$ 线性相关，所以存在不全为 0 的数 $k_1,k_2,\cdots,k_s,l$ 使得

$$k_1\alpha_1+k_2\alpha_2+\cdots+k_s\alpha_s+l\beta=0.$$

假如 $l=0$，则上式变为

$$k_1\alpha_1+k_2\alpha_2+\cdots+k_s\alpha_s=0.$$

因为 $\alpha_1,\alpha_2,\cdots,\alpha_s$ 线性无关，所以 $k_1,k_2,\cdots,k_s$ 全为 0，这与 $k_1,k_2,\cdots,k_s,l$ 不全为 0 矛盾．因此，$l\neq0$. 由 $k_1\alpha_1+k_2\alpha_2+\cdots+k_s\alpha_s+l\beta=0$，得

$$\beta=-\frac{k_1}{l}\alpha_1-\frac{k_2}{l}\alpha_2-\cdots-\frac{k_s}{l}\alpha_s,$$

即 β 可以由 $\alpha_1,\alpha_2,\cdots,\alpha_s$ 线性表示． ■

定理 3.6 $n+1$ 个 n 维向量线性相关．

证明 若 $n+1$ 个向量中含有零向量，则一定线性相关．下面假设 $n+1$ 个向量中没有零向量，关于维数 n 用数学归纳法证明线性相关．

$n=1$ 时，1 维向量即常数．两个 1 维向量 $\alpha=a,\beta=b$，因为 α,β 都是非零向量，所以 $a\neq0,b\neq0$. 因此 $\alpha-\frac{a}{b}\beta=0$，所以 α,β 线性相关．

假设任意 n 个 $n-1$ 维向量都是线性相关的．设 $n+1$ 个 n 维向量为

$$\alpha_1=\begin{pmatrix}a_{11}\\a_{21}\\\vdots\\a_{n1}\end{pmatrix},\alpha_2=\begin{pmatrix}a_{12}\\a_{22}\\\vdots\\a_{n2}\end{pmatrix},\cdots,\alpha_{n+1}=\begin{pmatrix}a_{1,n+1}\\a_{2,n+1}\\\vdots\\a_{n,n+1}\end{pmatrix},$$

因为 $\alpha_1\neq0$，所以 α_1 的分量中至少有一个分量不为零，不妨假设 $a_{11}\neq0$. 令

$$\beta_1=\alpha_2-\frac{a_{12}}{a_{11}}\alpha_1=\begin{pmatrix}0\\b_{21}\\\vdots\\b_{n1}\end{pmatrix},\beta_2=\alpha_3-\frac{a_{13}}{a_{11}}\alpha_1=\begin{pmatrix}0\\b_{22}\\\vdots\\b_{n2}\end{pmatrix},$$

……

$$\beta_n=\alpha_{n+1}-\frac{a_{1,n+1}}{a_{11}}\alpha_1=\begin{pmatrix}0\\b_{2n}\\\vdots\\b_{nn}\end{pmatrix},$$

其中，$b_{ij}=a_{i,j+1}-\frac{a_{1,j+1}}{a_{11}}a_{i1}$，$i=2,3,\cdots,n$，$j=1,2,\cdots,n$. 令

$$\gamma_1=\begin{pmatrix}b_{21}\\\vdots\\b_{n1}\end{pmatrix},\gamma_2=\begin{pmatrix}b_{22}\\\vdots\\b_{n2}\end{pmatrix},\cdots,\gamma_n=\begin{pmatrix}b_{2n}\\\vdots\\b_{nn}\end{pmatrix},$$

这 $\gamma_1,\gamma_2,\cdots,\gamma_n$ 是 n 个 $n-1$ 维向量，根据归纳假设，$\gamma_1,\gamma_2,\cdots,\gamma_n$ 线性相关. 那么存在 n 个不全为零的数 $k_1,k_2,\cdots k_n$，使得

$$k_1\gamma_1+k_2\gamma_2+\cdots+k_n\gamma_n=0,$$

由于 β_i 与 γ_i 只差一个为 0 的分量，故

$$k_1\beta_1+k_2\beta_2+\cdots+k_n\beta_n=0,$$

即

$$k_1\left(\alpha_2-\frac{a_{12}}{a_{11}}\alpha_1\right)+k_2\left(\alpha_3-\frac{a_{13}}{a_{11}}\alpha_1\right)+\cdots+k_n\left(\alpha_{n+1}-\frac{a_{1,n+1}}{a_{11}}\alpha_1\right)=0.$$

于是

$$\left(-k_1\frac{a_{12}}{a_{11}}-k_2\frac{a_{13}}{a_{11}}-\cdots-k_n\frac{a_{1,n+1}}{a_{11}}\right)\alpha_1+k_1\alpha_2+k_2\alpha_3+\cdots+k_n\alpha_{n+1}=0,$$

因为 $k_1,k_2,\cdots,k_n$ 不全为零，所以 $\left(-k_1\frac{a_{12}}{a_{11}}-k_2\frac{a_{13}}{a_{11}}-\cdots-k_n\frac{a_{1,n+1}}{a_{11}}\right),k_1,k_2,\cdots,k_n$ 这 $n+1$ 个数也不全为零，因此 $\alpha_1,\alpha_2,\cdots,\alpha_{n+1}$ 线性相关. ■

推论　若 $m>n$，则 m 个 n 维向量一定线性相关.

例如 $\alpha_1=\begin{pmatrix}2\\1\end{pmatrix},\alpha_2=\begin{pmatrix}1\\3\end{pmatrix}$ 线性无关，任取一个 2 维向量 β，根据定理 3.6，3 个 2 维向量 α_1,α_2,β 线性相关，由定理 3.5 得，任意 2 维向量 β 可以由 α_1,α_2 线性表示.

第三节　向量组的秩

一、向量组之间的线性关系

下面讨论两个 n 维向量组

$$(\text{I}):\ \alpha_1,\alpha_2,\cdots,\alpha_s;$$
$$(\text{II}):\ \beta_1,\beta_2,\cdots,\beta_t.$$

之间的关系．

定义 3.5 如果向量组（Ⅰ）中每个向量 α_i 都可以由向量组（Ⅱ）线性表示，即

$$\alpha_1=p_{11}\beta_1+p_{21}\beta_2+\cdots+p_{t1}\beta_t,$$
$$\alpha_2=p_{12}\beta_1+p_{22}\beta_2+\cdots+p_{t2}\beta_t,$$
$$\cdots\cdots$$
$$\alpha_s=p_{1s}\beta_1+p_{2s}\beta_2+\cdots+p_{ts}\beta_t,$$

称向量组（Ⅰ）可以由向量组（Ⅱ）**线性表示**．用矩阵表示为：

$$(\alpha_1\quad\alpha_2\quad\cdots\quad\alpha_s)=(\beta_1\quad\beta_2\quad\cdots\quad\beta_t)\begin{pmatrix}p_{11}&p_{12}&\cdots&p_{1s}\\p_{21}&p_{22}&\cdots&p_{2s}\\\cdots&\cdots&\cdots&\cdots\\p_{t1}&p_{t2}&\cdots&p_{ts}\end{pmatrix},$$

记矩阵 $P=\begin{pmatrix}p_{11}&p_{12}&\cdots&p_{1s}\\p_{21}&p_{22}&\cdots&p_{2s}\\\cdots&\cdots&\cdots&\cdots\\p_{t1}&p_{t2}&\cdots&p_{ts}\end{pmatrix}$，则上式为

$$(\alpha_1\quad\alpha_2\quad\cdots\quad\alpha_s)=(\beta_1\quad\beta_2\quad\cdots\quad\beta_t)P,$$

称矩阵 P 为 $\alpha_1,\alpha_2,\cdots,\alpha_s$ 关于 $\beta_1,\beta_2,\cdots,\beta_t$ 的**表示矩阵**．

如果向量组（Ⅰ）可以由向量组（Ⅱ）线性表示，向量组（Ⅱ）也可以由向量组（Ⅰ）线性表示，那么称向量组（Ⅰ）和向量组（Ⅱ）**等价**．

由定义 3.5 不难证明，如果向量组（Ⅰ）可以由向量组（Ⅱ）线性表示，而且向量组（Ⅱ）可以由向量组（Ⅲ）线性表示，那么向量组（Ⅰ）可以由向量组（Ⅲ）线性表示．因此向量组之间的等价关系具有以下性质：

（1）**反身性**：每一个向量组与自身等价；

（2）**对称性**：如果向量组（Ⅰ）和向量组（Ⅱ）等价，那么向量组（Ⅱ）和向量组（Ⅰ）也等价；

（3）**传递性**：如果向量组（Ⅰ）和向量组（Ⅱ）等价，向量组（Ⅱ）和向量组（Ⅲ）等价，那么向量组（Ⅰ）和向量组（Ⅲ）也等价．

设向量组（Ⅰ）：$\alpha_1=\begin{pmatrix}2\\0\\-1\end{pmatrix},\alpha_2=\begin{pmatrix}3\\-2\\1\end{pmatrix}$；向量组（Ⅱ）：$\beta_1=\begin{pmatrix}-5\\6\\-5\end{pmatrix},\beta_2=\begin{pmatrix}4\\-4\\3\end{pmatrix}$．因为 $\alpha_1=2\beta_1+3\beta_2,\alpha_2=\beta_1+2\beta_2$，所以向量组（Ⅰ）可以由向量组（Ⅱ）线性表示：

$$(\alpha_1,\alpha_2)=(\beta_1,\beta_2)\begin{pmatrix}2&1\\3&2\end{pmatrix},$$

矩阵$\begin{pmatrix}2&1\\3&2\end{pmatrix}$是 α_1,α_2 关于 β_1,β_2 的表示矩阵．由上式得

$$(\beta_1,\beta_2)=(\alpha_1,\alpha_2)\begin{pmatrix}2&1\\3&2\end{pmatrix}^{-1}=(\alpha_1,\alpha_2)\begin{pmatrix}2&-1\\-3&2\end{pmatrix},$$

即 $\beta_1=2\alpha_1-3\alpha_2,\beta_2=-\alpha_1+2\alpha_2$，于是向量组（Ⅱ）也可以由向量组（Ⅰ）线性表示．因此，向量组（Ⅰ）和向量组（Ⅱ）等价．

定理 3.7 设两个 n 维向量组

$$(\text{Ⅰ}):\alpha_1,\alpha_2,\cdots,\alpha_s;(\text{Ⅱ}):\beta_1,\beta_2,\cdots,\beta_t.$$

如果

(1)向量组(Ⅰ)可以由向量组(Ⅱ)线性表示；

(2)$s>t$，

那么向量组(Ⅰ)线性相关．

证明　根据条件(1)，存在 $t\times s$ 矩阵 P，使得

$$(\alpha_1\quad \alpha_2\quad \cdots\quad \alpha_s)=(\beta_1\quad \beta_2\quad \cdots\quad \beta_t)P.$$

记 P 的每一列为 $\gamma_1,\gamma_2,\cdots,\gamma_s$，即 $P=(\gamma_1\quad \gamma_2\quad \cdots\quad \gamma_s)$．因为 P 为 $t\times s$ 矩阵，所以 $\gamma_1,\gamma_2,\cdots,\gamma_s$ 为 s 个 t 维向量．因为 $s>t$，根据定理 3.6 的推论，$\gamma_1,\gamma_2,\cdots,\gamma_s$ 线性相关，即存在不全为 0 的数 $k_1,k_2,\cdots,k_s$，使得

$$k_1\gamma_1+k_2\gamma_2+\cdots+k_s\gamma_s=0,$$

即$(\gamma_1\quad \gamma_2\quad \cdots\quad \gamma_s)\begin{pmatrix}k_1\\k_2\\\vdots\\k_s\end{pmatrix}=P\begin{pmatrix}k_1\\k_2\\\vdots\\k_s\end{pmatrix}=0$. 于是

$$k_1\alpha_1+k_2\alpha_2+\cdots+k_s\alpha_s=(\alpha_1\quad \alpha_2\quad \cdots\quad \alpha_s)\begin{pmatrix}k_1\\k_2\\\vdots\\k_s\end{pmatrix}=(\beta_1\quad \beta_2\quad \cdots\quad \beta_t)P\begin{pmatrix}k_1\\k_2\\\vdots\\k_s\end{pmatrix}=0.$$

因为 $k_1,k_2,\cdots,k_s$ 不全为 0，所以 $\alpha_1,\alpha_2,\cdots,\alpha_s$ 线性相关．■

推论 1　设两个 n 维向量组(Ⅰ)：$\alpha_1,\alpha_2,\cdots,\alpha_s$；(Ⅱ)：$\beta_1,\beta_2,\cdots,\beta_t$，如果

(1)向量组(Ⅰ)可以由向量组(Ⅱ)线性表示；

(2)向量组(Ⅰ)线性无关；

那么 $s\leqslant t$.

推论 2　两个等价的线性无关的向量组所含向量的个数相等．

二、极大线性无关组和秩

定义 3.6　设 T 是由一系列 n 维向量构成的向量组，若 T 中存在一组向量 $\alpha_1,\alpha_2,\cdots,\alpha_r$，满足

(1)$\alpha_1,\alpha_2,\cdots,\alpha_r$ 线性无关；

(2)对于 T 中任意向量 α，向量组 $\alpha,\alpha_1,\alpha_2,\cdots,\alpha_r$ 线性相关，

称 $\alpha_1,\alpha_2,\cdots,\alpha_r$ 是向量组 T 的**极大线性无关组**．

根据定理 3.5，上述定义中关于极大线性无关组的第二个条件可以改为：T 中任意向量 α 都可以由 $\alpha_1,\alpha_2,\cdots,\alpha_r$ 线性表示．

对于例 8 中向量组 $\alpha_1,\alpha_2,\alpha_3$．可以看出，$\alpha_1,\alpha_2$ 线性无关，$\alpha_3=-\alpha_1-3\alpha_2$，因此 α_1,α_2 是 $\alpha_1,\alpha_2,\alpha_3$ 的一个极大线性无关组．同样，α_2,α_3 线性无关，$\alpha_1=-3\alpha_2-\alpha_3$，因此 α_2,α_3 也是 $\alpha_1,\alpha_2,\alpha_3$ 的一个极大线性无关组．

从这个例子中可以看出，一个向量组的极大线性无关组不一定唯一．向量组 T 中可以包含有限个向量，也可以包含无限个向量，如 R^n．由于向量组与它的极大线性无关组等价，故一

个向量组的极大线性无关组之间也等价．

定理 3.8 极大线性无关组所含向量的个数相等．

证明 根据定理 3.7 的推论 2 即得． ■

定义 3.7 向量组的极大线性无关组所含向量的个数称为向量组的**秩**．

一个向量组的极大线性无关组可能不唯一，但由定理 3.8，向量组的秩是唯一确定的常数. 例 8 中向量组 $\alpha_1,\alpha_2,\alpha_3$ 的秩为 2.

例 10 在 R^n 中，单位坐标向量组 $e_1,e_2,\cdots,e_n$ 线性无关，且每个 n 维向量都可以由它们表示，所以 $e_1,e_2,\cdots,e_n$ 是 R^n 的极大线性无关组，R^n 的秩为 n.

定理 3.9 设向量组(Ⅰ)的秩为 r，向量组(Ⅱ)的秩为 m，如果向量组(Ⅰ)可以由向量组(Ⅱ)线性表示，那么 $r\leqslant m$.

证明 不妨假设 $\alpha_1,\alpha_2,\cdots,\alpha_r$ 是向量组(Ⅰ)的极大线性无关组，$\beta_1,\beta_2,\cdots,\beta_m$ 是向量组(Ⅱ)的极大线性无关组．

因为向量组(Ⅰ)可以由向量组(Ⅱ)线性表示，而向量组与极大线性无关组是等价的，所以 $\alpha_1,\alpha_2,\cdots,\alpha_r$ 可以由 $\beta_1,\beta_2,\cdots,\beta_m$ 线性表示．又因为 $\alpha_1,\alpha_2,\cdots,\alpha_r$ 线性无关，根据定理 3.7 的推论 1 得，$r\leqslant m$. ■

推论 等价向量组的秩相等．

需要注意的是，若两个向量组秩相等，它们不一定等价．例如向量组(Ⅰ)为 $\alpha_1=\begin{pmatrix}1\\2\end{pmatrix}$，$\alpha_2=\begin{pmatrix}2\\4\end{pmatrix}$，$\alpha_1$ 是(Ⅰ)的极大线性无关组，(Ⅰ)的秩为 1. 向量组(Ⅱ)为 $\beta_1=\begin{pmatrix}0\\2\end{pmatrix}$，$\beta_2=\begin{pmatrix}0\\4\end{pmatrix}$，$\beta_1$ 是(Ⅱ)的极大线性无关组，(Ⅱ)的秩也为 1. 但是(Ⅰ)和(Ⅱ)不等价．

给定 n 维向量组 $\alpha_1,\alpha_2,\cdots,\alpha_s$，可以看出它的秩小于等于它所含向量的个数 s. 若向量组 $\alpha_1,\alpha_2,\cdots,\alpha_s$ 本身线性无关，则 $\alpha_1,\alpha_2,\cdots,\alpha_s$ 是它自己的极大线性无关组，故 $\alpha_1,\alpha_2,\cdots,\alpha_s$ 的秩为 s. 反过来，若 $\alpha_1,\alpha_2,\cdots,\alpha_s$ 的秩为 s，则 $\alpha_1,\alpha_2,\cdots,\alpha_s$ 中含有 s 个线性无关的向量，即 $\alpha_1,\alpha_2,\cdots,\alpha_s$ 线性无关．我们有

定理 3.10 $\alpha_1,\alpha_2,\cdots,\alpha_s$ 线性无关的充分必要条件是 $\alpha_1,\alpha_2,\cdots,\alpha_s$ 的秩为 s. $\alpha_1,\alpha_2,\cdots,\alpha_s$ 线性相关的充分必要条件是 $\alpha_1,\alpha_2,\cdots,\alpha_s$ 的秩小于 s.

第四节 矩阵的秩

在上一节中我们定义了向量组的秩，这一节我们讨论矩阵的秩．对于 $m\times n$ 矩阵

$$A=\begin{pmatrix}a_{11} & a_{12} & \cdots & a_{1n}\\ a_{21} & a_{22} & \cdots & a_{2n}\\ \cdots & \cdots & \cdots & \cdots\\ a_{m1} & a_{m2} & \cdots & a_{mn}\end{pmatrix},$$

将矩阵 A 的每一行看成一个向量，即

$$\alpha_1=(a_{11}\quad a_{12}\quad \cdots\quad a_{1n})$$
$$\alpha_2=(a_{21}\quad a_{22}\quad \cdots\quad a_{2n})$$
$$\cdots\cdots$$
$$\alpha_m=(a_{m1}\quad a_{m2}\quad \cdots\quad a_{mn}),$$

称 $\alpha_1,\alpha_2,\cdots,\alpha_m$ 这 m 个 n 维向量为矩阵 A 的行向量组．将 A 的每一列看成一个向量，即

$$\beta_1=\begin{pmatrix}a_{11}\\a_{21}\\\vdots\\a_{m1}\end{pmatrix},\beta_2=\begin{pmatrix}a_{12}\\a_{22}\\\vdots\\a_{m2}\end{pmatrix},\cdots,\beta_n=\begin{pmatrix}a_{1n}\\a_{2n}\\\vdots\\a_{mn}\end{pmatrix},$$

称 $\beta_1,\beta_2,\cdots,\beta_n$ 这 n 个 m 维向量为矩阵 A 的列向量组．

定义 3.8　矩阵 A 的行向量组的秩称为矩阵 A 的**行秩**，矩阵 A 的列向量组的秩称为矩阵 A 的**列秩**．

例 11　设矩阵

$$A=\begin{pmatrix}2&-1&4&-1\\4&-2&5&4\\2&-1&3&1\end{pmatrix},$$

则 A 的行向量组为 $\alpha_1=(2\quad-1\quad4\quad-1)$，$\alpha_2=(4\quad-2\quad5\quad4)$，$\alpha_3=(2\ -1\ 3\ 1)$，其中 α_1,α_2 线性无关，$\alpha_3=\frac{1}{3}\alpha_1+\frac{1}{3}\alpha_2$，因此 α_1,α_2 是 A 的行向量组 $\alpha_1,\alpha_2,\alpha_3$ 的极大线性无关组，A 的行秩为 2. 同样，A 的列向量组为

$$\beta_1=\begin{pmatrix}2\\4\\2\end{pmatrix},\beta_2=\begin{pmatrix}-1\\-2\\-1\end{pmatrix},\beta_3=\begin{pmatrix}4\\5\\3\end{pmatrix},\beta_4=\begin{pmatrix}-1\\4\\1\end{pmatrix},$$

其中 β_1,β_3 线性无关，$\beta_2=-\frac{1}{2}\beta_1$，$\beta_4=\frac{7}{2}\beta_1-2\beta_3$，因此 β_1,β_3 是 A 的列向量组 $\beta_1,\beta_2,\beta_3,\beta_4$ 的极大线性无关组，A 的列秩也为 2.

例 11 中矩阵 A 的行秩等于列秩，这不是偶然的．定理 3.12 说明了对于任意 $m\times n$ 矩阵，它的行秩与列秩都相等．在证明定理 3.12 之前需要证明一个定理．

定理 3.11　设齐次线性方程组

$$\begin{cases}a_{11}x_1+a_{12}x_2+\cdots+a_{1n}x_n=0\\a_{21}x_1+a_{22}x_2+\cdots+a_{2n}x_n=0\\\quad\cdots\cdots\\a_{m1}x_1+a_{m2}x_2+\cdots+a_{mn}x_n=0\end{cases},\tag{3.3}$$

若系数矩阵

$$A=\begin{pmatrix}a_{11}&a_{12}&\cdots&a_{1n}\\a_{21}&a_{22}&\cdots&a_{2n}\\\cdots&\cdots&\cdots&\cdots\\a_{m1}&a_{m2}&\cdots&a_{mn}\end{pmatrix}$$

的行秩 $r<n$，则方程组(3.3)有非零解．

证明　记矩阵 A 的行向量组为 $\alpha_1,\alpha_2,\cdots,\alpha_m$，因为它的秩为 r，所以极大线性无关组中包含 r 个向量，不妨假设 $\alpha_1,\alpha_2,\cdots,\alpha_r$ 是它的极大线性无关组．

设齐次线性方程组

$$\begin{cases}a_{11}x_1+a_{12}x_2+\cdots+a_{1n}x_n=0\\a_{21}x_1+a_{22}x_2+\cdots+a_{2n}x_n=0\\\quad\cdots\cdots\\a_{r1}x_1+a_{r2}x_2+\cdots+a_{rn}x_n=0\end{cases},\tag{3.4}$$

方程组(3.4)是由方程组(3.3)的前面 r 个方程组成,方程组(3.4)的系数矩阵的行向量为 $\alpha_1,\alpha_2,\cdots,\alpha_r$. 因为 $\alpha_1,\alpha_2,\cdots,\alpha_r$ 是 $\alpha_1,\alpha_2,\cdots,\alpha_m$ 的极大线性无关组,所以任意 $\alpha_j\,(j>r)$可以由 $\alpha_1,\alpha_2,\cdots,\alpha_r$ 线性表示,即 $\alpha_j=p_{1j}\alpha_1+p_{2j}\alpha_2+\cdots+p_{rj}\alpha_r$. 由此可以看出,方程组(3.3)的第 $j\,(j>r)$个方程是方程组(3.4)第一个方程乘以 p_{1j},第二个方程乘以 p_{2j},…,第 r 个方程乘以 p_{rj} 的和. 因此,方程组(3.4)的解是方程组(3.3)的解,而方程组(3.3)的解显然也满足方程组(3.4),因此方程组(3.3)和方程组(3.4)同解.

对于方程组(3.4),系数矩阵为 $r\times n$ 矩阵,它的列向量组为 n 个 r 维向量. 如果 $r<n$,根据定理 3.6 的推论,那么这 n 个 r 维向量一定线性相关. 故方程组(3.4)有非零解,即原方程组(3.3)有非零解. ■

定理 3.12 矩阵的行秩等于列秩.

证明 设矩阵

$$A=\begin{pmatrix}a_{11}&a_{12}&\cdots&a_{1n}\\a_{21}&a_{22}&\cdots&a_{2n}\\\cdots&\cdots&\cdots&\cdots\\a_{m1}&a_{m2}&\cdots&a_{mn}\end{pmatrix}$$

的行秩为 r,列秩为 s. 先证明 $r\leqslant s$.

记 A 的行向量组为 $\alpha_1,\alpha_2,\cdots,\alpha_m$,不妨假设 $\alpha_1,\alpha_2,\cdots,\alpha_r$ 是它的极大线性无关组. 因为 $\alpha_1,\alpha_2,\cdots,\alpha_r$ 线性无关,所以方程组

$$x_1\alpha_1+x_2\alpha_2+\cdots+x_r\alpha_r=0$$

只有零解,即齐次线性方程组

$$\begin{cases}a_{11}x_1+a_{21}x_2+\cdots+a_{r1}x_r=0\\a_{12}x_1+a_{22}x_2+\cdots+a_{r2}x_r=0\\\quad\cdots\cdots\\a_{1n}x_1+a_{2n}x_2+\cdots+a_{rn}x_r=0\end{cases}$$

只有零解. 由定理 3.11 得,这个方程组的系数矩阵

$$B=\begin{pmatrix}a_{11}&a_{21}&\cdots&a_{r1}\\a_{12}&a_{22}&\cdots&a_{r2}\\\cdots&\cdots&\cdots&\cdots\\a_{1n}&a_{2n}&\cdots&a_{rn}\end{pmatrix}$$

的行秩$\geqslant r$. 因此矩阵 B 的行向量组中至少有 r 个向量线性无关,不妨假设前面 r 行线性无关,即

$$(a_{11},a_{21},\cdots,a_{r1}),(a_{12},a_{22},\cdots,a_{r2}),\cdots,(a_{1r},a_{2r},\cdots,a_{rr})$$

线性无关. 由定理 3.3 的推论可得,添加分量后的向量

$$(a_{11},a_{21},\cdots,a_{r1},\cdots,a_{m1}),(a_{12},a_{22},\cdots,a_{r2},\cdots,a_{m2}),\cdots,(a_{1r},a_{2r},\cdots,a_{rr},\cdots,a_{mr})$$

也线性无关. 这正是矩阵 A 的前 r 列,所以 A 的列秩 s 至少为 r,即 $r\leqslant s$.

上面的证明说明了任意矩阵的行秩都小于等于列秩，则矩阵 A^T 的行秩也小于其列秩，即矩阵 A 的列秩 $s \leqslant$ 行秩 r. 这样 $r=s$，即行秩等于列秩．■

定义 3.9　矩阵 A 的行秩、列秩统称为矩阵 A 的**秩**，记为 $r(A)$.

定理 3.13　对于 $m \times n$ 矩阵 A 和 B，$r(A+B) \leqslant r(A)+r(B)$.（证明留作习题）

定理 3.14　对于 $m \times n$ 矩阵 A 和 $n \times s$ 矩阵 B，则 $r(AB) \leqslant \min\{r(A), r(B)\}$.

证明　这里只证明 $r(AB) \leqslant r(A)$，而 $r(AB) \leqslant r(B)$ 的证明留给读者．

设

$$A=\begin{pmatrix} a_{11} & a_{12} & \cdots & a_{1n} \\ a_{21} & a_{22} & \cdots & a_{2n} \\ \cdots & \cdots & \cdots & \cdots \\ a_{m1} & a_{m2} & \cdots & a_{mn} \end{pmatrix}, B=\begin{pmatrix} b_{11} & b_{12} & \cdots & b_{1s} \\ b_{21} & b_{22} & \cdots & b_{2s} \\ \cdots & \cdots & \cdots & \cdots \\ b_{n1} & b_{n2} & \cdots & b_{ns} \end{pmatrix},$$

记 A 的列向量组为 $\alpha_1, \alpha_2, \cdots, \alpha_n$，则

$$AB=(\alpha_1 \quad \alpha_2 \quad \cdots \quad \alpha_n)\begin{pmatrix} b_{11} & b_{12} & \cdots & b_{1s} \\ b_{21} & b_{22} & \cdots & b_{2s} \\ \cdots & \cdots & \cdots & \cdots \\ b_{n1} & b_{n2} & \cdots & b_{ns} \end{pmatrix}$$

$$=(b_{11}\alpha_1+b_{21}\alpha_2+\cdots+b_{n1}\alpha_n \quad b_{12}\alpha_1+b_{22}\alpha_2+\cdots+b_{n2}\alpha_n \quad \cdots \quad b_{1s}\alpha_1+b_{2s}\alpha_2+\cdots+b_{ns}\alpha_n).$$

可以看到：AB 的列向量组可以由 A 的列向量组线性表示，由定理 3.9，AB 的列向量组的秩小于等于 A 的列向量组的秩，即 $r(AB) \leqslant r(A)$.　■

推论 1　设 A 为 $m \times n$ 矩阵，P 为 m 阶可逆矩阵，则 $r(PA)=r(A)$.

证明　由定理 3.14，得 $r(PA) \leqslant r(A)$. 又 $A=P^{-1}PA$，由定理 3.14，得

$$r(A)=r(P^{-1}PA) \leqslant r(PA)，所以\ r(PA)=r(A).$$ ■

同理可证：

推论 2　设 A 为 $m \times n$ 矩阵，P 为 m 阶可逆矩阵，Q 为 n 阶可逆矩阵，则

$$r(PAQ)=r(A).$$

由此可以看出：对于 $m \times n$ 矩阵 A 和 B，如果矩阵 A 和 B 等价，那么 $r(A)=r(B)$. 其实这是一个充分必要条件．假设 $r(A)=r(B)=r$，则两个 $m \times n$ 矩阵 A 和 B 都等价于矩阵 $\begin{pmatrix} I_r & 0 \\ 0 & 0 \end{pmatrix}$，即 A 和 B 等价．

推论 3　设 A 和 B 为 $m \times n$ 矩阵，则 A 和 B 等价的充分必要条件是 $r(A)=r(B)$.

推论 4　初等变换不改变矩阵的秩．

定理 3.15　n 阶矩阵 A 可逆的充分必要条件是 $r(A)=n$.

证明　n 阶矩阵 A 可逆的充分必要条件是 A 等价于 n 阶单位矩阵 I_n，而单位矩阵 I_n 的秩为 n，所以 n 阶矩阵 A 可逆的充分必要条件是 $r(A)=n$.　■

由定理 3.15 可以得出许多重要性质，下面列出 3 条：

推论 1　n 阶矩阵 A 的行列式 $|A|=0$ 充分必要条件是 $r(A)<n$.

推论 2　齐次线性方程组 $\begin{cases} a_{11}x_1+a_{12}x_2+\cdots+a_{1n}x_n=0 \\ a_{21}x_1+a_{22}x_2+\cdots+a_{2n}x_n=0 \\ \cdots\cdots \\ a_{n1}x_1+a_{n2}x_2+\cdots+a_{nn}x_n=0 \end{cases}$ 有非零解的充分必要条件是系

数行列式等于0.

推论3 对于n个n维向量$\alpha_i=\begin{pmatrix}a_{1i}\\a_{2i}\\\vdots\\a_{ni}\end{pmatrix}$，$i=1,2,\cdots,n$，向量组$\alpha_1,\alpha_2,\cdots,\alpha_n$线性无关的充分必要条件是它们组成的行列式$\begin{vmatrix}a_{11}&a_{12}&\cdots&a_{1n}\\a_{21}&a_{22}&\cdots&a_{2n}\\\cdots&\cdots&\cdots&\cdots\\a_{n1}&a_{n2}&\cdots&a_{nn}\end{vmatrix}\neq 0$.（这就是前面的定理3.1）

下面换个角度来讨论矩阵的秩．建立矩阵的秩与行列式之间的关系．首先定义k阶子式，然后再给出矩阵秩的充分必要条件．

定义3.10 $m\times n$矩阵A中任取k行k列($k\leqslant\min\{m,n\}$)，位于这些行列交叉处的元素按原来的顺序组成k阶行列式，称为矩阵A的k**阶子式**．

例如，矩阵$\begin{pmatrix}1&3&1&4\\2&-3&8&2\\2&12&-2&12\end{pmatrix}$，选取第2、3行，第2、3列得一个2阶子式$\begin{vmatrix}-3&8\\12&-2\end{vmatrix}$，选取第1、2、3行，第1、3、4列得一个3阶子式$\begin{vmatrix}1&1&4\\2&8&2\\2&-2&12\end{vmatrix}$.

显然，$m\times n$矩阵A的1阶子式为A的元素a_{ij}，A的k阶子式有$C_m^k\cdot C_n^k$个．n阶矩阵A的n阶子式就是A的行列式$|A|$，$n-1$阶子式是A的余子式．

定理3.16 $m\times n$矩阵A的秩为r的充分必要条件是A有一个r阶子式不为0，同时所有$r+1$阶子式全为0.

证明　必要性 设矩阵A的秩为r.

先证明任意$r+1$阶子式为0. 为了说明方便，只证明左上角的$r+1$子式为0，即证明

$$\begin{vmatrix}a_{11}&a_{12}&\cdots&a_{1,r+1}\\a_{21}&a_{22}&\cdots&a_{2,r+1}\\\cdots&\cdots&\cdots&\cdots\\a_{r+1,1}&a_{r+1,2}&\cdots&a_{r+1,r+1}\end{vmatrix}=0.$$

因为矩阵A中任意$r+1$个行向量都线性相关，所以前面$r+1$行组成的行向量$(a_{11},a_{12},\cdots,a_{1,r+1},\cdots,a_{1n})$，$(a_{21},a_{22},\cdots,a_{2,r+1},\cdots,a_{2n})$，$\cdots$，$(a_{r+1,1},a_{r+1,2},\cdots,a_{r+1,r+1},\cdots,a_{r+1,n})$线性相关，由定理3.3的推论，

$$(a_{11},a_{12},\cdots,a_{1,r+1}),(a_{21},a_{22},\cdots,a_{2,r+1}),\cdots,(a_{r+1,1},a_{r+1,2},\cdots,a_{r+1,r+1})$$

也线性相关．由定理3.15的推论3得，它的行列式为0，即上述的$r+1$阶子式为0.

下面证明矩阵A有一个r阶子式不为0. 设矩阵A为

$$A=\begin{pmatrix}a_{11}&a_{12}&\cdots&a_{1n}\\a_{21}&a_{22}&\cdots&a_{2n}\\\cdots&\cdots&\cdots&\cdots\\a_{m1}&a_{m2}&\cdots&a_{mn}\end{pmatrix},$$

因为 A 的秩为 r，所以 A 有 r 个行向量线性无关，不妨假设前面 r 行线性无关，则矩阵

$$B=\begin{pmatrix} a_{11} & a_{12} & \cdots & a_{1n} \\ a_{21} & a_{22} & \cdots & a_{2n} \\ \cdots & \cdots & \cdots & \cdots \\ a_{r1} & a_{r2} & \cdots & a_{rn} \end{pmatrix},$$

的秩为 r. 因此 B 的列秩也为 r，从而 B 有 r 个列向量线性无关. 不妨假设 B 的前 r 个列向量线性无关，则矩阵

$$\begin{pmatrix} a_{11} & a_{12} & \cdots & a_{1r} \\ a_{21} & a_{22} & \cdots & a_{2r} \\ \cdots & \cdots & \cdots & \cdots \\ a_{r1} & a_{r2} & \cdots & a_{rr} \end{pmatrix}$$

的秩为 r，于是它的行列式不为 0，即 A 有一个 r 阶子式不为 0.

充分性　设矩阵 A 有一个 r 阶子式不为 0，同时所有 $r+1$ 阶子式全为 0. 由行列式的展开定理，若 A 的所有 $r+1$ 阶子式全为 0，则 A 所有 $k(k>r)$ 阶子式全为 0.

设矩阵 A 的秩为 t. 由必要性，t 不能小于 r，否则 A 的所有 $r(r>t)$ 阶子式全为 0，这与 A 有一个 r 阶子式不为 0 矛盾. 同样 t 不能大于 r，否则 A 有一个 $t(t>r)$ 阶子式不为 0，这与 A 所有阶数大于 r 的子式全为 0 矛盾. 所以 t 只能等于 r. ■

最后说明一下，定理 3.16 的条件还可以进一步减弱，定理 3.17 说明了这一点.

定理 3.17　$m\times n$ 矩阵 A 的秩为 r 的充分必要条件是 A 有一个 r 阶子式 D 不为 0，同时所有含 D 的 $r+1$ 阶子式（如果存在的话）全为 0.

定理 3.17 必要性部分的证明有兴趣的读者可参阅《线性代数》（高等教育出版社 1982 年版）.

下面说明如何计算矩阵的秩，可以根据定理 3.17 来计算矩阵的秩.

例 12　用定理 3.17 求例 10 中矩阵 $A=\begin{pmatrix} 2 & -1 & 4 & -1 \\ 4 & -2 & 5 & 4 \\ 2 & -1 & 3 & 1 \end{pmatrix}$ 的秩.

解　选取矩阵 A 的第 1、2 行，第 1、3 列得 2 阶子式

$$D=\begin{vmatrix} 2 & 4 \\ 4 & 5 \end{vmatrix}=-6\neq 0,$$

而且含 D 的所有 3 阶子式

$$\begin{vmatrix} 2 & -1 & 4 \\ 4 & -2 & 5 \\ 2 & -1 & 3 \end{vmatrix}=\begin{vmatrix} 2 & 4 & -1 \\ 4 & 5 & 4 \\ 2 & 3 & 1 \end{vmatrix}=0,$$

所以 A 的秩为 2.

由于矩阵作初等变换不改变秩，我们可以将矩阵 A 作初等行变换化为行阶梯形矩阵（为了书写方便，将 A 做适当的初等列变换）：

$$
A \to \begin{pmatrix} b_{11} & b_{12} & \cdots & b_{1r} & \cdots & b_{1n} \\ 0 & b_{22} & \cdots & b_{2r} & \cdots & b_{2n} \\ \cdots & \cdots & \cdots & \cdots & \cdots & \cdots \\ 0 & 0 & \cdots & b_{rr} & \cdots & b_{rn} \\ 0 & 0 & \cdots & 0 & \cdots & 0 \\ \cdots & \cdots & \cdots & \cdots & \cdots & \cdots \\ 0 & 0 & \cdots & 0 & 0 & 0 \end{pmatrix}.
$$

根据定理 3.17,阶梯形矩阵的秩就是非零行向量的个数(因为 $b_{ii}\neq 0, i=1,2,\cdots,r$,所以这非零行向量线性无关). 因此,矩阵 A 经过初等变换化为阶梯形矩阵后,非零行向量的个数就是矩阵 A 的秩. 一般来说,利用初等行变换化 A 为行阶梯形后求 A 的秩更方便.

例 13 将例 12 中的矩阵 A 作初等行变换求出 A 的秩.

解

$$
A=\begin{pmatrix} 2 & -1 & 4 & -1 \\ 4 & -2 & 5 & 4 \\ 2 & -1 & 3 & 1 \end{pmatrix} \to \begin{pmatrix} 2 & -1 & 4 & -1 \\ 0 & 0 & -3 & 6 \\ 0 & 0 & -1 & 2 \end{pmatrix} \to \begin{pmatrix} 2 & -1 & 4 & -1 \\ 0 & 0 & 1 & -2 \\ 0 & 0 & 0 & 0 \end{pmatrix},
$$

所以 A 的秩为 2.

最后介绍用矩阵的初等行变换求向量组的极大线性无关组及其用极大线性无关组来表示其他向量. 先介绍一个定理.

定理 3.18 设矩阵 $A=(\alpha_1 \ \ \alpha_2 \ \ \cdots \ \ \alpha_m)$,将 A 作初等行变换得矩阵 $B=(\beta_1 \ \ \beta_2 \ \ \cdots \ \ \beta_m)$,则

(1)A 的任意列向量 $\alpha_{j_1},\alpha_{j_2},\cdots,\alpha_{j_t}$ 与 B 的对应列向量 $\beta_{j_1},\beta_{j_2},\cdots,\beta_{j_t}$ 有相同的线性相关性,即若 $\alpha_{j_1},\alpha_{j_2},\cdots,\alpha_{j_t}$ 线性相关,则 $\beta_{j_1},\beta_{j_2},\beta_{j_t}$ 也线性相关;反之亦然.

(2)若 A 的列向量 α 可以由 $\alpha_{j_1},\alpha_{j_2},\cdots,\alpha_{j_t}$ 线性表示,则对应于 α 的 B 的列向量 β 也可以由 $\beta_{j_1},\beta_{j_2},\cdots,\beta_{j_t}$ 线性表示,且具有相同的表达式;反之亦然.

证明 因为矩阵 B 是由矩阵 A 经过初等行变换得到的,所以存在初等矩阵 P 使得

$$
B=PA.
$$

(1)记 $A_0=(\alpha_{j_1},\alpha_{j_2},\cdots,\alpha_{j_t})$,$B_0=(\beta_{j_1},\beta_{j_2},\cdots,\beta_{j_t})$,则 $B_0=PA_0$ 也成立. 因此齐次线性方程组 $B_0x=0$ 与 $A_0x=0$ 同解,于是 $\alpha_{j_1},\alpha_{j_2},\cdots,\alpha_{j_t}$ 与 $\beta_{j_1},\beta_{j_2},\cdots,\beta_{j_t}$ 有相同的线性相关性.

(2)由条件,存在一组数 $k_1,k_2,\cdots,k_t$,使得

$$
\alpha=k_1\alpha_{j_1}+k_2\alpha_{j_2}+\cdots+k_t\alpha_{j_t},
$$

注意到 $\beta=P\alpha$,用 P 左乘上式,得

$$
\beta=P\alpha=P(k_1\alpha_{j_1}+k_2\alpha_{j_2}+\cdots+k_t\alpha_{j_t})=k_1\beta_{j_1}+k_2\beta_{j_2}+\cdots+k_t\beta_{j_t},
$$

所以 β 可以由 $\beta_{j_1},\beta_{j_2},\cdots,\beta_{j_t}$ 线性表示,且具有相同的表达式;反之由于 P 非奇异,故反过来也成立. ■

下面举例说明如何通过矩阵的初等行变换求向量组的极大线性无关组.

例 14 设向量组

$$
\alpha_1=\begin{pmatrix}1\\2\\1\\0\end{pmatrix},\alpha_2=\begin{pmatrix}4\\1\\0\\2\end{pmatrix},\alpha_3=\begin{pmatrix}1\\-1\\-3\\-6\end{pmatrix},\alpha_4=\begin{pmatrix}0\\-3\\-1\\3\end{pmatrix},
$$

求向量组 $\alpha_1,\alpha_2,\alpha_3,\alpha_4$ 的秩和一个极大线性无关组，并把其余向量用该极大线性无关组线性表示．

解　将 $\alpha_1,\alpha_2,\alpha_3,\alpha_4$ 形成一个矩阵作初等行变换：

$$\begin{pmatrix}1&4&1&0\\2&1&-1&-3\\1&0&-3&-1\\0&2&-6&3\end{pmatrix}\to$$

$$\begin{pmatrix}1&4&10&\\0&-7&-3&-3\\0&-4&-4&-1\\0&2&-6&3\end{pmatrix}\to\begin{pmatrix}1&4&1&0\\0&1&\frac{3}{7}&\frac{3}{7}\\0&0&-\frac{16}{7}&\frac{5}{7}\\0&0&-\frac{48}{7}&\frac{15}{7}\end{pmatrix}\to\begin{pmatrix}1&4&1&0\\0&1&\frac{3}{7}&\frac{3}{7}\\0&0&-\frac{16}{7}&\frac{5}{7}\\0&0&0&0\end{pmatrix}.$$

记阶梯形矩阵的列向量为 $\beta_1,\beta_2,\beta_3,\beta_4$．则 $\beta_1,\beta_2,\beta_3,\beta_4$ 的秩为 3，且 β_1,β_2,β_3 线性无关．因此 $\alpha_1,\alpha_2,\alpha_3,\alpha_4$ 的秩为 3，$\alpha_1,\alpha_2,\alpha_3$ 也线性无关，所以 $\alpha_1,\alpha_2,\alpha_3$ 是向量组的一个极大线性无关组．为把向量 α_4 用 $\alpha_1,\alpha_2,\alpha_3$ 线性表示，我们进一步把阶梯形矩阵用初等行变换化至行最简形．

$$\begin{pmatrix}1&4&1&0\\0&1&\frac{3}{7}&\frac{3}{7}\\0&0&-\frac{16}{7}&\frac{5}{7}\\0&0&0&0\end{pmatrix}\to\begin{pmatrix}1&4&0&\frac{5}{16}\\0&1&0&\frac{9}{16}\\0&0&1&-\frac{5}{16}\\0&0&0&0\end{pmatrix}\to\begin{pmatrix}1&0&0&-\frac{31}{16}\\0&1&0&\frac{9}{16}\\0&0&1&-\frac{5}{16}\\0&0&0&0\end{pmatrix},$$

故

$$\alpha_4=-\frac{31}{16}\alpha_1+\frac{9}{16}\alpha_2-\frac{5}{16}\alpha_3.$$

习题三

1．设 $\alpha_1=\begin{pmatrix}1\\1\\2\end{pmatrix},\alpha_2=\begin{pmatrix}-1\\3\\-2\end{pmatrix},\alpha_3=\begin{pmatrix}3\\1\\-1\end{pmatrix}$，计算 $3\alpha_1-2\alpha_2+\alpha_3,\alpha_1+3\alpha_2-2\alpha_3$．

2．将 β 表示成 $\alpha_1,\alpha_2,\alpha_3$ 的线性组合：

(1) $\alpha_1=\begin{pmatrix}2\\1\\3\end{pmatrix},\alpha_2=\begin{pmatrix}0\\4\\1\end{pmatrix},\alpha_3=\begin{pmatrix}2\\3\\5\end{pmatrix},\beta=\begin{pmatrix}4\\-4\\6\end{pmatrix}$；

(2) $\alpha_1=\begin{pmatrix}1\\2\\3\end{pmatrix},\alpha_2=\begin{pmatrix}-1\\1\\4\end{pmatrix},\alpha_3=\begin{pmatrix}3\\3\\2\end{pmatrix},\beta=\begin{pmatrix}4\\5\\5\end{pmatrix}$．

3. 判断下列向量组是否线性相关:

(1)$\alpha_1=\begin{pmatrix}1\\0\\1\end{pmatrix},\alpha_2=\begin{pmatrix}-1\\2\\2\end{pmatrix},\alpha_3=\begin{pmatrix}1\\2\\4\end{pmatrix}$;

(2)$\alpha_1=\begin{pmatrix}1\\3\\2\end{pmatrix},\alpha_2=\begin{pmatrix}-1\\0\\1\end{pmatrix},\alpha_3=\begin{pmatrix}2\\4\\1\end{pmatrix}$;

(3)$\alpha_1=\begin{pmatrix}1\\2\\-1\\3\end{pmatrix},\alpha_2=\begin{pmatrix}-1\\0\\4\\-2\end{pmatrix},\alpha_3=\begin{pmatrix}2\\-1\\-1\\3\end{pmatrix}$.

4. 证明:$\alpha_1,\alpha_2,\cdots,\alpha_s$(其中$\alpha_1\neq 0$)线性相关的充分必要条件是至少有一个$\alpha_i(1<i\leqslant s)$可以由$\alpha_1,\alpha_2,\cdots,\alpha_{i-1}$线性表示.

5. 设$t_1,t_2,\cdots,t_s$是互不相同的s个数. 证明n维向量组$\alpha_i=(1,t_i,t_i^2,\cdots,t_i^{n-1})$,$i=1,2,\cdots,s$线性无关,其中$s<n$.

6. 设向量组$\alpha_1,\alpha_2,\cdots,\alpha_m$线性无关,$\beta_i=\sum\limits_{j=1}^{m}a_{ij}\alpha_j,i=1,2,\cdots,m$,证明:$\beta_1,\beta_2,\cdots,\beta_m$线性无关的充分必要条件是$|(a_{ij})|\neq 0$.

7. 设向量组$\alpha_1,\alpha_2,\cdots,\alpha_m$线性无关,证明:若$\beta$可以由$\alpha_1,\alpha_2,\cdots,\alpha_m$表示,则表示法唯一.

8. 设$\alpha_1=\begin{pmatrix}1+\lambda\\1\\1\end{pmatrix},\alpha_2=\begin{pmatrix}1\\1+\lambda\\1\end{pmatrix},\alpha_3=\begin{pmatrix}1\\1\\1+\lambda\end{pmatrix},\beta=\begin{pmatrix}0\\\lambda\\\lambda^2\end{pmatrix}$,问$\lambda$为何值时,

(1)β可以由$\alpha_1,\alpha_2,\alpha_3$线性表示,而且表示法唯一;

(2)β可以由$\alpha_1,\alpha_2,\alpha_3$线性表示,但表示法不唯一;

(3)β不可以由$\alpha_1,\alpha_2,\alpha_3$线性表示.

9. 求下列向量组的极大线性无关组和秩:

(1)$\begin{pmatrix}1\\-1\\3\end{pmatrix},\begin{pmatrix}2\\-1\\4\end{pmatrix},\begin{pmatrix}3\\-4\\11\end{pmatrix},\begin{pmatrix}4\\-2\\8\end{pmatrix}$;

(2)$\begin{pmatrix}1\\-1\\2\\4\end{pmatrix},\begin{pmatrix}0\\3\\1\\2\end{pmatrix},\begin{pmatrix}3\\0\\7\\14\end{pmatrix},\begin{pmatrix}1\\-1\\2\\0\end{pmatrix},\begin{pmatrix}2\\1\\5\\6\end{pmatrix}$.

10. 试确定a为何值时,向量组$\alpha_1,\alpha_2,\alpha_3,\alpha_4$的秩为3,

$$\alpha_1=\begin{pmatrix}3\\a\\0\end{pmatrix},\alpha_2=\begin{pmatrix}a\\1\\2\end{pmatrix},\alpha_3=\begin{pmatrix}1\\-2\\1\end{pmatrix},\alpha_4=\begin{pmatrix}2\\-4\\2\end{pmatrix}.$$

11. 设向量组$\alpha_1,\alpha_2,\cdots,\alpha_m$的秩为$r$,证明:$\alpha_1,\alpha_2,\cdots,\alpha_m$中任意$r$个线性无关的向量都构成它的极大线性无关组.

12. 证明:对于n维向量组$\alpha_1,\alpha_2,\cdots,\alpha_n$,如果$n$维单位坐标向量组$e_1,e_2,\cdots,e_n$可以由

$\alpha_1,\alpha_2,\cdots,\alpha_n$ 线性表示，那么 $\alpha_1,\alpha_2,\cdots,\alpha_n$ 线性无关．

13. n 维向量组 $\alpha_1,\alpha_2,\cdots,\alpha_n$，证明：$\alpha_1,\alpha_2,\cdots,\alpha_n$ 线性无关的充分必要条件是任意 n 维向量都可以由它们线性表示．

14. 向量组 $\alpha_1,\alpha_2,\cdots,\alpha_m$ 的秩为 r，证明：$\alpha_1,\alpha_2,\cdots,\alpha_{m-1}$ 的秩 $\geqslant r-1$.

15. 设 n 维向量组：

(Ⅰ) $\alpha_1,\alpha_2,\cdots,\alpha_m$；

(Ⅱ) $\beta_1,\beta_2,\cdots,\beta_t$；

(Ⅲ) $\alpha_1,\alpha_2,\cdots,\alpha_m,\beta_1,\beta_2,\cdots,\beta_t$；

它们的秩分别为 r_1,r_2,r_3，证明：$\max\{r_1,r_2\}\leqslant r_3\leqslant r_1+r_2$.

16. 已知向量组 $\alpha_1,\alpha_2,\cdots,\alpha_m$ 与向量组 $\alpha_1,\alpha_2,\cdots,\alpha_m,\alpha_{m+1},\cdots,\alpha_s$ 的秩相等，证明 $\alpha_1,\alpha_2,\cdots,\alpha_m$ 与 $\alpha_1,\alpha_2,\cdots,\alpha_m,\alpha_{m+1},\cdots,\alpha_s$ 等价．

17. 试求下列矩阵的秩：

(1) $\begin{pmatrix}2&-1&2\\4&0&2\\0&-3&3\end{pmatrix}$；

(2) $\begin{pmatrix}2&-3&8&2\\2&12&-2&12\\1&3&1&4\end{pmatrix}$.

18. 用初等变换法求下列矩阵的秩：

(1) $\begin{pmatrix}1&2&3\\0&-1&-1\\3&4&7\end{pmatrix}$；

(2) $\begin{pmatrix}-1&2&1&0\\1&-2&-1&0\\-1&0&1&1\\-2&0&2&2\end{pmatrix}$.

19. 已知矩阵 $A=\begin{pmatrix}1&a&a&a\\a&1&a&a\\a&a&1&a\\a&a&a&1\end{pmatrix}$，试对 a 的不同取值计算 A 的秩．

20. 设有向量组(Ⅰ)：$\alpha_1=\begin{pmatrix}1\\0\\2\end{pmatrix}$，$\alpha_2=\begin{pmatrix}1\\1\\3\end{pmatrix}$，$\alpha_3=\begin{pmatrix}1\\-1\\a+2\end{pmatrix}$，向量组(Ⅱ)：$\beta_1=\begin{pmatrix}1\\2\\a+3\end{pmatrix}$，$\beta_2=\begin{pmatrix}2\\1\\a+6\end{pmatrix}$，$\beta_3=\begin{pmatrix}2\\1\\a+4\end{pmatrix}$，试问当 a 为何值时，向量组(Ⅰ)和(Ⅱ)等价？

21. 设 A 为 $m\times n$ 矩阵，B 为 $m\times t$ 矩阵，证明 $r(A,B)\leqslant r(A)+r(B)$.

22. 设 A、B 为 $m\times n$ 矩阵，证明 $r(A+B)\leqslant r(A)+r(B)$.

第四章

线性方程组

在第一章中给出的克莱姆法则和在第二章中介绍的用逆矩阵解线性方程组，解决了方程个数与未知数个数相等且系数行列式不等于零这一类特殊的线性方程组的求解问题. 本章以矩阵和向量为工具，进一步深入系统地讨论一般线性方程组的求解问题.

对于一般线性方程组的解有三种可能性：(1)仅有唯一解；(2)有无穷多组解；(3)无解.

我们研究一般线性方程组需要解决以下三个问题.

(1)一个线性方程组在什么条件下有解，在什么条件下无解，即线性方程组的相容性问题.

(2)若一个线性方程组有解，则仅有唯一解还是有无穷多组解，即线性方程组解的判定问题.

(3)若一个线性方程组有无穷多组解，则如何用有限个解将该方程组的全部解表示出来，即线性方程组解的结构问题.

第一节　线性方程组的相容性和解的判定

一、线性方程组的表示形式及其相容性

考虑下列一般形式的 n 元线性方程组：

$$\begin{cases} a_{11}x_1+a_{12}x_2+\cdots+a_{1n}x_n=b_1 \\ a_{21}x_1+a_{22}x_2+\cdots+a_{2n}x_n=b_2 \\ \quad\cdots\cdots \\ a_{m1}x_1+a_{m2}x_2+\cdots+a_{mn}x_n=b_m \end{cases}, \tag{4.1}$$

其中，系数 $a_{ij}(i=1,\cdots,m;j=1,\cdots,n)$和右端项 $b_i(i=1,\cdots,m)$已知，$x_i(i=1,\cdots,n)$是未知量. 记

$$A=\begin{pmatrix} a_{11} & a_{12} & \cdots & a_{1n} \\ a_{21} & a_{22} & \cdots & a_{2n} \\ \cdots & \cdots & \cdots & \cdots \\ a_{m1} & a_{m2} & \cdots & a_{mn} \end{pmatrix}, X=\begin{pmatrix} x_1 \\ x_2 \\ \vdots \\ x_n \end{pmatrix}, B=\begin{pmatrix} b_1 \\ b_2 \\ \vdots \\ b_m \end{pmatrix},$$

则(4.1)式可以写成矩阵形式：

$$AX=B. \tag{4.2}$$

我们称矩阵 A,X,B 分别为**系数矩阵**、**未知矩阵(向量)**和**右端矩阵(向量)**.

为了讨论和求解方程组的需要，我们将方程组(4.1)的系数和常数项构成一个矩阵，记作：

$$\overline{A}=\begin{pmatrix} a_{11} & a_{12} & \cdots & a_{1n} & b_1 \\ a_{21} & a_{22} & \cdots & a_{2n} & b_2 \\ \cdots & \cdots & \cdots & \cdots & \cdots \\ a_{m1} & a_{m2} & \cdots & a_{mn} & b_m \end{pmatrix},$$

矩阵 $\overline{A}$ 称为方程组(4.1)的**增广矩阵**. 若记

$$\alpha_j=\begin{pmatrix} a_{1j} \\ a_{2j} \\ \vdots \\ a_{mj} \end{pmatrix}, \quad (j=1,2,\cdots,n), \quad \beta=\begin{pmatrix} b_1 \\ b_2 \\ \vdots \\ b_m \end{pmatrix},$$

则方程组(4.1)又可以写成向量形式：

$$\alpha_1x_1+\alpha_2x_2+\cdots+\alpha_nx_n=\beta. \tag{4.3}$$

因此，(4.1)，(4.2)，(4.3)三个式子是同一个方程组的三种不同表示形式，可以根据需要和方便选择使用.

线性方程组 $AX=B$ 与其增广矩阵 $\overline{A}$ 是相互对应的，用消元法解线性方程组 $AX=B$ 的过程就是对 $\overline{A}$ 进行初等行变换的过程，因此，对增广矩阵 $\overline{A}$ 进行初等行变换不会改变方程组的解 .

如果未知数 $x_1,x_2,\cdots,x_n$ 的一组值 $k_1,k_2,\cdots,k_n$ 满足线性方程组(4.1)，则称这一组数 $k_1,k_2,\cdots,k_n$ 是方程组(4.1)的一组解，并且由这一组数所构成的列向量

$$\zeta=\begin{pmatrix} k_1 \\ k_2 \\ \vdots \\ k_n \end{pmatrix},$$

称为方程组(4.1)的一个**解向量**.

如果方程组(4.1)有解，则称方程组(4.1)是**相容的**，否则称方程组(4.1)是**不相容的**.

二、线性方程组解的判定

根据线性方程组的三种不同表示形式即(4.1)，(4.2)和(4.3)，可以得到如下结论：

线性方程组(4.1)有解的充分必要条件是 β 可由 $\alpha_1,\alpha_2,\cdots,\alpha_n$ 线性表示；

线性方程组(4.1)有唯一解的充分必要条件是 β 可由 $\alpha_1,\alpha_2,\cdots,\alpha_n$ 唯一线性表示.

而将线性方程组(4.1)的系数矩阵 A 和增广矩阵 $\overline{A}$ 都按列分块，则矩阵 A 和 $\overline{A}$ 可以写成列向量组的形式：

$$A=(\alpha_1,\alpha_2,\cdots,\alpha_n), \quad \overline{A}=(\alpha_1,\alpha_2,\cdots,\alpha_n,\beta).$$

又根据第三章有关列向量组与矩阵秩之间的联系，我们可以利用矩阵的秩来对线性方程组的解进行判定.

定理 4.1 设线性方程组(4.1)的系数矩阵为 A,增广矩阵为 $\overline{A}$,则有下列结论:

(1)当 $r(A)=r(\overline{A})$ 时,方程组(4.1)有解;

(2)当 $r(A)=r(\overline{A})=n$ 时,则方程组(4.1)有唯一解;

(3)当 $r(A)=r(\overline{A})<n$ 时,则方程组(4.1)有无穷多组解;

(4)当 $r(A)\neq r(\overline{A})$ 时,则方程组(4.1)无解.

证明 (1)不妨设 $r(A)=r(\overline{A})=r$,且 $\alpha_1,\cdots,\alpha_r$ 是 A 列向量组的极大无关组,由于 $r(\overline{A})=r$,故其也是 $\overline{A}$ 的列向量组的极大无关组,从而 β 可由其线性表示,也即可由 $\alpha_1,\cdots,\alpha_n$ 线性表示,故方程组有解.

(2)由于 $r(A)=r(\overline{A})=n$,A 的列向量组 $\alpha_1,\alpha_2,\cdots,\alpha_n$ 线性无关,而 $\overline{A}$ 的列向量组 $\alpha_1,\alpha_2,\cdots,\alpha_n,\beta$,线性相关,因此 β 可以由 $\alpha_1,\alpha_2,\cdots,\alpha_n$ 线性表示,也就是说线性方程组(4.1)有解.

设这一组解为:$x_1=k_1,x_2=k_2,\cdots,x_n=k_n$.假如还有另外一组解为:$x_1=c_1,x_2=c_2,\cdots,x_n=c_n$,分别代入(4.3)式,得:

$$\alpha_1k_1+\alpha_2k_2+\cdots+\alpha_nk_n=\beta,$$
$$\alpha_1c_1+\alpha_2c_2+\cdots+\alpha_nc_n=\beta,$$

因此,$\alpha_1k_1+\alpha_2k_2+\cdots+\alpha_nk_n=\alpha_1c_1+\alpha_2c_2+\cdots+\alpha_nc_n$,移项并整理得:

$$(k_1-c_1)\alpha_1+(k_2-c_2)\alpha_2+\cdots+(k_n-c_n)\alpha_n=0.$$

由于向量组 $\alpha_1,\alpha_2,\cdots,\alpha_n$ 线性无关,所以

$$k_1-c_1=0,k_2-c_2=0,\cdots,k_n-c_n=0,$$

即 $k_1=c_1,k_2=c_2,\cdots,k_n=c_n$,也就是说方程组(4.1)有唯一解.

(3)由于 $r(A)=r(\overline{A})<n$,A 的列向量组 $\alpha_1,\alpha_2,\cdots,\alpha_n$ 线性相关,令 $r(A)=r$,则向量组 $\alpha_1,\alpha_2,\cdots,\alpha_n$ 中有一组含有 r 个向量的极大线性无关组.不妨设这个极大线性无关组为 $\alpha_1,\alpha_2,\cdots,\alpha_r$(这样假定并不失一般性,如若不然,可以对 α_i 的次序进行适当的调整,将极大线性无关组的 r 个向量换到最前面,这样并不会改变矩阵的秩,故不影响结论).又因为 $r(\overline{A})=r(A)$,所以 $\alpha_1,\alpha_2,\cdots,\alpha_r$ 也是 $\overline{A}$ 的列向量组 $\alpha_1,\alpha_2,\cdots,\alpha_n,\beta$ 的极大线性无关组,即 β 可由 $\alpha_1,\alpha_2,\cdots,\alpha_r$ 线性表示,自然 β 也可以由 $\alpha_1,\alpha_2,\cdots,\alpha_n$ 线性表示.也就是说,线性方程组(4.1)有解.

由于 β 可由 $\alpha_1,\alpha_2,\cdots,\alpha_r$ 线性表示,记为

$$\beta=k_1\alpha_1+k_2\alpha_2+\cdots+k_r\alpha_r, \tag{1}$$

由于 $r<n$,则 $\alpha_1,\alpha_2,\cdots,\alpha_n$ 线性相关,即存在一组不全为零的数 $l_1,l_2,\cdots,l_r,l_{r+1},\cdots,l_n$,使得

$$l_1\alpha_1+l_2\alpha_2+\cdots+l_r\alpha_r+l_{r+1}\alpha_{r+1}+\cdots+l_n\alpha_n=0, \tag{2}$$

以参数 t 乘以(2)式,得

$$tl_1\alpha_1+tl_2\alpha_2+\cdots+tl_r\alpha_r+tl_{r+1}\alpha_{r+1}+\cdots+tl_n\alpha_n=0, \tag{3}$$

再将(1)式与(3)式相加并整理得

$$(tl_1+k_1)\alpha_1+(tl_2+k_2)\alpha_2+\cdots+(tl_r+k_r)\alpha_r+tl_{r+1}\alpha_{r+1}+\cdots+tl_n\alpha_n=\beta, \tag{4}$$

这表明

$$x_1=tl_1+k_1,x_2=tl_2+k_2,\cdots,x_r=tl_r+k_r,x_{r+1}=tl_{r+1},\cdots,x_n=tl_n$$

是线性方程组(4.1)的解.由于 t 是一个参数,可以取无穷多个数值,而 $l_1,l_2,\cdots,l_r,l_{r+1},\cdots,l_n$ 不全为零,因此 $x_1,x_2,\cdots,x_r,x_{r+1},\cdots,x_n$ 可以取无穷多组值,即方程组(4.1)有无穷多组解.

(4)由于 $r(A)\neq r(\overline{A})$,而 $\overline{A}$ 的列向量组 $\alpha_1,\alpha_2,\cdots,\alpha_n,\beta$ 仅比 A 的列向量组 $\alpha_1,\alpha_2,\cdots,\alpha_n$ 多了一个向量 β,因此 β 不能由 $\alpha_1,\alpha_2,\cdots,\alpha_n$ 线性表示,也就是说线性方程组(4.1)无解. ■

由定理 4.1 可得线性方程组(4.1)有解的充分必要条件是 $r(A)=r(\overline{A})$.

例 1　判定下列方程组解的情况:

(1)$\begin{cases}x_1-x_2+2x_3=1\\x_1-2x_2-x_3=2\\3x_1-x_2+5x_3=3\\2x_1-2x_2-3x_3=4\end{cases}$;　(2)$\begin{cases}x_1+x_2+2x_3+2x_4=1\\x_1+2x_2+2x_3-x_4=-4\\-2x_1-2x_2+x_3+x_4=6\\3x_1+x_2+x_3+7x_4=5\end{cases}$;

(3)$\begin{cases}x_1-2x_2+x_3+x_4-x_5=1\\2x_1+x_2-x_3-x_4-x_5=2\\x_1+3x_2-2x_3-2x_4=4\\3x_1-x_2-2x_5=3\end{cases}$.

解　(1)对增广矩阵 $\overline{A}$ 进行初等行变换:

$$\overline{A}=\left(\begin{array}{ccc:c}1&-1&2&1\\1&-2&-1&2\\3&-1&5&3\\2&-2&-3&4\end{array}\right)\longrightarrow\left(\begin{array}{ccc:c}1&-1&2&1\\0&-1&-3&1\\0&2&-1&0\\0&0&-7&2\end{array}\right)$$

$$\longrightarrow\left(\begin{array}{ccc:c}1&-1&2&1\\0&-1&-3&1\\0&0&-7&2\\0&0&-7&2\end{array}\right)\longrightarrow\left(\begin{array}{ccc:c}1&-1&2&1\\0&-1&-3&1\\0&0&-7&2\\0&0&0&0\end{array}\right),$$

由此可见,$r(A)=r(\overline{A})=3$,由于未知数个数 $n=3$,所以该方程组有唯一解.

(2)对增广矩阵 $\overline{A}$ 进行初等行变换:

$$\overline{A}=\left(\begin{array}{cccc:c}1&1&2&2&1\\1&2&2&-1&-4\\-2&-2&1&1&6\\3&1&1&7&5\end{array}\right)\longrightarrow\left(\begin{array}{cccc:c}1&1&2&2&1\\0&1&0&-3&-5\\0&0&5&5&8\\0&-2&-5&1&2\end{array}\right)$$

$$\longrightarrow\left(\begin{array}{cccc:c}1&1&2&2&1\\0&1&0&-3&-5\\0&0&5&5&8\\0&0&-5&-5&-8\end{array}\right)\longrightarrow\left(\begin{array}{cccc:c}1&1&2&2&1\\0&1&0&-3&-5\\0&0&5&5&8\\0&0&0&0&0\end{array}\right).$$

由此可见,$r(A)=r(\overline{A})=3$,由于未知数个数 $n=4$,所以该方程组有无穷多组解.

(3)对增广矩阵 $\overline{A}$ 进行初等行变换:

$$\overline{A}=\left(\begin{array}{ccccc:c}1&-2&1&1&-1&1\\2&1&-1&-1&-1&2\\1&3&-2&-2&0&4\\3&-1&0&0&-2&3\end{array}\right)\longrightarrow\left(\begin{array}{ccccc:c}1&-2&1&1&-1&1\\0&5&-3&-3&1&0\\0&5&-3&-3&1&3\\0&5&-3&-3&1&0\end{array}\right)$$

$$\longrightarrow\left(\begin{array}{ccccc:c}1&-2&1&1&-1&1\\0&5&-3&-3&1&0\\0&0&0&0&0&3\\0&0&0&0&0&0\end{array}\right),$$

由此可见，$r(A)=2$，$r(\overline{A})=3$，$r(A)\neq r(\overline{A})$，所以该方程组无解.

例 2　k 为何值时，线性方程组

$$\begin{cases}x_1+x_2+kx_3=4\\-x_1+kx_2+x_3=k^2\\x_1-x_2+2x_3=-4\end{cases}$$

有唯一解？有无穷多组解？无解？

解　由于该方程组中方程的个数与未知数的个数相等，所以我们可以先试用克莱姆法则讨论有唯一解的情况. 方程组的系数行列式

$$D=\begin{vmatrix}1&1&k\\-1&k&1\\1&-1&2\end{vmatrix}=(k+1)(4-k).$$

(1)当 $k\neq-1$ 且 $k\neq4$ 时，$D\neq0$，由克莱姆法则可知，方程组有唯一解.

(2)当 $k=4$ 时，方程组的增广矩阵为

$$\overline{A}=\left(\begin{array}{ccc:c}1&1&4&4\\-1&4&1&16\\1&-1&2&-4\end{array}\right)\longrightarrow\left(\begin{array}{ccc:c}1&1&4&4\\0&5&5&20\\0&-2&-2&-8\end{array}\right)$$

$$\longrightarrow\left(\begin{array}{ccc:c}1&1&4&4\\0&1&1&4\\0&0&0&0\end{array}\right),$$

由此可见，$r(A)=r(\overline{A})=2$，而方程组有 3 个未知数，所以方程组有无穷多组解.

(3)当 $k=-1$ 时，方程组的增广矩阵为

$$\overline{A}=\left(\begin{array}{ccc:c}1&1&-1&4\\-1&-1&1&1\\1&-1&2&-4\end{array}\right)\longrightarrow\left(\begin{array}{ccc:c}1&1&-1&4\\0&0&0&5\\0&-2&3&-8\end{array}\right)$$

$$\longrightarrow\left(\begin{array}{ccc:c}1&1&-1&4\\0&-2&3&-8\\0&0&0&5\end{array}\right).$$

由此可见，$r(A)=2$，$r(\overline{A})=3$，$r(A)\neq r(\overline{A})$，所以方程组无解.

例 3　设线性方程组

$$\begin{cases}x_1+x_2+2x_3+3x_4=0\\2x_1+x_2+6x_3+4x_4=-2\\3x_1+2x_2+kx_3+7x_4=t\\x_1-x_2+6x_3-x_4=-4\end{cases},$$

问 k、t 取何值，方程组有解？无解？

解　对增广矩阵 $\overline{A}$ 进行初等行变换：

$$\overline{A}=\left(\begin{array}{cccc:c}1&1&2&3&0\\2&1&6&4&-2\\3&2&k&7&t\\1&-1&6&-1&-4\end{array}\right)\longrightarrow\left(\begin{array}{cccc:c}1&1&2&3&0\\0&-1&2&-2&-2\\0&-1&k-6&-2&t\\0&-2&4&-4&-4\end{array}\right)$$

$$\longrightarrow\left(\begin{array}{cccc:c}1&1&2&3&0\\0&-1&2&-2&-2\\0&0&k-8&0&t+2\\0&0&0&0&0\end{array}\right).$$

1. 当 $k\neq8$ 时，由于 $r(A)=r(\overline{A})=3$，所以方程组有解.

2. 当 $k=8$ 时，

$$\overline{A}\rightarrow\left(\begin{array}{cccc:c}1&1&2&3&0\\0&-1&2&-2&-2\\0&0&0&0&t+2\\0&0&0&0&0\end{array}\right),$$

(1)当 $t\neq-2$ 时，由于 $r(A)=2\neq r(\overline{A})=3$，所以方程组无解.

(2)当 $t=-2$ 时，

$$\overline{A}\rightarrow\left(\begin{array}{cccc:c}1&1&2&3&0\\0&-1&2&-2&-2\\0&0&0&0&0\\0&0&0&0&0\end{array}\right),$$

$r(A)=r(\overline{A})=2$，所以方程组有解.

综合上述讨论可知：

(1)当 $k\neq8$ 或 $k=8$ 且 $t=-2$ 时，方程组有解.

(2)当 $k=8$ 且 $t\neq-2$ 时，方程组无解.

例 4 求实数 a,b，使得向量组 $\alpha_1=(1,1,0)^T,\alpha_2=(0,1,1)^T,\alpha_3=(-1,0,1)^T$ 与向量组 $\beta_1=(1,1,0)^T,\beta_2=(2,a,1)^T,\beta_3=(0,b,1)^T$ 等价.

解 等价的向量组有相同的秩.

$$(\alpha_1,\alpha_2,\alpha_3)=\begin{pmatrix}1&0&-1\\1&1&0\\0&1&1\end{pmatrix}\rightarrow\begin{pmatrix}1&0&-1\\0&1&1\\0&0&0\end{pmatrix},$$

$\alpha_1,\alpha_2,\alpha_3$ 的秩为 2，

$$(\beta_1,\beta_2,\beta_3)=\begin{pmatrix}1&2&0\\1&a&b\\0&1&1\end{pmatrix}\rightarrow\begin{pmatrix}1&2&0\\0&1&1\\0&0&b-a+2\end{pmatrix},$$

因此当 $b-a+2=0$，即 $a=b+2$ 时，两向量组的秩相等.

又 β_3 可由 $\alpha_1,\alpha_2,\alpha_3$ 线性表示，设 $\beta_3=x_1\alpha_1+x_2\alpha_2+x_3\alpha_3$，即对应的线性方程组 $AX=B$ 有解.

$$\overline{A}=\begin{pmatrix}1&0&-1&0\\1&1&0&b\\0&1&1&1\end{pmatrix}\rightarrow\begin{pmatrix}1&0&-1&0\\0&1&1&b\\0&0&0&1-b\end{pmatrix},$$

由 $r(\overline{A})=r(A)$，得 $b=1$，即 $a=3,b=1$．

三、齐次线性方程组解的判定

在线性方程组(4.1)中，如果它的常数项 $b_1,b_2,\cdots,b_m$ 不全为零，那么这种线性方程组就称为**非齐次线性方程组**. 仍用(4.1)，(4.2)，(4.3)三个式子表示其一般形式、矩阵形式和向量形式. 如果它的常数项 $b_1,b_2,\cdots,b_m$ 全为零，那么这种线性方程组就称为**齐次线性方程组**.

齐次线性方程组的一般形式为：

$$\begin{cases}a_{11}x_1+a_{12}x_2+\cdots+a_{1n}x_n=0\\a_{21}x_1+a_{22}x_2+\cdots+a_{2n}x_n=0\\\quad\cdots\cdots\\a_{m1}x_1+a_{m2}x_2+\cdots+a_{mn}x_n=0\end{cases}. \tag{4.4}$$

矩阵形式为：

$$AX=O. \tag{4.5}$$

向量形式为：

$$\alpha_1x_1+\alpha_2x_2+\cdots+\alpha_nx_n=0. \tag{4.6}$$

齐次线性方程组(4.4)总是相容的. $x_1=0,x_2=0,\cdots,x_n=0$ 一定是方程组(4.4)的一组解，这一组解称为方程组(4.4)的**零解**；如果在一组解中，至少有一个未知数的值不为零，则这组解就称为**非零解**. 线性方程组(4.4)只有零解的充分必要条件是 $\alpha_1,\alpha_2,\cdots,\alpha_n$ 线性无关.

因为齐次线性方程组(4.4)是线性方程组(4.1)的特殊情况，所以我们根据定理 4.1 就可得到定理 4.2.

定理 4.2 设齐次线性方程组(4.4)的系数矩阵 A 的秩等于 r，即 $r(A)=r$，则

(1)当 $r=n$ 时，方程组(4.4)仅有零解；

(2)当 $r<n$ 时，方程组(4.4)有无穷多组解(即有非零解).

定理 4.2 指出了含有 m 个方程 n 个未知数的齐次线性方程组 $AX=O$ 有非零解的充分必要条件是其系数矩阵 A 的秩小于未知数的个数，即 $r(A)=r<n$. 当齐次线性方程组(4.4)中的方程个数等于未知数个数时，即 $m=n$ 时，其系数矩阵 A 就是一个 n 阶方阵，当 $r(A)=r<n$ 时，$|A|=0$，于是我们就有以下结论(即第三章定理 3.15 的推论 2)：

含有 n 个方程 n 个未知数的齐次线性方程组 $AX=O$ 有非零解的充分必要条件是其系数矩阵 A 的行列式 $|A|=0$.

例 5 k 为何值时，齐次线性方程组

$$\begin{cases}x_1+2x_2+kx_3=0\\-x_1+(k-1)x_2+x_3=0\\kx_1+(3k+1)x_2+(2k+3)x_3=0\end{cases},$$

仅有零解？有非零解？

解法一 对系数矩阵 A 作初等行变换：

$$A=\begin{pmatrix}1&2&k\\-1&k-1&1\\k&3k+1&2k+3\end{pmatrix}\longrightarrow\begin{pmatrix}1&2&k\\0&k+1&k+1\\0&k+1&(k+1)(3-k)\end{pmatrix}$$

$$\longrightarrow\begin{pmatrix}1 & 2 & k\\0 & k+1 & k+1\\0 & 0 & (k+1)(2-k)\end{pmatrix}.$$

(1)当 $k\neq-1$ 且 $k\neq2$ 时,$r(A)=3$,等于未知数个数,所以方程组仅有零解.

(2)当 $k=-1$ 时,

$$A\to\begin{pmatrix}1 & 2 & -1\\0 & 0 & 0\\0 & 0 & 0\end{pmatrix},$$

可见 $r(A)=1<3$(未知数个数),所以方程组有非零解.

(3)当 $k=2$ 时,

$$A\to\begin{pmatrix}1 & 2 & 2\\0 & 3 & 3\\0 & 0 & 0\end{pmatrix},$$

可见 $r(A)=2<3$(未知数个数),所以方程组有非零解.

综合上述讨论可知:

(1)当 $k\neq-1$ 且 $k\neq2$ 时,方程组仅有零解;

(2)当 $k=-1$ 或 $k=2$ 时,方程组有非零解.

解法二 计算系数行列式

$$D=\begin{vmatrix}1 & 2 & k\\-1 & k-1 & 1\\k & 3k+1 & 2k+3\end{vmatrix}=(k+1)^2(2-k).$$

(1)当 $k\neq-1$ 且 $k\neq2$ 时,$D\neq0$,由克莱姆法则可知,方程组仅有零解.

(2)当 $k=-1$ 或 $k=2$ 时,$D=0$,由前述的结论可知,方程组有非零解.

例 6 设齐次线性方程组

$$\begin{cases}x_1+x_2+\lambda x_3=0\\x_1+\lambda x_2+x_3=0\\3x_1-x_2+(\lambda+4)x_3=0\\-x_1+x_2-2x_3=0\end{cases}$$

有非零解,求 λ 的值.

解 对系数矩阵 A 作初等行变换:

$$A=\begin{pmatrix}1 & 1 & \lambda\\1 & \lambda & 1\\3 & -1 & \lambda+4\\-1 & 1 & -2\end{pmatrix}\longrightarrow\begin{pmatrix}1 & 1 & \lambda\\0 & \lambda-1 & 1-\lambda\\0 & -4 & -2\lambda+4\\0 & 2 & \lambda-2\end{pmatrix}$$

$$\longrightarrow\begin{pmatrix}1 & 1 & \lambda\\0 & 2 & \lambda-2\\0 & -4 & -2\lambda+4\\0 & \lambda-1 & 1-\lambda\end{pmatrix}\longrightarrow\begin{pmatrix}1 & 1 & \lambda\\0 & 2 & \lambda-2\\0 & 0 & 0\\0 & 0 & \frac{1}{2}\lambda(1-\lambda)\end{pmatrix}$$

$$\longrightarrow\begin{pmatrix}1 & 1 & \lambda \\ 0 & 2 & \lambda-2 \\ 0 & 0 & \frac{1}{2}\lambda(1-\lambda) \\ 0 & 0 & 0\end{pmatrix}.$$

因为方程组有非零解,所以 $r(A)<3$(未知数个数),而要使 $r(A)<3$,须有

$$\frac{1}{2}\lambda(1-\lambda)=0,$$

由此可得,$\lambda=0$ 或 $\lambda=1$.

第二节　齐次线性方程组及其基础解系

一、齐次线性方程组解的性质

为了方便起见,我们运用齐次线性方程组的矩阵形式(4.5)来讨论齐次线性方程组解的性质.

性质 1　若 $X=\zeta_1,X=\zeta_2$ 是齐次线性方程组(4.5)的两个解,则 $X=\zeta_1+\zeta_2$ 也是齐次线性方程组(4.5)的解.

证明　由条件,$A\zeta_1=O,A\zeta_2=O$,于是有

$$A(\zeta_1+\zeta_2)=A\zeta_1+A\zeta_2=O+O=O,$$

所以 $X=\zeta_1+\zeta_2$ 也是方程组(4.5)的解. ■

性质 2　若 $X=\zeta$ 是齐次线性方程组(4.5)的解,λ 是任意实数,则 $X=\lambda\zeta$ 也是齐次线性方程组(4.5)的解.

证明　由条件,$A\zeta=O$,则对任意实数 λ,有

$$A(\lambda\zeta)=\lambda A\zeta=\lambda O=O,$$

所以 $X=\lambda\zeta$ 也是方程组(4.5)的解. ■

二、齐次线性方程组的基础解系和通解

定义 4.1　设 V 表示齐次线性方程组(4.4)的全体解向量所构成的集合,$\xi_1,\xi_2,\cdots,\xi_k$ 是 V 中的一部分解向量,如果满足:

(1)$\xi_1,\xi_2,\cdots,\xi_k$ 线性无关;

(2)方程组(4.4)式的任意一个解向量均可由 $\xi_1,\xi_2,\cdots,\xi_k$ 线性表示,

则称 $\xi_1,\xi_2,\cdots,\xi_k$ 为方程组(4.4)的一个**基础解系**.

当齐次线性方程组(4.4)的系数矩阵 A 的秩 $r(A)=r=n$ 时,方程组(4.4)仅有零解,此时方程组(4.4)不存在基础解系.当 $r(A)=r<n$ 时,方程组(4.4)的基础解系是否存在?若存在,则如何求出它的一个基础解系?对此,我们有下面的定理.

定理 4.3　如果齐次线性方程组(4.4)的系数矩阵 A 的秩 $r(A)=r<n$,则方程组(4.4)必存在基础解系,且基础解系中的解向量个数为 $n-r$.

证明　由于 $r(A)=r<n$,则 A 中必有一个 r 阶子式 $D\neq0$,不妨设 A 的左上角的 r 阶子

式 $D_r \neq 0$，即

$$D_r=\begin{vmatrix} a_{11} & a_{12} & \cdots & a_{1r} \\ a_{21} & a_{22} & \cdots & a_{2r} \\ \cdots & \cdots & \cdots & \cdots \\ a_{r1} & a_{r2} & \cdots & a_{rr} \end{vmatrix} \neq 0,$$

则系数矩阵 A 经过适当的初等行变换后一定可化为一个行最简形式的矩阵，即

$$A \to \begin{pmatrix} 1 & 0 & \cdots & 0 & a'_{1,r+1} & a'_{1,r+2} & \cdots & a'_{1n} \\ 0 & 1 & \cdots & 0 & a'_{2,r+1} & a'_{2,r+2} & \cdots & a'_{2n} \\ \cdots & \cdots & \cdots & \cdots & \cdots & \cdots & \cdots & \cdots \\ 0 & 0 & \cdots & 1 & a'_{r,r+1} & a'_{r,r+2} & \cdots & a'_{rn} \\ 0 & 0 & \cdots & 0 & 0 & 0 & \cdots & 0 \\ \cdots & \cdots & \cdots & \cdots & \cdots & \cdots & \cdots & \cdots \\ 0 & 0 & \cdots & 0 & 0 & 0 & \cdots & 0 \end{pmatrix},$$

于是得到方程组(4.4)的一个同解方程组

$$\begin{cases} x_1=-a'_{1,r+1}x_{r+1}-a'_{1,r+2}x_{r+2}-\cdots-a'_{1n}x_n \\ x_2=-a'_{2,r+1}x_{r+1}-a'_{2,r+2}x_{r+2}-\cdots-a'_{2n}x_n \\ \quad\cdots\cdots \\ x_r=-a'_{r,r+1}x_{r+1}-a'_{r,r+2}x_{r+2}-\cdots-a'_{rn}x_n \end{cases} \tag{4.7}$$

其中，$x_{r+1}, x_{r+2}, \cdots, x_n$ 称为**自由未知量**(可以任意取值的未知量)，若对它们分别取 $n-r$ 组值，

$$\begin{pmatrix} x_{r+1} \\ x_{r+2} \\ x_{r+3} \\ \vdots \\ x_n \end{pmatrix}=\begin{pmatrix} 1 \\ 0 \\ 0 \\ \vdots \\ 0 \end{pmatrix}, \begin{pmatrix} 0 \\ 1 \\ 0 \\ \vdots \\ 0 \end{pmatrix}, \cdots, \begin{pmatrix} 0 \\ 0 \\ 0 \\ \vdots \\ 1 \end{pmatrix},$$

则由方程组(4.7)可求得方程组(4.4)的 $n-r$ 个解

$$\xi_1=\begin{pmatrix} -a'_{1,r+1} \\ -a'_{2,r+1} \\ \vdots \\ -a'_{r,r+1} \\ 1 \\ 0 \\ \vdots \\ 0 \end{pmatrix}, \xi_2=\begin{pmatrix} -a'_{1,r+2} \\ -a'_{2,r+2} \\ \vdots \\ -a'_{r,r+2} \\ 0 \\ 1 \\ \vdots \\ 0 \end{pmatrix}, \cdots, \xi_{n-r}=\begin{pmatrix} -a'_{1n} \\ -a'_{2n} \\ \vdots \\ -a'_{rn} \\ 0 \\ 0 \\ \vdots \\ 1 \end{pmatrix}.$$

下面我们证明 $\xi_1, \xi_2, \cdots, \xi_{n-r}$ 就是方程组(4.4)的一个基础解系.

因为$(x_{r+1}, x_{r+2}, \cdots, x_n)^T$ 所取的 $n-r$ 个 $n-r$ 维向量

$$\begin{pmatrix} 1 \\ 0 \\ 0 \\ \vdots \\ 0 \end{pmatrix}, \begin{pmatrix} 0 \\ 1 \\ 0 \\ \vdots \\ 0 \end{pmatrix}, \cdots, \begin{pmatrix} 0 \\ 0 \\ 0 \\ \vdots \\ 1 \end{pmatrix}$$

线性无关，所以它们的加维向量组 $\xi_1, \xi_2, \cdots, \xi_{n-r}$ 也线性无关. 设

$$\xi=\begin{pmatrix}k_1\\k_2\\\vdots\\k_r\\k_{r+1}\\\vdots\\k_n\end{pmatrix}$$

是方程组(4.4)的任意一个解,因而ξ也是方程组(4.7)的解,因此把$x_1=k_1,x_2=k_2,\cdots,x_n=k_n$代入方程组(4.7),成立

$$\begin{cases}k_1=-a'_{1,r+1}k_{r+1}-a'_{1,r+2}k_{r+2}-\cdots-a'_{1n}k_n\\k_2=-a'_{2,r+1}k_{r+1}-a'_{2,r+2}k_{r+2}-\cdots-a'_{2n}k_n\\\qquad\cdots\cdots\\k_r=-a'_{r,r+1}k_{r+1}-a'_{r,r+2}k_{r+2}-\cdots-a'_{rn}k_n\\k_{r+1}=k_{r+1}\\k_{r+2}=k_{r+2}\\\cdots\cdots\\k_n=k_n\end{cases},$$

用列向量表示上述结果,有

$$\begin{pmatrix}k_1\\k_2\\\vdots\\k_r\\k_{r+1}\\k_{r+2}\\\vdots\\k_n\end{pmatrix}=k_{r+1}\begin{pmatrix}-a'_{1,r+1}\\-a'_{2,r+1}\\\vdots\\-a'_{r,r+1}\\1\\0\\\vdots\\0\end{pmatrix}+k_{r+2}\begin{pmatrix}-a'_{1,r+2}\\-a'_{2,r+2}\\\vdots\\-a'_{r,r+2}\\0\\1\\\vdots\\0\end{pmatrix}+\cdots+k_n\begin{pmatrix}-a'_{1n}\\-a'_{2n}\\\vdots\\-a'_{rn}\\0\\0\\\vdots\\1\end{pmatrix},$$

即$\xi=k_{r+1}\xi_1+k_{r+2}\xi_2+\cdots+k_n\xi_{n-r}$. 这就说明方程组(4.4)的任意一个解可由解向量$\xi_1,\xi_2,\cdots,\xi_{n-r}$线性表示,所以$\xi_1,\xi_2,\cdots,\xi_{n-r}$就是方程组(4.4)的一个基础解系. ■

定理4.3的证明过程为我们提供了一种求齐次线性方程组(4.4)基础解系的方法. 当然,求基础解系的方法很多. 事实上,由定理4.3可知,当方程组(4.4)的系数矩阵A的秩$r(A)=r<n$时,方程组(4.4)必存在由$n-r$个解向量构成的基础解系,且V中任意$n-r$个线性无关的解向量均是V的一个基础解系,因此,方程组(4.4)的任意$n-r$个线性无关的解向量均是方程组(4.4)的一个基础解系.

如果$\xi_1,\xi_2,\cdots,\xi_{n-r}$是方程组(4.4)的一个基础解系,则方程组(4.4)的任一解可表示为:

$$X=k_1\xi_1+k_2\xi_2+\cdots+k_{n-r}\xi_{n-r},$$

其中,$k_1,k_2,\cdots,k_{n-r}$是任意实数,由于它包含了方程组(4.4)的所有解,所以就称它为方程组(4.4)的**通解**.

例7 求下列线性方程组的通解,

$$\begin{cases}x_1-x_2+2x_3+x_4=0\\2x_1-2x_2+3x_3+3x_4=0.\\x_1-x_2+x_3+2x_4=0\end{cases}$$

解 对系数矩阵 A 进行初等行变换：

$$A=\begin{pmatrix}1&-1&2&1\\2&-2&3&3\\1&-1&1&2\end{pmatrix}\longrightarrow\begin{pmatrix}1&-1&2&1\\0&0&-1&1\\0&0&-1&1\end{pmatrix}\longrightarrow\begin{pmatrix}1&-1&0&3\\0&0&1&-1\\0&0&0&0\end{pmatrix},$$

于是得到同解方程组

$$\begin{cases}x_1=x_2-3x_4\\x_3=x_4\end{cases},$$

对 x_2,x_4 分别取

$$\begin{pmatrix}x_2\\x_4\end{pmatrix}=\begin{pmatrix}1\\0\end{pmatrix},\begin{pmatrix}0\\1\end{pmatrix},$$

代入同解方程组，得

$$\begin{pmatrix}x_1\\x_3\end{pmatrix}=\begin{pmatrix}1\\0\end{pmatrix},\begin{pmatrix}-3\\1\end{pmatrix},$$

从而得到方程组的一个基础解系

$$\xi_1=\begin{pmatrix}1\\1\\0\\0\end{pmatrix},\xi_2=\begin{pmatrix}-3\\0\\1\\1\end{pmatrix}.$$

因此该方程组的通解为

$$X=k_1\xi_1+k_2\xi_2,\quad k_1,k_2\text{ 为任意实数.}$$

即

$$\begin{pmatrix}x_1\\x_2\\x_3\\x_4\end{pmatrix}=k_1\begin{pmatrix}1\\1\\0\\0\end{pmatrix}+k_2\begin{pmatrix}-3\\0\\1\\1\end{pmatrix},\quad k_1,k_2\text{ 为任意实数.}$$

注意 自由未知量的取值除了最简单的单位坐标向量组以外，还可以取任意一组线性无关的向量组.

例 8 设 A 为 $m\times n$ 矩阵，B 为 $n\times s$ 矩阵，若 $AB=O$，则

$$r(A)+r(B)\leqslant n.$$

证明 记 $B=(\beta_1,\cdots,\beta_s)$，由 $AB=O$，得 $A\beta_j=O(j=1,\cdots,s)$.

当 $r(A)=n$ 时，$AX=O$ 只有零解. 于是 $\beta_j=0$，即 $B=O$，$r(B)=0$，故 $r(A)+r(B)=n$.

当 $r(A)=r<n$ 时，$AX=O$ 有基础解系，记为 $\xi_1,\cdots,\xi_{n-r}$，由于 $A\beta_j=O(j=1,\cdots,s)$，于是 β_j 都是 $AX=O$ 的解向量，故向量组(Ⅱ)$\beta_1,\cdots,\beta_s$ 可由向量组(Ⅰ)$\xi_1,\cdots,\xi_{n-r}$ 线性表出，所以向量组(Ⅱ)的秩 r(Ⅱ)$\leqslant$向量组(Ⅰ)的秩 r(Ⅰ). 因为 r(Ⅰ)$=n-r$，所以 r(Ⅱ)$\leqslant n-r$，即 $r(B)\leqslant n-r$，故 $r(A)+r(B)\leqslant n$. ■

第三节　非齐次线性方程组的通解

一、非齐次线性方程组解的性质

在非齐次线性方程组(4.2)$AX=B$ 中，若把等式右边的非零矩阵 B 换成零矩阵 O，则得到一个相应的齐次线性方程组(4.5)$AX=O$.

我们称方程组(4.5)为方程组(4.2)的**导出方程组**，简称**导出组**.

方程组(4.2)的解与其导出组(4.5)的解有着密切的关系.

性质 1　若 $X=\eta$ 是非齐次线性方程组(4.2)的一个解，$X=\xi$ 是其导出组(4.5)的一个解，则 $X=\eta+\xi$ 也是非齐次线性方程组(4.2)的一个解.

证明　由条件，$A\eta=B$，$A\xi=O$，于是 $A(\eta+\xi)=A\eta+A\xi=B+O=B$，故 $X=\eta+\xi$ 也是非齐次线性方程组(4.2)的一个解. ■

性质 2　若 $X=\eta_1$，$X=\eta_2$ 是非齐次线性方程组(4.2)的两个解，则 $X=\eta_1-\eta_2$ 是其导出组(4.5)的一个解.

证明　由条件可知，$A\eta_1=B$，$A\eta_2=B$，于是 $A(\eta_1-\eta_2)=A\eta_1-A\eta_2=B-B=O$，$X=\eta_1-\eta_2$ 是其导出组(4.5)的一个解. ■

二、非齐次线性方程组的通解

定理 4.4　如果 η^* 是非齐次线性方程组(4.2)的一个已知解，ξ 是其导出组(4.5)的通解，则非齐次线性方程组(4.2)的通解为

$$X=\eta^*+\xi.$$

证明　由性质 3 可知，$X=\eta^*+\xi$ 一定是非齐次线性方程组(4.2)的解.

设 X_1 是非齐次线性方程组(4.2)的任意一个解，由于 η^* 是非齐次线性方程组(4.2)的一个已知解，则由性质 4 可知

$$\xi_1=X_1-\eta^*$$

是其导出组(4.5)式的一个解，于是

$$X_1=\eta^*+\xi_1.$$

这就说明非齐次线性方程组(4.2)的任意一个解是非齐次线性方程组(4.2)的一个已知解与其导出组(4.5)的某一个解之和，所以非齐次线性方程组(4.2)的通解为

$$X=\eta^*+\xi. \quad ■$$

由定理 4.4 可知，如果非齐次线性方程组(4.2)有解，且 $r(A)=r(\overline{A})=r<n$，则只要求出它的一个解 η^*(称为**特解**)，再求出其导出组(4.5)的一个基础解系 $\xi_1,\xi_2,\cdots,\xi_{n-r}$，则非齐次线性方程组(4.2)的通解为

$$X=\eta^*+k_1\xi_1+k_2\xi_2+\cdots+k_{n-r}\xi_{n-r},$$

其中，$k_1,k_2,\cdots,k_{n-r}$ 是任意实数.

由此可见，当非齐次线性方程组有解时，它有唯一解的充分必要条件是其导出组仅有零解，它有无穷多组解的充分必要条件是其导出组有无穷多组解.

例 9　求下列线性方程组的通解：

$$\begin{cases}x_1+5x_2-x_3+x_4=-1\\x_1-x_2+x_3+4x_4=3\\3x_1+9x_2-x_3+6x_4=1\\x_1-7x_2+3x_3+7x_4=7\end{cases}.$$

解 对增广矩阵 $\overline{A}$ 进行初等行变换：

$$\overline{A}=\left(\begin{array}{cccc:c}1&5&-1&1&-1\\1&-1&1&4&3\\3&9&-1&6&1\\1&-7&3&7&7\end{array}\right)\longrightarrow\left(\begin{array}{cccc:c}1&5&-1&1&-1\\0&-6&2&3&4\\0&-6&2&3&4\\0&-12&4&6&8\end{array}\right)$$

$$\longrightarrow\left(\begin{array}{cccc:c}1&0&\frac{2}{3}&\frac{7}{2}&\frac{7}{3}\\0&1&-\frac{1}{3}&-\frac{1}{2}&-\frac{2}{3}\\0&0&0&0&0\\0&0&0&0&0\end{array}\right).$$

可见 $r(A)=r(\overline{A})=2<4$(未知数个数)，所以方程组有无穷多组解，且原方程组与方程组

$$\begin{cases}x_1=\frac{7}{3}-\frac{2}{3}x_3-\frac{7}{2}x_4\\x_2=-\frac{2}{3}+\frac{1}{3}x_3+\frac{1}{2}x_4\end{cases}$$

同解，其中 x_3,x_4 为自由未知量.

若取 $x_3=0,x_4=0$，则由上式可得到方程组的一个特解

$$\eta^*=\begin{pmatrix}\frac{7}{3}\\-\frac{2}{3}\\0\\0\end{pmatrix}.$$

原方程组的导出组与方程组

$$\begin{cases}x_1=-\frac{2}{3}x_3-\frac{7}{2}x_4\\x_2=\frac{1}{3}x_3+\frac{1}{2}x_4\end{cases}$$

同解，其中 x_3,x_4 为自由未知量.

对 x_3,x_4 分别取

$$\begin{pmatrix}x_3\\x_4\end{pmatrix}=\begin{pmatrix}3\\0\end{pmatrix},\begin{pmatrix}0\\2\end{pmatrix},$$

代入上式，得

$$\begin{pmatrix}x_1\\x_2\end{pmatrix}=\begin{pmatrix}-2\\1\end{pmatrix},\begin{pmatrix}-7\\1\end{pmatrix},$$

从而得到导出组的一个基础解系

$$\xi_1=\begin{pmatrix}-2\\1\\3\\0\end{pmatrix},\xi_2=\begin{pmatrix}-7\\1\\0\\2\end{pmatrix},$$

所以该方程组的通解为

$$X=\eta^*+k_1\xi_1+k_2\xi_2,(k_1,k_2\text{ 为任意实数}).$$

即

$$\begin{pmatrix}x_1\\x_2\\x_3\\x_4\end{pmatrix}=\begin{pmatrix}\frac{7}{3}\\-\frac{2}{3}\\0\\0\end{pmatrix}+k_1\begin{pmatrix}-2\\1\\3\\0\end{pmatrix}+k_2\begin{pmatrix}-7\\1\\0\\2\end{pmatrix},$$

其中,k_1,k_2 为任意实数.

例 10 k 为何值时,方程组

$$\begin{cases}x_1+x_2+kx_3=4\\-x_1+kx_2+x_3=k^2\\x_1-x_2+2x_3=-4\end{cases}$$

有:(1)唯一解;(2)无解;(3)无穷多组解.有解时,试写出全部解.

解 $\overline{A}=\left(\begin{array}{ccc:c}1&1&k&4\\-1&k&1&k^2\\1&-1&2&-4\end{array}\right)\longrightarrow\left(\begin{array}{ccc:c}1&0&\frac{k}{2}+1&0\\0&1&\frac{k}{2}-1&4\\0&0&-\frac{1}{2}(k+1)(k-4)&k(k-4)\end{array}\right).$

(1)当 $k\neq-1$,且 $k\neq4$ 时,$\overline{A}\longrightarrow\left(\begin{array}{ccc:c}1&0&\frac{k}{2}+1&0\\0&1&\frac{k}{2}-1&4\\0&0&-\frac{1}{2}(k+1)&k\end{array}\right)$,即 $r(\overline{A})=r(A)=3$,方程组有唯一解.同解方程组为

$$\begin{cases}x_1+(\frac{k}{2}+1)x_3=0\\x_2+(\frac{k}{2}-1)x_3=4,\\-\frac{1}{2}(k+1)x_3=k\end{cases}$$

所以，原方程组的唯一解为$\begin{pmatrix}x_1\\x_2\\x_3\end{pmatrix}=\begin{pmatrix}\dfrac{k(k+2)}{k+1}\\4+\dfrac{k(k-2)}{k+1}\\-\dfrac{2k}{k+1}\end{pmatrix}$.

(2)当 $k=-1$ 时，$\overline{A}\to\left(\begin{array}{ccc:c}1&0&\frac{1}{2}&0\\0&1&-\frac{3}{2}&4\\0&0&0&5\end{array}\right)$，$r(\overline{A})=3\neq 2=r(A)$，方程组无解.

(3)当 $k=4$ 时，$\overline{A}\to\left(\begin{array}{ccc:c}1&0&3&0\\0&1&1&4\\0&0&0&0\end{array}\right)$，$r(\overline{A})=r(A)=2<3$，基础解系中含有 $3-2=1$ 个解向量. 与原方程组同解的方程组为：

$$\begin{cases}x_1=-3x_3,\\x_2=4-x_3\end{cases}$$

取 $x_3=0$，得特解 $\eta^*=\begin{pmatrix}x_1\\x_2\\x_3\end{pmatrix}=\begin{pmatrix}0\\4\\0\end{pmatrix}$. 导出方程组为：

$$\begin{cases}x_1+3x_3=0,\\x_2+x_3=0\end{cases}$$

取 $x_3=1$，得基础解系为 $\xi=\begin{pmatrix}x_1\\x_2\\x_3\end{pmatrix}=\begin{pmatrix}-3\\-1\\1\end{pmatrix}$. 所以，方程组的通解为

$$X=\begin{pmatrix}x_1\\x_2\\x_3\end{pmatrix}=\eta^*+k\xi=\begin{pmatrix}0\\4\\0\end{pmatrix}+k\begin{pmatrix}-3\\-1\\1\end{pmatrix}.$$

例 11　设四元方程组 $AX=B$ 的系数矩阵 A 的秩等于 3，已知 $\alpha_1,\alpha_2,\alpha_3$ 是它的三个解向量，且 $\alpha_1=\begin{pmatrix}2\\0\\5\\-1\end{pmatrix}$，$\alpha_2+\alpha_3=\begin{pmatrix}1\\9\\8\\8\end{pmatrix}$，求该方程组 $AX=B$ 的全部解.

解　导出组为 $AX=O$，$r(A)=3<4$. 所以 $AX=O$ 的基础解系中含有 1 个解向量，而

$$\xi=\alpha_2+\alpha_3-2\alpha_1=(-3\quad 9\quad -2\quad 10)^T\neq 0$$

是 $AX=O$ 的解，而且 ξ 线性无关，故导出组的基础解系为 ξ.

取 $AX=B$ 的一个特解 $\eta^*=\alpha_1$，故 $AX=B$ 全部解为

$$X=\eta^*+k\xi=\begin{pmatrix}2\\0\\5\\-1\end{pmatrix}+k\begin{pmatrix}-3\\9\\-2\\10\end{pmatrix}.$$

例 12 设向量组 $\alpha_1=(1,2,3)^T,\alpha_2=(a,2,4)^T,\alpha_3=(-1,2,1)^T,\beta=(b,2,c)^T$. 试问：当 a,b,c 满足什么条件时：

(1)β 可由 $\alpha_1,\alpha_2,\alpha_3$ 线性表示，且表达式唯一；

(2)β 不能由 $\alpha_1,\alpha_2,\alpha_3$ 线性表示；

(3)β 可由 $\alpha_1,\alpha_2,\alpha_3$ 线性表示，但表达式不唯一，并写出一般表达式.

解 设 $\beta=k_1\alpha_1+k_2\alpha_2+k_3\alpha_3$，得一方程组 $AX=B$，其中 $A=(\alpha_1,\alpha_2,\alpha_3)$，$B=\beta$，$X=\begin{pmatrix}k_1\\k_2\\k_3\end{pmatrix}$. 方程组的系数行列式 $|A|=\begin{vmatrix}1&a&-1\\2&2&2\\3&4&1\end{vmatrix}=4a-8$.

(1)$a\neq2$ 时，$|A|\neq0$，方程组 $AX=B$ 有唯一解，β 可由 $\alpha_1,\alpha_2,\alpha_3$ 线性表示，且表达式唯一；

(2)$a=2$ 时，$\overline{A}=\left(\begin{array}{ccc:c}1&2&-1&b\\2&2&2&2\\3&4&1&c\end{array}\right)\to\left(\begin{array}{ccc:c}1&2&-1&b\\0&1&-2&b-1\\0&0&0&c-b-2\end{array}\right)$，

若 $c-b\neq2$，则 $r(A)\neq r(\overline{A})$，方程组 $AX=B$ 无解，β 不能由 $\alpha_1,\alpha_2,\alpha_3$ 线性表示.

(3)$a=2,c-b=2$ 时，$r(A)=r(\overline{A})=2<3$，方程组 $AX=B$ 有无穷多组解，β 可由 $\alpha_1,\alpha_2,\alpha_3$ 线性表示，但表达式不唯一. 此时，

$$\overline{A}\to\left(\begin{array}{ccc:c}1&0&3&2-b\\0&1&-2&b-1\\0&0&0&0\end{array}\right),$$

方程组 $AX=B$ 的通解为：

$$X=t\begin{pmatrix}-3\\2\\1\end{pmatrix}+\begin{pmatrix}2-b\\b-1\\0\end{pmatrix}=\begin{pmatrix}-3t-b+2\\2t+b-1\\t\end{pmatrix},$$

即 $\beta=(-3t-b+2)\alpha_1+(2t+b-1)\alpha_2+t\alpha_3$.

例 13 三个平面 $x+y+az=1,x+ay+z=1,ax+y+z=b$ 何时交于一点、一线、一面或者不相交.

解 三个平面 $x+y+az=1,x+ay+z=1,ax+y+z=b$ 交于一点、一线、一面或者不相交，相当于线性方程组 $\begin{cases}x+y+az=1\\x+ay+z=1\\ax+y+z=b\end{cases}$ 有唯一解、无穷多解(一个参数、两个参数)或者无解.

$\begin{vmatrix}1&1&a\\1&a&1\\a&1&1\end{vmatrix}=(a+2)(a-1)(1-a)\neq0$，即 $a\neq1$ 且 $a\neq-2$ 时，三个平面交于一点；

$a=1$ 时，$\begin{pmatrix}1&1&1&1\\1&1&1&1\\1&1&1&b\end{pmatrix}\to\begin{pmatrix}1&1&1&1\\0&0&0&b-1\\0&0&0&0\end{pmatrix}$，$b\neq1$，三个平面不相交；

$a=1,b=1$ 时，$r(A)=r(\overline{A})=1$，三个平面交于一面，

线性方程组 $\begin{cases}x+y+az=1\\x+ay+z=1\\ax+y+z=b\end{cases}$ 的通解为 $X=\begin{pmatrix}x\\y\\z\end{pmatrix}=k_1\begin{pmatrix}-1\\1\\0\end{pmatrix}+k_2\begin{pmatrix}-1\\0\\1\end{pmatrix}+\begin{pmatrix}1\\0\\0\end{pmatrix}$，

得 $x=-k_1-k_2+1, y=k_1, z=k_2$,即三个平面交于一面为 $x+y+z=1$;

$a=-2$ 时,$\begin{pmatrix}1 & 1 & -2 & 1\\ 1 & -2 & 1 & 1\\ -2 & 1 & 1 & b\end{pmatrix}\to\begin{pmatrix}1 & 0 & -1 & 1\\ 0 & 1 & -1 & 0\\ 0 & 0 & 0 & b+2\end{pmatrix}$,$b\neq -2$,三个平面不相交;

$a=-2, b=-2$ 时,线性方程组 $r(A)=r(\bar{A})=2$,三个平面交于一线,

线性方程组$\begin{cases}x+y+az=1\\ x+ay+z=1\\ ax+y+z=b\end{cases}$的通解为 $X=\begin{pmatrix}x\\ y\\ z\end{pmatrix}=k\begin{pmatrix}1\\ 1\\ 1\end{pmatrix}+\begin{pmatrix}1\\ 0\\ 0\end{pmatrix}$,

得 $x=k+1, y=k, z=k$,即三个平面交于一线为$\begin{cases}x-y=1\\ x-z=1\end{cases}$.

习题四

1. 判断下列方程组是否有解;若有解,则进一步判断它是有唯一解还是有无穷多组解:

(1)$\begin{cases}4x_1+2x_2-x_3=2\\ 3x_1-x_2+2x_3=10\\ 7x_1+x_2+x_3=6\end{cases}$;

(2)$\begin{cases}x_1+x_2+2x_3+2x_4=1\\ x_1+3x_2+6x_3+x_4=3\\ 3x_1-x_2-5x_3+15x_4=3\\ -x_1+5x_2+10x_3-12x_4=5\end{cases}$;

(3)$\begin{cases}x_1+x_2+4x_3=4\\ -x_1+4x_2+x_3=16\\ 3x_1-x_2+8x_3=-4\\ -x_1+x_2-2x_3=4\end{cases}$.

2. 讨论以下线性方程组何时有唯一解?何时有无穷多组解?何时无解?

(1)$\begin{cases}x_1-x_2+2x_3=1\\ x_1+(\lambda-1)x_2+2x_3+x_4=2\lambda\\ 2x_1-2x_2+7x_3=\lambda\\ x_1-x_2+2x_3+(\lambda+1)x_4=\lambda\end{cases}$;

(2)$\begin{cases}x_1+x_2+x_3-x_4=1\\ x_1+2x_2-3x_4=2\\ 2x_1+3x_2+kx_3-4x_4=t\\ 3x_1+5x_2+x_3+kx_4=5\end{cases}$.

3. 求下列齐次线性方程组的一个基础解系,并写出它的通解:

(1)$\begin{cases}x_1+x_2+2x_3-x_4=0\\ 2x_1+x_2+x_3-x_4=0\\ 2x_1+2x_2+x_3+2x_4=0\end{cases}$;

(2) $\begin{cases} x_1+2x_2-x_3+x_4=0 \\ 2x_1+6x_2+3x_3-x_4=0 \\ 5x_1+10x_2-5x_3+x_4=0 \end{cases}$;

(3) $\begin{cases} 2x_1+3x_2+7x_3+5x_4=0 \\ 3x_1+x_2+2x_3+4x_4=0 \\ 4x_1-x_2-3x_3+6x_4=0 \\ x_1-2x_2-4x_3-x_4=0 \end{cases}$;

(4) $\begin{cases} 2x_1-x_2+x_3+x_4=0 \\ x_1+2x_2-x_3+4x_4=0 \\ x_1+7x_2-4x_3+11x_4=0 \\ 5x_1+5x_2-2x_3+13x_4=0 \end{cases}$;

(5) $\begin{cases} x_1-x_2-2x_3+3x_4+2x_5=0 \\ 3x_1-3x_2-x_3+5x_4-x_5=0 \\ 2x_1-2x_2+x_3+2x_4-3x_5=0 \end{cases}$.

4. 求解下列非齐次线性方程组：

(1) $\begin{cases} x_1-x_2+2x_3=1 \\ x_1-2x_2-x_3=2 \\ 3x_1-x_2+5x_3=3 \\ 2x_1-2x_2-3x_3=4 \end{cases}$;

(2) $\begin{cases} x_1+3x_2+x_3+2x_4=4 \\ 3x_1+10x_2+2x_3+4x_4=6 \\ 2x_1+7x_2+x_3+6x_4=6 \\ 2x_1+5x_2+3x_3+2x_4=10 \end{cases}$;

(3) $\begin{cases} x_1+4x_2+x_3-x_4=-2 \\ x_1-2x_2+4x_3+3x_4=4 \\ 3x_1+6x_2+6x_3+x_4=0 \\ x_1-8x_2+7x_3+7x_4=10 \end{cases}$;

(4) $\begin{cases} x_1+2x_2+3x_3-x_4=2 \\ 2x_1+4x_2+5x_3-3x_4-x_5=3 \\ x_1+2x_2+3x_3-3x_4-4x_5=2 \end{cases}$;

(5) $\begin{cases} x_1-2x_2+x_3-3x_4-x_5=1 \\ 3x_1-6x_2-x_3-3x_4+4x_5=4 \\ x_1-2x_2+5x_3-9x_4-8x_5=0 \\ 2x_1-4x_2-2x_3+5x_5=3 \end{cases}$.

5. λ 为何值时，线性方程组

$$\begin{cases} \lambda x_1+x_2+x_3=1 \\ x_1+\lambda x_2+x_3=\lambda \\ x_1+x_2+\lambda x_3=\lambda^2 \end{cases}$$

有唯一解？有无穷多组解？无解？并在有解时求出它的全部解.

6. 证明：齐次线性方程组

$$\begin{cases}ax_1+bx_2+cx_3+dx_4=0\\bx_1-ax_2-dx_3+cx_4=0\\cx_1+dx_2-ax_3-bx_4=0\\dx_1-cx_2+bx_3-ax_4=0\end{cases}$$

仅有零解的充分必要条件是：a,b,c,d 不全为零.

7. 证明：非齐次线性方程组

$$\begin{cases}x_1-x_2=b_1\\x_2-x_3=b_2\\x_3-x_4=b_3\\x_4-x_1=b_4\end{cases}$$

有解的充分必要条件是：$b_1+b_2+b_3+b_4=0$.

8. 设 $AX=O$ 是 n 元齐次线性方程组，证明：若系数矩阵 A 的秩 $r(A)=r<n$，则它的任意 $n-r$ 个线性无关的解向量都是它的一个基础解系.

9. 设 $\eta_1,\eta_2,\cdots,\eta_s$ 是非齐次线性方程组 $AX=B$ 的 s 个解，$k_1,k_2,\cdots,k_s$ 均是实数，证明：$X=k_1\eta_1+k_2\eta_2+\cdots+k_s\eta_s$ 也是该非齐次线性方程组的解的充分必要条件是 $k_1+k_2+\cdots+k_s=1$.

10. 设 $AX=B$ 是含有 n 个方程的 n 元线性方程组，分块矩阵 $P=\begin{pmatrix}A & B\\B^T & k\end{pmatrix}$，$k$ 是一个实数，若秩$(P)=$秩(A)，试证明：

(1) 方程组 $AX=B$ 必有解；

(2) 方程组 $PY=O$ 必有非零解.

11. 设 A 为 $m\times n$ 矩阵，A^T 是 A 的转置矩阵，证明：n 元齐次线性方程组 $AX=O$ 与 $A^TAX=O$ 同解.

12. 设 n 阶方阵 A 满足 $A^2=I$，证明：$r(A-I)+r(A+I)=n$.

13. 设 η^* 是 n 元非齐次线性方程组 $AX=B$ 的一个解，$\xi_1,\xi_2,\cdots,\xi_{n-r}$ 是该方程组的导出组 $AX=O$ 的一个基础解系，证明：

(1) $\eta^*,\xi_1,\xi_2,\cdots,\xi_{n-r}$ 线性无关；

(2) $\eta^*,\eta^*+\xi_1,\eta^*+\xi_2,\cdots,\eta^*+\xi_{n-r}$ 线性无关.

14. 证明：含有 n 个方程的 n 元线性方程组 $AX=B$ 对于任意 B 有解的充分必要条件是它的系数矩阵 A 的行列式 $|A|\neq 0$.

15. 设 $\alpha_1=\begin{pmatrix}1\\0\\0\end{pmatrix}$，$\alpha_2=\begin{pmatrix}1\\1\\0\end{pmatrix}$，$\alpha_3=\begin{pmatrix}1\\1\\1\end{pmatrix}$为 $AX=B$ 的三个解，且 $A\neq O$.

(1) 求其导出组 $AX=O$ 通解；

(2) 求 $AX=B$ 的通解.

16. 设 $\alpha_1=(1,0,2,3)^T$，$\alpha_2=(1,-1,a+2,1)^T$，$\alpha_3=(1,2,4,a+8)^T$，$\alpha_4=(1,1,3,5)^T$，$\beta=(1,1,b+3,5)^T$. 当 a,b 满足什么条件时：

(1) β 可由 $\alpha_1,\alpha_2,\alpha_3,\alpha_4$ 线性表示，且表达式唯一；

(2) β 不能由 $\alpha_1,\alpha_2,\alpha_3,\alpha_4$ 线性表示；

(3)β 可由 $\alpha_1,\alpha_2,\alpha_3,\alpha_4$ 线性表示,但表达式不唯一,并写出一般表达式.

17.求实数 a,b,使得向量组 $\alpha_1=(0,-3,5)^T,\alpha_2=(a,2,1)^T,\alpha_3=(b,1,0)^T$ 与向量组 $\beta_1=(1,2,-3)^T,\beta_2=(3,0,1)^T,\beta_3=(9,6,-7)^T$ 等价.

第五章

线性空间

线性空间是线性代数最基本的概念之一. 在本章中,我们首先介绍向量空间的定义及其相关知识,并在此基础上引入线性空间和线性变换的概念,建立线性变换与矩阵之间的一一对应关系. 本章的重点是向量空间及相关概念、基变换和坐标变换公式,而线性空间、线性变换的相关内容则比较抽象.

第一节　向量空间、基和维数

一、向量空间的概念

本章讨论 n 维向量,若无特别说明,都是指实向量. 在此基础上给出向量空间的定义.

定义 5.1　设 V 为 n 维向量的集合,R 是实数全体,如果 V 非空,且满足条件:

(1)若 $\alpha \in V, \beta \in V$,则 $\alpha + \beta \in V$;

(2)若 $\alpha \in V, k \in R$,则 $ka \in V$;

则称集合 V 为**向量空间**. 条件(1)和(2)也被称为集合 V 关于加法和数乘这两种运算**封闭**.

注意:上述(1)中的向量加法和(2)中的向量数乘运算指的都是前面第三章中所定义的加法和数乘.

显然,单独一个零向量构成的集合是一个空间,称为**零空间**.

例 1　全体 n 维实向量所构成的集合 R^n 是一个向量空间.

由于 R^n 非空,而 R^n 关于向量加法和数乘运算具有封闭性.

例 2　齐次线性方程组的解集是一向量空间,称为**解空间**.

因为零向量是齐次方程组的解,故解集非空. 设 ξ_1, ξ_2 是齐次线性方程组 $AX=0$ 的任意两个解向量,则 $\xi_1+\xi_2, k\xi_1$ 都是 $AX=0$ 的解,即由 $AX=0$ 的所有解向量组成的集合关于向量加法和数乘运算封闭,因此构成一个空间. 一般用 S 表示解空间.

例 3　所有第一个分量为 0 的 n 维实向量的全体

$$V_1=\{\xi=(0,x_2,\cdots,x_n)^T \mid x_i \in R, i=2,3,\cdots,n\}$$

是一个向量空间,而所有第一个分量为 1 的 n 维实向量的全体

$$V_2=\{\xi=(1,x_2,\cdots,x_n)^T \mid x_i\in R, i=2,3,\cdots,n\}$$

就不是一个向量空间.

二、子空间

在通常的三维几何空间 R^3 中,考虑一个通过原点的平面,显见这个平面上的所有向量对于加法和数乘也构成一个二维的向量空间. 这就是说,它一方面是三维几何空间的一个部分,同时,它对于原来的运算也构成一个向量空间. 为了说明这种包含关系,我们引入子空间的概念.

定义 5.2 设 V 是一个向量空间,W 是 V 的一个非空子集. 如果 W 关于 V 上的加法和数乘运算封闭, 则 W 也构成一个向量空间,称 W 为 V 的一个**子空间**.

在向量空间 V 中,仅由一个零向量组成的集合$\{0\}$是 V 的一个子空间,通常称为**零子空间**;向量空间 V 本身也是 V 的一个子空间. 零子空间$\{0\}$和 V 本身通常称为 V 的**平凡子空间**,而 V 的其余子空间(若存在的话)则称为**非平凡子空间**.

例 4 设 $\alpha_1,\alpha_2,\cdots,\alpha_s$ 是向量空间 V 的 s 个向量,则其所有线性组合的全体构成的集合

$$L(\alpha_1,\alpha_2,\cdots,\alpha_s)=\{\alpha=k_1\alpha_1+k_2\alpha_2+\cdots+k_s\alpha_s \mid k_i\in R, i=1,2,\cdots,s\}$$

是 V 的一个子空间,称为 $\alpha_1,\alpha_2,\cdots,\alpha_s$ 生成的子空间.

证明 设 $\beta_1=k_1\alpha_1+k_2\alpha_2+\cdots+k_s\alpha_s$,$\beta_2=l_1\alpha_1+l_2\alpha_2+\cdots+l_s\alpha_s$ 是 $L(\alpha_1,\alpha_2,\cdots,\alpha_s)$中任意的两个向量,则

$$\beta_1+\beta_2=(k_1+l_1)\alpha_1+(k_2+l_2)\alpha_2+\cdots+(k_s+l_s)\alpha_s\in L(\alpha_1,\alpha_2,\cdots,\alpha_s),$$
$$k\beta_1=kk_1\alpha_1+kk_2\alpha_2+\cdots+kk_s\alpha_s\in L(\alpha_1,\alpha_2,\cdots,\alpha_s),$$

即 $L(\alpha_1,\alpha_2,\cdots,\alpha_s)$关于向量的加法和数乘运算封闭,因此它是一个空间. 而 $L(\alpha_1,\alpha_2,\cdots,\alpha_s)$又是 V 的一个子集,因此它是 V 的一个子空间.

例如,齐次线性方程组 $x_1+x_2+\cdots+x_n=0$ 的基础解系为

$$\xi_1=\begin{pmatrix}-1\\1\\0\\\vdots\\0\end{pmatrix},\xi_2=\begin{pmatrix}-1\\0\\1\\\vdots\\0\end{pmatrix},\cdots,\xi_{n-1}=\begin{pmatrix}-1\\0\\0\\\vdots\\1\end{pmatrix},$$

故解集合可表示成 $L(\xi_1,\xi_2,\cdots,\xi_{n-1})=\{\xi=k_1\xi_1+k_2\xi_2+\cdots+k_{n-1}\xi_{n-1} \mid k_i\in R, i=1,\cdots,n-1\}$,其为一向量空间,也是 R^n 的一个子空间.

三、基与维数

定义 5.3 设 V 为向量空间,如果 r 个向量 $\alpha_1,\alpha_2,\cdots,\alpha_r\in V$,满足

(1)$\alpha_1,\alpha_2,\cdots,\alpha_r$ 线性无关;

(2)V 中任意一个向量都可由 $\alpha_1,\alpha_2,\cdots,\alpha_r$ 线性表示,

则称 $\alpha_1,\alpha_2,\cdots,\alpha_r$ 为向量空间 V 的一组**基**,称 r 为向量空间 V 的**维数**,记作 $\dim V=r$,此时称 V 为 r 维向量空间.

在线性代数课程里,r 是个有限数,如此形成的 r 维向量空间称为有限维向量空间. 任何一个有限维向量空间都可以由有限个向量生成(见定理 5.1 的(4)).

零空间中没有线性无关的向量组,所以零空间没有基,其维数规定为 0.

从向量集合或向量组的角度来看，V 的基就是向量组的极大无关组，V 的维数就是向量组的秩.

例如，n 维单位坐标向量组 $e_1,e_2,\cdots,e_n$ 就是 R^n 的一个基，称为 R^n 的**自然基**. 于是 $\dim(R^n)=n$，即 R^n 是 n 维向量空间. 而几何空间是三维的，即 $\dim(R^3)=3$. 又如例 3 中向量空间 V_1 的基可取为 $e_2,\cdots,e_n$，并由此可知 V_1 是 $n-1$ 维向量空间.

向量空间的维数是向量空间的基所含向量的个数，而向量的维数是向量分量的个数，这是两个不同的概念. 例如，由三维向量 $\alpha=\begin{pmatrix}1\\0\\0\end{pmatrix}$ 所生成的空间 $V=\{\xi=k\alpha\,|\,k\in R\}$ 显然是一维空间.

对于生成的子空间，有以下结论：

定理 5.1　设 $\alpha_1,\alpha_2,\cdots,\alpha_s$ 和 $\beta_1,\beta_2,\cdots,\beta_t$ 是向量空间 V 的两个向量组，则

(1)$L(\alpha_1,\alpha_2,\cdots,\alpha_s)\subset L(\beta_1,\beta_2,\cdots,\beta_t)$ 当且仅当 $\alpha_1,\alpha_2,\cdots,\alpha_s$ 可由 $\beta_1,\beta_2,\cdots,\beta_t$ 线性表示；

(2)$L(\alpha_1,\alpha_2,\cdots,\alpha_s)=L(\beta_1,\beta_2,\cdots,\beta_t)$ 当且仅当向量组 $\alpha_1,\alpha_2,\cdots,\alpha_s$ 和 $\beta_1,\beta_2,\cdots,\beta_t$ 等价；

(3)$\alpha_1,\alpha_2,\cdots,\alpha_s$ 的极大无关组是子空间 $L(\alpha_1,\alpha_2,\cdots,\alpha_s)$ 的基，而维数等于向量组 $\alpha_1,\alpha_2,\cdots,\alpha_s$ 的秩；

(4)若 $\alpha_1,\alpha_2,\cdots,\alpha_s$ 线性无关，且 $\dim V=s$，则 $V=L(\alpha_1,\alpha_2,\cdots,\alpha_s)$，且 $\alpha_1,\alpha_2,\cdots,\alpha_s$ 是 V 的一组基.

证明　(1)设 $\alpha_1,\alpha_2,\cdots,\alpha_s$ 可由 $\beta_1,\beta_2,\cdots,\beta_t$ 线性表示. 任取 $\alpha\in L(\alpha_1,\alpha_2,\cdots,\alpha_s)$，则 α 可由 $\alpha_1,\alpha_2,\cdots,\alpha_s$ 线性表示，而由线性表示的传递性知，任一可由 $\alpha_1,\alpha_2,\cdots,\alpha_s$ 线性表示的向量也可由 $\beta_1,\beta_2,\cdots,\beta_t$ 线性表示，因此 $\alpha\in L(\beta_1,\beta_2,\cdots,\beta_t)$，故

$$L(\alpha_1,\alpha_2,\cdots,\alpha_s)\subset L(\beta_1,\beta_2,\cdots,\beta_t).$$

反之，如果 $L(\alpha_1,\alpha_2,\cdots,\alpha_s)\subset L(\beta_1,\beta_2,\cdots,\beta_t)$，则 $\alpha_1,\alpha_2,\cdots,\alpha_s$ 作为 $L(\beta_1,\beta_2,\cdots,\beta_t)$ 中的 s 个向量，均可由 $\beta_1,\beta_2,\cdots,\beta_t$ 线性表示.

(2)由结论(1)直接导出.

(3)设 $r(\alpha_1,\alpha_2,\cdots,\alpha_s)=r$. 为方便起见，不妨设前 r 个向量 $\alpha_1,\alpha_2,\cdots,\alpha_r$ 是它的一组极大无关组，于是 $\alpha_1,\alpha_2,\cdots,\alpha_r$ 与 $\alpha_1,\alpha_2,\cdots,\alpha_s$ 等价，根据结论(2)我们有

$$L(\alpha_1,\alpha_2,\cdots,\alpha_r)=L(\alpha_1,\alpha_2,\cdots,\alpha_s),$$

因此 $\alpha_1,\alpha_2,\cdots,\alpha_r$ 是 $L(\alpha_1,\alpha_2,\cdots,\alpha_s)$ 的一组基，而它的维数是 r.

(4)由(3)即得. ■

由向量组 $\alpha_1,\alpha_2,\cdots,\alpha_m$ 所生成的向量空间为

$$V=\{\xi=k_1\alpha_1+k_2\alpha_2+\cdots+k_m\alpha_m\,|\,k_i\in R,i=1,\cdots,m\}.$$

显然 V 与向量组 $\alpha_1,\alpha_2,\cdots,\alpha_m$ 等价，所以向量组 $\alpha_1,\alpha_2,\cdots,\alpha_m$ 的秩就是 V 的维数.

如果向量组 $\alpha_1,\alpha_2,\cdots,\alpha_r$ 是向量空间 V 的一个基，则 V 可表示为

$$V=\{\xi=k_1\alpha_1+k_2\alpha_2+\cdots+k_r\alpha_r\,|\,k_i\in R,i=1,\cdots,r\},$$

这就能比较清楚地显示出向量空间 V 的结构.

四、基变换和坐标变换

以下我们在 R^n 中讨论，其概念与结论都可平行地推广到以后一般 n 维线性空间上.

定义 5.4 设 $\alpha_1,\alpha_2,\cdots,\alpha_n$ 是 R^n 的一组基,则对 R^n 中任意向量 ξ,存在一组数 $x_1,x_2,\cdots,x_n$,使得

$$\xi=x_1\alpha_1+x_2\alpha_2+\cdots+x_n\alpha_n,$$

即

$$\xi=(\alpha_1,\alpha_2,\cdots,\alpha_n)\begin{pmatrix}x_1\\x_2\\\vdots\\x_n\end{pmatrix},$$

这组有序的数 $(x_1,x_2,\cdots,x_n)^T$ 称为向量 ξ 在基 $\alpha_1,\alpha_2,\cdots,\alpha_n$ 下的**坐标**. 要注意的是,每个向量在一组基下的坐标都是唯一的.

显然,任一向量 $\alpha=(a_1,a_2,\cdots,a_n)^T\in R^n$,在自然基下的坐标就是 $(a_1,a_2,\cdots,a_n)^T$.

要注意的是,虽然在上述情况下向量与坐标的表达方式相同,但向量与坐标是两个不同的概念,坐标是向量在某组基下的表现形式,一般情况下随着基的变化而变化. 例如,

$$\eta_1=\begin{pmatrix}1\\1\\1\\\vdots\\1\end{pmatrix},\eta_2=\begin{pmatrix}0\\1\\1\\\vdots\\1\end{pmatrix},\cdots,\eta_n=\begin{pmatrix}0\\0\\0\\\vdots\\1\end{pmatrix}$$

也是 R^n 的一组基,任一向量 $\alpha=(a_1,a_2,\cdots,a_n)^T\in R^n$ 可表示为:

$$\alpha=a_1\eta_1+(a_2-a_1)\eta_2+\cdots+(a_n-a_{n-1})\eta_n,$$

所以 α 在基 $\eta_1,\eta_2,\cdots,\eta_n$ 下的坐标是 $(a_1,a_2-a_1,\cdots,a_n-a_{n-1})^T$. 这就表明,同一个向量在不同基下的坐标是不同的.

在 R^n 中,任意 n 个线性无关的向量都可以作为空间的一组基,向量关于某一组基的坐标是唯一的,而同一个向量在不同基下的坐标往往亦是不同的. 那么,随着基的改变,向量的坐标是如何改变的呢?

设 $\alpha_1,\alpha_2,\cdots,\alpha_n$ 和 $\beta_1,\beta_2,\cdots,\beta_n$ 是 R^n 的两组基,若有

$$\begin{cases}\beta_1=p_{11}\alpha_1+p_{21}\alpha_2+\cdots+p_{n1}\alpha_n\\\beta_2=p_{12}\alpha_1+p_{22}\alpha_2+\cdots+p_{n2}\alpha_n\\\quad\cdots\cdots\\\beta_n=p_{1n}\alpha_1+p_{2n}\alpha_2+\cdots+p_{nn}\alpha_n\end{cases},\tag{5.1}$$

或写为

$$(\beta_1,\beta_2,\cdots,\beta_n)=(\alpha_1,\alpha_2,\cdots,\alpha_n)P,$$

其中

$$P=\begin{pmatrix}p_{11}&p_{12}&\cdots&p_{1n}\\p_{21}&p_{22}&\cdots&p_{2n}\\\cdots&\cdots&\cdots&\cdots\\p_{n1}&p_{n2}&\cdots&p_{nn}\end{pmatrix},$$

称 P 为由基 $\alpha_1,\alpha_2,\cdots,\alpha_n$ 到基 $\beta_1,\beta_2,\cdots,\beta_n$ 的**过渡矩阵**,(5.1)式称为**基变换公式**.

由于 $\alpha_1,\alpha_2,\cdots,\alpha_n$ 和 $\beta_1,\beta_2,\cdots,\beta_n$ 是两组等价的线性无关组,因此过渡矩阵 P 是可逆矩

阵，它的逆矩阵 P^{-1} 就是由基 $\beta_1,\beta_2,\cdots,\beta_n$ 到基 $\alpha_1,\alpha_2,\cdots,\alpha_n$ 的过渡矩阵.

下面我们给出坐标变换公式.

现设 $\alpha\in R^n$ 在基 $\alpha_1,\alpha_2,\cdots,\alpha_n$ 和 $\beta_1,\beta_2,\cdots,\beta_n$ 下的坐标分别为 $(x_1,x_2,\cdots,x_n)^T$ 和 $(y_1,y_2,\cdots,y_n)^T$，即

$$\alpha=x_1\alpha_1+x_2\alpha_2+\cdots+x_n\alpha_n=y_1\beta_1+y_2\beta_2+\cdots+y_n\beta_n,$$

或写为

$$\alpha=(\alpha_1,\alpha_2,\cdots,\alpha_n)\begin{pmatrix}x_1\\x_2\\\vdots\\x_n\end{pmatrix},\alpha=(\beta_1,\beta_2,\cdots,\beta_n)\begin{pmatrix}y_1\\y_2\\\vdots\\y_n\end{pmatrix},$$

利用两组基之间的过渡矩阵，第二个等式成为

$$\alpha=(\alpha_1,\alpha_2,\cdots,\alpha_n)P\begin{pmatrix}y_1\\y_2\\\vdots\\y_n\end{pmatrix},$$

这表明 α 在基 $(\alpha_1,\alpha_2,\cdots,\alpha_n)$ 下的坐标为 $P\begin{pmatrix}y_1\\y_2\\\vdots\\y_n\end{pmatrix}$. 由于向量在同一组基下的坐标唯一，故有

$$\begin{pmatrix}x_1\\x_2\\\vdots\\x_n\end{pmatrix}=P\begin{pmatrix}y_1\\y_2\\\vdots\\y_n\end{pmatrix}. \tag{5.2}$$

这就是同一向量在不同基下的坐标之间的关系，称为**坐标变换公式**.

例 5 给定 R^3 中的两组基

$$\alpha_1=(1,1,1)^T,\alpha_2=(1,1,0)^T,\alpha_3=(1,0,0)^T;$$
$$\beta_1=(2,2,1)^T,\beta_2=(1,2,0)^T,\beta_3=(3,2,1)^T.$$

求：(1)由基 $\alpha_1,\alpha_2,\alpha_3$ 到基 β_1,β_2,β_3 的过渡矩阵；

(2)若向量 δ 在 β_1,β_2,β_3 下的坐标为 $(1,-2,1)^T$，求 δ 在 $\alpha_1,\alpha_2,\alpha_3$ 下的坐标.

解 (1)由基变换公式(5.1)，得矩阵关系

$$\begin{pmatrix}2&1&3\\2&2&2\\1&0&1\end{pmatrix}=\begin{pmatrix}1&1&1\\1&1&0\\1&0&0\end{pmatrix}P,$$

从而求得由基 $\alpha_1,\alpha_2,\alpha_3$ 到基 β_1,β_2,β_3 的过渡矩阵为

$$P=\begin{pmatrix}1&1&1\\1&1&0\\1&0&0\end{pmatrix}^{-1}\begin{pmatrix}2&1&3\\2&2&2\\1&0&1\end{pmatrix}=\begin{pmatrix}1&0&1\\1&2&1\\0&-1&1\end{pmatrix}.$$

(2)利用坐标变换公式(5.2)式，向量 δ 在基 $\alpha_1,\alpha_2,\alpha_3$ 下的坐标为

$$P\begin{pmatrix}1\\-2\\1\end{pmatrix}=\begin{pmatrix}1&0&1\\1&2&1\\0&-1&1\end{pmatrix}\begin{pmatrix}1\\-2\\1\end{pmatrix}=\begin{pmatrix}2\\-2\\3\end{pmatrix}.$$

第二节　向量的内积与正交

向量空间的概念是从三维几何空间 R^3 抽象而来的. 但是，在向量空间中，向量之间的运算只有加法和数乘. 与几何空间相比较，就会发现几何空间中向量的长度、向量之间的夹角等度量性质，在向量空间的概念中没有得到任何反映. 然而，向量的长度与夹角不但在理论上而且在实际问题中都有其特殊的重要性，它们是精确描述客观对象的最基本工具，所以有必要在一般的向量空间中引入这些度量的概念.

一、向量的内积

定义 5.5　在 n 维向量空间 R^n 中，设有两个 n 维向量

$$\alpha=(a_1,a_2,\cdots,a_n)^T,\beta=(b_1,b_2,\cdots,b_n)^T,$$

定义 α 与 β 的内积为

$$(\alpha,\beta)=a_1b_1+a_2b_2+\cdots+a_nb_n. \tag{5.3}$$

例如，$\alpha=(1,1,3,1)^T,\beta=(3,2,0,4)^T$，则$(\alpha,\beta)=1\times3+1\times2+3\times0+1\times4=9$.

从内积的定义可以看出，内积是向量的一种运算. 如果把 α,β 写成列向量，那么

$$(\alpha,\beta)=\alpha^T\beta,$$

如果写成行向量，那么

$$(\alpha,\beta)=\alpha\beta^T,$$

按本书的写法，我们采用列向量.

对于 R^n 中的任意向量 α,β,γ 及任意实数 k，内积运算满足下列性质：

(1)$(\alpha,\beta)=(\beta,\alpha)$；

(2)$(k\alpha,\beta)=k(\alpha,\beta)$；

(3)$(\alpha+\beta,\gamma)=(\alpha,\gamma)+(\beta,\gamma)$；

(4)对于 R^n 中的任一向量 α，$(\alpha,\alpha)\geqslant0$；$(\alpha,\alpha)=0$ 当且仅当 $\alpha=0$.

对于任意的向量 α，$\sqrt{(\alpha,\alpha)}$ 是有意义的. 在几何空间中，向量的长度为 $\sqrt{(\alpha,\alpha)}$. 类似地，在一般的向量空间中引入向量长度的概念如下：

定义 5.6　对向量空间 R^n 中的任意向量 $\alpha=(a_1,a_2,\cdots,a_n)^T$，非负实数 $\sqrt{(\alpha,\alpha)}$ 称为 α 的**长度**或**模**，记为 $\|\alpha\|$，即

$$\|\alpha\|=\sqrt{(\alpha,\alpha)}=\sqrt{a_1^2+a_2^2+\cdots+a_n^2}.$$

向量的长度具有下述性质：

(1)(非负性) $\|\alpha\|\geqslant0$；仅当 $\alpha=0$ 时，$\|\alpha\|=0$；

(2)(齐次性) $\|k\alpha\|=|k|\,\|\alpha\|,k\in R$；

(3)(三角不等式) $\|\alpha+\beta\|\leqslant\|\alpha\|+\|\beta\|$.

(1)(2)不难从定义中得到，而(3)则可以利用下面的柯西—许瓦兹不等式得到. 显然，长度等于零的向量只有零向量. 我们把长度等于 1 的向量称为**单位向量**. 易见，n 维单位坐标向量

组 $e_1,e_2,\cdots,e_n$ 是单位向量组. 而对于非零向量 α，除以它的长度 $\|\alpha\|$，就得到一个与 α 同方向的单位向量

$$\beta=\frac{\alpha}{\|\alpha\|},$$

我们称为向量 α 的**单位化**向量.

为了定义向量间的夹角，需要建立如下结论：

定理 5.2(柯西—许瓦兹不等式) 对向量空间 R^n 中的任意向量 α,β，有

$$|(\alpha,\beta)|\leqslant\|\alpha\|\ \|\beta\|,$$

其中等号成立当且仅当 α 与 β 线性相关.

证明 当 $\beta=0$ 时，定理显然成立. 以下设 β 为非零向量. 对任意实数 t，作向量 $\gamma=\alpha+t\beta$，则

$$0\leqslant(\gamma,\gamma)=(\alpha+t\beta,\alpha+t\beta)=(\alpha,\alpha)+2(\alpha,\beta)t+(\beta,\beta)t^2,$$

这意味着一元二次多项式 $(\alpha,\alpha)+2(\alpha,\beta)t+(\beta,\beta)t^2$ 没有相异的实根，因此其判别式

$$4(\alpha,\beta)^2-4(\alpha,\alpha)(\beta,\beta)\leqslant 0,$$

即

$$|(\alpha,\beta)|\leqslant\|\alpha\|\ \|\beta\|.$$

上式成立等号等同于一元二次多项式的判别式等于零，因此该多项式有二重根，设为 $t=k$. 故有

$$0=(\alpha,\alpha)+2(\alpha,\beta)k+(\beta,\beta)k^2=(\alpha+k\beta,\alpha+k\beta),$$

根据向量内积的性质，上式等价于 $\alpha+k\beta=0$，即 α 与 β 线性相关. ■

结合具体例子来看一下这个不等式.

对于例 1 的空间 R^n，由内积定义(5.3)，不等式成为

$$|a_1b_1+a_2b_2+\cdots+a_nb_n|\leqslant\sqrt{a_1^2+a_2^2+\cdots+a_n^2}\ \sqrt{b_1^2+b_2^2+\cdots+b_n^2}.$$

根据定理 5.2，对任意非零向量 α 与 β，总有

$$-1\leqslant\frac{(\alpha,\beta)}{\|\alpha\|\ \|\beta\|}\leqslant 1,$$

由此我们引入向量间夹角的概念.

定义 5.7 对任意非零向量 α 与 β，定义 α 与 β 的夹角 θ 为：

$$\cos\theta=\frac{(\alpha,\beta)}{\|\alpha\|\ \|\beta\|},0\leqslant\theta\leqslant\pi,$$

特别地，当 $(\alpha,\beta)=0$ 时，即 $\theta=\dfrac{\pi}{2}$，称 α 与 β **正交**或**垂直**，记为 $\alpha\perp\beta$.

显然，零向量与向量空间中的任意向量 α 正交；与自己正交的向量只有零向量.

在向量空间中同样有**勾股定理**：当 α,β 正交时，成立

$$\|\alpha+\beta\|^2=\|\alpha\|^2+\|\beta\|^2.$$

例 6 设 $\alpha_1,\alpha_2,\cdots,\alpha_n$ 是 n 维向量空间 R^n 的一组基，证明：如果 R^n 中一个向量 β 与 $\alpha_1,\alpha_2,\cdots,\alpha_n$ 都正交，那么 β 是零向量.

证明 设 β 在基 $\alpha_1,\alpha_2,\cdots,\alpha_n$ 下的坐标为 $b_1,b_2,\cdots,b_n$，即

$$\beta=b_1\alpha_1+b_2\alpha_2+\cdots+b_n\alpha_n,$$

因 $(\beta,\alpha_i)=0$，故

$$(\beta,\beta)=(\beta,b_1\alpha_1+b_2\alpha_2+\cdots+b_n\alpha_n)$$
$$=b_1(\beta,\alpha_1)+b_2(\beta,\alpha_2)+\cdots+b_n(\beta,\alpha_n)=0,$$

因此 $\beta=0$. ■

二、标准正交基

定义 5.8 向量空间 R^n 中的一组非零向量 $\alpha_1,\cdots,\alpha_m$，如果它们两两正交，即 $(\alpha_i,\alpha_j)=0$，$j\neq i$，则称为一个**正交向量组**.

定理 5.3 向量空间 R^n 中的正交向量组 $\alpha_1,\alpha_2,\cdots,\alpha_m$ 必定线性无关.

证明 设 $k_1\alpha_1+k_2\alpha_2+\cdots+k_m\alpha_m=0$，用 $\alpha_i(i=1,2,\cdots,m)$ 与之作内积，得
$$(\alpha_i,k_1\alpha_1+k_2\alpha_2+\cdots+k_m\alpha_m)=0,$$
故
$$k_1(\alpha_i,\alpha_1)+k_2(\alpha_i,\alpha_2)+\cdots+k_m(\alpha_i,\alpha_m)=0.$$
由于 $\alpha_1,\alpha_2,\cdots,\alpha_m$ 两两正交，故当 $j\neq i$ 时，$(\alpha_i,\alpha_j)=0$，因此上式成为
$$k_i(\alpha_i,\alpha_i)=0,i=1,2,\cdots,m.$$
又由 $\alpha_i\neq 0$ 知 $(\alpha_i,\alpha_i)\neq 0$，故必有 $k_i=0,i=1,2,\cdots,m$. 这就证明了 $\alpha_1,\alpha_2,\cdots,\alpha_m$ 是一线性无关组. ■

定义 5.9 在 n 维向量空间 R^n 中，由 n 个向量组成的正交向量组称为 R^n 的一组**正交基**；而由单位向量组成的正交基称为**标准正交基**.

显然，由定义 5.9 可知，$\alpha_1,\alpha_2,\cdots,\alpha_n$ 是 n 维向量空间的一组标准正交基的充分必要条件是
$$(\alpha_i,\alpha_j)=\begin{cases}0,i\neq j\\1,i=j\end{cases}. \tag{5.4}$$

例如，在向量空间 R^n 中，n 维单位坐标向量组 $e_1,e_2,\cdots,e_n$ 就是 R^n 的一组标准正交基. 又如，
$$\gamma_1=\begin{pmatrix}\frac{1}{\sqrt2}\\\frac{1}{\sqrt2}\\0\\0\end{pmatrix},\gamma_2=\begin{pmatrix}\frac{1}{\sqrt2}\\-\frac{1}{\sqrt2}\\0\\0\end{pmatrix},\gamma_3=\begin{pmatrix}0\\0\\\frac{1}{\sqrt2}\\\frac{1}{\sqrt2}\end{pmatrix},\gamma_4=\begin{pmatrix}0\\0\\\frac{1}{\sqrt2}\\-\frac{1}{\sqrt2}\end{pmatrix},$$
是 R^4 的一个标准正交基.

自然会问：给定一组普通的线性无关向量，是否能把其标准正交化，得到一标准正交向量组？答案是肯定的. 为此我们介绍一种构造性的方法——**施密特(Schmidt)正交化方法.**

设 $\alpha_1,\alpha_2,\cdots,\alpha_s$ 是向量空间 R^n 的一组线性无关的向量，由此我们来构造标准正交的向量组 $\gamma_1,\gamma_2,\cdots,\gamma_s$. 构造过程如下：

取 $\beta_1=\alpha_1$，令 $\beta_2=\alpha_2+k\beta_1$，其中数 k 待定，由 β_1,β_2 正交性的要求，即 $(\beta_1,\beta_2)=0$，得
$$(\beta_1,\alpha_2+k\beta_1)=0,$$
$$(\beta_1,\alpha_2)+k(\beta_1,\beta_1)=0,$$
解之：$k=-\dfrac{(\alpha_2,\beta_1)}{(\beta_1,\beta_1)}$. 因此

$$\beta_2=\alpha_2-\frac{(\alpha_2,\beta_1)}{(\beta_1,\beta_1)}\beta_1.$$

假设我们已得到正交向量 $\beta_1,\beta_2,\cdots,\beta_{s-1}$，令 $\beta_s=\alpha_s+k_1\beta_1+\cdots+k_{s-1}\beta_{s-1}$，其中数 $k_1,\cdots,k_{s-1}$ 待定，用 β_j 对上式做内积，由正交性的要求及 $\beta_1,\beta_2,\cdots,\beta_{s-1}$ 的正交性，得

$$0=(\beta_j,\beta_s)=(\beta_j,\alpha_s+k_1\beta_1+\cdots+k_{s-1}\beta_{s-1})=(\beta_j,\alpha_s)+k_j(\beta_j,\beta_j),$$

故 $k_j=-\frac{(\beta_j,\alpha_s)}{(\beta_j,\beta_j)}$，$j=1,\cdots,s-1$. 于是，我们可得到施密特正交化方法的完整过程：

$$\beta_1=\alpha_1$$

$$\beta_2=\alpha_2-\frac{(\alpha_2,\beta_1)}{(\beta_1,\beta_1)}\beta_1,$$

……

$$\beta_s=\alpha_s-\frac{(\alpha_s,\beta_1)}{(\beta_1,\beta_1)}\beta_1-\frac{(\alpha_s,\beta_2)}{(\beta_2,\beta_2)}\beta_2-\cdots-\frac{(\alpha_s,\beta_{s-1})}{(\beta_{s-1},\beta_{s-1})}\beta_{s-1},$$

再将正交向量组 $\beta_1,\beta_2,\cdots,\beta_s$ 单位化，得

$$\gamma_1=\frac{\beta_1}{\|\beta_1\|},\gamma_2=\frac{\beta_2}{\|\beta_2\|},\cdots,\gamma_s=\frac{\beta_s}{\|\beta_s\|},$$

则 $\gamma_1,\gamma_2,\cdots,\gamma_s$ 就是 R^n 中的一个标准正交向量组. 重要的是，标准正交向量组 $\gamma_1,\gamma_2,\cdots,\gamma_s$ 与 $\alpha_1,\alpha_2,\cdots,\alpha_s$ 等价，请读者自己证明.

例 7 试将 R^3 的一组基

$$\alpha_1=\begin{pmatrix}1\\1\\1\end{pmatrix},\alpha_2=\begin{pmatrix}0\\1\\1\end{pmatrix},\alpha_3=\begin{pmatrix}0\\0\\1\end{pmatrix}$$

化为标准正交基.

解 令

$$\beta_1=\alpha_1=\begin{pmatrix}1\\1\\1\end{pmatrix},$$

$$\beta_2=\alpha_2-\frac{(\alpha_2,\beta_1)}{(\beta_1,\beta_1)}\beta_1=\begin{pmatrix}0\\1\\1\end{pmatrix}-\frac{2}{3}\begin{pmatrix}1\\1\\1\end{pmatrix}=\frac{1}{3}\begin{pmatrix}-2\\1\\1\end{pmatrix},$$

$$\begin{aligned}\beta_3&=\alpha_3-\frac{(\alpha_3,\beta_1)}{(\beta_1,\beta_1)}\beta_1-\frac{(\alpha_3,\beta_2)}{(\beta_2,\beta_2)}\beta_2\\&=\begin{pmatrix}0\\0\\1\end{pmatrix}-\frac{1}{3}\begin{pmatrix}1\\1\\1\end{pmatrix}-\frac{1}{6}\begin{pmatrix}-2\\1\\1\end{pmatrix}=\frac{1}{2}\begin{pmatrix}0\\-1\\1\end{pmatrix}.\end{aligned}$$

将 β_1,β_2,β_3 单位化，得

$$\gamma_1=\frac{\beta_1}{\|\beta_1\|}=\frac{1}{\sqrt{3}}\begin{pmatrix}1\\1\\1\end{pmatrix},\gamma_2=\frac{\beta_2}{\|\beta_2\|}=\frac{1}{\sqrt{6}}\begin{pmatrix}-2\\1\\1\end{pmatrix},\gamma_3=\frac{\beta_3}{\|\beta_3\|}=\frac{1}{\sqrt{2}}\begin{pmatrix}0\\-1\\1\end{pmatrix},$$

则 $\gamma_1,\gamma_2,\gamma_3$ 即为所求的标准正交基.

三、正交矩阵与标准正交基间的过渡矩阵

首先引入正交矩阵的概念.

定义 5.10 设 A 是 n 阶方阵,如果 $A^TA=AA^T=I$,则称 A 为 n 阶**正交矩阵**.

例如,单位矩阵是正交矩阵;二维几何空间 R^2 中的两直角坐标系间坐标变换矩阵

$$\begin{bmatrix}\cos\theta & -\sin\theta\\ \sin\theta & \cos\theta\end{bmatrix}$$

是正交矩阵.

事实上,定义中两个等式中只要一个等式成立,则 A 为正交阵.

正交矩阵具有下列性质:

性质 1 若 A 为正交矩阵,则 $A^T=A^{-1}$ 也是正交矩阵.

性质 2 正交矩阵的积仍为正交矩阵.

性质 3 若 A 为正交矩阵,则 $|A|=\pm1$.

性质 4 n 阶矩阵 A 为正交矩阵的充分必要条件是 A 的列(行)向量组是 R^n 的标准正交基.

证明 性质 1、2、3 的证明留给读者. 下证性质 4. 将 A 按列分块,

$$A=(\alpha_1,\alpha_2,\cdots,\alpha_n),$$

故

$$A^T=\begin{bmatrix}\alpha_1^T\\ \alpha_2^T\\ \vdots\\ \alpha_n^T\end{bmatrix}.$$

因而

$$A^TA=\begin{bmatrix}\alpha_1^T\\ \alpha_2^T\\ \vdots\\ \alpha_n^T\end{bmatrix}(\alpha_1,\alpha_2,\cdots,\alpha_n)=\begin{bmatrix}\alpha_1^T\alpha_1 & \alpha_1^T\alpha_2 & \cdots & \alpha_1^T\alpha_n\\ \alpha_2^T\alpha_1 & \alpha_2^T\alpha_2 & \cdots & \alpha_2^T\alpha_n\\ \cdots & \cdots & \cdots & \cdots\\ \alpha_n^T\alpha_1 & \alpha_n^T\alpha_2 & \cdots & \alpha_n^T\alpha_n\end{bmatrix}$$

$$=\begin{bmatrix}(\alpha_1,\alpha_1) & (\alpha_1,\alpha_2) & \cdots & (\alpha_1,\alpha_n)\\ (\alpha_2,\alpha_1) & (\alpha_2,\alpha_2) & \cdots & (\alpha_2,\alpha_n)\\ \cdots & \cdots & \cdots & \cdots\\ (\alpha_n,\alpha_1) & (\alpha_n,\alpha_2) & \cdots & (\alpha_n,\alpha_n)\end{bmatrix}.$$

根据定义,矩阵 A 为正交矩阵的充分必要条件是 $A^TA=AA^T=I$,即

$$(\alpha_i,\alpha_j)=\alpha_i^T\alpha_j=\begin{cases}0, i\neq j\\ 1, i=j\end{cases},$$

因此,A 为正交矩阵的充分必要条件是 A 的列向量组两两正交,且每个列向量都是单位向量,即 A 的列向量组是 R^n 的标准正交基.

同理可证,行向量组也是 R^n 的标准正交基. ■

定理 5.4 标准正交基之间的过渡矩阵是正交矩阵.

证明 设 $\varepsilon_1,\varepsilon_2,\cdots,\varepsilon_n$ 与 $\eta_1,\eta_2,\cdots,\eta_n$ 是 n 维向量空间的两组标准正交基,$\varepsilon_1,\varepsilon_2,\cdots,\varepsilon_n$

到 $\eta_1,\eta_2,\cdots,\eta_n$ 的过渡矩阵是 P，即有

$$(\eta_1,\eta_2,\cdots,\eta_n)=(\varepsilon_1,\varepsilon_2,\cdots,\varepsilon_n)\begin{pmatrix}p_{11} & p_{12} & \cdots & p_{1n}\\ p_{21} & p_{22} & \cdots & p_{2n}\\ \cdots & \cdots & \cdots & \cdots\\ p_{n1} & p_{n2} & \cdots & p_{nn}\end{pmatrix},$$

由于 $\eta_1,\eta_2,\cdots,\eta_n$ 是一组标准正交基，故

$$(\eta_i,\eta_j)=\begin{cases}0, i\neq j\\ 1, i=j\end{cases},$$

而过渡矩阵 P 的各列元素就是 $\eta_1,\eta_2,\cdots,\eta_n$ 在标准正交基 $\varepsilon_1,\varepsilon_2,\cdots,\varepsilon_n$ 下的坐标，因此，

$$(\eta_i,\eta_j)=p_{1i}p_{1j}+p_{2i}p_{2j}+\cdots+p_{ni}p_{nj}=\begin{cases}0, i\neq j\\ 1, i=j\end{cases},$$

将此写为矩阵形式，即有

$$P^TP=\begin{pmatrix}p_{11} & p_{21} & \cdots & p_{n1}\\ p_{12} & p_{22} & \cdots & p_{n2}\\ \cdots & \cdots & \cdots & \cdots\\ p_{1n} & p_{2n} & \cdots & p_{nn}\end{pmatrix}\begin{pmatrix}p_{11} & p_{12} & \cdots & p_{1n}\\ p_{21} & p_{22} & \cdots & p_{2n}\\ \cdots & \cdots & \cdots & \cdots\\ p_{n1} & p_{n2} & \cdots & p_{nn}\end{pmatrix}=I.$$

这就证明了标准正交基之间的过渡矩阵是正交矩阵. ■

第三节　线性空间

线性空间是线性代数最基本的概念之一，前两节所描述的向量空间是线性空间的一种特殊情况，或者说线性空间是向量空间的一种抽象，具体表现在：一是线性空间中的元素不一定特指为向量空间中的有序数组；线性空间中的加法和数乘也不一定特指为向量空间中有序数组的通常加法和数乘. 这一节介绍线性空间的定义，并讨论它的一些最简单的性质.

一、数域和线性空间

为引出线性空间的定义，首先介绍一下有关数域的概念.

定义 5.11　设 P 是包含 0、1 的数集，如果 P 中任意两个数(可以相同)的和、差、积、商(除数不为零)仍然是 P 中的数，则 P 就称为一个**数域**.

显然，全体有理数组成的集合 Q、全体实数组成的集合 R、全体复数组成的集合 C 都是数域，而全体整数组成的集合 Z 就不是数域.

如果数集 P 中任意两个数作某一运算的结果都仍在 P 中，则可以说数集 P 对这个运算是封闭的. 因此，数域的定义也可以说成：如果一个包含 0、1 的数集对于加法、减法、乘法与除法(除数不为零)是封闭的，那么 P 就称为一个数域.

可以证明，所有的数域都包含有理数域.

线性空间这个抽象概念的引入是以一个确定的数域作为基础的.

定义 5.12　设 V 是一个非空集合，P 是一个数域. 在 V 中定义了两种代数运算：

(1)**加法**　对于 V 中的任意两个元素 α 与 β，按某一法则对应于 V 中唯一的一个元素 γ，称 γ 为 α 与 β 的和，记作 $\gamma=\alpha+\beta$；

(2)**数量乘法** 对于V中的任意一个元素α和数域P中任一数k，按某一法则对应于V中唯一的一个元素δ，称δ为k与α的数量乘积，记作$\delta=k\alpha$.

如果加法与数量乘法满足下述规则，则V称为数域P上的**线性空间**.

加法满足下面四条规则：

(1)$\alpha+\beta=\beta+\alpha$；

(2)$\alpha+(\beta+\gamma)=(\alpha+\beta)+\gamma$；

(3)V中存在一个元素，记作0，对于V中任一元素α，都有$\alpha+0=\alpha$，具有这个性质的元素0称为V的**零元素**；

(4)对于V中任一元素α，都有V中的元素β，使得$\alpha+\beta=0$，β称为α的**负元素**.

数量乘法满足下面两条规则：

(5)对于数域P中的数1，有$1\alpha=\alpha$；

(6)$k(l\alpha)=(kl)\alpha$.

加法与数量乘法满足下面两条规则：

(7)$(k+l)\alpha=k\alpha+l\alpha$；

(8)$k(\alpha+\beta)=k\alpha+k\beta$；

其中，α、β、γ是V中的任意元素，k、l是数域P中任意数.

特别地，当P为复数域C时，线性空间称为复线性空间；而当P为实数域R时，线性空间称为实线性空间.

由定义可知，全部n维实向量组成的向量空间R^n，依照向量的加法和数乘运算构成实数域R上的线性空间，因此，线性空间的概念是向量空间的一种推广.

下面再来举几个例子.

例 8 数域P上的所有n维向量的集合，对于向量的加法和数乘，满足上述8条运算规则，构成数域P上的一个线性空间，记P^n. 特别地，当$P=R$时，P^n即是R^n.

例 9 元素属于数域P的$m\times n$矩阵，按矩阵的加法和数乘，构成数域P上的一个线性空间，记为$P^{m\times n}$.

例 10 全体实函数按函数的加法和数与函数的数量乘法，构成一个实数域上的线性空间.

例 11 实数域上次数小于n的所有一元多项式，依照多项式的加法和数乘，构成一个实线性空间，记做$R[x]_n$.

例 12 考虑收敛于0的实数无穷序列. 容易验证，同样符合这八条规则. 因此，一切收敛于0的实序列对于数列的加法和数乘构成一个实数域上的线性空间.

例 13 设$V=\{0\}$仅有一个零元素，在V上定义加法和数乘：$0+0=0$，$k0=0(k\in P)$，则V成为数域P上的一个线性空间，称为**零空间**.

线性空间是从n维向量空间抽象出来的，因此线性空间也常被称为向量空间，而线性空间中的元素也可以称为向量，但其含义已广泛得多，内涵要丰富得多. 另外，线性空间中的加法和数乘的含义也不一定为向量空间R^n中有序数组的通常加法和数乘，只要这种加法和数乘满足上述8条规则即可. 但是n维向量空间中的一些重要概念，特别是线性相关性的概念、定义和性质完全可以平行地移到线性空间上来，如此在第一节向量空间中的基、维数、坐标、过渡矩阵等这些定义也完全可以移到线性空间上来。在此，不再一一列出.

下面阐述一些关于线性空间的简单性质.

1. 零元素是唯一的.

证明　假设 $0_1,0_2$ 是线性空间 V 中的两个零元素,考虑和 0_1+0_2. 由于 0_1 是零元素,所以 $0_1+0_2=0_2$. 又由于 0_2 也是零元素,所以 $0_1+0_2=0_2+0_1=0_1$. 于是 $0_1=0_1+0_2=0_2$. 这就证明了零元素的唯一性. ■

2. 负元素是唯一的. 如此 α 的负元素可记为 $-\alpha$.

证明　假设 α 有两个负元素 β 与 γ,则 $\alpha+\beta=0,\alpha+\gamma=0$,那么

$$\beta=\beta+0=\beta+(\alpha+\gamma)=(\beta+\alpha)+\gamma=0+\gamma=\gamma.$$ ■

3. $0\alpha=0$;$k0=0$;$(-1)\alpha=-\alpha$.

4. 如果 $k\alpha=0$,则 $k=0$ 或 $\alpha=0$.

3、4 的证明留给读者.

二、线性子空间

与向量子空间类似的,我们有线性子空间的概念.

定义 5.13　设 V 是数域 P 上的线性空间,W 是 V 的一个非空子集. 如果 W 关于 V 上的加法和数乘运算封闭,则 W 也构成数域 P 上的线性空间,称 W 为 V 的一个**线性子空间**(简称**子空间**).

同样,在线性空间 V 中,仅由一个零向量组成的集合 $\{0\}$ 是 V 的一个子空间,称之为**零子空间**;线性空间 V 本身也是 V 的一个子空间. 零子空间 $\{0\}$ 和 V 本身通常称为 V 的**平凡子空间**,而 V 的其余子空间则称为**非平凡子空间**.

例 14　在全体实函数组成的空间中,实数域上所有一元多项式组成的线性空间 $R[x]$ 是其子空间;而实数域上的所有次数小于 n 的一元多项式组成的线性空间 $R[x]_n$ 是 $R[x]$ 的子空间.

线性空间 V 与其子空间 W 之间的包含关系决定了 W 不可能有比 V 数量更多的线性无关的向量,因此 $\dim W\leqslant\dim V$,从而有限维线性空间 V 的任何子空间都可以用有限个向量按下述方式来生成,这是构造或表示子空间的常用方法.

定义 5.14　设 $\alpha_1,\alpha_2,\cdots,\alpha_s$ 是线性空间 V 的 s 个向量,则非空集合

$$L(\alpha_1,\alpha_2,\cdots,\alpha_s)=\{\alpha=k_1\alpha_1+k_2\alpha_2+\cdots+k_s\alpha_s\mid k_i\in R,i=1,2,\cdots,s\}$$

关于 V 中向量的加法和数乘运算封闭. 因此它是 V 的一个子空间,称为 $\alpha_1,\alpha_2,\cdots,\alpha_s$ **生成的子空间**.

对于生成的线性子空间,与向量子空间完全类似,有以下结论,其证明也完全类似.

定理 5.5　设 $\alpha_1,\alpha_2,\cdots,\alpha_s$ 和 $\beta_1,\beta_2,\cdots,\beta_t$ 是线性空间 V 的两个向量组,则

(1) $L(\alpha_1,\alpha_2,\cdots,\alpha_s)\subset L(\beta_1,\beta_2,\cdots,\beta_t)$ 当且仅当 $\alpha_1,\alpha_2,\cdots,\alpha_s$ 可由 $\beta_1,\beta_2,\cdots,\beta_t$ 线性表示;

(2) $L(\alpha_1,\alpha_2,\cdots,\alpha_s)=L(\beta_1,\beta_2,\cdots,\beta_t)$ 当且仅当 $\alpha_1,\alpha_2,\cdots,\alpha_s$ 和 $\beta_1,\beta_2,\cdots,\beta_t$ 等价;

(3) $\alpha_1,\alpha_2,\cdots,\alpha_s$ 的极大无关组是子空间 $L(\alpha_1,\alpha_2,\cdots,\alpha_s)$ 的基,而维数等于向量组 $\alpha_1,\alpha_2,\cdots,\alpha_s$ 的秩;

(4) 若 $\alpha_1,\alpha_2,\cdots,\alpha_s$ 线性无关,且 $\dim V=s$,则 $V=L(\alpha_1,\alpha_2,\cdots,\alpha_s)$,且 $\alpha_1,\alpha_2,\cdots,\alpha_s$ 是 V 的一组基.

证明请读者自己完成.

例 15 在所有二阶实矩阵构成的线性空间 $M_{2\times2}$ 中,考虑

$$E_{11}=\begin{pmatrix}1&0\\0&0\end{pmatrix},E_{12}=\begin{pmatrix}0&1\\0&0\end{pmatrix},E_{21}=\begin{pmatrix}0&0\\1&0\end{pmatrix},E_{22}=\begin{pmatrix}0&0\\0&1\end{pmatrix}.$$

首先这是一组线性无关组,事实上,如果有实数 k_1,k_2,k_3,k_4,使

$$k_1E_{11}+k_2E_{12}+k_3E_{21}+k_4E_{22}=\begin{pmatrix}k_1&k_2\\k_3&k_4\end{pmatrix}=0,$$

只能有 $k_1=k_2=k_3=k_4=0$,这就说明了 $E_{11},E_{12},E_{21},E_{22}$ 线性无关. 其次,对于任意二阶实矩阵

$$A=\begin{pmatrix}a_{11}&a_{12}\\a_{21}&a_{22}\end{pmatrix},$$

可表示为

$$A=a_{11}E_{11}+a_{12}E_{12}+a_{21}E_{21}+a_{22}E_{22},$$

因此 $E_{11},E_{12},E_{21},E_{22}$ 是 $M_{2\times2}$ 的一组基,$M_{2\times2}$ 是 4 维实线性空间, 而 A 在这组基下的坐标为$(a_{11},a_{12},a_{21},a_{22})^T$.

例 16 在线性空间 $R[x]_n$ 中,容易验证 $\alpha_1=1,\alpha_2=x,\cdots,\alpha_n=x^{n-1}$ 是 $R[x]_n$ 的一组基,而 $R[x]_n$ 中的任意一个次数小于 n 的多项式 $f(x)=a_0+a_1x+a_2x^2+\cdots+a_{n-1}x^{n-1}$ 在这组基下的坐标为$(a_0,a_1,a_2,\cdots,a_{n-1})^T$.

取 $R[x]_n$ 的另一组基 $\beta_1=1,\beta_2=x-a,\cdots,\beta_n=(x-a)^{n-1}$,其中,$a$ 是一给定的任意实数. 由泰勒(Taylor)公式,$R[x]_n$ 中的多项式 $f(x)$可表示为

$$f(x)=f(a)+f'(a)(x-a)+\frac{f''(a)}{2!}(x-a)^2+\cdots+\frac{f^{(n-1)}(a)}{(n-1)!}(x-a)^{n-1},$$

因此 $f(x)$在基 $\beta_1,\beta_2,\cdots,\beta_n$ 下的坐标为

$$\left(f(a),f'(a),\frac{f''(a)}{2!},\cdots,\frac{f^{(n-1)}(a)}{(n-1)!}\right)^T.$$

例 17 如果把复数域看成是自身数域上的线性空间,那么它是一维的,数 1 就是一组基;如果看作是实数域上的线性空间,那么就是二维的,数 1 与 i 就是一组基.

第四节 线性变换

线性空间 V 中向量之间的关系是通过变换来实现的,而在所有变换中线性变换占有特殊的地位. 它是一种最基本的变换,是研究线性函数的最基本代数工具. 因此线性变换是线性代数的一个主要研究对象. 本节将给出线性变换的定义及其一些最基本的性质,以及与矩阵的关系.

一、线性变换的定义

定义 5.15 设 M,N 是两个集合. 如果给定一个法则 σ,使 M 中的每个元素 α 都有 N 中唯一确定的元素 α'与之对应,则称 σ 是集合 M 到集合 N 的一个**映射**. $\alpha'\in N$ 称为 α 在映射 σ 下的**像**,而 α 称为 α'在映射 σ 下的**原像**. 记作 $\sigma(\alpha)=\alpha'$.

从集合 M 到自身的映射称为该集合的一个**变换**. 当 M 为线性空间时,我们引入如下线性

变换的概念：

定义 5.16 设 V 为数域 P 上的一个线性空间，σ 为 V 的一个变换. 如果对于 V 中的任意向量 α,β 和数域 P 中的任意数 k，都有

$$\sigma(\alpha+\beta)=\sigma(\alpha)+\sigma(\beta),$$
$$\sigma(k\alpha)=k\sigma(\alpha),$$

则称 σ 为 V 的一个**线性变换**.

显然，从定义可以看到，线性变换保持向量的加法和数乘两种运算. 由此我们不难证明，线性变换具有如下简单性质：

性质 1 设 σ 为 V 的一个线性变换，则 $\sigma(0)=0,\sigma(-\alpha)=-\sigma(\alpha)$.

证明 $\sigma(0)=\sigma(0\cdot\alpha)=0\cdot\sigma(\alpha)=0$,

$\sigma(-\alpha)=\sigma((-1)\cdot\alpha)=(-1)\cdot\sigma(\alpha)=-\sigma(\alpha)$. ■

性质 2 线性变换保持线性组合与线性关系式不变，即

(1)若向量 β 是 $\alpha_1,\alpha_2,\cdots,\alpha_s$ 的线性组合

$$\beta=k_1\alpha_1+k_2\alpha_2+\cdots+k_s\alpha_s,$$

则 $\sigma(\beta)$ 是 $\sigma(\alpha_1),\sigma(\alpha_2),\cdots,\sigma(\alpha_s)$ 同样的线性组合：

$$\sigma(\beta)=k_1\sigma(\alpha_1)+k_2\sigma(\alpha_2)+\cdots+k_s\sigma(\alpha_s);$$

(2)若 $\alpha_1,\alpha_2,\cdots,\alpha_s$ 满足关系式

$$k_1\alpha_1+k_2\alpha_2+\cdots+k_s\alpha_s=0,$$

则 $\sigma(\alpha_1),\sigma(\alpha_2),\cdots,\sigma(\alpha_s)$ 也有同样的关系式：

$$k_1\sigma(\alpha_1)+k_2\sigma(\alpha_2)+\cdots+k_s\sigma(\alpha_s)=0.$$

根据性质 2，直接得到：

性质 3 线性变换把线性相关的向量组变成线性相关的向量组.

性质 2、3 的证明请读者自己完成.

必须指出，性质 3 的逆命题不成立，即由 $\sigma(\alpha_1),\sigma(\alpha_2),\cdots,\sigma(\alpha_s)$ 的线性相关推不出 $\alpha_1,\alpha_2,\cdots,\alpha_s$ 线性相关，或者说，$\alpha_1,\alpha_2,\cdots,\alpha_s$ 线性无关不能导出 $\sigma(\alpha_1),\sigma(\alpha_2),\cdots,\sigma(\alpha_s)$ 也线性无关. 例如下述的零变换就是这样.

两个线性变换 σ 与 τ 相等，指的是对任意 $\alpha\in V$，有 $\sigma(\alpha)=\tau(\alpha)$，记作 $\sigma=\tau$.

下面举几个线性变换的例子.

例 18 设 V 是数域 P 上的线性空间，m 是数域 P 中的一个数，定义一个变换：

$$\sigma(\alpha)=m\alpha,$$

则对任意 $\alpha,\beta\in V,k\in P$，有

$$\sigma(\alpha+\beta)=m(\alpha+\beta)=m\alpha+m\beta=\sigma(\alpha)+\sigma(\beta),$$
$$\sigma(k\alpha)=m(k\alpha)=k(m\alpha)=k\sigma(\alpha),$$

因此 σ 是 V 的一个线性变换，通常称之为**数乘变换**.

特别地，当 $m=0$ 时，称此变换为**零变换**，记作 O，它把 V 中的任何向量都映为零向量；

当 $m=1$ 时，称此变换为**恒等变换**，记作 I，它把 V 中的向量映为自身不变.

例 19 设 A 为 n 阶实矩阵，在线性空间 R^n 上，定义变换

$$\sigma(\alpha)=A\alpha,\quad \alpha=\begin{pmatrix}a_1\\a_2\\\vdots\\a_n\end{pmatrix}\in R^n,$$

则由矩阵的运算律,可证 σ 是 R^n 上的一个线性变换.通常称之为**矩阵变换**.

例 20 在三维几何空间 R^3 中,向量 $\alpha=\begin{pmatrix}a_1\\a_2\\a_3\end{pmatrix}\in R^3$ 在 XOY 坐标面上的投影为 $\alpha'=\begin{pmatrix}a_1\\a_2\\0\end{pmatrix}$.定义变换 $\sigma:\sigma(\alpha)=\alpha'$,则 σ 是一个线性变换,称之为**投影变换**.

例 21 在线性空间 $R[x]_n$ 中,定义变换

$$\sigma(f(x))=D_x f(x),\quad f(x)\in R[x]_n,$$

其中,$D_x f(x)=f'(x)$ 是 $f(x)$ 的导函数.由求导法则可知,这是一个线性变换,称为**微分变换**.

二、线性变换的矩阵

设 V 是数域 P 上的 n 维线性空间,σ 是 V 的一个线性变换.取定 V 的一组基,则在这组基下,α 及其像 $\sigma(\alpha)$ 均可由它们的坐标来表示.那么,它们坐标之间的关系如何?

设 $\alpha_1,\alpha_2,\cdots,\alpha_n$ 是 n 维线性空间 V 的一组基.V 中的任意向量 α 可表示为

$$\alpha=x_1\alpha_1+x_2\alpha_2+\cdots+x_n\alpha_n,$$

其中,$x_1,x_2,\cdots,x_n$ 是 α 在基 $\alpha_1,\alpha_2,\cdots,\alpha_n$ 下的坐标.由于线性变换保持线性关系不变,因此在线性变换 σ 作用下,仍有

$$\sigma(\alpha)=x_1\sigma(\alpha_1)+x_2\sigma(\alpha_2)+\cdots+x_n\sigma(\alpha_n).$$

上式表明,只要知道基 $\alpha_1,\alpha_2,\cdots,\alpha_n$ 在 σ 下的像,就完全决定了 V 中任意一个向量在 σ 下的像.事实上,对 V 中的两个线性变换 σ 与 τ,如果满足:

$$\sigma(\alpha_i)=\tau(\alpha_i),i=1,2,\cdots,n,$$

即 σ 与 τ 在同一组基下有相同的像,则有 $\sigma=\tau$.这是因为对于任一向量 $\alpha\in V$,

$$\sigma(\alpha)=x_1\sigma(\alpha_1)+x_2\sigma(\alpha_2)+\cdots+x_n\sigma(\alpha_n)=x_1\tau(\alpha_1)+x_2\tau(\alpha_2)+\cdots+x_n\tau(\alpha_n)=\tau(\alpha).$$

归纳上述我们得到:

定理 5.6 设 σ 是 n 维线性空间 V 的一个线性变换,$\alpha_1,\alpha_2,\cdots,\alpha_n$ 是 V 的一组基,则线性变换 σ 由基 $\alpha_1,\alpha_2,\cdots,\alpha_n$ 的像 $\sigma(\alpha_1),\sigma(\alpha_2),\cdots,\sigma(\alpha_n)$ 所完全确定.

显而易见,要确定 $\sigma(\alpha_1),\sigma(\alpha_2),\cdots,\sigma(\alpha_n)$,只要给出它们在基 $\alpha_1,\alpha_2,\cdots,\alpha_n$ 下的坐标即可.为此,在给定基下我们引入线性变换的矩阵的概念.

定义 5.17 设 σ 是 n 维线性空间 V 的一个线性变换,$\alpha_1,\alpha_2,\cdots,\alpha_n$ 是 V 的一组基,则 $\sigma(\alpha_1),\sigma(\alpha_2),\cdots,\sigma(\alpha_n)$ 可由 $\alpha_1,\alpha_2,\cdots,\alpha_n$ 线性表示,

$$\begin{cases}\sigma(\alpha_1)=a_{11}\alpha_1+a_{21}\alpha_2+\cdots+a_{n1}\alpha_n\\ \sigma(\alpha_2)=a_{12}\alpha_1+a_{22}\alpha_2+\cdots+a_{n2}\alpha_n\\ \quad\cdots\cdots\\ \sigma(\alpha_n)=a_{1n}\alpha_1+a_{2n}\alpha_2+\cdots+a_{nn}\alpha_n\end{cases},\tag{5.5}$$

记

$$\sigma(\alpha_1,\alpha_2,\cdots,\alpha_n)=(\sigma(\alpha_1),\sigma(\alpha_2),\cdots,\sigma(\alpha_n)),$$

则(5.5)式成为

$$\sigma(\alpha_1,\alpha_2,\cdots,\alpha_n)=(\alpha_1,\alpha_2,\cdots,\alpha_n)A,\tag{5.6}$$

其中 n 阶矩阵

$$A=\begin{pmatrix} a_{11} & a_{12} & \cdots & a_{1n} \\ a_{21} & a_{22} & \cdots & a_{2n} \\ \cdots & \cdots & \cdots & \cdots \\ a_{n1} & a_{n2} & \cdots & a_{nn} \end{pmatrix}$$

称为线性变换 σ 在基 $\alpha_1,\alpha_2,\cdots,\alpha_n$ 下的**矩阵**.

注意 矩阵 A 的第 i 列元素就是基向量 α_i 的像 $\sigma(\alpha_i)$ 在基 $\alpha_1,\alpha_2,\cdots,\alpha_n$ 下的坐标,因此 $\sigma(\alpha_1),\sigma(\alpha_2),\cdots,\sigma(\alpha_n)$ 由矩阵 A 唯一确定,从而在这组基下线性变换 σ 由 A 唯一确定.

利用线性变换 σ 在一组基下的矩阵,我们来给出线性变换的像 $\sigma(\alpha)$ 与 α 的坐标之间的关系.

定理 5.7 设 $\alpha_1,\alpha_2,\cdots,\alpha_n$ 是 n 维线性空间 V 的一组基,V 的线性变换 σ 在基 $\alpha_1,\alpha_2,\cdots,\alpha_n$ 下的矩阵为 A. 如果向量 α 及其像 $\sigma(\alpha)$ 在这组基下的坐标分别为 $(x_1,x_2,\cdots,x_n)^T$ 和 $(y_1,y_2,\cdots,y_n)^T$,则

$$\begin{pmatrix} y_1 \\ y_2 \\ \vdots \\ y_n \end{pmatrix}=A\begin{pmatrix} x_1 \\ x_2 \\ \vdots \\ x_n \end{pmatrix}.$$

证明 将 α 表示为

$$\alpha=x_1\alpha_1+x_2\alpha_2+\cdots x_n\alpha_n=(\alpha_1,\alpha_2,\cdots,\alpha_n)\begin{pmatrix} x_1 \\ x_2 \\ \vdots \\ x_n \end{pmatrix}, \tag{5.7}$$

利用(5.6)式,将 σ 作用于(5.7)式,得到

$$\sigma(\alpha)=\sigma(\alpha_1,\alpha_2,\cdots,\alpha_n)\begin{pmatrix} x_1 \\ x_2 \\ \vdots \\ x_n \end{pmatrix}=(\alpha_1,\alpha_2,\cdots,\alpha_n)A\begin{pmatrix} x_1 \\ x_2 \\ \vdots \\ x_n \end{pmatrix}.$$

这表明 $\sigma(\alpha)$ 在基 $\alpha_1,\alpha_2,\cdots,\alpha_n$ 下的坐标为 $A\begin{pmatrix} x_1 \\ x_2 \\ \vdots \\ x_n \end{pmatrix}$,由于向量在同一组基下的坐标唯一,故有

$$\begin{pmatrix} y_1 \\ y_2 \\ \vdots \\ y_n \end{pmatrix}=A\begin{pmatrix} x_1 \\ x_2 \\ \vdots \\ x_n \end{pmatrix}.$$ ■

例 22 在 R^3 中取定一组基

$$\alpha_1=\begin{pmatrix} 1 \\ 0 \\ 0 \end{pmatrix},\alpha_2=\begin{pmatrix} 1 \\ 1 \\ 0 \end{pmatrix},\alpha_3=\begin{pmatrix} 1 \\ 1 \\ 1 \end{pmatrix},$$

已知线性变换 σ 将 $\alpha_1,\alpha_2,\alpha_3$ 分别变为

$$\sigma(\alpha_1)=\begin{pmatrix}0\\-1\\0\end{pmatrix},\sigma(\alpha_2)=\begin{pmatrix}0\\0\\-1\end{pmatrix},\sigma(\alpha_3)=\begin{pmatrix}0\\1\\1\end{pmatrix},$$

求：(1)σ 在 $\alpha_1,\alpha_2,\alpha_3$ 下的矩阵 A；

(2)$\beta=(1,0,1)^T$ 以及 $\sigma(\beta)$ 在 $\alpha_1,\alpha_2,\alpha_3$ 下的坐标.

解 (1)将 $\sigma(\alpha_1),\sigma(\alpha_2),\sigma(\alpha_3)$ 表示成 $\alpha_1,\alpha_2,\alpha_3$ 线性组合形式，得到

$$\sigma(\alpha_1)=\alpha_1-\alpha_2,$$
$$\sigma(\alpha_2)=\alpha_2-\alpha_3,$$
$$\sigma(\alpha_3)=\alpha_3-\alpha_1,$$

故 σ 在 $\alpha_1,\alpha_2,\alpha_3$ 下的矩阵为

$$A=\begin{pmatrix}1&0&-1\\-1&1&0\\0&-1&1\end{pmatrix}.$$

(2)$\beta=(1,0,1)^T$ 在 $\alpha_1,\alpha_2,\alpha_3$ 下的坐标为 $(1,-1,1)^T$，因此 $\sigma(\beta)$ 在这组基下坐标为

$$\begin{pmatrix}1&0&-1\\-1&1&0\\0&-1&1\end{pmatrix}\begin{pmatrix}1\\-1\\1\end{pmatrix}=\begin{pmatrix}0\\-2\\2\end{pmatrix}.$$

例 23 在线性空间 $R[x]_n$ 上取定一组基 $1,x,x^2,\cdots,x^{n-1}$，考虑微分变换 D_x. 由于

$$D_x1=0,\quad D_xx=1,\quad D_xx^2=2x,\quad \cdots,\quad D_xx^{n-1}=(n-1)x^{n-2},$$

故 D_x 在基 $1,x,x^2,\cdots,x^{n-1}$ 下的矩阵为

$$A=\begin{pmatrix}0&1&0&\cdots&0\\0&0&2&\cdots&0\\\cdots&\cdots&\cdots&\cdots&\cdots\\0&0&0&\cdots&n-1\\0&0&0&\cdots&0\end{pmatrix}.$$

对于任意多项式

$$f(x)=a_0+a_1x+a_2x^2+\cdots+a_{n-1}x^{n-1},$$

$D_xf(x)$ 在基 $1,x,x^2,\cdots,x^{n-1}$ 下的坐标为

$$A(a_0,a_1,a_2,\cdots,a_{n-1})^T=(a_1,2a_2,\cdots,(n-1)a_{n-1},0)^T.$$

根据线性变换在一组基下的矩阵的定义可知，在 n 维线性空间 V 中取定一组基，则 V 的任何一个线性变换 σ 在这组基下的矩阵 A 就唯一确定了；反之，任给一个 n 阶矩阵 A，能否唯一确定一个线性变换 σ，使 σ 在这组基下的矩阵为 A？下面的定理给出了一个肯定的回答.

定理 5.8 设 $\alpha_1,\alpha_2,\cdots,\alpha_n$ 是数域 P 上的 n 维线性空间 V 的一组基，$A=(a_{ij})_n$ 是 P 上的 n 阶矩阵，则存在唯一一个线性变换 σ，使得它在这组基下的矩阵为 A.

证明 对 V 中的任一向量 $\alpha=x_1\alpha_1+x_2\alpha_2+\cdots+x_n\alpha_n$，定义变换 σ：

$$\sigma(\alpha)=(\alpha_1,\alpha_2,\cdots,\alpha_n)\begin{pmatrix}a_{11}&a_{12}&\cdots&a_{1n}\\a_{21}&a_{22}&\cdots&a_{2n}\\\cdots&\cdots&\cdots&\cdots\\a_{n1}&a_{n2}&\cdots&a_{nn}\end{pmatrix}\begin{pmatrix}x_1\\x_2\\\vdots\\x_n\end{pmatrix},$$

或写为

$$\sigma(\alpha)=(\alpha_1,\alpha_2,\cdots,\alpha_n)AX, \tag{5.8}$$

其中，$X=(x_1,x_2,\cdots,x_n)^T$.

首先证明 σ 是 V 的一个线性变换. 事实上，对任一向量 β，设

$$\beta=y_1\alpha_1+y_2\alpha_2+\cdots+y_n\alpha_n,$$

则由 σ 的定义，有

$$\sigma(\beta)=(\alpha_1,\alpha_2,\cdots,\alpha_n)AY,$$

其中，$Y=(y_1,y_2,\cdots,y_n)^T$. 因此对任意 $k\in P$，有

$$\begin{aligned}\sigma(\alpha+\beta)&=(\alpha_1,\alpha_2,\cdots,\alpha_n)A(X+Y)\\&=(\alpha_1,\alpha_2,\cdots,\alpha_n)(AX+AY)\\&=(\alpha_1,\alpha_2,\cdots,\alpha_n)AX+(\alpha_1,\alpha_2,\cdots,\alpha_n)AY\\&=\sigma(\alpha)+\sigma(\beta),\\\sigma(k\alpha)&=(\alpha_1,\alpha_2,\cdots,\alpha_n)A(kX)\\&=(\alpha_1,\alpha_2,\cdots,\alpha_n)(kAX)\\&=k(\alpha_1,\alpha_2,\cdots,\alpha_n)(AX)\\&=k\sigma(\alpha),\end{aligned}$$

这就证明了 σ 是一个线性变换.

其次，我们证明 σ 在基 $\alpha_1,\alpha_2,\cdots,\alpha_n$ 下的矩阵为 A. 由定义式(5.8)，σ 作用于基 $\alpha_1,\alpha_2,\cdots,\alpha_n$ 的像为

$$\begin{cases}\sigma(\alpha_1)=a_{11}\alpha_1+a_{21}\alpha_2+\cdots+a_{n1}\alpha_n\\\sigma(\alpha_2)=a_{12}\alpha_1+a_{22}\alpha_2+\cdots+a_{n2}\alpha_n\\\cdots\cdots\\\sigma(\alpha_n)=a_{1n}\alpha_1+a_{2n}\alpha_2+\cdots+a_{nn}\alpha_n\end{cases},$$

即

$$\sigma(\alpha_1,\alpha_2,\cdots,\alpha_n)=(\alpha_1,\alpha_2,\cdots,\alpha_n)A, \tag{5.9}$$

这表明 σ 在基 $\alpha_1,\alpha_2,\cdots,\alpha_n$ 下的矩阵为 A.

最后证明唯一性. 如果有另一个线性变换 τ 在基 $\alpha_1,\alpha_2,\cdots,\alpha_n$ 下的矩阵为 A，即

$$\tau(\alpha_1,\alpha_2,\cdots,\alpha_n)=(\alpha_1,\alpha_2,\cdots,\alpha_n)A. \tag{5.10}$$

结合(5.9)式和(5.10)式有

$$\sigma(\alpha_1,\alpha_2,\cdots,\alpha_n)=\tau(\alpha_1,\alpha_2,\cdots,\alpha_n),$$

即

$$\tau(\alpha_i)=\sigma(\alpha_i),\quad i=1,2,\cdots,n,$$

根据定理 5.6 得 $\tau=\sigma$，唯一性得证. ■

定义 5.17 和定理 5.8 建立了线性变换与 n 阶矩阵之间的一个一一对应关系，这使抽象的线性变换得到了具体化.

例 24 设 $\alpha_1,\alpha_2,\alpha_3$ 是三维几何空间 R^3 的一组基，试给出一个线性变换，使得它在这组基下的矩阵为

$$A=\begin{pmatrix}1&0&0\\0&1&0\\0&0&0\end{pmatrix}.$$

解 对任意的$\alpha=x_1\alpha_1+x_2\alpha_2+x_3\alpha_3$，定义

$$\sigma(\alpha)=(\alpha_1,\alpha_2,\alpha_3)A\begin{pmatrix}x_1\\x_2\\x_3\end{pmatrix}$$

$$=(\alpha_1,\alpha_2,\alpha_3)\begin{pmatrix}1&0&0\\0&1&0\\0&0&0\end{pmatrix}\begin{pmatrix}x_1\\x_2\\x_3\end{pmatrix}$$

$$=x_1\alpha_1+x_2\alpha_2,$$

这是一个线性变换. 如果用$L(\alpha_1,\alpha_2)$表示α_1和α_2生成的二维平面，则σ就是R^3到$L(\alpha_1,\alpha_2)$上的投影变换.

三、线性变换在不同基下的矩阵

线性变换σ在基下的矩阵依赖于基的选取. 换言之，一个线性变换在不同基下的矩阵往往是不同的. 为了利用矩阵来研究线性变换，我们有必要弄清楚线性变换的矩阵是如何随着基的改变而改变的.

设$\alpha_1,\alpha_2,\cdots,\alpha_n$和$\beta_1,\beta_2,\cdots,\beta_n$是$n$维线性空间$V$的两组基，若有

$$\begin{cases}\beta_1=p_{11}\alpha_1+p_{21}\alpha_2+\cdots+p_{n1}\alpha_n\\\beta_2=p_{12}\alpha_1+p_{22}\alpha_2+\cdots+p_{n2}\alpha_n\\\cdots\cdots\\\beta_n=p_{1n}\alpha_1+p_{2n}\alpha_2+\cdots+p_{nn}\alpha_n\end{cases},\tag{5.11}$$

或写为

$$(\beta_1,\beta_2,\cdots,\beta_n)=(\alpha_1,\alpha_2,\cdots,\alpha_n)P,$$

其中，

$$P=\begin{pmatrix}p_{11}&p_{12}&\cdots&p_{1n}\\p_{21}&p_{22}&\cdots&p_{2n}\\\cdots&\cdots&\cdots&\cdots\\p_{n1}&p_{n2}&\cdots&p_{nn}\end{pmatrix},$$

称P为由基$\alpha_1,\alpha_2\cdots,\alpha_n$到基$\beta_1,\beta_2,\cdots,\beta_n$的过渡矩阵.

定理 5.9 设$\alpha_1,\alpha_2,\cdots,\alpha_n$和$\beta_1,\beta_2,\cdots,\beta_n$是$n$维线性空间$V$的两组基，$V$的线性变换$\sigma$在这两组基下的矩阵分别为$A$和$B$. 如果从$\alpha_1,\alpha_2,\cdots,\alpha_n$到$\beta_1,\beta_2,\cdots,\beta_n$的过渡矩阵是$P$，则有

$$B=P^{-1}AP.$$

证明 由定理的条件，得

$$\sigma(\alpha_1,\alpha_2,\cdots,\alpha_n)=(\alpha_1,\alpha_2,\cdots,\alpha_n)A,$$
$$\sigma(\beta_1,\beta_2,\cdots,\beta_n)=(\beta_1,\beta_2,\cdots,\beta_n)B,$$
$$(\beta_1,\beta_2,\cdots,\beta_n)=(\alpha_1,\alpha_2,\cdots,\alpha_n)P.$$

因此，利用σ的线性性质，我们有

$$\sigma(\beta_1,\beta_2,\cdots,\beta_n)=\sigma[(\alpha_1,\alpha_2,\cdots,\alpha_n)P]$$
$$=(\alpha_1,\alpha_2,\cdots,\alpha_n)AP$$

$$=(\beta_1,\beta_2,\cdots,\beta_n)P^{-1}AP,$$

这表明 σ 在 $\beta_1,\beta_2,\cdots,\beta_n$ 下的矩阵是 $P^{-1}AP$，而线性变换在同一组基下的矩阵是唯一的，故有 $B=P^{-1}AP$. ■

矩阵 A 与 B 之间的这种关系称为 A 与 B 相似. 有关相似矩阵之间的性质将在第六章中作详细的讨论.

例 25　已知 R^3 上的线性变换 σ 在自然基 $e_1=(1,0,0)^T,e_2=(0,1,0)^T,e_3=(0,0,1)^T$ 下的矩阵为

$$A=\begin{pmatrix}1&3&0\\3&1&0\\0&0&-2\end{pmatrix},$$

求 σ 在基 $\beta_1=(1,1,0)^T,\beta_2=(1,-1,0)^T,\beta_3=(0,0,1)^T$ 下的矩阵.

解　从自然基 e_1,e_2,e_3 到 β_1,β_2,β_3 的过渡矩阵是

$$P=(\beta_1,\beta_2,\beta_3)=\begin{pmatrix}1&1&0\\1&-1&0\\0&0&1\end{pmatrix},$$

而

$$P^{-1}=\begin{pmatrix}\frac{1}{2}&\frac{1}{2}&0\\\frac{1}{2}&-\frac{1}{2}&0\\0&0&1\end{pmatrix}.$$

于是 σ 在基 β_1,β_2,β_3 下的矩阵为

$$B=P^{-1}AP=\begin{pmatrix}\frac{1}{2}&\frac{1}{2}&0\\\frac{1}{2}&-\frac{1}{2}&0\\0&0&1\end{pmatrix}\begin{pmatrix}1&3&0\\3&1&0\\0&0&-2\end{pmatrix}\begin{pmatrix}1&1&0\\1&-1&0\\0&0&1\end{pmatrix}=\begin{pmatrix}4&0&0\\0&-2&0\\0&0&-2\end{pmatrix},$$

这是一个对角矩阵.

习题五

1. 设 $V_1=\{\xi=(x_1,x_2,\cdots,x_n)^T \mid \sum\limits_{i=1}^{n}x_i=0,x_i\in R,i=1,2,\cdots,n\}$;

$V_2=\{\xi=(x_1,x_2,\cdots,x_n)^T \mid \sum\limits_{i=1}^{n}x_i=1,x_i\in R,i=1,2,\cdots,n\}$.

问 V_1,V_2 是不是向量空间，为什么？

2. 验证由下列 $\alpha_1,\alpha_2,\alpha_3$ 所生成的向量空间就是 R^3，

$$\alpha_1=\begin{pmatrix}1\\2\\0\end{pmatrix},\alpha_2=\begin{pmatrix}0\\2\\3\end{pmatrix},\alpha_3=\begin{pmatrix}2\\3\\1\end{pmatrix}.$$

3. 验证 $\alpha_1=\begin{pmatrix}2\\-1\\0\end{pmatrix},\alpha_2=\begin{pmatrix}1\\2\\3\end{pmatrix},\alpha_3=\begin{pmatrix}3\\-1\\2\end{pmatrix}$ 为 R^3 的一组基，并将 $\beta_1=\begin{pmatrix}8\\-3\\4\end{pmatrix},\beta_2=\begin{pmatrix}4\\6\\11\end{pmatrix}$ 用这组基线性表示.

4. 在 R^3 中，求向量 α 在基 η_1,η_2,η_3 下的坐标，

$$\alpha=\begin{pmatrix}5\\13\\0\end{pmatrix},\eta_1=\begin{pmatrix}2\\3\\0\end{pmatrix},\eta_2=\begin{pmatrix}3\\-1\\2\end{pmatrix},\eta_3=\begin{pmatrix}5\\2\\1\end{pmatrix}.$$

5. 在 R^4 中的两组基：

$$\alpha_1=\begin{pmatrix}1\\2\\-1\\0\end{pmatrix},\alpha_2=\begin{pmatrix}1\\-1\\1\\1\end{pmatrix},\alpha_3=\begin{pmatrix}-1\\2\\1\\1\end{pmatrix},\alpha_4=\begin{pmatrix}-1\\-1\\0\\1\end{pmatrix};$$

$$\beta_1=\begin{pmatrix}2\\1\\0\\1\end{pmatrix},\beta_2=\begin{pmatrix}0\\1\\2\\2\end{pmatrix},\beta_3=\begin{pmatrix}-2\\1\\1\\2\end{pmatrix},\beta_4=\begin{pmatrix}1\\3\\1\\2\end{pmatrix},$$

求由基 $\beta_1,\beta_2,\beta_3,\beta_4$ 到 $\alpha_1,\alpha_2,\alpha_3,\alpha_4$ 的过渡矩阵及向量 $e_1=\begin{pmatrix}1\\0\\0\\0\end{pmatrix}$ 在基 $\beta_1,\beta_2,\beta_3,\beta_4$ 下的坐标.

6. R^3 中的下列两组基

$$\xi_1=\begin{pmatrix}1\\1\\1\end{pmatrix},\xi_2=\begin{pmatrix}0\\2\\3\end{pmatrix},\xi_3=\begin{pmatrix}0\\2\\-1\end{pmatrix};\eta_1=\begin{pmatrix}1\\1\\0\end{pmatrix},\eta_2=\begin{pmatrix}1\\-1\\1\end{pmatrix},\eta_3=\begin{pmatrix}0\\0\\1\end{pmatrix},$$

求由基 ξ_1,ξ_2,ξ_3 到 η_1,η_2,η_3 的过渡矩阵及向量 $\eta=\begin{pmatrix}3\\5\\-2\end{pmatrix}$ 在各组基下的坐标.

7. 求下列向量的内积：

(1) $\alpha=\begin{pmatrix}-1\\1\\0\\1\end{pmatrix},\beta=\begin{pmatrix}-2\\2\\1\\-3\end{pmatrix}$；

(2) $\alpha=\begin{pmatrix}\frac{\sqrt{3}}{4}\\-\frac{1}{3}\\\frac{-\sqrt{3}}{2}\\1\end{pmatrix},\beta=\begin{pmatrix}\frac{-\sqrt{3}}{2}\\-\frac{\sqrt{3}}{2}\\\frac{2}{3}\end{pmatrix}$.

8. 把下列向量单位化：

(1) $\alpha=\begin{pmatrix}\frac{1}{3}\\ \frac{1}{2}\\ 0\\ -1\end{pmatrix}$；

(2) $\beta=\begin{pmatrix}\frac{\sqrt{2}}{2}\\ 0\\ \frac{1}{3}\\ \frac{\sqrt{6}}{6}\end{pmatrix}$.

9. 求向量 α,β 的长度以及它们之间的夹角，

$$\alpha=\begin{pmatrix}1\\ 2\\ -2\end{pmatrix},\beta=\begin{pmatrix}-3\\ 6\\ 2\end{pmatrix}.$$

10. 在 R^3 中，求一单位向量与下列向量均正交：

$$\begin{pmatrix}2\\ -1\\ -2\end{pmatrix},\begin{pmatrix}0\\ 1\\ 1\end{pmatrix}.$$

11. 用施密特方法将 R^3 中的基 $\alpha_1,\alpha_2,\alpha_3$ 化作标准正交基，

$$\alpha_1=\begin{pmatrix}1\\ 2\\ -1\end{pmatrix},\alpha_2=\begin{pmatrix}-1\\ 3\\ 1\end{pmatrix},\alpha_3=\begin{pmatrix}4\\ -1\\ 0\end{pmatrix}.$$

12. 将下列向量组标准正交化：

(1)$\alpha_1=\begin{pmatrix}1\\ 1\\ 0\\ 0\end{pmatrix},\alpha_2=\begin{pmatrix}0\\ 1\\ 1\\ 0\end{pmatrix},\alpha_3=\begin{pmatrix}0\\ 0\\ 1\\ 1\end{pmatrix}$；

(2)$\alpha_1=\begin{pmatrix}1\\ 1\\ 0\\ 0\end{pmatrix},\alpha_2=\begin{pmatrix}1\\ 0\\ 1\\ 0\end{pmatrix},\alpha_3=\begin{pmatrix}-1\\ 0\\ 0\\ 1\end{pmatrix},\alpha_4=\begin{pmatrix}1\\ -1\\ -1\\ 1\end{pmatrix}$.

13. 证明：

(1)正交矩阵的行列式为 1 或 -1；

(2)正交矩阵的逆阵仍为正交矩阵；

(3)正交矩阵的乘积仍是正交矩阵.

14. 设 ξ_1,ξ_2,ξ_3 是 R^3 的一组标准正交基，证明：

$$\eta_1=\frac{1}{3}\xi_1+\frac{2}{3}\xi_2+\frac{2}{3}\xi_3,\eta_2=\frac{2}{3}\xi_1+\frac{1}{3}\xi_2-\frac{2}{3}\xi_3,\eta_3=\frac{2}{3}\xi_1-\frac{2}{3}\xi_2+\frac{1}{3}\xi_3$$

也是 R^3 的一组标准正交基.

15. 判断下列数集是否为数域：

(1) $F_1=\{a+b\sqrt{3}i \mid a,b\in Q\}$；

(2) $F_2=\{a+bi \mid a\in Q,b\in R\}$；

(3) $F_3=\{a+b\sqrt[3]{2} \mid a,b\in Q\}$.

16. 证明：任一数域 P 必包含有理数域.

17. 检验下列集合对所定义的加法和数乘运算是否构成实数域上的线性空间：

(1)全体 n 阶实对称(反对称、上三角、下三角)矩阵，对于矩阵的加法和数乘运算；

(2) n 维向量集 $V=\{\alpha=(x_1,x_2,\cdots,x_n)^T \mid \sum\limits_{i=1}^{n}x_i=1,x_i\in R\}$ 对于向量的加法和数乘运算；

(3) 平面上不平行于某一非零向量的全体向量所成的集合，对于向量的加法和数乘运算；

(4) 全体正实数所成的集合 R^+，对于如下定义的加法和数乘运算：

$$a\oplus b=ab,\qquad k\circ a=a^k,$$

其中，$a,b\in R^+,k\in R$.

18. 求 R^4 中由 $\alpha_1=\begin{pmatrix}1\\4\\-1\\3\end{pmatrix},\alpha_2=\begin{pmatrix}2\\1\\-3\\-1\end{pmatrix},\alpha_3=\begin{pmatrix}0\\2\\1\\-5\end{pmatrix}$ 生成的子空间的基与维数.

19. 设 $\alpha_1,\alpha_2,\alpha_3$ 是线性空间 V 中三个线性相关的向量，而其中的任意两个都线性无关，证明：$L(\alpha_1,\alpha_2)=L(\alpha_2,\alpha_3)=L(\alpha_1,\alpha_3)$.

20. 设 $\alpha_1,\alpha_2,\cdots,\alpha_n$ 是 n 维线性空间 V 的一组基，求：

(1)由这组基到基 $\alpha_n,\alpha_{n-1},\cdots,\alpha_1$ 的过渡矩阵；

(2)若 α 在基 $\alpha_1,\alpha_2,\cdots,\alpha_n$ 下的坐标为 $(1,2,\cdots,n)^T$，求 α 在 $\alpha_n,\alpha_{n-1},\cdots,\alpha_1$ 下的坐标.

21. 线性空间 $M_{2\times2}$ 的两组基分别为：

$$\alpha_1=\begin{pmatrix}1&0\\0&0\end{pmatrix},\alpha_2=\begin{pmatrix}0&1\\0&0\end{pmatrix},\alpha_3=\begin{pmatrix}0&0\\1&0\end{pmatrix},\alpha_4=\begin{pmatrix}0&0\\0&1\end{pmatrix};$$

$$\beta_1=\begin{pmatrix}0&1\\1&1\end{pmatrix},\beta_2=\begin{pmatrix}1&0\\1&1\end{pmatrix},\beta_3=\begin{pmatrix}1&1\\0&1\end{pmatrix},\beta_4=\begin{pmatrix}1&1\\1&0\end{pmatrix};$$

求由基 $\alpha_1,\alpha_2,\alpha_3,\alpha_4$ 到 $\beta_1,\beta_2,\beta_3,\beta_4$ 的过渡矩阵，并证明：如果矩阵 A 在这两组基下的坐标相同，则 A 是非零矩阵.

22. 判断下列变换哪些是线性变换：

(1) $T:R^2\to R^2,\quad T(x_1,x_2)=(x_1+x_2,x_1-x_2)$；

(2) $T:R^2\to R^2,\quad T(x_1,x_2)=(x_1+1,x_1-x_2)$；

(3) $T:R^2\to R^2,\quad T(x_1,x_2)=(|x_1|,|x_2|)$；

(4) $T:R^3\to R^3,\quad T(x_1,x_2,x_3)=(x_1-x_2,x_2-x_3,x_3-x_1)$；

(5) $T:R[x]_n\to R[x]_n,\quad T(p(x))=p(x+1)$；

(6) $T: R[x]_n \to R[x]_n$，　$T(p(x)) = p(x+1) - p(x)$；

(7) $T: R[x]_n \to R[x]_n$，　$T(p(x)) = p^2(x)$.

23. 设 T 为 R^2 的一个线性变换，已知 $T\begin{pmatrix}2\\0\end{pmatrix}=\begin{pmatrix}1\\1\end{pmatrix}$，$T\begin{pmatrix}0\\1\end{pmatrix}=\begin{pmatrix}2\\2\end{pmatrix}$，求 $T\begin{pmatrix}1\\1\end{pmatrix}$.

24. 在 R^3 上定义线性变换 σ：　$\sigma\begin{pmatrix}x\\y\\z\end{pmatrix}=\begin{pmatrix}x\\x+2y\\y-z\end{pmatrix}$，

(1) 求 σ 在自然基 e_1, e_2, e_3 下的矩阵；

(2) 求 σ 在另一组基 η_1, η_2, η_3 下的矩阵，其中，

$$\eta_1=\begin{pmatrix}1\\1\\1\end{pmatrix}, \eta_2=\begin{pmatrix}0\\1\\1\end{pmatrix}, \eta_3=\begin{pmatrix}0\\0\\1\end{pmatrix}.$$

25. 在 R^3 中给定两组基

$$\xi_1=(1,0,1)^T, \xi_2=(2,1,0)^T, \xi_3=(1,1,1)^T;$$

$$\eta_1=(3,2,1)^T, \eta_2=(2,1,2)^T, \eta_3=(3,1,1)^T.$$

定义线性变换

$$\sigma(\xi_i)=\eta_i, i=1,2,3.$$

(1) 求 σ 在基 ξ_1, ξ_2, ξ_3 下的矩阵；

(2) 求 σ 在基 η_1, η_2, η_3 下的矩阵.

26. 设 σ 是线性空间 V 的线性变换，已知 $\sigma^k\xi=0$，而 $\sigma^{k-1}\xi\neq0$（$k>0$ 是自然数），证明向量组 $\xi, \sigma\xi, \cdots, \sigma^{k-1}\xi$ 线性无关.

27. 在 n 维线性空间中，设有线性变换 σ 与向量 ξ，使 $\sigma^n\xi=0$，而 $\sigma^{n-1}\xi\neq0$. 证明：σ 在某组基下矩阵是

$$\begin{pmatrix}0 & 1 & & \\ & 0 & \ddots & \\ & & \ddots & 1\\ & & & 0\end{pmatrix}.$$

28. 已知线性空间中的一组向量 $\alpha_1, \alpha_2, \cdots, \alpha_{n-1}$ 线性无关，非零向量 β 与 $\alpha_1, \alpha_2, \cdots, \alpha_{n-1}$ 均正交，证明 $\alpha_1, \alpha_2, \cdots, \alpha_{n-1}, \beta$ 是 n 维线性空间的一组基.

第六章

特征值和二次型

用矩阵来分析经济现象和计算经济问题时，经常需要讨论矩阵的特征值与特征向量.本章首先介绍矩阵特征值与特征向量的概念及性质；其次讨论矩阵相似对角化的条件以及实对称矩阵正交对角化的方法；最后讨论二次型的化简问题，以及二次型正定性的判定.本章内容的重点是有关相似对角化与实对称矩阵正交对角化的理论.

第一节　矩阵的特征值与特征向量

一、特征值与特征向量的定义

先看一个例子.设 $A=\begin{pmatrix}1 & 5\\ 2 & 4\end{pmatrix}$，取 $\alpha=\begin{pmatrix}1\\ 1\end{pmatrix}$，可验证

$$A\alpha=\begin{pmatrix}1 & 5\\ 2 & 4\end{pmatrix}\begin{pmatrix}1\\ 1\end{pmatrix}=\begin{pmatrix}6\\ 6\end{pmatrix}=6\alpha,$$

这说明矩阵 A 作用在向量 α 上只改变了常数倍.从几何上看，α 与 $A\alpha$ 在同一直线上.我们把具有这种性质的非零向量 α 称为矩阵 A 的特征向量，数 6 称为对应于 α 的特征值.

对于一般的 n 阶矩阵，引入如下概念：

定义 6.1　设 A 为 $n\times n$ 矩阵，如果存在数 λ 以及一个非零 n 维列向量 α，使得关系式

$$A\alpha=\lambda\alpha \tag{6.1}$$

成立，则称 λ 为 A 的一个**特征值**，非零向量 α 为 A 的对应于(或属于)特征值 λ 的**特征向量**.

由定义可以看出，矩阵 A 的特征向量有如下性质：

性质 1　如果向量 α 是矩阵 A 的属于特征值 λ 的特征向量，则 α 是非零向量，并且 α 的任何非零倍数 $k\alpha(k\neq0)$ 也是 A 的属于 λ 的特征向量.

事实上，$A(k\alpha)=k(A\alpha)=k\lambda\alpha=\lambda(k\alpha)$.

性质 2　如果向量 α_1，α_2 都是矩阵 A 的属于特征值 λ 的特征向量，且 $\alpha_1+\alpha_2\neq0$，则 $\alpha_1+\alpha_2$ 也是属于 λ 的特征向量.

事实上，$A(\alpha_1+\alpha_2)=A\alpha_1+A\alpha_2=\lambda\alpha_1+\lambda\alpha_2=\lambda(\alpha_1+\alpha_2)$.

由性质 1 和性质 2 不难得到：

性质 3　如果向量 $\alpha_1,\alpha_2,\cdots,\alpha_s$ 都是矩阵 A 的属于特征值 λ 的特征向量，$k_1,k_2,\cdots,k_s$ 是一组数，且 $k_1\alpha_1+k_2\alpha_2+\cdots+k_s\alpha_s\neq 0$，则 $k_1\alpha_1+k_2\alpha_2+\cdots+k_s\alpha_s$ 也是 A 的属于 λ 的特征向量.

下面讨论怎样求出矩阵 A 的特征值和特征向量. 将(6.1)式改写为

$$(\lambda I-A)\alpha=0,$$

这表明 α 是含 n 个未知量和 n 个方程的齐次线性方程组

$$(\lambda I-A)X=0 \tag{6.2}$$

的一个非零解. 由齐次线性方程组有非零解的充分必要条件，其系数矩阵 $\lambda I-A$ 的行列式等于零，即

$$|\lambda I-A|=\begin{vmatrix}\lambda-a_{11} & -a_{12} & \cdots & -a_{1n}\\ -a_{21} & \lambda-a_{22} & \cdots & -a_{2n}\\ \cdots & \cdots & \cdots & \cdots\\ -a_{n1} & -a_{n2} & \cdots & \lambda-a_{nn}\end{vmatrix}=0. \tag{6.3}$$

由行列式的定义可知，(6.3)式的左边是 λ 的 n 次多项式. 根据代数基本定理，在复数范围内它有 n 个根(k 重根算作 k 个根)，它们就是矩阵 A 的特征值. 这就是说，任何一个 n 阶矩阵，都有 n 个特征值(k 个相同的特征值算作 k 个).

将特征值 λ 代入(6.2)式，求出齐次方程组 $(\lambda I-A)X=0$ 的基础解系，它们的非零线性组合就是属于特征值 λ 的所有特征向量.

为了叙述方便，引入如下术语：

定义 6.2　设 A 是一个 n 阶矩阵，λ 是一个未知量，称矩阵 $\lambda I-A$ 为 A 的**特征矩阵**，其行列式 $|\lambda I-A|$ 称为 A 的**特征多项式**，记为 $f(\lambda)$，称 $|\lambda I-A|=0$ 为 A 的**特征方程**，其根即为矩阵 A 的特征值.

综上所述，求 n 阶矩阵 A 的特征值和特征向量的步骤如下：

(1) 写出特征多项式 $|\lambda I-A|$；

(2) 求 A 的特征方程 $|\lambda I-A|=0$ 的全部根，它们就是 A 的所有特征值；

(3) 对于 A 的每一个特征值 λ，求解齐次线性方程组 $(\lambda I-A)X=0$. 设它的一个基础解系为 $\xi_1,\xi_2,\cdots,\xi_{n-r}$(其中 $r=r(\lambda I-A)$)，则 A 的对应于 λ 的全部特征向量为

$$k_1\xi_1+k_2\xi_2+\cdots+k_{n-r}\xi_{n-r},$$

其中，$k_1,k_2,\cdots,k_{n-r}$ 是不全为零的任意数.

例 1　求矩阵 $A=\begin{pmatrix}2&1&1\\1&2&1\\1&1&2\end{pmatrix}$ 的特征值和特征向量.

解　A 的特征多项式为

$$|\lambda I-A|=\begin{vmatrix}\lambda-2 & -1 & -1\\ -1 & \lambda-2 & -1\\ -1 & -1 & \lambda-2\end{vmatrix}=(\lambda-4)(\lambda-1)^2,$$

所以 A 的特征值为

$$\lambda_1=4,\ \lambda_2=\lambda_3=1.$$

(1)把特征值 $\lambda_1=4$ 代入齐次线性方程组 $(\lambda I-A)X=0$，得

$$\begin{pmatrix} 2 & -1 & -1 \\ -1 & 2 & -1 \\ -1 & -1 & 2 \end{pmatrix}\begin{pmatrix} x_1 \\ x_2 \\ x_3 \end{pmatrix}=\begin{pmatrix} 0 \\ 0 \\ 0 \end{pmatrix},$$

它有基础解系 $\xi_1=\begin{pmatrix} 1 \\ 1 \\ 1 \end{pmatrix}$,所以对应于 $\lambda_1=4$ 的全部特征向量为 $k\begin{pmatrix} 1 \\ 1 \\ 1 \end{pmatrix}$,其中 k 为任意非零数.

(2)把特征值 $\lambda_2=\lambda_3=1$ 代入齐次线性方程组 $(\lambda I-A)X=0$,得

$$\begin{pmatrix} -1 & -1 & -1 \\ -1 & -1 & -1 \\ -1 & -1 & -1 \end{pmatrix}\begin{pmatrix} x_1 \\ x_2 \\ x_2 \end{pmatrix}=\begin{pmatrix} 0 \\ 0 \\ 0 \end{pmatrix},$$

它有基础解系 $\xi_2=\begin{pmatrix} -1 \\ 1 \\ 0 \end{pmatrix}$,$\xi_3=\begin{pmatrix} -1 \\ 0 \\ 1 \end{pmatrix}$,所以对应于 1 的全部特征向量为 $k_1\begin{pmatrix} -1 \\ 1 \\ 0 \end{pmatrix}+k_2\begin{pmatrix} -1 \\ 0 \\ 1 \end{pmatrix}$,其中 k_1,k_2 为不全为零的任意数.

例 2 求矩阵 $A=\begin{pmatrix} 0 & -1 & 0 \\ 1 & -2 & 0 \\ -1 & 0 & -1 \end{pmatrix}$ 的特征值和特征向量.

解 A 的特征多项式为

$$|\lambda I-A|=\begin{vmatrix} \lambda & 1 & 0 \\ -1 & \lambda+2 & 0 \\ 1 & 0 & \lambda+1 \end{vmatrix}=(\lambda+1)^3,$$

所以 A 的特征值为 $\lambda_1=\lambda_2=\lambda_3=-1$. 将它代入齐次线性方程组 $(\lambda I-A)X=0$,得

$$\begin{pmatrix} -1 & 1 & 0 \\ -1 & 1 & 0 \\ 1 & 0 & 0 \end{pmatrix}\begin{pmatrix} x_1 \\ x_2 \\ x_3 \end{pmatrix}=\begin{pmatrix} 0 \\ 0 \\ 0 \end{pmatrix},$$

它有基础解系 $\xi=\begin{pmatrix} 0 \\ 0 \\ 1 \end{pmatrix}$,所以对应于 $\lambda=-1$ 的全部特征向量为 $k\begin{pmatrix} 0 \\ 0 \\ 1 \end{pmatrix}$,其中 k 为任意非零数.

注意 在一般情况下,求 n 阶矩阵 A 的特征值是比较困难的,特别是当 n 比较大时,一般需要运用数值方法才能求出特征值的近似值,目前已有多种软件可以完成这个任务(如 Matlab).

二、特征值与特征向量的性质

定理 6.1 方阵 A 与其转置矩阵 A^T 有相同的特征多项式,从而有相同的特征值.

证明 显然,$(\lambda I-A)^T=\lambda I-A^T$,两边取行列式得

$$|\lambda I-A^T|=|(\lambda I-A)^T|=|\lambda I-A|,$$

即 A 与 A^T 有相同的特征多项式,从而有相同的特征值. ■

但应注意,虽然 A 与 A^T 有相同特征值,特征向量却不一定相同.

例如，设 $A=\begin{pmatrix}1 & -1\\ 2 & 4\end{pmatrix}$，则 A 与 A^T 有相同特征值 $\lambda_1=2,\lambda_2=3$. 易验证

$$A\begin{pmatrix}1\\-1\end{pmatrix}=2\begin{pmatrix}1\\-1\end{pmatrix},$$

即 $\begin{pmatrix}1\\-1\end{pmatrix}$ 是 A 的一个特征向量. 而

$$A^T\begin{pmatrix}1\\-1\end{pmatrix}\neq 2\begin{pmatrix}1\\-1\end{pmatrix},A^T\begin{pmatrix}1\\-1\end{pmatrix}\neq 3\begin{pmatrix}1\\-1\end{pmatrix},$$

即 $\begin{pmatrix}1\\-1\end{pmatrix}$ 不是 A^T 的特征向量.

n 阶矩阵 A 的特征多项式是关于 λ 的 n 次多项式，因此它有 n 个复根（包括重根），即 A 有 n 个复的特征值. 对于这 n 个特征值，我们有如下关系式：

定理 6.2　设 $\lambda_1,\lambda_2,\cdots,\lambda_n$ 是 n 阶矩阵 A 的 n 个特征值，则

$$\lambda_1+\lambda_2+\cdots+\lambda_n=\mathrm{tr}(A),$$
$$\lambda_1\lambda_2\cdots\lambda_n=|A|,$$

其中，$tr(A)=a_{11}+a_{22}+\cdots+a_{nn}$ 称为矩阵 A 的**迹**.

证明　由行列式的定义可知

$$f(\lambda)=|\lambda I-A|=\begin{vmatrix}\lambda-a_{11} & -a_{12} & \cdots & -a_{1n}\\ -a_{21} & \lambda-a_{22} & \cdots & -a_{2n}\\ \cdots & \cdots & \cdots & \cdots\\ -a_{n1} & -a_{n2} & \cdots & \lambda-a_{nn}\end{vmatrix}$$
$$=(\lambda-a_{11})(\lambda-a_{22})\cdots(\lambda-a_{nn})+\cdots,$$

其中第一项是主对角线上 n 个元素的乘积，而省略的各项至多含有主对角线上的 $(n-2)$ 个元素，因而第一项完全决定了特征多项式中 λ^n 和 λ^{n-1} 的系数. 显见，λ^n 的系数为 1，λ^{n-1} 的系数为 $-(a_{11}+a_{22}+\cdots+a_{nn})$.

又，在特征多项式中令 $\lambda=0$，可得其常数项为 $f(0)=|-A|=(-1)^n|A|$. 故

$$f(\lambda)=\lambda^n-\mathrm{tr}(A)\lambda^{n-1}+\cdots+(-1)^n|A|;$$

另一方面，由于 $\lambda_1,\lambda_2,\cdots,\lambda_n$ 是 A 的 n 个特征值，所以

$$f(\lambda)=(\lambda-\lambda_1)(\lambda-\lambda_2)\cdots(\lambda-\lambda_n),$$

在上述两式中，比较 λ^{n-1} 的系数和常数项，导出

$$\lambda_1+\lambda_2+\cdots+\lambda_n=\mathrm{tr}(A),\qquad \lambda_1\lambda_2\cdots\lambda_n=|A|.$$ ■

由定理 6.2 的第二个等式可直接导出：

推论　矩阵 A 可逆的充分必要条件是 A 的特征值都不为零.

定理 6.3　设 λ 是矩阵 A 的特征值，α 是 A 的属于 λ 的特征向量，则

(1) 对 A 的多项式矩阵 $g(A)=a_tA^t+a_{t-1}A^{t-1}+\cdots+a_1A+a_0I$，则

$$g(\lambda)=a_t\lambda^t+a_{t-1}\lambda^{t-1}+\cdots+a_1\lambda+a_0$$

是 $g(A)$ 的特征值，且 α 仍为 $g(A)$ 的属于 $g(\lambda)$ 的特征向量；

(2)若 A 可逆，则 λ^{-1} 是 A^{-1} 的特征值，且 α 仍为 A^{-1} 的属于 λ^{-1} 的特征向量；

(3)若 A 可逆，则 $\frac{|A|}{\lambda}$ 是 A^* 的特征值，且 α 仍为 A^* 的属于 $\frac{|A|}{\lambda}$ 的特征向量.

证明 (1)仅需证明 $g(A)\alpha=g(\lambda)\alpha$.

因为 $A\alpha=\lambda\alpha$,所以对任意正整数 k,有

$$A^k\alpha=\lambda^k\alpha,$$

从而

$$\begin{aligned}g(A)\alpha&=(a_tA^t+a_{t-1}A^{t-1}+\cdots+a_1A+a_0I)\alpha\\&=a_t\lambda^t\alpha+a_{t-1}\lambda^{t-1}\alpha+\cdots+a_1\lambda\alpha+a_0\alpha\\&=g(\lambda)\alpha.\end{aligned}$$

即 $g(\lambda)$是 $g(A)$的特征值,且 α 仍为 $g(A)$的属于 $g(\lambda)$的特征向量.

(2)由 $A\alpha=\lambda\alpha$,且 A 可逆,两边左乘 A^{-1},得

$$\alpha=\lambda A^{-1}\alpha,$$

由定理 6.2 的推论,$\lambda\neq0$,故 $A^{-1}\alpha=\lambda^{-1}\alpha$,即 λ^{-1} 是 A^{-1} 的特征值,且 α 仍为 A^{-1} 的属于 λ^{-1} 的特征向量.

(3)由于 A 可逆,所以 $A^*=|A|A^{-1}$,由(1)(2)的结论即得:$\dfrac{|A|}{\lambda}$是 A^* 的特征值,且 α 仍为 A^* 的属于$\dfrac{|A|}{\lambda}$的特征向量. ■

例 3 设 $A^2=I$,则 A 的特征值只能是 1 和 −1.

证明 设 λ 是矩阵 A 的特征值,由定理 6.3 知,λ^2-1 是 A^2-I 的特征值,而 $A^2-I=O$,故 $\lambda^2-1=0$,这就证明了 A 的特征值 λ 只能是 1 和 −1.

例 4 设 A 是三阶矩阵,已知 A 的两个特征值为 1,2,且 $tr(A)=0$,求 $A-2I$ 的行列式.

解 由定理 6.2 知,A 的第三个特征值为 $tr(A)-(1+2)=-3$. 因此三阶矩阵 A 的三个特征值式 1,2,−3,从而 $A-2I$ 的三个特征值是 −1,0,−5,故由定理 6.2 可知 $|A-2I|=0$.

下列性质刻画了特征向量的一些特征.

定理 6.4 设 $\lambda_1,\lambda_2,\cdots,\lambda_s$ 是 n 阶矩阵 A 的 s 个不同的特征值,$\alpha_1,\alpha_2,\cdots,\alpha_s$ 是 A 的分别对应于 $\lambda_1,\lambda_2,\cdots,\lambda_s$ 的特征向量,则 $\alpha_1,\alpha_2,\cdots,\alpha_s$ 线性无关.

证明 对特征向量的个数 s 作数学归纳法.

当 $s=1$ 时,由于 $\alpha_1\neq0$,因此 α_1 线性无关. 假设对 $s-1$ 个相异的特征值定理成立,即 $\alpha_1,\alpha_2,\cdots,\alpha_{s-1}$ 线性无关.

设有数 $k_1,k_2,\cdots,k_s$,使

$$k_1\alpha_1+k_2\alpha_2+\cdots+k_s\alpha_s=0,\tag{6.4}$$

两端左乘矩阵 A,并利用条件 $A\alpha_i=\lambda_i\alpha_i$,得

$$k_1\lambda_1\alpha_1+k_2\lambda_2\alpha_2+\cdots+k_s\lambda_s\alpha_s=0,\tag{6.5}$$

将(6.4)式的两端乘以 λ_s,得

$$k_1\lambda_s\alpha_1+k_2\lambda_s\alpha_2+\cdots+k_s\lambda_s\alpha_s=0,\tag{6.6}$$

(6.5)式两端分别减去(6.6)式,导出

$$k_1(\lambda_1-\lambda_s)\alpha_1+k_2(\lambda_2-\lambda_s)\alpha_2+\cdots+k_{s-1}(\lambda_{s-1}-\lambda_s)\alpha_{s-1}=0,$$

由归纳假设 $\alpha_1,\alpha_2,\cdots,\alpha_{s-1}$ 线性无关,于是

$$k_1(\lambda_1-\lambda_s)=k_2(\lambda_2-\lambda_s)=\cdots=k_{s-1}(\lambda_{s-1}-\lambda_s)=0,$$

而 $\lambda_1,\lambda_2,\cdots,\lambda_s$ 互不相同,即 $\lambda_s-\lambda_k\neq0$, $k=1,2,\cdots,s-1$,故

$$k_1=k_2=\cdots=k_{s-1}=0,$$

将此代回(6.4)式，则有

$$k_s\alpha_s=0,$$

而 $\alpha_s\neq 0$,故 $k_s=0$，所以 $\alpha_1,\alpha_2,\cdots,\alpha_s$ 线性无关. ■

推论　如果 n 阶矩阵 A 有 n 个不同的特征值,则 A 有 n 个线性无关的特征向量.

注意　推论的逆是不成立的,见例 1.

类似于定理 6.4,可以证明：

定理 6.5　设 $\lambda_1,\cdots,\lambda_m$ 是矩阵 A 的 m 个互不相同的特征值,而 $\alpha_{i1},\alpha_{i2},\cdots,\alpha_{is_i}$ 是 A 的分别对应于特征值 $\lambda_i(i=1,2,\cdots,m)$ 的线性无关的特征向量,则向量组

$$\alpha_{11},\alpha_{12},\cdots,\alpha_{1s_1};\quad \alpha_{21},\alpha_{22},\cdots,\alpha_{2s_2};\quad \cdots;\quad \alpha_{m1},\alpha_{m2},\cdots,\alpha_{ms_m}$$

线性无关.

应该指出的是,并不是每一个 n 阶矩阵都有 n 个线性无关的特征向量. 这是由于矩阵的一个 k 重特征值不一定有 k 个线性无关的特征向量,例如,在例 1 中,1 是 A 的一个二重特征值,它有两个线性无关的特征向量;而在例 2 中,-1 是 A 的三重根,它只有一个线性无关的特征向量. 对于一般的 n 阶矩阵,有下面的结论：

定理 6.6　设 λ 是矩阵 A 的 k 重特征值,则 A 的属于 λ 的线性无关的特征向量个数最多有 k 个.(证明从略)

定理 6.6 表明,一个 n 阶方阵最多有 n 个线性无关的特征向量.

第二节　相似矩阵与矩阵的对角化条件

在矩阵的运算中,对角矩阵的运算最方便. 自然要问,对于一个 n 阶矩阵 A，是否可化为对角矩阵,且保持矩阵 A 的一些重要性质不变. 本节将讨论这个问题.

一、相似矩阵的概念与性质

定义 6.3　设 A,B 都是 n 阶矩阵,如果存在可逆矩阵 P,使得

$$P^{-1}AP=B,$$

则称矩阵 A 与 B **相似**,记为 $A\sim B$. 如果 P 为正交矩阵,则称 A 与 B **正交相似**.

矩阵间的这种相似关系有如下三个简单性质：

(1)反身性:$A\sim A$.

(2)对称性:若 $A\sim B$,则 $B\sim A$.

(3)传递性:若 $A\sim B,B\sim C$,则 $A\sim C$.

(证明留给读者)

相似的矩阵具有如下共同的性质：

定理 6.7　相似矩阵有相同的特征多项式,从而有相同的特征值.

证明　由于 $A\sim B$,所以必有可逆矩阵 P,使得

$$P^{-1}AP=B,$$

因此

$$\begin{aligned}|\lambda I-B|&=|\lambda P^{-1}IP-P^{-1}AP|=|P^{-1}(\lambda I-A)P|\\&=|P^{-1}||\lambda I-A||P|\end{aligned}$$

$$=|\lambda I-A|.$$

即 A,B 的特征多项式相同，因而有相同的特征值. ■

但应注意，这个定理的逆命题不成立，即若 A 与 B 的特征多项式相同（或所有特征值相同），A 不一定与 B 相似.

例如，矩阵 $A=\begin{pmatrix}1&0\\0&1\end{pmatrix}$，$B=\begin{pmatrix}1&1\\0&1\end{pmatrix}$，它们的特征多项式均为 $(\lambda-1)^2$，但它们并不相似. 事实上，若 A 与 B 相似，则有可逆矩阵 P，使

$$B=P^{-1}AP=P^{-1}IP=I,$$

这与 B 不是单位矩阵相矛盾.

推论 相似矩阵有相同的行列式和迹.

证明 设 $A\sim B$，则 A 与 B 有相同的特征值，由此结合定理 6.2，易知 A 与 B 有相同的行列式和迹. ■

定义 6.4 对 n 阶矩阵 A，如果存在 n 阶对角阵 Λ，使 $A\sim\Lambda$，则称 A 可对角化.

二、矩阵对角化的条件

如果矩阵 A 能够相似于对角矩阵，则可能大大简化许多运算过程. 但是，一般来说，并不是每个矩阵都能相似于对角矩阵，即矩阵的可对角化是有条件的. 定理 6.8 从特征向量的角度刻画了矩阵可对角化的条件.

定理 6.8 n 阶矩阵 A 可对角化的充分必要条件是 A 有 n 个线性无关的特征向量.

证明 **必要性** 设 A 可对角化，即有可逆矩阵 P，使

$$P^{-1}AP=\Lambda=\begin{pmatrix}\lambda_1&&&\\&\lambda_2&&\\&&\ddots&\\&&&\lambda_n\end{pmatrix},$$

故 $AP=P\Lambda$.

设 $P=(\alpha_1,\alpha_2,\cdots,\alpha_n)$，其中 α_i，$i=1,2,\cdots,n$，为 P 的第 i 列向量. 于是，$AP=P\Lambda$ 成为

$$A(\alpha_1,\alpha_2,\cdots,\alpha_n)=(\alpha_1,\alpha_2,\cdots,\alpha_n)\begin{pmatrix}\lambda_1&&&\\&\lambda_2&&\\&&\ddots&\\&&&\lambda_n\end{pmatrix},$$

因而

$$A\alpha_i=\lambda_i\alpha_i,\quad i=1,2,\cdots,n.$$

由于 P 为可逆矩阵，所以 $\alpha_1,\alpha_2,\cdots,\alpha_n$ 为线性无关的非零向量，它们分别是矩阵 A 的对应于特征值 $\lambda_1,\cdots,\lambda_n$ 的特征向量.

充分性 设 $\alpha_1,\alpha_2,\cdots,\alpha_n$ 为 A 的 n 个线性无关的特征向量，对应的特征值分别为 $\lambda_1,\cdots,\lambda_n$，则有

$$A\alpha_i=\lambda_i\alpha_i,i=1,2,\cdots,n.$$

置 $P=(\alpha_1,\alpha_2,\cdots,\alpha_n)$，因为 $\alpha_1,\alpha_2,\cdots,\alpha_n$ 线性无关，所以 P 可逆，于是有

$$AP = P\begin{pmatrix}\lambda_1 & & & \\ & \lambda_2 & & \\ & & \ddots & \\ & & & \lambda_n\end{pmatrix},$$

即

$$P^{-1}AP = \Lambda = \begin{pmatrix}\lambda_1 & & & \\ & \lambda_2 & & \\ & & \ddots & \\ & & & \lambda_n\end{pmatrix},$$

这就证明了充分性. ■

根据定理 6.5 和定理 6.6 可知，n 阶矩阵 A 有 n 个线性无关的特征向量，等同于 A 的 k 重特征值有 k 个线性无关的特征向量. 因此定理 6.8 可等价地叙述成：

定理 6.9　n 阶矩阵 A 可对角化的充分必要条件是 A 的 k 重特征值有 k 个线性无关的特征向量.

结合定理 6.8 和定理 6.4，立刻得到如下推论：

推论　若 n 阶矩阵 A 有 n 个不同的特征值，则 A 可相似对角化.

必须注意的是，以上推论只是矩阵 A 可对角化的一个充分条件，并非必要的. 也就是说，可对角化的矩阵并不一定有 n 个不同的特征值. 请读者参见例 1，这里不再详述.

定理 6.8 不仅给出了一个矩阵可对角化的充分必要条件，而且定理证明的本身也同时给出了对角化的具体方法. 现将这种方法归纳如下：

(1)求出矩阵 A 的所有不同特征值 $\lambda_1,\cdots,\lambda_m$，它们的重数分别为 $n_1,\cdots,n_m$.

(2)求 A 的特征向量.

对每个特征值 λ_i，求出齐次线性方程组 $(\lambda_i I-A)X=0$ 的一个基础解系，设为

$$\alpha_{i1},\alpha_{i2},\cdots,\alpha_{is_i}\ ;\ (i=1,2,\ \cdots,\ m).$$

(3)判断 A 是否可对角化.

当 $n_1=s_1,\cdots,n_m=s_m$ 时，即特征值的重数等于相应的线性无关特征向量的个数，则 A 可对角化；否则 A 不可对角化.

(4)当 A 可对角化时，求出可逆矩阵 P.

取 $P=(\alpha_{11},\alpha_{12},\cdots,\alpha_{1s_1};\alpha_{21},\alpha_{22},\cdots,\alpha_{2s_2};\ \cdots;\alpha_{m1},\alpha_{m2},\cdots,\alpha_{ms_m})$，则

$$P^{-1}AP = \Lambda = \begin{pmatrix}\lambda_1 & & & & & \\ & \ddots & & & & \\ & & \lambda_1 & & & \\ & & & \ddots & & \\ & & & & \lambda_m & & \\ & & & & & \ddots & \\ & & & & & & \lambda_m\end{pmatrix}.$$

例 5　对第一节中例 1 和例 2 的两个矩阵判断它们是否相似于对角矩阵. 如果相似于对角矩阵，求出可逆矩阵 P，使 $P^{-1}AP=\Lambda$ 为对角矩阵，并写出相应的对角矩阵 Λ.

解　(1)例 1 中的 3 阶矩阵 A 有三个线性无关的特征向量

$$\xi_1=\begin{pmatrix}1\\1\\1\end{pmatrix},\xi_2=\begin{pmatrix}-1\\1\\0\end{pmatrix},\xi_3=\begin{pmatrix}-1\\0\\1\end{pmatrix},$$

分别对应于特征值$\lambda_1=4$，$\lambda_2=\lambda_3=1$，所以A能相似于对角矩阵.令

$$P=\begin{pmatrix}1&-1&-1\\1&1&0\\1&0&1\end{pmatrix},$$

则

$$P^{-1}AP=\begin{pmatrix}4&&\\&1&\\&&1\end{pmatrix}.$$

(2)例2中矩阵A只有一个线性无关的特征向量，因此A不能相似于对角矩阵.

例6 判断矩阵$A=\begin{pmatrix}1&1&0\\0&2&1\\0&0&3\end{pmatrix}$是否可以对角化；若能对角化，试求出相应的矩阵$P$和对角矩阵$\Lambda$.

解 A的特征多项式为

$$|\lambda I-A|=(\lambda-1)(\lambda-2)(\lambda-3),$$

故A有3个互不相同的特征值$\lambda_1=1$，$\lambda_2=2$，$\lambda_3=3$，因此A可对角化.

把$\lambda_1=1$代入方程组$(\lambda I-A)X=0$，得

$$\begin{pmatrix}0&-1&0\\0&-1&-1\\0&0&-2\end{pmatrix}\begin{pmatrix}x_1\\x_2\\x_3\end{pmatrix}=\begin{pmatrix}0\\0\\0\end{pmatrix},$$

它有基础解系$\xi_1=\begin{pmatrix}1\\0\\0\end{pmatrix}$.

同样，把$\lambda_2=2$，$\lambda_3=3$分别代入方程组$(\lambda I-A)X=0$，求得基础解系$\xi_2=\begin{pmatrix}1\\1\\0\end{pmatrix}$和$\xi_3=\begin{pmatrix}1\\2\\2\end{pmatrix}$.令

$$P=\begin{pmatrix}1&1&1\\0&1&2\\0&0&2\end{pmatrix},\quad \Lambda=\begin{pmatrix}1&&\\&2&\\&&3\end{pmatrix},$$

则有

$$P^{-1}AP=\Lambda=\begin{pmatrix}1&&\\&2&\\&&3\end{pmatrix}.$$

例7 对上例中的矩阵A，计算A^{100}.

解 由于 $P^{-1}AP=\Lambda$，所以 $A=P\Lambda P^{-1}$，因而

$$A^2=(P\Lambda P^{-1})(P\Lambda P^{-1})=P\Lambda^2P^{-1},$$

依此类推

$$A^{100}=P\Lambda^{100}P^{-1}=\begin{pmatrix}1&1&1\\0&1&2\\0&0&2\end{pmatrix}\begin{pmatrix}1&&\\&2&\\&&3\end{pmatrix}^{100}\begin{pmatrix}1&1&1\\0&1&2\\0&0&2\end{pmatrix}^{-1}$$

$$=\begin{pmatrix}1&1&1\\0&1&2\\0&0&2\end{pmatrix}\begin{pmatrix}1&&\\&2^{100}&\\&&3^{100}\end{pmatrix}\begin{pmatrix}1&-1&\frac{1}{2}\\0&1&-1\\0&0&\frac{1}{2}\end{pmatrix}$$

$$=\begin{pmatrix}1&2^{100}-1&\frac{3^{100}}{2}-2^{100}+\frac{1}{2}\\0&2^{100}&3^{100}-2^{100}\\0&0&3^{100}\end{pmatrix}.$$

三、若当(Jordan)标准形介绍*

一般的矩阵并不一定相似于对角矩阵，但总可以与一种所谓的若当型矩阵相似. 这种极简单的矩阵不但在理论上具有特殊的重要性，而且在具体运算中也是非常方便的. 鉴于有关它的理论比较复杂，下面只介绍若当型矩阵的概念和一些主要定理.

定义 6.5 形如

$$J=\begin{pmatrix}\lambda&1&&&\\&\lambda&1&&\\&&\ddots&\ddots&\\&&&\ddots&1\\&&&&\lambda\end{pmatrix}$$

的 s 阶方阵称为 s 阶**若当块**，其中 λ 是一个复数. 而主对角线上由若干个若当块组成的准对角矩阵

$$J=\begin{pmatrix}J_1&&&\\&J_2&&\\&&\ddots&\\&&&J_t\end{pmatrix},$$

其中，$J_i=\begin{pmatrix}\lambda_i&1&&&\\&\lambda_i&1&&\\&&\ddots&\ddots&\\&&&\ddots&1\\&&&&\lambda_i\end{pmatrix}$，$i=1,2,\cdots,t$，称为**若当型矩阵**.

例 8 判断下列矩阵中哪些是若当型矩阵：

(1)$\begin{pmatrix}0 & 1\\0 & 0\end{pmatrix}$；　(2)$\begin{pmatrix}1 & 0 & 0\\0 & 1 & 1\\0 & 0 & 1\end{pmatrix}$；　(3)$\begin{pmatrix}1 & 0 & 0\\0 & 1 & 0\\0 & 0 & 2\end{pmatrix}$；

(4)$\begin{pmatrix}1 & 1 & 0\\0 & -1 & 1\\0 & 0 & -1\end{pmatrix}$；　(5)$\begin{pmatrix}1 & 1 & 0 & 0\\0 & 1 & 0 & 0\\0 & 0 & 0 & -1\\0 & 0 & 0 & 0\end{pmatrix}$.

解　(1)是一个由 2 阶若当块组成的若当型矩阵；

(2)是由 1 阶若当块和 2 阶若当块组成的若当型矩阵；

(3)是一个对角矩阵，它可看成由 3 个 1 阶若当块组成的若当型矩阵；

(4)和(5)不是若当型矩阵.

定理 6.10　任意一个 n 阶复系数方阵 A 都相似于一个若当型矩阵，即存在可逆矩阵 P，使得 $P^{-1}AP=J$ 是一个若当型矩阵.

第三节　实对称矩阵的相似对角化

从上一节我们看到，一般的矩阵并不一定相似于对角矩阵. 本节专门讨论一种特殊的矩阵——实对称矩阵，这种矩阵一定相似于对角矩阵，并且还能正交相似于对角矩阵.

实对称矩阵的特征值和特征向量具有下列特殊性质：

定理 6.11　实对称矩阵的特征值都是实数.

证明　设 A 为实对称矩阵，即 A 为实矩阵，且 $A^T=A$. 设 λ 为 A 的特征值，α 是对应的特征向量，故有

$$A\alpha=\lambda\alpha,\ \alpha\neq 0,$$

两端取转置并共轭，有

$$\bar{\alpha}^T\bar{A}^T=\overline{\lambda\alpha}^T,$$

注意到 $\bar{A}=A$ 和 $A^T=A$，上式成为

$$\bar{\alpha}^TA=\overline{\lambda\alpha}^T,$$

两端右乘 α，得

$$\bar{\alpha}^TA\alpha=\overline{\lambda\alpha}^T\alpha.$$

又 $\bar{\alpha}^TA\alpha=\bar{\alpha}^T\lambda\alpha=\lambda\bar{\alpha}^T\alpha$，因此上式成为

$$(\bar{\lambda}-\lambda)\bar{\alpha}^T\alpha=0.$$

如果设 $\alpha=\begin{pmatrix}a_1\\a_2\\\vdots\\a_n\end{pmatrix}$，则 $\bar{\alpha}^T\alpha=|a_1|^2+|a_2|^2+\cdots+|a_n|^2>0$，故只能有

$$\bar{\lambda}=\lambda,$$

即 λ 是实数. ■

由于实对称矩阵的特征值是实数，所以特征向量也是实向量.

定理 6.12　实对称矩阵不同特征值对应的特征向量彼此正交.

证明 设 λ_1,λ_2 为实对称矩阵 A 的两个不同的特征值，α_1，α_2 分别是对应于 λ_1，λ_2 的实特征向量，则

$$A\alpha_1=\lambda_1\alpha_1,\ A\alpha_2=\lambda_2\alpha_2,$$

而

$$(A\alpha_1,\alpha_2)=(A\alpha_1)^T\alpha_2=\alpha_1^TA^T\alpha_2=\alpha_1^TA\alpha_2=(\alpha_1,A\alpha_2),$$

故

$$\lambda_1(\alpha_1,\alpha_2)=\lambda_2(\alpha_1,\alpha_2),$$

由于 $\lambda_1\neq\lambda_2$，所以

$$(\alpha_1,\alpha_2)=0,$$

即 α_1 与 α_2 正交. ■

本节的主要结论是：

定理 6.13 设 A 为 n 阶实对称矩阵，则必存在正交矩阵 Q，使得

$$Q^{-1}AQ=Q^TAQ=\begin{pmatrix}\lambda_1&&&\\&\lambda_2&&\\&&\ddots&\\&&&\lambda_n\end{pmatrix},\tag{6.7}$$

其中，$\lambda_1,\lambda_2,\cdots,\lambda_n$ 是 A 的特征值.

（证明略）

定理 6.13 说明，n 阶实对称矩阵必有 n 个线性无关的特征向量.

下面通过例题介绍 Q 的具体求法.

例 9 设 $A=\begin{pmatrix}0&1&1&-1\\1&0&-1&1\\1&-1&0&1\\-1&1&1&0\end{pmatrix}$，求正交矩阵 Q，使 $Q^{-1}AQ$ 为对角矩阵.

解 A 的特征多项式为

$$|\lambda I-A|=(\lambda-1)^3(\lambda+3),$$

故 A 的特征值为

$$\lambda_1=\lambda_2=\lambda_3=1,\lambda_4=-3.$$

对 $\lambda_1=\lambda_2=\lambda_3=1$，齐次线性方程组 $(I-A)X=0$ 的基础解系为

$$\xi_1=\begin{pmatrix}1\\1\\0\\0\end{pmatrix},\xi_2=\begin{pmatrix}1\\0\\1\\0\end{pmatrix},\xi_3=\begin{pmatrix}-1\\0\\0\\1\end{pmatrix},$$

经过施密特正交化，再单位化得

$$\eta_1=\frac{1}{\sqrt{2}}\begin{pmatrix}1\\1\\0\\0\end{pmatrix},\eta_2=\frac{1}{\sqrt{6}}\begin{pmatrix}1\\-1\\2\\0\end{pmatrix},\eta_3=\frac{1}{2\sqrt{3}}\begin{pmatrix}-1\\1\\1\\3\end{pmatrix}.$$

对 $\lambda_4=-3$，齐次线性方程组 $(-3I-A)X=0$ 的基础解系为

$$\xi_4=\begin{pmatrix}1\\-1\\-1\\1\end{pmatrix},$$

单位化得

$$\eta_4=\frac{1}{2}\begin{pmatrix}1\\-1\\-1\\1\end{pmatrix}.$$

令

$$Q=(\eta_1,\eta_2,\eta_3,\eta_4)=\begin{pmatrix}\frac{1}{\sqrt{2}} & \frac{1}{\sqrt{6}} & -\frac{1}{2\sqrt{3}} & \frac{1}{2}\\ \frac{1}{\sqrt{2}} & -\frac{1}{\sqrt{6}} & \frac{1}{2\sqrt{3}} & -\frac{1}{2}\\ 0 & \frac{2}{\sqrt{6}} & \frac{1}{2\sqrt{3}} & -\frac{1}{2}\\ 0 & 0 & \frac{\sqrt{3}}{2} & \frac{1}{2}\end{pmatrix},$$

则

$$Q^{-1}AQ=\begin{pmatrix}1 & & & \\ & 1 & & \\ & & 1 & \\ & & & -3\end{pmatrix}.$$

例 10 设三阶实对称矩阵 A 的特征值 $\lambda_1=0,\lambda_2=1$(二重). A 的属于 λ_1 的特征向量为 $\alpha_1=\begin{pmatrix}0\\1\\1\end{pmatrix}$,求 A.

解 实对称矩阵必相似于对角阵,因此对应于二重特征值 $\lambda_2=1$,A 有两个线性无关的特征向量,设为 α_2,α_3. 根据定理 6.12,α_2,α_3 正交于 α_1,因此 α_2,α_3 满足方程

$$(0,1,1)\begin{pmatrix}x_1\\x_2\\x_3\end{pmatrix}=x_2+x_3=0,$$

且 α_2,α_3 是该方程的一个基础解系. 解之得

$$\alpha_2=\begin{pmatrix}1\\0\\0\end{pmatrix},\alpha_3=\begin{pmatrix}0\\1\\-1\end{pmatrix}.$$

令 $P=\begin{pmatrix}0 & 1 & 0\\1 & 0 & 1\\1 & 0 & -1\end{pmatrix}$,则 $P^{-1}AP=\begin{pmatrix}0 & & \\ & 1 & \\ & & 1\end{pmatrix}$,故

$$A=P\begin{pmatrix}0 & & \\ & 1 & \\ & & 1\end{pmatrix}P^{-1}=\begin{pmatrix}0 & 1 & 0\\ 1 & 0 & 1\\ 1 & 0 & -1\end{pmatrix}\begin{pmatrix}0 & & \\ & 1 & \\ & & 1\end{pmatrix}\begin{pmatrix}0 & \frac{1}{2} & \frac{1}{2}\\ 1 & 0 & 0\\ 0 & \frac{1}{2} & -\frac{1}{2}\end{pmatrix}$$

$$=\begin{pmatrix}1 & 0 & 0\\ 0 & \frac{1}{2} & -\frac{1}{2}\\ 0 & -\frac{1}{2} & \frac{1}{2}\end{pmatrix}.$$

第四节 实二次型

在中学解析几何中，当坐标原点与中心重合时，一条有心二次曲线的一般形式是

$$ax^2+2bxy+cy^2=d.$$

上式左端是一个二次齐次多项式，为便于研究二次曲线的几何性质，常需要通过坐标旋转消去其中的非平方项，把它化成只含有平方项的二次齐次式 AX^2+BY^2.

同样地，对于一般的 n 元二次齐次多项式即所谓的二次型，也可施行某些线性替换把它化成只有平方项的形式. 本节提供了几种化简二次型的具体方法.

一、实二次型的概念及其矩阵表示

定义 6.6 n 个变量的二次齐次多项式

$$\begin{aligned}f(x_1, x_2, \cdots, x_n) = a_{11}x_1^2 + 2a_{12}x_1x_2+\cdots+2a_{1n}x_1x_n \\ +a_{22}x_2^2+\cdots+2a_{2n}x_2x_n \\ \cdots\cdots \\ +a_{nn}x_n^2\end{aligned} \tag{6.8}$$

称为关于变量 $x_1, x_2, \cdots, x_n$ 的一个 n 元**二次型**. 若 $a_{ij}\in R$, $i,j=1,2.,\cdots,n$，则称为实二次型.

本节只讨论实二次型.

下面给出二次型的矩阵表达式. 令 $a_{ji}=a_{ij}\,(i<j)$，则 $2a_{ij}x_ix_j=a_{ij}x_ix_j+a_{ji}x_jx_i$，那么(6.8)式可写成

$$f(x_1, x_2, \cdots, x_n)=(x_1, x_2, \cdots, x_n)\begin{pmatrix}a_{11} & a_{12} & \cdots & a_{1n}\\ a_{21} & a_{22} & \cdots & a_{2n}\\ \cdots & \cdots & \cdots & \cdots\\ a_{n1} & a_{n2} & \cdots & a_{nn}\end{pmatrix}\begin{pmatrix}x_1\\ x_2\\ \vdots\\ x_n\end{pmatrix}$$

$$=\sum_{i=1}^{n}\sum_{j=1}^{n}a_{ij}x_ix_j,$$

记

$$A=\begin{pmatrix} a_{11} & a_{12} & \cdots & a_{1n} \\ a_{21} & a_{22} & \cdots & a_{2n} \\ \cdots & \cdots & \cdots & \cdots \\ a_{n1} & a_{n2} & \cdots & a_{nn} \end{pmatrix},\ X=\begin{pmatrix} x_1 \\ x_2 \\ \vdots \\ x_n \end{pmatrix},$$

则得二次型 f 的矩阵表达式

$$f(x_1,x_2,\cdots,x_n)=X^TAX, \tag{6.9}$$

其中 A 为实对称矩阵,称为**二次型矩阵**,矩阵 A 的秩称为**二次型的秩**.

二次型 f 与对称矩阵 A 之间是一一对应的.给定一个二次型 $f(x_1,x_2,\cdots,x_n)$,就可得到唯一的对称矩阵 A;反之,给定一个对称矩阵 A,就有唯一的一个二次型 X^TAX 与其对应.

例 11 (1)求二次型矩阵 $f(x_1,x_2,x_3)=x_1^2-2x_2^2-3x_3^2-4x_1x_2-2x_2x_3$ 对应的矩阵 A.

(2)设 $A=\begin{pmatrix} 1 & 1 & 2 \\ 1 & 1 & -1 \\ 2 & -1 & 1 \end{pmatrix}$,求 A 对应的二次型.

解 (1)$A=\begin{pmatrix} 1 & -2 & 0 \\ -2 & -2 & -1 \\ 0 & -1 & -3 \end{pmatrix}$.

(2)$f(x_1,x_2,x_3)=x_1^2+x_2^2+x_3^2+2x_1x_2+4x_1x_3-2x_2x_3$.

例 12 设 $B=\begin{pmatrix} 2 & 0 & -3 \\ 2 & 0 & 1 \\ 7 & 2 & 1 \end{pmatrix}$,求二次型 $f(x_1,x_2,x_3)=X^TBX$ 的矩阵.

解 由矩阵的乘法得

$$f(x_1,x_2,x_3)=X^TBX=2x_1^2+x_3^2+2x_1x_2+4x_1x_3+3x_2x_3,$$

因此,$f(x_1,x_2,x_3)$的矩阵为 $A=\begin{pmatrix} 2 & 1 & 2 \\ 1 & 0 & \frac{3}{2} \\ 2 & \frac{3}{2} & 1 \end{pmatrix}$.

注意:这里的矩阵 B 不是二次型的矩阵,因为 B 不是对称矩阵.

二、线性替换与矩阵的合同

定义 6.7 关系式

$$\begin{cases} x_1=c_{11}y_1+c_{12}y_2+\cdots+c_{1n}y_n \\ x_2=c_{21}y_1+c_{22}y_2+\cdots+c_{2n}y_n \\ \quad\cdots\cdots \\ x_n=c_{n1}y_1+c_{n2}y_2+\cdots+c_{nn}y_n \end{cases}, \tag{6.10}$$

称为由变量 $x_1,x_2,\cdots,x_n$ 到 $y_1,y_2,\cdots,y_n$ 的一个**线性替换**,而矩阵

$$C=\begin{pmatrix} c_{11} & c_{12} & \cdots & c_{1n} \\ c_{21} & c_{22} & \cdots & c_{2n} \\ \cdots & \cdots & \cdots & \cdots \\ c_{n1} & c_{n2} & \cdots & c_{nn} \end{pmatrix}$$

称为线性替换的**系数矩阵**. 如果 C 可逆,称(6.10)为**可逆线性替换**(或**非退化线性替换**). 如果线性替换矩阵是正交矩阵,则称为**正交线性替换**.

线性替换(6.10)的矩阵表达式为 $X=CY$, 其中 $X=(x_1, x_2, \cdots, x_n)^T$, $Y=(y_1, y_2, \cdots, y_n)^T$. 如果对二次型 $f(x_1, x_2, \cdots, x_n)$ 施行非退化的线性替换 $X=CY$,则

$$f(x_1, x_2, \cdots, x_n)= X^TAX=(CY)^TA(CY)=Y^T(C^TAC)Y,$$

因此,在新变量下,二次型 f 的矩阵为 $B=C^TAC$. 矩阵 A, B 之间的这种关系,我们用以下术语来描述.

定义 6.8 设 A, B 为 n 阶矩阵. 如果存在可逆矩阵 C,使

$$B=C^TAC,$$

则称 A 与 B 合同.

矩阵间的合同关系具有以下性质:

性质 1 反身性:A 与 A 合同;

性质 2 对称性:若 A 与 B 合同,则 B 与 A 合同;

性质 3 传递性:若 A 与 B 合同,B 与 C 合同,则 A 与 C 合同.

(证明留给读者)

据上所述,我们有:

定理 6.14 经过非退化线性替换,原二次型矩阵与新二次型矩阵合同.

三、化实二次型为标准形

定义 6.9 只含有平方项的二次型

$$f(y_1, y_2, \cdots, y_n) = d_1y_1^2+ d_2y_2^2+\cdots+d_ny_n^2$$

称为**标准形**.

标准形所对应的矩阵是对角阵

$$\Lambda=\begin{pmatrix} d_1 & & & \\ & d_2 & & \\ & & \ddots & \\ & & & d_n \end{pmatrix}.$$

因此,根据定理 6.14,对二次型 $f(x_1, x_2, \cdots, x_n)= X^TAX$ 施行非退化线性替换 $X=CY$,使二次型成为标准形,本质上就是在合同的意义下,把 A 化为对角阵 Λ. 由于二次型矩阵 A 为实对称矩阵,故必有正交矩阵 Q,使 $Q^{-1}AQ=Q^TAQ$ 为对角矩阵,于是只要作正交线性替换 $X=QY$,二次型就化成了标准形. 这就证明了如下定理:

定理 6.15 任意 n 元实二次型 $f(x_1, x_2, \cdots, x_n)= X^TAX$,都存在正交线性替换 $X=QY$,使二次型 $f(x_1, x_2, \cdots, x_n)$ 化为标准形

$$f=\lambda_1y_1^2+ \lambda_2y_2^2+\cdots+\lambda_ny_n^2,$$

其中，$\lambda_1,\lambda_2,\cdots,\lambda_n$ 是矩阵 A 的特征值.

下面具体介绍化二次型为标准形的三种方法.

1. 正交线性替换法

正交线性替换法就是对二次型施行正交替换 $X=QY$，使二次型化为标准形，这种方法的理论根据基于定理 6.15.

例 13 用正交线性替换法将二次型

$$f(x_1,x_2,x_3)=x_1^2+x_2^2+x_3^2+2x_1x_2+2x_1x_3-2x_2x_3$$

化为标准形，并求出替换矩阵.

解 二次型对应的实对称矩阵为

$$A=\begin{pmatrix}1 & 1 & 1\\ 1 & 1 & -1\\ 1 & -1 & 1\end{pmatrix},$$

其特征多项式为

$$|\lambda I-A|=(\lambda-2)^2(\lambda+1),$$

故 A 的特征值为 $\lambda_1=\lambda_2=2,\lambda_3=-1$.

对 $\lambda_1=\lambda_2=2$，齐次线性方程组 $(2I-A)X=0$ 的基础解系为

$$\xi_1=\begin{pmatrix}1\\1\\0\end{pmatrix},\xi_2=\begin{pmatrix}1\\0\\1\end{pmatrix},$$

标准正交化得

$$\eta_1=\frac{1}{\sqrt{2}}\begin{pmatrix}1\\1\\0\end{pmatrix},\eta_2=\frac{1}{\sqrt{6}}\begin{pmatrix}1\\-1\\2\end{pmatrix}.$$

对 $\lambda_3=-1$，齐次线性方程组 $(-I-A)X=0$ 的基础解系为 $\xi_3=\begin{pmatrix}-1\\1\\1\end{pmatrix}$，单位化得

$$\eta_3=\frac{1}{\sqrt{3}}\begin{pmatrix}-1\\1\\1\end{pmatrix}.$$

于是令

$$Q=\begin{pmatrix}\frac{1}{\sqrt{2}} & \frac{1}{\sqrt{6}} & -\frac{1}{\sqrt{3}}\\ \frac{1}{\sqrt{2}} & -\frac{1}{\sqrt{6}} & -\frac{1}{\sqrt{3}}\\ 0 & \frac{2}{\sqrt{6}} & \frac{1}{\sqrt{3}}\end{pmatrix},$$

则

$$Q^TAQ=\begin{pmatrix}2 & & \\ & 2 & \\ & & -1\end{pmatrix},$$

作正交线性替换 $X=QY$,新变量下的二次型为

$$f=2y_1^2+2y_2^2-y_3^2.$$

2. 配方法

配方法是一种配完全平方的初等方法.下面分两种情况举例说明：

(1)如果二次型 $f(x_1,x_2,\cdots,x_n)$ 中,某个变量平方项的系数不为零,如 $a_{11}\neq 0$,先将含 x_1 的所有因子都配成平方项,然后再对其他含平方项的变量配方,直到全配成平方和的形式.

(2)如果二次型 $f(x_1,x_2,\cdots,x_n)$ 中没有平方项,而有某个 $a_{ij}\neq 0(i\neq j)$,则可作线性替换

$$\begin{cases}x_i=y_i+y_j\\x_j=y_i-y_j\\x_k=y_k,k\neq i,j\end{cases}$$

化成含有平方项的二次型,然后再配方.

例 14 化二次型 $f(x_1,x_2,x_3)=x_1^2+x_2^2+x_3^2+2x_1x_2+2x_1x_3-2x_2x_3$ 为标准形.

解 因为 $a_{11}=1\neq 0$,对 x_1 配方得

$$\begin{aligned}f(x_1,x_2,x_3)&=(x_1^2+2x_1x_2+2x_1x_3)+x_2^2+x_3^2-2x_2x_3\\&=(x_1+x_2+x_3)^2-4x_2x_3.\end{aligned}$$

令

$$\begin{cases}y_1=x_1+x_2+x_3\\y_2=x_2\\y_3=x_3\end{cases},$$

即

$$\begin{cases}x_1=y_1-y_2-y_3\\x_2=y_2\\x_3=y_3\end{cases},\tag{6.11}$$

二次型 $f(x_1,x_2,x_3)$ 化为

$$f=y_1^2-4y_2y_3.$$

再令

$$\begin{cases}y_1=z_1\\y_2=-z_2+z_3,\\y_3=z_2+z_3\end{cases}\tag{6.12}$$

于是二次型化为标准形

$$f=z_1^2+4z_2^2-4z_3^2.$$

将线性替换(6.11)和(6.12)表示为矩阵形式：

$$X=C_1Y,\ C_1=\begin{pmatrix}1&-1&-1\\0&1&0\\0&0&1\end{pmatrix},Y=C_2Z,\ C_2=\begin{pmatrix}1&0&0\\0&-1&1\\0&1&1\end{pmatrix},$$

其中,$X=(x_1,x_2,x_3)^T$,$Y=(y_1,y_2,y_3)^T$,$Z=(z_1,z_2,z_3)^T$,故 $X=C_1C_2Z$,所以替换矩阵为

$$C=C_1C_2=\begin{pmatrix}1&0&-2\\0&-1&1\\0&1&1\end{pmatrix}.$$

3. 初等变换法

前面我们已经指出，化二次型 $f(x_1,x_2,\cdots,x_n)=X^TAX$ 为标准形，相当于求一个可逆矩阵 C，使 $C^TAC=\Lambda$ 为对角矩阵. 因为任何可逆矩阵都能表示成一系列初等矩阵的乘积，可设

$$C=P_1P_2\cdots P_s,$$

其中 $P_1,P_2,\cdots,P_s$ 为初等矩阵，C 的转置矩阵是 $C^T=P_s^TP_{s-1}^T\cdots P_1^T$，于是

$$\Lambda=P_s^T(\cdots P_2^T(P_1^TAP_1)\ P_2\cdots)P_s.$$

由于初等矩阵 P_k 和 P_k^T 是同种类型的初等矩阵，因此上式相当于对矩阵 A 施行一次初等行变换，同时对列也作同类型的初等变换，直到化为对角阵. 而等式

$$IP_1P_2\cdots P_s=C,$$

表明单位矩阵 I 经过与 A 同样的初等列变换变为替换矩阵 C.

综上所述，构造矩阵

$$\begin{pmatrix}A\\I\end{pmatrix},$$

对 A 施以初等行变换，同时对 A,I 施以同样的初等列变换，经过有限次的这种变换化 $\begin{pmatrix}A\\I\end{pmatrix}$ 为 $\begin{pmatrix}\Lambda\\C\end{pmatrix}$，其中 Λ 为对角矩阵，那么 C 就是所求的替换矩阵.

例 15 用初等变换法将例 13 中的二次型化为标准形，并求替换矩阵.

解 二次型的矩阵是

$$A=\begin{pmatrix}1&1&1\\1&1&-1\\1&-1&1\end{pmatrix},$$

构造矩阵

$$\begin{pmatrix}A\\I\end{pmatrix}=\begin{pmatrix}1&1&1\\1&1&-1\\1&-1&1\\1&0&0\\0&1&0\\0&0&1\end{pmatrix}\xrightarrow[r_2-r_1]{r_3-r_1}\begin{pmatrix}1&1&1\\0&0&-2\\0&-2&0\\1&0&0\\0&1&0\\0&0&1\end{pmatrix}$$

$$\xrightarrow[c_2-c_1]{c_3-c_1}\begin{pmatrix}1&0&0\\0&0&-2\\0&-2&0\\1&-1&-1\\0&1&0\\0&0&1\end{pmatrix}\xrightarrow{r_2+(-\frac{1}{2}r_3)}\begin{pmatrix}1&0&0\\0&1&-2\\0&-2&0\\1&-1&-1\\0&1&0\\0&0&1\end{pmatrix}$$

$$\xrightarrow{c_2+(-\frac{1}{2}c_3)}\begin{pmatrix}1&0&0\\0&2&-2\\0&-2&0\\1&-\frac{1}{2}&-1\\0&1&0\\0&-\frac{1}{2}&1\end{pmatrix}\xrightarrow{r_3+r_2}\begin{pmatrix}1&0&0\\0&2&-2\\0&0&-2\\1&-\frac{1}{2}&-1\\0&1&0\\0&-\frac{1}{2}&1\end{pmatrix}$$

$$\xrightarrow{c_3+c_2}\begin{pmatrix}1&0&0\\0&2&0\\0&0&-2\\1&-\frac{1}{2}&-\frac{3}{2}\\0&1&1\\0&-\frac{1}{2}&\frac{1}{2}\end{pmatrix}.$$

作线性替换 $X=CY$，其中

$$C=\begin{pmatrix}1&-\frac{1}{2}&-\frac{3}{2}\\0&1&1\\0&-\frac{1}{2}&\frac{1}{2}\end{pmatrix},$$

则二次型化为标准形

$$f=y_1^2+2y_2^2-2y_3^2.$$

注意:用配方法和初等变换法化二次型为标准形时,标准形中的系数一般不是矩阵 A 的特征值.

四、规范形与惯性指数

从例 13～15 可以看出,对二次型施行不同的非退化线性替换,得到了不同形式的标准形.一般来说,非零的二次型有无穷多种标准形.为了讨论唯一性,我们需要引入一种最简单的标准形.

定义 6.10 形如

$$z_1^2+z_2^2+\cdots+z_p^2-z_{p+1}^2-\cdots-z_r^2,\quad r\leqslant n,$$

的标准形称为二次型的**规范形**.

任何一个二次型都可以化为规范形.这是因为,先作非退化线性替换 $X=CY$,将二次型化为标准形

$$d_1y_1^2+d_2y_2^2+\cdots d_py_p^2-d_{p+1}y_{p+1}{}^2-\cdots-d_ry_r^2,\quad d_i>0,$$

然后把其中的 d_i 凑成平方数再作变量替换即可.

例 16 将例 13 中的标准形化成规范形.

解 对二次型 $f=2y_1^2+2y_2^2-y_3^2$ 作线性替换

$$\begin{cases} z_1=\sqrt{2}\,y_1 \\ z_2=\sqrt{2}\,y_2, \\ z_3=y_3 \end{cases}$$

则二次型的规范形为 $f=z_1^2+z_2^2-z_3^2$.

定理 6.16(惯性定理) 任何一个实二次型都可以经过实系数的非退化线性替换化为规范形,且规范形是唯一的.(证明从略)

定义 6.11 实二次型的规范形中,正平方项的个数 p 称为**正惯性指数**,负平方项的个数 $r-p$ 称为**负惯性指数**,正惯性指数与负惯性指数之差称为二次型的**符号差**.

由惯性定理可知,二次型的正、负惯性指数是由二次型本身唯一确定的,因而符号差也唯一.

从化标准形为规范形的过程看到,标准形中正(或负)平方项的个数就是正(或负)惯性指数.因此,虽然一个二次型有不同形式的标准形,但每个标准形中所含正(或负)平方项的个数是一样的.

将惯性定理应用于实对称矩阵 A,任何实对称矩阵 A 都合同于对角矩阵

$$\begin{pmatrix} I_p & 0 & 0 \\ 0 & -I_{r-p} & 0 \\ 0 & 0 & 0 \end{pmatrix} \tag{6.13}$$

且此对角矩阵唯一,其中 r 是矩阵 A 的秩,即二次型 X^TAX 的秩,它等于二次型的正负惯性指数之和.

惯性定理的唯一性表明:两个合同的对称矩阵具有相同的惯性指数;反过来,具有相同惯性指数的两个同阶实对称矩阵一定合同.这是因为,如果 n 阶矩阵 A,B 的惯性指数相同,设正、负惯性指数分别是 p 和 $r-p$,那么 A,B 都合同于(6.13),利用合同关系的对称性和传递性,即得 A 合同于 B.

五、二次方程(Quadratic Equation)

二元二次方程的一般形式为

$$ax^2+2bxy+cy^2+dx+ey+f=0,$$

其中,a,b,c 不全为零.记

$$X=\begin{pmatrix} x \\ y \end{pmatrix},A=\begin{pmatrix} a & b \\ b & c \end{pmatrix},$$

那么,二次方程可写为

$$X^TAX+(d\quad e)X+f=0.$$

我们称 $X^TAX=ax^2+2bxy+cy^2$ 为二次方程的二次型.

习惯上,我们把二元二次方程表示的几何图形称为圆锥曲线(Conic Section).非退化的圆锥曲线分为三类:椭圆、双曲线和抛物线.其中椭圆和双曲线是有两条对称轴的中心对称图形,而抛物线仅有一条对称轴.

对于一般形式的二次方程,通过坐标轴的旋转和平移,达到简化方程的目的,从而画出圆锥曲线的图形.事实上,由正交变换法,存在正交矩阵

$$Q=\begin{pmatrix} \cos\theta & \sin\theta \\ -\sin\theta & \cos\theta \end{pmatrix},$$

使

$$Q^T AQ=\begin{pmatrix}\lambda_1 & 0\\ 0 & \lambda_2\end{pmatrix},$$

做正交变换,即对坐标轴逆时针旋转 θ 角

$$X=Q\begin{pmatrix}x'\\ y'\end{pmatrix}=QX',$$

则有

$$\lambda_1(x')^2+\lambda_2(y')^2+d'x'+e'y'+f=0,$$

其中,$(d' \quad e')=(d \quad e)Q$. 再经适当平移消去某些一次项,就可得到标准方程.

例如,考虑圆锥曲线

$$3x^2+2xy+3y^2+8\sqrt{2}y+10=0,$$

将其表示成矩阵形式

$$(x \quad y)\begin{pmatrix}3 & 1\\ 1 & 3\end{pmatrix}\begin{pmatrix}x\\ y\end{pmatrix}+(0 \quad 8\sqrt{2})\begin{pmatrix}x\\ y\end{pmatrix}=-10,$$

这里的矩阵$\begin{pmatrix}3 & 1\\ 1 & 3\end{pmatrix}$具有特征值 $\lambda=2$ 和 $\lambda=4$,对应的单位特征向量是

$$\xi_1=\left(\frac{1}{\sqrt{2}},-\frac{1}{\sqrt{2}}\right)^T,\xi_2\left(\frac{1}{\sqrt{2}},\frac{1}{\sqrt{2}}\right)^T.$$

令

$$Q=\begin{pmatrix}\frac{1}{\sqrt{2}} & \frac{1}{\sqrt{2}}\\ -\frac{1}{\sqrt{2}} & \frac{1}{\sqrt{2}}\end{pmatrix}=\begin{pmatrix}\cos\frac{\pi}{4} & \sin\frac{\pi}{4}\\ -\sin\frac{\pi}{4} & \cos\frac{\pi}{4}\end{pmatrix},$$

并做坐标轴旋转

$$\begin{pmatrix}x\\ y\end{pmatrix}=\begin{pmatrix}\cos\frac{\pi}{4} & \sin\frac{\pi}{4}\\ -\sin\frac{\pi}{4} & \cos\frac{\pi}{4}\end{pmatrix}\begin{pmatrix}x'\\ y'\end{pmatrix},$$

则有

$$Q^T AQ=\begin{pmatrix}2 & 0\\ 0 & 4\end{pmatrix},$$

而圆锥曲线的方程化为

$$2(x')^2+4(y')^2-8x'+8y'=-10,$$

配方得到

$$(x'-2)^2+2(y'+1)^2=1,$$

因此做平移 $x''=x'-2,y''=y'+1$,方程简化为$(x'')^2+2(y'')^2=1$,它是一个以$(2,-1)$为中心、x''轴和 y''轴对称的椭圆. 显然,在 xy－坐标系下,对称轴的方向就是矩阵 A 的特征方向 ξ_1,ξ_2.

一般地,当对称矩阵 A 可逆时,经过适当的转轴和移轴,方程可以写为

$$\lambda_1(x')^2+\lambda_2(y')^2+f'=0,$$

其中λ_1,λ_2是A的特征值. 如果上式表示一条实的非退化圆锥曲线，那么当λ_1,λ_2符号相同时，它是椭圆；当λ_1,λ_2符号相反时，它是双曲线. 当非零矩阵A不可逆时，A恰有一个非零的特征值，记为λ_1，此时二次方程可以简化为

$$\lambda_1(x')^2+e'y'+f'=0,$$

当$e'\neq 0$时，它表示一条抛物线.

考虑n元的二次方程

$$X^TAX+BX+\alpha=0,$$

其中，$X=(x_1,x_2,\cdots,x_n)^T$，A是n阶实对称矩阵，B是$1\times n$矩阵，α是实数. 我们称$f(X)=X^TAX$为二次方程的二次型.

当$n=3$时，记

$$X=\begin{pmatrix}x\\y\\z\end{pmatrix},A=\begin{pmatrix}a&d&e\\d&b&f\\e&f&c\end{pmatrix},B=\begin{pmatrix}g\\h\\i\end{pmatrix},$$

三元二次方程成为

$$ax^2+by^2+cz^2+2dxy+2exz+2fyz+gx+hy+iz+\alpha=0,$$

我们称其图形为二次曲面. 与二维的情况一样，经过平移和旋转，二次曲面的方程可以化为标准形式

$$\lambda_1(x')^2+\lambda_2(y')^2+\lambda_3(z')^2+\alpha'=0,$$

其中，$\lambda_1,\lambda_2,\lambda_3$是$A$的特征值. 如此一来，根据特征值的符号情况，非退化的二次曲面有以下五种基本类型：

(1)椭球面；

(2)双曲面(分单页双曲面或双叶双曲面两种)；

(3)抛物面(分椭圆抛物面和双曲抛物面两种)；

(4)二次锥面；

(5)二次柱面.

第五节 正定二次型

本节讨论一类重要的实二次型——正定二次型.

定义 6.12 设A为实对称矩阵，对应的二次型为$f(x_1,x_2,\cdots,x_n)=X^TAX$. 如果对任意一组不全为零的实数$c_1,c_2,\cdots,c_n$，都有

$$f(c_1,c_2,\cdots,c_n)>0,$$

则称二次型$f(x_1,x_2,\cdots,x_n)$为**正定二次型**，正定二次型的矩阵A称为**正定矩阵**.

注1：因为实二次型的矩阵A是实对称矩阵，所以正定矩阵一定是实对称矩阵.

注2：如果将定义6.12中的条件放宽成

$$f(c_1,c_2,\cdots,c_n)\geqslant 0,$$

则称这类二次型为**正半定二次型**，相应的矩阵称为**正半定矩阵**. 显然，正半定二次型包含正定二次型. 正半定二次型在理论上有其特殊重要的地位. 限于篇幅，这里我们仅限研究正定二次型.

例如，实二次型$f(x_1,x_2,x_3)=x_1^2+x_2^2+x_3^2$为正定二次型；而$g(x_1,x_2,x_3)=x_1^2+x_2^2$

不是正定二次型，因为 $g(0,0,1)=0$，但它是正半定二次型.

定理 6.17　n 元实二次型为正定二次型(或 A 为正定矩阵)的充分必要条件是 A 的特征值全大于零.

证明　必要性　设 λ 为实对称矩阵 A 的特征值，对应的特征向量为 ξ，即

$$A\xi=\lambda\xi,$$

两端左乘 ξ^T，得

$$\xi^T A\xi=\lambda\xi^T\xi,$$

注意到 $\xi\neq 0$，由二次型的正定性知 $\xi^T A\xi>0$，又 $\xi^T\xi=\|\xi\|^2>0$，因此特征值 λ 是正数，必要性得证.

充分性　设 A 的 n 个实特征值 $\lambda_1,\lambda_2,\cdots,\lambda_n$ 全大于零. 由于 n 阶实对称矩阵 A 一定正交相似于对角矩阵，因此 A 必有 n 个单位正交的实特征向量 $\xi_1,\xi_2,\cdots,\xi_n$，分别对应于特征值 $\lambda_1,\lambda_2,\cdots,\lambda_n$. 这组特征向量 $\xi_1,\xi_2,\cdots,\xi_n$ 成为 R^n 的一组标准正交基，因此任何非零的 n 维向量 X 均可表示为它的线性组合，即存在不全为零的 $k_1,k_2,\cdots k_n$，使

$$X=k_1\xi_1+k_2\xi_2+\cdots+k_n\xi_n, \tag{6.14}$$

将 A 作用等式的两端，得

$$\begin{aligned}AX&=k_1A\xi_1+k_2A\xi_2+\cdots+k_nA\xi_n\\&=k_1\lambda_1\xi_1+k_2\lambda_2\xi_2+\cdots+k_n\lambda_n\xi_n,\end{aligned} \tag{6.15}$$

由于 $X^TAX=(X,AX)$，因此利用(6.14)式和(6.15)式，在标准正交基下计算内积得

$$X^TAX=(X,AX)=(k_1)^2\lambda_1+(k_2)^2\lambda_2+\cdots+(k_n)^2\lambda_n>0,$$

这就证明了二次型 $f=X^TAX$ 是正定的. ■

根据定理 6.15，通过正交线性替换，二次型 $f=X^TAX$ 可化为标准形：

$$f=\lambda_1y_1^2+\lambda_2y_2^2+\cdots+\lambda_ny_n^2.$$

当 A 的特征值全大于零，即 A 正定时，标准形可进一步化为规范形 $z_1^2+z_2^2+\cdots+z_n^2$，因此正定二次型的正惯性指数是 n. 又，规范形所对应的矩阵是 n 阶单位矩阵 I，因此正定矩阵 A 合同于单位矩阵. 于是，我们有下列结论：

推论 1　实二次型 $f(x_1, x_2, \cdots, x_n)$ 正定的充分必要条件是它的正惯性指数为 n.

推论 2　实对称矩阵 A 是正定矩阵的充分必要条件是 A 合同于单位矩阵，即存在可逆矩阵 C，使 $A=C^TC$.

从推论 2 进一步导得：

推论 3　正定矩阵的行列式大于零.

证明　正定矩阵可写成 $A=C^TC$，其中 C 可逆，故

$$|A|=|C^T||C|=|C|^2>0.$$ ■

判断一个矩阵(或二次型)是否正定，常用下面的方法.

定义 6.13　设 $A=(a_{ij})$ 是 n 阶矩阵，称子式

$$A_k=\begin{vmatrix}a_{11}&a_{12}&\cdots&a_{1k}\\a_{21}&a_{22}&\cdots&a_{2k}\\\cdots&\cdots&\cdots&\cdots\\a_{k1}&a_{k2}&\cdots&a_{kk}\end{vmatrix},\quad k=1,2,\cdots,n,$$

为矩阵 A 的 k 阶**顺序主子式**.

定理 6.18 实二次型 $f(x_1, x_2, \cdots, x_n)=X^TAX$ 正定的充分必要条件是 A 的各阶顺序主子式全大于零.(证明略)

例 17 t 取何值时,二次型 $f(x_1, x_2, x_3)=x_1^2+x_2^2+2x_3^2+2tx_1x_2+2x_1x_3$ 为正定的.

解 二次型的矩阵为

$$A=\begin{pmatrix}1 & t & 1\\ t & 1 & 0\\ 1 & 0 & 2\end{pmatrix},$$

它的顺序主子式

$$A_1=1>0,$$

$$A_2=\begin{vmatrix}1 & t\\ t & 1\end{vmatrix}=1-t^2>0,\text{ 即 } -1<t<1,$$

$$A_3=\begin{vmatrix}1 & t & 1\\ t & 1 & 0\\ 1 & 0 & 2\end{vmatrix}=1-2t^2>0,\text{即}-\frac{\sqrt{2}}{2}<t<\frac{\sqrt{2}}{2},$$

所以当 $-\frac{\sqrt{2}}{2}<t<\frac{\sqrt{2}}{2}$ 时,各阶顺序主子式全大于零,因此二次型正定.

例 18 设 A 为 $m\times n$ 阶实矩阵,证明:$AX=0$ 只有零解的充分必要条件是 A^TA 为正定矩阵.

证明 实对称矩阵 A^TA 对应的二次型是 $f=X^TA^TAX$. 由于对任意 n 维实向量 X,有

$$f=X^TA^TAX=(AX)^TAX=(AX,AX)\geqslant 0,$$

因此,

$$\begin{aligned}
&f=X^TA^TAX \text{ 是正定二次型(或 } A^TA \text{ 为正定矩阵)}\\
\Leftrightarrow\ & f=X^TA^TAX=0 \qquad \text{只有 } X=0 \text{ 时成立}\\
\Leftrightarrow\ & (AX,AX)=0 \qquad \text{只有 } X=0 \text{ 时成立}\\
\Leftrightarrow\ & AX=0 \qquad \text{只有零解.}
\end{aligned}$$

习题六

1. 求下列矩阵的特征值与特征向量:

(1) $\begin{pmatrix}1 & 6\\ 5 & 2\end{pmatrix}$;

(2) $\begin{pmatrix}0 & 0 & 1\\ 0 & 1 & 0\\ 1 & 0 & 0\end{pmatrix}$;

(3) $\begin{pmatrix}2 & -1 & 2\\ 5 & -3 & 3\\ -1 & 0 & -2\end{pmatrix}$;

(4) $\begin{pmatrix}-2 & 3 & -1\\ -6 & 7 & -2\\ -9 & 9 & -2\end{pmatrix}$;

(5) $\begin{pmatrix}1 & 1 & 1 & 1\\1 & 1 & -1 & -1\\1 & -1 & 1 & -1\\1 & -1 & -1 & 1\end{pmatrix}$；

(6) $\begin{pmatrix}a & 1 & 0 & \cdots & 0 & 0\\0 & a & 1 & \cdots & 0 & 0\\\cdots & \cdots & \cdots & \cdots & \cdots & \cdots\\0 & 0 & 0 & \cdots & a & 1\\0 & 0 & 0 & \cdots & 0 & a\end{pmatrix}$.

2. 设α,β分别是A的属于特征值λ_1,λ_2的特征向量,且$\lambda_1\neq\lambda_2$,则$\alpha+\beta$不是A的特征向量.

3. 已知A的特征值为λ,求

(1) A^T的特征值；

(2) aA的特征值；

(3) A^k的特征值,k是正整数；

(4) 若A可逆,求A^{-1}的特征值.

4. 设A为n阶矩阵,试证下列各题：

(1) 若A是幂等矩阵,即$A^2=A$,则A的特征值只能是0和1；

(2) 若A是幂零矩阵,即存在正整数k使$A^k=0$,则A的特征值只能是0.

5. 证明下列各题：

(1) 若A与B相似,则A^T与B^T相似；

(2) 若A与B相似,C与D相似,则$\begin{pmatrix}A & 0\\0 & C\end{pmatrix}$与$\begin{pmatrix}B & 0\\0 & D\end{pmatrix}$也相似；

(3) 若A可逆,则AB与BA相似.

6. 判断下列矩阵是否可以相似对角化,若可以对角化,试求相应的可逆矩阵P,使$P^{-1}AP$为对角矩阵：

(1) $\begin{pmatrix}1 & 0\\1 & -1\end{pmatrix}$；

(2) $\begin{pmatrix}0 & 1 & -1\\-2 & 0 & 2\\-1 & 1 & 0\end{pmatrix}$；

(3) $\begin{pmatrix}-2 & 3 & -1\\-6 & 7 & -2\\-9 & 9 & -2\end{pmatrix}$；

(4) $\begin{pmatrix}1 & 2 & 2\\1 & 2 & -1\\-1 & 1 & 4\end{pmatrix}$.

7. 对上题(2)的矩阵A,求A^{100}.

8. 设三阶矩阵A的特征值为$\lambda_1=1$,$\lambda_2=0$,$\lambda_3=-1$,对应的特征向量为$\alpha_1=\begin{pmatrix}1\\2\\2\end{pmatrix}$,

$\alpha_2=\begin{pmatrix}2\\-2\\1\end{pmatrix}$，$\alpha_3=\begin{pmatrix}-2\\-1\\2\end{pmatrix}$，求 A.

9. 设 $A=\begin{pmatrix}1&-2&-4\\-2&x&-2\\-4&-2&1\end{pmatrix}$，$B=\begin{pmatrix}5&&\\&y&\\&&-4\end{pmatrix}$，如果 A，B 相似，求：

(1) x，y 的值；

(2) 相应的可逆矩阵 P，使 $P^{-1}AP=B$.

10. 设 A 为可逆矩阵，证明：如果 A 可相似对角化，则 A^{-1} 也可对角化.

11. 设矩阵 A 的特征值都为 ±1，且 A 可相似对角化，证明：$A^2=I$.

12. 证明：非零的幂零矩阵不可对角化.

13. 求正交矩阵 Q，使 $Q^{-1}AQ$ 为对角矩阵.

(1) $\begin{pmatrix}2&2&-2\\2&5&-4\\-2&-4&5\end{pmatrix}$；

(2) $\begin{pmatrix}2&-1&-1\\-1&2&-1\\-1&-1&2\end{pmatrix}$.

14. A，B 为 n 阶实对称矩阵，证明：存在正交矩阵 Q，使 $Q^{-1}AQ=B$ 的充分必要条件是 A，B 有相同的特征多项式.

15. 写出下列二次型的矩阵：

(1) $f(x_1,x_2,x_3)=x_1^2-x_2^2-4x_1x_2-2x_2x_3$；

(2) $f(x_1,x_2,x_3)=X^T\begin{pmatrix}1&4&7\\2&5&8\\3&6&9\end{pmatrix}X$；

(3) $f(x_1,x_2,x_3)=(a_1x_1+a_2x_2+a_3x_3)(b_1x_1+b_2x_2+b_3x_3)$.

16. 用正交替换法化二次型为标准形：

(1) $f(x_1,x_2,x_3)=x_1^2-2x_2^2-2x_3^2-4x_1x_2+4x_1x_3+8x_2x_3$；

(2) $f(x_1,x_2,x_3)=2x_1^2+2x_2^2+2x_3^2+2x_1x_2+2x_1x_3+2x_2x_3$.

17. 用配方法、初等变换法将二次型化为规范形：

(1) $f(x_1,x_2,x_3)=x_1^2+2x_2^2+4x_3^2+2x_1x_2+4x_2x_3$；

(2) $f(x_1,x_2,x_3)=-4x_1x_2+2x_1x_3+2x_2x_3$.

18. 求习题16、17中二次型的正负惯性指数、符号差、秩.

19. 证明：可逆实对称矩阵 A 与 A^{-1} 合同.

20. 证明：如果两个实对称矩阵具有相同的特征多项式，则它们一定合同.

21. 判断下列二次型的正定性：

(1) $f(x_1,x_2,x_3)=x_1^2+2x_2^2+4x_3^2+2x_1x_2-2x_2x_3$；

(2) $f(x_1,x_2,x_3)=X^T\begin{pmatrix}1&1&0\\3&4&-2\\0&2&9\end{pmatrix}X$；

(3)$f=\sum_{i=1}^{n}x_i^2+\sum_{1\leqslant i<j\leqslant n}^{n}x_ix_j$.

22. t 取何值时，下列二次型是正定的：

(1) $f(x_1,x_2,x_3)=x_1^2+4x_2^2+x_3^2+2tx_1x_2+10x_1x_3+6x_2x_3$；

(2) $f(x_1,x_2,x_3,x_4)=t(x_1^2+x_2^2+x_3^2)+x_4^2+2x_1x_2-2x_1x_3-2x_2x_3$.

23. 证明下列各题：

(1)若 A 是正定矩阵，则 A^{-1}，A^* 也正定；

(2)若 A、B 是正定矩阵，则 $A+B$ 也正定；

(3)若 A 是列满秩矩阵，则 A^TA 是正定矩阵.

24. 设 A 为实对称矩阵，且满足 $A^2-3A+2I=O$，证明：A 为正定矩阵.

25. 设 A 为实对称矩阵，证明：当 t 充分大时，$tI+A$ 是正定矩阵.

26. 设 A 为 n 阶实对称矩阵，$\lambda_1\geqslant\cdots\geqslant\lambda_n$ 是其特征值. 证明：

$$\max_{X^TX=1}X^TAX=\lambda_1,\ \min_{X^TX=1}X^TAX=\lambda_n.$$

习题参考答案

习题一

1.(1) 11,奇;

(2)9,奇;

(3) 21,奇;

(4)$\frac{(n-1)n}{2}$,当$n=4k$或$n=4k+1$时,偶;当$n=4k+2$或$n=4k+3$时,奇;

(5)$(n-1)n$,偶.

2.(1)$i=6,k=4$;

(2)$i=1,k=4$.

3. $1\leftrightarrow 4;3\leftrightarrow 1;5\leftrightarrow 3;6\leftrightarrow 2;7\leftrightarrow 5;7\leftrightarrow 6$.

4.4 级:$a_{12}a_{23}a_{34}a_{41}$;5 级:$a_{12}a_{23}a_{31}a_{45}a_{54}$,$a_{12}a_{23}a_{34}a_{41}a_{55}$,$a_{12}a_{23}a_{35}a_{44}a_{51}$.

5.(1) 20;

(2) 14;

(3)$(-1)^{n+1}n!$.

6. 由于行列式中有一项是:$(a_{11}-\lambda)(a_{22}-\lambda)\cdots(a_{nn}-\lambda)$,其关于$\lambda$是$n$次的.

7.$2x^4$;$-x^3$.

8~9. 略.

10.(1) -15;

(2) -2;

(3)a^2+b^2-bi;

(4)$\lambda^2-3\lambda+5$;

(5) 1;

(6) 1;

(7) -10;

(8)$(x-a)(a-b)(b-x)(x+a+b)$;

(9)$abcd$;

(10) 30;

(11) 77;

(12) 0;

(13) 0;

(14)$x^2+y^2+z^2+1$.

11.(1) 62;

(2) 0;

(3) 30;

(4) $16i$.

12.(1)$D_n=2^{n-1}$;

(2)$D_n=n!$.

13.(1) -72;

(2)$abcd-bc$;

(3)a^n-a^{n-2};

(4)$1-a+a^2-a^3+a^4-a^5$,

(5)$D_6=(ad-bc)^3$,$D_{2n}=(ad-bc)^n$.

14. 不能.

15. 两者都能.

16.(1)a^2b^2;

(2)$(-1)^n(n+1)a_1a_2\cdots a_n$;

(3)$6(n-3)!$;

(4)$(x_2-x_1)^2(x_3-x_1)^2(x_3-x_2)^2$.

17.(1)0;

(2)1;

(3)-3.

18.(1)$-5(x-3)(x+3)(x-1)(x+1)$;

(2)$x=0$ 或 $x=a_1+a_2+\cdots+a_n$.

19. 略.

20.(1)按最后一行展开,$D_n=a_nD_{n-1}-b_{n-1}c_nD_{n-1}$.

(2) 略.

21. $\prod\limits_{1\leqslant i<j\leqslant n+1}(j-i)$

22.(1) $a_1a_2\cdots a_n\left(1+\sum\limits_{i=1}^{n}\frac{1}{a_i}\right)$.

(2) $(-1)^{\frac{n(n+1)}{2}}a_1\cdots a_n\left(a_0-\sum\limits_{j=1}^{n}\frac{b_jc_j}{a_j}\right)$.

(3) $(x+\sum\limits_{i=1}^{n}a_i)(x-a_1)\cdots(x-a_n)$.

(4) $\prod\limits_{i=1}^{n}(x_i-b_i)\left(1+\sum\limits_{i=1}^{n}\frac{b_i}{x_i-b_i}\right)$.

23.(1)将第一列后面的列都加到第一列,提出公因子$(n-1)$再进行列变换.

(2)将第一列分折;之后再对其中一个行列式分折第二列.

(3)从最后一行开始,逐行减去前一行进行降阶,再进行列的类似处理.

24.(1)$\begin{cases}x_1=1\\x_2=-4\\x_3=5\end{cases}$;

(2)$\begin{cases}x_1=0\\x_2=1\\x_3=0\\x_4=1\end{cases}$;

(3)$\begin{cases}x=a\\y=b.\\z=c\end{cases}$

25. 当 $\lambda\neq-2$ 时,此解是$\begin{cases}x_1=\dfrac{b_1+\lambda b_2}{2(2+\lambda)}\\x_2=\dfrac{b_1-2b_2}{2+\lambda}\end{cases}$.

26. (1)当 $\lambda=4$ 时,有非零解$\begin{cases}x_1=2\\x_2=3\end{cases}$;当 $\lambda=-1$ 时,有非零解$\begin{cases}x_1=1\\x_2=-1\end{cases}$;

(2)当 $\lambda=0$ 时,有非零解$\begin{cases}x_1=1\\x_2=-1\\x_3=0\end{cases}$;当 $\lambda=-3$ 时,有非零解$\begin{cases}x_1=1\\x_2=1\\x_3=1\end{cases}$;

(3)当 $\lambda=1$ 时,有非零解$\begin{cases}x_1=1\\x_2=0\\x_3=-1\end{cases}$;当 $\mu=0$ 时,有非零解$\begin{cases}x_1=1\\x_2=1-\lambda\\x_3=-1\end{cases}$;

(4)当 $\lambda=2$ 时,有非零解$\begin{cases}x_1=1\\x_2=0\\x_3=-1\end{cases}$;当 $\lambda=-1$ 时,有非零解$\begin{cases}x_1=1\\x_2=1.\\x_3=0\end{cases}$

当 $\lambda\neq2,\lambda\neq-1$ 时,非齐次方程组有唯一解$\begin{cases}x_1=\dfrac{4\lambda+1}{(1+\lambda)(2-\lambda)}\\x_2=-\dfrac{1}{1+\lambda}\\x_3=\dfrac{3(1-\lambda)}{2-\lambda}\end{cases}$.

27. 当 $t=15°$ 时,$\rho=13.56$.

28~29. 略.

习题二

1. $A+B=\begin{pmatrix}1&1&8\\3&-3&-8\end{pmatrix}$,$A-B=\begin{pmatrix}1&-5&-2\\-11&13&-4\end{pmatrix}$,

$3A-2B=\begin{pmatrix}3&-12&-1\\-26&31&-14\end{pmatrix}$, AB 无意义, $AB^T=\begin{pmatrix}9&17\\-15&-56\end{pmatrix}$.

2. $AB-BA=\begin{pmatrix}1&-4&6\\-17&-17&3\\9&-18&16\end{pmatrix}$,$A^2-B^2=\begin{pmatrix}9&4&6\\-15&-15&9\\-3&26&-13\end{pmatrix}$,

$(A+B)(A-B)=\begin{pmatrix}8&8&0\\2&2&6\\-12&44&-29\end{pmatrix}$, $B^TA^T=\begin{pmatrix}5&6&17\\-5&1&-3\\5&11&22\end{pmatrix}$.

3. (1)$\begin{pmatrix}18\\10\\26\end{pmatrix}$;

(2)20;

(3)$\begin{pmatrix}4&8&12&16\\3&6&9&12\\2&4&6&8\\1&2&3&4\end{pmatrix}$;

(4)$(6\quad -7\quad 8)$;

(5)$\begin{pmatrix}\lambda_1 a_{11}&\lambda_1 a_{12}&\lambda_1 a_{13}&\lambda_1 a_{14}\\\lambda_2 a_{21}&\lambda_2 a_{22}&\lambda_2 a_{23}&\lambda_2 a_{24}\\\lambda_3 a_{31}&\lambda_3 a_{32}&\lambda_3 a_{33}&\lambda_3 a_{34}\end{pmatrix}$;

(6)$\begin{pmatrix}8&-6&0\\1&-4&-2\\1&3&6\\-2&-2&-2\end{pmatrix}$;

(7)$\begin{pmatrix}a+b+c&a^2+b^2+c^2&b^2+2ac\\a+b+c&b^2+2ac&a^2+b^2+c^2\\3&a+b+c&a+b+c\end{pmatrix}$;

(8)$a_{11}x^2+a_{22}y^2+2a_{12}xy+2b_1x+2b_2y+c$.

4. $\begin{cases}x_1=-7z_1+5z_2\\x_2=10z_1+7z_2\\x_3=-15z_1+20z_2\end{cases}$.

5. 略.

6. (1)$\begin{pmatrix}-7&-6\\12&8\end{pmatrix}$;

(2)$\begin{pmatrix}1&n\\0&1\end{pmatrix}$;

(3)$\begin{pmatrix}\lambda_1^n&0&0\\0&\lambda_2^n&0\\0&0&\lambda_3^n\end{pmatrix}$;

(4)$\begin{pmatrix}\lambda^n&n\lambda^{n-1}&\dfrac{n(n-1)}{2}\lambda^{n-2}\\0&\lambda^n&n\lambda^{n-1}\\0&0&\lambda^n\end{pmatrix}$.

7. (1)$f(A)=\begin{pmatrix}18&9&9\\9&18&9\\9&9&18\end{pmatrix}$.

(2)14.

8~9. 略.

10. (1)$\begin{pmatrix}-2&3/2\\1&-1/2\end{pmatrix}$;

(2) $\frac{1}{ad-bc}\begin{pmatrix} d & -b \\ -c & a \end{pmatrix}$;

(3) $\begin{pmatrix} \frac{2}{3} & -\frac{7}{6} & \frac{5}{6} \\ -\frac{1}{3} & \frac{5}{6} & -\frac{1}{6} \\ -\frac{1}{3} & \frac{4}{3} & -\frac{2}{3} \end{pmatrix}$;

(4) $\begin{pmatrix} -\frac{1}{4} & -\frac{5}{4} & \frac{3}{4} \\ \frac{1}{4} & -\frac{3}{4} & \frac{1}{4} \\ \frac{1}{2} & \frac{3}{2} & -\frac{1}{2} \end{pmatrix}$.

11～19. 略

20. A^2-A+I

21. $-\frac{16}{27}$.

22. (1) $B=\left(\begin{array}{cc|cc} 1 & 2 & 1 & 0 \\ \hline -1 & 0 & 0 & 1 \\ 0 & -1 & 0 & 0 \end{array}\right)$, $AB=\left(\begin{array}{cc|cc} 1 & 4 & 2 & 1 \\ 1 & 1 & 1 & 0 \\ \hline -2 & -1 & 0 & 2 \\ 0 & -3 & 0 & 0 \end{array}\right)$;

(2) $A=\left(\begin{array}{c|cc} 0 & 1 & 2 \\ 2 & 1 & 3 \\ 1 & -1 & 0 \end{array}\right)$, $AB=\begin{pmatrix} 1 & 2 \\ 1 & 5 \\ -1 & 1 \end{pmatrix}$.

23. (1) 6;

(2) -4.

24. 略.

25.

(1) $\begin{pmatrix} 1 & 0 & 0 & 0 \\ -1/2 & 1/2 & 0 & 0 \\ 0 & -1/3 & 1/3 & 0 \\ 0 & 0 & -1/4 & 1/4 \end{pmatrix}$;

(2) $\begin{pmatrix} 1 & -2 & 1 & 0 \\ 0 & 1 & -2 & 1 \\ 0 & 0 & 1 & -2 \\ 0 & 0 & 0 & 1 \end{pmatrix}$;

(3) $\begin{pmatrix} -3 & 4 & 0 & 0 & 0 \\ 1 & -1 & 0 & 0 & 0 \\ 0 & 0 & 5/2 & -1/2 & 0 \\ 0 & 0 & -3/2 & 1/2 & 0 \\ 0 & 0 & 0 & 0 & 1/8 \end{pmatrix}$;

(4) $\begin{pmatrix} 0 & 0 & 0 & 0 & \frac{1}{5} \\ 0 & 0 & 0 & \frac{1}{4} & 0 \\ 1 & 0 & 0 & 0 & 0 \\ 0 & \frac{1}{2} & 0 & 0 & 0 \\ 0 & 0 & \frac{1}{3} & 0 & 0 \end{pmatrix}$.

26. 略.

27. (1)(2)略;

(3) $(-1)^n\begin{pmatrix} 0 & xB^* \\ yA^* & 0 \end{pmatrix}$.

28. (1) $\begin{pmatrix} 1 & 0 \\ 0 & 1 \end{pmatrix}$;

(2) $\begin{pmatrix} 1 & 0 & 0 \\ 0 & 1 & 0 \end{pmatrix}$;

(3) $\begin{pmatrix} 1 & 0 & 0 \\ 0 & 1 & 0 \\ 0 & 0 & 1 \end{pmatrix}$;

(4) $\begin{pmatrix} 1 & 0 & 0 & 0 \\ 0 & 1 & 0 & 0 \\ 0 & 0 & 0 & 0 \end{pmatrix}$.

29.

(1) $\begin{pmatrix} 1 & 1 & 2 \\ 3 & 0 & -2 \\ 2 & 1 & 1 \end{pmatrix}$;

(2) $\begin{pmatrix} 5 & -1 & -3 \\ -6 & 1 & 4 \\ -2 & 1 & 1 \end{pmatrix}$;

(3) $\begin{pmatrix} \frac{1}{2} & 0 & 0 & \frac{1}{2} \\ \frac{1}{2} & 0 & -\frac{1}{2} & 0 \\ \frac{1}{2} & -\frac{1}{2} & 0 & 0 \\ \frac{1}{2} & -\frac{1}{2} & -\frac{1}{2} & \frac{1}{2} \end{pmatrix}$;

(4) $\begin{pmatrix} 22 & -6 & -26 & 17 \\ -17 & 5 & 20 & -13 \\ -1 & 0 & 2 & -1 \\ 4 & -1 & -5 & 3 \end{pmatrix}$.

30. $A=\begin{pmatrix}1&0\\1&1\end{pmatrix}\begin{pmatrix}1&2\\0&1\end{pmatrix}\begin{pmatrix}0&1\\1&0\end{pmatrix}$(不唯一).

31. $(A^*)^{-1}=|A^{-1}|\cdot A,|A^{-1}|=2,A=\frac{1}{2}\begin{pmatrix}5&-2&-1\\-2&2&0\\-1&0&1\end{pmatrix}$,则

$(A^*)^{-1}=\begin{pmatrix}5&-2&-1\\-2&2&0\\-1&0&1\end{pmatrix}$.

32. $P=\begin{pmatrix}1&0&0\\-3&0&1\\-2&1&0\end{pmatrix},Q=\begin{pmatrix}1&-2&0\\0&0&2\\0&1&0\end{pmatrix}$(不唯一).

33. (1)$X=\begin{pmatrix}2&\frac{2}{3}\\-3&\frac{2}{3}\\-1&-1\end{pmatrix}$;

(2)$X=\begin{pmatrix}-\frac{4}{3}&1&\frac{5}{3}\\-\frac{8}{3}&5&-\frac{2}{3}\end{pmatrix}$;

(3)$X=\begin{pmatrix}2&3\\1&-2\\-1&1\end{pmatrix}$.

34.

$B=\begin{pmatrix}5&4&6\\2&-1&0\\-2&4&3\end{pmatrix}$.

35. $x_1=3,x_2=-2,x_3=2$.

36. $X=\frac{1}{2}\begin{pmatrix}1&-1&1\\1&1&-1\\-1&1&1\end{pmatrix}^{-1}=\frac{1}{4}\begin{pmatrix}1&1&0\\0&1&1\\1&0&1\end{pmatrix}$.

37. $A=[(2C-B)^{-1}]^T=[(2C-B)^T]^{-1}=\begin{pmatrix}1&0&0&0\\2&1&0&0\\3&2&1&0\\4&3&2&1\end{pmatrix}^{-1}=\begin{pmatrix}1&0&0&0\\-2&1&0&0\\1&-2&1&0\\0&1&-2&1\end{pmatrix}$.

习题三

1. $\begin{pmatrix}8\\-2\\9\end{pmatrix},\begin{pmatrix}-8\\8\\-2\end{pmatrix}$.

2. (1)$\beta=\alpha_1-2\alpha_2+\alpha_3$;

(2)$\beta=3\alpha_1-\alpha_2$,但不唯一.

3.(1)线性相关;

(2)线性无关;

(3)线性无关.

4~7. 略.

8.(1)$\lambda\neq0$;$\lambda\neq-3$;

(2)$\lambda=0$;

(3)$\lambda=-3$.

9.(1)秩为 2,α_1,α_2;

(2)秩为 3,α_1,α_2,α_4.

10.$a\neq5$,$a\neq-3$.

11. 略.

12~13. 提示:利用定理 3.9 及推论。

14. 略.

15. 提示:不妨假设 $\alpha_1,\cdots,\alpha_{r1}$ 是(Ⅰ)的极大线性无关组,$\beta_1,\cdots,\beta_{r2}$ 是(Ⅱ)的极大线性无关组.将它们组成一个新的向量组(Ⅳ)$\alpha_1,\cdots,\alpha_{r1},\beta_1,\cdots,\beta_{r2}$,然后讨论(Ⅲ)和(Ⅳ)之间的关系.

16. 略.

17.(1)2;

(2)2.

18.(1)2;

(2)2.

19.$a\neq1$,$a\neq-\dfrac{1}{3}$时,秩为 4;$a=1$ 时,秩为 1;$a=-\dfrac{1}{3}$时,秩为 3.

20.$a\neq1$.利用性质:如果向量组(Ⅱ)可以用(Ⅰ)表示,且(Ⅰ)和(Ⅱ)的秩相等,那么(Ⅰ)和(Ⅱ)等价.

21. 提示:利用矩阵的秩就是它的列向量组的秩证明.

22. 提示:同上.

习题四

1.(1)无解;

(2)有唯一解;

(3)有无穷多组解.

2.(1)当 $\lambda\neq0$ 且 $\lambda\neq-1$ 时,有唯一解;当 $\lambda=0$ 时,有无穷多组解;当 $\lambda=-1$ 时,无解.

(2)当 $k\neq1$ 且 $k\neq-7$ 且 $t\in R$ 时,有唯一解;当 $k=1$ 且 $t=3$ 时或当 $k=-7$ 且 $t\in R$ 时,有无穷多组解;当 $k=1$ 且 $t\neq3$ 时,无解.

3.

(1) $\begin{pmatrix}x_1\\x_2\\x_3\\x_4\end{pmatrix}=k\begin{pmatrix}4\\-9\\4\\3\end{pmatrix}$,$(k\in R)$.

(2) $\begin{pmatrix} x_1 \\ x_2 \\ x_3 \\ x_4 \end{pmatrix} = k\begin{pmatrix} 12 \\ -5 \\ 2 \\ 0 \end{pmatrix}$, $(k\in R)$.

(3)仅有零解,不存在基础解系.

(4) $\begin{pmatrix} x_1 \\ x_2 \\ x_3 \\ x_4 \end{pmatrix} = k_1\begin{pmatrix} -1 \\ 3 \\ 5 \\ 0 \end{pmatrix} + k_2\begin{pmatrix} -6 \\ -7 \\ 0 \\ 5 \end{pmatrix}$, $(k_1, k_2\in R)$.

(5) $\begin{pmatrix} x_1 \\ x_2 \\ x_3 \\ x_4 \\ x_5 \end{pmatrix} = k_1\begin{pmatrix} 1 \\ 1 \\ 0 \\ 0 \\ 0 \end{pmatrix} + k_2\begin{pmatrix} -7 \\ 0 \\ 4 \\ 5 \\ 0 \end{pmatrix} + k_3\begin{pmatrix} 4 \\ 0 \\ 7 \\ 0 \\ 5 \end{pmatrix}$, $(k_1, k_2, k_3\in R)$.

4.

(1) $\begin{pmatrix} x_1 \\ x_2 \\ x_3 \end{pmatrix} = \begin{pmatrix} \frac{10}{7} \\ -\frac{1}{7} \\ -\frac{2}{7} \end{pmatrix}$, (2) $\begin{pmatrix} x_1 \\ x_2 \\ x_3 \\ x_4 \end{pmatrix} = \begin{pmatrix} 14 \\ -4 \\ 0 \\ 1 \end{pmatrix} + k\begin{pmatrix} -4 \\ 1 \\ 1 \\ 0 \end{pmatrix}$, $(k\in R)$.

(3) $\begin{pmatrix} x_1 \\ x_2 \\ x_3 \\ x_4 \end{pmatrix} = \begin{pmatrix} 2 \\ -1 \\ 0 \\ 0 \end{pmatrix} + k_1\begin{pmatrix} -6 \\ 1 \\ 2 \\ 0 \end{pmatrix} + k_2\begin{pmatrix} -5 \\ 2 \\ 0 \\ 3 \end{pmatrix}$, $(k_1, k_2\in R)$.

(4) $\begin{pmatrix} x_1 \\ x_2 \\ x_3 \\ x_4 \\ x_5 \end{pmatrix} = \begin{pmatrix} -1 \\ 0 \\ 1 \\ 0 \\ 0 \end{pmatrix} + k_1\begin{pmatrix} -2 \\ 1 \\ 0 \\ 0 \\ 0 \end{pmatrix} + k_2\begin{pmatrix} -5 \\ 0 \\ 1 \\ -2 \\ 1 \end{pmatrix}$, $(k_1, k_2\in R)$.

(5) $\begin{pmatrix} x_1 \\ x_2 \\ x_3 \\ x_4 \\ x_5 \end{pmatrix} = \begin{pmatrix} \frac{5}{4} \\ 0 \\ -\frac{1}{4} \\ 0 \\ 0 \end{pmatrix} + k_1\begin{pmatrix} 2 \\ 1 \\ 0 \\ 0 \\ 0 \end{pmatrix} + k_2\begin{pmatrix} 3 \\ 0 \\ 3 \\ 2 \\ 0 \end{pmatrix} + k_3\begin{pmatrix} -3 \\ 0 \\ 7 \\ 0 \\ 4 \end{pmatrix}$, $(k_1, k_2, k_3\in R)$.

5. (1)当 $\lambda\neq 1$ 且 $\lambda\neq -2$ 时,方程组有唯一解,且其唯一解为:

$$x_1 = -\frac{\lambda+1}{\lambda+2}, x_2 = \frac{1}{\lambda+2}, x_3 = \frac{(\lambda+1)^2}{\lambda+2}.$$

(2)当 $\lambda=-2$ 时,方程组无解.

(3)当 $\lambda=1$ 时,方程组有无穷多组解,且其通解为:

$$\begin{pmatrix}x_1\\x_2\\x_3\end{pmatrix}=\begin{pmatrix}1\\0\\0\end{pmatrix}+k_1\begin{pmatrix}-1\\1\\0\end{pmatrix}+k_2\begin{pmatrix}-1\\0\\1\end{pmatrix}\quad(k_1,k_2\in R).$$

6~14. 略.

15. 记 $\xi_1=\alpha_2-\alpha_1=\begin{pmatrix}0\\1\\0\end{pmatrix},\xi_2=\alpha_3-\alpha_2=\begin{pmatrix}0\\0\\1\end{pmatrix}$,

(1)$AX=O$ 的通解为 $\eta=k_1\xi_1+k_2\xi_2=k_1\begin{pmatrix}0\\1\\0\end{pmatrix}+k_2\begin{pmatrix}0\\0\\1\end{pmatrix}$.

(2) 取 $AX=B$ 的一个特解为 $\alpha_1=\begin{pmatrix}1\\0\\0\end{pmatrix}$,则 $AX=B$ 的通解为 $X=\alpha_1+\eta$.

16. (1)$a\neq-1$,b 为任意实数时,β 可由 $\alpha_1,\alpha_2,\alpha_3$ 线性表示,且表达式唯一;

(2)$a=-1,b\neq0$ 时,β 不能由 $\alpha_1,\alpha_2,\alpha_3$ 线性表示;

(3)$a=-1,b=0$ 时,β 可由 $\alpha_1,\alpha_2,\alpha_3$ 线性表示,但表达式不唯一,一般表达式为

$$\beta=(-3t-2k+2)\alpha_1+(2t+k-1)\alpha_2+t\alpha_3+k\alpha_4.$$

17. $a=13,b=5$.

习题五

1. V_1 是;V_2 不是.

2. 只需证 $\alpha_1,\alpha_2,\alpha_3$ 线性无关.

3. $\beta_1=1\alpha_1+2\alpha_3,\beta_2=-\alpha_1+3\alpha_2+\alpha_3$.

4. $(6,1,-2)^T$.

5. $\begin{pmatrix}0&1&-1&1\\-1&1&0&0\\0&0&0&1\\1&-1&1&-1\end{pmatrix},(\frac{4}{13},\frac{2}{13},-\frac{3}{13},-\frac{1}{13})^T$.

6. $\frac{1}{4}\begin{pmatrix}4&4&0\\-1&-1&1\\1&-3&-1\end{pmatrix},(3,-1,2)^T,(4,-1,-1)^T$.

7. (1)1;

(2)0.

8. (1)$\frac{1}{7}\begin{pmatrix}2\\3\\0\\-6\end{pmatrix}$;

(2) $\frac{1}{\sqrt{14}}\begin{pmatrix}3\\0\\\sqrt{2}\\\sqrt{3}\end{pmatrix}$.

9. $\|\alpha\|=3$, $\|\beta\|=7$, $\theta=\arccos(5/21)$.

10. $\pm\frac{1}{3}(1,-2,2)^T$.

11. $\frac{1}{\sqrt{6}}\begin{pmatrix}1\\2\\-1\end{pmatrix}$, $\frac{1}{\sqrt{3}}\begin{pmatrix}-1\\1\\1\end{pmatrix}$, $\frac{1}{\sqrt{2}}\begin{pmatrix}1\\0\\1\end{pmatrix}$.

12. (1) $\frac{1}{\sqrt{2}}\begin{pmatrix}1\\1\\0\\0\end{pmatrix}$, $\frac{1}{\sqrt{6}}\begin{pmatrix}-1\\1\\2\\0\end{pmatrix}$, $\frac{1}{\sqrt{12}}\begin{pmatrix}1\\-1\\1\\3\end{pmatrix}$;

(2) $\frac{1}{\sqrt{2}}\begin{pmatrix}1\\1\\0\\0\end{pmatrix}$, $\frac{1}{\sqrt{6}}\begin{pmatrix}-1\\1\\2\\0\end{pmatrix}$, $\frac{1}{\sqrt{12}}\begin{pmatrix}-1\\1\\1\\3\end{pmatrix}$, $\frac{1}{2}\begin{pmatrix}1\\-1\\-1\\1\end{pmatrix}$.

13. 略.

14. 只需证明过渡矩阵为正交阵.

15～16. 略.

17. (1)(4)是线性空间;(2)(3)不是线性空间.

18. 基:$\alpha_1,\alpha_2,\alpha_3$;$\dim=3$.

19. 略.

20. (1) $\begin{pmatrix} & & & & 1\\ & & & 1 & \\ & & \iddots & & \\ & 1 & & & \\ 1 & & & & \end{pmatrix}$;

(2) $(n,n-1,\cdots,1)^T$.

21. 略.

22. 线性变换:(1)(4)(5)(6).

23. $(2.5,2.5)^T$.

24. (1) $\begin{pmatrix}1&0&0\\1&2&0\\0&1&-1\end{pmatrix}$;

(2) $\begin{pmatrix}1&0&0\\2&2&0\\-3&-2&-1\end{pmatrix}$.

25. (1) $\begin{pmatrix}0&1&1\\1&0&1\\1&1&0\end{pmatrix}$;

(2) $\begin{pmatrix}0&1&1\\1&0&1\\1&1&0\end{pmatrix}$.

26～28. 略.

习题六

1. (1) $\lambda_1=-4$, $X=k_1(-6,5)^T$, $k_1\neq0$; $\lambda_2=7$, $X=k_2(1,1)^T$, $k_2\neq0$;

(2) $\lambda_1=-1$, $X=k_1(-1,0,1)^T$, $k_1\neq0$,

$\lambda_2=\lambda_3=1, X=k_2(1,0,1)^T+k_3(0,1,0)^T$, k_2, k_3 不全为零;

(3) $\lambda_1=\lambda_2=\lambda_3=-1, X=k(-1,-1,1)^T$, $k\neq0$;

(4) $\lambda_1=\lambda_2=\lambda_3=1, X=k_1(1,1,0)^T+k_2(-1,0,3)^T, k_1, k_2$ 不全为零;

(5) $\lambda_1=\lambda_2=\lambda_3=2, X=k_1(1,1,0,0)^T+k_2(1,0,1,0)^T+k_3(1,0,0,1)^T, k, k_2, k_3$ 不全为零, $\lambda_4=-2$, $X=k_4(1,-1,-1,-1)^T$, $k_4\neq0$.

(6) $\lambda=a$, $X=k(1,0,\cdots,0)^T$, $k\neq0$.

2. 略.

3. (1) λ;

(2) $a\lambda$;

(3) λ^k;

(4) λ^{-1}.

4～5. 略.

6. (1) $P=\begin{pmatrix}2&0\\1&1\end{pmatrix}, \Lambda=\begin{pmatrix}1&\\&-1\end{pmatrix}$.

(2) $P=\begin{pmatrix}1&1&1\\1&0&4\\1&1&3\end{pmatrix}, \Lambda=\begin{pmatrix}0&&\\&-1&\\&&1\end{pmatrix}$.

(3) 不可对角化.

(4) $P=\begin{pmatrix}1&1&2\\1&0&-1\\0&1&1\end{pmatrix}, \Lambda=\begin{pmatrix}3&&\\&3&\\&&1\end{pmatrix}$.

7. $A^{100}=\begin{pmatrix}-1&-1&2\\-2&0&2\\-2&-1&3\end{pmatrix}$.

8. $\frac{1}{3}\begin{pmatrix}-1&0&2\\0&1&2\\2&2&0\end{pmatrix}$.

9. (1) $x=4$, $y=5$;

$$(2)P=\begin{pmatrix}-1 & -1 & 2\\ 2 & 0 & 1\\ 0 & 1 & 2\end{pmatrix}.$$

10～12.略.

13. (1)$Q=\begin{pmatrix}\frac{2}{\sqrt{5}} & -\frac{2}{3\sqrt{5}} & -\frac{1}{3}\\ 0 & \frac{\sqrt{5}}{3} & -\frac{2}{3}\\ \frac{1}{\sqrt{5}} & \frac{4}{3\sqrt{5}} & \frac{2}{3}\end{pmatrix}$，$Q^{-1}AQ=\begin{pmatrix}1 & & \\ & 1 & \\ & & 10\end{pmatrix}$.

(2)$Q=\begin{pmatrix}\frac{1}{\sqrt{3}} & -\frac{1}{\sqrt{2}} & -\frac{1}{\sqrt{6}}\\ \frac{1}{\sqrt{3}} & \frac{1}{\sqrt{2}} & -\frac{1}{\sqrt{6}}\\ \frac{1}{\sqrt{3}} & 0 & \frac{2}{\sqrt{6}}\end{pmatrix}$，$Q^{-1}AQ=\begin{pmatrix}0 & & \\ & 3 & \\ & & 3\end{pmatrix}$.

14～15.略.

16.(1)$f=2y_1^2+2y_2^2-7y_3^2$；

(2)$f=y_1^2+y_2^2+4y_3^2$.

17. (1)$f=y_1^2+y_2^2$；

(2)$f=y_1^2+y_2^2-y_3^2$.

18. 16题(1) 2，1，1，3；

(2) 2，1，1，3.

17题(1) 2，0，2，2；

(2) 2，1，1，3.

19～20.略.

21. (1) 正定；

(2)不正定；

(3)正定.

22. (1)对任意实数 t，二次型不正定；

(2)$t>1$.

23～26.略.

附录A

一些应用例子

线性代数在经济、管理、工程等领域甚至在日常生活中都有着广泛的应用.在本附录中,我们选取了这方面的一些应用例子,以使学生对线性代数应用的广泛性有所了解,从而提高学习的兴趣.

一、矩阵的应用

许多问题都可以方便地用矩阵来描述.

例1 某电子公司下属甲、乙、丙三个工厂均生产Ⅰ、Ⅱ、Ⅲ、Ⅳ四种电子产品,去年的生产量和今年上半年的生产量如下表所示(单位:台):

工　厂	去　年				今　年			
	Ⅰ	Ⅱ	Ⅲ	Ⅳ	Ⅰ	Ⅱ	Ⅲ	Ⅳ
甲	3	4	5	7	2	5	6	7
乙	4	3	8	5	3	2	7	3
丙	5	4	7	6	4	3	6	7

在表格第三列和第四列中的数字分别是三个工厂的产量.如果公司今年的目标生产量是去年生产量的2倍,试求公司今年下半年必须完成的生产量.

解 设A、B分别是去年和今年上半年下属甲、乙、丙三个公产生产四种产品的产量矩阵,则

$$A=\begin{pmatrix}3&4&5&7\\4&3&8&5\\5&4&7&6\end{pmatrix},B=\begin{pmatrix}2&5&6&7\\3&2&7&3\\4&3&6&7\end{pmatrix}.$$

若用X表示下半年的产量矩阵,则由题设可知

$$B+X=2A,$$

于是

$$X=2A-B=2\begin{pmatrix}3&4&5&7\\4&3&8&5\\5&4&7&6\end{pmatrix}-\begin{pmatrix}2&5&6&7\\3&2&7&3\\4&3&6&7\end{pmatrix}$$

$$=\begin{pmatrix}6&8&10&14\\8&6&16&10\\10&8&14&12\end{pmatrix}-\begin{pmatrix}2&5&6&7\\3&2&7&3\\4&3&6&7\end{pmatrix}=\begin{pmatrix}4&3&4&7\\5&4&9&7\\6&5&8&5\end{pmatrix}.$$

所以公司今年下半年必须完成的生产量可以列表如下：

工　厂	Ⅰ	Ⅱ	Ⅲ	Ⅳ
甲	4	3	4	7
乙	5	4	9	7
丙	6	5	8	5

例 2　某公司有Ⅰ、Ⅱ、Ⅲ三种商品，由甲、乙、丙三个门市部销售. 日销售量、各种商品的单位价格及单位利润如下表所示：

商　品	Ⅰ	Ⅱ	Ⅲ
甲	48	36	18
乙	42	40	12
丙	35	26	24
单位价格(元/件)	150	180	300
单位利润(元/件)	20	30	60

试求出各门市部的当日销售额和利润以及各种商品的当日三个门市部的总销售额和总利润.

解　设 A 为各种商品的单位价格和单位利润矩阵，B 为三个门市部对各种商品的日销售量，则

$$A=\begin{pmatrix}150&180&300\\20&30&60\end{pmatrix},B=\begin{pmatrix}48&36&18\\42&40&12\\35&26&24\end{pmatrix},$$

于是三个门市部的当日销售和利润为

$$AB^T=\begin{pmatrix}150&180&300\\20&30&60\end{pmatrix}\begin{pmatrix}48&42&35\\36&40&26\\18&12&24\end{pmatrix}=\begin{pmatrix}19\ 080&17\ 100&17\ 130\\3\ 120&2\ 760&2\ 920\end{pmatrix}.$$

即

门市部	甲	乙	丙
日销售额(元)	19 080	17 100	17 130
日利润(元)	3 120	2 760	2 920

各种商品当日三个门市部的总销售额和总利润为

$$\begin{pmatrix}150&180&300\\20&30&60\end{pmatrix}\left[\begin{pmatrix}48&0&0\\0&36&0\\0&0&18\end{pmatrix}+\begin{pmatrix}42&0&0\\0&40&0\\0&0&12\end{pmatrix}+\begin{pmatrix}35&0&0\\0&26&0\\0&0&24\end{pmatrix}\right]$$

$$=\begin{pmatrix}150&180&300\\20&30&60\end{pmatrix}\begin{pmatrix}125&0&0\\0&102&0\\0&0&54\end{pmatrix}=\begin{pmatrix}19\ 750&18\ 360&16\ 200\\2\ 500&3\ 060&3\ 240\end{pmatrix},$$

即

商品种类	Ⅰ	Ⅱ	Ⅲ
日总销售额(元)	18 750	18 360	16 200
日总利润(元)	2 500	3 060	3 240

二、构造通过给定点的曲线或者曲面

在本节中,我们介绍如何构造过定点的曲线、曲面的方程,利用的数学知识主要是方程组.下面是几个例子:

(1)在 xy-平面上给定两个点 $A(x,y)$ 和 $B(x',y')$,求通过这两定点的直线的方程.

(2)如果给定三个点 A,B 和 C,求过这三个点的圆的方程.

(3)如果你通过开普勒第一定律知道绕太阳转的小行星的轨道是椭圆形,那么要观察几次小行星的位置,就可以确定小行星轨道的方程?

上面的问题包含了下述的数学问题:

几个点可以确定一条给定的曲线?知道这些点如何确定曲线?

更进一步,在三维空间中,几个点确定一个平面?怎样确定过三个点的平面?几个点确定一个球?怎样确定过四点的球的方程?

求解过定点的曲线方程的基本方法是:将已知点的坐标代入曲线的方程,得到一个线性代数方程组,然后求解就可以了.

对于前面两个问题,我们可以这样求解:

(1)将点 A,B 的坐标代入直线方程 $ax+by+c=0$,得到方程组,求出系数就可以了.

(2)将点 A,B 和 C 的坐标代入圆的方程 $ax^2+by^2+cx+dy+e=0$,得到方程组,求出系数就可以了.

下面给出具体例子来说明如何求解这些问题.

例 3 求通过定点 $A=(3,5)$ 和 $B=(-1,2)$ 的直线 $ax+by+c=0$.

解 将给定点 A,B 的坐标及任意点的坐标 (x,y) 代入直线的方程,得到下面的线性代数方程组:

$$\begin{cases} ax+by+c=0 \\ 3a+5b+c=0 \\ -a+2b+c=0 \end{cases},$$

我们记这个方程组为 $AX=B$,它的系数矩阵是 $A=\begin{pmatrix} x & y & 1 \\ 3 & 5 & 1 \\ -1 & 2 & 1 \end{pmatrix}$,未知向量是 $X=\begin{pmatrix} a \\ b \\ c \end{pmatrix}$,右端项是 $B=\begin{pmatrix} 0 \\ 0 \\ 0 \end{pmatrix}$,注意到这个方程组是齐次的,运用我们学习过的线性代数知识,当且仅当 $\det(A)=0$ 时,方程组有非零解,所以,我们有:

$$\det(A)=x\begin{vmatrix} 5 & 1 \\ 2 & 1 \end{vmatrix}-y\begin{vmatrix} 3 & 1 \\ -1 & 1 \end{vmatrix}+1\begin{vmatrix} 3 & 5 \\ -1 & 2 \end{vmatrix}=0,$$

即

$$4y-4y+11=0.$$

例 4 求过三点 $A=(1,4)$，$B=(-2,3)$，$C=(0,-1)$ 的圆的方程.

解 把三个定点的坐标及任意点的坐标 (x,y) 代入圆的一般方程

$$a(x^2+y^2)+bx+cy+d=0,$$

得到下面线性方程组：

$$\begin{cases} a(x^2+y^2)+bx+cy+d=0 \\ a(1+16)+b+4c+d=0 \\ a(4+9)-2b+3c+d=0 \\ a(0+1)+0b-c+d=0 \end{cases},$$

我们记这个方程组为 $AX=B$，它的系数矩阵是

$$A=\begin{pmatrix} x^2+y^2 & x & y & 1 \\ 17 & 1 & 4 & 1 \\ 13 & -2 & 3 & 1 \\ 1 & 0 & 1 & 1 \end{pmatrix},$$

未知向量是 $X=\begin{pmatrix} a \\ b \\ c \\ d \end{pmatrix}$，右端项是 $B=\begin{pmatrix} 0 \\ 0 \\ 0 \\ 0 \end{pmatrix}$，与例 1 同理，要方程组有非零解，系数矩阵必须满足 $\det(A)=0$，再化行列式为多项式得到所求的方程：

$$14(x^2+y^2)-4x-44y-58=0.$$

三、交通流问题

线性方程组在交通流问题的研究中也有着广泛的应用，下面是一简单的例子.

例 5 有一校园交通示意图：

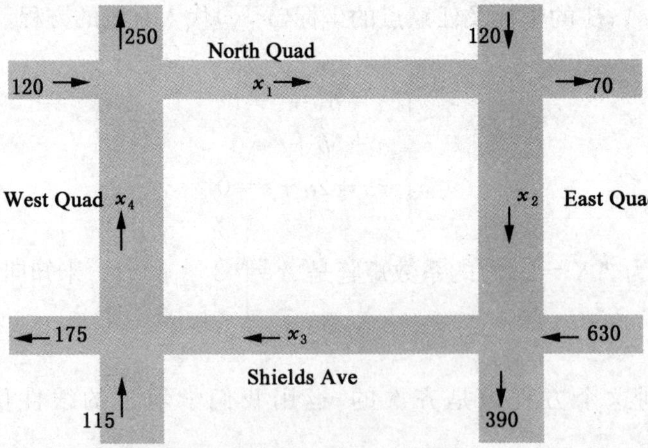

假设在 10 分钟内，进出四条道口的自行车数量是相等的，并且每条道路都是单行线，具体如图所示，请求出那些 10 分钟内通过道口的未知的自行车数量.

解 根据题意，我们可以建立下面的方程组：

$$\begin{cases}x_4+120=x_1+250\\x_3+115=x_4+175\\x_2+630=x_3+390\\x_1+70=x_2+120\end{cases},$$

可以将其写成矩阵形式：

$$\begin{pmatrix}-1&0&0&1\\0&0&1&-1\\0&1&-1&0\\1&1&0&0\end{pmatrix}\begin{pmatrix}x_1\\x_2\\x_3\\x_4\end{pmatrix}=\begin{pmatrix}130\\60\\-240\\50\end{pmatrix},$$

求方程组，很容易得到：

$$\begin{cases}x_1=x_4+130\\x_2=x_4-180,\\x_3=x_4+160\end{cases}$$

如果 $x_4=200$ 的话，$x_1=330$，$x_2=20$，$x_3=260$.

四、马尔科夫链

马尔科夫链在动态经济模型、时间序列分析、回归分析、网络控制及语音识别等领域都有着重要的应用，而描述马尔科夫链的则可以用线性代数的知识. 下面通过例子来简单介绍马尔科夫链.

例 6 学校附近有三家餐馆，一家是川菜，一家是湘菜，还有一家是快餐. 假设每个周末在食堂吃的人中有 20%下次吃湘菜，25%下次吃快餐，还有 30%下次吃川菜. 吃湘菜的人中有 20%下次在食堂吃，20%下次吃快餐，还有 30%下次吃川菜；25%的人下次在食堂吃，而吃快餐的人中有 25%的人下次吃湘菜，10%的人下次吃川菜. 对于吃川菜的人，30%的人下次在食堂吃，30%的人下次吃湘菜，10%的人下次吃快餐. 我们把这样的整个事件称为一个系统，而某个人在四个地方中的任何一个地方吃饭，被称为状态. 在这个例子里，有四个状态. 从实际应用的角度出发，我们感兴趣的是诸如有多少人在食堂吃饭的这类问题.

定义 1 如果一个系统每个时刻有 n 种可能的状态，但它每次只能处于一种状态，并且在第 n 个时刻，系统处于某种状态的概率只依赖于前一个时刻，即第 $n-1$ 时刻系统的状态，这样一个系统叫作马尔可夫链，或者马尔科夫过程.

定义 2 设系统从状态 j 到状态 i 的概率是 a_{ij}，则矩阵 $A=(a_{ij})$ 称为马尔科夫链的转移概率矩阵.

那么在上面的例题里，转移概率矩阵为：

$$A=\begin{pmatrix}0.25&0.20&0.25&0.30\\0.20&0.30&0.25&0.30\\0.25&0.20&0.40&0.10\\0.30&0.30&0.10&0.30\end{pmatrix},$$

其中，第一列表示在食堂吃的状态，第二列表示吃湘菜的状态，第三列表示吃快餐的状态，第四列表示吃川菜的状态. 类似地，矩阵的第一行表示的是在食堂吃，第二行表示的是吃湘菜，第三行表示的是吃快餐，第四行表示的是吃川菜，例如，a_{23} 表示的是吃快餐的人中有 25%下次吃湘菜. 注意到矩阵 A 每一列的和都等于 1，我们把具有这种性质的矩阵称为随机矩阵或者马尔科夫矩阵.

我们把例题中的问题一般化,即在第 n 个时刻,系统处于第 i 种状态的概率是多少?

为了回答这个问题,我们首先定义状态向量.

定义 3 对于一个有 k 个状态的马尔科夫链,第 n 个时刻的状态矩阵是指下面的列向量:

$$x^{(n)}=\begin{pmatrix}x_1\\x_2\\\vdots\\x_k\end{pmatrix},$$

x_i 表示系统在第 n 个时刻处于第 i 个状态的概率. 注意到,状态向量分量的和等于 1,那么任何列向量:

$$x=\begin{pmatrix}x_1\\x_2\\\vdots\\x_k\end{pmatrix},$$

满足 $x_1+x_2+\cdots+x_k=1$,就被称为概率向量.

回到我们的例题,假设在初始时候,每个人都是在食堂吃的,即初始的状态向量是:

$$x^{(0)}=\begin{pmatrix}1\\0\\0\\0\end{pmatrix},$$

在下一时刻即周末,状态向量将会是:

$$x^{(1)}=Ax^{(0)}=\begin{pmatrix}0.25\\0.20\\0.25\\0.30\end{pmatrix}.$$

这表明,在周末有 25%的人在食堂吃,20%的人吃湘菜,25%的人吃快餐,30%的人吃川菜. 那么过两周后,状态向量是:

$$x^{(2)}=Ax^{(1)}=\begin{pmatrix}0.25&0.20&0.25&0.30\\0.20&0.30&0.25&0.30\\0.25&0.20&0.40&0.10\\0.30&0.30&0.10&0.30\end{pmatrix}\begin{pmatrix}0.25\\0.20\\0.25\\0.30\end{pmatrix}=\begin{pmatrix}0.2550\\0.2625\\0.2325\\0.2500\end{pmatrix}.$$

注意到,我们也可以由 $x^{(0)}$ 来计算 $x^{(2)}$:

$$x^{(2)}=Ax^{(1)}=A(Ax^{(0)})=A^2x^{(0)}.$$

类似地,我们可以求出第 5 个周末、第 10 个周末的状态向量:

$$x^{(5)}=A^5x^{(0)}=\begin{pmatrix}0.2495\\0.2634\\0.2339\\0.2532\end{pmatrix},$$

$$x^{(10)}=A^{10}x^{(0)}=\begin{pmatrix}0.2495\\0.2634\\0.2339\\0.2532\end{pmatrix},$$

如果继续计算下去，我们发现：$x^{(5)}=x^{(6)}=\cdots=x^{(10)}=\cdots=x^{(50)}=\cdots$，即在某个时刻后，状态向量将不再变化，这说明，过了 5 个星期后，所有的人由于找到了合适自己就餐的地方，所以在各个地方吃饭的人的比例将保持不变. 但这种现象不是每个马尔科夫链都有的. 例如：

$$A=\begin{pmatrix}0&1\\1&0\end{pmatrix},x^{(0)}=\begin{pmatrix}1\\0\end{pmatrix},$$

通过计算，我们发现：

$$x^{(1)}=\begin{pmatrix}0\\1\end{pmatrix},x^{(2)}=\begin{pmatrix}1\\0\end{pmatrix},x^{(3)}=\begin{pmatrix}0\\1\end{pmatrix},x^{(4)}=\begin{pmatrix}1\\0\end{pmatrix},\cdots,x^{(2n)}=\begin{pmatrix}1\\0\end{pmatrix},x^{(2n+1)}=\begin{pmatrix}0\\1\end{pmatrix}.$$

五、密码理论

密码理论是研究如何编制密码以及如何破解密码的. 在此，我们介绍编制密码的两种方法：替换法和复合图表法.

替换法就是把正常文件中的字母、文字用不同的字母、文字或者数字来替换的编码方法. 这种方法比较简单，只要通过对密码进行频率分析就可以破译了.

复合图表法首先是把原文通过一定的方法转化成为一组数字，并且把这组数字分成一些由 n 个数字构成的向量（小组），然后再通过一个 $n\times n$ 可逆矩阵做矩阵乘法，把每个部分再转化成另外一组数字，最后再把每个部分放在一起就构成了密码文件.

将文件中的字母转化成为数字一般是通过一个对应的表格来转化，例如：

$$\begin{matrix}A&B&C&D&E&F&G&H&I&J&K&L&M\\\downarrow&\downarrow&\downarrow&\downarrow&\downarrow&\downarrow&\downarrow&\downarrow&\downarrow&\downarrow&\downarrow&\downarrow&\downarrow\\1&2&3&4&5&6&7&8&9&10&11&12&13\end{matrix}$$

$$\begin{matrix}N&O&P&Q&R&S&T&U&V&W&X&Y&Z\\\downarrow&\downarrow&\downarrow&\downarrow&\downarrow&\downarrow&\downarrow&\downarrow&\downarrow&\downarrow&\downarrow&\downarrow&\downarrow\\14&15&16&17&18&19&20&21&22&23&24&25&26\end{matrix}$$

下面来看具体的例子：

例 7 将“STUDY LINEAR ALGBRA”按上面的图表用符合图表转换法编成密码.

解 首先按照上面的图表，可以把“*STUDY LINEAR ALGBRA*”转化成

$$19\ \ 20\ \ 21\ \ 4\ \ 25\ \ 12\ \ 9\ \ 14\ \ 5\ \ 1\ \ 18\ \ 1\ \ 12\ \ 7\ \ 5\ \ 2\ \ 18\ \ 1.$$

然后将这组数字分成一些有 3 个数字构成的向量（小组）：

$$\begin{pmatrix}19\\20\\21\end{pmatrix}\begin{pmatrix}4\\25\\12\end{pmatrix}\begin{pmatrix}9\\14\\5\end{pmatrix}\begin{pmatrix}1\\18\\1\end{pmatrix}\begin{pmatrix}12\\7\\5\end{pmatrix}\begin{pmatrix}2\\18\\1\end{pmatrix}.$$

接下来，我们选取一个 3 阶的可逆矩阵 A：

$$A=\begin{pmatrix}0 & 2 & -1\\ 1 & -2 & 1\\ -1 & -1 & 1\end{pmatrix},$$

并且把上面的向量与 A 做矩阵乘法：

$$A\begin{pmatrix}19\\20\\21\end{pmatrix},A\begin{pmatrix}4\\25\\12\end{pmatrix},\cdots$$

这样，我们就得到了一些新的向量：

$$\begin{pmatrix}19\\0\\-18\end{pmatrix}\begin{pmatrix}38\\-34\\-17\end{pmatrix}\begin{pmatrix}23\\-14\\-18\end{pmatrix}\begin{pmatrix}25\\-34\\-18\end{pmatrix}\begin{pmatrix}9\\3\\-14\end{pmatrix}\begin{pmatrix}35\\-33\\-19\end{pmatrix},$$

把这些向量的分量按顺序写在一起，就得到了密码：

19 0 −18 38 −34 −17 23 −14 −18

25 −34 −18 9 3 −14 35 −33 −19.

那么，将这个密码文件还原成原文，只需要把密码文件分成一些由 3 个数字构成的向量，然后用 A^{-1} 做矩阵乘法，例如：

$$A^{-1}\begin{pmatrix}19\\0\\-18\end{pmatrix}=\begin{pmatrix}1 & 1 & 0\\ 2 & 1 & 1\\ 3 & 2 & 2\end{pmatrix}\begin{pmatrix}19\\0\\-18\end{pmatrix}=\begin{pmatrix}19\\20\\21\end{pmatrix},$$

最后再按前面的图表转化回字母就可以了.

例 8 请通过下面的转化表和转化矩阵 $A=\begin{pmatrix}2 & 3\\ 3 & 5\end{pmatrix}$，将

A	B	C	D	E	F	G	H	I	J	K	L	M
↓	↓	↓	↓	↓	↓	↓	↓	↓	↓	↓	↓	↓
1	3	5	7	9	11	13	15	17	19	21	23	25

N	O	P	Q	R	S	T	U	V	W	X	Y	Z
↓	↓	↓	↓	↓	↓	↓	↓	↓	↓	↓	↓	↓
27	29	31	33	35	37	39	41	43	45	47	49	51

(1)“PLEASE DO NOT COME”转化成为密码文件.

(2)翻译密码文件“117 190 93 140 97 150 185 292 205 328”.

解 (1)首先将字母转化成为数字：

31 23 9 1 37 9 7 29 27 29 39 5 29 25 9

因为转化矩阵 A 是 2 阶的，所以先将上面的数组分成一些由 2 个数字构成的向量，注意数组里的数字的个数不能被 2 整除，所以我们可以在原文后面添加一个字母 E，也就是在数组最后面加上一个数字 9. 这样就可以划分了：

$$\begin{pmatrix}31\\23\end{pmatrix},\begin{pmatrix}9\\1\end{pmatrix},\begin{pmatrix}37\\9\end{pmatrix},\begin{pmatrix}7\\29\end{pmatrix},\begin{pmatrix}27\\29\end{pmatrix},\begin{pmatrix}39\\5\end{pmatrix},\begin{pmatrix}29\\25\end{pmatrix},\begin{pmatrix}9\\9\end{pmatrix},$$

然后让这些向量与矩阵 A 作乘法：

$$\begin{pmatrix}2 & 3\\3 & 5\end{pmatrix}\begin{pmatrix}31\\23\end{pmatrix},\begin{pmatrix}2 & 3\\3 & 5\end{pmatrix}\begin{pmatrix}9\\1\end{pmatrix},\begin{pmatrix}2 & 3\\3 & 5\end{pmatrix}\begin{pmatrix}37\\9\end{pmatrix},\cdots$$

再将乘积后的向量分类写在一个数组里就可以了：

131 208 21 32 101 156 101 166 141 226 93 142 133 212 45 72

注意：密码里多了一个字母 E 对应的密码，所以翻译时要注意.

(2)首先把数组分成一些 2 维向量，

$$\begin{pmatrix}117\\190\end{pmatrix},\begin{pmatrix}93\\140\end{pmatrix},\begin{pmatrix}97\\150\end{pmatrix},\begin{pmatrix}185\\292\end{pmatrix},\begin{pmatrix}205\\328\end{pmatrix},$$

然后用 A^{-1} 与它们做乘法，就得到下面的数组：

15 29 45 1 35 9 49 29 41 41

再用上面的表格，就得到如下的译文：

H O W A R E Y O U U

显然这个密码文件的意思是“how are you”.

六、种群增长问题

在生物学中，经常需要研究种群的年龄分布和数量增长的规律，在研究这一规律的过程中需要用到矩阵的特征值、特征向量和矩阵的对角化理论.

首先，我们把要研究的种群分成等长的几个年龄组. 例如，设某动物种群的最大生存年龄为 L，将 $[0,L]$ 等分为 n 个年龄组，则这些年龄组可表示为 n 个区间：

$$\left[0,\frac{L}{n}\right],\left[\frac{L}{n},\frac{2L}{n}\right],\cdots,\left[\frac{(n-1)L}{n},L\right].$$

如果用 x_i 表示某一时期第 i 个年龄组动物的数量，那么我们有所谓的年龄分布向量：

$$X=\begin{pmatrix}x_1\\x_2\\\vdots\\x_n\end{pmatrix}.$$

其次，根据统计资料，我们确定每个年龄组的存活率和生育率. 经过 $\frac{L}{n}$ 时间单位，第 i 年龄组的部分成员存活下来而成为第 $i+1$ 年龄组的成员，设其存活率为 p_i，其中

$$0\leqslant p_i\leqslant 1,\quad i=1,2,\cdots,n$$

又设第 i 个年龄组的生育率为 b_i，其中

$$0\leqslant b_i,i=1,2,\cdots,n$$

定义年龄变换矩阵

$$A=\begin{pmatrix}b_1 & b_2 & \cdots & b_{n-1} & b_n\\p_1 & 0 & \cdots & 0 & 0\\0 & p_2 & \cdots & 0 & 0\\\cdots & \cdots & \cdots & \cdots & \cdots\\0 & 0 & \cdots & p_{n-1} & 0\end{pmatrix},$$

那么第 k 时期与下一时期(第 $k+1$ 时期)的年龄分布向量之间的关系是

$$X_{k+1}=AX_k,$$

这就建立了种群增长的数学模型.

最后,我们只要利用线性代数的知识对这个模型进行分析和计算,做出科学、合理的决策.下面举例加以说明.

例 9 设某实验室饲养的兔子的最大生存年龄为 3 年,把它们分成三个年龄组[0,1),[1,2),[2,3).利用实验数据,已知 $p_1=p_2=0.5$;$b_1=0,b_2=6,b_3=8$.现在实验室饲养的三个年龄组的动物数量分别为 24,24,20.因此初始年龄分布向量和年龄变换矩阵为

$$X=\begin{pmatrix}24\\24\\20\end{pmatrix},A=\begin{pmatrix}0&6&8\\0.5&0&0\\0&0.5&0\end{pmatrix}.$$

于是一年后,年龄分布向量成为

$$X_2=AX_1=\begin{pmatrix}0&6&8\\0.5&0&0\\0&0.5&0\end{pmatrix}\begin{pmatrix}24\\24\\20\end{pmatrix}=\begin{pmatrix}304\\12\\12\end{pmatrix},$$

再过一年,则有

$$X_3=AX_2=\begin{pmatrix}0&6&8\\0.5&0&0\\0&0.5&0\end{pmatrix}\begin{pmatrix}304\\12\\12\end{pmatrix}=\begin{pmatrix}168\\152\\6\end{pmatrix}.$$

从年龄分布向量 X_1,X_2 和 X_3 看出:每过一年,各年龄段动物数量比例是在改变的.但为了满足研究的需要,希望确定适当的初始分布向量,使得兔子能以稳定的方式增长,也就是说在每一年中,各年龄段兔子的比例保持不变.我们把这种分布称为稳定年龄分布.若用 Z_1 表示初始的稳定年龄分布向量,则有 $Z_2=\lambda Z_1$,于是

$$AZ_1=Z_2=\lambda Z_1,$$

这说明 Z_1 是 A 的特征向量,对应的特征值是 λ.为此,我们先来求 A 的特征值.矩阵 A 的特征多项式是

$$|\lambda I-A|=\begin{vmatrix}\lambda&-6&-8\\-0.5&\lambda&0\\0&-0.5&\lambda\end{vmatrix}=(\lambda+1)^3(\lambda-2),$$

因此 A 的特征值为 -1 和 2.选取正特征值 2,求得对应的特征向量为

$$Z=t\begin{pmatrix}16\\4\\1\end{pmatrix}.$$

令 $t=2$,则可取初始分布向量为

$$Z_1=\begin{pmatrix}32\\8\\2\end{pmatrix},$$

从而下一年的分布向量成为

$$Z_2=AZ_1=2Z_1=\begin{pmatrix}64\\16\\4\end{pmatrix}.$$

由此可见,三个年龄段的比例仍然为 16∶8∶1,而且这个比例在每一年都不会改变.

七、线性常微分方程组

许多实际问题(如时间序列等)都可以用常微分方程来建模描叙,而常微分方程组的计算往往需要用到矩阵的特征值和特征向量理论. 下面举例加以说明.

一阶线性常微分方程组有如下形式:

$$\begin{cases}\dot{x}_1=a_{11}x_1+a_{12}x_2+\cdots+a_{1n}x_n\\ \dot{x}_2=a_{21}x_1+a_{22}x_2+\cdots+a_{2n}x_n\\ \quad\cdots\cdots\\ \dot{x}_n=a_{n1}x_1+a_{n2}x_2+\cdots+a_{nn}x_n\end{cases},$$

其中,x_i 是 t 的函数. 如果令

$$X=\begin{pmatrix}x_1\\x_2\\\vdots\\x_n\end{pmatrix},\dot{X}=\begin{pmatrix}\dot{x}_1\\\dot{x}_2\\\vdots\\\dot{x}_n\end{pmatrix},A=\begin{pmatrix}a_{11}&a_{12}&\cdots&a_{1n}\\a_{21}&a_{22}&\cdots&a_{2n}\\\cdots&\cdots&\cdots&\cdots\\a_{n1}&a_{n2}&\cdots&a_{nn}\end{pmatrix},$$

则方程组的矩阵形式为

$$\dot{X}=AX.$$

我们下面仅讨论常系数常微分方程组,即系数矩阵 A 是常值矩阵. 如果相似于对角矩阵,即存在可逆矩阵 P,使 $P^{-1}AP=D$ 为对角矩阵,我们可作变量替换 $X=PY$,化微分方程组为特征方程 $\dot{Y}=DY$.

例 10 解常微分方程组

$$\begin{cases}\dot{x}_1=x_1+x_2\\ \dot{x}_2=2x_2+x_3.\\ \dot{x}_3=3x_3\end{cases}$$

解 将方程组表示成矩阵形式,

$$\dot{X}=AX,$$

其中,系数矩阵为 $A=\begin{pmatrix}1&1&0\\0&2&1\\0&0&3\end{pmatrix}$. 我们可以得到

$$P^{-1}AP=D=\begin{pmatrix}1&&\\&2&\\&&3\end{pmatrix},P=\begin{pmatrix}1&1&1\\0&1&2\\0&0&2\end{pmatrix}.$$

令 $X=PY,Y=(y_1,y_2,y_3)^T$,则 $\dot{X}=P\dot{Y}$,于是将它们代入 $\dot{X}=AX$,得 $\dot{Y}=DY$,即 $\dot{y}_1=y$,$\dot{y}_2=2y_2,\dot{y}_3=3y_3$,解之得

$$y_1=c_1e^t,y_2=c_2e^{2t},y_3=c_3e^{3t},.$$

于是原方程组的解为

$$\begin{pmatrix}x_1\\x_2\\x_3\end{pmatrix}=\begin{pmatrix}1&1&2\\0&1&2\\0&0&2\end{pmatrix}\begin{pmatrix}y_1\\y_2\\y_3\end{pmatrix}=\begin{pmatrix}c_1e^t+c_2e^{2t}+c_3e^{3t}\\c_2e^{2t}+2c_3e^{3t}\\2c_3e^{3t}\end{pmatrix}.$$

八、投入产出模型

这里讨论的是投入产出模型(open input-output model),这个模型来自 Wassily Leontief (Wassily Leontief 于 1973 年获得 Nobel 奖).在这个模型里,我们假设一个经济体系由一系列的生产部门构成,每个生产部门的投入来自其他生产部门的产出.

Leontief 投入产出模型的核心概念是消耗系数矩阵.消耗系数矩阵 C 的(i,j)元素 c_{ij} 的含意是指生产部门 i 的产出正好是生产部门 j 每产出一个单位产品所需要的来自生产部门 i 的投入.换句话说,生产部门 j 每生产一个单位的产品,所消耗的生产部门 i 的产出为 c_{ij} 个单位.

假设某个经济体系有 n 个生产部门,每个生产部门的产出为 x_i 个单位,产出向量 p 为

$$p=\begin{pmatrix}x_1\\x_2\\\vdots\\x_n\end{pmatrix},$$

这个生产部门的消耗为 Cp.并且,$p-Cp=(I-C)p$ 是这个经济体系的产出.

接下来,我们定义这个经济体系的外部投入向量

$$d=\begin{pmatrix}d_1\\d_2\\\vdots\\d_n\end{pmatrix},$$

d_i 是指这个经济体系外某个生产部门 i 的需求.

如果$(I-C)p=d$,这个经济体系的产出正好等于外部的需求.因此,如果已知消耗系数矩阵 C,需求向量 d,我们希望能求出满足$(I-C)p=d$ 的产出向量 $p\geqslant 0$.符号 $A>0$,是指矩阵 A 的所有元素都大于零,$A\geqslant 0$ 是指矩阵的所有元素是非负的.

如果$(I-C)$是可逆的,那么 $p=(I-C)^{-1}d$.因为需求向量 $d>0$,因此$(I-C)^{-1}$ 应该也是大于零的.如果$(I-C)^{-1}$ 存在并且大于零,就称矩阵 C 是能产的.关于这方面的理论,有下面的一些结论:

定理 1 消耗系数矩阵 C 是能产的当且仅当存在一个向量 x 满足 $x>Cx$.

定理 2 如果消耗系数矩阵 C 的每一行(列)和小于 1,那么 C 是能产的.

定理 3 如果可对角化矩阵 C 的元素 $0\leqslant c_{ij}\leqslant 1$,并且它的特征值 $\lambda_1,\lambda_2,\cdots,\lambda_n$ 满足 $|\lambda_i|<1$,那么$(I-C)^{-1}$ 是非负的.

在这个模型里,还有如下的一个概念:如果消耗系数矩阵 C 的第 i 列的元素的和小于 1,则称生产部门 i 是盈利的.

在介绍这些概念后,我们来看下面的例子.

例 11 下面的矩阵中哪一个是能产的?

$$(1)A=\begin{pmatrix}0.6 & 0.02 & 0.1\\ 0.3 & 0.2 & 0.4\\ 0.2 & 0.4 & 0.3\end{pmatrix};(2)B=\begin{pmatrix}0.6 & 0.5\\ 0.1 & 0.5\end{pmatrix}.$$

解 因为矩阵 A 的每一行的和是小于 1 的，所以 A 是能产的；而矩阵 B 也是能产的，因为我们可以找到一个向量 $x=(2,1)^T$，使得 $x>Bx$.

例 12 某个经济体系有三个生产部门，它的消费矩阵为：

$$C=\begin{pmatrix}k & k & k\\ k & k & k\\ k & k & k\end{pmatrix},$$

其中，$0<k<1$，请问：

(1)当 k 取何值时，$(I-C)^{-1}$ 是存在的？

(2)当 k 取何值时，$(I-C)^{-1}$ 是非负的？

(3)如果需求向量是 $d=\begin{pmatrix}1\,000\\ 1\,000\\ 1\,000\end{pmatrix}$，产出向量是多少？

解 (1)容易计算出矩阵 C 的特征值是 $\lambda_1=\lambda_2=0$ 和 $\lambda_3=3k$，所以 $(I-C)$ 的特征值是 1 和 $1-3k$. 因此，当 $k\neq\frac{1}{3}$ 时，$(I-C)$ 可逆.

(2)注意到当且仅当 C 是可盈利的时候，$(I-C)^{-1}$ 是非负的，又因为矩阵 C 的行和是 $3k$，所以当 $k<\frac{1}{3}$ 时，C 是可盈利的，即 $(I-C)^{-1}$ 是非负的.

(3)注意到 $v=\begin{pmatrix}1\\ 1\\ 1\end{pmatrix}$ 是矩阵 $(I-C)$ 特征值 $1-3k$ 的特征向量，所以有

$$(I-C)\begin{pmatrix}1\\ 1\\ 1\end{pmatrix}=(1-3k)\begin{pmatrix}1\\ 1\\ 1\end{pmatrix},$$

因此，对于 $p=\frac{1}{1-3k}\begin{pmatrix}1\,000\\ 1\,000\\ 1\,000\end{pmatrix}$，我们有：

$$d=\begin{pmatrix}1\,000\\ 1\,000\\ 1\,000\end{pmatrix}=(I-C)p.$$

九、Fibonacci 数列的矩阵解法

意大利数学家 Fibonacci 在 1202 年所著的《算法之书》中，提出这样一个问题：有小兔一对，第二个月成年，第三个月产下小兔一对，以后每个月都生产一对小兔. 而所生的小兔也在第二个月成年，第三个月开始每个月生产一对小兔，假设每产一对小兔必为一雌一雄，并且均无死亡，试问一年后共有几对小兔？

我们可以把一年内兔子的数量大概列一个表格：

月　份	1	2	3	4	5	6	7	8	9	10	11	12
兔子对数	1	1	2	3	5	8	13	21	34	55	89	144

容易发现，从第三个月开始，每月的兔子总数恰好是前面两个月兔子的总和. 如果用 F_n 表示第 n 个月兔子的对数，那么我们有：

$$F_{n+2}=F_{n+1}+F_n, n=1,2,\cdots,$$

其中，$F_1=F_2=1$. 这就是著名的 Fibonacci 数列的递推关系式.

为了求出通项 F_n，我们可以将上面递推关系式写成

$$\begin{cases}F_{n+2}=F_{n+1}+F_n\\ F_{n+1}=F_{n+1}, F_1=F_2=1,\end{cases}$$

即

$$\begin{pmatrix}F_{n+2}\\ F_{n+1}\end{pmatrix}=\begin{pmatrix}1&1\\ 1&0\end{pmatrix}\begin{pmatrix}F_{n+1}\\ F_n\end{pmatrix}, \begin{pmatrix}F_2\\ F_1\end{pmatrix}=\begin{pmatrix}1\\ 1\end{pmatrix}.$$

若记 $X_n=\begin{pmatrix}F_{n+1}\\ F_n\end{pmatrix}, X_1=\begin{pmatrix}1\\ 1\end{pmatrix}, A=\begin{pmatrix}1&1\\ 1&0\end{pmatrix}$，我们有

$$X_{n+1}=AX_n, n=1,2,\cdots.$$

容易得到递推式 $X_n=A^{n-1}X_1$. 于是求 F_n 的问题就归结为计算 A^{n-1} 的问题. 根据线性代数的知识，我们只要想办法把 A 化为对角型，问题就容易计算了.

首先计算 A 的特征值. 通过计算 $|\lambda I-A|=0$，容易得到 A 的特征值为

$$\lambda_1=\frac{1+\sqrt{5}}{2}, \lambda_1=\frac{1-\sqrt{5}}{2}.$$

再解特征方程，得到它们的特征向量分别是：

$$v_1=\begin{pmatrix}\lambda_1\\ 1\end{pmatrix}, v_2=\begin{pmatrix}\lambda_2\\ 1\end{pmatrix}.$$

记 $V=(v_1,v_2)$，则 $V^{-1}AV=\begin{pmatrix}\lambda_1&\\ &\lambda_2\end{pmatrix}, AV=V\begin{pmatrix}\lambda_1&\\ &\lambda_2\end{pmatrix}$. 所以

$$A^{n-1}=V\begin{pmatrix}\lambda_1^{n-1}&\\ &\lambda_2^{n-1}\end{pmatrix}V^{-1}=\frac{1}{\lambda_1-\lambda_2}\begin{pmatrix}\lambda_1^n-\lambda_2^n & \lambda_1\lambda_2^n-\lambda_2\lambda_1^n\\ \lambda_1^{n-1}-\lambda_2^{n-1} & \lambda_1\lambda_2^{n-1}-\lambda_2\lambda_1^{n-1}\end{pmatrix},$$

$$\begin{pmatrix}F_{n+1}\\ F_n\end{pmatrix}=A^{n-1}\begin{pmatrix}1\\ 1\end{pmatrix}=\frac{1}{\lambda_1-\lambda_2}\begin{pmatrix}\lambda_1^n-\lambda_2^n+\lambda_1\lambda_2^n-\lambda_2\lambda_1^n\\ \lambda_1^{n-1}-\lambda_2^{n-1}+\lambda_1\lambda_2^{n-1}-\lambda_2\lambda_1^{n-1}\end{pmatrix}.$$

又因为 $\lambda_1+\lambda_2=1$，从而

$$\begin{pmatrix}F_{n+1}\\ F_n\end{pmatrix}=\frac{1}{\lambda_1-\lambda_2}\begin{pmatrix}\lambda_1^{n+1}-\lambda_2^{n+1}\\ \lambda_1^n-\lambda_2^n\end{pmatrix}.$$

再将 λ_1,λ_2 代入，有

$$F_n=\frac{1}{\sqrt{5}}\left[\left(\frac{1+\sqrt{5}}{2}\right)^n-\left(\frac{1-\sqrt{5}}{2}\right)^n\right].$$

十、线性规划问题

线性规划在经济、管理中有着重要的应用，诸如投资组合的选择问题、资产负债问题、生产

管理问题等都可以用线性规划的方法来建模解决. 而线性代数知识在线性规划中扮演着重要的作用. 由于受篇幅限制，我们在这里只给出线性规划在经济管理中的两个例子. 具体求解方法可以参考线性规划方面的书籍，如《运筹学教程》(第二版)(胡运权主编，清华大学出版社 2003 年版).

在大量的投资组合问题中，往往需要求解一个线性规划问题. 下面举例说明.

例 13 某公司共有资金 2 000 万元，现有甲、乙、丙三个投资项目，预计这三个投资项目每年可获得的利润分别为 5%、7%和 9%，根据各项目的规模，估计甲、乙两个投资项目合计获得的利润大约等于丙投资项目获得的利润. 问公司对甲、乙、丙三个投资项目各投资多少万元才能使总公司获得的总利润达到最大?

分析 设 x_1, x_2, x_3 分别为公司对甲、乙、丙三个项目的投资额，显然，这几个变量是非负，z 为公司获得的总利润. 因为资金总数为 2 000 万元，所以三个变量要满足:

$$x_1 + x_2 + x_3 \leqslant 2\,000,$$

而根据第二个条件，我们有: $5x_1 + 7x_2 - 9x_3 = 0$. 公司最后得到的利润为: $z = 0.05x_1 + 0.07x_2 + 0.09x_3$. 所以整个问题的数学模型为:

$$\max z = 0.05x_1 + 0.07x_2 + 0.09x_3$$

$$\text{s. t.} \begin{cases} x_1 + x_2 + x_3 \leqslant 2000 \\ 5x + 7x_2 - 9x_3 = 0 \\ x_1 \geqslant 0, x_2 \geqslant 0, x_3 \geqslant 0 \end{cases},$$

其中，$z = 0.05x_1 + 0.07x_2 + 0.09x_3$ 称为目标函数，前面加上"max"表示使目标函数值达到最大，s. t. 表示约束.

在工厂的生产实践中也有许多问题需要用到线性规划，例如:

例 14 假定某工厂生产甲、乙、丙三种产品，且这三种产品都要经过三道不同的工序加工，每件产品需要的加工时间(分钟)和每天三道工序的加工能力(每天多少分钟)以及销售各种产品的单位利润(元)如下表所示:

工 作	每件产品的加工时间			每天加工能力
	甲	乙	丙	
一	1	2	1	430
二	3	0	2	460
三	1	4	0	420
单位利润(元)	3	2	5	

假定所生产的产品能全部售出，问这三种产品每天各生产多少件才能使该工厂获得的总利润最大?

分析 设 x_1, x_2, x_3 分别为甲、乙、丙三种产品每天的生产量，z 为工厂的总利润，则通过和前面一样的分析，可以得到该问题的线性规划模型为

$$\max z = 3x_1 + 2x_2 + 5x_3,$$

$$\text{s. t.} \begin{cases} x_1 + 2x_2 + x_3 \leqslant 430 \\ 3x_1 + 2x_3 \leqslant 460 \\ x_1 + 4x_2 \leqslant 420 \\ x_1 \geqslant 0, x_2 \geqslant 0, x_3 \geqslant 0 \end{cases}.$$

附录 B

Matlab 在线性代数方面的简介

Matlab 是由美国 Mathwork 公司开发的科学实验软件，它具有强大的科学计算、灵活的程序设计、高质量的图形可视化与界面设计、简便地与其他程序接口等特点. 这个软件还具有线性方程组求解、微分方程求解、控制论、优化等工具箱，多个领域里都有应用. 在本附录中，主要介绍与本课程有关的一些应用.

一、Matlab 的一些一般命令

1. 怎样运行 Matlab 及怎样保存文件

● 双击 Windows 桌面上的 Matlab 快捷方式，或者从开始→程序→Matlab 来运行，此时跳出来的界面称为 command 框.

● 在 Matlab 的上方主菜单栏里，点击 file→new→M file，电脑会弹出一个 M 文件的编辑窗口，这时只要把自己的程序输入这个窗口就可以了.

● 在 M 文件编辑窗口的上方主菜单栏里，点击 file→save as，或者直接点击位于第二层菜单栏里的保存文件图表(第三个按钮)，这时 Matlab 会弹出一个保存的对话框，然后读者根据自己的需要就可以选择保存文件的文件夹，然后保存文件.(注意，在保存时，默认的保存文件夹是 work，也可以自己事先建立好文件夹，然后把文件保存到里面去)

2. 怎样使用保存好的文件

● 在 Matlab 上方的主菜单栏里，点击 file→open，然后从弹出的对话框里去选择自己的文件，并打开就可以了.

3. 怎样设置路径

这是 Matlab 与其他常用软件不一样的地方，如果要使用某个文件夹里的文件，就必须先设置好 Matlab 到该文件夹的路径.

● 点击 Matlab 主窗口上方菜单中的 file→setpath，Matlab 就会弹出一个对话框，在对话框里选中要使用的文件所在的文件夹，点击 Add folder 按钮，再点击 save 按钮就可以了.

4. 怎样退出 Matlab

● 可以从 file 菜单里退出，也可以在 command 框里输入 quit，回车退出.

5. 怎样给自己的程序写注释

在自己写的程序里，最好是写上注释，以方便阅读. 写注释只需要在%后面输入自己要注释的语句就可以了. 例如：

x=zeros(10,1)；%创建一个 10 行 1 列的零矩阵.

6. 怎样使用帮助主题

● 只需要在 command 框里，输入 help 帮助主题，就可以了，例如：

我们想了解 zeros 这个命令，只需要输入 help zeros.

二、线性方程与矩阵

1. 建立一个方程

● 列系数法. 把方程的系数列在一个方括号里，如方程 $x-y=2$ 可以写成 eq=(1 −1 2). 注意，如果有些变量没有，就认为这个变量的系数是零. 例如 $2x-3y+z=1$ 和 $x+z=1$ 可以写成和 $eq1$=(2 −3 1 1)和 $eq2$(1 0 1 2).

● 普通输入法. 以普通的形式输入方程，例如，方程 $x-3y=1$ 可以写成

$$eq='x-3^{*}y=1'.$$

2. 方程的基本运算

● 将方程 eq 乘以一个常数 k：$eq=k*eq$.

● 将方程 $eq1$ 乘以一个常数 k 加到另一个方程 $eq2$ 上去：$eq2=k*eq1+eq2$

● 用数值 k 替换方程中的未知量 x：$eq=sub(eq,'x',k)$.

3. 方程求解

● 可使用：sove(eq,'x')，或者[x]=solve(eq)，注意：前面一个函数只给出解的数值，后面一个函数给出未知量及其解的数值. 例如，分别用这两个命令来求解方程 $2x-100=50$：

(1)输入：eq='2 * x−100=50'，回车.

(2)输入：solve(eq)或[x]=solve(eq)，回车.

● 如果求解多个方程构成的方程组，则把所有的未知量写在左边的方括号里，把所有的方程写在右边求解函数 solve 的圆括号里，例如：[x,y]=solve($eq1$,$eq2$). 例如求解方程组

$$\begin{cases}x+3y=1\\2x-y=0\end{cases}.$$

在 Matlab 中为：

(1)输入：$eq1$='x+3 * y=1；'$eq2$='2 * x−y=0'，回车；

(2)输入：[x,y]=solve($eq1$,$eq2$)，回车.

注意：使用这个函数求解方程组的时候，方程的输入必须使用普通输入法. 如果方程的个数少于未知量的个数，则必须在方程组里添加零方程(eq='0=0')，以使得方程个数与未知量的个数相等.

4. 输入矩阵

● 在一个方括号里，从矩阵的第一行输起，每个元素用空格或者逗号分开，每行元素用分号分开，最后一行不需要使用分号：

$$A=(\text{第一行；第二行；等等}),$$

例如，一个 3×4 的矩阵 $A=\begin{pmatrix}1&2&3&4\\7&11&5&3\\3&8&9&10\end{pmatrix}$ 在 Matlab 中输入应该为：

$$A=(1,2,3,4;7,11,5,3;3,8,9,10).$$

● 文字矩阵输入则是 A=sym('[第一行;第二行;第三行;等等]',).例如,对于文字矩阵 $A=\begin{pmatrix} a & b \\ c & d \end{pmatrix}$,只需要输入 A=sym('[$a$,$b$;$c$,$d$;]')就可以了.注意:在文字矩阵的输入中,每行的每个元素之间必须用逗号分开.

5. 用数值替换符号矩阵中的符号

● 用数值 k,替换文字矩阵 A 中的文字 a,需要输入:A=subs(A,'a',k),例如,用 2 替换文字 a,则输入 A=subs(A,'a',2).如果替换文字矩阵中多个文字,则使用 A=subs(A,{'a','b','c'},{α,β,γ}),例如用数字 0 替换 a,用 1 替换 b,用 2 替换 c:A=subs(A,{'a','b','c'},{0,1,2}).

6. 矩阵的基本变换

● 矩阵第 i 行的表示:A(i,:).

● 矩阵第 i 列的表示:A(:,i).

● 矩阵第 i 行第 j 列位置上元素的表示:A(i,j).

● 矩阵的第 i 行(列)乘以某一个常数 k:A(i,:)=k*A(i,:) (A(:,i)=k*A(:,i)).

● 矩阵第 i 行(列)加上第 j 行(列)的 k 倍:A(i,:)=k*A(j,:)+A(i,:)(A(:,i)=k*A(:,j)+A(:,i)).

● 交换两行(列):A=([新的行(列)顺序]),例如,交换一个有 3 行 4 列矩阵 A 的第一和第三行,只需要输入:A=A([3,2,1],:)(如果是列的情况,则类似地输入 A=A(:,[3,2,1,4])).

● 将矩阵第(i,j)个元素改变为 m:A(i,j)=m.

● 替换矩阵的第 k 行(列):A(k,:)=[第 k 行新的元素],例如将一个 3×4 阶矩阵的第 2 行的元素改变为 1,2,3,4:A(2,:)=(1 2 3 4)(如果是将第 2 列替换为 $\begin{pmatrix} 1 \\ 2 \\ 3 \end{pmatrix}$,则为 A(:,2)=(1,2,3).

● 由两个具有相同行数的矩阵 A,B 为子矩阵构成一个新的矩阵 C:C=(A,B).

● 矩阵 A 的转置:A',如果 A 是文字矩阵,C 则为 transpose(A).

● 计算矩阵 A 第 k 行(行)元素的和:sum(A(k,:))(sum(A(:,k))).

● 计算矩阵 A 每一行(列)的和:sum(A')(sum(A)).

7. 矩阵运算

● 矩阵 A 乘以一个数 α 得矩阵 C:C=α*A.

● 矩阵 A 加上矩阵 B 得矩阵 C:C=A+B,对于文字矩阵的情况,则为:

C=symadd(A,B)或者 C=sym(A)+sym(B).

● 矩阵 A 减去矩阵 B 得矩阵 C:C=A−B.

● 矩阵 A 乘以矩阵 B 得矩阵 C:C=A*B,对于文字矩阵的情况,则为:C=symmul(A,B)或者 C=sym(A)*sym(B).

● 矩阵 A 的 k 次方得矩阵 C:$C=A^k$.

8. 建立特殊矩阵

● 建立一个 $m\times n$ 零矩阵 C:C=zeros(m,n).

● 建立一个 $n\times n$ 单位矩阵 C:C=eye(n).

● 建立一个 $n\times n$ 随机矩阵 C:C=rand(n).

- 由一个给定的矩阵 A 建立一个上三角矩阵：triu(A).
- 由一个给定的矩阵 A 建立一个下三角矩阵：tril(A).

9. 画图

- 两维图：

(1)把 x 轴上的区间 $[a,b]$ 等分成长度为 d 的小区间：$x=a:d:b$.

(2)输入 y 对应于 x 的函数表达式.

(3)画图：plot(x,y).

例如，画函数 $y=2x+1$ 在区间 $[-2,2]$ 上的图像. 首先，把区间 $[-2,2]$ 等分成长度为 0.1 的小区间：$x=-2:0.1:2$;，然后输入函数表达式：$y=2*x+1$，接下来输入画图命令：plot(x,y)，具体可以编写如下小程序：

```
x=zeros(40);
for i=1:40
    x(i)=-2+0.1*i;
end
y=zeros(40);
for j=1:40
    y(j)=2*x(j)+1;
end
plot(x,y);
```

画出来的图像为：

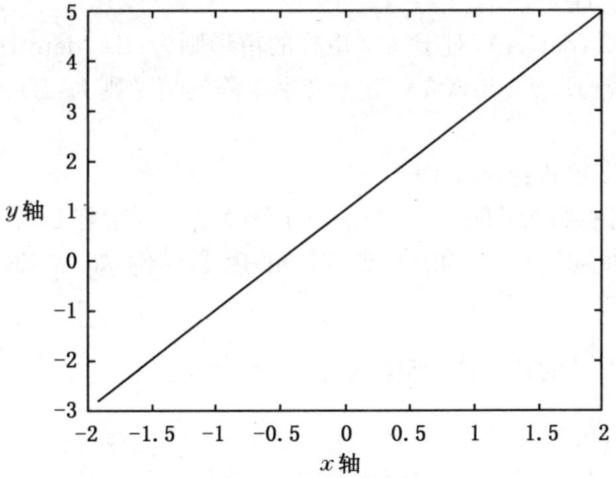

- 三维图：

对于二元函数 $Z=f(X,Y)$ 的图像，我们有如下步骤：

(1)等分 X 变量所在的区间，例如，X 所在的区间是 $[-2,2]$，把它等分成长度为 0.1 的小区间：$x=-2:0.1:2$.

(2)等分 Y 变量所在的区间，如果我们采用与 X 变量所在区间同样的分法，只需要输入：$y=x$.

(3)建立 xoy 平面上的网格：$[X,Y]=$meshgrid(x,y).

(4)计算在网格结点上相应的函数值 Z：例如，对于函数 $f(X,Y)=2*X+Y$，只需要输入:$Z=2*X+Y$.

(5)画图:mesh(X,Y,Z).

具体可写成如下的程序：

```
x=-2:0.1:2;
[x1,y1]=meshgrid(x,y);
z=2*x1+y1;
mesh(x1,y1,z);
```

画出来的图如下：

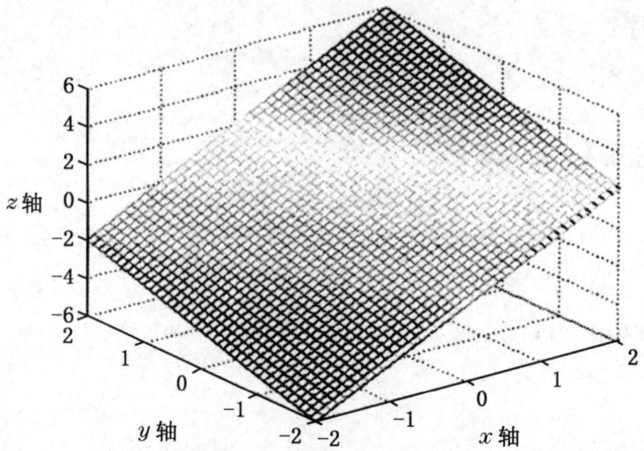

10. 矩阵的行列式与逆

- 矩阵 A 的行列式:det(A),对于文字矩阵的情形则为:B=determ(A).
- 矩阵 A 的逆矩阵 B:B=inv(A),对于文字矩阵的情形则为:B=inverse(A).

11. 特征值

- 矩阵 A 的特征多项式:poly(A).
- 矩阵 A 的特征值,特征向量:[U,D]=eig(A),这里,矩阵 U 是以特征向量为列构成的矩阵,D 是以特征值为对角元的对角矩阵. 例如,在 matlab 中求矩阵 $A=\begin{pmatrix}11 & 3 & 99 & 25\\200 & 34 & 5 & 2\\33 & 85 & 23 & 45\\88 & 185 & 234 & 35\end{pmatrix}$的特征值,则输入:

(1) A=[11,3,99,25;200,34,5,2;33,85,23,45;88,185,234,35],回车.

(2)[U,D]=eig(A).

则对角矩阵 D 的对角元素为特征值,U 的列则按顺序为对应的特征向量.

在最后,我们将给出如何用 Matlab 完成方程组计算的综合例子.

例 求解方程组

$$\begin{cases}2x+y-z=0\\x-2y+4z=0.\\y+z=0\end{cases}$$

解 首先在电脑上运行 Matlab,然后点击 file→new→M file,在弹出来的编辑窗口里开始以程序的形式输入命令：

(1) $eq1='2*x+y-z=0;'$

(2) $eq2='x-2*y+4*z=0;'$

(3) $eq3='y+z=0;'$

然后将该程序取名为 equation，并且保存至默认文件夹 work 里.

接下来，我们应该为这个文件设置路径. 点击 Matlab 主窗口上方的 file→setpath，Matlab，然后在弹出的窗口里点击 Add Folder，再在弹出的窗口中找到 work 文件夹，并先后点击"确定"和下一层菜单的"save"，这样，我们就设置好了路径.

最后，在 Matlab 的主窗口里输入"equation"并回车，等程序运行结束后，再先后输入"x"并回车，"y"并回车和"z"并回车即可得到结果：

$$x=0, y=0, z=0.$$

高等院校精品课系列教材

高等院校经济数学系列教材

线性代数习题集

（第五版）

上海财经大学数学学院　编

上海财经大学出版社

前言

《线性代数习题集》是与上海财经大学数学学院编写的《线性代数》教材配套的辅助学习材料。其目的是为学生以及讲授该课程的教师提供一些便利，能帮助学生更好地学好"线性代数"这门课程；同时提供一些综合自测卷及有关考研课程《高等数学(三)》中有关线性代数的一些信息，以使学生了解考研题的份量。我们的主要做法是：

1. 删去了线性变换的内容，这主要是考虑到课程考试与考研中都不出现这方面的内容。

2. 增加了精讲例题，尽可能多地覆盖常见题型与解题方法。这些例题的分类编排没有按照统一的模式，有的是按照方法归类，有的是按题型归类，有的则是按内容归类，等等。

3. 本习题集基本上与课程学习同步(我们建议学完每一章后再做习题集的练习)，只是在部分内容提要和练习中，考虑到归类的需要，有些概念会提前出现，这就需要学完这些内容后再回过来学习。

4. 有一定难度的例题用 * 标出，而训练题中的提高题也具有一定的难度。这些题的难度与考研题不相上下，有的甚至超过考研题的难度。安排这些题一是考虑到综合性，二是激发同学们的学习兴趣。同学们可以选择性地学习。

5. 综合自测卷选自上海财经大学"线性代数"课程考试的近几年试卷。

6. 考研真题选自近 5 年的全国考研《高等数学(三)》中有关线性代数的部分。

2015 年版习题集随着教材《线性代数》(第四版)一起出版。参加编写的成员是：顾桂定(第一章行列式)、田方(第二章矩阵)、钱晓明(第三章向量的线性相关性与矩阵的秩)、张震峰(第四章线性方程组)、董程栋(第五章线性空间)、张远征(第六章特征值与二次型)。最后由顾桂定统稿。

本版也随着教材一起进行了修订，增删了一些例题和习题，纠正了一些错处，更新了综合自测卷和全国考研卷。参加本版习题集编写的成员是：顾桂定(第一章)、刘春丽(第二章)、钱晓明(第三章)、张震峰(第四章)、董程栋(第五章)、张远征(第六章)。最后由顾桂定统稿。

"线性代数"是上海财经大学精品课程建设项目之一，得到了校领导与教务处的大力支持和资助；本课程的建设也得到了上海财经大学数学学院的帮助，在此表示衷心的感谢。

由于编者水平所限，书中不当之处在所难免，恳请广大读者与同仁批评指正。

编者

2020 年 8 月

目录

第一章

行列式

Ⅰ　内容提要

一、*n* 阶行列式的定义

1. 排列与逆序

排列　n 个不同自然数 $1,2,\cdots,n$ 组成的一个有序数组 $p_1p_2\cdots p_n$ 称为 n 级**排列**，其中自然数 p_i 称为该排列的第 i 个元素．

注：n 个不同自然数可以组成 $n!$ 个不同的 n 级排列．

逆序　在排列 $p_1p_2\cdots p_n$ 中，若有 $p_s>p_t(s<t)$，则称 p_s 与 p_t 构成该排列的一个**逆序**；一个排列中，所有逆序的总数称为该排列的逆序数，记作 $\tau(p_1p_2\cdots p_n)$．

关于逆序数 $\tau(p_1p_2\cdots p_n)$ 的计算，可以通过计算出每个元素 p_i 的逆序数（记为 t_i）而得到：

$$\tau(p_1p_2\cdots p_n)=t_1+t_2+\cdots+t_n,$$

而 t_i 即是在 $p_1p_2\cdots p_{i-1}$ 中比 p_i 大的个数．

奇排列与偶排列　若 $\tau(p_1p_2\cdots p_n)$ 为奇数，称 $p_1p_2\cdots p_n$ 为奇排列；若 $\tau(p_1p_2\cdots p_n)$ 为偶数或零时，称 $p_1p_2\cdots p_n$ 为偶排列．

性质　所有 n 级排列中（$n\geqslant 2$），奇偶排列各有一半．

标准顺序排列　n 个不同自然数按从小到大自然顺序的排列，即 $1\ 2\ \cdots\ n$，称为 n 级标准顺序排列．

对换　在 n 级排列 $p_1p_2\cdots p_n$ 中，任意对换两个元素 p_s,p_t 的位置，其余元素不动，称为该排列的一个对换，可记作

$$p_1\cdots p_s\cdots p_t\cdots p_n\xrightarrow{(p_s,p_t)}p_1\cdots p_t\cdots p_s\cdots p_n.$$

性质

(1)对换改变排列的奇偶性．

(2)任意一个 n 级排列 $p_1p_2\cdots p_n$，都可以对换成标准顺序排列 $1\ 2\ \cdots\ n$，且对换的次数与

排列 $p_1p_2\cdots p_n$ 具有相同的奇偶性.

2. n 阶行列式的定义

由 n^2 个数组成的 n 行 n 列的 n 阶行列式定义为

$$\begin{vmatrix} a_{11} & a_{12} & \cdots & a_{1n} \\ a_{21} & a_{22} & \cdots & a_{2n} \\ \cdots & \cdots & \cdots & \cdots \\ a_{n1} & a_{n2} & \cdots & a_{nn} \end{vmatrix} = \sum_{n!} (-1)^{\tau(p_1p_2\cdots p_n)} a_{1p_1}a_{2p_2}\cdots a_{np_n},$$

其中 $\sum\limits_{n!}$ 表示对所有 n 阶排列 $p_1p_2\cdots p_n$ 的排列种数进行相加,共有 $P_n=n!$ 项.在第 i 行第 j 列交叉位置上的元素称为(i,j)元素,一般用 a_{ij} 表示.(i,i)位置上的元素 a_{ii} 称为对角元素.n 阶行列式一般记作 D_n(或 D),有时也可记作 $\det(a_{ij})$.

特别地,定义一阶行列式(即 $n=1$)为 $|a_{11}|=a_{11}$.

重要 n 阶行列式的定义具有以下三项特征:

(1)定义式右端的和式是由 $n!$ 项构成的一个代数和,其结果是一个数;

(2)和式的每一项有 n 个数相乘 $a_{1p_1}a_{2p_2}\cdots a_{np_n}$,而每个数取自不同行不同列,即行足标固定为 $12\cdots n$,列足标则是 $1,2,\cdots,n$ 的某个排列 $p_1p_2\cdots p_n$;

(3)每项的符号由列足标排列 $p_1p_2\cdots p_n$ 的奇偶性决定,即符号是 $(-1)^{\tau(p_1p_2\cdots p_n)}$.

二、行列式的性质

1. 一些概念

转置行列式 记 n 阶行列式

$$D=\begin{vmatrix} a_{11} & a_{12} & \cdots & a_{1n} \\ a_{21} & a_{22} & \cdots & a_{2n} \\ \cdots & \cdots & \cdots & \cdots \\ a_{n1} & a_{n2} & \cdots & a_{nn} \end{vmatrix},$$

将行列式 D 的行与列元素对应互换得到的新行列式称为行列式 D 的转置行列式,记作 D^T,即

$$D^T=\begin{vmatrix} a_{11} & a_{21} & \cdots & a_{n1} \\ a_{12} & a_{22} & \cdots & a_{n2} \\ \cdots & \cdots & \cdots & \cdots \\ a_{1n} & a_{2n} & \cdots & a_{nn} \end{vmatrix}.$$

余子式与代数余子式 在 n 阶行列式 D 中,划去位置(i,j)上元素 a_{ij} 所在的第 i 行和第 j 列元素,余下的 $(n-1)^2$ 个元素按原顺序组成的 $n-1$ 阶行列式称作(a_{ij} 所在)位置(i,j)的余子式,记作 M_{ij};称 $A_{ij}=(-1)^{i+j}\cdot M_{ij}$ 为(a_{ij} 所在)位置(i,j)的代数余子式.

2. 行列式的基本性质

(1)$D=D^T$.

(2)任意对换行列式的两行(或两列)元素,其值变号.

推论 两行(或两列)元素对应相同的行列式,其值为零.

(3)若行列式某行(或某列)元素有公因子 λ,则 λ 可提到行列式外面.

推论 若行列式某行(或某列)元素全为零,则行列式的值为零.

(4)行列式中若有两行(或两列)对应元素成比例,其值为零.

(5)行列式成立

$$\begin{vmatrix} a_{11} & a_{12} & \cdots & a_{1n} \\ \cdots & \cdots & \cdots & \cdots \\ a'_{s1}+a''_{s1} & a'_{s2}+a''_{s2} & \cdots & a'_{sn}+a''_{sn} \\ \cdots & \cdots & \cdots & \cdots \\ a_{n1} & a_{n2} & \cdots & a_{nn} \end{vmatrix} = \begin{vmatrix} a_{11} & a_{12} & \cdots & a_{1n} \\ \cdots & \cdots & \cdots & \cdots \\ a'_{s1} & a'_{s2} & \cdots & a'_{sn} \\ \cdots & \cdots & \cdots & \cdots \\ a_{n1} & a_{n2} & \cdots & a_{nn} \end{vmatrix} + \begin{vmatrix} a_{11} & a_{12} & \cdots & a_{1n} \\ \cdots & \cdots & \cdots & \cdots \\ a''_{s1} & a''_{s2} & \cdots & a''_{sn} \\ \cdots & \cdots & \cdots & \cdots \\ a_{n1} & a_{n2} & \cdots & a_{nn} \end{vmatrix};$$

同理,对于列也成立类似的结论.

(6)行列式某行(或某列)元素加上另一行(或另一列)对应元素的 λ 倍,行列式的值不变.

3. 行列式的展开公式

n 阶行列式 D 可以按任意第 i 行展开

$$D=\begin{vmatrix} a_{11} & a_{12} & \cdots & a_{1n} \\ a_{21} & a_{22} & \cdots & a_{2n} \\ \cdots & \cdots & \cdots & \cdots \\ a_{n1} & a_{n2} & \cdots & a_{nn} \end{vmatrix}=a_{i1}A_{i1}+a_{i2}A_{i2}+\cdots+a_{in}A_{in}, \quad 1\leqslant i\leqslant n;$$

或按任意第 j 列展开

$$D=\begin{vmatrix} a_{11} & a_{12} & \cdots & a_{1n} \\ a_{21} & a_{22} & \cdots & a_{2n} \\ \cdots & \cdots & \cdots & \cdots \\ a_{n1} & a_{n2} & \cdots & a_{nn} \end{vmatrix}=a_{1j}A_{1j}+a_{2j}A_{2j}+\cdots+a_{nj}A_{nj}, \quad 1\leqslant j\leqslant n,$$

其中,A_{ij} 是(i,j)位置上的代数余子式.

行列式某行(或某列)的元素与另一行(或另一列)对应位置上的代数余子式乘积之和等于零,即

$$a_{i1}A_{j1}+a_{i2}A_{j2}+\cdots+a_{in}A_{jn}=0, \quad i\neq j,$$

或

$$a_{1i}A_{1j}+a_{2i}A_{2j}+\cdots+a_{ni}A_{nj}=0, \quad i\neq j.$$

三、一些特殊行列式的值

1. 二阶、三阶行列式的对角线计算法

$$\begin{vmatrix} a_{11} & a_{12} \\ a_{21} & a_{22} \end{vmatrix}=a_{11}a_{22}-a_{12}a_{21};$$

$$\begin{vmatrix} a_{11} & a_{12} & a_{13} \\ a_{21} & a_{22} & a_{23} \\ a_{31} & a_{32} & a_{33} \end{vmatrix}=a_{11}a_{22}a_{33}+a_{12}a_{23}a_{31}+a_{13}a_{21}a_{32}-a_{13}a_{22}a_{31}-a_{12}a_{21}a_{33}-a_{11}a_{23}a_{32}.$$

重要 对角线法不能用在三阶以上行列式的计算.

2. 上(下)三角行列式的值等于其对角元素的乘积

$$\begin{vmatrix} a_{11} & a_{12} & \cdots & a_{1n} \\ 0 & a_{22} & \cdots & a_{2n} \\ \cdots & \cdots & \cdots & \cdots \\ 0 & 0 & \cdots & a_{nn} \end{vmatrix} = a_{11}a_{22}\cdots a_{nn}, \quad \begin{vmatrix} a_{11} & 0 & \cdots & 0 \\ a_{21} & a_{22} & \cdots & 0 \\ \cdots & \cdots & \cdots & \cdots \\ a_{n1} & a_{n2} & \cdots & a_{nn} \end{vmatrix} = a_{11}a_{22}\cdots a_{nn},$$

特别对角行列式的值也有同样的结论：

$$\begin{vmatrix} a_{11} & 0 & \cdots & 0 \\ 0 & a_{22} & \cdots & 0 \\ \cdots & \cdots & \cdots & \cdots \\ 0 & 0 & \cdots & a_{nn} \end{vmatrix} = a_{11}a_{22}\cdots a_{nn}.$$

3. 2×2 块上(下)三角行列式的值等于两个对角块行列式的乘积

$$\begin{vmatrix} a_{11} & \cdots & a_{1k} & c_{11} & \cdots & c_{1m} \\ \vdots & & \vdots & \vdots & & \vdots \\ a_{k1} & \cdots & a_{kk} & c_{k1} & \cdots & c_{km} \\ 0 & \cdots & 0 & b_{11} & \cdots & b_{1m} \\ \vdots & & \vdots & \vdots & & \vdots \\ 0 & \cdots & 0 & b_{m1} & \cdots & b_{mm} \end{vmatrix} = \begin{vmatrix} a_{11} & \cdots & a_{1k} \\ \vdots & & \vdots \\ a_{k1} & \cdots & a_{kk} \end{vmatrix} \begin{vmatrix} b_{11} & \cdots & b_{1m} \\ \vdots & & \vdots \\ b_{m1} & \cdots & b_{mm} \end{vmatrix};$$

$$\begin{vmatrix} a_{11} & \cdots & a_{1k} & 0 & \cdots & 0 \\ \vdots & & \vdots & \vdots & & \vdots \\ a_{k1} & \cdots & a_{kk} & 0 & \cdots & 0 \\ c_{11} & \cdots & c_{1k} & b_{11} & \cdots & b_{1m} \\ \vdots & & \vdots & \vdots & & \vdots \\ c_{m1} & \cdots & c_{mk} & b_{m1} & \cdots & b_{mm} \end{vmatrix} = \begin{vmatrix} a_{11} & \cdots & a_{1k} \\ \vdots & & \vdots \\ a_{k1} & \cdots & a_{kk} \end{vmatrix} \begin{vmatrix} b_{11} & \cdots & b_{1m} \\ \vdots & & \vdots \\ b_{m1} & \cdots & b_{mm} \end{vmatrix}.$$

特别对角块行列式(即上述元素 $c_{ij}=0$ 情形)也成立同样的结论.

4. 范德蒙(Vandermon)行列式

$$V_n = \begin{vmatrix} 1 & 1 & \cdots & 1 \\ x_1 & x_2 & \cdots & x_n \\ x_1^2 & x_2^2 & \cdots & x_n^2 \\ \cdots & \cdots & \cdots & \cdots \\ x_1^{n-1} & x_2^{n-1} & \cdots & x_n^{n-1} \end{vmatrix} = \prod_{1\leqslant j<i\leqslant n}(x_i - x_j),$$

其中,连乘号 $\prod\limits_{1\leqslant j<i\leqslant n}$ 是对满足 $1\leqslant j<i\leqslant n$ 的所有因子 (x_i-x_j) 的乘积.

四、克莱姆法则

克莱姆(Cramer)法则 对于 n 个未知量 n 个方程的线性方程组

$$\begin{cases} a_{11}x_1+a_{12}x_2+\cdots+a_{1n}x_n=b_1 \\ a_{21}x_1+a_{22}x_2+\cdots+a_{2n}x_n=b_2 \\ \cdots\cdots \\ a_{n1}x_1+a_{n2}x_2+\cdots+a_{nn}x_n=b_n \end{cases},$$

若由方程组的系数 a_{ij} 所构成的 n 阶行列式(称为方程组的系数行列式)

$$D=\begin{vmatrix} a_{11} & a_{12} & \cdots & a_{1n} \\ a_{21} & a_{22} & \cdots & a_{2n} \\ \cdots & \cdots & \cdots & \cdots \\ a_{n1} & a_{n2} & \cdots & a_{nn} \end{vmatrix} \neq 0,$$

则方程组的解存在，唯一；并且解为

$$x_j=\frac{D_j}{D},j=1,\cdots,n,$$

其中，D_j 是用 $b_1,b_2,\cdots,b_n$ 替换 D 中第 j 列元素所构成的 n 阶行列式

$$D_j=\begin{vmatrix} a_{11} & \cdots & a_{1,j-1} & b_1 & a_{1,j+1} & \cdots & a_{1n} \\ a_{21} & \cdots & a_{2,j-1} & b_2 & a_{2,j+1} & \cdots & a_{2n} \\ \cdots & \cdots & \cdots & \cdots & \cdots & \cdots & \cdots \\ a_{n1} & \cdots & a_{n,j-1} & b_n & a_{n,j+1} & \cdots & a_{nn} \end{vmatrix}.$$

重要推论　对于 n 个未知量 n 个方程的齐次线性方程组

$$\begin{cases} a_{11}x_1+a_{12}x_2+\cdots+a_{1n}x_n=0 \\ a_{21}x_1+a_{22}x_2+\cdots+a_{2n}x_n=0 \\ \cdots\cdots \\ a_{n1}x_1+a_{n2}x_2+\cdots+a_{nn}x_n=0 \end{cases},$$

若其系数行列式 $D\neq 0$，则齐次线性方程组只有零解，$x_1=x_2=\cdots=x_n=0$.

这一结论被更多地说成：若齐次方程组有非零解，则系数行列式 $D=0$. 事实上，这个条件也是充分的，即若 $D=0$，则齐次方程组有非零解（见第四章线性方程组）.

Ⅱ　例题精讲

一、一些基本问题的计算

【例 1】　填空题

(1)设 $a_{32}a_{2r}a_{14}a_{51}a_{4t}$ 是五阶行列式中的一项，则 $r=$____，$t=$____时，该项取负号 .

(2)多项式 $f(x)=\begin{vmatrix} x & 0 & 1 & x \\ x & 3 & 2 & 1 \\ -2 & 4 & 3 & 2 \\ x & 5 & 4 & 3 \end{vmatrix}$ 中的常数项为__________ .

(3)已知 $n(n\geqslant 2)$ 阶行列式的所有元素或为 1 或为 -1，则该行列式的值是奇数还是偶数？__________ .

(4)行列式 $\begin{vmatrix} 1 & 1 & 1 & 1 \\ 2 & 3 & 5 & 8 \\ 4 & 9 & 25 & 64 \\ 8 & 27 & 125 & 512 \end{vmatrix}$ 的值为__________ .

(5)设$D=\begin{vmatrix}1&2&7&19&0\\0&7&-2&-1&3\\8&0&4&2&11\\0&0&5&2&22\\0&0&0&3&100\end{vmatrix}=10$,则$D_1=\begin{vmatrix}1&2&7&19&0\\0&7&-2&-1&3\\8&0&4&2&9\\0&0&5&2&22\\0&0&0&3&100\end{vmatrix}=$________.

(6)设方程组$\begin{cases}x_1+\lambda x_2+x_3=0\\x_1-x_2+x_3=0\\\lambda x_1+x_2+2x_3=0\end{cases}$有非零解,则$\lambda$满足__________.

解

(1)**答案** $r=3,t=5$.

分析 把元素行的下标按自然顺序排好$a_{14}a_{2r}a_{32}a_{4t}a_{51}$,显然$r,t$应取3或5,若取$r=3,t=5$,则列足标是43251,$\tau(43251)=0+1+2+0+4=7$,为奇排列,取负;若取$r=5,t=3$,则列足标是45231,$\tau(45231)=0+0+2+2+4=8$,为偶排列,取正.所以答案是$r=3,t=5$.

(2)**答案** 8.

分析 这是一个4阶行列式,虽然元素中有4个x,但根据行列式的定义,代数和中的每一项是4个元素的乘积,但这4个元素必须取自不同的行不同的列,所以$f(x)$是x的二次多项式.因为是常数项,即不含x的项,对于第一行,只要考虑所处第三列的元素1;而第二行与第四行的元素只能考虑第二列与第四列的元素,如此第三行的元素只能考虑第一列的元素-2.第二行元素若取第二列的3,则第四行元素应取第四列的3,这4个元素的乘积为$1\times3\times(-2)\times3=-18$.注意到这4个元素所处的列是3214,是奇排列,取负,故该项是18;另外,第二行的元素也可以取第四列的1,第四行的元素则取第二列的5,4个元素的乘积为$1\times1\times(-2)\times5=-10$,所处的列是3412,是偶排列,故该项为$-10$,因此答案是8.

(3)**答案** 偶数.

分析 只要把第一行的元素加到第二行,则第二行的元素或为2,或为0,因此2是这一行的公因子,可以提到行列式外面,因此原行列式的值一定是偶数.

(4)**答案** 540.

分析 这是一个4阶范德蒙行列式,$x_1=2,x_2=3,x_3=5,x_4=8$,根据范德蒙行列式的结论,$V_n=\prod\limits_{1\leqslant j<i\leqslant n}(x_i-x_j)$,有

$D=(8-5)(8-3)(8-2)(5-3)(5-2)(3-2)=3\times5\times6\times2\times3\times1=540$.

(5)**答案** -200.

分析 观测两个行列式,只在(3,5)位置上的元素不同,对D_1按第三行展开有:

$$D_1=8A_{31}+4A_{33}+2A_{34}+9A_{35},$$

而$D=8A_{31}+4A_{33}+2A_{34}+11A_{35}=10$,故

$$D_1=10-11A_{35}+9A_{35}=10-2A_{35},$$

计算A_{35},其是一上三角行列式,值为105,故$D_1=10-2\times105=-200$.

(6)**答案** $\lambda=2,\lambda=-1$.

分析 根据克莱姆法则,齐次方程组有非零解,则系数行列式一定为零,于是λ应满足,

$$\begin{vmatrix}1 & \lambda & 1\\1 & -1 & 1\\\lambda & 1 & 2\end{vmatrix}=-2+\lambda^2+1+\lambda-2\lambda-1=(\lambda-2)(\lambda+1)=0,$$

解之，$\lambda=2,\lambda=-1$.

【例 2】 选择题

(1)设 D 是四阶行列式，则 D 中符号为负的项是(　).

(A)$a_{32}a_{13}a_{41}a_{24}$ (B)$a_{42}a_{23}a_{11}a_{34}$

(C)$a_{23}a_{14}a_{41}a_{32}$ (D)$a_{21}a_{34}a_{43}a_{12}$

(2)多项式 $f(x)=\begin{vmatrix}1 & x^2 & 3 & x^3\\2 & 1 & 5 & 4\\7 & 0 & 9 & x\\8 & 4 & 6 & 1\end{vmatrix}$ 有根的数目为(　).

(A)1 (B)2 (C)3 (D)6

(3)行列式 $\begin{vmatrix}x+y & y+z\\a+b & b+c\end{vmatrix}$ 可以分拆成(　).

(A)$\begin{vmatrix}x & y\\a & b\end{vmatrix}+\begin{vmatrix}y & z\\b & c\end{vmatrix}$ (B)$\begin{vmatrix}x+y & y\\a+b & b\end{vmatrix}+\begin{vmatrix}-x-y & -z\\-a-b & -c\end{vmatrix}$

(C)$\begin{vmatrix}x & y+z\\a & b+c\end{vmatrix}+\begin{vmatrix}y & 0\\b & 0\end{vmatrix}$ (D)$\begin{vmatrix}x+y & y\\a+b & b\end{vmatrix}-\begin{vmatrix}-x-y & -z\\-a-b & -c\end{vmatrix}$

(4)下列论断正确的是(　).

(A)将 $n(>1)$阶行列式的每个元素都乘以 2，所得行列式的值是原行列式值的 2 倍

(B)一线性方程组的系数行列式的值为零，则方程组的解全为零

(C)若上三角行列式的值为零，则其对角元素中一定有零元素

(D)若行列式的对角元素全部为零，则该行列式的值一定为零

解

(1)**答案** (A).

分析 把元素按行足标的自然顺序排好：(A)$a_{13}a_{24}a_{32}a_{41}$，列足标的排列是 3421，$\tau(3421)=5$，为奇排列，按行列式的定义该项取负；(B)$a_{11}a_{23}a_{34}a_{42}$，列足标的排列是 1342，$\tau(1342)=2$，为偶排列，该项取正；同理(C)和(D)两项也是取正的.

(2)**答案** (C).

分析 根据行列式的定义，$f(x)$是一关于 x 的 3 次多项式，因此有 3 个根.

(3)**答案** (B).

分析 把一个行列式分拆成两个行列式，一定要针对某一行或某一列，而其他行或其他列都必须相同. 对于(B)，把右边行列式两行的(−1)分别提出后有

$$\begin{vmatrix}x+y & y\\a+b & b\end{vmatrix}+(-1)(-1)\begin{vmatrix}x+y & z\\a+b & c\end{vmatrix}=\begin{vmatrix}x+y & y+z\\a+b & b+c\end{vmatrix},$$

故是正确的答案；对于(D)，

$$\begin{vmatrix}x+y & y\\a+b & b\end{vmatrix}-(-1)(-1)\begin{vmatrix}x+y & z\\a+b & c\end{vmatrix}=\begin{vmatrix}x+y & y-z\\a+b & b-c\end{vmatrix},$$

故不是答案；(A)和(C)都合不起来. 特别注意(A)的答案具有迷惑性，这是第二章矩阵的加

法定义，同学们容易把这两者混淆．

(4)**答案** (C).

分析 对于(A)，正确的论断应是：将 $n(>1)$ 阶行列式的每个元素都乘以 2，所得行列式的值是原行列式值的 2^n 倍，故(A)不是答案；对于(B)，一线性方程组的系数行列式的值为零，则方程组有可能有解，也可能无解．在有解的情况下，应把方程组理解成一般非齐次的，因此解不可能是全为零，故(B)也不是答案；对于(C)，因为上三角行列式的值即为对角元素的乘积，因此若行列式的值为零，则对角元素中一定有零元素，故是答案；对于(D)，如 $\begin{vmatrix} 0 & 1 \\ 1 & 0 \end{vmatrix}=-1$，故不是答案．

【例 3】 计算 n 阶行列式

$$D_n=\begin{vmatrix} a & 0 & \cdots & 0 & 1 \\ 0 & a & \cdots & 0 & 0 \\ \cdots & \cdots & \cdots & \cdots & \cdots \\ 0 & 0 & \cdots & a & 0 \\ 1 & 0 & \cdots & 0 & a \end{vmatrix}.$$

解 此行列式有多种解法，如按第一行展开等．也可以用最后一行的 $(-a)$ 倍加到第一行，再交换第一列与最后一列即可，

$$D_n=\begin{vmatrix} 0 & 0 & \cdots & 0 & 1-a^2 \\ 0 & a & \cdots & 0 & 0 \\ \cdots & \cdots & \cdots & \cdots & \cdots \\ 0 & 0 & \cdots & a & 0 \\ 1 & 0 & \cdots & 0 & a \end{vmatrix}=-\begin{vmatrix} 1-a^2 & 0 & \cdots & 0 & 0 \\ 0 & a & \cdots & 0 & 0 \\ \cdots & \cdots & \cdots & \cdots & \cdots \\ 0 & 0 & \cdots & a & 0 \\ a & 0 & \cdots & 0 & 1 \end{vmatrix}=a^n-a^{n-2}.$$

评注 同学们容易犯的错是用第一行的 $\left(-\frac{1}{a}\right)$ 倍加到最后一行，马上就得到一个上三角行列式了，但这里没有考虑到的是 a 有可能为零．类似的问题同学们要引起注意．

【例 4】 计算行列式

$$D=\begin{vmatrix} -\frac{3}{4} & 0 & -\frac{1}{2} \\ \frac{1}{3} & -2 & \frac{1}{6} \\ 1 & \frac{1}{5} & -\frac{3}{5} \end{vmatrix}.$$

解 把各行分母的最小公因子提出，

$$D=\frac{1}{4}\cdot\frac{1}{6}\cdot\frac{1}{5}\cdot\begin{vmatrix} -3 & 0 & -2 \\ 2 & -12 & 1 \\ 5 & 1 & -3 \end{vmatrix}=\frac{1}{120}(-108-4-120+3)=-\frac{229}{120}.$$

评注 在有分母的情形下，可以按行或按列提出分母的最小公因子，如此可以避免分数的运算，给计算带来方便；类似地，若遇到元素数值很大时，也可以设法按行或按列提出最大公因子，以简化计算．

【例 5】 计算行列式

$$D_n=\begin{vmatrix} 1 & a-1 & (a-1)^2 & \cdots & (a-1)^{n-1} \\ 1 & a-2 & (a-2)^2 & \cdots & (a-2)^{n-1} \\ 1 & a-3 & (a-3)^2 & \cdots & (a-3)^{n-1} \\ \cdots & \cdots & \cdots & \cdots & \cdots \\ 1 & a-n & (a-n)^2 & \cdots & (a-n)^{n-1} \end{vmatrix}.$$

解 这是一个范德蒙行列式，$x_i=a-i$，由范德蒙行列式的结论，$V_n=\prod\limits_{1\leqslant j<i\leqslant n}(x_i-x_j)$，且 $x_i-x_j=(a-i)-(a-j)=j-i$，这些因子共有 $1+2+\cdots+(n-1)=\dfrac{n(n-1)}{2}$ 个，故有

$$D_n=\prod_{1\leqslant j<i\leqslant n}(j-i)=(-1)^{\frac{n(n-1)}{2}}\prod_{1\leqslant j<i\leqslant n}(i-j)=(-1)^{\frac{n(n-1)}{2}}1!\cdot 2!\cdots(n-2)!(n-1)!.$$

【例 6】 计算 $n+1$ 阶行列式

$$D=\begin{vmatrix} x & a_1 & a_2 & \cdots & a_n \\ a_1 & x & a_2 & \cdots & a_n \\ a_1 & a_2 & x & \cdots & a_n \\ \cdots & \cdots & \cdots & \cdots & \cdots \\ a_1 & a_2 & a_3 & \cdots & x \end{vmatrix}.$$

解 因为行和相等，故把第二列至最后一列都加到第一列，再提出公因子得到，

$$D=(x+\sum_{i=1}^n a_i)\begin{vmatrix} 1 & a_1 & a_2 & \cdots & a_n \\ 1 & x & a_2 & \cdots & a_n \\ 1 & a_2 & x & \cdots & a_n \\ \cdots & \cdots & \cdots & \cdots & \cdots \\ 1 & a_2 & a_3 & \cdots & x \end{vmatrix}$$

$$=(x+\sum_{i=1}^n a_i)\begin{vmatrix} 1 & a_1 & a_2 & \cdots & a_n \\ 0 & x-a_1 & 0 & \cdots & 0 \\ 0 & a_2-a_1 & x-a_2 & \cdots & 0 \\ \cdots & \cdots & \cdots & \cdots & \cdots \\ 0 & a_2-a_1 & a_3-a_2 & \cdots & x-a_n \end{vmatrix}$$

按第一列展开，

$$D=(x+\sum_{i=1}^n a_i)\begin{vmatrix} x-a_1 & 0 & \cdots & 0 \\ a_2-a_1 & x-a_2 & \cdots & 0 \\ \cdots & \cdots & \cdots & \cdots \\ a_2-a_1 & a_3-a_2 & \cdots & x-a_n \end{vmatrix}$$

$$=(x+\sum_{i=1}^n a_i)(x-a_1)(x-a_2)\cdots(x-a_n).$$

评注 此行列式的一个特征是每一行的元素之和相等．对于具有该特征的行列式，计算时首先可以考虑的是把第二列至最后一列的元素全部加到第一列，如此第一列就具有该和的公因子，提出该因子后再设法化至上三角行列式．例 7、例 14 都具有这种行和相等的特征．

【例 7】 计算

$$D=\begin{vmatrix}1&2&3&\cdots&n-1&n\\n&1&2&\cdots&n-2&n-1\\n-1&n&1&\cdots&n-3&n-2\\\cdots&\cdots&\cdots&\cdots&\cdots&\cdots\\3&4&5&\cdots&1&2\\2&3&4&\cdots&n&1\end{vmatrix}.$$

解 注意到行列式的行和相等，故把第二列至最后一列的元素全部加到第一列上，之后再提出第一列的公因子，再各行减去后一行，

$$D=\frac{1}{2}n(n+1)\begin{vmatrix}1&2&3&\cdots&n-1&n\\1&1&2&\cdots&n-2&n-1\\1&n&1&\cdots&n-3&n-2\\\cdots&\cdots&\cdots&\cdots&\cdots&\cdots\\1&4&5&\cdots&1&2\\1&3&4&\cdots&n&1\end{vmatrix}$$

$$=\frac{1}{2}n(n+1)\begin{vmatrix}0&1&1&\cdots&1&1\\0&1-n&1&\cdots&1&1\\0&1&1-n&\cdots&1&1\\\cdots&\cdots&\cdots&\cdots&\cdots&\cdots\\0&1&1&\cdots&1-n&1\\1&3&4&\cdots&n&1\end{vmatrix}$$

$$=\frac{n(n+1)}{2}(-1)^{n+1}\begin{vmatrix}1&1&\cdots&1&1\\1-n&1&\cdots&1&1\\1&1-n&\cdots&1&1\\\cdots&\cdots&\cdots&\cdots&\cdots\\1&1&\cdots&1-n&1\end{vmatrix}_{n-1}$$

$$=\frac{n(n+1)}{2}(-1)^{n+1}\begin{vmatrix}1&1&\cdots&1&1\\-n&0&\cdots&0&0\\0&-n&\cdots&0&0\\\cdots&\cdots&\cdots&\cdots&\cdots\\0&0&\cdots&-n&0\end{vmatrix}_{n-1}$$

$$=\frac{n(n+1)}{2}(-1)^{n+1}(-1)^{1+(n-1)}(-n)^{n-2}$$

$$=(-1)^{n-1}\frac{n^{n-1}(n+1)}{2}.$$

【例 8】 计算行列式

$$D=\begin{vmatrix}a_0&1&1&\cdots&1\\1&a_1&0&\cdots&0\\1&0&a_2&\cdots&0\\\cdots&\cdots&\cdots&\cdots&\cdots\\1&0&0&\cdots&a_n\end{vmatrix},$$

其中，$a_i\neq0(i=1,\cdots,n)$.

解 利用性质,用第 j 列的 $-\frac{1}{a_j}$ 倍,$j=2,\cdots,n+1$,加到第一列,即成为上三角行列式,

$$D=\begin{vmatrix} a_0-\frac{1}{a_1}-\cdots-\frac{1}{a_n} & 1 & 1 & \cdots & 1 \\ 0 & a_1 & 0 & \cdots & 0 \\ 0 & 0 & a_2 & \cdots & 0 \\ \cdots & \cdots & \cdots & \cdots & \cdots \\ 0 & 0 & 0 & \cdots & a_n \end{vmatrix}$$

$$=a_1\cdots a_n\left(a_0-\sum_{j=1}^{n}\frac{1}{a_j}\right).$$

评注 此行列式称为箭形(指向左上方)行列式,利用性质把其化为上三角行列式即可.对于其他方向的箭形行列式(如指向右上方),则先消去一条边,之后再利用展开就可以计算出行列式的值,见例 9.

【例 9】 计算行列式

$$D=\begin{vmatrix} b_n & \cdots & b_2 & b_1 & a_0 \\ 0 & \cdots & 0 & a_1 & c_1 \\ 0 & \cdots & a_2 & 0 & c_2 \\ \cdots & \cdots & \cdots & \cdots & \cdots \\ a_n & \cdots & 0 & 0 & c_n \end{vmatrix},$$

其中,$a_i\neq 0(i=1,\cdots,n)$.

解 利用性质,用第 j 列的 $-\frac{c_{n-j+1}}{a_{n-j+1}}$ 倍,$j=1,\cdots,n$,加到最后一列,

$$D=\begin{vmatrix} b_n & \cdots & b_2 & b_1 & a_0-\frac{b_1c_1}{a_1}\cdots-\frac{b_nc_n}{a_n} \\ 0 & \cdots & 0 & a_1 & 0 \\ 0 & \cdots & a_2 & 0 & 0 \\ \cdots & \cdots & \cdots & \cdots & \cdots \\ a_n & \cdots & 0 & 0 & 0 \end{vmatrix}_{n+1}$$

不断地从最后一行展开(或利用反上三角行列式的结论,见例 16),即得

$$D=(-1)^{n+2}a_n\cdot\begin{vmatrix} b_{n-1} & \cdots & b_1 & a_0-\frac{b_1c_1}{a_1}-\cdots-\frac{b_nc_n}{a_n} \\ 0 & \cdots & a_1 & 0 \\ \cdots & \cdots & \cdots & \cdots \\ a_{n-1} & \cdots & 0 & 0 \end{vmatrix}_n$$

$$=(-1)^{n+2}(-1)^{n+1}a_na_{n-1}\cdot\begin{vmatrix} b_{n-2} & \cdots & b_1 & a_0-\frac{b_1c_1}{a_1}-\cdots-\frac{b_nc_n}{a_n} \\ 0 & \cdots & a_1 & 0 \\ \cdots & \cdots & \cdots & \cdots \\ a_{n-2} & \cdots & 0 & 0 \end{vmatrix}_{n-1}$$

$=\cdots$

$$=(-1)^{\frac{n(n+1)}{2}}a_1\cdots a_n\left(a_0-\sum_{j=1}^{n}\frac{b_jc_j}{a_j}\right).$$

【例 10】 由实验测得变量 x 与 y 的数据 $(x_i,y_i),i=1,\cdots,n$，其中 $x_j\neq x_i,\forall j\neq i$. 现要求构造一 $n-1$ 次多项式 $p(x)$ 满足

$$p(x_i)=y_i,i=1,\cdots,n. \tag{1.1}$$

问这样的多项式是否存在？是否唯一？

解 设所求多项式为 $p(x)=a_0+a_1x+\cdots+a_{n-2}x^{n-2}+a_{n-1}x^{n-1}$，于是多项式是否存在、是否唯一就等价于这些系数 $a_0,a_1,\cdots,a_{n-1}$ 是否存在、是否唯一．根据条件(1.1)，所求多项式应满足

$$\begin{cases}1\cdot a_0+x_1a_1+\cdots+x_1^{n-1}a_{n-1}=y_1\\1\cdot a_0+x_2a_1+\cdots+x_2^{n-1}a_{n-1}=y_2\\\qquad\cdots\cdots\\1\cdot a_0+x_na_1+\cdots+x_n^{n-1}a_{n-1}=y_n\end{cases},$$

这是关于变量 $a_0,a_1,\cdots,a_{n-1}$ 的线性方程组，其系数行列式是

$$D=\begin{vmatrix}1&x_1&\cdots&x_1^{n-1}\\1&x_2&\cdots&x_2^{n-1}\\\cdots&\cdots&\cdots&\cdots\\1&x_n&\cdots&x_n^{n-1}\end{vmatrix}.$$

这是一个范德蒙行列式，由于 $x_j\neq x_i$，故 $D\neq0$，于是由克莱姆法则，方程组的解 $a_0,a_1,\cdots,a_{n-1}$ 存在唯一，从而所求多项式存在唯一．

评注 本例在数学上称为多项式插值问题，而(1.1)称为插值条件．插值问题在许多领域都有实际的应用．

二、n 阶行列式的计算方法

我们知道上(下)三角行列式的值等于其对角元素的乘积．利用行列式的性质把一个行列式化成上(下)三角行列式，如此就可计算出行列式的值．这是计算行列式值的最重要思想，也是最一般的方法．在前面我们介绍了一些具有特殊结构的行列式计算，如箭形行列式(见例 8、例 9)、行和相等行列式(例 6、例 7)、范德蒙行列式(例 5)等，还有三对角行列式(见下面的例 18、例 19)，这些结构的行列式通常可以按所介绍的方法去做．下面我们从方法的角度来介绍行列式的计算．事实上这些方法大多数最终也是把行列式化成三角形后再计算出其值的．

一般来说，n 阶行列式的计算不是一件容易的事，需要一定量的练习积累．所介绍的行列式结构以及方法，只是提供一种途径，这种方法最终是否一定能计算得出还要看具体的行列式本身．而有些行列式也可以用多种方法来计算．

1. 用行列式定义的计算法

用行列式定义直接计算行列式的值，一般这些行列式都具有很特殊的结构，如教材中例 4 的下三角行列式、例 5 的反对角行列式等；否则用定义去计算行列式的值是很困难的．

【例 11】 计算行列式

$$D_6=\begin{vmatrix} 0 & 0 & 0 & 0 & 0 & a \\ 0 & 0 & 0 & 0 & b & x \\ 0 & 0 & 0 & c & y & z \\ x & y & d & 0 & 0 & 0 \\ z & e & 0 & 0 & 0 & 0 \\ f & 0 & 0 & 0 & 0 & 0 \end{vmatrix}.$$

解 由定义 $D_6=\sum\limits_{6!}(-1)^{\tau(p_1p_2\cdots p_6)}a_{1p_1}a_{2p_2}\cdots a_{6p_6}$. 先考虑 p_1 的取值,注意到行列式第一行的零元素分布,和式中只需保留 p_1 取 6 的项 $a_{16}a_{2p_2}\cdots a_{6p_6}$,因为其他的项都为零,故和式中保留下来的还有 5! 项;再考虑 p_2 的取值,因 p_1 已取定为 6,p_2 只能在 1,…,5 中取值,再注意到行列式第二行的零元素分布,故和式中又只需保留 p_2 取 5 的项 $a_{16}a_{25}\cdots a_{6p_6}$,这些项还有 4! 项;同理,和式中又只需保留 p_3 取 4 的项 $a_{16}a_{25}a_{34}a_{4p_4}a_{5p_5}a_{6p_6}$. 接下来我们可以先考虑 p_6 的取值,此时其只能在 1,2,3 中取值,又注意到第六行的零元素分布,故只需保留 p_6 取 1 的项 $a_{16}a_{25}a_{34}a_{4p_4}a_{5p_5}a_{61}$;同理只需保留 p_5,p_4 分别取 2,3 的项,如此行列式成立 $D_6=(-1)^{\tau(654321)}a_{16}a_{25}a_{34}a_{43}a_{52}a_{61}$. 由于 $\tau(654321)=0+1+2+3+4+5=15$,故

$$D_6=-abcdef.$$

评注 若已经知道前述的 2×2 块形式行列式的结论,则该题可以利用这一结论. 先交换第一与第四行、第二与第五行、第三与第六行,即化成了下列 2×2 块的行列式

$$D_6=(-1)^3\begin{vmatrix} x & y & d & 0 & 0 & 0 \\ z & e & 0 & 0 & 0 & 0 \\ f & 0 & 0 & 0 & 0 & 0 \\ 0 & 0 & 0 & 0 & 0 & a \\ 0 & 0 & 0 & 0 & b & x \\ 0 & 0 & 0 & c & y & z \end{vmatrix}$$

$$=-\begin{vmatrix} x & y & d \\ z & e & 0 \\ f & 0 & 0 \end{vmatrix}\cdot\begin{vmatrix} 0 & 0 & a \\ 0 & b & x \\ c & y & z \end{vmatrix},$$

这已是两个三阶反上(下)三角行列式了,利用结论(见例 16)可得 $D_6=-abcdef$.

【例 12】 证明

$$D=\begin{vmatrix} a_{11} & a_{12} & 0 & 0 & 0 \\ a_{21} & a_{22} & 0 & 0 & 0 \\ a_{31} & a_{32} & 0 & 0 & 0 \\ a_{41} & a_{42} & a_{43} & a_{44} & a_{45} \\ a_{51} & a_{52} & a_{53} & a_{54} & a_{55} \end{vmatrix}=0.$$

证明 由定义 $D_5=\sum\limits_{5!}(-1)^{\tau(p_1p_2p_3p_4p_5)}a_{1p_1}a_{2p_2}a_{3p_3}a_{4p_4}a_{5p_5}$,注意到行列式第一行的零元素分布,和式中只需保留 p_1 取 1 和 2 的项;同样注意到行列式第二行的零元素分布,和式中也只需保留 p_2 取 1 和 2 的项;现考虑 p_3 的取值,当 p_1 取 1 时,保留下来的项应是 p_2 取 2 的项,此时 p_3 只能在 3,4,5 中取值;而当 p_1 取 2 时,保留下来的项应是 p_2 取 1 的项,此时 p_3 也只

能在 3,4,5 中取值．由于行列式第三行的零元素分布，当 p_3 取值为 3,4,5 时，$a_{3p_3}=0$，这样保留下来的项都为零，所以 $D=0$.

评注 同样，若利用前述的 2×2 块形式行列式的结论，则马上可以得到

$$D=\begin{vmatrix} a_{11} & a_{12} & 0 \\ a_{21} & a_{22} & 0 \\ a_{31} & a_{32} & 0 \end{vmatrix}\cdot\begin{vmatrix} a_{44} & a_{45} \\ a_{54} & a_{55} \end{vmatrix}$$

$$=0\cdot\begin{vmatrix} a_{44} & a_{45} \\ a_{54} & a_{55} \end{vmatrix}=0.$$

2. 化行列式为上(下)三角形(上三角化)

前面已论述过，大多数方法最终是把行列式化成三角形再计算出其值．这里的上三角化主要指：一是数值型行列式(即元素全部是数)如何上三角化；二是一些行列式只须经过一些简单的步骤就可以化到上三角行列式了．参见教材第一章的例 7 和例 10.

【例 13】 计算行列式

$$D=\begin{vmatrix} 3 & 1 & -1 & 4 \\ 2 & 0 & 4 & 0 \\ 1 & 1 & -2 & 3 \\ 5 & 8 & -6 & 10 \end{vmatrix}.$$

解 **方法一**：这是元素全部为数字的行列式，可以规律化地逐列上三角化，

$$D=-\begin{vmatrix} 1 & 1 & -2 & 3 \\ 2 & 0 & 4 & 0 \\ 3 & 1 & -1 & 4 \\ 5 & 8 & -6 & 10 \end{vmatrix}=-\begin{vmatrix} 1 & 1 & -2 & 3 \\ 0 & -2 & 8 & -6 \\ 0 & -2 & 5 & -5 \\ 0 & 3 & 4 & -5 \end{vmatrix}$$

$$=-\begin{vmatrix} 1 & 1 & -2 & 3 \\ 0 & 1 & 12 & -11 \\ 0 & 0 & -3 & 1 \\ 0 & 3 & 4 & -5 \end{vmatrix}=-\begin{vmatrix} 1 & 1 & -2 & 3 \\ 0 & 1 & 12 & -11 \\ 0 & 0 & -3 & 1 \\ 0 & 0 & -32 & 28 \end{vmatrix}$$

$$=-\begin{vmatrix} 1 & 1 & 7 & 3 \\ 0 & 1 & 21 & -11 \\ 0 & 0 & 0 & 1 \\ 0 & 0 & 52 & 28 \end{vmatrix}=\begin{vmatrix} 1 & 1 & 7 & 3 \\ 0 & 1 & 21 & -11 \\ 0 & 0 & 52 & 28 \\ 0 & 0 & 0 & 1 \end{vmatrix}=52.$$

这样一个过程称为消元法．理论上，这种方法适合于任何行列式，但是否方便则要视行列式的具体结构，特别是在元素为文字时一般不宜用．

方法二：在上三角化过程中，也可以结合展开，边上三角化边展开(这在零元素比较多的时候显得较方便)．如该行列式的第二行已有两个零元素了，为此把(2,3)位置上的元素化成零，再按第二行展开．

$$D=\begin{vmatrix} 3 & 1 & -7 & 4 \\ 2 & 0 & 0 & 0 \\ 1 & 1 & -4 & 3 \\ 5 & 8 & -16 & 10 \end{vmatrix}=(-1)^{2+1}2\times\begin{vmatrix} 1 & -7 & 4 \\ 1 & -4 & 3 \\ 8 & -16 & 10 \end{vmatrix}=-2\times\begin{vmatrix} 1 & -7 & 4 \\ 0 & 3 & -1 \\ 0 & 40 & -22 \end{vmatrix}$$

$$=-2\times\begin{vmatrix}3 & -1\\40 & -22\end{vmatrix}=-2\times(-66+40)=52.$$

【例 14】 计算行列式

$$D=\begin{vmatrix}a+b_1 & b_2 & \cdots & b_{n-1} & b_n\\ b_1 & a+b_2 & \cdots & b_{n-1} & b_n\\ \cdots & \cdots & \cdots & \cdots & \cdots\\ b_1 & b_2 & \cdots & a+b_{n-1} & b_n\\ b_1 & b_2 & \cdots & b_{n-1} & a+b_n\end{vmatrix}.$$

解　此行列式每一行的和相等，故第二列至第 n 列都加到第一列，再提出公因子，最后可化成上三角行列式，

$$D=(a+\sum_{i=1}^{n}b_i)\begin{vmatrix}1 & b_2 & \cdots & b_{n-1} & b_n\\ 1 & a+b_2 & \cdots & b_{n-1} & b_n\\ \cdots & \cdots & \cdots & \cdots & \cdots\\ 1 & b_2 & \cdots & a+b_{n-1} & b_n\\ 1 & b_2 & \cdots & b_{n-1} & a+b_n\end{vmatrix}$$

$$=(a+\sum_{i=1}^{n}b_i)\begin{vmatrix}1 & b_2 & \cdots & b_{n-1} & b_n\\ 0 & a & \cdots & 0 & 0\\ \cdots & \cdots & \cdots & \cdots & \cdots\\ 0 & 0 & \cdots & a & 0\\ 0 & 0 & \cdots & 0 & a\end{vmatrix}$$

$$=a^{n-1}(a+\sum_{i=1}^{n}b_i).$$

评注　该行列式也可以按下面例 15 的方法去计算.

【例 15】 计算行列式

$$D=\begin{vmatrix}x_1 & b_2 & \cdots & b_{n-1} & b_n\\ b_1 & x_2 & \cdots & b_{n-1} & b_n\\ \cdots & \cdots & \cdots & \cdots & \cdots\\ b_1 & b_2 & \cdots & x_{n-1} & b_n\\ b_1 & b_2 & \cdots & b_{n-1} & x_n\end{vmatrix},$$

其中，$x_i\neq b_i(i=1,\cdots,n)$.

解　利用性质化简

$$D=\begin{vmatrix}x_1 & b_2 & \cdots & b_{n-1} & b_n\\ b_1-x_1 & x_2-b_2 & \cdots & 0 & 0\\ \cdots & \cdots & \cdots & \cdots & \cdots\\ b_1-x_1 & 0 & \cdots & x_{n-1}-b_{n-1} & 0\\ b_1-x_1 & 0 & \cdots & 0 & x_n-b_n\end{vmatrix},$$

这已是一箭形行列式了(见例 8)，进一步化其为上三角行列式，

$$D=\begin{vmatrix} x_1-\frac{b_2(b_1-x_1)}{x_2-b_2}-\cdots-\frac{b_n(b_1-x_1)}{x_n-b_n} & b_2 & \cdots & b_{n-1} & b_n \\ 0 & x_2-b_2 & \cdots & 0 & 0 \\ \cdots & \cdots & \cdots & \cdots & \cdots \\ 0 & 0 & \cdots & x_{n-1}-b_{n-1} & 0 \\ 0 & 0 & \cdots & 0 & x_n-b_n \end{vmatrix}$$

$$=\left(x_1-\sum_{i=2}^{n}\frac{b_i(b_1-x_1)}{x_i-b_i}\right)(x_2-b_2)\cdots(x_n-b_n)$$

$$=\left(\frac{x_1}{x_1-b_1}+\sum_{i=2}^{n}\frac{b_i}{x_i-b_i}\right)(x_1-b_1)(x_2-b_2)\cdots(x_n-b_n)$$

$$=\prod_{i=1}^{n}(x_i-b_i)\left(1+\sum_{i=1}^{n}\frac{b_i}{x_i-b_i}\right).$$

评注 在把行列式化至上三角行列式时，往往可以先化至箭形行列式过渡．

3. 降阶法

所谓降阶法，就是利用展开公式，把 n 阶行列式降为 $n-1$ 阶的行列式，进一步根据需要，还可以把 $n-1$ 阶的行列式降为 $n-2$ 阶的行列式，等等．一般来说，低阶行列式的计算要比高阶行列式的计算来得容易，但不是所有行列式的降阶都会给计算带来方便．事实上，根据展开公式，一个 n 阶的行列式降为 $n-1$ 阶的行列式有 n 个之多，这给计算没有带来方便．一般来说，只有当行列式的零元素比较多时用展开进行降阶才会显得方便．

【例 16】 计算反上三角行列式

$$D=\begin{vmatrix} a_{11} & a_{12} & \cdots & a_{1,n-1} & a_{1n} \\ a_{21} & a_{22} & \cdots & a_{2,n-1} & 0 \\ \cdots & \cdots & \cdots & \cdots & \cdots \\ a_{n-1,1} & a_{n-1,2} & \cdots & 0 & 0 \\ a_{n1} & 0 & \cdots & 0 & 0 \end{vmatrix}.$$

解 此行列式可以看成是教材第一章例 5 反对角行列式的推广，其计算也可以用行列式的定义来做，但我们已有了展开公式，故可以用展开来做．按最后一列展开，只有一项，

$$D=(-1)^{1+n}a_{1n}\begin{vmatrix} a_{21} & a_{22} & \cdots & a_{2,n-2} & a_{2,n-1} \\ a_{31} & a_{32} & \cdots & a_{3,n-2} & 0 \\ \cdots & \cdots & \cdots & \cdots & \cdots \\ a_{n-1,1} & a_{n-1,2} & \cdots & 0 & 0 \\ a_{n1} & 0 & \cdots & 0 & 0 \end{vmatrix}_{n-1}.$$

对上面的 $n-1$ 阶行列式再按最后一列展开，也只有一项，

$$D=(-1)^{1+n}a_{1n}(-1)^{1+(n-1)}a_{2,n-1}\begin{vmatrix} a_{31} & \cdots & a_{3,n-3} & a_{3,n-2} \\ a_{41} & \cdots & a_{4,n-3} & 0 \\ \cdots & \cdots & \cdots & \cdots \\ a_{n1} & \cdots & 0 & 0 \end{vmatrix}_{n-2},$$

继续对上面 $n-2$ 阶行列式按最后一列展开，最后可得

$$D=(-1)^{1+n}a_{1n}(-1)^{1+(n-1)}a_{2,n-1}\cdots(-1)^{1+2}a_{n-1,2}(-1)^{1+1}a_{n1}$$

$$=(-1)^{(n+1)+n+\cdots+2}a_{1n}a_{2,n-1}\cdots a_{n1}=(-1)^{\frac{n(n-1)}{2}}a_{1n}a_{2,n-1}\cdots a_{n1}.$$

【例 17】 计算行列式

$$D=\begin{vmatrix} 1 & 2 & 3 & \cdots & n-1 & n \\ 2 & 1 & 2 & \cdots & n-2 & n-1 \\ 3 & 2 & 1 & \cdots & n-3 & n-2 \\ \cdots & \cdots & \cdots & \cdots & \cdots & \cdots \\ n-1 & n-2 & n-3 & \cdots & 1 & 2 \\ n & n-1 & n-2 & \cdots & 2 & 1 \end{vmatrix}.$$

解 先化简,从最后一行起,用上一行的(-1)倍加到下一行,

$$D=\begin{vmatrix} 1 & 2 & 3 & \cdots & n-1 & n \\ 1 & -1 & -1 & \cdots & -1 & -1 \\ 1 & 1 & -1 & \cdots & -1 & -1 \\ \cdots & \cdots & \cdots & \cdots & \cdots & \cdots \\ 1 & 1 & 1 & \cdots & -1 & -1 \\ 1 & 1 & 1 & \cdots & 1 & -1 \end{vmatrix};$$

从最后一行起,再用上一行的(-1)倍加到下一行,

$$D=\begin{vmatrix} 1 & 2 & 3 & \cdots & n-1 & n \\ 0 & -3 & -4 & \cdots & -n & -n-1 \\ 0 & 2 & 0 & \cdots & 0 & 0 \\ \cdots & \cdots & \cdots & \cdots & \cdots & \cdots \\ 0 & 0 & 0 & \cdots & 0 & 0 \\ 0 & 0 & 0 & \cdots & 2 & 0 \end{vmatrix},$$

按第一列展开(降低一阶),只有一项;之后再按最后一列展开,也只有一项,

$$D=1\times\begin{vmatrix} -3 & -4 & \cdots & -n & -n-1 \\ 2 & 0 & \cdots & 0 & 0 \\ \cdots & \cdots & \cdots & \cdots & \cdots \\ 0 & 0 & \cdots & 0 & 0 \\ 0 & 0 & \cdots & 2 & 0 \end{vmatrix}_{n-1}$$

$$=(-1)^n(-n-1)\cdot\begin{vmatrix} 2 & 0 & \cdots & 0 \\ 0 & 2 & \cdots & 0 \\ \cdots & \cdots & \cdots & \cdots \\ 0 & 0 & \cdots & 2 \end{vmatrix}_{n-2}$$

$$=(-1)^{n+1}(n+1)2^{n-2}.$$

评注 该行列式称为对称 Topolize 行列式,一般的 Topolize 行列式是

$$D=\begin{vmatrix} d_1 & d_2 & d_3 & \cdots & d_{n-1} & d_n \\ d_{-2} & d_1 & d_2 & \cdots & d_{n-2} & d_{n-1} \\ d_{-3} & d_{-2} & d_1 & \cdots & d_{n-3} & d_{n-2} \\ \cdots & \cdots & \cdots & \cdots & \cdots & \cdots \\ d_{-(n-1)} & d_{-(n-2)} & d_{-(n-3)} & \cdots & d_1 & d_2 \\ d_{-n} & d_{-(n-1)} & d_{-(n-2)} & \cdots & d_{-2} & d_1 \end{vmatrix},$$

其由 $2n-1$ 个数确定.

4. 递推法

递推法也是计算行列式值的一种有效方法，在教材中对三对角行列式已有应用，见例 15. 所谓递推法，就是建立所要计算的 n 行列式 D_n 与低一阶的同结构行列式 D_{n-1}（及更低阶的 D_{n-2}）的一种递推关系，进而再计算出 D_n 的值．这里重要的是 D_{n-1}（或 D_{n-2}）具有与 D_n 完全相同的行列式结构，只是阶数低一阶（或二阶）．对于一般常数型的三对角行列式，都可以用递推法计算出，见下面例 19. 递推法不仅适用于三对角行列式，对其他行列式有时也是适用的，见例 29 和例 30.

【例 18】 计算 n 阶行列式

$$D_n=\begin{vmatrix} 3 & 1 & \cdots & 0 & 0 & 0 \\ 2 & 3 & \cdots & 0 & 0 & 0 \\ \cdots & \cdots & \cdots & \cdots & \cdots & \cdots \\ 0 & 0 & \cdots & 3 & 1 & 0 \\ 0 & 0 & \cdots & 2 & 3 & 1 \\ 0 & 0 & \cdots & 0 & 2 & 3 \end{vmatrix}.$$

解 将行列式 D_n 按最后一列展开，注意到其 (n,n) 位置的代数余子式 $A_{nn}=D_{n-1}$，于是

$$D_n=3\cdot D_{n-1}+(-1)^{2n-1}1\times\begin{vmatrix} 3 & 1 & \cdots & 0 & 0 \\ 2 & 3 & \cdots & 0 & 0 \\ \cdots & \cdots & \cdots & 1 & 0 \\ 0 & 0 & \cdots & 3 & 1 \\ 0 & 0 & \cdots & 0 & 2 \end{vmatrix}.$$

等式右边的 $n-1$ 阶行列式再按最后一行展开，其 (n,n) 位置的代数余子式 A_{nn}（相对于右端 $n-1$ 阶的行列式）是一个 $n-2$ 阶行列式，且 $A_{nn}=D_{n-2}$. 于是成立递推关系：

$$D_n=3\cdot D_{n-1}-2\cdot D_{n-2},\ n=3,4,\cdots,$$

其中 $D_1=3, D_2=7$. 进一步由上式，

$$D_n-D_{n-1}=2(D_{n-1}-D_{n-2})=2^2(D_{n-2}-D_{n-3})=\cdots=2^{n-2}(D_2-D_1)=2^n,$$

故

$$\begin{aligned} D_n &=D_{n-1}+2^n=D_{n-2}+2^{n-1}+2^n=\cdots=D_1+2^2+\cdots+2^{n-1}+2^n \\ &=2^0+2^1+2^2+\cdots 2^{n-1}+2^n=2^{n+1}-1. \end{aligned}$$

评注 对于一般常数的三对角行列式，可以用行列式的展开方式建立三项递推关系，并进一步计算出行列式的值，见下例．

【例 19】 计算 n 阶三对角行列式

$$D_n=\begin{vmatrix} a & b & \cdots & 0 & 0 & 0 \\ c & a & \cdots & 0 & 0 & 0 \\ \cdots & \cdots & \cdots & \cdots & \cdots & \cdots \\ 0 & 0 & \cdots & a & b & 0 \\ 0 & 0 & \cdots & c & a & b \\ 0 & 0 & \cdots & 0 & c & a \end{vmatrix}.$$

解 先利用展开建立递推关系，具体做法同上例．将行列式 D_n 按最后一列展开，注意到其 (n,n) 位置的代数余子式 $A_{nn}=D_{n-1}$，对 $(n-1,n)$ 位置的余子式（$n-1$ 阶行列式）再按最后一行展开，只有一项，且代数余子式是一个 $n-2$ 阶的行列式 D_{n-2}. 于是有

$$D_n=a\cdot D_{n-1}-bc\cdot D_{n-2},\quad n=3,4,\cdots,\tag{1.2}$$

令 $a=p+q$，$bc=pq$，则上式有

$$D_n-pD_{n-1}=q(D_{n-1}-pD_{n-2})=q^2(D_{n-2}-pD_{n-3})=\cdots=q^{n-2}(D_2-pD_1),$$

注意到 $D_1=a$，$D_2=a^2-bc$，$\Rightarrow D_2-pD_1=q^2$，故

$$D_n-pD_{n-1}=q^n;$$

同理，注意到 p 和 q 的对称性，由(1.2)，我们又可以得到

$$D_n-qD_{n-1}=p(D_{n-1}-qD_{n-2})=\cdots=p^{n-2}(D_2-qD_1)=p^n.$$

如此我们可以消去 D_{n-1}，得到 $(p-q)D_n=p^{n+1}-q^{n+1}$. 由根与系数的关系，p 和 q 是二次方程 $x^2-ax+bc=0$ 的根.

当 $a^2\neq 4bc$，$\Rightarrow p\neq q$，$D_n=\dfrac{p^{n+1}-q^{n+1}}{p-q}$；

当 $a^2=4bc$，$\Rightarrow p=q=\dfrac{a}{2}$，$D_n=p^n+pD_{n-1}=2p^n+p^2D_{n-2}=\cdots=(n-1)p^n+p^{n-1}a=(n+1)\left(\dfrac{a}{2}\right)^n$.

5. 数学归纳法

利用归纳法来计算或证明行列式的值，首先要得出一个结论，或者已给出一个结论，在此基础上再对该结论进行归纳证明.

【例 20】 证明

$$D_n=\begin{vmatrix} x & -1 & \cdots & 0 & 0 & 0\\ 0 & x & \cdots & 0 & 0 & 0\\ \cdots & \cdots & \cdots & \cdots & \cdots & \cdots\\ 0 & 0 & \cdots & x & -1 & 0\\ 0 & 0 & \cdots & 0 & x & -1\\ a_n & a_{n-1} & \cdots & a_3 & a_2 & a_1+x \end{vmatrix}=x^n+a_1x^{n-1}+\cdots+a_n.$$

证明 对 n 用归纳法证.

$n=2$ 时，$D_2=\begin{vmatrix} x & -1\\ a_2 & a_1+x\end{vmatrix}=x^2+a_1x+a_2$，结论成立.

设 $n=k$ 时结论成立：$D_k=x^k+a_1x^{k-1}+\cdots+a_{k-1}x+a_k$.

证 $n=k+1$ 时的结论. 对 D_{k+1} 的第一列展开，有

$$D_{k+1}=x\begin{vmatrix} x & -1 & \cdots & 0 & 0\\ 0 & x & \cdots & 0 & 0\\ \cdots & \cdots & \cdots & \cdots & \cdots\\ 0 & 0 & \cdots & x & -1\\ a_k & a_{k-1} & \cdots & a_2 & a_1+x \end{vmatrix}+(-1)^{k+1+1}a_{k+1}\begin{vmatrix} -1 & 0 & \cdots & 0 & 0\\ x & -1 & \cdots & 0 & 0\\ \cdots & \cdots & \cdots & \cdots & \cdots\\ 0 & 0 & \cdots & -1 & 0\\ 0 & 0 & \cdots & x & -1 \end{vmatrix}$$

$$=xD_k+(-1)^k(-1)^ka_{k+1}=x(x^k+a_1x^{k-1}+\cdots+a_{k-1}x+a_k)+a_{k+1}$$

$$=x^{k+1}+a_1x^k+\cdots+a_{k-1}x^2+a_kx+a_{k+1},$$

结论成立.

【例 21】 证明

$$D_n=\begin{vmatrix}2\cos x & 1 & \cdots & 0 & 0 & 0\\ 1 & 2\cos x & \cdots & 0 & 0 & 0\\ \cdots & \cdots & \cdots & \cdots & \cdots & \cdots\\ 0 & 0 & \cdots & 2\cos x & 1 & 0\\ 0 & 0 & \cdots & 1 & 2\cos x & 1\\ 0 & 0 & \cdots & 0 & 1 & 2\cos x\end{vmatrix}=\frac{\sin(n+1)x}{\sin x}.$$

证明 对 n 用归纳法证.

$n=1$ 时，$D_1=2\cos x=\dfrac{2\cos x\sin x}{\sin x}=\dfrac{\sin 2x}{\sin x}$，结论成立.

设 $n\leqslant k$ 时结论成立：$D_k=\dfrac{\sin(k+1)}{\sin x}$.

证 $n=k+1$ 时的结论，由三对角行列式的递推式(1.2)，按例 18 的做法，有递推关系并代入归纳假设，

$$D_{k+1}=2\cos xD_k-D_{k-1}=2\cos x\ \frac{\sin(k+1)x}{\sin x}-\frac{\sin kx}{\sin x},$$

注意到

$$\begin{aligned}&2\cos x\sin(k+1)x=2\cos x(\sin kx\cos x+\cos kx\sin x),\\&=\sin kx(1+\cos 2x)+\cos kx\sin 2x=\sin(k+2)x+\sin kx,\end{aligned}$$

故

$$D_{k+1}=\frac{\sin(k+2)x}{\sin x},$$

结论成立.

【例 22*】 证明

$$D_n=\begin{vmatrix}x & y & \cdots & y & y & y\\ z & x & \cdots & y & y & y\\ \cdots & \cdots & \cdots & \cdots & \cdots & \cdots\\ z & z & \cdots & x & y & y\\ z & z & \cdots & z & x & y\\ z & z & \cdots & z & z & x\end{vmatrix}=\frac{z(x-y)^n-y(x-z)^n}{z-y},z\neq y.$$

证明 对 n 用归纳法证.

$n=1$ 时，$D_1=x=\dfrac{z(x-y)-y(x-z)}{z-y}$，结论成立.

设 $n=k$ 时结论成立：$D_k=\dfrac{z(x-y)^k-y(x-z)^k}{z-y}$.

证 $n=k+1$ 时的结论，

$$D_{k+1}=\begin{vmatrix}x & y & \cdots & y & y & y\\ z & x & \cdots & y & y & y\\ \cdots & \cdots & \cdots & \cdots & \cdots & \cdots\\ z & z & \cdots & x & y & y\\ z & z & \cdots & z & x & y\\ z & z & \cdots & z & z & z\end{vmatrix}+\begin{vmatrix}x & y & \cdots & y & y & y\\ z & x & \cdots & y & y & y\\ \cdots & \cdots & \cdots & \cdots & \cdots & \cdots\\ z & z & \cdots & x & y & y\\ z & z & \cdots & z & x & y\\ 0 & 0 & \cdots & 0 & 0 & x-z\end{vmatrix}=D_{\text{I}}+D_{\text{II}},$$

对于 D_{I}，从第一列开始，逐列用后一列的(−1)倍加到其前一列，再按最后一行展开，得

$$D_{\mathrm{I}}=\begin{vmatrix} x-y & 0 & \cdots & 0 & 0 & y \\ z-x & x-y & \cdots & 0 & 0 & y \\ \cdots & \cdots & \cdots & \cdots & \cdots & \cdots \\ 0 & 0 & \cdots & x-y & 0 & y \\ 0 & 0 & \cdots & z-x & x-y & y \\ 0 & 0 & \cdots & 0 & 0 & z \end{vmatrix}=z(x-y)^k,$$

对于 D_{II}，则按最后一行展开，有 $D_{\mathrm{II}}=(x-z)D_k$，利用归纳法的假设，

$$\begin{aligned} D_{k+1}&=z(x-y)^k+(x-z)\frac{z(x-y)^k-y(x-z)^k}{z-y} \\ &=\frac{z(x-y)^k[(z-y)+(x-z)]-y(x-z)^{k+1}}{z-y} \\ &=\frac{z(x-y)^{k+1}-y(x-z)^{k+1}}{z-y}, \end{aligned}$$

结论成立．

6. 析因子法

析因子法一般视某元素(如 x)为变量，从而该行列式可以看成是该变量的多项式 $f(x)$，代入该变量一些值(如 a_i)，由行列式性质可得 $f(a_i)=0$，如此可以析出 $f(x)$ 的一个因子：$f(x)=(x-a_i)g(x)$，不断地这样做，可以把 $f(x)$ 也即原行列式计算出．参见教材中第一章的例 18.

【例 23】 计算 $2n$ 阶行列式

$$D_{2n}=\begin{vmatrix} x & & & & & & & a_n \\ & \ddots & & & & & \iddots & \\ & & x & & & a_2 & & \\ & & & x & a_1 & & & \\ & & & a_1 & x & & & \\ & & a_2 & & & x & & \\ & \iddots & & & & & \ddots & \\ a_n & & & & & & & x \end{vmatrix}.$$

解 视 D_{2n} 为 x 的多项式 $f(x)$，其是 $2n$ 次的．由行列式性质可知，当 x 取 $\pm a_i$ 时，$f(\pm a_i)=0,i=1,\cdots,n$，故

$$f(x)=C(x-a_1)(x+a_1)\cdots(x-a_n)(x+a_n),$$

显然，从 D_{2n} 可以看出，x^{2n} 前的系数是 1，即 $C=1$，于是

$$D_{2n}=(x-a_1)(x+a_1)\cdots(x-a_n)(x+a_n).$$

【例 24】 计算 $n+1$ 阶行列式

$$D=\begin{vmatrix} x & a_1 & a_2 & \cdots & a_n \\ a_1 & x & a_2 & \cdots & a_n \\ a_1 & a_2 & x & \cdots & a_n \\ \cdots & \cdots & \cdots & \cdots & \cdots \\ a_1 & a_2 & a_3 & \cdots & x \end{vmatrix}.$$

解 因为行和相等，故把第二列至最后一列都加到第一列，再提出公因子得到，

$$D=(x+\sum_{i=1}^{n}a_i)\begin{vmatrix}1 & a_1 & a_2 & \cdots & a_n\\ 1 & x & a_2 & \cdots & a_n\\ 1 & a_2 & x & \cdots & a_n\\ \cdots & \cdots & \cdots & \cdots & \cdots\\ 1 & a_2 & a_3 & \cdots & x\end{vmatrix},$$

该例已在例 6 中出现过，在那里把上述行列式进一步化至下三角行列式可计算出值．下面我们用析因子方法来计算．视上述右端行列式为 x 的 n 次多项式 $f(x)$，则 $f(a_i)=0, i=1,\cdots,n$，于是

$$f(x)=C(x-a_1)(x-a_2)\cdots(x-a_n),$$

显然，由行列式定义，x^n 前的系数是 1，即 $C=1$，于是

$$D=(x+\sum_{i=1}^{n}a_i)(x-a_1)(x-a_2)\cdots(x-a_n).$$

评注 若直接视行列式 D 为 x 的多项式 $g(x)$，则有 $g(a_i)=0, i=1,\cdots,n$，但一定要注意 D 是 x 的 $n+1$ 次多项式，因此要设

$$g(x)=(C_1+C_2x)(x-a_1)(x-a_2)\cdots(x-a_n),$$

之后再设法求出 C_1, C_2.

【例 25】 用析因子法计算 n 阶范德蒙(Vandermon)行列式

$$V_n=\begin{vmatrix}1 & 1 & \cdots & 1\\ x_1 & x_2 & \cdots & x_n\\ x_1^2 & x_2^2 & \cdots & x_n^2\\ \cdots & \cdots & \cdots & \cdots\\ x_1^{n-1} & x_2^{n-1} & \cdots & x_n^{n-1}\end{vmatrix},$$

其中 x_i 互不相同．

解 视 x_n 为变量，则 V_n 是 x_n 的 $n-1$ 次多项式，可记 $f(x_n)=V_n$．取 $x_n=x_i, i=1,\cdots,n-1$，此时 V_n 中有两列元素相同，故 $f(x_i)=0$，于是

$$V_n=f(x_n)=C(x_n-x_1)(x_n-x_2)\cdots(x_n-x_{n-1}),$$

现决定常数 C，由行列式的定义，V_n 关于 x_n^{n-1} 前的系数是 V_{n-1}，故 $C=V_{n-1}$，于是

$$V_n=V_{n-1}(x_n-x_1)(x_n-x_2)\cdots(x_n-x_{n-1}),$$

递推下去，即得

$$V_n=\begin{vmatrix}1 & 1 & \cdots & 1\\ x_1 & x_2 & \cdots & x_n\\ x_1^2 & x_2^2 & \cdots & x_n^2\\ \cdots & \cdots & \cdots & \cdots\\ x_1^{n-1} & x_2^{n-1} & \cdots & x_n^{n-1}\end{vmatrix}=\prod_{1\leqslant j<i\leqslant n}(x_i-x_j).$$

7. 加边法*

所谓加边法，就是在所要计算的 n 阶行列式基础上，再增加一行一列构成一个 $n+1$ 阶的新行列式，使该行列式与原来的行列式保持一种简单明确的关系，之后再利用性质(比较方便地)计算出新行列式的值．

使用加边法有两个要素：一是加边后的行列式要容易计算；二是加边后的行列式与原来的行列式要有简单明确的关系．

【例 26】 计算行列式

$$D=\begin{vmatrix} x_1 & b_2 & \cdots & b_{n-1} & b_n \\ b_1 & x_2 & \cdots & b_{n-1} & b_n \\ \cdots & \cdots & \cdots & \cdots & \cdots \\ b_1 & b_2 & \cdots & x_{n-1} & b_n \\ b_1 & b_2 & \cdots & b_{n-1} & x_n \end{vmatrix},$$

其中，$x_i \neq b_i(i=1,\cdots,n)$.

解 该行列式在例 15 中已出现过，用加边法也可以做．构造

$$\overline{D}=\begin{vmatrix} 1 & b_1 & b_2 & \cdots & b_n \\ 0 & x_1 & b_2 & \cdots & b_n \\ 0 & b_1 & x_2 & \cdots & b_n \\ \cdots & \cdots & \cdots & \cdots & \cdots \\ 0 & b_1 & b_2 & \cdots & x_n \end{vmatrix},$$

显然，$D=\overline{D}$. 对 $\overline{D}$ 利用性质化简，可得

$$\overline{D}=\begin{vmatrix} 1 & b_1 & b_2 & \cdots & b_n \\ -1 & x_1-b_1 & 0 & \cdots & 0 \\ -1 & 0 & x_2-b_2 & \cdots & 0 \\ \cdots & \cdots & \cdots & \cdots & \cdots \\ -1 & 0 & 0 & \cdots & x_n-b_n \end{vmatrix}$$

$$=\begin{vmatrix} 1+\dfrac{b_1}{x_1-b_1}+\cdots+\dfrac{b_n}{x_n-b_n} & b_1 & b_2\cdots & \cdots & b_n \\ 0 & x_1-b_1 & 0 & \cdots & 0 \\ 0 & 0 & x_2-b_2 & \cdots & 0 \\ \cdots & \cdots & \cdots & \cdots & \cdots \\ 0 & 0 & 0 & \cdots & x_n-b_n \end{vmatrix}$$

$$=\prod_{i=1}^{n}(x_i-b_i)\left(1+\sum_{i=1}^{n}\frac{b_i}{x_i-b_i}\right).$$

【例 27】 计算行列式

$$D=\begin{vmatrix} 1+x_1 & 1+x_2 & \cdots & 1+x_n \\ 1+x_1^2 & 1+x_2^2 & \cdots & 1+x_n^2 \\ \cdots & \cdots & \cdots & \cdots \\ 1+x_1^n & 1+x_2^n & \cdots & 1+x_n^n \end{vmatrix}.$$

解 用加边法．构造

$$\overline{D}=\begin{vmatrix}1 & 1 & 1 & \cdots & 1\\ 0 & 1+x_1 & 1+x_2 & \cdots & 1+x_n\\ 0 & 1+x_1^2 & 1+x_2^2 & \cdots & 1+x_n^2\\ \cdots & \cdots & \cdots & \cdots & \cdots\\ 0 & 1+x_1^n & 1+x_2^n & \cdots & 1+x_n^n\end{vmatrix},$$

显然，$D=\overline{D}$. 对 $\overline{D}$ 利用性质化简，可得

$$\overline{D}=\begin{vmatrix}1 & 1 & 1 & \cdots & 1\\ -1 & x_1 & x_2 & \cdots & x_n\\ -1 & x_1^2 & x_2^2 & \cdots & x_n^2\\ \cdots & \cdots & \cdots & \cdots & \cdots\\ -1 & x_1^n & x_2^n & \cdots & x_n^n\end{vmatrix},$$

分拆第一列，

$$\overline{D}=\begin{vmatrix}2 & 1 & 1 & \cdots & 1\\ 0 & x_1 & x_2 & \cdots & x_n\\ 0 & x_1^2 & x_2^2 & \cdots & x_n^2\\ \cdots & \cdots & \cdots & \cdots & \cdots\\ 0 & x_1^n & x_2^n & \cdots & x_n^n\end{vmatrix}+\begin{vmatrix}-1 & 1 & 1 & \cdots & 1\\ -1 & x_1 & x_2 & \cdots & x_n\\ -1 & x_1^2 & x_2^2 & \cdots & x_n^2\\ \cdots & \cdots & \cdots & \cdots & \cdots\\ -1 & x_1^n & x_2^n & \cdots & x_n^n\end{vmatrix}$$

$$=2\times\begin{vmatrix}x_1 & x_2 & \cdots & x_n\\ x_1^2 & x_2^2 & \cdots & x_n^2\\ \cdots & \cdots & \cdots & \cdots\\ x_1^n & x_2^n & \cdots & x_n^n\end{vmatrix}+\begin{vmatrix}-1 & 1 & 1 & \cdots & 1\\ 0 & x_1-1 & x_2-1 & \cdots & x_n-1\\ 0 & x_1(x_1-1) & x_2(x_2-1) & \cdots & x_n(x_n-1)\\ \cdots & \cdots & \cdots & \cdots & \cdots\\ 0 & x_1^{n-1}(x_1-1) & x_2^{n-1}(x_2-1) & \cdots & x_n^{n-1}(x_n-1)\end{vmatrix}$$

$$=2x_1x_2\cdots x_n\begin{vmatrix}1 & 1 & \cdots & 1\\ x_1 & x_2 & \cdots & x_n\\ \cdots & \cdots & \cdots & \cdots\\ x_1^{n-1} & x_2^{n-1} & \cdots & x_n^{n-1}\end{vmatrix}-(x_1-1)\cdots(x_n-1)\begin{vmatrix}1 & 1 & \cdots & 1\\ x_1 & x_2 & \cdots & x_n\\ \cdots & \cdots & \cdots & \cdots\\ x_1^{n-1} & x_1^{n-1} & \cdots & x_n^{n-1}\end{vmatrix}$$

$$=(2x_1x_2\cdots x_n-(x_1-1)\cdots(x_n-1))\prod_{1\leqslant j<i\leqslant n}(x_i-x_j).$$

【例 28】 计算行列式

$$D=\begin{vmatrix}1 & 1 & 1 & \cdots & 1 & 1\\ x_1 & x_2 & x_3 & \cdots & x_{n-1} & x_n\\ x_1^2 & x_2^2 & x_3^2 & \cdots & x_{n-1}^2 & x_n^2\\ \cdots & \cdots & \cdots & \cdots & \cdots & \cdots\\ x_1^{n-2} & x_2^{n-2} & x_3^{n-2} & \cdots & x_{n-1}^{n-2} & x_n^{n-2}\\ x_1^n & x_2^n & x_3^n & \cdots & x_{n-1}^n & x_n^n\end{vmatrix}.$$

解 显然所求行列式与范德蒙行列式很接近，但又相差一些，为此我们加边使其成为已知结果的范德蒙行列式，

$$\overline{D}=\begin{vmatrix} 1 & 1 & \cdots & 1 & 1 & 1 \\ x_1 & x_2 & \cdots & x_{n-1} & x_n & y \\ \cdots & \cdots & \cdots & \cdots & \cdots & \cdots \\ x_1^{n-2} & x_2^{n-2} & \cdots & x_{n-1}^{n-2} & x_n^{n-2} & y^{n-2} \\ x_1^{n-1} & x_2^{n-1} & \cdots & x_{n-1}^{n-1} & x_n^{n-1} & y^{n-1} \\ x_1^n & x_2^n & \cdots & x_{n-1}^n & x_n^n & y^n \end{vmatrix},$$

这是一个 $n+1$ 阶的范德蒙行列式(视 y 为 x_{n+1}),故

$$\overline{D}=\prod_{i=1}^{n}(y-x_i)\prod_{1\leqslant j<i\leqslant n}(x_i-x_j). \tag{1.3}$$

现在重要的是要找出 $\overline{D}$ 与 D 的关系．若把 $\overline{D}$ 按最后一列展开,则 y^{n-1} 前的系数即是位置 $(n,n+1)$ 上元素 y^{n-1} 的代数余子式 $A_{n,n+1}$,其余子式 $M_{n,n+1}$ 就是所求行列式 D. 注意到代数余子式的符号为负,因此 D 就是 $\overline{D}$ 中 y^{n-1} 前的负系数．根据 $\overline{D}$ 的表达式(1.3),y^{n-1} 前的负系数是 $(\sum_{i=1}^{n}x_i)\prod_{1\leqslant j<i\leqslant n}(x_i-x_j)$,于是所求行列式为

$$D=(\sum_{i=1}^{n}x_i)\prod_{1\leqslant j<i\leqslant n}(x_i-x_j).$$

8. 分拆法

分拆法是行列式基本性质(5)的一个应用,就是把行列式的某一行或某一列元素视为某两个数(或多个数)的和,相应地把行列式分拆成两个(或多个)行列式的和．这里拆的关键是分拆成的行列式要比较容易地计算出它们的值．

【例 29】 计算行列式

$$D_n=\begin{vmatrix} a+b_1 & b_2 & \cdots & b_{n-1} & b_n \\ b_1 & a+b_2 & \cdots & b_{n-1} & b_n \\ \cdots & \cdots & \cdots & \cdots & \cdots \\ b_1 & b_2 & \cdots & a+b_{n-1} & b_n \\ b_1 & b_2 & \cdots & b_{n-1} & a+b_n \end{vmatrix}.$$

解　这是例 14 的行列式,现在我们用分拆法来计算．对最后一列进行分拆,

$$D_n=\begin{vmatrix} a+b_1 & b_2 & \cdots & b_{n-1} & 0 \\ b_1 & a+b_2 & \cdots & b_{n-1} & 0 \\ \cdots & \cdots & \cdots & \cdots & \cdots \\ b_1 & b_2 & \cdots & a+b_{n-1} & 0 \\ b_1 & b_2 & \cdots & b_{n-1} & a \end{vmatrix}+\begin{vmatrix} a+b_1 & b_2 & \cdots & b_{n-1} & b_n \\ b_1 & a+b_2 & \cdots & b_{n-1} & b_n \\ \cdots & \cdots & \cdots & \cdots & \cdots \\ b_1 & b_2 & \cdots & a+b_{n-1} & b_n \\ b_1 & b_2 & \cdots & b_{n-1} & b_n \end{vmatrix}$$

$$=aD_{n-1}+\begin{vmatrix} a & 0 & \cdots & 0 & 0 \\ 0 & a & \cdots & 0 & 0 \\ \cdots & \cdots & \cdots & \cdots & \cdots \\ 0 & 0 & \cdots & a & 0 \\ b_1 & b_2 & \cdots & b_{n-1} & b_n \end{vmatrix}$$

$$=aD_{n-1}+a^{n-1}b_n$$

$$=a(aD_{n-2}+a^{n-2}b_{n-1})+a^{n-1}b_n=a^2D_{n-2}+a^{n-1}(b_{n-1}+b_n)$$

$$=\cdots=a^{n-1}D_1+a^{n-1}(b_2+\cdots+b_n)$$
$$=a^{n-1}(a+b_1+b_2+\cdots+b_n).$$

【例 30*】 计算 n 阶行列式

$$D_n=\begin{vmatrix} x & y & \cdots & y & y & y \\ z & x & \cdots & y & y & y \\ \cdots & \cdots & \cdots & \cdots & \cdots & \cdots \\ z & z & \cdots & x & y & y \\ z & z & \cdots & z & x & y \\ z & z & \cdots & z & z & x \end{vmatrix}.$$

解 这是例 22 的行列式，在那里是用归纳法来证明已有的公式，现我们用分拆法以及行列式性质计算其值，并分别考虑 $y\neq z$ 和 $y=z$ 的情形．分拆第一行，

$$D_n=\begin{vmatrix} x-y & 0 & \cdots & 0 & 0 & 0 \\ z & x & \cdots & y & y & y \\ \cdots & \cdots & \cdots & \cdots & \cdots & \cdots \\ z & z & \cdots & x & y & y \\ z & z & \cdots & z & x & y \\ z & z & \cdots & z & z & x \end{vmatrix}+\begin{vmatrix} y & y & \cdots & y & y & y \\ z & x & \cdots & y & y & y \\ \cdots & \cdots & \cdots & \cdots & \cdots & \cdots \\ z & z & \cdots & x & y & y \\ z & z & \cdots & z & x & y \\ z & z & \cdots & z & z & x \end{vmatrix}$$

$$=(x-y)D_{n-1}+y\begin{vmatrix} 1 & 1 & \cdots & 1 & 1 & 1 \\ z & x & \cdots & y & y & y \\ \cdots & \cdots & \cdots & \cdots & \cdots & \cdots \\ z & z & \cdots & x & y & y \\ z & z & \cdots & z & x & y \\ z & z & \cdots & z & z & x \end{vmatrix}$$

$$=(x-y)D_{n-1}+y\begin{vmatrix} 1 & 1 & \cdots & 1 & 1 & 1 \\ 0 & x-z & \cdots & y-z & y-z & y-z \\ \cdots & \cdots & \cdots & \cdots & \cdots & \cdots \\ 0 & 0 & \cdots & x-z & y-z & y-z \\ 0 & 0 & \cdots & 0 & x-z & y-z \\ 0 & 0 & \cdots & 0 & 0 & x-z \end{vmatrix}$$

$$=(x-y)D_{n-1}+y(x-z)^{n-1},$$

对 D_n 的行列互换，其值不变，而 D_n 的行列互换相当于 y,z 互换，因此对称地有

$$D_n=(x-z)D_{n-1}+z(x-y)^{n-1}.$$

当 $y\neq z$ 时，两式消去 D_{n-1}，即得

$$D_n=\frac{z(x-y)^n-y(x-z)^n}{z-y};$$

当 $y=z$ 时，

$$\begin{aligned} D_n&=(x-y)D_{n-1}+y(x-y)^{n-1}\\ &=(x-y)^2D_{n-2}+2y(x-y)^{n-1}\\ &=\cdots=(x-y)^{n-1}D_1+(n-1)y(x-y)^{n-1}\\ &=(x-y)^n+ny(x-y)^{n-1}. \end{aligned}$$

评注 此例在分拆的基础上，充分利用了行列互换行列式值不变的性质，把递推关系中的 D_{n-1} 消去，从而得到行列式的值．类似的做法，在递推法中的例 19 已使用过．

【例 31】 用多种方法计算 n 阶行列式

$$D_n=\begin{vmatrix} 1+a_1 & 1 & 1 & \cdots & 1 \\ 1 & 1+a_2 & 1 & \cdots & 1 \\ 1 & 1 & 1+a_3 & \cdots & 1 \\ \cdots & \cdots & \cdots & \cdots & \cdots \\ 1 & 1 & 1 & \cdots & 1+a_n \end{vmatrix},$$

其中，$a_i\neq 0$.

解 在前面的例中，我们已看到了一个行列式的计算，有时可以使用不同的方法．

方法 1 化上三角．用第一行的(−1)倍加到各行，再消去第 1 列的 $-a_1$，

$$D_n=\begin{vmatrix} 1+a_1 & 1 & 1 & \cdots & 1 \\ -a_1 & a_2 & 0 & \cdots & 0 \\ -a_1 & 0 & a_3 & \cdots & 0 \\ \cdots & \cdots & \cdots & \cdots & \cdots \\ -a_1 & 0 & 0 & \cdots & a_n \end{vmatrix}$$

$$=\begin{vmatrix} 1+a_1+\dfrac{a_1}{a_2}+\cdots+\dfrac{a_1}{a_n} & 1 & 1 & \cdots & 1 \\ 0 & a_2 & 0 & \cdots & 0 \\ 0 & 0 & a_3 & \cdots & 0 \\ \cdots & \cdots & \cdots & \cdots & \cdots \\ 0 & 0 & 0 & \cdots & a_n \end{vmatrix}$$

$$=(1+a_1+\sum_{i=2}^{n}\frac{a_1}{a_i})a_2\cdots a_n$$

$$=\left(1+\sum_{i=1}^{n}\frac{1}{a_i}\right)a_1a_2\cdots a_n .$$

方法 2 加边法．

$$D_n=\begin{vmatrix} 1 & 1 & 1 & \cdots & 1 \\ 0 & 1+a_1 & 1 & \cdots & 1 \\ 0 & 1 & 1+a_2 & \cdots & 1 \\ \cdots & \cdots & \cdots & \cdots & \cdots \\ 0 & 1 & 1 & \cdots & 1+a_n \end{vmatrix}$$

$$=\begin{vmatrix} 1 & 1 & 1 & \cdots & 1 \\ -1 & a_1 & 0 & \cdots & 0 \\ -1 & 0 & a_2 & \cdots & 0 \\ \cdots & \cdots & \cdots & \cdots & \cdots \\ -1 & 0 & 0 & \cdots & a_n \end{vmatrix}$$

$$=\begin{vmatrix} 1+\frac{1}{a_1}+\cdots+\frac{1}{a_n} & 1 & 1 & \cdots & 1 \\ 0 & a_1 & 0 & \cdots & 0 \\ 0 & 0 & a_2 & \cdots & 0 \\ \cdots & \cdots & \cdots & \cdots & \cdots \\ 0 & 0 & 0 & \cdots & a_n \end{vmatrix}$$

$$=\left(1+\sum_{i=1}^{n}\frac{1}{a_i}\right)a_1a_2\cdots a_n.$$

方法3 分拆加递推．分拆最后一列，

$$D_n=\begin{vmatrix} 1+a_1 & 1 & 1 & \cdots & 1 \\ 1 & 1+a_2 & 1 & \cdots & 1 \\ 1 & 1 & 1+a_3 & \cdots & 1 \\ \cdots & \cdots & \cdots & \cdots & \cdots \\ 1 & 1 & 1 & \cdots & 1 \end{vmatrix}+\begin{vmatrix} 1+a_1 & 1 & 1 & \cdots & 0 \\ 1 & 1+a_2 & 1 & \cdots & 0 \\ 1 & 1 & 1+a_3 & \cdots & 0 \\ \cdots & \cdots & \cdots & \cdots & \cdots \\ 1 & 1 & 1 & \cdots & a_n \end{vmatrix}$$

$$=\begin{vmatrix} a_1 & 0 & 0 & \cdots & 0 \\ 0 & a_2 & 0 & \cdots & 0 \\ 0 & 0 & a_3 & \cdots & 0 \\ \cdots & \cdots & \cdots & \cdots & \cdots \\ 1 & 1 & 1 & \cdots & 1 \end{vmatrix}+a_nD_{n-1}$$

$$=a_1\cdots a_{n-1}+a_nD_{n-1},$$

进一步递推下去，可得

$$\begin{aligned} D_n&=a_1\cdots a_{n-1}+a_nD_{n-1}\\ &=a_1\cdots a_{n-1}+a_n(a_1\cdots a_{n-2}+a_{n-1}D_{n-2})\\ &=a_1\cdots a_{n-1}+a_1a_2\cdots a_{n-2}a_n+a_{n-1}a_nD_{n-2}\\ &=\cdots=\left(1+\sum_{i=1}^{n}\frac{1}{a_i}\right)a_1a_2\cdots a_n. \end{aligned}$$

评注 一般来说，n 阶行列式的计算是不容易的，很重要的一点是要找规律，再决定用哪种方法．这里有一个基本原则：尽可能使行列式出现更多的零元素，在此基础上再决定用哪种方法使其能成为上三角行列式，或建立递推等．

Ⅲ 训练题

A. 基础题

(一)填空题

1. 设 $a_{32}a_{1s}a_{24}a_{4t}$ 是四阶行列式中的一项，则当 $s=$________，$t=$________时，该项取负号．

2. 六阶行列式中的项 $a_{35}a_{21}a_{13}a_{66}a_{42}a_{54}$，其前面的符号为________．

3. 多项式 $f(x)=\begin{vmatrix} 2x & x & 1 & 2 \\ 1 & x & 1 & -1 \\ 3 & 2 & x & 1 \\ 1 & 1 & 1 & x \end{vmatrix}$ 中 x^3 前的系数为________.

4. 多项式 $f(x)=\begin{vmatrix} x & 0 & 1 & x \\ x & 3 & 2 & 1 \\ -2 & 4 & 3 & 2 \\ x & 5 & 4 & 3 \end{vmatrix}$ 中的常数项为________.

5. 设 n 阶行列式 D 的值为 d，若将第一列移到最后一列，而其余各列保持原来的次序向左移动，则得到的行列式值为________.

6. 设 n 阶行列式 $D=\begin{vmatrix} a_{11} & a_{12} & \cdots & a_{1,n-1} & a_{1n} \\ a_{21} & a_{22} & \cdots & a_{2,n-1} & a_{2n} \\ \cdots & \cdots & \cdots & \cdots & \cdots \\ a_{n-1,1} & a_{n-1,2} & \cdots & a_{n-1,n-1} & a_{n-1,n} \\ a_{n1} & a_{n2} & \cdots & a_{n,n-1} & a_{nn} \end{vmatrix}=d$，则

$$D_1=\begin{vmatrix} a_{n1} & a_{n2} & \cdots & a_{n,n-1} & a_{nn} \\ a_{n-1,1} & a_{n-1,2} & \cdots & a_{n-1,n-1} & a_{n-1,n} \\ \cdots & \cdots & \cdots & \cdots & \cdots \\ a_{21} & a_{22} & \cdots & a_{2,n-1} & a_{2n} \\ a_{11} & a_{12} & \cdots & a_{1,n-1} & a_{1n} \end{vmatrix}=\_\_\_\_\_\_\_\_.$$

7. 设行列式 $D=\begin{vmatrix} a_{11} & a_{12} & a_{13} & a_{14} \\ a_{21} & a_{22} & a_{23} & a_{24} \\ a_{31} & a_{32} & a_{33} & a_{34} \\ a_{41} & a_{42} & a_{43} & a_{44} \end{vmatrix}$，$k$ 是一非零常数，则

$$D_1=\begin{vmatrix} a_{11} & k^{-1}a_{12} & k^{-2}a_{13} & k^{-3}a_{14} \\ ka_{21} & a_{22} & k^{-1}a_{23} & k^{-2}a_{24} \\ k^2a_{31} & ka_{32} & a_{33} & k^{-1}a_{34} \\ k^3a_{41} & k^2a_{42} & ka_{43} & a_{44} \end{vmatrix}=\_\_\_\_\_\_\_\_.$$

8. 设 a,b 为实数，则当 $a=$________，$b=$________时，$\begin{vmatrix} a & b & 0 \\ -b & a & 0 \\ -1 & 0 & -1 \end{vmatrix}=0$.

9. 设 $f(x)=\begin{vmatrix} a & -1 & b \\ 0 & x & c \\ -1 & 0 & x \end{vmatrix}$，若 $f(1)=2$，$f(-3)=-2$，$f(2)=8$，则 a,b,c 的取值为________.

10. 行列式 $\begin{vmatrix} 103 & 100 & 204 \\ 199 & 200 & 395 \\ 301 & 300 & 600 \end{vmatrix}=$________.

11. 行列式$\begin{vmatrix} 1 & 1 & 1 & 1 \\ a & a-2 & a-4 & a-8 \\ a^2 & (a-2)^2 & (a-4)^2 & (a-8)^2 \\ a^3 & (a-2)^3 & (a-4)^3 & (a-8)^3 \end{vmatrix}=$________.

12. 行列式$D_{n+1}=\begin{vmatrix} a_0 & a_1 & a_2 & \cdots & a_n \\ -x & x & 0 & \cdots & 0 \\ 0 & -x & x & \cdots & 0 \\ \cdots & \cdots & \cdots & \cdots & \cdots \\ 0 & 0 & 0 & \cdots & x \end{vmatrix}$的值等于________.

13. 已知方程组$\begin{cases} x_1+ax_2+bx_3+cx_4=0 \\ ax_1+x_2=0 \\ bx_1+x_3=0 \\ cx_1+x_4=0 \end{cases}$只有零解,则$a,b,c$满足关系________.

14. 设方程组$\begin{cases} a_{11}x_1+a_{12}x_2+a_{13}x_3=0 \\ a_{21}x_1+a_{22}x_2+a_{23}x_3=0 \\ a_{31}x_1+a_{32}x_2+a_{33}x_3=0 \end{cases}$有非零解,则

$f(\lambda)=\begin{vmatrix} 3a_{13} & -a_{12} & 2a_{11} \\ -3a_{23} & -2\lambda & -2a_{21} \\ 3a_{33} & -a_{32} & 2a_{31} \end{vmatrix}$有根________.

15. 设$f(x)=ax^2+bx$,$g(x)=cx$,则$\lim\limits_{h\to 0}\dfrac{1}{h}\begin{vmatrix} f(x) & g(x) \\ f(x+h) & g(x+h) \end{vmatrix}=$________.

(二)选择题

1. 设$\pm a_{32}a_{2r}a_{14}a_{51}a_{4s}$是5阶行列式中的一项,则下列正确的是( ).

(A)$r=3,s=5$,且符号为+　　(B)$r=3,s=5$,且符号为−

(C)$r=5,s=5$,且符号为+　　(D)$r=5,s=3$,且符号为−

2. 设D是一4阶行列式,则下列选项中是D中一项的是( ).

(A)$a_{14}a_{43}a_{21}a_{32}$　(B)$a_{12}a_{21}a_{33}a_{44}$　(C)$a_{14}a_{23}a_{32}a_{41}$　(D)$-a_{21}a_{34}a_{43}a_{12}$

3. 设$f(x)=\begin{vmatrix} 1 & 1 & 2 \\ 1 & 1 & x^2-2 \\ 2 & x^2+1 & 1 \end{vmatrix}$,则$f(x)=0$的根为( ).

(A)1,1,2,2　(B)−1,−1,2,2　(C)1,−1,2,−2　(D)−1,−1,−2,−2

4. 行列式$\begin{vmatrix} a & b & c & 1 \\ b & c & a & 1 \\ c & a & b & 1 \\ \frac{b+c}{2} & \frac{a+c}{2} & \frac{a+b}{2} & 1 \end{vmatrix}$的值为( ).

(A)$a+b+c$　(B)abc　(C)$ab+ac+bc$　(D)0

5. 已知$\begin{vmatrix} a_{11} & a_{12} & a_{13} \\ a_{21} & a_{22} & a_{23} \\ a_{31} & a_{32} & a_{33} \end{vmatrix}=d$,则$\begin{vmatrix} 3a_{31} & 3a_{32} & 3a_{33} \\ 2a_{21} & 2a_{22} & 2a_{23} \\ -a_{11} & -a_{12} & -a_{13} \end{vmatrix}$的值为( ).

(A)$-6d$ (B)$6d$ (C)$4d$ (D)$-4d$

6. 已知$\begin{vmatrix} b_1 & x_1 & c_1 \\ b_2 & x_2 & c_2 \\ b_3 & x_3 & c_3 \end{vmatrix}=-2$,$\begin{vmatrix} b_1 & y_1 & c_1 \\ b_2 & y_2 & c_2 \\ b_3 & y_3 & c_3 \end{vmatrix}=3$,则$\begin{vmatrix} 2b_1 & x_1+y_1 & 2c_1 \\ 2b_2 & x_2+y_2 & 2c_2 \\ 2b_3 & x_3+y_3 & 2c_3 \end{vmatrix}$的值等于( ).

(A)4 (B)64 (C)1 (D)0

7. 行列式$\begin{vmatrix} 2 & 1 & 4 & -1 \\ 3 & -1 & 2 & -1 \\ 1 & 2 & 3 & -2 \\ 5 & 0 & 6 & -2 \end{vmatrix}$的值为( ).

(A)1 (B)2 (C)0 (D)-1

8. n 阶行列式$\begin{vmatrix} 1 & 1 & 1 & \cdots & 1 \\ 1 & 0 & 1 & \cdots & 1 \\ 1 & 1 & 0 & \cdots & 1 \\ \cdots & \cdots & \cdots & \cdots & \cdots \\ 1 & 1 & 1 & \cdots & 0 \end{vmatrix}$的值为( ).

(A)1 (B)-1 (C)0 (D)$(-1)^{n-1}$

9. n 阶行列式$\begin{vmatrix} \alpha_1 & 0 & 0 & \cdots & 0 & n \\ 1 & \alpha_2 & 0 & \cdots & 0 & 0 \\ 0 & 2 & \alpha_3 & \cdots & 0 & 0 \\ \cdots & \cdots & \cdots & \cdots & \cdots & \cdots \\ 0 & 0 & 0 & \cdots & n-1 & \alpha_n \end{vmatrix}$的值为( ).

(A)$n!+\alpha_1\alpha_2\cdots\alpha_n$ (B)$\alpha_1\alpha_2\cdots\alpha_n$

(C)$(-1)^{n+1}n!+\alpha_1\alpha_2\cdots\alpha_n$ (D)$n!+(-1)^{n+1}\alpha_1\alpha_2\cdots\alpha_n$

10. 关于 n 阶行列式是否能化为上三角行列式的结论是( ).

(A)一定能 (B)不能 (C)不一定能 (D)与 n 有关

11. 设 D 是 n 阶行列式,则 D 等于零的充分必要条件是( ).

(A)D 中至少有两行(列)对应元素成比例

(B)D 中至少有一行(列)零元素

(C)D 中至少有一行(列)元素可以化成零

(D)D 中至少有一行(列)元素的代数余子式均为零

12. 下列论断中,错误的是( ).

(A)行列式转置后的值与原行列式值相差一个符号

(B)行列式关于(i,j)位置上的代数余子式等于其余子式乘以$(-1)^{i+j}$

(C)行列式的第一行元素都乘以 2,第二行元素都乘以$\frac{1}{2}$,则行列式的值不变

(D)将行列式的第一行和第二行对换,再将第一列和第二列对换,其值不变

13. 设 D_1,D_2 是二阶行列式,且 $D_2=\begin{vmatrix} a_{11} & a_{12} \\ a_{21} & a_{22} \end{vmatrix}$,若 $D_1D_2=\begin{vmatrix} xa_{11} & xa_{12} \\ ya_{21} & ya_{22} \end{vmatrix}$,则下列错误的结论是( ).

(A) $D_1=\begin{vmatrix} x & 0 \\ 0 & y \end{vmatrix}$　　(B) $D_1=\begin{vmatrix} 0 & -x \\ y & 0 \end{vmatrix}$

(C) $D_1=\begin{vmatrix} x & 1 \\ 0 & y \end{vmatrix}$　　(D) $D_1=\begin{vmatrix} 0 & x \\ y & 0 \end{vmatrix}$

14. 设 $n(n\geqslant 2)$ 阶行列式 $D=\begin{vmatrix} a_1+b_1 & a_1+b_2 & \cdots & a_1+b_n \\ a_2+b_1 & a_2+b_2 & \cdots & a_2+b_n \\ \cdots & \cdots & \cdots & \cdots \\ a_n+b_1 & a_n+b_2 & \cdots & a_n+b_n \end{vmatrix}$，则 D 的值（　　）.

(A)等于零　(B)不等于零　(C)可能不等于零　(D)大于等于零

15. 设 $n(n\geqslant 2)$ 阶行列式 $D=\begin{vmatrix} 1 & 2 & 3 & \cdots & n-1 & n \\ 2 & 3 & 4 & \cdots & n & n+1 \\ 3 & 4 & 5 & \cdots & n+1 & n+2 \\ \cdots & \cdots & \cdots & \cdots & \cdots & \cdots \\ n-1 & n & n+1 & \cdots & 2n-3 & 2n-2 \\ n & n+1 & n+2 & \cdots & 2n-2 & 2n-1 \end{vmatrix}$，则（　　）.

(A) $D=0$　(B) $D\neq 0$　(C) $D\leqslant 0$　(D) $D\geqslant 0$

(三)计算题

1. 写出第一、二个位置分别是 4 和 1 的全部 5 级排列，并写出它们的逆序数.

2. 写出 4 阶行列式中所有带负号且含有 a_{42} 的项.

3. 计算下列行列式的值：

(1) $\begin{vmatrix} 2 & 1 & 2 \\ -1 & 3 & 0 \\ 0 & -2 & 3 \end{vmatrix}$；

(2) $\begin{vmatrix} 4321 & 4421 & 204 \\ 8742 & 8942 & 408 \\ 802 & 1002 & 400 \end{vmatrix}$；

(3) $\begin{vmatrix} 1 & 2 & 1 & -2 \\ 2 & 4 & -1 & 4 \\ 3 & -1 & 1 & 0 \\ -1 & -4 & -1 & 2 \end{vmatrix}$；

(4) $\begin{vmatrix} \frac{3}{4} & 2 & -\frac{1}{2} & -5 \\ 1 & -2 & \frac{3}{2} & 8 \\ \frac{5}{6} & -\frac{4}{3} & \frac{4}{3} & \frac{14}{3} \\ \frac{2}{5} & -\frac{4}{5} & \frac{1}{2} & \frac{12}{5} \end{vmatrix}$；

(5) $\begin{vmatrix} 1 & \frac{1}{2} & 0 & 1 & -1 \\ 2 & 0 & -1 & 1 & 2 \\ 3 & 2 & 1 & \frac{1}{2} & 0 \\ 1 & -1 & 0 & 1 & 2 \\ 2 & 1 & 3 & 0 & \frac{1}{2} \end{vmatrix}$.

4. 计算下列行列式的值：

(1) $\begin{vmatrix} 2 & 1 & 1 & x \\ 1 & 2 & 1 & y \\ 1 & 1 & 2 & z \\ 1 & 1 & 1 & t \end{vmatrix}$；

(2) $\begin{vmatrix} c & a & d & b \\ a & c & d & b \\ a & c & b & d \\ c & a & b & d \end{vmatrix}$；

(3) $\begin{vmatrix} 1 & 0 & -1 & -1 \\ 0 & -1 & -1 & 1 \\ a & b & c & d \\ -1 & -1 & 1 & 0 \end{vmatrix}$；

(4) $\begin{vmatrix} 1+x & 1 & 1 & 1 \\ 1 & 1+x & 1 & 1 \\ 1 & 1 & 1+y & 1 \\ 1 & 1 & 1 & 1+y \end{vmatrix}$；

(5) $\begin{vmatrix} 1-a & a & 0 & 0 & 0 \\ -1 & 1-a & a & 0 & 0 \\ 0 & -1 & 1-a & a & 0 \\ 0 & 0 & -1 & 1-a & a \\ 0 & 0 & 0 & -1 & 1-a \end{vmatrix}$；

(6) $\begin{vmatrix} 6 & 3 & 2 & 5 \\ 36 & 9 & 4 & 25 \\ 3 & 3 & 3 & 3 \\ 216 & 27 & 8 & 125 \end{vmatrix}$；

(7) $\begin{vmatrix} 1 & 1 & 1 & 1 \\ \cos x_1 & \cos x_2 & \cos x_3 & \cos x_4 \\ \cos 2x_1 & \cos 2x_2 & \cos 2x_3 & \cos 2x_4 \\ \cos 3x_1 & \cos 3x_2 & \cos 3x_3 & \cos 3x_4 \end{vmatrix}$.

5. 求满足下列方程的 x 值：

(1) $\begin{vmatrix} 0 & a & x & a \\ a & 0 & a & x \\ x & a & 0 & a \\ a & x & a & 0 \end{vmatrix}=0$;

(2) $\begin{vmatrix} 1 & -1 & 0 & 0 \\ -2x & 2x & x & -3+x \\ -1+x & 1 & 2-x & -x \\ 1 & x & -x & 2-x \end{vmatrix}=0$.

6. 计算出下列行列式的全部代数余子式:

(1) $\begin{vmatrix} 1 & 2 & 1 \\ 0 & -1 & 2 \\ 0 & 0 & 2 \end{vmatrix}$;

(2) $\begin{vmatrix} 1 & -1 & 2 \\ 1 & 2 & 1 \\ 0 & 0 & 0 \end{vmatrix}$.

7. 利用行列式乘积性质 $D^2=D\cdot D^T$,计算行列式 $D=\begin{vmatrix} a & b & c & d \\ -b & a & d & -c \\ -c & -d & a & b \\ -d & c & -b & a \end{vmatrix}$ 的值.

(本题和题 8、题 9 可在学完矩阵这一章之后再做)

8. 设 A,B 分别是 n 阶和 m 矩阵,且 $|A|=a,|B|=b$,计算下列行列式的值:

(1) $\begin{vmatrix} A & O \\ O & B \end{vmatrix}$;

(2) $\begin{vmatrix} O & A \\ B & O \end{vmatrix}$.

9. 设 I_n 是 n 阶单位矩阵,记

(1) $A=\begin{pmatrix} 0 & -I_{n-2} \\ I_2 & 0 \end{pmatrix}$;

(2) $A=\begin{pmatrix} 0 & -I_{n-k} \\ I_k & 0 \end{pmatrix}$,

计算行列式 $|A|$.

10. 计算下列行列式的值:

(1) $\begin{vmatrix} x & y & 0 & \cdots & 0 & 0 \\ 0 & x & y & \cdots & 0 & 0 \\ \cdots & \cdots & \cdots & \cdots & \cdots & \cdots \\ 0 & 0 & 0 & \cdots & x & y \\ y & 0 & 0 & \cdots & 0 & x \end{vmatrix}, n\geqslant 2$;

(2) $\begin{vmatrix} 1 & 2 & 2 & \cdots & 2 & 2 \\ 2 & 2 & 2 & \cdots & 2 & 2 \\ 2 & 2 & 3 & \cdots & 2 & 2 \\ \cdots & \cdots & \cdots & \cdots & \cdots & \cdots \\ 2 & 2 & 2 & \cdots & n-1 & 2 \\ 2 & 2 & 2 & \cdots & 2 & n \end{vmatrix}$;

(3) $\begin{vmatrix} 1 & n & \cdots & n & n \\ n & 2 & \cdots & n & n \\ \cdots & \cdots & \cdots & \cdots & \cdots \\ n & n & \cdots & n-1 & n \\ n & n & \cdots & n & n \end{vmatrix}$;

(4) $\begin{vmatrix} 1 & \cdots & 1 & 1 & 1 \\ a_1 & \cdots & a_1 & a_1-b_1 & a_1 \\ a_2 & \cdots & a_2-b_2 & a_2 & a_2 \\ \cdots & \cdots & \cdots & \cdots & \cdots \\ a_n-b_n & \cdots & a_n & a_n & a_n \end{vmatrix}$, $b_i \neq 0$;

(5) $\begin{vmatrix} x & a & a & \cdots & a & a \\ b & a & y & \cdots & y & y \\ b & y & a & \cdots & y & y \\ \cdots & \cdots & \cdots & \cdots & \cdots & \cdots \\ b & y & y & \cdots & a & y \\ b & y & y & \cdots & y & a \end{vmatrix}_n$;

(6) $\begin{vmatrix} b_1 & a_{12} & a_{13} & \cdots & a_{1,n-1} & a_{1n} \\ b_1 & b_2 & a_{23} & \cdots & a_{2,n-1} & a_{2n} \\ b_1 & b_2 & b_3 & \cdots & a_{3,n-1} & a_{3n} \\ \cdots & \cdots & \cdots & \cdots & \cdots & \cdots \\ b_1 & b_2 & b_3 & \cdots & b_{n-1} & a_{n-1,n} \\ b_1 & b_2 & b_3 & \cdots & b_{n-1} & b_n \end{vmatrix}$;

(7) $\begin{vmatrix} 1 & 2 & 3 & \cdots & n-1 & n \\ 2 & 1 & 2 & \cdots & n-2 & n-1 \\ 3 & 2 & 1 & \cdots & n-3 & n-2 \\ \cdots & \cdots & \cdots & \cdots & \cdots & \cdots \\ n-1 & n-2 & n-3 & \cdots & 1 & 2 \\ n & n-1 & n-2 & \cdots & 2 & 1 \end{vmatrix}$;

(8) $\begin{vmatrix} 1 & 2 & 3 & \cdots & n-1 & n \\ 1 & 1 & 2 & \cdots & n-2 & n-1 \\ 1 & x & 1 & \cdots & n-3 & n-2 \\ \cdots & \cdots & \cdots & \cdots & \cdots & \cdots \\ 1 & x & x & \cdots & 1 & 2 \\ 1 & x & x & \cdots & x & 1 \end{vmatrix}$;

(9) $\begin{vmatrix} 7 & 5 & 0 & \cdots & 0 & 0 \\ 2 & 7 & 5 & \cdots & 0 & 0 \\ 0 & 2 & 7 & \cdots & 0 & 0 \\ \cdots & \cdots & \cdots & \cdots & \cdots & \cdots \\ 0 & 0 & 0 & \cdots & 7 & 5 \\ 0 & 0 & 0 & \cdots & 2 & 7 \end{vmatrix}$；

(10) $\begin{vmatrix} 1 & 2 & 3 & \cdots & n-1 & n \\ 1 & 3 & 3 & \cdots & n-1 & n \\ 1 & 2 & 5 & \cdots & n-1 & n \\ \cdots & \cdots & \cdots & \cdots & \cdots & \cdots \\ 1 & 2 & 3 & \cdots & 2n-3 & n \\ 1 & 2 & 3 & \cdots & n-1 & 2n-1 \end{vmatrix}$；

(11) $\begin{vmatrix} x_1-m & x_2 & \cdots & x_n \\ x_1 & x_2-m & \cdots & x_n \\ \cdots & \cdots & \cdots & \cdots \\ x_1 & x_2 & \cdots & x_n-m \end{vmatrix}$.

11. 用克莱姆法则解下列线性方程组：

(1) $\begin{cases} 2x_1-3x_3=5 \\ x_1+2x_2+x_3=0 \\ x_1-x_2+3x_3=-2 \end{cases}$；

(2) $\begin{cases} 2x_1-x_2+3x_3+2x_4=6 \\ 3x_1-3x_2+3x_3+2x_4=5 \\ 3x_1-x_2-x_3+2x_4=3 \\ 3x_1-x_2+3x_3-x_4=4 \end{cases}$；

(3) $\begin{cases} 5x_1+6x_2=1 \\ x_1+5x_2+6x_3=0 \\ x_2+5x_3+6x_4=0. \\ x_3+5x_4+6x_5=0 \\ x_4+5x_5=1 \end{cases}$

12. 问 a,b,c 满足何条件时，方程组$\begin{cases} x_1+x_2+x_3=a+b+c \\ ax_1+bx_2+cx_3=a^2+b^2+c^2 \\ bcx_1+acx_2+abx_3=3abc \end{cases}$ 有唯一解．

13. 问 k 为何值时，方程组$\begin{cases} x_1+2x_2+kx_3=1 \\ -x_1+(k-1)x_2+x_3=k \\ kx_1+2kx_2+(3k-2)x_3=2k-1 \end{cases}$ 有唯一解，并求此解．

(四)证明题

1. 利用 n 阶行列式 $D_n=\begin{vmatrix} 1 & 1 & \cdots & 1 \\ 1 & 1 & \cdots & 1 \\ \cdots & \cdots & \cdots & \cdots \\ 1 & 1 & \cdots & 1 \end{vmatrix}=0$，证明所有 n 级排列中奇偶排列各有

一半.

2. 设行列式 $D_n=\begin{vmatrix} a_{11} & a_{12} & \cdots & a_{1n} \\ a_{21} & a_{22} & \cdots & a_{2n} \\ \cdots & \cdots & \cdots & \cdots \\ a_{n1} & a_{n2} & \cdots & a_{nn} \end{vmatrix}$ 满足 $a_{ji}=-a_{ij}$, $\forall i,j$,证明当 n 为奇数时,$D_n=0$.

3. 证明:

(1) $\begin{vmatrix} b^2+c^2 & ab & ac \\ ab & a^2+c^2 & bc \\ ac & bc & a^2+b^2 \end{vmatrix}=4a^2b^2c^2$;

(2) $\begin{vmatrix} 1 & p & q & r+s \\ 1 & q & r & s+p \\ 1 & r & s & p+q \\ 1 & s & p & q+r \end{vmatrix}=0$;

(3) $\begin{vmatrix} b_1+c_1 & c_1+a_1 & a_1+b_1 \\ b_2+c_2 & c_2+a_2 & a_2+b_2 \\ b_3+c_3 & c_3+a_3 & a_3+b_3 \end{vmatrix}=2\begin{vmatrix} a_1 & b_1 & c_1 \\ a_2 & b_2 & c_2 \\ a_3 & b_3 & c_3 \end{vmatrix}$;

(4) $\begin{vmatrix} kc_1+a_1 & ma_1+b_1 & lb_1+c_1 \\ kc_2+a_2 & ma_2+b_2 & lb_2+c_2 \\ kc_3+a_3 & ma_3+b_3 & lb_3+c_3 \end{vmatrix}=(klm+1)\begin{vmatrix} a_1 & b_1 & c_1 \\ a_2 & b_2 & c_2 \\ a_3 & b_3 & c_3 \end{vmatrix}$.

4. 证明:

$$\begin{vmatrix} 1 & x & x^2 & \cdots & x^n \\ 1 & a_1 & a_1^2 & \cdots & a_1^n \\ 1 & a_2 & a_2^2 & \cdots & a_2^n \\ \cdots & \cdots & \cdots & \cdots & \cdots \\ 1 & a_n & a_n^2 & \cdots & a_n^n \end{vmatrix}=(a_1-x)(a_2-x)\cdots(a_n-x)\prod_{1\leqslant j<i\leqslant n}(a_i-a_j).$$

5. 证明:

$$D_{n+1}=\begin{vmatrix} n!a_0 & (n-1)!a_1 & (n-2)!a_2 & \cdots & a_n \\ -n & x & 0 & \cdots & 0 \\ 0 & -(n-1) & x & \cdots & 0 \\ \cdots & \cdots & \cdots & \cdots & \cdots \\ 0 & 0 & 0 & \cdots & x \end{vmatrix}=n!(a_0x^n+a_1x^{n-1}+\cdots+a_{n-1}x+a_n)$$

B. 提高题

1. 计算下列 n 阶行列式:

(1) $\begin{vmatrix} 1+a_1b_1 & 1+a_1b_2 & \cdots & 1+a_1b_n \\ 1+a_2b_1 & 1+a_2b_2 & \cdots & 1+a_2b_n \\ \cdots & \cdots & \cdots & \cdots \\ 1+a_nb_1 & 1+a_nb_2 & \cdots & 1+a_nb_n \end{vmatrix}$, $(n>2)$;

(2) $\begin{vmatrix} x-a_1 & S-a_2 & S-a_3 & \cdots & S-a_n \\ S-a_1 & x-a_2 & S-a_3 & \cdots & S-a_n \\ S-a_1 & S-a_2 & x-a_3 & \cdots & S-a_n \\ \cdots & \cdots & \cdots & \cdots & \cdots \\ S-a_1 & S-a_2 & S-a_3 & \cdots & x-a_n \end{vmatrix}$,其中 $S=\sum_{i=1}^{n}a_i$;

(3) $\begin{vmatrix} x & a & a & \cdots & a & a \\ -a & x & a & \cdots & a & a \\ -a & -a & x & \cdots & a & a \\ \cdots & \cdots & \cdots & \cdots & \cdots & \cdots \\ -a & -a & -a & \cdots & x & a \\ -a & -a & -a & \cdots & -a & x \end{vmatrix}$;

(4) $\begin{vmatrix} 2^n-2 & 2^{n-1}-2 & \cdots & 2^2-2 \\ 3^n-3 & 3^{n-1}-3 & \cdots & 3^2-3 \\ \cdots & \cdots & \cdots & \cdots \\ n^n-n & n^{n-1}-n & \cdots & n^2-n \end{vmatrix}$;

(5) $D_{n+1}=\begin{vmatrix} a_1^n & a_1^{n-1}b_1 & \cdots & a_1b_1^{n-1} & b_1^n \\ a_2^n & a_2^{n-1}b_2 & \cdots & a_2b_2^{n-1} & b_2^n \\ \cdots & \cdots & \cdots & \cdots & \cdots \\ a_n^n & a_n^{n-1}b_n & \cdots & a_nb_n^{n-1} & b_n^n \\ a_{n+1}^n & a_{n+1}^{n-1}b_{n+1} & \cdots & a_{n+1}b_{n+1}^{n-1} & b_{n+1}^n \end{vmatrix}$,其中,$a_ib_i\neq0,i=1,\cdots,n+1$;

(6) $\begin{vmatrix} 1 & 2 & 3 & \cdots & n-1 & n \\ 1 & 1 & 1 & \cdots & 1 & 1-n \\ 1 & 1 & 1 & \cdots & 1-n & 1 \\ \cdots & \cdots & \cdots & \cdots & \cdots & \cdots \\ 1 & 1 & 1-n & \cdots & 1 & 1 \\ 1 & 1-n & 1 & \cdots & 1 & 1 \end{vmatrix}$;

(7) $D_n=\begin{vmatrix} 1 & x_1^2 & x_1^3 & \cdots & x_1^n \\ 1 & x_2^2 & x_2^3 & \cdots & x_2^n \\ 1 & x_3^2 & x_3^3 & \cdots & x_3^n \\ \cdots & \cdots & \cdots & \cdots & \cdots \\ 1 & x_n^2 & x_n^3 & \cdots & x_n^n \end{vmatrix}$.

2. 求满足下列方程的 x 值:

(1) $\begin{vmatrix} x & a & b & c \\ a & x & c & b \\ b & c & x & a \\ c & b & a & x \end{vmatrix}=0$;

$$(2)\begin{vmatrix} 1 & 1 & 1 & \cdots & 1 & 1 \\ 1 & 1-x & 1 & \cdots & 1 & 1 \\ 1 & 1 & 2(1-x) & \cdots & 1 & 1 \\ \cdots & \cdots & \cdots & \cdots & \cdots & \cdots \\ 1 & 1 & 1 & \cdots & (n-2)(1-x) & 1 \\ 1 & 1 & 1 & \cdots & 1 & (n-1)(1-x) \end{vmatrix}=0.$$

3. 证明：

$$\frac{d}{dt}\begin{vmatrix} a_{11}(t) & a_{12}(t) & a_{13}(t) \\ a_{21}(t) & a_{22}(t) & a_{23}(t) \\ a_{31}(t) & a_{32}(t) & a_{33}(t) \end{vmatrix}$$

$$=\begin{vmatrix} \frac{d}{dt}a_{11}(t) & a_{12}(t) & a_{13}(t) \\ \frac{d}{dt}a_{21}(t) & a_{22}(t) & a_{23}(t) \\ \frac{d}{dt}a_{31}(t) & a_{32}(t) & a_{33}(t) \end{vmatrix}+\begin{vmatrix} a_{11}(t) & \frac{d}{dt}a_{12}(t) & a_{13}(t) \\ a_{21}(t) & \frac{d}{dt}a_{22}(t) & a_{23}(t) \\ a_{31}(t) & \frac{d}{dt}a_{32}(t) & a_{33}(t) \end{vmatrix}$$

$$+\begin{vmatrix} a_{11}(t) & a_{12}(t) & \frac{d}{dt}a_{13}(t) \\ a_{21}(t) & a_{22}(t) & \frac{d}{dt}a_{23}(t) \\ a_{31}(t) & a_{32}(t) & \frac{d}{dt}a_{33}(t) \end{vmatrix},$$

并由此写出一般 n 阶行列式的求导公式.

4. 证明:当 $\lambda<4$ 时,

$$D=\begin{vmatrix} 2 & \lambda & 0 & \cdots & 0 & 0 \\ 1/2 & 2 & 1/2 & \cdots & 0 & 0 \\ 0 & 1/2 & 2 & \cdots & 0 & 0 \\ \cdots & \cdots & \cdots & \cdots & \cdots & \cdots \\ 0 & 0 & 0 & \cdots & 2 & 1/2 \\ 0 & 0 & 0 & \cdots & 1/2 & 2 \end{vmatrix}>0.$$

5. 设 $D=\begin{vmatrix} a_{11} & a_{12} & \cdots & a_{1n} \\ a_{21} & a_{22} & \cdots & a_{2n} \\ \cdots & \cdots & \cdots & \cdots \\ a_{n1} & a_{n2} & \cdots & a_{nn} \end{vmatrix}$,$A_{ij}$ 是 a_{ij} 的代数余子式,证明

$$\begin{vmatrix} a_{11}-a_{12} & a_{12}-a_{13} & \cdots & a_{1,n-1}-a_{1n} & 1 \\ a_{21}-a_{22} & a_{22}-a_{23} & \cdots & a_{2,n-1}-a_{2n} & 1 \\ \cdots & \cdots & \cdots & \cdots & \cdots \\ a_{n-1,1}-a_{n-1,2} & a_{n-1,2}-a_{n-1,3} & \cdots & a_{n-1,n-1}-a_{n-1,n} & 1 \\ a_{n1}-a_{n2} & a_{n2}-a_{n3} & \cdots & a_{n,n-1}-a_{nn} & 1 \end{vmatrix}=\sum_{i=1}^{n}\sum_{j=1}^{n}A_{ij}.$$

第二章

矩阵

Ⅰ 内容提要

一、矩阵

1. 矩阵的定义

$m \times n$ 矩阵是指下列数表

$$A=\begin{pmatrix} a_{11} & a_{12} & \cdots & a_{1n} \\ a_{21} & a_{22} & \cdots & a_{2n} \\ \vdots & \vdots & & \vdots \\ a_{m1} & a_{m2} & \cdots & a_{mn} \end{pmatrix},$$

其中,数 a_{ij} 称为矩阵 A 中的 (i,j) 元素．元素全为实数的矩阵称为实矩阵,书中讨论的矩阵如无特别说明都指实矩阵．

注 (1)当 $m=n$ 时,称 A 为 n 阶方阵或 n 阶矩阵．

(2)元素全为零的矩阵称为零矩阵,记作 $O_{m\times n}$ 或 O.

(3)两个矩阵 $A=(a_{ij})_{m\times n}$,$B=(b_{ij})_{s\times t}$,如果 $m=s$,$n=t$,则称 A 与 B 为同型矩阵．

(4)两个同型矩阵 A 与 B,如果它们的元素对应相等,即 $a_{ij}=b_{ij}$,则称矩阵 A 与 B 相等,记作 $A=B$.

2. 一些特殊的矩阵

上三角矩阵 元素 $a_{ij}=0(i>j)$ 的矩阵,即 $A=\begin{pmatrix} a_{11} & a_{12} & \cdots & a_{1n} \\ 0 & a_{22} & \cdots & a_{2n} \\ \vdots & \vdots & & \vdots \\ 0 & 0 & \cdots & a_{nn} \end{pmatrix}$.

下三角矩阵 元素 $a_{ij}=0(i<j)$ 的矩阵,即 $A=\begin{pmatrix} a_{11} & 0 & \cdots & 0 \\ a_{21} & a_{22} & \cdots & 0 \\ \vdots & \vdots & & \vdots \\ a_{n1} & a_{n2} & \cdots & a_{nn} \end{pmatrix}$.

性质 两个 n 阶上(下)三角矩阵的和、差、数乘、乘积仍为 n 阶上(下)三角矩阵.

对角矩阵 形如 $A=\begin{pmatrix} a_{11} & 0 & \cdots & 0 \\ 0 & a_{22} & \cdots & 0 \\ \vdots & \vdots & & \vdots \\ 0 & 0 & \cdots & a_{nn} \end{pmatrix}=\mathrm{diag}(a_{11},a_{22},\cdots,a_{nn})$ 的 n 阶矩阵.

性质 $A^k=\begin{pmatrix} a_{11}^k & 0 & \cdots & 0 \\ 0 & a_{22}^k & \cdots & 0 \\ \vdots & \vdots & & \vdots \\ 0 & 0 & \cdots & a_{nn}^k \end{pmatrix}=\mathrm{diag}(a_{11}^k,a_{22}^k,\cdots,a_{nn}^k)$.

数量矩阵 对角矩阵 $\mathrm{diag}(a,a,\cdots,a)$.

单位矩阵 当 $a=1$ 时的数量矩阵,称为 n 阶单位矩阵,记为 I_n 或 I.

对称矩阵 满足 $a_{ij}=a_{ji}(i,j=1,2,\cdots,n)$ 的 n 阶矩阵 $A=(a_{ij})_{m\times n}$.

性质 (1)两个同阶对称矩阵的和为对称矩阵.

(2)对称矩阵与数的乘积为对称矩阵.

(3)对称矩阵的逆矩阵为对称矩阵,但两个对称矩阵的乘积不一定为对称矩阵.

反对称矩阵 满足 $a_{ij}=-a_{ji}(i,j=1,2,\cdots,n)$ 的 n 阶矩阵 $A=(a_{ij})_{m\times n}$.

二、矩阵的运算

1. 矩阵的线性运算

矩阵的加法 对于同型矩阵 $A=(a_{ij})_{m\times n}$,$B=(b_{ij})_{m\times n}$,定义 A 与 B 的和为

$$A+B=(a_{ij}+b_{ij})_{m\times n}.$$

矩阵的数乘 对于矩阵 $A=(a_{ij})_{m\times n}$ 及常数 k,定义 k 与 A 的数量乘积为

$$kA=Ak=(ka_{ij})_{m\times n}.$$

矩阵的线性运算 以上两种运算统称为矩阵的线性运算.

线性运算规律(其中 A,B,C 为同型矩阵;k,l 为常数)

(1)$A+B=B+A$;　　(2)$(A+B)+C=A+(B+C)$;

(3)$A+O=A$;　　(4)$A+(-A)=O$;

(5)$1A=A$;　　(6)$k(lA)=(kl)A$;

(7)$k(A+B)=kA+kB$;　　(8)$(k+l)A=kA+lA$.

2. 矩阵乘法

矩阵的乘积 设 $A=(a_{ij})_{m\times s}$,$B=(b_{ij})_{s\times n}$,则称矩阵 $C=(c_{ij})_{m\times n}$ 为 A 与 B 的乘积,其中,

$$c_{ij}=a_{i1}b_{1j}+a_{i2}b_{2j}+\cdots+a_{is}b_{sj}=\sum_{k=1}^{s}a_{ik}b_{kj},$$

记为 $C=AB$.

乘法的运算规律(假定其中的运算都有意义,k 为常数)

(1)$I_mA_{m\times n}=A_{m\times n}I_n=A$;　　(2)$OA=AO=O$;

(3)$(AB)C=A(BC)$;　　(4)$(kA)B=A(kB)=k(AB)$;

(5)$(A+B)C=AC+BC$;　　(6)$A(B+C)=AB+AC$.

注 (1)矩阵乘法一般不可交换,即$AB\neq BA$,所以相乘的矩阵的次序不可随意颠倒.

(2)当$AB=O$时,未必有$A=O$或$B=O$(但若$AB=O$且A为可逆方阵,则有$B=O$;或当B为可逆方阵,则有$A=O$).

(3)矩阵乘法不满足消去律,即当$AB=AC$时,未必有$B=C$(但若$AB=AC$且A为可逆方阵,则必有$B=C$).

3. 方阵的幂与多项式

方阵的幂 设A为非零n阶方阵,则A的幂定义为

$$A^0=I,A^2=AA,\cdots,A^m=\underbrace{AA\cdots A}_{m个}.$$

运算规律(其中,k,l为非负整数)

(1)$A^kA^l=A^{k+l}$;　　(2)$(A^k)^l=A^{kl}$.

注 由于矩阵乘法不满足交换律,所以下列等式未必成立(其中,A,B为同阶方阵,k为正整数):

$$(AB)^k\neq A^kB^k,(A+B)^2\neq A^2+2AB+B^2.$$

这些等式只在$AB=BA$时才成立.

方阵的多项式 设$f(x)=a_0x^m+a_1x^{m-1}+\cdots+a_{m-1}x+a_m$,则$A$的多项式为

$$f(A)=a_0A^m+a_1A^{m-1}+\cdots+a_{m-1}A+a_mI.$$

幂等矩阵 满足条件$A^2=A$的n阶方阵A.

幂零矩阵 满足条件$A^k=O$(k为正整数)的n阶方阵A.

4. 矩阵的转置

转置矩阵 设$m\times n$矩阵$A=\begin{pmatrix}a_{11}&a_{12}&\cdots&a_{1n}\\a_{21}&a_{22}&\cdots&a_{2n}\\\vdots&\vdots&&\vdots\\a_{m1}&a_{m2}&\cdots&a_{mn}\end{pmatrix}$,称$n\times m$矩阵$\begin{pmatrix}a_{11}&a_{21}&\cdots&a_{m1}\\a_{12}&a_{22}&\cdots&a_{m2}\\\vdots&\vdots&&\vdots\\a_{1n}&a_{2n}&\cdots&a_{mn}\end{pmatrix}$为矩阵$A=(a_{ij})_{m\times n}$的转置矩阵,记为$A^T$.

注 对称矩阵A等价于$A^T=A$;反对称矩阵B等价于$B^T=-B$.

运算规律

(1)$(A^T)^T=A$;　　(2)$(kA)^T=kA^T$;

(3)$(A+B)^T=A^T+B^T$;　　(4)$(AB)^T=B^TA^T$.

注 运算规律(4)可以推广为:$(A_1A_2\cdots A_m)^T=A_m^T\cdots A_2^TA_1^T$.

5. 方阵的行列式

矩阵的行列式 对于n阶方阵$A=(a_{ij})_{n\times n}$,称行列式

$$\begin{vmatrix}a_{11}&a_{12}&\cdots&a_{1n}\\a_{21}&a_{22}&\cdots&a_{2n}\\\vdots&\vdots&&\vdots\\a_{n1}&a_{n2}&\cdots&a_{nn}\end{vmatrix}$$

为方阵A的行列式,记为$|A|$或$\det(A)$.

运算性质(其中,A,B 为 n 阶方阵,k 为常数)

(1)$|A^T|=|A|$;　　(2)$|kA|=k^n|A|$;

(3)$|AB|=|A||B|$.

注　(1)把 $|A|\neq 0$ 的方阵称为可逆矩阵或非奇异矩阵.

(2)运算规律(3)可以推广为:$|A_1A_2\cdots A_m|=|A_1||A_2|\cdots|A_m|$,其中,$A_1,A_2,\cdots,A_m$ 为 n 阶方阵.

矩阵的迹　n 阶矩阵 $A=(a_{ij})_{n\times n}$ 的迹定义为 $tr(A)=\sum\limits_{i=1}^{n}a_{ii}$,即主对角线上元素的和.

性质　(1)$tr(A+B)=tr(A)+tr(B)$;

(2)$tr(kA)=ktr(A)$;

(3)$tr(AB)=tr(BA)$.

三、逆矩阵的概念和计算

1. 逆矩阵及其性质

可逆矩阵(非奇异矩阵)　对于 n 阶方阵 A,若存在 n 阶方阵 B,使得 $AB=BA=I$,则称 A 是可逆矩阵或非奇异矩阵,并称 B 为 A 的逆矩阵,记为 A^{-1},即 $A^{-1}=B$.

性质(其中,A,B 为 n 阶可逆矩阵)

(1)A 的逆矩阵 A^{-1} 是唯一的;　　(2)$(A^{-1})^{-1}=A$;

(3)A^T 可逆,且 $(A^T)^{-1}=(A^{-1})^T$;　　(4)AB 可逆,且 $(AB)^{-1}=B^{-1}A^{-1}$;

(5)若常数 $k\neq 0$,则 kA 可逆,且 $(kA)^{-1}=\dfrac{1}{k}A^{-1}$;

(6)$|A^{-1}|=\dfrac{1}{|A|}$;

(7)矩阵方程 $AX=C$ 有唯一解 $X=A^{-1}C$;矩阵方程 $XA=C$ 有唯一解 $X=CA^{-1}$;矩阵方程 $AXB=C$ 有唯一解 $X=A^{-1}CB^{-1}$;

$$(8)A=\begin{pmatrix}\lambda_1 & & & \\ & \lambda_2 & & \\ & & \ddots & \\ & & & \lambda_n\end{pmatrix}(\text{其中},\lambda_1,\lambda_2,\cdots,\lambda_n\neq 0),\text{则 }A^{-1}=\begin{pmatrix}\lambda_1^{-1} & & & \\ & \lambda_2^{-1} & & \\ & & \ddots & \\ & & & \lambda_n^{-1}\end{pmatrix};$$

$$A=\begin{pmatrix} & & & \lambda_1\\ & & \lambda_2 & \\ & \iddots & & \\ \lambda_n & & & \end{pmatrix}(\text{其中},\lambda_1,\lambda_2,\cdots,\lambda_n\neq 0),\text{则 }A^{-1}=\begin{pmatrix} & & & \lambda_n^{-1}\\ & & \lambda_{n-1}^{-1} & \\ & \iddots & & \\ \lambda_1^{-1} & & & \end{pmatrix}.$$

注　性质(4)可以推广为:$(A_1A_2\cdots A_m)^{-1}=A_m^{-1}\cdots A_2^{-1}A_1^{-1}$,其中,$A_1,A_2,\cdots,A_m$ 为同阶可逆矩阵. 但可逆矩阵一般 $(A+B)^{-1}\neq A^{-1}+B^{-1}$.

2. 伴随矩阵及其性质

伴随矩阵　设 $A=(a_{ij})_{n\times n}(n\geqslant 2)$,$A_{ij}$ 是 $|A|$ 中元素 a_{ij} 的代数余子式,称矩阵

$$A^*=\begin{pmatrix}A_{11} & A_{21} & \cdots & A_{n1}\\ A_{12} & A_{22} & \cdots & A_{n2}\\ \vdots & \vdots & & \vdots\\ A_{1n} & A_{2n} & \cdots & A_{nn}\end{pmatrix}$$

为 A 的伴随矩阵.

注 A^* 的 (i,j) 元素是 A_{ji}，即 A^* 中的第 i 列各元素是 $|A|$ 的第 i 行对应元素的代数余子式，A^* 的第 j 行的各元素是 $|A|$ 的第 j 列对应元素的代数余子式.

性质(其中，A 为 n 阶方阵)

(1) $AA^*=A^*A=|A|I$；

(2)若 A 可逆($|A|\neq 0$)，则 $A^{-1}=\dfrac{A^*}{|A|}$；

(3)若 A 可逆，则 A^* 也可逆，且 $(A^*)^{-1}=(A^{-1})^*=\dfrac{A}{|A|}$；

(4) $(kA)^*=k^{n-1}A^*$；　　(5) $(A^k)^*=(A^*)^k$；

(6) $(A^T)^*=(A^*)^T$；　　(7) $(A^*)^*=|A|^{n-2}A$，其中，$n\geqslant 3$；

(8) $(AB)^*=B^*A^*$；　　(9) $|A^*|=|A|^{n-1}$.

其中，关系式(4)～(9)在 A 不可逆时依然成立. 证明请参照本章例题 10.

3. 矩阵可逆的条件

对于 n 阶方阵 A，下列条件相互等价：

(1) A 可逆；

(2) $|A|\neq 0$；

(3)可通过初等行(列)变换将 A 化成单位矩阵(即 A 等价于 I_n)；

(4) A 可以表示成若干个初等方阵 $P_1,P_2,\cdots,P_m$ 的乘积：$A=P_1P_2\cdots P_m$；

(5)相应的齐次线性方程组 $AX=O$ 只有零解；

(6^*) $r(A)=n$ ($r(A)$ 称为矩阵 A 的秩(详见第三章的定义)；

(7^*)列(或行)矩阵(向量)组线性无关(详见第三章)；

(8^*)特征值全不为零(详见第六章).

注 其中条件(3)和(4)中有关初等变换、初等矩阵、矩阵等价的概念见本节第(四)部分.

性质 如果 n 阶矩阵 A,B 满足 $AB=I$(或 $BA=I$)，则 A,B 均可逆，且 $A^{-1}=B$，$B^{-1}=A$，$BA=I$(或 $AB=I$).

4. 求逆矩阵常用方法

(1)利用定义：对于方阵 A，若存在方阵 B，使 $AB=I$(或 $BA=I$)，则 A 可逆，且 $A^{-1}=B$.

(2)公式法：$A^{-1}=\dfrac{1}{|A|}A^*$(公式法主要使用于低阶矩阵或比较简单的高阶矩阵，以及理论证明).

(3)初等变换法：

$$(A\mid I)\xrightarrow{\text{初等行变换}}(I\mid A^{-1})；\begin{bmatrix}A\\ I\end{bmatrix}\xrightarrow{\text{初等列变换}}\begin{bmatrix}I\\ A^{-1}\end{bmatrix}.$$

(4)分块求逆法：若 A,B 均为可逆方阵，则

$$\begin{pmatrix}A & O\\ O & B\end{pmatrix}^{-1}=\begin{pmatrix}A^{-1} & O\\ O & B^{-1}\end{pmatrix}；\qquad \begin{pmatrix}O & A\\ B & O\end{pmatrix}^{-1}=\begin{pmatrix}O & B^{-1}\\ A^{-1} & O\end{pmatrix}；$$

$$\begin{pmatrix} A & C \\ O & B \end{pmatrix}^{-1} = \begin{pmatrix} A^{-1} & -A^{-1}CB^{-1} \\ O & B^{-1} \end{pmatrix} \quad \begin{pmatrix} A & O \\ C & B \end{pmatrix}^{-1} = \begin{pmatrix} A^{-1} & O \\ -B^{-1}CA^{-1} & B^{-1} \end{pmatrix}.$$

若方阵 $A_1, A_2, \cdots, A_m$ 均可逆，则前两个公式可以推广为

$$\begin{pmatrix} A_1 & & & \\ & A_2 & & \\ & & \ddots & \\ & & & A_m \end{pmatrix}^{-1} = \begin{pmatrix} A_1^{-1} & & & \\ & A_2^{-1} & & \\ & & \ddots & \\ & & & A_m^{-1} \end{pmatrix};$$

$$\begin{pmatrix} & & & A_1 \\ & & A_2 & \\ & \iddots & & \\ A_m & & & \end{pmatrix}^{-1} = \begin{pmatrix} & & & A_m^{-1} \\ & & A_{m-1}^{-1} & \\ & \iddots & & \\ A_1^{-1} & & & \end{pmatrix}.$$

四、矩阵的初等变换

1. 初等变换的概念

初等行变换 下列变换：

(1)对换变换：互换矩阵的第 i,j 两行的位置(记为 $r_i \leftrightarrow r_j$)；

(2)倍乘变换：用一个非零数 k 乘以矩阵第 i 行(记为 kr_i)；

(3)倍加变换：将矩阵第 i 行的 k 倍加至第 j 行(记为 $r_j + kr_i$)；

分别称作矩阵的第 1,2,3 种初等行变换，统称为矩阵的初等行变换．

初等列变换 若将上述的“行”换成“列”，就是矩阵的初等列变换的定义(分别记为 $c_i \leftrightarrow c_j, kc_i, c_j + kc_i$)．

初等变换 矩阵的初等行变换和初等列变换统称为矩阵的初等变换．

2. 初等矩阵及其性质

初等矩阵 单位矩阵 I 经过一次初等变换所得到的矩阵称为初等矩阵．三种初等变换对应三种初等方阵．

(1)对换矩阵：互换单位矩阵 I 的 i,j 行(列)所得到的初等矩阵记为 $E(i,j)$；

(2)倍乘矩阵：用非零数 k 乘 I 的第 i 行(列)所得到的初等矩阵记为 $E(i(k))$；

(3)倍加矩阵：把 I 的第 j 行的 k 倍加至第 i 行(或把 I 的第 i 列的 k 倍加至第 j 列)所得到的初等矩阵记为 $E(j(k),i)$(或 $E(j,i(k))$)．

性质(其中，k 为非零常数)

(1) $|E(i,j)| = -1, |E(i(k))| = k, |E(j(k),i)| = |E(j,i(k))| = 1$；

(2) $E(i,j)^T = E(i,j), E(i(k))^T = E(i(k)),$

$E(j(k),i)^T = E(i(k),j), E(j,i(k))^T = E(i,j(k))$；

(3)初等矩阵是可逆的，且 $E(i,j)^{-1} = E(i,j), E(i(k))^{-1} = E\left(i\left(\frac{1}{k}\right)\right),$

$E(j(k),i)^{-1} = E(j(-k),i) = E(j,i(k))^{-1} = E(j,i(-k))$；

(4)用一个初等矩阵左(右)乘矩阵 A，其结果就是对矩阵 A 做相应的初等行(列)变换．

3. 矩阵等价及性质

矩阵等价 若矩阵 A 经一系列初等变换化为矩阵 B，则称 A 与 B 等价．A 与 B 等价记为

$A \to B$.

性质 (1)反身性:$A \to A$;

(2)对称性:若 $A \to B$,则 $B \to A$;

(3)传递性:若 $A \to B, B \to C$,则 $A \to C$.

行阶梯形矩阵 可划出一条阶梯线,线的下方全为零;每个台阶只有一行,台阶数即是非零行的行数,阶梯线的竖线后面的第一个元素为非零元,即非零行的第一个非零元.

行最简形矩阵 具有行阶梯形矩阵的特点;每一行第一个非零元素都为1,且该元素所在列的其余元素都为零.

注 对任何一个矩阵 A,均可以经过一系列初等行变换化为行阶梯形矩阵,继续进行初等行变换,化为行最简形矩阵;在此基础上,再经过一系列初等列变换化为$\begin{pmatrix} I_r & O \\ O & O \end{pmatrix}$.

等价标准形 任何矩阵 A 都等价于$\begin{pmatrix} I_r & O \\ O & O \end{pmatrix}$,称为矩阵 A 的等价标准形(简称标准形);其中,r 为矩阵 A 的秩(关于秩的内容详见第三章).

对于同型矩阵 A 与 B,下列条件是等价的:

(1)A 与 B 等价;

(2)存在 m 阶初等矩阵 $P_1, P_2, \cdots, P_s$ 和 n 阶初等矩阵 $Q_1, Q_2, \cdots, Q_t$,使得

$$P_s \cdots P_2 P_1 A Q_1 Q_2 \cdots Q_1 = B;$$

(3)存在 m 阶可逆矩阵 P 和 n 阶可逆矩阵 Q,使得 $PAQ = B$;

(4)它们有相同的等价标准型;

(5^*)秩 A = 秩 B.

定理 (1)n 阶可逆方阵 A 的等价标准形是单位矩阵 I_n.

(2)n 阶可逆方阵 A 可表示成为若干初等矩阵的乘积.

(3)n 阶可逆方阵 A 可以仅经过初等行变换化至标准形 I_n.

五、分块矩阵

1. 分块矩阵

将矩阵用若干条纵线和横线分成许多小矩阵,每个小矩阵称为 A 的子块,以子块为元素的形式上矩阵称为分块矩阵. 对矩阵分块后,就可以使大矩阵的运算化为小矩阵的运算.

2. 分块矩阵的运算

对于分块矩阵的运算,要特别注意不同的运算对矩阵分块的方式有不同的要求.

(1)用分块矩阵做加(减)运算 $A \pm B$ 时,必须对同型矩阵 A, B 做同样的划分;

(2)用分块矩阵做乘法运算 AB 时,对 A 的列的分法必须与对 B 的行的分法相一致;

(3)为了方便地利用矩阵研究向量组的情形,下面按列分块的方法是经常用到:

设有矩阵 $A_{m \times s}, B_{s \times n}$,将矩阵 B 按列分块,即 $B = (B_1 \quad B_2 \quad \cdots \quad B_n)$,其中,$B_j (j = 1, 2, \cdots, n)$为矩阵 B 中的第 j 列,则有

$$AB = A(B_1, B_2, \cdots, B_n) = (AB_1, AB_2, \cdots, AB_n).$$

这说明矩阵 AB 中的第 j 列等于用 A 左乘 B 中的第 j 列. 从而

$$AB = O \Leftrightarrow AB_j = 0, j = 1, 2, \cdots, n.$$

上式说明 B_j 是齐次线性方程组 $AX=0$ 的解．

3. 分块对角矩阵的定义及其性质

块对角矩阵 形如 $A=\begin{pmatrix} A_1 & & & \\ & A_2 & & \\ & & \ddots & \\ & & & A_s \end{pmatrix}$ 的分块矩阵，简称为块对角阵，其中，A_i $(i=1,2,\cdots,s)$均为方阵．

性质 (1)块对角阵的求逆公式请参考求逆矩阵常用方法中的分块求逆法，故省略；

(2) $|A|=\begin{vmatrix} A_1 & & & \\ & A_2 & & \\ & & \ddots & \\ & & & A_s \end{vmatrix}=|A_1||A_2|\cdots|A_s|$；

(3) $\begin{pmatrix} A_1 & & & \\ & A_2 & & \\ & & \ddots & \\ & & & A_s \end{pmatrix}\begin{pmatrix} B_1 & & & \\ & B_2 & & \\ & & \ddots & \\ & & & B_s \end{pmatrix}=\begin{pmatrix} A_1B_1 & & & \\ & A_2B_2 & & \\ & & \ddots & \\ & & & A_sB_s \end{pmatrix}$；

(4)块上(下)三角阵的行列式公式

$$\begin{vmatrix} A_{11} & A_{12} & \cdots & A_{1s} \\ & A_{22} & \cdots & A_{2s} \\ & & \ddots & \\ & & & A_{ss} \end{vmatrix}=|A_{11}||A_{22}|\cdots|A_{ss}|;$$

$$\begin{vmatrix} A_{11} & & \cdots & \\ A_{21} & A_{22} & \cdots & \\ & & \ddots & \\ A_{s1} & A_{s2} & \cdots & A_{ss} \end{vmatrix}=|A_{11}||A_{22}|\cdots|A_{ss}|.$$

六、利用初等变换解矩阵方程

1. 设方程 $AX=B$、若 A 可逆，则

$$(A|B)\xrightarrow{\text{初等行变换}}(I|A^{-1}B).$$

于是，解得 $X=A^{-1}B$，其中，A 称为方程的系数矩阵；特别若 $B=I$，则 $X=A^{-1}$，这也就是前面介绍求逆矩阵的初等变换方法．若矩阵 B 为列矩阵，称$(A|B)$为线性方程组 $AX=B$ 的增广矩阵．

2. 设方程 $XA=B$. 若 A 可逆，则

$$\left(\frac{A}{B}\right)\xrightarrow{\text{初等列变换}}\left(\frac{I}{BA^{-1}}\right).$$

于是，解得 $X=BA^{-1}$.

或者$(XA)^T=B^T\Rightarrow A^TX^T=B^T$，则

$$(A^T|B^T)\xrightarrow{\text{初等行变换}}(I|(A^T)^{-1}B^T).$$

于是，解得 $X^T=(A^T)^{-1}B^T=(BA^{-1})^T$.

3. 设方程 $AXB=C$. 若 A，B 均可逆，则令 $XB=Y$，利用 1 中的方法解方程 $AY=C$，即解得 $Y=A^{-1}C$；再利用 2 中的方法解方程 $XB=Y$，即可解得 $X=YB^{-1}$. 于是，解得

$$X=A^{-1}CB^{-1}.$$

Ⅱ 例题精讲

一、矩阵运算

【例 1】 设 $A=\begin{pmatrix}2&1\\-4&-2\end{pmatrix}$，$B=\begin{pmatrix}3&-1\\-6&2\end{pmatrix}$. 求 AB，BA，A^2.

解 $AB=\begin{pmatrix}2&1\\-4&-2\end{pmatrix}\begin{pmatrix}3&-1\\-6&2\end{pmatrix}=\begin{pmatrix}0&0\\0&0\end{pmatrix}$.

$BA=\begin{pmatrix}3&-1\\-6&2\end{pmatrix}\begin{pmatrix}2&1\\-4&-2\end{pmatrix}=\begin{pmatrix}10&5\\-20&-10\end{pmatrix}$.

$A^2=\begin{pmatrix}2&1\\-4&-2\end{pmatrix}\begin{pmatrix}2&1\\-4&-2\end{pmatrix}=\begin{pmatrix}0&0\\0&0\end{pmatrix}$.

评注 (1)本题中可见 $AB\neq BA$，所以矩阵乘法不满足交换律；

(2)本题中可见两个非零矩阵的乘积可能是零矩阵，而且一个非零方阵的平方也可能是零矩阵，这是与数的乘法不同的特点；

(3)本题中 $AB=A^2$，但 $A\neq B$，所以矩阵乘法不满足消去律.

【例 2】 设 A，B 为同阶方阵，且满足 $A=\frac{1}{2}(B+I)$. 证明 $A^2=A$ 的充要条件是 $B^2=I$.

证明

$$\begin{aligned}A^2=A&\Leftrightarrow\left[\frac{1}{2}(B+I)\right]^2=\frac{1}{2}(B+I)\\&\Leftrightarrow\frac{1}{4}(B+I)^2=\frac{1}{2}(B+I)\\&\Leftrightarrow\frac{1}{2}(B^2+2B+I)=B+I\\&\Leftrightarrow B^2+2B+I=2B+2I\\&\Leftrightarrow B^2=I\end{aligned}$$

评注 本题由于 B 和 I 可交换，所以 $(B+I)^2=B^2+2B+I$ 才成立. 在还不知道 $AB=BA$ 时，不能把 $(A+B)^2$ 写成 $A^2+2AB+B^2$.

【例 3】 设 n 阶实对称矩阵 $A=(a_{ij})$ 满足 $A^2=O$. 证明 $A=O$.

证明 A 为对称矩阵，故有 $A=A^T$，因此有 $AA^T=A^2=O$. 观察 $AA^T=O$ 两端的 (i,i) 元，有

$$(a_{i1}\quad a_{i2}\quad\cdots\quad a_{in})\begin{pmatrix}a_{i1}\\a_{i2}\\\vdots\\a_{in}\end{pmatrix}=a_{i1}^2+a_{i2}^2+\cdots+a_{in}^2=0.$$

由于 a_{ik} 为实数，故得 $a_{ik}=0(i,k=1,2,\cdots,n)$．此即 $A=O$.

评注 一般来说，由 $A^2=O$，推不出 $A=O$.

【例 4】 证明与所有 n 阶矩阵可交换的矩阵一定是 n 阶数量矩阵。

证明 设矩阵 $A=(a_{ij})$ 与所有 n 阶矩阵可交换，则 A 必为 n 阶矩阵．特别地，A 与 n 阶基本矩阵 $E_{1j}(j=1,2,\cdots,n)$ 可交换，其中 E_{1j} 为第 1 行第 j 列元素为 1，其余元素都为零的矩阵．从而 $E_{1j}A=AE_{1j}$.

由此得出，

$$\begin{pmatrix} a_{j1} & a_{j2} & \cdots & a_{jj} & \cdots & a_{jn} \\ 0 & 0 & \cdots & 0 & \cdots & 0 \\ \vdots & \vdots & & \vdots & & \vdots \\ 0 & 0 & \cdots & 0 & \cdots & 0 \end{pmatrix} = \begin{pmatrix} 0 & \cdots & 0 & a_{11} & 0 & \cdots & 0 \\ 0 & \cdots & 0 & a_{21} & 0 & \cdots & 0 \\ \vdots & & \vdots & \vdots & \vdots & & \vdots \\ 0 & \cdots & 0 & a_{n1} & 0 & \cdots & 0 \end{pmatrix},$$

于是

$$a_{j1}=0,\cdots,a_{j,j-1}=0,a_{jj}=a_{11},a_{j,j+1}=0,\cdots,a_{jn}=0.$$

由于 j 可取 $1,2,\cdots,n$，因此

$$A=\begin{pmatrix} a_{11} & 0 & 0 & \cdots & 0 & 0 \\ 0 & a_{11} & 0 & \cdots & 0 & 0 \\ \vdots & \vdots & \vdots & & \vdots & \vdots \\ 0 & 0 & 0 & \cdots & 0 & a_{11} \end{pmatrix},$$

即 A 是数量矩阵.

评注 结论相当重要，希望同学们熟记.

【例 5】 证明如果 A 与 B 都是 n 阶斜对称矩阵，那么 $AB-BA$ 也是斜对称矩阵.

证明

$$\begin{aligned}(AB-BA)^T &=(AB)^T-(BA)^T=B^TA^T-A^TB^T \\ &=(-B)(-A)-(-A)(-B) \\ &=BA-AB=-(AB-BA).\end{aligned}$$

因此，$AB-BA$ 是斜对称矩阵.

评注 $AB-BA$ 是 A 与 B 的换位元素，记作 $[A,B]$，也称换位子.

【例 6】

(1)设 $\alpha=(1\ 2\ 3\ 4)$，$\beta=\left(1\ \frac{1}{2}\ \frac{1}{3}\ \frac{1}{4}\right)$，$A=\alpha^T\beta$，$B=\beta\alpha^T$，计算 A,B,A^n.

(2)设 $A=\begin{pmatrix} 1 & -1 & 2 \\ 2 & -2 & 4 \\ -1 & 1 & -2 \end{pmatrix}$，求 A^n.

(3)设 $P=\begin{pmatrix} 2 & 3 \\ 1 & 2 \end{pmatrix}$，$R=\begin{pmatrix} 1 & 0 \\ 0 & -1 \end{pmatrix}$，$Q=\begin{pmatrix} 2 & -3 \\ -1 & 2 \end{pmatrix}$，$A=PRQ$，计算 QP 及 A^n.

解 (1)$A=\alpha^T\beta=\begin{pmatrix}1\\2\\3\\4\end{pmatrix}\left(1\ \ \frac{1}{2}\ \ \frac{1}{3}\ \ \frac{1}{4}\right)=\begin{pmatrix}1 & \frac{1}{2} & \frac{1}{3} & \frac{1}{4}\\ 2 & 1 & \frac{2}{3} & \frac{2}{4}\\ 3 & \frac{3}{2} & 1 & \frac{3}{4}\\ 4 & 2 & \frac{4}{3} & 1\end{pmatrix}$.

$$B=\beta\alpha^T=\left(1\ \ \frac{1}{2}\ \ \frac{1}{3}\ \ \frac{1}{4}\right)\begin{pmatrix}1\\2\\3\\4\end{pmatrix}=4.$$

$$\begin{aligned}A^n=(\alpha^T\beta)^n&=(\alpha^T\beta)(\alpha^T\beta)\cdots(\alpha^T\beta)\\&=\alpha^T(\beta\alpha^T)(\beta\alpha^T)\cdots(\beta\alpha^T)\beta\\&=\alpha^T4^{n-1}\beta=4^{n-1}\alpha^T\beta=4^{n-1}A.\end{aligned}$$

(2)因为矩阵 A 中任何两行都对应成比例，那么 A 一定可以分解成一个列矩阵（也称列向量）与一个行矩阵（也称行向量）的乘积．

令 $\alpha=\begin{pmatrix}1\\2\\-1\end{pmatrix}$，$\beta=\begin{pmatrix}1\\-1\\2\end{pmatrix}$，则 $A=\alpha\beta^T$；$\beta^T\alpha=-3$．类似(1)中的方法，

$$\begin{aligned}A^n&=(\alpha\beta^T)(\alpha\beta^T)\cdots(\alpha\beta^T)\\&=\alpha(\beta^T\alpha)(\beta^T\alpha)\cdots(\beta^T\alpha)\beta^T\\&=(-3)^{n-1}A.\end{aligned}$$

(3)$QP=\begin{pmatrix}2 & -3\\-1 & 2\end{pmatrix}\begin{pmatrix}2 & 3\\1 & 2\end{pmatrix}=\begin{pmatrix}1 & 0\\0 & 1\end{pmatrix}$．则

$$\begin{aligned}A^n&=(PRQ)(PRQ)\cdots(PRQ)\\&=PR(QP)R(QP)\cdots(QP)(RQ)\\&=PR^nQ\\&=\begin{cases}PIQ=PQ=I & (n=2k);\\ P\begin{pmatrix}1 & 0\\0 & -1\end{pmatrix}Q=\begin{pmatrix}7 & -12\\4 & -7\end{pmatrix} & (n=2k+1).\end{cases}\end{aligned}$$

评注 在矩阵运算中，虽然交换律不成立，但结合律是成立的．在计算中巧妙地使用结合律，能使计算简化．当 α 是行矩阵时，$\alpha\alpha^T$ 是一个数，而 $\alpha^T\alpha$ 是矩阵．

【例 7】 证明

$$\begin{pmatrix}a & 1 & 0\\0 & a & 1\\0 & 0 & a\end{pmatrix}^m=\begin{pmatrix}a^m & ma^{m-1} & \frac{m(m-1)}{2}a^{m-2}\\0 & a^m & ma^{m-1}\\0 & 0 & a^m\end{pmatrix}.$$

证法 1(数学归纳法)

当 $n=1$ 时，公式成立．

假设 $n=k$ 时原式成立，则有

$$\begin{pmatrix} a & 1 & 0 \\ 0 & a & 1 \\ 0 & 0 & a \end{pmatrix}^{k+1} = \begin{pmatrix} a & 1 & 0 \\ 0 & a & 1 \\ 0 & 0 & a \end{pmatrix}^{k} \begin{pmatrix} a & 1 & 0 \\ 0 & a & 1 \\ 0 & 0 & a \end{pmatrix}$$

$$= \begin{pmatrix} a^k & ka^{k-1} & \frac{k(k-1)}{2}a^{k-2} \\ 0 & a^k & ka^{k-1} \\ 0 & 0 & a^k \end{pmatrix} \begin{pmatrix} a & 1 & 0 \\ 0 & a & 1 \\ 0 & 0 & a \end{pmatrix}$$

$$= \begin{pmatrix} a^{k+1} & (k+1)a^k & \frac{(k+1)k}{2}a^{k-1} \\ 0 & a^{k+1} & (k+1)a^k \\ 0 & 0 & a^{k+1} \end{pmatrix}.$$

表明当 $n=k+1$ 时也成立，所以原式对一切正整数 n 成立．

证法 2* (二项式定理)

设 $A=\begin{pmatrix} a & 1 & 0 \\ 0 & a & 1 \\ 0 & 0 & a \end{pmatrix}$，则 $A=aI+N$，其中，I 是三阶单位矩阵，$N=\begin{pmatrix} 0 & 1 & 0 \\ 0 & 0 & 1 \\ 0 & 0 & 0 \end{pmatrix}$，显然有

$$N^2=\begin{pmatrix} 0 & 1 & 0 \\ 0 & 0 & 1 \\ 0 & 0 & 0 \end{pmatrix}\begin{pmatrix} 0 & 1 & 0 \\ 0 & 0 & 1 \\ 0 & 0 & 0 \end{pmatrix}=\begin{pmatrix} 0 & 0 & 1 \\ 0 & 0 & 0 \\ 0 & 0 & 0 \end{pmatrix},$$

$$N^3=N^2N=\begin{pmatrix} 0 & 0 & 1 \\ 0 & 0 & 0 \\ 0 & 0 & 0 \end{pmatrix}\begin{pmatrix} 0 & 1 & 0 \\ 0 & 0 & 1 \\ 0 & 0 & 0 \end{pmatrix}=O,$$

$$N^k=O \quad (k\geqslant 3).$$

另一方面，因为 $aIN=aN=N(aI)$，所以二项式定理成立，有

$$A^n=(aI+N)^n=(aI)^n+C_n^1(aI)^{n-1}N+C_n^2(aI)^{n-2}N^2+O$$

$$=\begin{pmatrix} a^n & & \\ & a^n & \\ & & a^n \end{pmatrix}+\begin{pmatrix} 0 & na^{n-1} & 0 \\ 0 & 0 & na^{n-1} \\ 0 & 0 & 0 \end{pmatrix}+\begin{pmatrix} 0 & 0 & \frac{n(n-1)}{2}a^{n-2} \\ 0 & 0 & 0 \\ 0 & 0 & 0 \end{pmatrix}$$

$$=\begin{pmatrix} a^n & na^{n-1} & \frac{n(n-1)}{2}a^{n-2} \\ 0 & a^n & na^{n-1} \\ 0 & 0 & a^n \end{pmatrix}.$$

评注 这是关于上三角阵的正整数幂的计算．证法一采用数学归纳法，是线性代数中常用证明方法之一．证法二的要点是利用分解式 $A=aI+N$；其中，由于数量矩阵 aI 与任何方阵乘法可交换，则二项式定理成立；且又因为 $N^k=O(k\geqslant 3)$，使二项展开式中只有三项不为零矩阵．我们常称 N 为幂零指数是 3 的幂零矩阵．一般把形如

$$N=\begin{pmatrix}0&1&0&\cdots&0\\0&0&1&\cdots&0\\\vdots&\vdots&\vdots&\ddots&\vdots\\0&0&0&\cdots&1\\0&0&0&\cdots&0\end{pmatrix}_{(n\times n)}$$

的 n 阶矩阵称为幂零指数为 n 的幂零矩阵.

【例 8】 计算 A^m,其中 m 是正整数,$A=\begin{pmatrix}a&c\\0&b\end{pmatrix}$.

证明 $A^2=\begin{pmatrix}a^2&(a+b)c\\0&b^2\end{pmatrix}$,

$$A^3=\begin{pmatrix}a^3&(a^2+ab+b^2)c\\0&b^3\end{pmatrix},$$

$$A^4=\begin{pmatrix}a^4&(a^3+a^2b+ab^2+b^3)c\\0&b^4\end{pmatrix}.$$

假设 A^{m-1} 时命题成立,从而

$$\begin{aligned}A^m&=\begin{pmatrix}a^{m-1}&(a^{m-2}+a^{m-2}b+\cdots+ab^{m-3}+b^{m-2})c\\0&b^{m-1}\end{pmatrix}\begin{pmatrix}a&c\\0&b\end{pmatrix}\\&=\begin{pmatrix}a^m&(a^{m-1}+a^{m-2}b+\cdots+ab^{m-2}+b^{m-1})c\\0&b^m\end{pmatrix}.\end{aligned}$$

评注 虽然可以把 A 写成 $A=\begin{pmatrix}a&0\\0&b\end{pmatrix}+\begin{pmatrix}0&c\\0&0\end{pmatrix}$,但是$\begin{pmatrix}a&0\\0&b\end{pmatrix}$和$\begin{pmatrix}0&c\\0&0\end{pmatrix}$不一定可交换,因此二项式定理对于此题不适用.

【例 9】 设 $A=\begin{pmatrix}1&0&1\\0&2&0\\1&0&1\end{pmatrix}$,正整数 $n\geqslant2$,则 $A^n-2A^{n-1}=$________.

解 答案 O.

分析 由于 $A^n-2A^{n-1}=(A-2I)A^{n-1}$,而

$$A-2I=\begin{pmatrix}-1&0&1\\0&0&0\\1&0&-1\end{pmatrix},$$

易见 $(A-2I)A=O$,从而 $A^n-2A^{n-1}=O$.

评注 事实上,由于 $A^2=\begin{pmatrix}1&0&1\\0&2&0\\1&0&1\end{pmatrix}\begin{pmatrix}1&0&1\\0&2&0\\1&0&1\end{pmatrix}=\begin{pmatrix}2&0&2\\0&4&0\\2&0&2\end{pmatrix}=2A$,利用数学归纳法也容易得出结论.

【例 10】 计算下面 4 阶方阵的行列式

$$A=\begin{pmatrix}a&b&c&d\\-b&a&-d&c\\-c&d&a&-b\\-d&-c&b&a\end{pmatrix}.$$

解　由行列式的乘法公式得$|A|^2=|A||A^T|$，故

$$|A|^2=|A||A^T|$$

$$=\begin{vmatrix} a & b & c & d \\ -b & a & -d & c \\ -c & d & a & -b \\ -d & -c & b & a \end{vmatrix}\begin{vmatrix} a & -b & -c & -d \\ b & a & d & -c \\ c & -d & a & b \\ d & c & -b & a \end{vmatrix}$$

$$=\begin{vmatrix} a^2+b^2+c^2+d^2 & 0 & 0 & 0 \\ 0 & a^2+b^2+c^2+d^2 & 0 & 0 \\ 0 & 0 & a^2+b^2+c^2+d^2 & 0 \\ 0 & 0 & 0 & a^2+b^2+c^2+d^2 \end{vmatrix}$$

$$=(a^2+b^2+c^2+d^2)^4.$$

所以，$|A|=\pm(a^2+b^2+c^2+d^2)^2$. 根据行列式定义可知，$|A|$的展开式中有一项为$(-1)^{\tau(1234)}a_{11}a_{22}a_{33}a_{44}=a^4$，故得

$$|A|=(a^2+b^2+c^2+d^2)^2.$$

评注　$AB\neq BA$，但$|AB|=|BA|=|A||B|$，还要牢记$|kA|=k^n|A|$，$|A^{-1}|=|A|^{-1}$，$|A^T|=|A|$等几个矩阵和行列式之间关系的重要公式．

【例 11】　设A，B均为n阶方阵，且满足$A^2=I$，$B^2=I$，$|A|+|B|=0$. 证明$|A+B|=0$.

证明　由$A^2=I$两端取行列式得$|A|=\pm1$，同理$|B|=\pm1$，又$|A|=-|B|$，故有$|A||B|=-1$. 因为$A^2=I$，$B^2=I$，所以有

$$|A+B|=|AI+IB|=|AB^2+A^2B|=|A(B+A)B|$$
$$=|A||B+A||B|=-|A+B|,$$

于是得$|A+B|=0$.

评注　行列式的值是一个数，要证明$|A+B|=0$，只须证明$|A+B|=-|A+B|$，这是一个重要的思想方法．其中方阵A如果满足$A^2=I$，那么称A是对合矩阵.

二、伴随矩阵

【例 12】　设A为n阶可逆阵，且$A^2=|A|I$. 证明A的伴随矩阵$A^*=A$.

证明　由基本公式$AA^*=A^*A=|A|I$，及A为可逆阵可知，

$$A^*=|A|A^{-1}=|A|IA^{-1}=A^2A^{-1}=A.$$

评注　关于伴随矩阵的证明一般都由基本公式$AA^*=A^*A=|A|I$出发．

【例 13】

(1)设$A=\begin{pmatrix} 1 & 0 & 0 \\ 2 & 2 & 0 \\ 3 & 4 & 5 \end{pmatrix}$，$A^*$为$A$的伴随矩阵，则$(A^*)^{-1}=$________.

(2)设n阶矩阵A非奇异$(n\geqslant3)$，A^*为A的伴随矩阵，则$(A^*)^*=$________.

(3)设n阶矩阵A的伴随矩阵为A^*，k为任意常数，则$(kA)^*=$________.

(4)设A为n阶可逆矩阵，则$|(3A)^*|=$________.

(5)设矩阵$A=(a_{ij})_{3\times3}$满足$A^*=A^T$，其中，A^*为A的伴随矩阵，A^T为A的转置矩阵．若a_{11}，a_{12}，a_{13}为三个相等的正数，则$a_{11}=$________.

解 (1)答案 $\frac{1}{10}\begin{pmatrix}1&0&0\\2&2&0\\3&4&5\end{pmatrix}$.

分析 由于$AA^*=|A|I$,有$\frac{A}{|A|}A^*=I$,故$(A^*)^{-1}=\frac{A}{|A|}$. 现有$|A|=10$,所以

$$(A^*)^{-1}=\frac{1}{10}\begin{pmatrix}1&0&0\\2&2&0\\3&4&5\end{pmatrix}.$$

评注 记住关系式$(A^*)^{-1}=(|A|A^{-1})^{-1}=\frac{A}{|A|}$. 在已知矩阵$A$的情况下,只要求出行列式$|A|$就可以求出$(A^*)^{-1}$或$(A^{-1})^*$.

(2)答案 $|A|^{n-2}A$.

分析 伴随矩阵的基本关系式为$AA^*=A^*A=|A|I$. 现将A^*视为关系式中的矩阵A,则有$A^*(A^*)^*=|A^*|I$. 那么由$|A^*|=|A|^{n-1}$及$(A^*)^{-1}=\frac{A}{|A|}$,可得

$$(A^*)^*=|A^*|(A^*)^{-1}=|A|^{n-1}\frac{A}{|A|}=|A|^{n-2}A.$$

评注 本题也可对关系式$A^*(A^*)^*=|A^*|I$两端左乘A,则有

$$AA^*(A^*)^*=|A^*|A=|A|^{n-1}A,$$

即$(|A|I)(A^*)^*=|A^*|A=|A|^{n-1}A$,亦可得到答案.

(3)答案 $k^{n-1}A^*$.

分析 由A的伴随矩阵的定义知

$$A^*=\begin{pmatrix}A_{11}&A_{21}&\cdots&A_{n1}\\A_{12}&A_{22}&\cdots&A_{n2}\\\vdots&\vdots&&\vdots\\A_{1n}&A_{2n}&\cdots&A_{nn}\end{pmatrix},$$

其中,A_{ij}是A的$n-1$阶子式. 因而$(kA)^*$的每个元素都是矩阵kA的$n-1$阶行列式,而kA中的元素ka_{ij}的代数余子式为$k^{n-1}A_{ij}$,故

$$(kA)^*=\begin{pmatrix}k^{n-1}A_{11}&k^{n-1}A_{21}&\cdots&k^{n-1}A_{n1}\\k^{n-1}A_{12}&k^{n-1}A_{22}&\cdots&k^{n-1}A_{n2}\\\vdots&\vdots&&\vdots\\k^{n-1}A_{1n}&k^{n-1}A_{2n}&\cdots&k^{n-1}A_{nn}\end{pmatrix}=k^{n-1}A^*.$$

(4)答案 $3^{n(n-1)}|A|^{n-1}$.

分析 由于$(kA^*)=k^{n-1}A^*$,故

$$|(3A)^*|=|3^{n-1}A^*|=(3^{n-1})^n|A^*|=3^{n(n-1)}|A|^{n-1}.$$

(5)答案 $\frac{\sqrt{3}}{3}$.

分析 因为$A^*=A^T$,则有

$$\begin{pmatrix}A_{11}&A_{21}&A_{31}\\A_{12}&A_{22}&A_{32}\\A_{13}&A_{23}&A_{33}\end{pmatrix}=\begin{pmatrix}a_{11}&a_{21}&a_{31}\\a_{12}&a_{22}&a_{32}\\a_{13}&a_{23}&a_{33}\end{pmatrix}.$$

由此可知 $a_{ij}=A_{ij}(i,j=1,2,3)$. 那么

$$|A|=a_{11}A_{11}+a_{12}A_{12}+a_{13}A_{13}=a_{11}^2+a_{12}^2+a_{13}^2=3a_{11}^2>0.$$

又由 $A^*=A^T$,两边取行列式并利用 $|A^*|=|A|^{n-1}$ 和 $|A^T|=|A|$,则有 $|A|^2=|A|$. 由 $|A|>0$,得 $|A|=1$. 因此 $3a_{11}^2=1$,解得 $a_{11}=\frac{\sqrt{3}}{3}$.

【例 14】 设 A 为 n 阶反对称矩阵,A^* 为 A 的伴随矩阵,则下列结论正确的是(　　).

(A)A^* 为对称矩阵

(B)A^* 为反对称矩阵

(C)当 n 为偶数时,A^* 为对称矩阵;当 n 为奇数时,A^* 为反对称矩阵

(D)当 n 为偶数时,A^* 为反对称矩阵;当 n 为奇数时,A^* 为对称矩阵

解 答案 (D).

分析 由于 $(A^*)^T=(A^T)^*=(-A)^*=(-1)^{n-1}A^*$. 故当 n 为偶数时,$(A^*)^T=-A^*$,故 A^* 为反对称矩阵. 当 n 为奇数时,$(A^*)^T=A^*$,即 A^* 为对称矩阵.

三、可逆矩阵的证明和计算

【例 15】

(1) 设 A 为三阶矩阵,且 $|A|=-2$,则 $\left|\left(\frac{1}{12}A\right)^{-1}+(3A)^*\right|=$________.

(2)设 $A=\begin{pmatrix}2&0&0\\0&3&2\\0&0&3\end{pmatrix}$,则 $|2A^{-1}+I|=$________.

解 (1)答案 108.

分析 因为 $AA^*=|A|I$,所以 $A^*=|A|A^{-1}$. 从而

$$(3A)^*=|3A|(3A)^{-1}=3^3|A|\frac{1}{3}A^{-1}=-18A^{-1}.$$

则原题为

$$\left|\left(\frac{1}{12}A\right)^{-1}+(3A)^*\right|=|12A^{-1}-18A^{-1}|=|-6A^{-1}|$$
$$=(-6)^3|A^{-1}|=108.$$

(2)答案 50/9.

分析 由方阵乘积行列式的公式得

$$|2A^{-1}+I|=|A^{-1}(2I+A)|=|A^{-1}||2I+A|=\frac{1}{|A|}|2I+A|$$
$$=\frac{1}{18}\begin{vmatrix}4&0&0\\0&5&2\\0&0&5\end{vmatrix}=\frac{100}{18}=\frac{50}{9}.$$

评注 利用行列式的计算法则,显然比直接求方阵 $2A^{-1}+I$ 的行列式要简单.

【例 16】 已知 $A=\begin{pmatrix}1&0&1\\2&1&0\\-3&2&-5\end{pmatrix}$. 求 $(I-A)^{-1}$.

解法 1(用伴随矩阵求逆)

因为 $B=I-A=\begin{pmatrix}0&0&-1\\-2&0&0\\3&-2&6\end{pmatrix}$,且 $|B|=-4\neq0$,所以 $B=I-A$ 可逆. 又有

$$B_{11}=(-1)^{1+1}\begin{vmatrix}0&0\\-2&6\end{vmatrix}=0,B_{12}=(-1)^{1+2}\begin{vmatrix}-2&0\\3&6\end{vmatrix}=12,B_{13}=(-1)^{1+3}\begin{vmatrix}-2&0\\3&-2\end{vmatrix}=4,$$

$$B_{21}=(-1)^{2+1}\begin{vmatrix}0&-1\\-2&6\end{vmatrix}=2,B_{22}=(-1)^{2+2}\begin{vmatrix}0&-1\\3&6\end{vmatrix}=3,B_{23}=(-1)^{2+3}\begin{vmatrix}0&0\\3&-2\end{vmatrix}=0,$$

$$B_{31}=(-1)^{3+1}\begin{vmatrix}0&-1\\0&0\end{vmatrix}=0,B_{32}=(-1)^{3+2}\begin{vmatrix}0&-1\\-2&0\end{vmatrix}=2,B_{33}=(-1)^{3+3}\begin{vmatrix}0&0\\-2&0\end{vmatrix}=0.$$

所以 $I-A$ 的逆矩阵为

$$(I-A)^{-1}=\frac{B^*}{|B|}=\begin{pmatrix}0&-\frac{1}{2}&0\\-3&-\frac{3}{4}&-\frac{1}{2}\\-1&0&0\end{pmatrix}.$$

解法 2(用初等变换法求逆)

因为

$$I-A=\begin{pmatrix}0&0&-1\\-2&0&0\\3&-2&6\end{pmatrix},$$

构造矩阵并进行初等行变换,有

$$(I-A|I)=\left(\begin{array}{ccc:ccc}0&0&-1&1&0&0\\-2&0&0&0&1&0\\3&-2&6&0&0&1\end{array}\right)\to\left(\begin{array}{ccc:ccc}-2&0&0&0&1&0\\3&-2&6&0&0&1\\0&0&-1&1&0&0\end{array}\right)$$

$$\to\left(\begin{array}{ccc:ccc}1&0&0&0&-\frac{1}{2}&0\\3&-2&6&0&0&1\\0&0&1&-1&0&0\end{array}\right)\to\left(\begin{array}{ccc:ccc}1&0&0&0&-\frac{1}{2}&0\\0&-2&6&0&\frac{3}{2}&1\\0&0&1&-1&0&0\end{array}\right)$$

$$\to\left(\begin{array}{ccc:ccc}1&0&0&0&-\frac{1}{2}&0\\0&1&-3&0&-\frac{3}{4}&-\frac{1}{2}\\0&0&1&-1&0&0\end{array}\right)\to\left(\begin{array}{ccc:ccc}1&0&0&0&-\frac{1}{2}&0\\0&1&0&-3&-\frac{3}{4}&-\frac{1}{2}\\0&0&1&-1&0&0\end{array}\right)$$

故

$$(I-A)^{-1}=\begin{pmatrix}0&-\frac{1}{2}&0\\-3&-\frac{3}{4}&-\frac{1}{2}\\-1&0&0\end{pmatrix}.$$

【例 17】 已知 $A=\begin{pmatrix}2&1&0&0\\0&1&0&0\\-1&2&2&0\\1&-1&1&3\end{pmatrix}$. 求 A^{-1}.

解(分块求逆法) 把 A 分块成

$$A=\begin{pmatrix}B&O\\C&D\end{pmatrix},$$

其中,B,C 和 D 均为 2 阶矩阵. 由于 $B^{-1}=\begin{pmatrix}\frac{1}{2}&-\frac{1}{2}\\0&1\end{pmatrix}$,$D^{-1}=\begin{pmatrix}\frac{1}{2}&0\\-\frac{1}{6}&\frac{1}{3}\end{pmatrix}$,

从而

$$A^{-1}=\begin{pmatrix}B^{-1}&O\\-D^{-1}CB^{-1}&D^{-1}\end{pmatrix}=\begin{pmatrix}\frac{1}{2}&-\frac{1}{2}&0&0\\0&1&0&0\\\frac{1}{4}&-\frac{5}{4}&\frac{1}{2}&0\\-\frac{1}{4}&\frac{11}{12}&-\frac{1}{6}&\frac{1}{3}\end{pmatrix}.$$

【例 18】 设 $A=\begin{pmatrix}0&a_1&0&\cdots&0\\0&0&a_2&\cdots&0\\\vdots&\vdots&\vdots&&\vdots\\0&0&0&\cdots&a_{n-1}\\a_n&0&0&\cdots&0\end{pmatrix}$,$a_i\neq 0,i=1,2,\cdots,n$. 求 A^{-1}.

解 把 A 分块成

$$A=\begin{pmatrix}O&D\\a_n&O\end{pmatrix},$$

其中,$D=\mathrm{diag}(a_1,a_2,\cdots,a_{n-1})$. 注意到 $\begin{pmatrix}O&D\\a_n&O\end{pmatrix}^{-1}=\begin{pmatrix}O&a_n^{-1}\\D^{-1}&O\end{pmatrix}$,故

$$A^{-1}=\begin{pmatrix}0&0&\cdots&0&\frac{1}{a_n}\\\frac{1}{a_1}&0&\cdots&0&0\\0&\frac{1}{a_2}&\cdots&0&0\\\vdots&\vdots&&\vdots&\vdots\\0&0&\cdots&\frac{1}{a_{n-1}}&0\end{pmatrix}.$$

评注 例 16 到例 18 是常用的几种求逆矩阵的方法.

【例 19】 已知 n 阶矩阵

$$A=\begin{pmatrix}1&0&0&\cdots&0\\1&1&0&\cdots&0\\1&1&1&\cdots&0\\\vdots&\vdots&\vdots&&\vdots\\1&1&1&\cdots&1\end{pmatrix},$$

试求 $|A|$ 中所有元素 a_{ij} 的代数余子式 A_{ij} 的和.

解 首先 $|A|=1$. 用初等变换法,不难求出

$$A^{-1}=\begin{pmatrix}1&0&0&\cdots&0\\-1&1&0&\cdots&0\\0&-1&1&\cdots&0\\\vdots&\vdots&\vdots&&\vdots\\0&0&0&\cdots&1\end{pmatrix},$$

故 $A^*=A^{-1}$. 从而 A^{-1} 中各元素之和等于 $|A|$ 中所有元素 a_{ij} 的代数余子式 A_{ij} 的和,即等于 $n-(n-1)=1$.

评注 直接求代数余子式显然很麻烦,而伴随矩阵是以 A_{ij} 作为元素的矩阵,且由 A 可逆,故 $A^*=|A|A^{-1}$. 于是只要求出 A^{-1},就可得到所要的结果.

【例 20】 设 A,B 为 n 阶可逆矩阵,且 $AB-I$ 可逆. 证明 $A-B^{-1}$ 可逆,且

$$(A-B^{-1})^{-1}=A^{-1}(AB-I)^{-1}+A^{-1}.$$

证明 因为

$$\begin{aligned}(A-B^{-1})[A^{-1}(AB-I)^{-1}+A^{-1}]&=(A-B^{-1})A^{-1}[(AB-I)^{-1}+I]\\&=(I-B^{-1}A^{-1})[(AB-I)^{-1}+I]\\&=B^{-1}A^{-1}(AB-I)[(AB-I)^{-1}+I]\\&=B^{-1}A^{-1}[I+AB-I]\\&=B^{-1}A^{-1}(AB)=I,\end{aligned}$$

故 $(A-B^{-1})^{-1}=A^{-1}(AB-I)^{-1}+A^{-1}$.

评注 证明矩阵 B 是 A 的逆矩阵,只需验证 $AB=I$ 或 $BA=I$ 即可;欲求矩阵 A 的逆阵时,如能找到矩阵 B,使得 $AB=I$ 或 $BA=I$,则 $B=A^{-1}$.

【例 21】 设 A 为实矩阵,$A^TA=I$,$|A|<0$. 证明 $A+I$ 不可逆.

解 思路模仿例 11. 只须证明 $A+I$ 的行列式等于 0.

因为 $|A^TA|=1\Rightarrow|A|=\pm1$,又因为 $|A|<0$,所以 $|A|=-1$.

$$\begin{aligned}|A+I|&=|A+A^TA|=|(I+A^T)A|\\&=|I+A^T||A|\\&=|(I+A)^T||A|\\&=|(I+A)||A|=-|(I+A)|,\end{aligned}$$

所以 $|I+A|=0$,故 $A+I$ 不可逆.

【例 22】 已知 n 阶矩阵 A 满足 $A^2+A-4I=O$. 证明 $A+2I$ 可逆,并求 $(A+2I)^{-1}$.

解 由题设条件可得 $A^2+A=4I$,也就有 $A^2+A-2I=2I$,即

$$(A+2I)(A-I)=2I\Rightarrow(A+2I)\left[\frac{1}{2}(A-I)\right]=I,$$

故$(A+2I)^{-1}=\frac{1}{2}(A-I)$.

评注 本题是矩阵求逆的一种常见题型．一般方法都是对含有 A 的多项式方程进行适当分解，使其满足 $f(A)\cdot g(A)=I$（或 $g(A)\cdot f(A)=I$），其中，$f(A)$，$g(A)$为关于矩阵 A 的多项式，便可得到 $f(A)$和 $g(A)$可逆，且 $f(A)^{-1}=g(A)$和 $g(A)^{-1}=f(A)$.

【例 23】 已知 A，B 和 $A+B$ 都可逆．证明 $A^{-1}+B^{-1}$ 可逆，并求$(A^{-1}+B^{-1})^{-1}$.

解

$$\begin{aligned}A^{-1}+B^{-1}&=A^{-1}I+IB^{-1}=A^{-1}I+A^{-1}AB^{-1}\\&=A^{-1}(I+AB^{-1})=A^{-1}(BB^{-1}+AB^{-1})\\&=A^{-1}(B+A)B^{-1}.\end{aligned}$$

由条件 A，B 和 $A+B$ 都可逆，故

$$|A^{-1}+B^{-1}|=|A^{-1}(B+A)B^{-1}|=|A^{-1}||(B+A)||B^{-1}|\neq 0,$$

所以 $A^{-1}+B^{-1}$ 可逆，并且有

$$(A^{-1}+B^{-1})^{-1}=[A^{-1}(B+A)B^{-1}]^{-1}=B(B+A)^{-1}A.$$

评注 有矩阵乘积的求逆公式$(AB)^{-1}=B^{-1}A^{-1}$，但没有和的求逆公式$(A+B)^{-1}\neq A^{-1}+B^{-1}$．所以本题的思路是，要求某个矩阵 A 的逆，将 A 表示成若干个可逆矩阵的乘积，然后再取逆．

【例 24】 设 $A=\begin{pmatrix}1&0&0\\-2&3&0\\0&-4&5\end{pmatrix}$，$B=(I+A)^{-1}(I-A)$．求$(I+B)^{-1}$.

解法 1

由题设条件 $I+A=\begin{pmatrix}2&0&0\\-2&4&0\\0&-4&6\end{pmatrix}$．可求出$(I+A)^{-1}=\begin{pmatrix}\frac{1}{2}&0&0\\\frac{1}{4}&\frac{1}{4}&0\\\frac{1}{6}&\frac{1}{6}&\frac{1}{6}\end{pmatrix}$．于是，

$$\begin{aligned}B=(I+A)^{-1}(I-A)&=\begin{pmatrix}\frac{1}{2}&0&0\\\frac{1}{4}&\frac{1}{4}&0\\\frac{1}{6}&\frac{1}{6}&\frac{1}{6}\end{pmatrix}\begin{pmatrix}0&0&0\\2&-2&0\\0&4&-4\end{pmatrix}\\&=\begin{pmatrix}0&0&0\\\frac{1}{2}&-\frac{1}{2}&0\\\frac{1}{3}&\frac{1}{3}&-\frac{2}{3}\end{pmatrix}.\end{aligned}$$

则得 $I+B=\begin{pmatrix}1&0&0\\\frac{1}{2}&\frac{1}{2}&0\\\frac{1}{3}&\frac{1}{3}&\frac{1}{3}\end{pmatrix}$．于是，得$|I+B|=\frac{1}{6}$．进一步解出 $I+B$ 的伴随矩阵为

$$(I+B)^*=\begin{pmatrix}\frac{1}{6}&0&0\\-\frac{1}{6}&\frac{1}{3}&0\\0&-\frac{1}{3}&\frac{1}{2}\end{pmatrix}.$$

所以$(I+B)^{-1}=\dfrac{(I+B)^*}{|I+B|}=\begin{pmatrix}1&0&0\\-1&2&0\\0&-2&3\end{pmatrix}$.

解法 2 由题设条件得

$$I+B=I+(I+A)^{-1}(I-A),$$

两端左乘 $I+A$,得

$$(I+A)(I+B)=I+A+I-A=2I,$$

于是,得$\left[\frac{1}{2}(I+A)\right](I+B)=I$. 所以

$$(I+B)^{-1}=\frac{1}{2}(I+A)=\begin{pmatrix}1&0&0\\-1&2&0\\0&-2&3\end{pmatrix}.$$

评注 首先从解法一中可知,可逆的三角形矩阵的逆矩阵仍是三角形矩阵. 这道例题和上道例题一样,矩阵的和求逆没有公式,将矩阵的和化为矩阵的积再求逆;而且本题中解法一显然比解法二要复杂,可见在作矩阵运算时,如果能化简,则应先进行化简,然后再运算.

【例 25】 设三阶方阵 A,B 满足 $A^2B-A-B=I$,若 $A=\begin{pmatrix}1&0&1\\0&2&0\\-2&0&1\end{pmatrix}$. 求$|B|$.

解 由题设关系式 $A^2B-A-B=I$,得$(A^2-I)B-A=I$,即$(A^2-I)B=A+I$. 从而,

$$(A+I)(A-I)B=A+I.$$

由矩阵 A 可知 $A+I$ 是可逆的,上式两端左乘$(A+I)^{-1}$,得$(A-I)B=I$,故 $B=(A-I)^{-1}$. 从而

$$|B|=|(A-I)^{-1}|=|(A-I)|^{-1}.$$

而$|A-I|=\begin{vmatrix}0&0&1\\0&1&0\\-2&0&0\end{vmatrix}=2$,所以$|B|=\dfrac{1}{2}$.

【例 26】 设三阶矩阵 A,B 满足关系式 $A^{-1}BA=6A+BA$,其中,$A=\begin{pmatrix}\frac{1}{3}&0&0\\0&\frac{1}{4}&0\\0&0&\frac{1}{7}\end{pmatrix}$.

求 B.

解 由关系式 $A^{-1}BA=6A+BA$,两端左乘 A,右乘 A^{-1},得 $B=6A+AB$. 于是

$$B-AB=(I-A)B=6A.$$

又 $I-A=\begin{pmatrix}\frac{2}{3} & 0 & 0\\ 0 & \frac{3}{4} & 0\\ 0 & 0 & \frac{6}{7}\end{pmatrix}$ 可逆，且 $(I-A)^{-1}=\begin{pmatrix}\frac{3}{2} & 0 & 0\\ 0 & \frac{4}{3} & 0\\ 0 & 0 & \frac{7}{6}\end{pmatrix}$. 所以

$$B=6(I-A)^{-1}A=\begin{pmatrix}3 & 0 & 0\\ 0 & 2 & 0\\ 0 & 0 & 1\end{pmatrix}.$$

【例 27】 设矩阵 A 的伴随矩阵

$$A^*=\begin{pmatrix}1 & 0 & 0 & 0\\ 0 & 1 & 0 & 0\\ 1 & 0 & 1 & 0\\ 0 & -3 & 0 & 8\end{pmatrix},$$

矩阵 B 满足 $ABA^{-1}=BA^{-1}+3I$. 求 B.

解法 1 首先由 $|A^*|=|A|^{4-1}=8$，得 $|A|=2$. 故有 $AA^*=A^*A=2I$. 在矩阵等式两端左乘 A^*，右乘 A，得 $A^*AB=A^*B+6I$.

注意到 $A^*A=2I$，故上式为 $(2I-A^*)B=6I$，所以

$$B=6(2I-A^*)^{-1}=6\begin{pmatrix}1 & 0 & 0 & 0\\ 0 & 1 & 0 & 0\\ -1 & 0 & 1 & 0\\ 0 & 3 & 0 & -6\end{pmatrix}^{-1}$$

$$=6\begin{pmatrix}1 & 0 & 0 & 0\\ 0 & 1 & 0 & 0\\ 1 & 0 & 1 & 0\\ 0 & \frac{1}{2} & 0 & -\frac{1}{6}\end{pmatrix}=\begin{pmatrix}6 & 0 & 0 & 0\\ 0 & 6 & 0 & 0\\ 6 & 0 & 6 & 0\\ 0 & 3 & 0 & -1\end{pmatrix}.$$

解法 2 同解法 1，得 $|A|=2$. 由 $AA^*=2I$，故

$$A=2(A^*)^{-1}=2\begin{pmatrix}1 & 0 & 0 & 0\\ 0 & 1 & 0 & 0\\ 1 & 0 & 1 & 0\\ 0 & -3 & 0 & 8\end{pmatrix}^{-1}=\begin{pmatrix}2 & 0 & 0 & 0\\ 0 & 2 & 0 & 0\\ -2 & 0 & 2 & 0\\ 0 & \frac{3}{4} & 0 & \frac{1}{4}\end{pmatrix}.$$

由题设等式可得 $(A-I)BA^{-1}=3I$. 由所求出的 A 可知，$(A-I)$ 可逆，则在上式两端左乘 $(A-I)^{-1}$，右乘 A，得

$$B=3(A-I)^{-1}A$$

$$=3\begin{pmatrix}1&0&0&0\\0&1&0&0\\-2&0&1&0\\0&\frac{3}{4}&0&-\frac{3}{4}\end{pmatrix}^{-1}\begin{pmatrix}2&0&0&0\\0&2&0&0\\-2&0&2&0\\0&\frac{3}{4}&0&\frac{1}{4}\end{pmatrix}$$

$$=\begin{pmatrix}6&0&0&0\\0&6&0&0\\6&0&6&0\\0&3&0&-1\end{pmatrix}.$$

评注 例 24～例 27,基本上属于同一类型的题. 即已知矩阵与未知矩阵之间有一个关系式,称为矩阵方程,通过这个关系式把未知矩阵求出来,称为求解矩阵方程. 一般需要把矩阵方程化简,即需经过移项,合并同类项,提取公因子,在方程两端或左乘或右乘某一个矩阵等步骤,将方程化简整理成下列形式之一

$$AX=B \quad 或 \quad XA=B,$$

这里 A,B 为已知矩阵,X 为未知矩阵. 如果矩阵 A 可逆,就可以用逆矩阵法把 X 求出来.

【例 28*】 若方阵 $A=(a_{ij})_{n\times n}$ 可逆,且 A 的每行元素之和都是 2,则 A^{-1} 的每行元素之和为__________.

解 答案 $\frac{1}{2}$.

分析 事实上,由于 $a_{i1}+a_{i2}+\cdots+a_{in}=2$,$(i=1,2,\cdots,n)$. 即

$$(a_{i1} \quad a_{i2} \quad \cdots \quad a_{in})\begin{pmatrix}1\\1\\\vdots\\1\end{pmatrix}=2. \text{ 于是}$$

$$\begin{pmatrix}a_{11}&a_{12}&\cdots&a_{1n}\\a_{21}&a_{22}&\cdots&a_{2n}\\\vdots&\vdots&&\vdots\\a_{n1}&a_{n2}&\cdots&a_{nn}\end{pmatrix}\begin{pmatrix}1\\1\\\vdots\\1\end{pmatrix}=\begin{pmatrix}2\\2\\\vdots\\2\end{pmatrix}=2\begin{pmatrix}1\\1\\\vdots\\1\end{pmatrix},$$

若记 $e=(1 \quad 1 \quad \cdots \quad 1)^T$,则上式为 $Ae=2e$. 两端左乘 A^{-1},$2A^{-1}e=e$,,即 $A^{-1}e=\frac{1}{2}e$. 这说明 A^{-1} 的每行元素之和都是$\frac{1}{2}$.

评注 若记非零列向量 $e=(1 \quad 1 \quad \cdots \quad 1)^T$,则 $Ae=2e$. 说明方阵 A 有特征值 2,而 $A^{-1}x=\frac{1}{2}x$ 说明 A^{-1} 有特征值$\frac{1}{2}$. 一般地,λ 为可逆矩阵 A 的特征值,当且仅当$\frac{1}{\lambda}$为 A^{-1} 的特征值(关于特征值的定义、性质详见第六章).

四、初等变换

【例 29】 用初等行变换把矩阵

$$A=\begin{pmatrix}0 & 1 & 7 & 8\\ 1 & 3 & 3 & 8\\ -2 & -5 & 1 & -8\end{pmatrix}$$

化成行最简形矩阵 M，并求初等方阵 P_1,P_2,P_3 和 P_4，使得 $A=P_1P_2P_3P_4M$.

解

$$A\xrightarrow{r_1\leftrightarrow r_2}\begin{pmatrix}1 & 3 & 3 & 8\\ 0 & 1 & 7 & 8\\ -2 & -5 & 1 & -8\end{pmatrix}\xrightarrow{r_3+2r_1}\begin{pmatrix}1 & 3 & 3 & 8\\ 0 & 1 & 7 & 8\\ 0 & 1 & 7 & 8\end{pmatrix}$$

$$\xrightarrow[r_1-3r_2]{r_3-r_2}\begin{pmatrix}1 & 0 & -18 & -16\\ 0 & 1 & 7 & 8\\ 0 & 0 & 0 & 0\end{pmatrix}=M.$$

上面所作初等行变换对应的初等矩阵分别为

$$T_1=\begin{pmatrix}0 & 1 & 0\\ 1 & 0 & 0\\ 0 & 0 & 1\end{pmatrix}=E(1,2),$$

$$T_2=\begin{pmatrix}1 & 0 & 0\\ 0 & 1 & 0\\ 2 & 0 & 1\end{pmatrix}=E(1(2),3),$$

$$T_3=\begin{pmatrix}1 & 0 & 0\\ 0 & 1 & 0\\ 0 & -1 & 1\end{pmatrix}=E(2(-1),3),$$

$$T_4=\begin{pmatrix}1 & -3 & 0\\ 0 & 1 & 0\\ 0 & 0 & 1\end{pmatrix}=E(2(-3),1).$$

由初等变换与初等方阵的关系，得 $T_4T_3T_2T_1A=M$.

两端左乘 $(T_4T_3T_2T_1)^{-1}$，得

$$A=(T_4T_3T_2T_1)^{-1}M=T_1^{-1}T_2^{-1}T_3^{-1}T_4^{-1}M=P_1P_2P_3P_4M.$$

其中，

$$P_1=T_1^{-1}=E(1,2)=\begin{pmatrix}0 & 1 & 0\\ 1 & 0 & 0\\ 0 & 0 & 1\end{pmatrix},$$

$$P_2=T_2^{-1}=E(1(-2),3)=\begin{pmatrix}1 & 0 & 0\\ 0 & 1 & 0\\ -2 & 0 & 1\end{pmatrix},$$

$$P_3=T_3^{-1}=E(2(1),3)=\begin{pmatrix}1 & 0 & 0\\ 0 & 1 & 0\\ 0 & 1 & 1\end{pmatrix},$$

$$P_4=T_4^{-1}=E(2(3),1)=\begin{pmatrix}1 & 3 & 0\\ 0 & 1 & 0\\ 0 & 0 & 1\end{pmatrix}.$$

评注 用初等变换把矩阵化为行阶梯形矩阵，行最简形和标准形的方法有很多重要的应用，所以应该熟练掌握．但要注意其方法不是唯一的，因此本题所求的初等矩阵也不是唯一的．

【例 30】

(1)设 $A=\begin{pmatrix} a_{11} & a_{12} & a_{13} & a_{14} \\ a_{21} & a_{22} & a_{23} & a_{24} \\ a_{31} & a_{32} & a_{33} & a_{34} \\ a_{41} & a_{42} & a_{43} & a_{44} \end{pmatrix}$，$B=\begin{pmatrix} a_{14} & a_{13} & a_{12} & a_{11} \\ a_{24} & a_{23} & a_{22} & a_{21} \\ a_{34} & a_{33} & a_{32} & a_{31} \\ a_{44} & a_{43} & a_{42} & a_{41} \end{pmatrix}$，$P_1=\begin{pmatrix} 0 & 0 & 0 & 1 \\ 0 & 1 & 0 & 0 \\ 0 & 0 & 1 & 0 \\ 1 & 0 & 0 & 0 \end{pmatrix}$，

$P_2=\begin{pmatrix} 1 & 0 & 0 & 0 \\ 0 & 0 & 1 & 0 \\ 0 & 1 & 0 & 0 \\ 0 & 0 & 0 & 1 \end{pmatrix}$，其中，$A$ 可逆，则 B^{-1} 等于(　　).

(A)$A^{-1}P_1P_2$　　(B)$P_1A^{-1}P_2$　　(C)$P_1P_2A^{-1}$　　(D)$P_2A^{-1}P_1$

(2)设 n 阶矩阵 A 与 B 等价，则下列选项中正确的是(　　).

(A)当$|A|=a(a\neq 0)$时，$|B|=a$　　(B) 当$|A|=a(a\neq 0)$时，$|B|=-a$

(C)当$|A|\neq 0$，$|B|=0$　　(D) 当$|A|=0$ 时，$|B|=0$

(3)设 A 为 $n(n\geqslant 2)$ 阶可逆矩阵，交换 A 的第 1 行与第 2 行得矩阵 B，A^*，B^* 分别为 A，B 的伴随矩阵，则下列正确的是(　　).

(A)交换 A^* 的第 1 列与第 2 列得 B^*　　(B)交换 A^* 的第 1 行与第 2 行得 B^*

(C)交换 A^* 的第 1 列与第 2 列得$-B^*$　　(D)交换 A^* 的第 1 行与第 2 行得$-B^*$

解　(1)答案　(C).

分析　把矩阵 A 的第 1 和 4 两列对换；第 2 和 3 两列对换即得到矩阵 B．根据初等矩阵的性质，有 $B=AP_1P_2$ 或 $B=AP_2P_1$，那么

$$B^{-1}=(AP_2P_1)^{-1}=P_1^{-1}P_2^{-1}A^{-1}=P_1P_2A^{-1}.$$

评注　本题考察初等变换的两个定理，一是行变换、列变换与左乘、右乘初等矩阵间的关系；二是初等矩阵逆矩阵的公式．在学习初等矩阵时应搞清这两个基本定理．

(2)答案　(D).

分析　所谓矩阵 A 与 B 等价，即存在非奇异矩阵 P 和 Q，满足 $PAQ=B$，故 A 和 B 具有相同的奇异性．

首先，经过初等变换其行列式的值不一定相等；例如，假若把矩阵 A 的第一行乘以 3 可得到 B，那么 A 与 B 等价，而$|A|=a$ 时，$|B|=3a$．则(A)和(B)选项均不正确．

当$|A|\neq 0$，说明 A 非奇异，而$|B|=0$，说明 B 奇异，因此(C)不正确．

当$|A|=0$，说明 A 奇异，故 B 奇异，因而$|B|=0$，即(D)正确．

(3)答案　(C).

分析　为书写方便，不妨考察 A 为三阶矩阵，因为 A 作初等行变换得到 B，所以用初等矩阵左乘 A 得到 B，由已知条件得

$$\begin{pmatrix} 0 & 1 & 0 \\ 1 & 0 & 0 \\ 0 & 0 & 1 \end{pmatrix}A=B\Rightarrow B^{-1}=A^{-1}\begin{pmatrix} 0 & 1 & 0 \\ 1 & 0 & 0 \\ 0 & 0 & 1 \end{pmatrix}^{-1}=A^{-1}\begin{pmatrix} 0 & 1 & 0 \\ 1 & 0 & 0 \\ 0 & 0 & 1 \end{pmatrix}$$

从而$\dfrac{B^*}{|B|}=\dfrac{A^*}{|A|}\begin{pmatrix}0&1&0\\1&0&0\\0&0&1\end{pmatrix}$.

又因$|A|=-|B|$,故$A^*\begin{pmatrix}0&1&0\\1&0&0\\0&0&1\end{pmatrix}=-B^*$. 所以选(C).

五、分块矩阵

【例 31】 设A,B为n阶矩阵,A^*,B^*分别为A,B对应的伴随矩阵,分块矩阵$C=\begin{pmatrix}A&O\\O&B\end{pmatrix}$,则$C$的伴随矩阵$C^*$为(　　).

(A)$\begin{pmatrix}|A|A^*&O\\O&|B|B^*\end{pmatrix}$　　(B)$\begin{pmatrix}|B|B^*&O\\O&|A|A^*\end{pmatrix}$

(C)$\begin{pmatrix}|A|B^*&O\\O&|B|A^*\end{pmatrix}$　　(D)$\begin{pmatrix}|B|A^*&O\\O&|A|B^*\end{pmatrix}$

解 答案 (D).

分析 由于

$$C^*=|C|C^{-1}=\begin{vmatrix}A&O\\O&B\end{vmatrix}\begin{pmatrix}A&O\\O&B\end{pmatrix}^{-1}$$
$$=|A||B|\begin{pmatrix}A^{-1}&O\\O&B^{-1}\end{pmatrix}=\begin{pmatrix}|A||B|A^{-1}&O\\O&|A||B|B^{-1}\end{pmatrix}.$$

【例 32】

(1) 设A为m阶方阵,B为n阶方阵,且已知$|A|=a$,$|B|=b$,则行列式$\begin{vmatrix}O&A\\B&O\end{vmatrix}=$__________.

(2)设$A=\begin{pmatrix}1&2&-2\\4&t&3\\3&-1&1\end{pmatrix}$,$B$为三阶非零矩阵,且$AB=0$,则$t=$__________.

解 (1)答案 $(-1)^{mn}ab$.

分析 由行列式的基本性质,交换两行改变行列式的符号,则有

$$\begin{vmatrix}O&A\\B&O\end{vmatrix}=(-1)^{\overbrace{m+m+\cdots+m}^{n}}\begin{vmatrix}B&O\\O&A\end{vmatrix}=(-1)^{mn}|B||A|=(-1)^{mn}ab.$$

(2)答案 -3.

分析 对B按列分块有

$$AB=A(B_1\quad B_2\quad B_3)=(AB_1\quad AB_2\quad AB_3)=(0\quad 0\quad 0),$$

即B_1,B_2,B_3是齐次线性方程组$AX=0$的解. 又因$B\neq 0$,故$AX=0$有非零解,那么有克莱姆法则

$$|A|=\begin{vmatrix}1&2&-2\\4&t&3\\3&-1&1\end{vmatrix}=\begin{vmatrix}7&0&0\\4&t&3\\3&-1&1\end{vmatrix}=7(t+3)=0.$$

所以应当填-3.

评注 本题是分块矩阵结合线性方程组克莱姆条件的题目．同时，若学生熟悉矩阵秩的公式：$AB=0$，则秩$A+$秩$B\leqslant n$，可知秩$A<3$，亦可求出$t=-3$(关于秩的讨论详见第三章).

【例 33】 设四阶方阵$A=(\alpha_1\quad\alpha_2\quad\alpha_3\quad\beta)$，$B=(\alpha_1\quad\alpha_2\quad\alpha_3\quad\gamma)$，其中，$\alpha_1,\alpha_2,\alpha_3,\beta,\gamma$均为$4\times1$列矩阵，且已知$|A|=1$，$|B|=4$. 求$|3A-B|$的值．

解

$$\begin{aligned}3A-B&=(3\alpha_1\quad 3\alpha_2\quad 3\alpha_3\quad 3\beta)-(\alpha_1\quad\alpha_2\quad\alpha_3\quad\gamma)\\&=(2\alpha_1\quad 2\alpha_2\quad 2\alpha_3\quad 3\beta-\gamma).\end{aligned}$$

所以

$$\begin{aligned}|3A-B|&=|2\alpha_1\quad 2\alpha_2\quad 2\alpha_3\quad 3\beta-\gamma|\\&=8|\alpha_1\quad\alpha_2\quad\alpha_3\quad 3\beta-\gamma|\\&=8(|\alpha_1\quad\alpha_2\quad\alpha_3\quad 3\beta|+|\alpha_1\quad\alpha_2\quad\alpha_3\quad -\gamma|)\\&=8(|\alpha_1\quad\alpha_2\quad\alpha_3\quad 3\beta|-|\alpha_1\quad\alpha_2\quad\alpha_3\quad\gamma|)\\&=8(3|A|-|B|)=8(3\times1-4)=-8.\end{aligned}$$

【例 34】 设A为n阶可逆矩阵，α为$n\times1$列矩阵，b为常数，分块矩阵

$$P=\begin{pmatrix}I & O\\-\alpha^TA^* & |A|\end{pmatrix},Q=\begin{pmatrix}A & \alpha\\\alpha^T & b\end{pmatrix},$$

(1)计算并化简PQ；

(2)证明矩阵Q可逆的充分必要条件是$b-\alpha^TA^{-1}\alpha\neq0$.

解 (1)

$$\begin{aligned}PQ&=\begin{pmatrix}I & O\\-\alpha^TA^* & |A|\end{pmatrix}\begin{pmatrix}A & \alpha\\\alpha^T & b\end{pmatrix}\\&=\begin{pmatrix}A & \alpha\\-\alpha^TA^*A+|A|\alpha^T & -\alpha^TA^*\alpha+|A|b\end{pmatrix}.\end{aligned}$$

由于$A^*=|A|A^{-1}$，于是

$$\begin{aligned}PQ&=\begin{pmatrix}A & \alpha\\-\alpha^T|A|A^{-1}A+|A|\alpha^T & -\alpha^T|A|A^{-1}\alpha+|A|b\end{pmatrix}\\&=\begin{pmatrix}A & \alpha\\O & |A|(-\alpha^TA^{-1}\alpha+b)\end{pmatrix}.\end{aligned}$$

(2)等式两边取行列式有

$$|PQ|=\begin{vmatrix}A & \alpha\\O & |A|(-\alpha^TA^{-1}\alpha+b)\end{vmatrix},$$

即

$$|P||Q|=|A||A|(-\alpha^TA^{-1}\alpha+b).$$

又因为$|P|=|I||A|=|A|\neq0$，所以$|Q|=|A|(-\alpha^TA^{-1}\alpha+b)$. 故$|Q|\neq0$当且仅当$b-\alpha^TA^{-1}\alpha\neq0$.

【例 35】 设A,B均为n阶非零矩阵，若B的每一列是齐次线性方程组$AX=O$的解．则$|A|=0$且$|B|=0$.

证明 因B的每一列是齐次线性方程组$AX=O$的解，所以由分块矩阵的乘法可知

$AB=O$.

若$|A|\neq 0$,则 A 可逆,由方程 $AB=O$ 可得 $B=O$,与题设 B 是非零矩阵相矛盾.

若$|B|\neq 0$,则 B 可逆,由方程 $AB=O$ 可得 $A=O$,与题设 A 是非零矩阵相矛盾.

评注 本例的结论也可以从齐次线性方程组 $AX=O$ 有非零解这一角度证得(关于线性方程组的讨论详见第四章). 以上两例将两矩阵乘积为零与相应的齐次线性方程组的解相联系,这种方法应用广泛.

【例 36*】 设 A,B,C,D 均为 n 阶矩阵,且 A 可逆,$AC=CA$. 证明

$$\begin{vmatrix} A & B \\ C & D \end{vmatrix}=|AD-CB|.$$

证明 构造矩阵$\begin{pmatrix} I & O \\ -CA^{-1} & I \end{pmatrix}$,做矩阵乘法

$$\begin{pmatrix} I & O \\ -CA^{-1} & I \end{pmatrix}\begin{pmatrix} A & B \\ C & D \end{pmatrix}=\begin{pmatrix} A & B \\ O & -CA^{-1}B+D \end{pmatrix}.$$

两端取行列式,得

$$\begin{aligned}\begin{vmatrix} A & B \\ C & D \end{vmatrix}&=\begin{vmatrix} A & B \\ O & -CA^{-1}B+D \end{vmatrix}=|A||-CA^{-1}B+D|\\ &=|-ACA^{-1}B+AD|=|AD-CAA^{-1}B|\\ &=|AD-CB|.\end{aligned}$$

评注 注意若没有条件 $AC=CA$,结论不成立.

【例 37*】 设 A 为 $m\times n$ 矩阵,B 为 $n\times m$ 矩阵. 证明

$$|I_m-AB|=|I_n-BA|,$$

其中,I_m,I_n 分别为 m 阶,n 阶单位阵.

证明 根据分块矩阵的乘法有

$$\begin{pmatrix} I_m & A \\ B & I_n \end{pmatrix}\begin{pmatrix} I_m & O \\ -B & I_n \end{pmatrix}=\begin{pmatrix} I_m-AB & A \\ O & I_n \end{pmatrix},$$

$$\begin{pmatrix} I_m & O \\ -B & I_n \end{pmatrix}\begin{pmatrix} I_m & A \\ B & I_n \end{pmatrix}=\begin{pmatrix} I_m & A \\ O & I_n-BA \end{pmatrix},$$

两边取行列式,注意到$\begin{vmatrix} I_m & O \\ -B & I_n \end{vmatrix}=1$,可得

$$\begin{vmatrix} I_m & A \\ B & I_n \end{vmatrix}=\begin{vmatrix} I_m-AB & A \\ O & I_n \end{vmatrix}=\begin{vmatrix} I_m & A \\ O & I_n-BA \end{vmatrix},$$

即$|I_m-AB|=|I_n-BA|$.

评注 这是一个很有用的等式,A 与 B 都不一定是方阵,且等式两端的行列式的阶数不相同(通常 $m\neq n$). 特别地,当 $n=1$ 时,即 A 为列矩阵,B 为行矩阵时,有

$$\left|I_m-\begin{pmatrix} a_1 \\ \vdots \\ a_m \end{pmatrix}(b_1 \ \cdots \ b_m)\right|=\left|I_1-(b_1 \ \cdots \ b_m)\begin{pmatrix} a_1 \\ \vdots \\ a_m \end{pmatrix}\right|,$$

其中,左端是一个 m 阶行列式,右端是一个 1 阶行列式.

【例 38】 设 A 为 n 阶可逆矩阵,$\alpha=(a_1 \ \ a_2 \ \ \cdots \ \ a_n)$. 证明

$$|A-\alpha\alpha^T|=(1-\alpha^TA^{-1}\alpha)|A|.$$

证明 利用上面结论,得

$$\begin{aligned}|A-\alpha\alpha^T|&=|A(I_n-A^{-1}\alpha\alpha^T)|=|A||I_n-(A^{-1}\alpha)\alpha^T|\\&=|A||I_1-\alpha^T(A^{-1}\alpha)|\\&=(1-\alpha^TA^{-1}\alpha)|A|.\end{aligned}$$

【例 39*】 设 A,B 为 n 阶可逆方阵,令 $M=\begin{pmatrix}A & A\\ C-B & C\end{pmatrix}$,求 M^{-1}.

解 把 M 的第 1 列块乘以 -1 再加到第 2 列块,即

$$\begin{pmatrix}A & A\\ C-B & C\end{pmatrix}\begin{pmatrix}I & -I\\ O & I\end{pmatrix}=\begin{pmatrix}A & O\\ C-B & B\end{pmatrix},$$

$$\begin{pmatrix}A & A\\ C-B & C\end{pmatrix}=\begin{pmatrix}A & O\\ C-B & B\end{pmatrix}\begin{pmatrix}I & -I\\ O & I\end{pmatrix}^{-1},$$

所以

$$\begin{aligned}\begin{pmatrix}A & A\\ C-B & C\end{pmatrix}^{-1}&=\begin{pmatrix}I & -I\\ O & I\end{pmatrix}\begin{pmatrix}A & O\\ C-B & B\end{pmatrix}^{-1}\\&=\begin{pmatrix}I & -I\\ O & I\end{pmatrix}\begin{pmatrix}A^{-1} & O\\ -B^{-1}(C-B)A^{-1} & B^{-1}\end{pmatrix}\\&=\begin{pmatrix}A^{-1}+B^{-1}(C-B)A^{-1} & -B^{-1}\\ -B^{-1}(C-B)A^{-1} & B^{-1}\end{pmatrix}.\end{aligned}$$

评注 对于分块矩阵,在初等变换与初等矩阵方面类似于普通矩阵,以二阶分块矩阵为例,设 $N=\begin{pmatrix}A & B\\ C & D\end{pmatrix}$,其中,$A,D$ 分别为 r,s 阶方阵. 与 N 同阶的单位矩阵可分块为 $I=\begin{pmatrix}I_r & O\\ O & I_s\end{pmatrix}$,对 I 施行三类初等变换,相应有三类初等矩阵

$$P_1=\begin{pmatrix}O & I_s\\ I_r & O\end{pmatrix},P_2=\begin{pmatrix}kI_r & O\\ O & I_s\end{pmatrix},Q_1=\begin{pmatrix}I_r & X\\ O & I_s\end{pmatrix}(\text{或 }Q_2=\begin{pmatrix}I_r & O\\ Y & I_s\end{pmatrix})$$

就是分块初等矩阵. 与一般矩阵初等变换类似,只要在通常要求元素不为零的地方,对分块矩阵的初等变换而言换为相应的子块可逆即可. 但是子块之间的左右乘关系要分清楚.

例如,若想把 N 化为三角分块矩阵,如果 A 可逆,把第一行的 $-CA^{-1}$(注意左、右乘的差别)倍加到第二行即可,相当于左乘同类初等矩阵

$$\begin{pmatrix}I & O\\ -CA^{-1} & I\end{pmatrix}\begin{pmatrix}A & B\\ C & D\end{pmatrix}=\begin{pmatrix}A & B\\ O & D-CA^{-1}B\end{pmatrix}$$

或把 N 第一列的 $-A^{-1}B$ 倍加到第二列上有

$$\begin{pmatrix}A & B\\ C & D\end{pmatrix}\begin{pmatrix}I & -A^{-1}B\\ O & I\end{pmatrix}=\begin{pmatrix}A & O\\ C & D-CA^{-1}B\end{pmatrix},$$

这样对于右端的分块矩阵,不论求逆还是计算行列式,都非常方便. 当然还可以对 N 同时左乘、右乘初等矩阵,化 N 为对角分块矩阵

$$\begin{pmatrix}I & O\\ -CA^{-1} & I\end{pmatrix}\begin{pmatrix}A & B\\ C & D\end{pmatrix}\begin{pmatrix}I & -A^{-1}B\\ O & I\end{pmatrix}=\begin{pmatrix}A & O\\ O & D-CA^{-1}B\end{pmatrix}.$$

以上都是在 A 可逆时推导出来的，当 D 可逆时，有类似的公式．

Ⅲ 训练题

A. 基础题

(一)填空题

1. 已知 A 为 n 阶矩阵，且 $A^m=I$，I 为 n 阶单位阵，若将 A 中的 n^2 个元素 a_{ij} 用代数余子式 A_{ij} 代替得到矩阵 B，则 $B^m=$________．

2. 设 $A=\begin{pmatrix}1&1&1\\2&2&2\\3&3&3\end{pmatrix}$，则 $A^n=$________，其中 n 为正整数．

3. 设 $n\times1$ 行矩阵 $\alpha=\begin{pmatrix}\frac{1}{2}&0&\cdots&0&\frac{1}{2}\end{pmatrix}$，$A=I-\alpha^T\alpha$，$B=I+2\alpha^T\alpha$，其中 I 为 n 阶单位矩阵，则 $(AB)^n=$________．

4. 设 $\alpha=(1\quad 0\quad -1)^T$，矩阵 $A=\alpha\alpha^T$，n 为正整数，k 为常数，则行列式 $|kI-A^n|=$________．

5. 设 $A=\begin{pmatrix}1&0&0\\4&1&3\\1&-2&1\end{pmatrix}$，$I$ 为三阶单位矩阵，则 $|(4I-A^T)(4I-A)|=$________．

6. 已知 $A=\begin{pmatrix}1&2&0&0&0\\0&3&0&0&0\\0&0&4&0&0\\0&0&0&5&0\\0&0&0&2&-4\end{pmatrix}$，则 $A^{-1}=$________．

7. 设 n 阶方阵 A,B 和 C 满足 $AB=BC=CA=I$，其中 I 为 n 阶单位阵，则 $A^2+B^2+C^2=$________．

8. 设 $A=\begin{pmatrix}0&-1&0\\1&0&0\\0&0&-1\end{pmatrix}$，$B=P^{-1}AP$，$P$ 为三阶可逆矩阵，$B^{2012}-2A^2=$________．

9. 已知 $\alpha_1,\alpha_2,\alpha_3$ 为 3×1 列矩阵，矩阵 $A=(\alpha_1\quad\alpha_2\quad\alpha_3)$，$B=(\alpha_1+\alpha_2+\alpha_3\quad \alpha_1+2\alpha_2+4\alpha_3\quad \alpha_1+3\alpha_2+9\alpha_3)$，若 $|A|=1$，则 $|B|=$________．

10. 设四阶行列式 $|\alpha_1\quad\alpha_2\quad\alpha_3\quad\beta_1|=m$，$|\alpha_1\quad\alpha_2\quad\beta_2\quad\alpha_3|=n$，其中 $\alpha_1,\alpha_2,\alpha_3,\beta_1,\beta_2$ 均为 4×1 列矩阵，则行列式 $|\alpha_3\quad\alpha_2\quad\alpha_1\quad\beta_1+\beta_2|=$________．

11. 设矩阵 $A=\begin{pmatrix}1&0&0&0\\-2&3&0&0\\0&-4&5&0\\0&0&-6&7\end{pmatrix}$，$I$ 为四阶单位阵，且 $B=(I+A)^{-1}(I-A)$，则 $(I+B)^{-1}=$________．

12. 设矩阵 $A=\begin{pmatrix}1&1&0\\0&1&1\\0&0&1\end{pmatrix}$，将矩阵 A 分解成一个对称矩阵 B 和一个反对称矩阵 C 之和，那么 $B=$________，$C=$________.

13. 设 A 为四阶矩阵，B 为五阶矩阵，且 $|A|=2$，$|B|=-2$，则 $|-|A|B|=$________，$|2A|=$________，$|2B^{-1}|=$________.

14. 设 A,B 为 n 阶可逆矩阵，$\left|-2\begin{bmatrix}A^T&O\\O&B^{-1}\end{bmatrix}\right|=$________.

15. 已知矩阵 $A=\begin{bmatrix}\frac{1}{2}&-\frac{\sqrt{3}}{2}\\\frac{\sqrt{3}}{2}&\frac{1}{2}\end{bmatrix}$，且 $A^6=I$，则 $A^{11}=$________.

16. 已知矩阵 $A=\begin{pmatrix}1&2&3\\2&1&0\\0&2&2\end{pmatrix}$，$A^*$ 为 A 的伴随矩阵，$(2A^*)^{-1}=$________.

17. 设 n 阶方阵 A 的行列式 $|A|=\frac{1}{3}$，则 $\left|\left(\frac{1}{3}A\right)^{-1}-15A^*\right|=$________.

18. 已知矩阵 $A=\begin{bmatrix}1&-2&3&1&4\\2&1&2&-3&1\\3&6&15&-9&12\\1&5&2&3&7\\2&-3&-1&-5&1\end{bmatrix}$，则 $A_{11}+2A_{12}+5A_{13}-3A_{14}+4A_{15}=$________.

19. 设 A,B 为 n 阶矩阵，且 $|A|=2$，且 $|B|=-\frac{1}{2}$，A^* 为 A 的伴随矩阵，则 $|2A^*B^{-1}|=$________.

20. 已知 $A=\begin{bmatrix}1&-2\\-3&2\end{bmatrix}$，$B=\begin{bmatrix}1&1\\-1&1\end{bmatrix}$，$C=\begin{bmatrix}A&O\\O&B^{-1}\end{bmatrix}$，$C^*$ 为 C 的伴随矩阵，则 $|C^*|=$________.

21. 设矩阵 $A=\begin{pmatrix}1&2&1\\2&4&2\\3&6&3\end{pmatrix}$，$A^*$ 为 A 的伴随矩阵，则 $(A^*)^*=$________.

22. 设 $A=(a_{ij})$ 为三阶方阵，且已知 $|A|=a$，A^* 为 A 的伴随矩阵，又 $A_1=\begin{bmatrix}la_{11}&la_{12}&la_{13}\\ma_{21}&ma_{22}&ma_{23}\\na_{31}&na_{32}&na_{33}\end{bmatrix}$，则 $A_1A^*=$________.

23. 设 $(A+I)^3=(A-I)^3$，则 $A^{-1}=$________.

24. 若 $A^2=A$，则 $(A+I)^{-1}=$________.

25. 若三阶矩阵 A 满足 $A^2-3A+I=0$，则 $(A^2)^{-1}=$________.

26. 已知 $A=\begin{pmatrix}1&0&1\\0&2&0\\1&0&1\end{pmatrix}$，且 $B=AB-A^2+I$，则 $B=$________.

27. 已知 $A=\begin{pmatrix}2&5&0\\1&1&0\\0&0&-1\end{pmatrix}$，$B$ 为三阶方阵，且满足 $A^*BA=I+A^{-1}B$，则 $B=$________.

28. 已知 $3A-2I=AB^*$，其中，$B^*=\begin{pmatrix}1&-2&0\\2&2&0\\0&0&1\end{pmatrix}$，$B^*$ 为 B 的伴随矩阵，则 $A=$________.

29. 已知 $A=\begin{pmatrix}t&0&1\\2&1&0\\1&3&2\end{pmatrix}$，$B$ 为 3×4 的非零矩阵，$AB=O$，则 $t=$________.

30. 设 n 阶方阵 A 可逆，B 为 A 经过交换第 i 行和第 j 行后得到的矩阵，则 $AB^{-1}=$________.

31. 设矩阵 $A=P^{100}\begin{pmatrix}a_{11}&a_{12}&a_{13}\\a_{21}&a_{22}&a_{23}\\a_{31}&a_{32}&a_{33}\end{pmatrix}P^m$，$m$ 为自然数，其中 $P=\begin{pmatrix}0&0&1\\0&1&0\\1&0&0\end{pmatrix}$，则 $A=$________.

32. 已知矩阵 X 满足下列等式 $X\begin{pmatrix}2&1&-1\\2&1&0\\1&-1&1\end{pmatrix}=\begin{pmatrix}1&-1&3\\4&3&2\end{pmatrix}$，则 $X=$________.

(二)选择题

1. 已知 $A=\begin{pmatrix}a_{11}&a_{12}\\a_{21}&a_{22}\end{pmatrix}$，$B=\begin{pmatrix}a_{11}&x\\a_{21}&y\end{pmatrix}$，且 $|A|=1$，$|B|=1$，则 $|A+B|$ 的值为(　　).

(A)2　　(B)3

(C)4　　(D)5

2. 已知 A 为可逆对称方阵，则必有(　　).

(A)$A^{-1}=A^T$　　(B)$|A|=0$

(C)$A^T=-A$　　(D)$A^TA^{-1}=I$

3. 设 A 为 $m\times n$ 矩阵，B 为 $n\times m$ 矩阵，则下列结论中不正确的是(　　).

(A)$(AB)^T=B^TA^T$　　(B)$|AB|=|BA|$

(C)$tr(AB)=tr(BA)$　　(D)A^TA，BB^T 均为 n 阶对称阵

4. 设 A，B 均为 n 阶方阵，则 $A=O$ 的充分条件是(　　).

(A)$A^2=O$　　(B)$|A|=O$

(C)$B\neq O$ 且 $AB=O$　　(D)$|B|\neq 0$ 且 $AB=O$

5. 设 n 阶方阵 A，B 满足 $A(B-I)=O$，则必有(　　).

(A)$A=O$ 且 $B=I$　　(B)$A+B=I$

(C)当 $|A|=0$ 时，$B=I$　　(D)$|A|=0$ 或 $|B-I|=0$

6. 设 A 为 n 阶非零矩阵，I 为 n 阶单位阵，若 $A^3=O$，则(　　).

(A)$I-A$ 不可逆，$I+A$ 不可逆　　(B)$I-A$ 不可逆，$I+A$ 可逆

(C)$I-A$ 可逆,$I+A$ 可逆　　(D)$I-A$ 可逆,$I+A$ 不可逆

7. 设 A,B,C 都为 n 阶方阵,且 $ABC=I$,且(　　).

(A)$BCA=I$　　(B)$CBA=I$

(C)$BAC=I$　　(D)$C^{-1}=A^{-1}B^{-1}$

8. 设 A,B,C 均为 n 阶矩阵,I 为 n 阶单位矩阵,若 $B=I+AB,C=A+CA$,则 $B-C$ 为(　　).

(A)I　　(B)$-I$

(C)A　　(D)$-A$

9. 设 A,B,C 均为 n 阶方阵,且 $AB=I,BC=2I$,则 $(A-C)^2B$ 等于(　　).

(A)$\frac{C}{2}$　　(B)$\frac{A}{2}$

(C)$2A$　　(D)$2C$

10. 已知 n 阶 A,B,C,其中 B,C 可逆且满足 $2A=AB^{-1}+C$,则 A 等于(　　).

(A)$(2I-B)C$　　(B)$B(2B-I)^{-1}C$

(C)$C(2B-I)^{-1}B$　　(D)$C\left(\frac{1}{2}I-B\right)$

11. 设 A,B 均为 n 阶方阵,且 A 为可逆阵,B 为不可逆阵,A^*,B^* 为 A,B 的伴随矩阵,则(　　).

(A)A^*+B^* 必为可逆阵　　(B)A^*+B^* 必为不可逆阵

(C)A^*B^* 必为可逆阵　　(D)A^*B^* 必为不可逆阵

12. 设 $A=\begin{pmatrix}2&0&0\\1&-1&2\\-1&0&2\end{pmatrix},B=\begin{pmatrix}1&2&3\\2&1&0\\0&1&-1\end{pmatrix}$,则下列选项中正确的是(　　).

(A)$|A|=|B|$　　(B)存在三阶可逆阵 C,使 $C^TAC=B$

(C)存在三阶可逆阵 P,使 $P^{-1}AP=B$　　(D)存在三阶可逆阵 $P,Q,PAQ=B$

13. 下列矩阵中,不是初等矩阵的是(　　).

(A)$\begin{pmatrix}1&0&0\\0&0&1\\0&1&0\end{pmatrix}$　　(B)$\begin{pmatrix}1&0&0\\0&-3&0\\0&0&1\end{pmatrix}$

(C)$\begin{pmatrix}1&3&0\\0&0&1\\0&1&0\end{pmatrix}$　　(D)$\begin{pmatrix}1&0&3\\0&1&0\\0&0&1\end{pmatrix}$

14. 设 A,P 为三阶方阵,P^T 为 P 的转置,且 $P^TAP=\begin{pmatrix}1&0&0\\0&1&0\\0&0&2\end{pmatrix}$,若 $P=(\alpha_1\quad\alpha_2\quad\alpha_3)$,$Q=(\alpha_1+\alpha_2\quad\alpha_2\quad\alpha_3)$,则 Q^TAQ 为(　　).

(A)$\begin{pmatrix}2&1&0\\1&1&0\\0&0&2\end{pmatrix}$　　(B)$\begin{pmatrix}1&1&0\\1&2&0\\0&0&2\end{pmatrix}$

(C)$\begin{pmatrix}2&0&0\\0&1&0\\0&0&2\end{pmatrix}$　　(D)$\begin{pmatrix}1&0&0\\0&2&0\\0&0&2\end{pmatrix}$

15. 设 $P_1=\begin{pmatrix}1&0&0\\0&1&0\\1&0&1\end{pmatrix}$, $P_2=\begin{pmatrix}0&1&0\\1&0&0\\0&0&1\end{pmatrix}$, $A=\begin{pmatrix}a_{11}&a_{12}&a_{13}\\a_{21}&a_{22}&a_{23}\\a_{31}&a_{32}&a_{33}\end{pmatrix}$,则 $P_1^5AP_2^4$ 等于(　　).

(A)$\begin{pmatrix}a_{11}&a_{12}&a_{13}\\a_{21}&a_{22}&a_{23}\\a_{31}&a_{32}&a_{33}\end{pmatrix}$　　(B)$\begin{pmatrix}a_{11}&a_{12}&a_{13}\\a_{21}&a_{22}&a_{23}\\5a_{11}+a_{31}&5a_{12}+a_{32}&5a_{13}+a_{33}\end{pmatrix}$

(C)$\begin{pmatrix}a_{12}&a_{11}&a_{13}\\a_{22}&a_{21}&a_{23}\\a_{12}+a_{32}&a_{11}+a_{31}&a_{13}+a_{33}\end{pmatrix}$　　(D)$\begin{pmatrix}a_{12}&a_{11}&a_{13}\\a_{22}&a_{21}&a_{23}\\a_{32}&a_{31}&a_{33}\end{pmatrix}$

16. 设 A 为三阶方阵,将 A 的第1列与第2列交换得 B,再把 B 的第2列加到第3列得 C,则满足 $AQ=C$ 的可逆阵 Q 为(　　).

(A)$\begin{pmatrix}0&1&0\\1&0&0\\1&0&1\end{pmatrix}$　　(B)$\begin{pmatrix}0&1&0\\1&0&1\\0&0&1\end{pmatrix}$

(C)$\begin{pmatrix}0&1&0\\1&0&0\\0&1&1\end{pmatrix}$　　(D)$\begin{pmatrix}0&1&1\\1&0&0\\0&0&1\end{pmatrix}$

17. 设 $A_i(i=1,2,3,4)$都是 s 阶方阵,则$\begin{pmatrix}A_1&A_2\\A_3&A_4\end{pmatrix}^T=$(　　).

(A)$\begin{pmatrix}A_1&A_3\\A_2&A_4\end{pmatrix}$　　(B)$\begin{pmatrix}A_1^T&A_2^T\\A_3^T&A_4^T\end{pmatrix}$

(C)$\begin{pmatrix}A_1^T&A_3^T\\A_2^T&A_4^T\end{pmatrix}$　　(D)$\begin{pmatrix}A_4&A_2\\A_3&A_1\end{pmatrix}$

18. 设 A,B,X,Y 都为 n 阶方阵,且 A 为可逆方阵,$C=\begin{pmatrix}A&B\\X&Y\end{pmatrix}$,则有$|C|$等于(　　).

(A)$|A||Y|-|B||X|$　　(B)$|A-X||B-Y|$

(C)$|AY|-|BX|$　　(D)$|A||Y-XA^{-1}B|$

19. 设 A 为 n 阶方阵,矩阵 $X=\begin{pmatrix}x_1\\x_2\\\vdots\\x_n\end{pmatrix}$,分块矩阵 $A=(A_1\quad A_2\quad\cdots\quad A_n)$,则下列等式正确的是(　　).

(A)$(A_1\quad A_2\quad\cdots\quad A_n)X=(A_1X\quad A_2X\quad\cdots\quad A_nX)$

(B)$X(A_1\quad A_2\quad\cdots\quad A_n)=(XA_1\quad XA_2\quad\cdots\quad XA_n)$

(C) $(A_1\quad A_2\quad\cdots\quad A_n)\begin{pmatrix}x_1\\ \vdots\\ x_n\end{pmatrix}=\sum_{i=1}^{n}A_ix_i$

(D) $\begin{pmatrix}x_1\\ \vdots\\ x_n\end{pmatrix}(A_1\quad A_2\quad\cdots\quad A_n)=\begin{pmatrix}x_1A_1 & \cdots & x_1A_n\\ \vdots & \vdots & \vdots\\ x_nA_1 & \cdots & x_nA_n\end{pmatrix}$

20. 设分块矩阵 $P=\begin{pmatrix}A & C\\ O & B\end{pmatrix}$，其中 A,B 分别为 r,s 阶方阵，C 为 $r\times s$ 阶矩阵，O 为 $s\times r$ 零矩阵，则 P 的伴随矩阵 $P^*=($　　$)$.

(A) $\begin{pmatrix}A^* & -A^*CB^*\\ O & B^*\end{pmatrix}$　　(B) $\begin{pmatrix}|A|A^* & -A^*CB^*\\ O & |B|B^*\end{pmatrix}$

(C) $\begin{pmatrix}|B|A^* & -A^*CB^*\\ O & |A|B^*\end{pmatrix}$　　(D) $\begin{pmatrix}|B|A^* & -B^*CA^*\\ O & |A|B^*\end{pmatrix}$

(三)计算题

1. 已知 A 为主对角线元素全为 0 的四阶实对称矩阵，I 为四阶单位矩阵，又已知对角矩阵 $B=\begin{pmatrix}0 & & & \\ & 0 & & \\ & & 1 & \\ & & & 1\end{pmatrix}$ 使 $I+AB$ 为对称的不可逆矩阵．求 A.

2. 设矩阵 A 满足 $AP=P\Lambda$，其中，$P=\begin{pmatrix}1 & 1 & 1\\ 1 & 0 & -2\\ 1 & -1 & 1\end{pmatrix}$，$\Lambda=\begin{pmatrix}-1 & & \\ & 1 & \\ & & 5\end{pmatrix}$．求 $\varphi(A)=A^8(5I-6A+A^2)$.

3. 设 $A=(1\quad 2\quad 1\quad 2)$，$B=(0\quad 1\quad -2\quad 1)$，令 $C=A^TB$．试求 C^n.

4. 设 $A=\begin{pmatrix}3 & -1 & 2\\ -3 & 1 & -2\\ 6 & -2 & 4\end{pmatrix}$．求 A^n.

5. 设 $A=\begin{pmatrix}2 & -2 & -2 & -2\\ -2 & 2 & -2 & -2\\ -2 & -2 & 2 & -2\\ -2 & -2 & -2 & 2\end{pmatrix}$．求 A^2,A^n.

6. 设 $A=\begin{pmatrix}1 & 1 & 0 & 0 & 0\\ 1 & 3 & 0 & 0 & 0\\ 0 & 0 & a & a^2 & a^3\\ 0 & 0 & 0 & a & a^2\\ 0 & 0 & 0 & 0 & a\end{pmatrix}$．试给出矩阵 A 可逆的条件，并求 A^{-1}.

7. 设 $A=\begin{pmatrix}1 & 1 & 0\\ 0 & 1 & 1\\ 1 & 1 & 1\end{pmatrix}$，$B=\begin{pmatrix}1 & 2 & 3\\ 4 & 5 & 6\\ 7 & 8 & 9\end{pmatrix}$．求行列式 $D=|A[(A^{-1})^2+A^*BA^{-1}]A|$ 的值．

8. 设$A=\begin{pmatrix}2&2&3\\1&-1&0\\-1&2&1\end{pmatrix}$，$B=\begin{pmatrix}1&1&-1\\2&1&0\\7&-1&0\end{pmatrix}$. 求行列式$D=\left|\left(\frac{1}{5}A\right)^{-1}-A^*B^{-1}\left(\frac{A}{|A|}\right)B\right|$的值．

9. 设矩阵A满足关系式$A^3+A^2-A-I=O$. 证明A可逆，并求其逆．

10. 设矩阵A,B满足$A^*BA=2BA-8I$，其中，$A=\begin{pmatrix}1&0&0\\0&-2&0\\0&0&1\end{pmatrix}$，$I$为单位阵，$A^*$为$A$的伴随矩阵．试求$B$.

11. 设矩阵A的伴随矩阵$A^*=\begin{pmatrix}1&0&0&0\\0&1&0&0\\1&0&1&0\\0&-3&0&8\end{pmatrix}$，且$ABA^{-1}=BA^{-1}+3I$，其中$I$为4阶单位矩阵，求矩阵$B$.

12. 设矩阵A的伴随矩阵$A^*=\begin{pmatrix}1&0&0\\1&2&4\\0&0&2\end{pmatrix}$，若$|A|>0$，且$AB+(A^{-1})^*B(A^*)^*=I$，其中，$I$为三阶单位矩阵．求矩阵$B$.

13. 已知$A=\begin{pmatrix}1&1&-1\\0&1&1\\0&0&-1\end{pmatrix}$，$B=\begin{pmatrix}2&0&1\\0&2&0\\0&0&2\end{pmatrix}$，且$AXB=AX+A^2B-A^2+B$. 求$X$.

14. 已知矩阵$A=\begin{pmatrix}1&0&0\\1&1&0\\1&1&1\end{pmatrix}$，$B=\begin{pmatrix}0&1&1\\1&0&1\\1&1&0\end{pmatrix}$，且矩阵$X$满足$AXA+BXB=AXB+BXA+I$，其中$I$为三阶单位阵．求$X$.

15. 设矩阵$B_1=\begin{pmatrix}1\\0\\1\end{pmatrix}$，$B_2=\begin{pmatrix}0\\1\\1\end{pmatrix}$，$B_3=\begin{pmatrix}1\\1\\0\end{pmatrix}$，若有三阶方阵$A$满足条件$AB_i=iB_i$，$i=1,2,3$. 求$A$.

16. 设三阶方阵$A=(a_{ij})$，$B=(a_{ij}+j)$，若$|A|<0$，且A的伴随矩阵$A^*=\begin{pmatrix}-1&-2&1\\-1&0&1\\1&2&-3\end{pmatrix}$. 求$|B|$.

17. 已知A,B都为三阶矩阵，将A的第1行乘以-3加至第3行得到矩阵A_1，将B的第1列乘以-3得到B_1，且知$A_1B_1=\begin{pmatrix}0&1&2\\1&0&1\\2&4&3\end{pmatrix}$. 求$AB$.

18. 将矩阵$A=\begin{pmatrix}\cos\alpha&-\sin\alpha\\\sin\alpha&\cos\alpha\end{pmatrix}\left(0<\alpha<\frac{\pi}{2}\right)$表示成若干个初等矩阵的乘积．

19. 设 A_1,A_4 分别为 m,n 阶可逆矩阵．试求 $A=\begin{pmatrix}A_1 & A_2\\A_3 & A_4\end{pmatrix}$的逆矩阵．

20. 设 n 阶方阵 $A=\begin{pmatrix}0 & 1 & 0 & \cdots & 0\\0 & 0 & 2 & \cdots & 0\\\vdots & \vdots & \vdots & \vdots & \vdots\\0 & 0 & 0 & \cdots & n-1\\n & 0 & 0 & \cdots & 0\end{pmatrix}$．求：

(1)A^{-1}；

(2)$|A|$的第 i 行代数余子式的和 $A_{i1}+A_{i2}+\cdots+A_{in}$．

21. 设 A,B,C,D 都为 n 阶方阵，且 A 可逆，I 为 n 阶单位阵，且 $X=\begin{pmatrix}I & O\\-CA^{-1} & I\end{pmatrix}$，$Y=\begin{pmatrix}A & B\\C & D\end{pmatrix}$，$Z=\begin{pmatrix}I & -A^{-1}B\\O & I\end{pmatrix}$．求 XYZ．

22. 分块矩阵 $P=\begin{pmatrix}O & A\\B & O\end{pmatrix}$，其中 A,B 均为三阶方阵，且$|A|=a\neq0$，$|B|=b\neq0$．求：

(1)P 的伴随矩阵 P^*；

(2)P^* 的行列式$|P^*|$；

(3)P^* 的逆矩阵$(P^*)^{-1}$．

23. 已知矩阵 $A=(a_{ij})_{3\times3}$ 满足 $a_{ij}=A_{ij}$，$(i,j=1,2,3)$，其中，A_{ij} 为 a_{ij} 的代数余子式，且 $a_{33}=-1$．试求

(1)A 的行列式的值；

(2)求解方程组 $A\begin{pmatrix}x_1\\x_2\\x_3\end{pmatrix}=0$．

(四)证明题

1. 设 A,B 均为 n 阶矩阵，I 为 n 阶单位矩阵，k 为实数．证明

(1)$tr(A+B)=tr(A)+tr(B)$；

(2)$tr(kA)=ktr(A)$；

(3)$tr(AB)=tr(BA)$；

(4)$AB-BA\neq I$．

2. 设 A,B 为两个 n 阶反对称矩阵．试证：

(1)A^2 为对称矩阵；

(2)AB 为对称矩阵的充要条件是 $AB=BA$．

3. 设 A 为 n 阶方阵，且对某个正整数 m 有 $A^m=O$．证明 $I-A$ 可逆，并求其逆．

4. 若 $2A(A-I)=A^3$．证明 $I-A$ 可逆，并求$(I-A)^{-1}$．

5. 对任意 n 阶方阵 A,B，若 $AB=A+B$，试证 $AB=BA$．

6. 已知 $A^3=2I$，$B=A^3+A^2-2A$．证明 B 可逆，并求出其逆．

7. 设 A,B 为 n 阶方阵，且 $A^2=A$，$B^2=B$，$(A+B)^2=A+B$．证明 $AB=BA=O$．

8. 设 B 为反对称矩阵．证明 $B+I$ 和 $B-I$ 均为可逆矩阵．

9. 设 A 为方阵，$f(x)=a_0+a_1x+a_2x^2+\cdots+a_mx^m$ 为 m 次多项式．证明若存在可逆方阵 P，使得 $A=PBP^{-1}$(即 A 与 B 相似)，则 $f(A)=Pf(B)P^{-1}$[即 $f(A)$ 与 $f(B)$ 相似]．(关于相似定义详见第六章)．

10. 设 A 为 n 阶方阵，且对任意 $n\times1$ 矩阵 X 均有 $AX=O$．证明 $A=O$．

11. 证明不存在 n 阶正交矩阵 A,B(即 $AA^T=I,BB^T=I$)，使得 $A^2=AB+B^2$．

12. 设 A,B 为对称矩阵，且 $|A|\neq0$，$I+AB$ 可逆．证明 $(I+AB)^{-1}A$ 也是对称矩阵．

13. 设 A 是 n 阶可逆矩阵，α,β 是 n 维列向量，且 $1+\beta^TA^{-1}\alpha\neq0$．证明 Sherman-Morrison 公式 $(A+\alpha\beta^T)^{-1}=A^{-1}-\dfrac{1}{1+\beta^TA^{-1}\alpha}A^{-1}\alpha\beta^TA^{-1}$．

B. 提高题

1. 三阶方阵 $A=\begin{pmatrix}5&1&0\\0&5&2\\0&0&5\end{pmatrix}$．计算 A^n．

2. 设 A 为 n 阶上(下)三角矩阵，若 A 可逆，则 A^{-1} 也为上(下)三角矩阵．

3. 设 $A=\begin{pmatrix}1&0&0\\1&0&1\\0&1&0\end{pmatrix}$，(1)证明 $A^n=A^{n-2}+A^2-I$；(2)求 A^{100}．

4. 设 n 阶方阵 $A=\begin{pmatrix}n&\sum\limits_{i=1}^{n}x_i&\sum\limits_{i=1}^{n}x_i^2&\cdots&\sum\limits_{i=1}^{n}x_i^{n-1}\\\sum\limits_{i=1}^{n}x_i&\sum\limits_{i=1}^{n}x_i^2&\sum\limits_{i=1}^{n}x_i^3&\cdots&\sum\limits_{i=1}^{n}x_i^n\\\cdots&\cdots&\cdots&\cdots&\cdots\\\sum\limits_{i=1}^{n}x_i^{n-1}&\sum\limits_{i=1}^{n}x_i^n&\sum\limits_{i=1}^{n}x_i^{n+1}&\cdots&\sum\limits_{i=1}^{n}x_i^{2n-2}\end{pmatrix}$．求 $|A|$．

5. 设二阶方阵 $A=\begin{pmatrix}a&c\\0&b\end{pmatrix}$，其中 a,b,c 为实数．试求一切可能的 a,b,c 的值，使得 $A^{100}=I$．

6. 设 α 为一个 $1\times n$ 行矩阵，已知 I 为 n 阶单位矩阵，$T=I-2\alpha^T\alpha$，$\alpha\alpha^T=1$．证明 T 为对称矩阵，并且满足 $TT^T=I$．

7. 已知 n 阶方阵 A 满足 $A^2+2A-3I=O$．求

(1) A^{-1}，$(A+2I)^{-1}$；

(2) $(A+4I)^{-1}$；

(3) $A+nI$ 是否可逆，若可逆，求其逆．

8. 设 $A=I-\xi\xi^T$，其中，I 为 n 阶单位矩阵，ξ 为 $n\times1$ 列矩阵．证明

(1) $A^2=A$ 的充要条件是 $\xi^T\xi=1$；

(2) 当 $\xi^T\xi=1$ 时，A 为不可逆矩阵．

9. 设 $T=\begin{pmatrix}A&B\\C&D\end{pmatrix}$，其中，$A$ 为 m 阶可逆矩阵，B 为 $m\times n$ 矩阵，C 为 $n\times m$ 矩阵．

(1) 证明 T 可逆的充要条件是 $D-CA^{-1}B$ 可逆；

(2)当 T 可逆时求其逆矩阵.

10. 设对称矩阵 $P=\begin{bmatrix}A & C\\ D & B\end{bmatrix}$,其中,$A$,$B$ 分别为 r,s 阶对称矩阵,C 为 $r\times s$ 矩阵,D 为 $s\times r$ 矩阵. 若 $|A|\neq 0$,则存在分块矩阵 $Q=\begin{bmatrix}I_r & X\\ O & I_s\end{bmatrix}$ 使 $Q^TPQ=\begin{bmatrix}A & O\\ O & \hat{B}\end{bmatrix}$,其中,$I_r$,$I_s$ 分别为 r,s 阶单位矩阵,X 为 $r\times s$ 矩阵,$\hat{B}$ 为 s 阶对称矩阵.

11. 设 A 为可逆对称矩阵,B 为反对称矩阵,并且 $AB=BA$. 证明 $A+B$ 可逆.

第三章

向量的线性相关性与矩阵的秩

Ⅰ 内容提要

一、n 维向量及其线性运算

1. 向量及其线性运算

向量 n 个数 $a_1,a_2,\cdots,a_n$ 的有序数组 $(a_1,a_2,\cdots,a_n)$，称为 n 维向量．a_i 称为第 i 个分量．每个分量为实数的向量称为实向量，分量为复数的向量称为复向量．本书只在实数范围中讨论，下面所提及的向量没有特别指明均为实向量．n 维向量可以写成行向量的形式，$\alpha=(a_1,a_2,\cdots,a_n)$，也可以写成列向量的形式

$$\alpha=\begin{pmatrix}a_1\\a_2\\\vdots\\a_n\end{pmatrix}=(a_1,a_2,\cdots,a_n)^T.$$

分量都为 0 的向量称为零向量，记为 0（在有的教材中也记为 θ）．

向量相等 两个 n 维向量 $\alpha=\begin{pmatrix}a_1\\a_2\\\vdots\\a_n\end{pmatrix}$，$\beta=\begin{pmatrix}b_1\\b_2\\\vdots\\b_n\end{pmatrix}$，如果 $a_i=b_i,i=1,2,\cdots,n$，称向量 α 和 β 相等，记作 $\alpha=\beta$.

向量的线性运算

加法 α 和 β 的和定义为

$$\alpha+\beta=(a_1+b_1,a_2+b_2,\cdots,a_n+b_n)^T.$$

数乘 数 k 与 α 数乘定义为

$$k\alpha=(ka_1,ka_2,\cdots,ka_n)^T,$$

特别地，$(-1)\alpha=(-a_1,-a_2,\cdots,-a_n)^T$ 称为向量 α 的负向量，记作 $-\alpha$. 因此 α 和 β 减法定

义为

$$\alpha-\beta=\alpha+(-\beta)=(a_1-b_1,a_2-b_2,\cdots,a_n-b_n)^T.$$

2. n 维向量的运算法则

设 α,β,γ 为 n 维向量，k,l 为实数，

(1) $\alpha+\beta=\beta+\alpha$；

(2) $\alpha+(\beta+\gamma)=(\alpha+\beta)+\gamma$；

(3) $\alpha+0=\alpha$；

(4) $\alpha+(-\alpha)=0$；

(5) $(kl)\alpha=k(l\alpha)$；

(6) $1\cdot\alpha=\alpha$；

(7) $(k+l)\alpha=k\alpha+l\alpha$；

(8) $k(\alpha+\beta)=k\alpha+k\beta$.

二、向量间的线性关系

线性表示 设 n 维向量组 $\alpha_1,\alpha_2,\cdots,\alpha_s$ 以及向量 β，若存在数 $k_1,k_2,\cdots,k_s$，使得 $\beta=k_1\alpha_1+k_2\alpha_2+\cdots+k_s\alpha_s$，称向量 β 是向量组 $\alpha_1,\alpha_2,\cdots,\alpha_s$ 的线性组合，或者称向量 β 可以由向量组 $\alpha_1,\alpha_2,\cdots,\alpha_s$ 线性表示．

线性相关 设 n 维向量 $\alpha_1,\alpha_2,\cdots,\alpha_s$ 若存在一组不全为 0 的数 $k_1,k_2,\cdots,k_s$，使得 $k_1\alpha_1+k_2\alpha_2+\cdots+k_s\alpha_s=0$，称 $\alpha_1,\alpha_2,\cdots,\alpha_s$ 线性相关．否则，称 $\alpha_1,\alpha_2,\cdots,\alpha_s$ 线性无关，即当且仅当 $k_1,k_2,\cdots,k_s$ 全为 0 时，有 $k_1\alpha_1+k_2\alpha_2+\cdots k_s\alpha_s=0$，称 $\alpha_1,\alpha_2,\cdots,\alpha_s$ 线性无关．

性质 (1)任意 n 维向量均可由 n 维单位坐标向量组

$$e_1=(1,0,\cdots,0)^T,e_2=(0,1,\cdots,0)^T,\cdots,e_n=(0,0,\cdots,1)^T$$

线性表示．

(2) n 维单位坐标向量组 $e_1,e_2,\cdots,e_n$ 线性无关．

(3)含有零向量的向量组线性相关．

(4)一个向量 α 线性相关的充要条件是 α 为零向量．

(5)两个向量 α,β 线性相关的充要条件是 α,β 对应分量成比例．

(6) n 个 n 维向量 $\alpha_i=\begin{pmatrix}a_{1i}\\a_{2i}\\\vdots\\a_{ni}\end{pmatrix}$，$i=1,2,\cdots,n$ 线性无关的充要条件是

$$\begin{vmatrix}a_{11}&a_{12}&\cdots&a_{1n}\\a_{21}&a_{22}&\cdots&a_{2n}\\\cdots&\cdots&&\\a_{n1}&a_{n2}&\cdots&a_{nn}\end{vmatrix}\neq 0.$$

(7)当 $m>n$ 时，m 个 n 维向量一定线性相关．

(8)设向量组 $\alpha_1,\alpha_2,\cdots,\alpha_m$ 线性无关，而

$$\begin{cases}\beta_1=b_{11}\alpha_1+b_{12}\alpha_2+\cdots+b_{1m}\alpha_m\\ \beta_2=b_{21}\alpha_1+b_{22}\alpha_2+\cdots+b_{2m}\alpha_m\\ \cdots\cdots\\ \beta_m=b_{m1}\alpha_1+b_{m2}\alpha_2+\cdots+b_{mm}\alpha_m\end{cases},$$

则 $\beta_1,\beta_2,\cdots,\beta_m$ 线性无关的充要条件是

$$\Delta=\begin{vmatrix}b_{11}&b_{12}&\cdots&b_{1m}\\ b_{21}&b_{22}&\cdots&b_{2m}\\ \cdots&\cdots&\cdots&\cdots\\ b_{m1}&b_{m2}&\cdots&b_{mm}\end{vmatrix}\neq 0.$$

(证明见例 5.)

(9)设 n 维向量组 $\alpha_1,\alpha_2,\cdots,\alpha_s$ 线性相关,则向量组 $\alpha_1,\alpha_2,\cdots,\alpha_s,\alpha_{s+1},\cdots,\alpha_m(m>s)$,也线性相关(部分相关则整体相关;反之,整体无关则部分无关).

(10)设 n 维向量组 $\alpha_i=\begin{pmatrix}a_{1i}\\ a_{2i}\\ \vdots\\ a_{ni}\end{pmatrix}$,$i=1,2,\cdots,s$,添加一个分量后形成的 $n+1$ 维向量组 $\beta_i=\begin{pmatrix}a_{1i}\\ a_{2i}\\ \vdots\\ a_{ni}\\ b_i\end{pmatrix}$,$i=1,2,\cdots,s$. 若向量组 $\alpha_1,\alpha_2,\cdots,\alpha_s$ 线性无关,则向量组 $\beta_1,\beta_2,\cdots,\beta_s$ 也线性无关.

(11)n 维向量组 $\alpha_1,\alpha_2,\cdots,\alpha_s$ 线性相关的充要条件是 $\alpha_1,\alpha_2,\cdots,\alpha_s$ 中至少有一个向量可以由其余 $s-1$ 个向量线性表示.

(12)设 n 维向量组 $\alpha_1,\alpha_2,\cdots,\alpha_s$ 线性无关,则 $\alpha_1,\alpha_2,\cdots,\alpha_s,\beta$ 线性相关的充要条件是 β 可以由 $\alpha_1,\alpha_2,\cdots,\alpha_s$ 线性表示.

三、向量组之间的关系

向量组的线性表示　设有两个 n 维向量组,(Ⅰ):$\alpha_1,\alpha_2,\cdots,\alpha_s$;(Ⅱ):$\beta_1,\beta_2,\cdots,\beta_t$.

如果向量组(Ⅰ)中每个向量 $\alpha_i(i=1,\cdots,s)$ 都可以由向量组(Ⅱ)线性表示,称向量组(Ⅰ)可以由向量组(Ⅱ)线性表示.

向量组的等价　如果向量组(Ⅰ)可以由向量组(Ⅱ)线性表示,且向量组(Ⅱ)也可以由向量组(Ⅰ)线性表示,称向量组(Ⅰ)和向量组(Ⅱ)等价.

性质　(1)如果向量组(Ⅰ)可以由向量组(Ⅱ)线性表示,且 $s>t$,那么向量组(Ⅰ)线性相关.

(2)两个等价的线性无关的向量组所含向量的个数相等.

四、向量组的秩

极大线性无关组 设 T 是 n 维向量组,T 中有一部分向量 $\alpha_1,\alpha_2,\cdots,\alpha_r$,满足:

(1)$\alpha_1,\alpha_2,\cdots,\alpha_r$ 线性无关；

(2)任取 T 中向量 α，有 $\alpha,\alpha_1,\alpha_2,\cdots,\alpha_r$ 线性相关，

称 $\alpha_1,\alpha_2,\cdots,\alpha_r$ 是向量组 T 的极大线性无关组．

向量组的秩 向量组的极大线性无关组所含向量的个数称为向量组的秩，记为 $r(T)$、$R(T)$或秩(T).

一般地，向量组的极大线性无关组不唯一，而向量组的秩是唯一的。

性质 (1)设向量组(Ⅰ)的秩为 r，向量组(Ⅱ)的秩为 m，如果向量组(Ⅰ)可以由向量组(Ⅱ)线性表示，那么 $r\leqslant m$.

(2)如果两个向量组等价，那么秩相等．反之不成立．

(3)如果向量组(Ⅰ)和向量组(Ⅱ)的秩相等，且向量组(Ⅰ)可以由向量组(Ⅱ)线性表示，那么向量组(Ⅰ)和向量组(Ⅱ)等价(证明见例题 8).

五、矩阵的秩

矩阵的子式 $m\times n$ 矩阵 A 中任取 k 行 k 列($k\leqslant\min\{m,n\}$)，位于这些行列交叉处的元素按原来的顺序组成的 k 阶行列式，称为矩阵 A 的 k 阶子式．对于 n 阶矩阵 A，它的 n 阶子式就是矩阵 A 的行列式，$n-1$ 阶子式是 A 的行列式中余子式，一阶子式是 A 的每个元素．

矩阵的秩 矩阵 A 的行向量组的秩称为矩阵 A 的行秩，矩阵 A 的列向量组的秩称为矩阵 A 的列秩．矩阵的行秩等于列秩．矩阵 A 的行秩(列秩)称为矩阵 A 的秩．记为 $r(A)$或 $R(A)$.

性质：

(1)$r(A+B)\leqslant r(A)+r(B)$.

(2)$r(AB)\leqslant\min\{r(A),r(B)\}$.

(3)设 A 为 $m\times n$ 矩阵，P 为 m 阶可逆矩阵，Q 为 n 阶可逆矩阵，则 $r(PAQ)=r(A)$．因此，矩阵作初等变换不改变秩．

(4)$m\times n$ 阶矩阵 A 和 $n\times s$ 阶矩阵 B，如果 $AB=0$，那么 $r(A)+r(B)\leqslant n$(证明见第四章例 6).

(5)n 阶矩阵 A 可逆的充要条件是 $r(A)=n$.

(6)$m\times n$ 矩阵 A 的秩为 r 的充要条件是 A 有一个 r 阶子式不为 0，同时所有 $r+1$ 阶子式全为 0.

(7)$m\times n$ 矩阵 A 的秩为 r 的充要条件是 A 有一个 r 阶子式 D 不为 0，同时所有含 D 的 $r+1$ 阶子式(如果存在的话)全为 0.

Ⅱ 例题精讲

一、线性表示、线性相关、线性无关

【例 1】 设 $\alpha_1=\begin{pmatrix}1\\-6\\1\end{pmatrix}$，$\alpha_2=\begin{pmatrix}2\\3\\5\end{pmatrix}$，$\alpha_1=\begin{pmatrix}3\\7\\8\end{pmatrix}$，$\beta=\begin{pmatrix}7\\-2\\t\end{pmatrix}$，$t$ 为何值时，β 可以由 $\alpha_1,\alpha_2,\alpha_3$ 线性表

示?

解　设$\beta=k_1\alpha_1+k_2\alpha_2+k_3\alpha_3$,即

$$\begin{cases} k_1+2k_2+3k_3=7 \\ -6k_1+3k_2+7k_3=-2. \\ k_1+5k_2+8k_3=t \end{cases}$$

方程组的增广矩阵

$$\overline{A}=\left(\begin{array}{ccc:c} 1 & 2 & 3 & 7 \\ -6 & 3 & 7 & -2 \\ 1 & 5 & 8 & t \end{array}\right)\to\left(\begin{array}{ccc:c} 1 & 2 & 3 & 7 \\ 0 & 3 & 5 & 8 \\ 0 & 0 & 0 & t-15 \end{array}\right).$$

因此,当$t=15$时方程组有解(见第四章解的判别),即当$t=15$时β可以由$\alpha_1,\alpha_2,\alpha_3$线性表示.

评注　求向量β可以由$\alpha_1,\alpha_2,\cdots,\alpha_s$线性表示的问题等价于线性方程组$AX=\beta$的求解,其中系数矩阵$A$的列向量为$\alpha_1,\alpha_2,\cdots,\alpha_s$. 向量$\beta$可以由$\alpha_1,\alpha_2,\cdots,\alpha_s$线性表示,表示法唯一对应于线性方程组$AX=\beta$有唯一解;向量$\beta$可以由$\alpha_1,\alpha_2,\cdots,\alpha_s$线性表示,表示法不唯一对应于线性方程组$AX=\beta$有无穷多组解;向量$\beta$不可以由$\alpha_1,\alpha_2,\cdots,\alpha_s$线性表示,对应于线性方程组$AX=\beta$无解,在第四章会详细讨论,所以相关题目可以在学习第四章后再来解决.

【例2】　判断向量组$\alpha_1=\begin{pmatrix}1\\-2\\3\end{pmatrix},\alpha_2=\begin{pmatrix}3\\1\\-1\end{pmatrix},\alpha_1=\begin{pmatrix}0\\1\\3\end{pmatrix}$是否线性相关?

解　设常数k_1,k_2,k_3使得$k_1\alpha_1+k_2\alpha_2+k_3\alpha_3=0$,即

$$\begin{cases} k_1+3k_2+0k_3=0 \\ -2k_1+k_2+k_3=0, \\ 3k_1-k_2+3k_3=0 \end{cases}$$

根据克莱姆法则,$\begin{vmatrix} 1 & 3 & 0 \\ -2 & 1 & 1 \\ 3 & -1 & 3 \end{vmatrix}=31\neq0$,得方程组只有零解,即$k_1=0,k_2=0,k_3=0$. 因此,$\alpha_1,\alpha_2,\alpha_3$线性无关.

评注　向量组$\alpha_1,\alpha_2,\cdots,\alpha_s$的线性相关性等价于齐次线性方程组$AX=0$是否只有零解,其中系数矩阵$A$的列向量为$\alpha_1,\alpha_2,\cdots,\alpha_s$. 向量组$\alpha_1,\alpha_2,\cdots,\alpha_s$线性相关对应着齐次线性方程组$AX=0$有非零解;向量组$\alpha_1,\alpha_2,\cdots,\alpha_s$线性无关对应着齐次线性方程组$AX=0$只有零解. 这些同样在第四章会详细讨论. 对于$n$个$n$维向量$\alpha_1,\alpha_2,\cdots,\alpha_n$线性相关的问题可以根据(二)中性质6直接用行列式$\begin{vmatrix} 1 & 3 & 0 \\ -2 & 1 & 1 \\ 3 & -1 & 3 \end{vmatrix}$是否为0得出.

【例3】　设$\alpha_1,\alpha_2,\alpha_3$线性无关,$\beta_1=\alpha_1+\alpha_2+\alpha_3,\beta_2=\alpha_1+\alpha_2,\beta_3=\alpha_1$,试证$\beta_1,\beta_2,\beta_3$线性无关.

证　设常数k_1,k_2,k_3使得$k_1\beta_1+k_2\beta_2+k_3\beta_3=0$,代入得

$$k_1(\alpha_1+\alpha_2+\alpha_3)+k_2(\alpha_1+\alpha_2)+k_3\alpha_1=0,$$

即

$$(k_1+k_2+k_3)\alpha_1+(k_1+k_2)\alpha_2+k_1\alpha_3=0,$$

因为 $\alpha_1,\alpha_2,\alpha_3$ 线性无关，所以

$$\begin{cases} k_1+k_2+k_3=0 \\ k_1+k_2=0 \\ k_1=0 \end{cases},$$

解得 $k_1=k_2=k_3=0$. 因此，β_1,β_2,β_3 线性无关.

评注 这类题目可以也直接根据(二)中性质(8)用行列式求解.

【例 4】 设向量组 $\alpha_1,\alpha_2,\alpha_3$ 线性无关，

$$\begin{aligned} \beta_1&=(m-1)\alpha_1+3\alpha_2+\alpha_3 \\ \beta_2&=2\alpha_1+(m+1)\alpha_2+\alpha_3 \\ \beta_3&=-2\alpha_1-(m+1)\alpha_2+(m-1)\alpha_3 \end{aligned}.$$

问：(1)m 为何值时，β_1,β_2,β_3 线性无关？

(2)m 为何值时，β_1,β_2,β_3 线性相关？

解 根据(二)中性质(8)有：

$$\begin{vmatrix} m-1 & 3 & 1 \\ 2 & m+1 & 1 \\ -2 & -(m+1) & m-1 \end{vmatrix}=m(m-\sqrt{7})(m+\sqrt{7}).$$

当 $m\neq 0, m\neq\pm\sqrt{7}$ 时，β_1,β_2,β_3 线性无关.

当 $m=0$ 或 $m=\pm\sqrt{7}$ 时，β_1,β_2,β_3 线性相关.

【例 5】 证明(二)中性质(8)。

设向量组 $\alpha_1,\alpha_2,\cdots,\alpha_m$ 线性无关，而

$$\begin{cases} \beta_1=b_{11}\alpha_1+b_{12}\alpha_2+\cdots+b_{1m}\alpha_m \\ \beta_2=b_{21}\alpha_1+b_{22}\alpha_2+\cdots+b_{2m}\alpha_m \\ \qquad\cdots\cdots \\ \beta_m=b_{m1}\alpha_1+b_{m2}\alpha_2+\cdots+b_{mm}\alpha_m \end{cases},$$

证明：$\beta_1,\beta_2,\cdots,\beta_m$ 线性无关的充要条件是

$$\Delta=\begin{vmatrix} b_{11} & b_{12} & \cdots & b_{1m} \\ b_{21} & b_{22} & \cdots & b_{2m} \\ \cdots & \cdots & \cdots & \cdots \\ b_{m1} & b_{m2} & \cdots & b_{mm} \end{vmatrix}\neq 0.$$

证 设常数 $k_1,k_2,\cdots,k_m$ 使

$$k_1\beta_1+k_2\beta_2+\cdots+k_m\beta_m=0,$$

即

$$\begin{aligned} &k_1(b_{11}\alpha_1+b_{12}\alpha_2+\cdots+b_{1m}\alpha_m)+k_2(b_{21}\alpha_1+b_{22}\alpha_2+\cdots+b_{2m}\alpha_m)+\cdots \\ &+k_m(b_{m1}\alpha_1+b_{m2}\alpha_2+\cdots+b_{mm}\alpha_m)=0, \end{aligned}$$

整理得

$$\begin{aligned} &(k_1b_{11}+k_2b_{21}+\cdots+k_mb_{m1})\alpha_1+(k_1b_{12}+k_2b_{22}+\cdots+k_mb_{m2})\alpha_2+\cdots \\ &+(k_1b_{1m}+k_2b_{2m}+\cdots+k_mb_{mm})\alpha_m=0. \end{aligned}$$

因为 $\alpha_1,\alpha_2,\cdots,\alpha_m$ 线性无关，所以

$$\begin{cases} k_1b_{11}+k_2b_{21}+\cdots+k_mb_{m1}=0 \\ k_1b_{12}+k_2b_{22}+\cdots+k_mb_{m2}=0 \\ \cdots\cdots \\ k_1b_{1m}+k_2b_{2m}+\cdots+k_mb_{mm}=0 \end{cases}.$$

上述齐次方程组只有零解的充要条件是

$$\begin{vmatrix} b_{11} & b_{21} & \cdots & b_{m1} \\ b_{12} & b_{22} & \cdots & b_{m2} \\ \cdots & \cdots & \cdots & \cdots \\ b_{1m} & b_{2m} & \cdots & b_{mm} \end{vmatrix} \neq 0.$$

即

$$\Delta=\begin{vmatrix} b_{11} & b_{12} & \cdots & b_{1m} \\ b_{21} & b_{22} & \cdots & b_{2m} \\ \cdots & \cdots & \cdots & \cdots \\ b_{m1} & b_{m2} & \cdots & b_{mm} \end{vmatrix} \neq 0.$$

所以 $\beta_1,\beta_2,\cdots,\beta_m$ 线性无关的充要条件是 $\Delta\neq0$.

二、向量组的秩和极大线性无关组

【例 6】 求向量组

$\alpha_1=(6,4,1,-1,2)^T,\alpha_2=(1,0,2,3,-4)^T,\alpha_3=(1,4,-9,-16,22)^T,\alpha_4=(7,1,0,-1,3)^T$ 的秩和一个极大线性无关组，并将其余向量用极大线性无关组线性表示.

解

$$(\alpha_1,\alpha_2,\alpha_3,\alpha_4)=\begin{pmatrix} 6 & 1 & 1 & 7 \\ 4 & 0 & 4 & 1 \\ 1 & 2 & -9 & 0 \\ -1 & 3 & -16 & -1 \\ 2 & -4 & 22 & 3 \end{pmatrix} \to \begin{pmatrix} 1 & 0 & 1 & 0 \\ 0 & 1 & -5 & 0 \\ 0 & 0 & 0 & 1 \\ 0 & 0 & 0 & 0 \\ 0 & 0 & 0 & 0 \end{pmatrix}.$$

所以向量组的秩为 3，$\alpha_1,\alpha_2,\alpha_4$ 是其中一个极大线性无关组，且 $\alpha_3=\alpha_1-5\alpha_2$.

评注 向量组的秩与极大线性无关组的求法：$\alpha_1,\alpha_2,\cdots,\alpha_s$ 作为矩阵的列向量构成一个矩阵，然后将矩阵作初等行变换化为一个阶梯形矩阵直接求得．而相应的线性表示也可以同样得到．由于一个向量组的极大线性无关组一般不唯一，所以答案也不唯一．

【例 7】 n 维向量组 $\alpha_1,\alpha_2,\cdots,\alpha_n$ 线性无关的充要条件是任意 n 维向量都可以由它们线性表示．

证 充分性 设任意 n 维向量都可以由 $\alpha_1,\alpha_2,\cdots,\alpha_n$ 线性表示，则单位坐标向量 $e_1,e_2,\cdots,e_n$ 也可由 $\alpha_1,\alpha_2,\cdots,\alpha_n$ 线性表示，因此 $\alpha_1,\alpha_2,\cdots,\alpha_n$ 与 $e_1,e_2,\cdots,e_n$ 等价，于是秩 $(\alpha_1,\alpha_2,\cdots,\alpha_n)=$ 秩 $(e_1,e_2,\cdots,e_n)=n$，所以 $\alpha_1,\alpha_2,\cdots,\alpha_n$ 线性无关．

必要性 设 $\alpha_1,\alpha_2,\cdots,\alpha_n$ 线性无关．任取一个 n 维向量 β，则 $\alpha_1,\alpha_2,\cdots,\alpha_n,\beta$ 这 $n+1$ 个 n 维向量线性相关．因为 $\alpha_1,\alpha_2,\cdots,\alpha_n$ 线性无关，所以 β 可以由 $\alpha_1,\alpha_2,\cdots,\alpha_n$ 线性表示．

【例 8】 若向量组(Ⅰ)可以由向量组(Ⅱ)线性表示，且两个向量组的秩相等，则向量组(Ⅰ)和(Ⅱ)等价．

证 设两个向量组的秩为r，即$r(\mathrm{I})=r(\mathrm{II})=r$.

不妨假设$\alpha_1,\alpha_2,\cdots,\alpha_r$是向量组(Ⅰ)的极大线性无关组，$\beta_1,\beta_2,\cdots,\beta_r$是向量组(Ⅱ)的极大线性无关组.

因为(Ⅰ)可以由(Ⅱ)线性表示，所以$\alpha_1,\alpha_2,\cdots,\alpha_r$可以由$\beta_1,\beta_2,\cdots,\beta_r$线性表示．于是，$\beta_1,\beta_2,\cdots,\beta_r$是向量组$\alpha_1,\alpha_2,\cdots,\alpha_r,\beta_1,\beta_2,\cdots,\beta_r$的极大线性无关组，则向量组$\alpha_1,\alpha_2,\cdots,\alpha_r,\beta_1,\beta_2,\cdots,\beta_r$的秩为$r$，所以$\alpha_1,\alpha_2,\cdots,\alpha_r,\beta_i$这$r+1$个向量线性相关，而$\alpha_1,\alpha_2,\cdots,\alpha_r$线性无关，因此$\beta_i$可以由$\alpha_1,\alpha_2,\cdots,\alpha_r$线性表示，即$\beta_1,\beta_2,\cdots,\beta_r$可以由$\alpha_1,\alpha_2,\cdots,\alpha_r$线性表示，所以(Ⅱ)可以由(Ⅰ)线性表示．因此向量组(Ⅰ)和(Ⅱ)等价.

【例 9】 设向量组$\alpha_1=(0,1,1)^T,\alpha_2=(1,2,1)^T,\alpha_3=(1,0,-1)^T$，以及向量组$\beta_1=(1,1,0)^T,\beta_2=(1,1,1)^T,\beta_3=(2,a,b)^T$．确定$a$和$b$使得$\alpha_1,\alpha_2,\alpha_3$与$\beta_1,\beta_2,\beta_3$的秩相同，且$\beta_3$由$\alpha_1,\alpha_2,\alpha_3$线性表示.

解

$$(\alpha_1,\alpha_2,\alpha_3)\to\begin{pmatrix}0&1&1\\1&2&0\\1&1&-1\end{pmatrix}\to\begin{pmatrix}1&0&-2\\0&1&1\\0&0&0\end{pmatrix},$$

所以$\alpha_1,\alpha_2,\alpha_3$的秩为2. 因此$\beta_1,\beta_2,\beta_3$的秩也为2，于是$\beta_1,\beta_2,\beta_3$线性相关．因此

$$\begin{vmatrix}1&1&2\\1&1&a\\0&1&b\end{vmatrix}=0,$$

得$a=2$. 又因为β_3由$\alpha_1,\alpha_2,\alpha_3$线性表示，而$\alpha_1,\alpha_2$是$\alpha_1,\alpha_2,\alpha_3$的极大线性无关组，所以$\beta_3$由$\alpha_1,\alpha_2$线性表示，于是$\alpha_1,\alpha_2,\beta_3$线性相关，即

$$\begin{vmatrix}0&1&2\\1&2&2\\1&1&b\end{vmatrix}=-b=0,$$

得$b=0$. 综上所述，$a=2,b=0$时，$\alpha_1,\alpha_2,\alpha_3$与$\beta_1,\beta_2,\beta_3$的秩相同，且$\beta_3$由$\alpha_1,\alpha_2,\alpha_3$线性表示.

【例 10】 设向量组(Ⅰ)：$\alpha_1=(1,0,2)^T,\alpha_2=(1,1,3)^T,\alpha_3=(1,-1,a+2)^T$和向量组(Ⅱ)：$\beta_1=(1,2,a+3)^T,\beta_2=(2,1,a+6)^T,\beta_3=(2,1,a+4)^T$．试问：当$a$为何值时，向量组(Ⅰ)和(Ⅱ)等价？当$a$为何值时，向量组(Ⅰ)和(Ⅱ)不等价？

解

$$(\alpha_1,\alpha_2,\alpha_3|\beta_1,\beta_2,\beta_3)=\left(\begin{array}{ccc|ccc}1&1&1&1&2&2\\0&1&-1&2&1&1\\2&3&a+2&a+3&a+6&a+4\end{array}\right)$$

$$\to\left(\begin{array}{ccc|ccc}1&1&1&1&2&2\\0&1&-1&2&1&1\\0&0&a+1&a-1&a+1&a-1\end{array}\right).$$

当$a=-1$时，β_1不可以由$\alpha_1,\alpha_2,\alpha_3$表示，则向量组(Ⅰ)和(Ⅱ)不等价.

当$a\neq-1$时，$r(\alpha_1,\alpha_2,\alpha_3)=3$，且$\beta_1,\beta_2,\beta_3$可以由$\alpha_1,\alpha_2,\alpha_3$线性表示．此时，如果$r(\beta_1,\beta_2,\beta_3)=3$，那么$\alpha_1,\alpha_2,\alpha_3$和$\beta_1,\beta_2,\beta_3$等价．而

$$|\beta_1,\beta_2,\beta_3|=\begin{vmatrix}1 & 2 & 2\\ 2 & 1 & 1\\ a+3 & a+6 & a+4\end{vmatrix}=6\neq 0,$$

则 $r(\beta_1,\beta_2,\beta_3)=3$. 所以,当 $a\neq -1$ 时,向量组(Ⅰ)和(Ⅱ)等价.

评注　向量组(Ⅰ)和(Ⅱ)等价的定义是两者可以相互线性表示. 在做题时可以利用(四)中性质(3):(Ⅱ)可以由(Ⅰ)线性表示,且(Ⅰ)和(Ⅱ)的秩相等,则向量组(Ⅰ)和(Ⅱ)等价. 因此只需将 $\alpha_1,\alpha_2,\alpha_3$ 和 β_1,β_2,β_3 作为一个矩阵的列向量 $(\alpha_1,\alpha_2,\alpha_3,\beta_1,\beta_2,\beta_3)$ 作行初等变换即可得出需要的结论. 将 $\alpha_1,\alpha_2,\alpha_3$ 和 β_1,β_2,β_3 放在一起作行初等变换,除了可以得出两个向量组的秩,更重要的是还可以同时得出 β_1,β_2,β_3 能否由 $\alpha_1,\alpha_2,\alpha_3$ 线性表示.

三、矩阵的秩

【例 11】　已知 n 阶矩阵 $A=\begin{pmatrix}a & b & \cdots & b\\ b & a & \cdots & b\\ \cdots & \cdots & \cdots & \cdots\\ b & b & \cdots & a\end{pmatrix}(n>2)$,试根据 a 和 b 的不同取值确定 A 的秩.

解

$$|A|=(a+(n-1)b)(a-b)^{n-1},$$

当 $|A|\neq 0$ 时,即 $a+(n-1)b\neq 0$,且 $a\neq b$ 时,A 的秩为 n.

当 $|A|=0$ 时,若 $a=b=0$,$A=0$,A 的秩为 0.

当 $a=b\neq 0$ 时,$A=\begin{pmatrix}a & a & \cdots & a\\ a & a & \cdots & a\\ \cdots & \cdots & \cdots & \cdots\\ a & a & \cdots & a\end{pmatrix}$,所以 A 的秩为 1.

当 $a=(1-n)b$ 时,A 的左上角的 $n-1$ 阶子式为

$$\begin{vmatrix}a & b & \cdots & b\\ b & a & \cdots & b\\ \cdots & \cdots & \cdots & \cdots\\ b & b & & a\end{vmatrix}=(a+(n-2)b)(a-b)^{n-2}\neq 0,$$

所以 A 的秩为 $n-1$.

评注　矩阵的秩一般有两种方法求解:第一种方法,将矩阵作初等变换化为阶梯形矩阵,然后得出矩阵的秩;第二种方法,根据(五)中性质(7),求矩阵的 k 阶子式,然后得出. 如果矩阵中参数比较多,建议采用第二种方法,从最大阶数的子式开始.

【例 12】　设 A 为 $n(n\geqslant 2)$ 阶矩阵,A^* 为 A 的伴随矩阵,证明:

$$r(A^*)=\begin{cases}n, & \text{当 } r(A)=n \text{ 时}\\ 1, & \text{当 } r(A)=n-1 \text{ 时}\\ 0, & \text{当 } r(A)<n-1 \text{ 时}\end{cases}$$

证

当 $r(A)=n$ 时,A 为满秩矩阵,即 $|A|\neq 0$,于是 $|A^*|\neq 0$,因此 $r(A^*)=n$.

当 $r(A)=n-1$ 时,A 有一个 $n-1$ 阶子式不等于零,即存在一个余子式不等于零,于是存

在一个代数余子式不等于零，则 A^* 不是零矩阵，因此 $r(A^*)\geqslant 1$.

另一方面，由 $r(A)=n-1$ 得 $|A|=0$，根据 $AA^*=|A|I=0$，由（五）中性质（4）得 $r(A)+r(A^*)\leqslant n$. 所以 $r(A^*)\leqslant 1$.

综上所述，$r(A^*)=1$.

当 $r(A)<n-1$ 时，A 所有 $n-1$ 阶子式都为零，即 A 所有的余子式都为零，于是所有代数余子式都为零. 因此 A^* 为零矩阵，即 $r(A^*)=0$.

Ⅲ 训练题

A. 基础题

(一)填空题

1. $\alpha_1=(1,2,3)^T,\alpha_2=(-1,1,4)^T,\alpha_3=(3,3,2)^T,\beta=(4,5,5)^T$ 已知 β 可由 $\alpha_1,\alpha_2,\alpha_3$ 线性表示，则表达式为________.

2. 设 $\alpha_1=(1,2,-1)^T,\alpha_2=(2,-3,1)^T\alpha_3=(4,1,-1)^T$，则 $\alpha_1,\alpha_2,\alpha_3$ 线性________.

3. 设向量组 $(2,1,1,1)^T,(2,1,a,a)^T,(3,2,1,a)^T,(4,3,2,1)^T$ 线性相关，且 $a\neq 1$，则 $a=$________.

4. $\alpha_1,\alpha_2,\alpha_3$ 线性无关，$\beta_1=\alpha_1-\alpha_2+3\alpha_3,\beta_2=\alpha_1-2\alpha_2+\alpha_3,\beta_3=3\alpha_1+\alpha_2+\alpha_3$，则向量组 β_1,β_2,β_3 线性________.

5. 设 $\alpha=(a_1,a_2,a_3,a_4),\beta=(b_1,b_2,b_3,b_4),\gamma=(c_1,c_2,c_3,c_4)$ 若行列式 $\begin{vmatrix} a_1 & a_2 & a_3 \\ b_1 & b_2 & b_3 \\ c_1 & c_2 & c_3 \end{vmatrix}\neq 0$，则 α,β,γ 线性________.

6. 设 A 为二阶非零矩阵，且 $A^{2004}=0$，则 A 的秩为________.

7. 设 A 为二阶非零矩阵，且 $A^{2004}=I$，则 A 的秩为________.

8. 设矩阵 $A=\begin{pmatrix} k & 1 & 1 & 1 \\ 1 & k & 1 & 1 \\ 1 & 1 & k & 1 \\ 1 & 1 & 1 & k \end{pmatrix}$，且 A 的秩为 3，则 $k=$________.

9. 向量组(Ⅰ)：$\alpha_1,\alpha_2,\alpha_3$；(Ⅱ)：$\alpha_1,\alpha_2,\alpha_3,\alpha_4$；(Ⅲ)：$\alpha_1,\alpha_2,\alpha_3,\alpha_5$，如果 r(Ⅰ)$=r$(Ⅱ)$=3$，r(Ⅲ)$=4$，那么 $\alpha_1,\alpha_2,\alpha_3,\alpha_5-\alpha_4$ 的秩为________.

(二)选择题

1. 设有两个 n 维向量组 $\alpha_1,\alpha_2,\cdots,\alpha_m$ 和 $\beta_1,\beta_2,\cdots,\beta_m$. 若存在两组不全为零的数 $\lambda_1,\lambda_2,\cdots,\lambda_m$ 和 $k_1,k_2,\cdots,k_m$，使得 $(\lambda_1+k_1)\alpha_1+\cdots+(\lambda_m+k_m)\alpha_m+(\lambda_1-k_1)\beta_1+\cdots+(\lambda_m-k_m)\beta_m=0$，则(　　).

(A) $\alpha_1,\alpha_2,\cdots\cdots,\alpha_m$ 和 $\beta_1,\beta_2,\cdots,\beta_m$ 都线性相关

(B) $\alpha_1,\alpha_2,\cdots,\alpha_m$ 和 $\beta_1,\beta_2,\cdots,\beta_m$ 都线性无关

(C) $\alpha_1+\beta_1,\cdots,\alpha_m+\beta_m,\alpha_1-\beta_1,\cdots,\alpha_m-\beta_m$ 线性无关

(D) $\alpha_1+\beta_1,\cdots,\alpha_m+\beta_m,\alpha_1-\beta_1,\cdots,\alpha_m-\beta_m$ 线性相关

2. 设 $\alpha_1,\alpha_2,\cdots,\alpha_s$ 均为 n 维向量，下列结论中不正确的是(　　).

(A)若对于任意一组不全为零的数 $k_1,k_2,\cdots k_s$，都有 $k_1\alpha_1+k_2\alpha_2+\cdots+k_s\alpha_s\neq 0$，则 $\alpha_1,\alpha_2,\cdots,\alpha_s$ 线性无关

(B)若 $\alpha_1,\alpha_2,\cdots,\alpha_s$ 线性相关，则对于任意一组不全为零的数 $k_1,k_2,\cdots k_s$，都有 $k_1\alpha_1+k_2\alpha_2+\cdots+k_s\alpha_s=0$

(C)$\alpha_1,\alpha_2,\cdots,\alpha_s$ 线性无关的充要条件是此向量组的秩为 s

(D)$\alpha_1,\alpha_2,\cdots,\alpha_s$ 线性无关的必要条件是其中任意两个向量线性无关

3. 设向量组 $\alpha_1,\alpha_2,\alpha_3$ 线性无关，则下列向量组中线性相关的是(　　).

(A)$\alpha_1-\alpha_2,\alpha_2-\alpha_3,\alpha_3-\alpha_1$　　(B)$\alpha_1+\alpha_2,\alpha_2+\alpha_3,\alpha_3+\alpha_1$

(C)$\alpha_1-2\alpha_2,\alpha_2-2\alpha_3,\alpha_3-2\alpha_1$　　(D)$\alpha_1+2\alpha_2,\alpha_2+2\alpha_3,\alpha_3+2\alpha_1$

4. 设向量组 $\alpha_1,\alpha_2,\alpha_3$ 线性无关，则下列向量组线性无关的是(　　).

(A)$\alpha_1+\alpha_2,\alpha_2+\alpha_3,\alpha_3-\alpha_1$

(B)$\alpha_1+\alpha_2,\alpha_2+\alpha_3,\alpha_1+2\alpha_2+\alpha_3$

(C)$\alpha_1+2\alpha_2,2\alpha_2+3\alpha_3,3\alpha_3+\alpha_1$

(D)$\alpha_1+\alpha_2+\alpha_3,2\alpha_1-3\alpha_2+22\alpha_3,3\alpha_1+5\alpha_2-5\alpha_3$

5. 向量 β 可由向量组 $\alpha_1,\alpha_2,\cdots,\alpha_m$ 线性表示，但不能由向量组(Ⅰ)：$\alpha_1,\alpha_2,\cdots,\alpha_{m-1}$ 线性表示．记向量组(Ⅱ)：$\alpha_1,\alpha_2,\cdots,\alpha_{m-1},\beta$，则(　　)成立．

(A)α_m 不能由(Ⅰ)线性表示，也不能由(Ⅱ)线性表示

(B)α_m 能由(Ⅱ)线性表示，但不可由(Ⅰ)线性表示

(C)α_m 可由(Ⅰ)线性表示，也可由(Ⅱ)线性表示

(D)α_m 可由(Ⅰ)线性表示，但不可由(Ⅱ)线性表示

6. 设向量组 $\alpha_1,\alpha_2,\alpha_3$ 线性无关，向量 β_1 可由 $\alpha_1,\alpha_2,\alpha_3$ 线性表示，而向量 β_2 不能由 $\alpha_1,\alpha_2,\alpha_3$ 线性表示，则对任意常数 k，成立的是(　　).

(A)向量组 $\alpha_1,\alpha_2,\alpha_3,k\beta_1+\beta_2$ 线性无关

(B)向量组 $\alpha_1,\alpha_2,\alpha_3,k\beta_1+\beta_2$ 线性相关

(C)向量组 $\alpha_1,\alpha_2,\alpha_3,\beta_1+k\beta_2$ 线性无关

(D)向量组 $\alpha_1,\alpha_2,\alpha_3,\beta_1+k\beta_2$ 线性相关

7. 已知向量组 $\alpha_1=(1,0,2)^T,\alpha_2=(2,0,-3)^T,\alpha_3=(1,2,1)^T,\alpha_4=(0,0,-7)^T$ 则任何一个三维向量 β 都可由(　　)向量组线性表示．

(A)α_1,α_2　　(B)$\alpha_1,\alpha_2,\alpha_3$

(C)$\alpha_1,\alpha_2,\alpha_4$　　(D)α_3,α_4

8. 设向量组(Ⅱ)是向量组(Ⅰ)的部分向量组，则下列说法中正确的是(　　).

(A)若(Ⅱ)线性相关，则(Ⅰ)也线性相关

(B)若(Ⅰ)线性相关，则(Ⅱ)也线性相关

(C)若(Ⅱ)线性无关，则(Ⅰ)也线性无关

(D)(Ⅰ)的相关性和(Ⅱ)的线性相关性没有关系

9. 向量组 $\alpha_1,\alpha_2,\alpha_3,\alpha_4,\alpha_5$ 与向量组 $\alpha_1,\alpha_3,\alpha_5$ 的秩相等，则这两个向量组(　　).

(A)一定等价　　(B)一定不等价

(C)不一定等价　　(D)以上都不对

10. 设 $\alpha_1=(1,0,1)^T,\alpha_2=(1,1,0)^T,\alpha_3=(0,1,1)^T,\alpha_4=(1,1,1)^T$，则向量组 $\alpha_1,\alpha_2,\alpha_3,\alpha_4$ 共有(　　)个不同的极大线性无关组．

(A)1　　(B)2　　(C)3　　(D)4

11. 设有向量组 $\alpha_1=(1,-1,2,4)^T,\alpha_2=(0,3,1,2)^T,\alpha_3=(3,0,7,14)^T,\alpha_4=(1,-2,2,0)^T,\alpha_5=(2,1,5,10)^T$，则(　　)是该向量组的极大线性无关组．

(A)$\alpha_1,\alpha_2,\alpha_3$　　(B)$\alpha_1,\alpha_2,\alpha_4$

(C)$\alpha_1,\alpha_2,\alpha_5$　　(D)$\alpha_1,\alpha_2,\alpha_4,\alpha_5$

12. 设 $\alpha_1,\alpha_2,\cdots,\alpha_s$ 均为 n 维列向量，A 为 $m\times n$ 矩阵，下列选项中正确的是(　　)．

(A)若 $\alpha_1,\alpha_2,\cdots,\alpha_s$ 线性相关，则 $A\alpha_1,A\alpha_2,\cdots,A\alpha_s$ 线性相关

(B)若 $\alpha_1,\alpha_2,\cdots,\alpha_s$ 线性相关，则 $A\alpha_1,A\alpha_2,\cdots,A\alpha_s$ 线性无关

(C)若 $\alpha_1,\alpha_2,\cdots,\alpha_s$ 线性无关，则 $A\alpha_1,A\alpha_2,\cdots,A\alpha_s$ 线性相关

(D)若 $\alpha_1,\alpha_2,\cdots,\alpha_s$ 线性无关，则 $A\alpha_1,A\alpha_2,\cdots,A\alpha_s$ 线性无关

13. 当(　　)时，矩阵 $\begin{pmatrix}1 & a & a^2 & a^3\\ 1 & b & b^2 & b^3\\ 1 & c & c^2 & c^3\end{pmatrix}$ 的秩为 3.

(A)a,b,c 都不等于 1　　(B)a,b,c 都不等于零

(C)a,b,c 互不相等　　(D)$a=b=c$

14. 设 A,B 都是 n 阶非零矩阵，且 $AB=0$，则 A 和 B 的秩(　　)．

(A)必有一个等于零　　(B)都小于 n

(C)必有一个等于 n　　(D)都等于 n

15. 设方阵 A 和 B 等价，A 的所有 k 阶子式全为零，则(　　)．

(A)$r(B)<k$　　(B)$r(B)=k$

(C)$r(B)\geqslant k$　　(D)$r(B)\leqslant k$

16. 设 A 和 B 都是 n 阶矩阵，则 $r(A+B)$(　　)．

(A)$\geqslant\max\{r(A),r(B)\}$　　(B)$\leqslant\min\{r(A),r(B)\}$

(C)$>r(A)+r(B)$　　(D)$\leqslant r(A)+r(B)$

17. 设 n 阶方阵 A 的秩为 s，m 阶方阵 B 的秩为 t，分块对角矩阵 $\begin{pmatrix}A & 0\\ 0 & B\end{pmatrix}$ 的秩 r，则 r 与 s,t 的关系是(　　)．

(A)$r<s+t$　　(B)$r=s+t$　　(C)$r>s+t$　　(D)不确定

18. 设 n 阶方阵 A 的秩 $r<n$，则在 A 的 n 个行向量中，下列(　　)成立．

(A)必有 r 个行向量线性无关

(B)任意 r 个行向量均可构成极大无关组

(C)任意 r 个行向量都线性无关

(D)任一行向量均可由其他 r 个行向量线性表示

19. 设 A 为 n 阶方阵，且 $|A|=0$，则(　　)．

(A)A 中必有两行(列)的元素对应成比例

(B)A 中任意一行(列)向量是其余各行(列)向量的线性组合

(C)A 中必有一行(列)向量是其余各行(列)向量的线性组合

(D)A 中至少有一行(列)的元素全为 0

(三)计算题

1. 设向量组 $\alpha_1=(a,2,10)^T,\alpha_2=(-2,1,5)^T,\alpha_3=(-1,1,4)^T,\beta=(1,b,c)^T$，试问：当

a,b,c 满足什么条件时，

(1)β 可由 $\alpha_1,\alpha_2,\alpha_3$ 线性表示，且表达式唯一？

(2)β 不能由 $\alpha_1,\alpha_2,\alpha_3$ 线性表示？

(3)β 可由 $\alpha_1,\alpha_2,\alpha_3$ 线性表示，但表示法不唯一？并写出一般表达式．

2. 设 $\alpha_1=(1,2,0)^T,\alpha_2=(1,a+2,-3a)^T,\alpha_3=(-1,-b-2,a+2b)^T,\beta=(1,3,-3)^T$．试讨论 a,b 为何值时，

(1)β 不能由 $\alpha_1,\alpha_2,\alpha_3$ 线性表示；

(2)β 可由 $\alpha_1,\alpha_2,\alpha_3$ 唯一地线性表示，并求出表达式；

(3)β 可由 $\alpha_1,\alpha_2,\alpha_3$ 线性表示，但表达式不唯一，并求出一般表达式．

3. 设向量 $\alpha_1,\alpha_2,\cdots,\alpha_s,(s\geqslant 2)$ 线性无关，且 $\beta_1=\alpha_1+\alpha_2,\beta_2=\alpha_2+\alpha_3,\cdots,\beta_{s-1}=\alpha_{s-1}+\alpha_s$，$\beta_s=\alpha_s+\alpha_1$，讨论 $\beta_1,\beta_2,\cdots,\beta_s$ 的线性相关性？

4. 设 $\alpha_1=(1,1,1)^T,\alpha_2=(1,2,3)^T,\alpha_3=(1,3,t)^T$．(1)问 t 为何值时，向量组 $\alpha_1,\alpha_2,\alpha_3$ 线性无关？(2)问 t 为何值时，向量组 $\alpha_1,\alpha_2,\alpha_3$ 线性相关？(3)当向量组 $\alpha_1,\alpha_2,\alpha_3$ 线性相关时，将向量组 α_3 表示为 α_1,α_2 的线性组合．

5. 设 4 维向量组 $\alpha_1=(1+a,1,1,1)^T,\alpha_2=(2,2+a,2,2)^T,\alpha_3=(3,3,3+a,3)^T$，$\alpha_4=(4,4,4,4+a)^T$，问 a 为何值时 $\alpha_1,\alpha_2,\alpha_3,\alpha_4$ 线性相关？当 $\alpha_1,\alpha_2,\alpha_3,\alpha_4$ 线性相关时，求其中一个极大线性无关组，并将其余向量用该极大线性无关组线性表示．

6. 设向量组 $\alpha_1=(1,1,1,3)^T,\alpha_2=(-1,-3,5,1)^T,\alpha_3=(3,2,-1,p+2)^T,\alpha_4=(-2,-6,10,p)^T$．

(1)p 为何值时，该向量组线性无关？并将向量 $\alpha=(4,1,6,10)^T$ 用 $\alpha_1,\alpha_2,\alpha_3\alpha_4$ 线性表示．

(2)p 为何值时，该向量组线性相关？并在此时求出它的秩和一个极大线性无关组．

7. 设 $n(n\geqslant 3)$ 阶矩阵 $A=\begin{pmatrix}1 & a & a & \cdots & a\\ a & 1 & a & \cdots & a\\ a & a & 1 & \cdots & a\\ \cdots & \cdots & & & \\ a & a & a & \cdots & 1\end{pmatrix}$，讨论 A 的秩．

(四)证明题

1. 设 m 个向量 $\alpha_1,\alpha_2,\cdots,\alpha_m$ 线性相关，且其中任意 $m-1$ 个向量都线性无关，证明：存在 m 个全不为零的数 $k_1,k_2,\cdots,k_m$，使得 $k_1\alpha_1+k_2\alpha_2+\cdots+k_m\alpha_m=0$.

2. 设 $t_1,t_2,\cdots,t_r$ 是两两不同的数，$r\leqslant n$．证明向量组 $\alpha_i=(1,t_i,t_i^2,\cdots,t_i^{n-1})^T,i=1,2,\cdots,r$ 线性无关．

3. 设 $\beta_1=\alpha_2+\alpha_3+\cdots+\alpha_s,\beta_2=\alpha_1+\alpha_3+\cdots+\alpha_s,\cdots,\beta_s=\alpha_1+\alpha_2+\cdots+\alpha_{s-1}$．证明向量组 $\alpha_1,\alpha_2,\cdots,\alpha_s$ 与向量组 $\beta_1,\beta_2,\cdots,\beta_s$ 等价．

4. 设向量组 $\alpha_1,\alpha_2,\alpha_3$ 线性相关，向量组 $\alpha_2,\alpha_3,\alpha_4$ 线性无关，证明：

(1)α_1 能由 α_2,α_3 线性表示；

(2)α_4 不能由 $\alpha_1,\alpha_2,\alpha_3$ 线性表示．

5. 设 A 是 $m\times n$ 矩阵，B 是 $n\times m$ 矩阵，I 是 n 阶单位矩阵，且 $m>n$．已知 $BA=I$，试判

断 A 的列向量组是否线性相关？并说明理由．

6. 已知 $\alpha_1,\alpha_2,\cdots,\alpha_s$ 的秩为 r，证明：$\alpha_1,\alpha_2,\cdots,\alpha_s$ 中任意 r 个线性无关的向量都构成它的极大线性无关组．

7. 证明：向量组（Ⅰ）：$\alpha_1,\alpha_2,\cdots,\alpha_s$ 与向量组（Ⅱ）：$\alpha_1,\alpha_2,\cdots,\alpha_s,\alpha_{s+1},\cdots,\alpha_{s+m}$ 有相同的秩的充要条件是 $\alpha_{s+1},\cdots,\alpha_{s+m}$ 可由向量组（Ⅰ）：$\alpha_1,\alpha_2,\cdots,\alpha_s$ 线性表示．

8. 设向量组 $\alpha_1,\alpha_2,\cdots,\alpha_s$ 的秩为 r，在其中任取 m 个向量 $\alpha_{i1},\alpha_{i2},\cdots,\alpha_{im}$，证明此向量组的秩$\geqslant r+m-s$．

9. 设向量组（Ⅰ）$\alpha_1,\alpha_2,\cdots,\alpha_s$；（Ⅱ）$\beta_1,\beta_2,\cdots,\beta_t$；（Ⅲ）$\alpha_1,\alpha_2,\cdots,\alpha_s,\beta_1,\beta_2,\cdots,\beta_t$ 的秩分别为 r_1,r_2,r_3，证明：$\max(r_1,r_2)\leqslant r_3\leqslant r_1+r_2$．

10. 设 A 为 n 阶方阵，$r(A)=1$，证明：

(1)$A=\begin{pmatrix}a_1\\a_2\\\vdots\\a_n\end{pmatrix}(b_1\quad b_2\quad\cdots\quad b_n)$；

(2)$A^2=kA$.

11. 对于 $m\times n$ 矩阵 A 和 B，证明：$r(A-B)\geqslant r(A)-r(B)$.

12. 设 A 是秩为 r 的 $m\times n$ 矩阵，从 A 中任取 s 列构成一个 $m\times s$ 矩阵 B，证明：$r(B)\geqslant r+s-n$.

13. 设 A 为 $m\times n$ 矩阵，B 为 $n\times m$ 矩阵，证明：当 $m>n$ 时，矩阵 $C=AB$ 为奇异矩阵．

14. 设矩阵 A 的秩为 r，证明：A 可以表示为 r 个秩为 1 的矩阵之和．

15. 设 A 为 $m\times n$ 矩阵，B 为 $n\times m$ 矩阵，且矩阵 B 的秩为 $n(n\leqslant m)$，证明：若 $AB=0$，则 $A=0$.

B. 提高题

1. 确定常数 a，使向量组 $\alpha_1=\begin{pmatrix}1\\1\\a\end{pmatrix},\alpha_2=\begin{pmatrix}1\\a\\1\end{pmatrix},\alpha_3=\begin{pmatrix}a\\1\\1\end{pmatrix}$可由向量组 $\beta_1=\begin{pmatrix}1\\1\\a\end{pmatrix},\beta_2=\begin{pmatrix}-2\\a\\4\end{pmatrix}$，$\beta_3=\begin{pmatrix}-2\\a\\a\end{pmatrix}$线性表示，但 β_1,β_2,β_3 不能由 $\alpha_1,\alpha_2,\alpha_3$ 线性表示．

2. 设向量组 $\alpha_1,\alpha_2,\cdots,\alpha_s$ 线性无关，且可由向量组 $\beta_1,\beta_1,\cdots,\beta_s$ 线性表示，证明：这两个向量组等价，从而 $\beta_1,\beta_2,\cdots,\beta_s$ 也线性无关．

3. 试证明 n 维列向量组 $\alpha_1,\alpha_2,\cdots,\alpha_n$ 线性无关的充要条件是行列式

$$D=\begin{vmatrix}\alpha_1^T\alpha_1 & \alpha_1^T\alpha_2 & \cdots & \alpha_1^T\alpha_n\\ \alpha_2^T\alpha_1 & \alpha_2^T\alpha_2 & \cdots & \alpha_2^T\alpha_n\\ \cdots & \cdots & \cdots & \cdots\\ \alpha_n^T\alpha_1 & \alpha_n^T\alpha_2 & \cdots & \alpha_n^T\alpha_n\end{vmatrix}\neq 0.$$

4*. 设 A 为二阶方阵，证明：若 $A^m=0(m\geqslant 2)$，则 $A^2=0$.

5. 设 A 为 n 阶方阵，证明：若 $A^2=I$，则 $r(A+I)+r(A-I)=n$.

6. 设 A 是一个三阶矩阵，且 $A^2=I$，$A\neq\pm I$. 证明 $A+I$ 和 $A-I$ 中必有一个矩阵的秩为 1，另一个矩阵的秩为 2.

7*. 设 A 为 $n(n\geqslant 2)$ 阶方阵，A^* 为 A 的伴随矩阵，证明：$(A^*)^*=|A|^{n-2}A$.

8*. 设 $A=(a_{ij})$ 为 $m\times n$ 矩阵，$B=(b_{ij})$ 为 $n\times s$ 矩阵. 证明：$r(AB)\geqslant r(A)+r(B)-n$.

第四章

线性方程组

Ⅰ　内容提要

一、线性方程组的表示形式

线性方程组的一般形式为

$$\begin{cases} a_{11}x_1+a_{12}x_2+\cdots+a_{1n}x_n=b_1 \\ a_{21}x_1+a_{22}x_2+\cdots+a_{2n}x_n=b_2 \\ \quad\cdots\cdots \\ a_{m1}x_1+a_{m2}x_2+\cdots+a_{mn}x_n=b_m \end{cases}. \tag{4.1}$$

若记

$$X=\begin{pmatrix} x_1 \\ x_2 \\ \vdots \\ x_n \end{pmatrix},\quad A=(a_{ij})_{m\times n},\quad B=\begin{pmatrix} b_1 \\ b_2 \\ \vdots \\ b_m \end{pmatrix},$$

方程组可写成矩阵形式：

$$AX=B,$$

称 A 为方程组(4.1)的系数矩阵，$\overline{A}=(A,B)$ 为(4.1)的增广矩阵．

若记

$$\alpha_j=\begin{pmatrix} a_{1j} \\ a_{2j} \\ \vdots \\ a_{mj} \end{pmatrix},\quad j=1,2,\cdots,n,\quad \beta=\begin{pmatrix} b_1 \\ b_2 \\ \vdots \\ b_m \end{pmatrix},$$

则方程组(4.1)可写成向量形式：

$$x_1\alpha_1+x_2\alpha_2+\cdots+x_n\alpha_n=\beta.$$

当 $B=0$ 或 $\beta=0$ 时，称方程组为齐次线性方程组，并称其为非齐次线性方程组 $AX=B$

的导出组．

二、线性方程组解的判断

1. 非齐次线性方程组 $AX=B$ 解的判断

有唯一解的充要条件是 $r(A)=r(\overline{A})=n$；

有无穷多解的充要条件是 $r(A)=r(\overline{A})<n$；

无解的充要条件是 $r(A)\neq r(\overline{A})$.

2. 齐次线性方程组 $AX=0$ 解的判断

只有零解的充要条件是 $r(A)=n$；

有非零解的充要条件是 $r(A)<n$.

三、线性方程组解的性质

(1)齐次线性方程组解的线性组合仍为齐次线性方程组的解；

(2)非齐次线性方程组任意两个解的差为其导出组的解；

(3)非齐次线性方程组解与其导出组解之和为该非齐次线性方程组的解．

四、线性方程组的通解

1. 齐次线性方程组

齐次线性方程组 $AX=0$ 的全体解向量构成向量空间(称为解空间,见第五章),解空间的基即称为 $AX=0$ 的一个基础解系,其由 $n-r$ 个线性无关的解向量 $\xi_1,\xi_2,\cdots,\xi_{n-r}$ 组成,其中 $r=r(A)$.

$AX=0$ 的通解(全部解)可表示为

$$X=k_1\xi_1+k_2\xi_2+\cdots+k_{n-r}\xi_{n-r},$$

其中,$k_1,k_2,\cdots,k_{n-r}$ 为任意常数．

2. 非齐次线性方程组

非齐次线性方程组 $AX=B$ 有无穷多解时,它的通解(全部解)可表示为

$$X=k_1\xi_1+k_2\xi_2+\cdots+k_{n-r}\xi_{n-r}+\xi^*,$$

其中,ξ^* 是 $AX=B$ 的一个特解;$\xi_1,\xi_2,\cdots,\xi_{n-r}$ 是导出组 $AX=0$ 的一个基础解系,$k_1,k_2,\cdots,k_{n-r}$ 为任意常数．

Ⅱ 例题精讲

一、线性方程组的求解

【例 1】 求解下列齐次线性方程组的通解：

$$\begin{cases}x_1+2x_2+3x_3-x_4=0\\2x_1+4x_2+5x_3-3x_4-x_5=0\\-x_1-2x_2-3x_3+3x_4+4x_5=0\end{cases}.$$

解 $A=\begin{pmatrix}1&2&3&-1&0\\2&4&5&-3&-1\\-1&-2&-3&3&4\end{pmatrix}\to\begin{pmatrix}1&2&3&-1&0\\0&0&-1&-1&-1\\0&0&0&2&4\end{pmatrix}$

$\to\begin{pmatrix}1&2&0&-4&-3\\0&0&1&1&1\\0&0&0&1&2\end{pmatrix}\to\begin{pmatrix}1&2&0&0&5\\0&0&1&0&-1\\0&0&0&1&2\end{pmatrix}$.

方程组基础解系：$\xi_1=\begin{pmatrix}-2\\1\\0\\0\\0\end{pmatrix}$，$\xi_2=\begin{pmatrix}-5\\0\\1\\-2\\1\end{pmatrix}$.

方程组的通解为 $X=k_1\xi_1+k_2\xi_2$，k_1,k_2 为任意数.

评注 将齐次线性方程组的系数矩阵通过矩阵初等行变换化为行标准型，确定自由变量为 x_2,x_5，分别取1,0和0,1，可以轻松得到 x_1,x_3,x_4 的数值分别为-2,0,0和-5,1,-2，然后组成两个基础解 ξ_1,ξ_2.

【例 2】 求解下列非齐次线性方程组的通解：

$$\begin{cases}x_1+x_2-3x_3-x_4=1\\3x_1-x_2-3x_3+4x_4=4.\\x_1+5x_2-9x_3-8x_4=0\end{cases}$$

解 $\overline{A}=\begin{pmatrix}1&1&-3&-1&1\\3&-1&-3&4&4\\1&5&-9&-8&0\end{pmatrix}\to\begin{pmatrix}1&1&-3&-1&1\\0&-4&6&7&1\\0&4&-6&-7&-1\end{pmatrix}$

$\to\begin{pmatrix}1&1&-3&-1&1\\0&-4&6&7&1\\0&0&0&0&0\end{pmatrix}\to\begin{pmatrix}1&0&-\frac{3}{2}&\frac{3}{4}&\frac{5}{4}\\0&1&-\frac{3}{2}&-\frac{7}{4}&-\frac{1}{4}\\0&0&0&0&0\end{pmatrix}$.

方程组导出组的基础解系为：$\xi_1=\begin{pmatrix}\frac{3}{2}\\\frac{3}{2}\\1\\0\end{pmatrix}$，$\xi_2=\begin{pmatrix}-\frac{3}{4}\\\frac{7}{4}\\0\\1\end{pmatrix}$. 方程组的特解为 $\xi^*=\begin{pmatrix}\frac{5}{4}\\-\frac{1}{4}\\0\\0\end{pmatrix}$.

故方程组的通解为 $X=\xi^*+k_1\xi_1+k_2\xi_2$，$k_1,k_2$ 为任意数.

评注 将非齐次线性方程组的增广矩阵通过矩阵初等行变换化为行标准型，确定自由变量为 x_3,x_4，取0,0，可以得到 x_1,x_2 的数值为$\frac{5}{4}$，$-\frac{1}{4}$，然后组成一个特解 ξ^*. 导出组的基础解系的求法可参考例1.

二、线性方程组解的判断与结构

【例 3】 设一个非齐次线性方程组的通解为 $X=\begin{pmatrix}-1\\0\\1\end{pmatrix}+k_1\begin{pmatrix}3\\-1\\0\end{pmatrix}+k_2\begin{pmatrix}1\\2\\-1\end{pmatrix}$，求该非齐次线性方程组．

解 由解的结构可以知道该非齐次线性方程组系数矩阵的秩为 $3-2=1$，即与该非齐次线性方程组等价的有效方程只有一个，设为 $a_1x_1+a_2x_2+a_3x_3=b$.

由题设$\begin{pmatrix}3\\-1\\0\end{pmatrix}$，$\begin{pmatrix}1\\2\\-1\end{pmatrix}$是 $a_1x_1+a_2x_2+a_3x_3=0$ 的解，$\begin{pmatrix}-1\\0\\1\end{pmatrix}$是 $a_1x_1+a_2x_2+a_3x_3=b$ 的解，

将它们分别代入各自的方程得到$\begin{cases}3a_1-a_2=0\\a_1+2a_2-a_3=0\\-a_1+a_3=b\end{cases}$，解得

$$\begin{cases}a_1=\dfrac{1}{6}b\\a_2=\dfrac{3}{6}b,\\a_3=\dfrac{7}{6}b\end{cases}$$

则该非齐次线性方程组为 $x_1+3x_2+7x_3=6$.

评注 利用线性方程组解的结构和解的含义，重新建立新的方程组，并求解，由此得到原方程组．

【例 4】 非齐次线性方程组 $AX=B$ 中，未知数的个数为 n，方程个数为 m，$r(A)=r$，则（ ）.

(A) $r=m$ 时，方程组 $AX=B$ 有解

(B) $r=n$ 时，方程组 $AX=B$ 有唯一解

(C) $m=n$ 时，方程组 $AX=B$ 有唯一解

(D) $r<n$ 时，方程组 $AX=B$ 有无穷多解

解 答案为(A).

分析 当 $r(A)=m$ 时，$r(\overline{A})=m$，所以方程组 $AX=B$ 有解．(B)，(C)，(D)都有可能 $r(A)\neq r(\overline{A})$.

评注 利用解的判断定理，先将方程组解的情况的文字描述替换成关于矩阵秩的数学式子，比如方程组 $AX=B$ 有唯一解$\Leftrightarrow r(A)=r(\overline{A})=n$，然后就可以很容易判断孰对孰错了．

【例 5】 若 $n\times r$ 矩阵 A 的秩为 r，其 r 个列向量为某一齐次线性方程组的一个基础解系，B 为 r 阶非奇异矩阵，证明：AB 的 r 个列向量也是该齐次线性方程组的一个基础解系．

证明 A 的列向量记为 $\xi_1,\xi_2,\cdots,\xi_r$，而 AB 的列向量记为 $\alpha_1,\alpha_2,\cdots,\alpha_r$，则

$$(\alpha_1,\alpha_2,\cdots,\alpha_r)=(\xi_1,\xi_2,\cdots,\xi_r)B,$$

可见 $\alpha_1,\alpha_2,\cdots,\alpha_r$ 能由 $\xi_1,\xi_2,\cdots,\xi_r$ 线性表示．又因为 B 可逆，则

$$(\xi_1,\xi_2,\cdots,\xi_r)=(\alpha_1,\alpha_2,\cdots,\alpha_r)B^{-1},$$

可见$\xi_1,\xi_2,\cdots,\xi_r$能由$\alpha_1,\alpha_2,\cdots,\alpha_r$线性表示．

因此$\alpha_1,\alpha_2,\cdots,\alpha_r$与$\xi_1,\xi_2,\cdots,\xi_r$等价，而$\xi_1,\xi_2,\cdots,\xi_r$为某一齐次线性方程组的基础解系，故$\alpha_1,\alpha_2,\cdots,\alpha_r$也为该齐次线性方程组的基础解系．

评注 等价且线性无关的向量组为同一个齐次线性方程组的基础解系．

【例 6】 设$A=\begin{pmatrix}1&2&-3\\4&t&3\\3&1&1\\-1&-7&13\end{pmatrix}$，$B$为三阶非零矩阵，且$AB=O$，求$t$.

解 因为$AB=O$，所以$r(A)+r(B)\leqslant 3$(见教材第四章例 8)，而B为三阶非零矩阵，则$r(B)\geqslant 1$，得到$r(A)\leqslant 2$.

$$A=\begin{pmatrix}1&2&-3\\4&t&3\\3&1&1\\-1&-7&13\end{pmatrix}\to\begin{pmatrix}1&2&-3\\0&t-8&15\\0&-5&10\\0&-5&10\end{pmatrix}\to\begin{pmatrix}1&2&-3\\0&-1&2\\0&0&2t-1\\0&0&0\end{pmatrix},t=\frac{1}{2}.$$

评注 $AB=O$这个条件在许多题目里都有，不妨从$r(A)+r(B)\leqslant n$入手，或许问题容易解决．

三、含参数线性方程组解的讨论

【例 7】 对于线性方程组

$$\begin{cases}\lambda x_1+x_2+x_3=\lambda-3\\x_1+\lambda x_2+x_3=-2\\x_1+x_2+\lambda x_3=-2\end{cases},$$

讨论λ取何值时方程组无解、有唯一解和无穷多解；在方程组有无穷多解时，求通解．

解 方程组$AX=B$，A为n阶方阵，而且含有参数，可以先运用克莱姆法则．

$$|A|=\begin{vmatrix}\lambda&1&1\\1&\lambda&1\\1&1&\lambda\end{vmatrix}=(\lambda+2)(\lambda-1)^2.$$

(1)当$\lambda\neq-2$且$\lambda\neq1$时，$|A|\neq0$，由克莱姆法则，方程组$AX=B$有唯一解．

(2)当$\lambda=-2$时，

$$\overline{A}=\begin{pmatrix}-2&1&1&-5\\1&-2&1&-2\\1&1&-2&-2\end{pmatrix}\to\begin{pmatrix}1&1&-2&-2\\0&-3&3&0\\0&3&-3&-9\end{pmatrix}\to\begin{pmatrix}1&1&-2&-2\\0&-3&3&0\\0&0&0&-9\end{pmatrix}.$$

$r(A)=2$，$r(\overline{A})=3$，由于$r(A)\neq r(\overline{A})$，方程组$AX=B$无解．

(3)当$\lambda=1$时，

$$\overline{A}=\begin{pmatrix}1&1&1&-2\\1&1&1&-2\\1&1&1&-2\end{pmatrix}\to\begin{pmatrix}1&1&1&-2\\0&0&0&0\\0&0&0&0\end{pmatrix}.$$

$r(A)=r(\overline{A})=1<3$，有无穷多解．

$$X=\begin{pmatrix}-2\\0\\0\end{pmatrix}+k_1\begin{pmatrix}-1\\1\\0\end{pmatrix}+k_2\begin{pmatrix}-1\\0\\1\end{pmatrix},k_1,k_2\text{ 为任意常数}.$$

评注 克莱姆法则在含参数方程组的讨论中，显然有其独特的方便性．但是也有一定的局限性。首先，方程组必须是方程个数与未知量的个数相同，这样才保证有系数行列式；其次，系数行列式中必须含有待讨论的参数，而且系数行列式的数值也必须含有待讨论的参数．

【例 8】 对于线性方程组

$$\begin{cases}x_1+x_2+x_3-x_4+kx_5=1\\x_1+2x_2-3x_4-x_5=2\\2x_1+3x_2+kx_3-4x_4+x_5=t\\3x_1+5x_2+x_3+(k-8)x_4=5\end{cases},$$

讨论 k,t 取何值时方程组无解、有唯一解和无穷多解．

解 $$\overline{A}=\begin{pmatrix}1&1&1&-1&k&1\\1&2&0&-3&-1&2\\2&3&k&-4&1&t\\3&5&1&k-8&0&5\end{pmatrix}\to\begin{pmatrix}1&1&1&-1&k&1\\0&1&-1&-2&-1-k&1\\0&1&k-2&-2&1-2k&t-2\\0&2&-2&k-5&-3k&2\end{pmatrix}$$

$$\to\begin{pmatrix}1&1&1&-1&k&1\\0&1&-1&-2&-1-k&1\\0&0&k-1&0&2-k&t-3\\0&0&0&k-1&2-k&0\end{pmatrix}.$$

(1)当 $k\neq1$ 时，$r(A)=r(\overline{A})=4<5$ 方程组有无穷多解．

(2)当 $k=1$ 时

$$\overline{A}\to\begin{pmatrix}1&1&1&-1&1&1\\0&1&-1&-2&-2&1\\0&0&0&0&1&t-3\\0&0&0&0&0&3-t\end{pmatrix},$$

若 $t=3$，$r(A)=r(\overline{A})=3<5$，方程组有无穷多解；

若 $t\neq3$ ，$r(A)=3$，$r(\overline{A})=4$，方程组无解．

评注 当方程组中方程个数与未知量的个数不相同，克莱姆法则失效．此时，只能用方程组解的判断定理来确定含参数线性方程组中的参数．

【例 9】 已知齐次线性方程组

$$\begin{cases}(a_1+b)x_1+a_2x_2+a_3x_3+\cdots+a_nx_n=0\\a_1x_1+(a_2+b)x_2+a_3x_3+\cdots+a_nx_n=0\\a_1x_1+a_2x_2+(a_3+b)x_3+\cdots+a_nx_n=0\\\cdots\cdots\\a_1x_1+a_2x_2+a_3x_3+\cdots+(a_n+b)x_n=0\end{cases},$$

其中，$\sum\limits_{i=1}^{n}a_i\neq0$. 讨论 $a_1,a_2,\cdots,a_n,b$ 满足什么条件时，

(1)方程组仅有零解；

(2)方程组有非零解，并求解．

解

$$|A|=\begin{vmatrix} a_1+b & a_2 & a_3 & \cdots & a_n \\ a_3 & a_2+b & a_3 & \cdots & a_n \\ a_1 & a_2 & a_3+b & \cdots & a_n \\ \vdots & \vdots & \vdots & \ddots & \vdots \\ a_1 & a_2 & a_3 & \cdots & a_n+b \end{vmatrix}$$

$$=\begin{vmatrix} b+\sum\limits_{i=1}^{n}a_i & a_2 & a_3 & \cdots & a_n \\ b+\sum\limits_{i=1}^{n}a_i & a_2+b & a_3 & \cdots & a_n \\ b+\sum\limits_{i=1}^{n}a_i & a_2 & a_3+b & \cdots & a_n \\ \vdots & \vdots & \vdots & \ddots & \vdots \\ b+\sum\limits_{i=1}^{n}a_i & a_2 & a_3 & \cdots & a_n+b \end{vmatrix}$$

$$=\begin{vmatrix} b+\sum\limits_{i=1}^{n}a_i & a_2 & a_3 & \cdots & a_n \\ 0 & b & 0 & \cdots & 0 \\ 0 & 0 & b & \cdots & 0 \\ \vdots & \vdots & \vdots & \ddots & \vdots \\ 0 & 0 & 0 & \cdots & b \end{vmatrix}$$

$$=b^{n-1}\left(b+\sum_{i=1}^{n}a_i\right),$$

(1)当 $b+\sum\limits_{i=1}^{n}a_i\neq 0$ 且 $b\neq 0$ 时,方程组仅有零解.

(2)当 $b=0$ 时,方程组与 $a_1x_1+a_2x_2+a_3x_3+\cdots+a_nx_n=0$ 同解.由 $\sum\limits_{i=1}^{n}a_i\neq 0$,可知 a_i 不全为零,不妨设 $a_1\neq 0$,取 $x_2,x_3,\cdots,x_n$ 为自由变量,得基础解系:

$\xi_1=(-a_2,a_1,0,\cdots,0)^T,\xi_2=(-a_3,0,a_1,\cdots,0)^T,\cdots,\xi_{n-1}=(-a_n,0,0,\cdots,a_1)^T$,

故方程组通解为:

$$X=k_1\xi_1+k_2\xi_2+\cdots+k_{n-1}\xi_{n-1}.$$

当 $b=-\sum\limits_{i=1}^{n}a_i$ 时,由 $\sum\limits_{i=1}^{n}a_i\neq 0$,知 $b\neq 0$,

$$A\to\begin{pmatrix} a_1+b & a_2 & a_3 & \cdots & a_n \\ -b & b & 0 & \cdots & 0 \\ -b & 0 & b & \cdots & 0 \\ \vdots & \vdots & \vdots & \ddots & \vdots \\ -b & 0 & 0 & \cdots & b \end{pmatrix}\to\begin{pmatrix} a_1-\sum\limits_{i=1}^{n}a_i & a_2 & a_3 & \cdots & a_n \\ 1 & -1 & 0 & \cdots & 0 \\ 1 & 0 & -1 & \cdots & 0 \\ \vdots & \vdots & \vdots & \ddots & \vdots \\ 1 & 0 & 0 & \cdots & -1 \end{pmatrix}$$

$$\to\begin{pmatrix}1&-1&0&\cdots&0\\1&0&-1&\cdots&0\\\vdots&\vdots&\vdots&\ddots&\vdots\\1&0&0&\cdots&-1\\0&0&0&\cdots&0\end{pmatrix}\to\begin{pmatrix}0&-1&0&\cdots&1\\0&0&-1&\cdots&1\\\vdots&\vdots&\vdots&\ddots&\vdots\\1&0&0&\cdots&-1\\0&0&0&\cdots&0\end{pmatrix}$$

$$\to\begin{pmatrix}1&0&0&\cdots&0&-1\\0&1&0&\cdots&0&-1\\0&0&1&\cdots&0&-1\\\vdots&\vdots&\vdots&\ddots&\vdots&\vdots\\0&0&0&\cdots&1&-1\\0&0&0&\cdots&0&0\end{pmatrix},$$

得基础解系：$\xi=(1,1,1,\cdots,1)^T$，方程组通解为 $X=k\xi$.

评注 关键是行列式的计算和最后的矩阵初等行变换.

【例 10】 已知 $\beta=(1,-1,1,-1)^T$ 是非齐次线性方程组 $\begin{cases}2x_1+x_2+x_3+2x_4=0\\ \quad x_2+3x_3+x_4=1\\ x_1+ax_2+bx_3+x_4=0\end{cases}$ 的解，求该方程组的通解.

解 将 $\beta=(1,-1,1,-1)^T$ 代入方程组，得 $a=b$.

$$\overline{A}=\begin{pmatrix}2&1&1&2&0\\0&1&3&1&1\\1&a&a&1&0\end{pmatrix}\to\begin{pmatrix}1&a&a&1&0\\0&1&3&1&1\\0&1-2a&1-2a&0&0\end{pmatrix}$$

$$\to\begin{pmatrix}1&a&a&1&0\\0&1&3&1&1\\0&0&2(2a-1)&2a-1&2a-1\end{pmatrix},$$

当 $a=\frac{1}{2}$ 时，$\overline{A}\to\begin{pmatrix}1&\frac{1}{2}&\frac{1}{2}&1&0\\0&1&3&1&1\\0&0&0&0&0\end{pmatrix}\to\begin{pmatrix}1&0&-1&\frac{1}{2}&-\frac{1}{2}\\0&1&3&1&1\\0&0&0&0&0\end{pmatrix}$，故方程组通解为

$$X=k_1\begin{pmatrix}1\\-3\\1\\0\end{pmatrix}+k_2\begin{pmatrix}-\frac{1}{2}\\-1\\0\\1\end{pmatrix}+\begin{pmatrix}-\frac{1}{2}\\1\\0\\0\end{pmatrix}.$$

当 $a\neq\frac{1}{2}$ 时，$\overline{A}\to\begin{pmatrix}1&a&a&1&0\\0&1&3&1&1\\0&0&2&1&1\end{pmatrix}\to\begin{pmatrix}1&0&0&1&0\\0&1&0&-\frac{1}{2}&-\frac{1}{2}\\0&0&1&\frac{1}{2}&\frac{1}{2}\end{pmatrix}$，故方程组通解为

$$X=k\begin{pmatrix}-1\\ \frac{1}{2}\\ -\frac{1}{2}\\ 1\end{pmatrix}+\begin{pmatrix}0\\ -\frac{1}{2}\\ \frac{1}{2}\\ 0\end{pmatrix}.$$

评注 由一个已知解，可以确定参数之间的关系，然后再作讨论并求解．

【例 11】 已知非齐次线性方程组$\begin{cases}x_1+x_2+x_3+x_4=-1\\4x_1+3x_2+5x_3-x_4=-1\\ax_1+x_2+3x_3+bx_4=1\end{cases}$有 3 个线性无关的解．求 a，b 的值及方程组的通解．

解 设 $\alpha_1,\alpha_2,\alpha_3$ 是方程组 3 个无关的解，那么 $\alpha_1-\alpha_2,\alpha_1-\alpha_3$ 是其导出组 $AX=0$ 的 2 个无关的解，所以 $n-r(A)\geqslant 2, r(A)\leqslant 2$.

$$\overline{A}=\begin{pmatrix}1&1&1&1&-1\\4&3&5&-1&-1\\a&1&3&b&1\end{pmatrix}\to\begin{pmatrix}1&1&1&1&-1\\0&1&-1&5&-3\\0&1-a&3-a&b-a&a+1\end{pmatrix}$$

$$\to\begin{pmatrix}1&1&1&1&-1\\0&1&-1&5&-3\\0&0&4-2a&b+4a-5&4-2a\end{pmatrix}.$$

由 $r(\overline{A})=r(A)\leqslant 2$，得 $a=2,b=-3$，此时

$$\overline{A}\to\begin{pmatrix}1&1&1&1&-1\\0&1&-1&5&-3\\0&0&0&0&0\end{pmatrix}\to\begin{pmatrix}1&0&2&-4&2\\0&1&-1&5&-3\\0&0&0&0&0\end{pmatrix},$$

故方程组通解为

$$X=k_1\begin{pmatrix}-2\\1\\1\\0\end{pmatrix}+k_2\begin{pmatrix}4\\-5\\0\\1\end{pmatrix}+\begin{pmatrix}2\\-3\\0\\0\end{pmatrix}.$$

评注 利用基础解系中解的个数为 $n-r(A)$，确定 $r(A)$，从而求出参数．

四、两个线性方程组之间关系的讨论

【例 12】 设 A 为 $m\times n$ 实矩阵，试证线性方程组 $AX=0$ 与 $A^TAX=0$ 同解．

证明 显然 $AX=0$ 的解是 $A^TAX=0$ 的解．

设 α 是 $A^TAX=0$ 的任一解，则 $A^TA\alpha=0$，从而 $\alpha^TA^TA\alpha=0$，即 $(A\alpha)^TA\alpha=0$，A 为实矩阵，所以 $A\alpha=0$，则 α 也是 $AX=0$ 的解．

因此线性方程组 $AX=0$ 与 $A^TAX=0$ 同解．

评注 关键一步是 $(A\alpha)^TA\alpha=0$，A 为实矩阵，所以 $A\alpha=0$.

【例 13】 设 A 为 $m\times l$ 实矩阵，B 为 $l\times n$ 实矩阵，且 $r(A)=l$，试证 $r(AB)=r(B)$.

证明 显然 $BX=0$ 的解是 $ABX=0$ 的解．

设 α 是 $ABX=0$ 的任一解，则 $AB\alpha=0$，即 $A(B\alpha)=0$，因为 $r(A)=l$，所以线性方程组

$AX=0$ 只有零解，即 $B\alpha=0$，则 α 也是 $BX=0$ 的解.

因此线性方程组 $ABX=0$ 与 $BX=0$ 同解，从而有相同的基础解系，所以

$$n-r(AB)=n-r(B),$$

即 $r(AB)=r(B)$.

评注 此题的意义在于线性方程组同解⇒系数矩阵的秩相等，为有关矩阵秩的证明提供一种思路.

【例 14】 设线性方程组 $\begin{cases}x_1+x_2+x_3=0\\x_1+2x_2+ax_3=0\\x_1+4x_2+a^2x_3=0\end{cases}$ 与方程 $x_1+2x_2+x_3=a-1$ 有公共解，求 a 的值及所有公共解.

解 将两方程组联立，得线性方程组 $AX=B$，如果 $AX=B$ 有解，则两方程组有公共解，且 $AX=B$ 的解为它们的公共解.

$$\overline{A}=\begin{pmatrix}1&1&1&0\\1&2&a&0\\1&4&a^2&0\\1&2&1&a-1\end{pmatrix}\to\begin{pmatrix}1&1&1&0\\0&1&a-1&0\\0&3&a^2-1&0\\0&1&0&a-1\end{pmatrix}$$

$$\to\begin{pmatrix}1&1&1&0\\0&1&a-1&0\\0&0&1-a&a-1\\0&0&0&(a-1)(a-2)\end{pmatrix}.$$

如果 $a=1$，则

$$\overline{A}\to\begin{pmatrix}1&1&1&0\\0&1&0&0\\0&0&0&0\\0&0&0&0\end{pmatrix}\to\begin{pmatrix}1&0&1&0\\0&1&0&0\\0&0&0&0\\0&0&0&0\end{pmatrix},$$

从而 $AX=B$ 的通解为 $X=k(-1,0,1)^T$，即是两方程组的公共解；

如果 $a=2$，则

$$\overline{A}\to\begin{pmatrix}1&1&1&0\\0&1&1&0\\0&0&-1&1\\0&0&0&0\end{pmatrix}\to\begin{pmatrix}1&0&0&0\\0&1&0&1\\0&0&1&-1\\0&0&0&0\end{pmatrix},$$

从而 $AX=B$ 的解为 $X=(0,1,-1)^T$，即是两方程组的公共解.

评注 求两个方程组的公共解，一般将两个方程组联立；如果一个方程组的解已经给出，可将这个方程组的解代入另一个方程组，求出通解中的任意常数，再代回通解，即为公共解；如果两个方程组的解均已经给出，可让两个方程组的通解相等，求出通解中的任意常数，再代回通解，即为公共解.

【例 15】 已知齐次线性方程组

$$(\text{Ⅰ})\begin{cases}x_1+2x_2+3x_3=0\\2x_1+3x_2+ax_3=0\\x_1+x_2+2x_3=0\end{cases},(\text{Ⅱ})\begin{cases}x_1+bx_2+cx_3=0\\2x_1+b^2x_2+(c+1)x_3=0\end{cases}$$

同解，求 a,b,c 的值.

解 同解方程组的系数矩阵的秩相等，而(Ⅱ)的系数矩阵 B 的秩$\leqslant 2$，所以(Ⅰ)的系数矩阵 A 的秩$\leqslant 2$，

$$A=\begin{pmatrix}1&2&3\\2&3&a\\1&1&2\end{pmatrix}\to\begin{pmatrix}1&2&3\\0&-1&a-6\\0&-1&-1\end{pmatrix}\to\begin{pmatrix}1&2&3\\0&1&1\\0&0&a-5\end{pmatrix},$$

得 $a=5$，

$A\to\begin{pmatrix}1&0&1\\0&1&1\\0&0&0\end{pmatrix}$，(Ⅰ)的通解为 $X=k(-1,-1,1)^T$，将$(-1,-1,1)^T$ 代入(Ⅱ)，得

$$\begin{cases}-1-b+c=0\\-2-b^2+(c+1)=0\end{cases},$$

解出 $b=1,c=2$ 或 $b=0,c=1$.

当 $b=0,c=1$ 时，$r(B)=1$，而 $r(A)=2$，所以(Ⅰ)与(Ⅱ)不同解，$b=0,c=1$ 舍去；

当 $b=1,c=2$ 时，$B=\begin{pmatrix}1&1&2\\2&1&3\end{pmatrix}\to\begin{pmatrix}1&1&2\\0&-1&-1\end{pmatrix}\to\begin{pmatrix}1&0&1\\0&1&1\end{pmatrix}$，(Ⅱ)的通解为 $X=k(-1,-1,1)^T$，

此时(Ⅰ)与(Ⅱ)同解，所以 $a=5,b=1,c=2$.

评注 方程组(Ⅰ)与(Ⅱ)同解，则系数矩阵的秩相等. 但是系数矩阵的秩相等，方程组(Ⅰ)与(Ⅱ)不一定同解. 所以确定参数后，还得求出各自的通解作比较，以确保方程组(Ⅰ)与(Ⅱ)同解.

五、抽象线性方程组的解

【例 16】 设四元非齐次线性方程组 $AX=B$ 的系数矩阵 A 的秩为 3，$\alpha_1,\alpha_2,\alpha_3$ 是它的三个解向量，且 $\alpha_1=\begin{pmatrix}3\\0\\-1\\2\end{pmatrix}$，$\alpha_2+\alpha_3=\begin{pmatrix}1\\0\\2\\0\end{pmatrix}$. 求该方程组的通解.

解 $A(\alpha_2+\alpha_3)=A\alpha_2+A\alpha_3=B+B=2B$，$A(2\alpha_1)=2A\alpha_1=2B$. 因而 $2\alpha_1-\alpha_2-\alpha_3$ 是 $AX=0$ 的解，又 $r(A)=3$，$n-r(A)=1$，所以

$$2\alpha_1-\alpha_2-\alpha_3=\begin{pmatrix}5\\0\\-4\\4\end{pmatrix}\neq 0$$

为 $AX=O$ 的一个基础解系. 于是方程组的通解为

$$X=\begin{pmatrix}3\\0\\-1\\2\end{pmatrix}+k\begin{pmatrix}5\\0\\-4\\4\end{pmatrix},k\text{ 为任意常数}.$$

评注 方程组没有具体给出，应当从方程组解的结构和性质入手.

【例 17】 已知 4 阶矩阵 $A=(\alpha_1,\alpha_2,\alpha_3,\alpha_4)$，$\alpha_1,\alpha_2,\alpha_3,\alpha_4$ 均是四维列向量，其中 $\alpha_2,\alpha_3,\alpha_4$ 线性无关，$\alpha_1=2\alpha_2-\alpha_3$，如果 $\beta=\alpha_1+\alpha_2+\alpha_3+\alpha_4$，求线性方程组 $AX=\beta$ 的通解．

解 由 $\alpha_2,\alpha_3,\alpha_4$ 线性无关，$\alpha_1=2\alpha_2-\alpha_3$，得向量组 $\alpha_1,\alpha_2,\alpha_3,\alpha_4$ 的秩为 3，即 $r(A)=3$，$n-r(A)=1$. 由 $\alpha_1=2\alpha_2-\alpha_3$，则

$$A\begin{pmatrix}1\\-2\\1\\0\end{pmatrix}=(\alpha_1,\alpha_2,\alpha_3,\alpha_4)\begin{pmatrix}1\\-2\\1\\0\end{pmatrix}=\alpha_1-2\alpha_2+\alpha_3=0,$$

所以 $\begin{pmatrix}1\\-2\\1\\0\end{pmatrix}$ 为 $AX=O$ 的一个基础解系．又 $\beta=\alpha_1+\alpha_2+\alpha_3+\alpha_4$，则

$$A\begin{pmatrix}1\\1\\1\\1\end{pmatrix}=(\alpha_1,\alpha_2,\alpha_3,\alpha_4)\begin{pmatrix}1\\1\\1\\1\end{pmatrix}=\alpha_1+\alpha_2+\alpha_3+\alpha_4=\beta,$$

所以 $\begin{pmatrix}1\\1\\1\\1\end{pmatrix}$ 为 $AX=\beta$ 的一个特解．

故方程组的通解为

$$X=k\begin{pmatrix}1\\-2\\1\\0\end{pmatrix}+\begin{pmatrix}1\\1\\1\\1\end{pmatrix},k \text{ 为任意常数}.$$

评注 同样是抽象方程组，还是从方程组解的结构入手，但利用了方程组的向量形式，得出了 $AX=0$ 的一个基础解系和 $AX=\beta$ 的特解．

【例 18】 设 A 是 2×4 阶矩阵，齐次线性方程组 $AX=0$ 的基础解系是 $\xi_1=(1\quad3\quad0\quad2)^T$，$\xi_2=(1\quad2\quad-1\quad3)^T$. 求矩阵 A.

解 因为 $A\xi_1=0,A\xi_2=0$，所以 $A(\xi_1,\xi_2)=0$，则 $(\xi_1,\xi_2)^TA^T=0$.

令 $A^T=(\alpha_1,\alpha_2)$，得 α_1,α_2 是齐次线性方程组 $(\xi_1,\xi_2)^TY=0$ 的解，

$$B=(\xi_1,\xi_2)^T=\begin{pmatrix}1&3&0&2\\1&2&-1&3\end{pmatrix}\to\begin{pmatrix}1&3&0&2\\0&-1&-1&1\end{pmatrix}\to\begin{pmatrix}1&0&-3&5\\0&1&1&-1\end{pmatrix},$$

方程组 $(\xi_1,\xi_2)^TY=0$ 的基础解系：$\beta_1=\begin{pmatrix}3\\-1\\1\\0\end{pmatrix},\beta_2=\begin{pmatrix}-5\\1\\0\\1\end{pmatrix}$.

因为 $r(A^T)=r(A)=4-2=2$，所以

$$\alpha_1=k_1\beta_1=k_1\begin{pmatrix}3\\-1\\1\\0\end{pmatrix},\alpha_2=k_2\beta_2=k_2\begin{pmatrix}-5\\1\\0\\1\end{pmatrix}\quad k_1\neq 0,k_2\neq 0,$$

则 $A=(\alpha_1,\alpha_2)^T=\begin{bmatrix}3k_1 & -k_1 & k_1 & 0\\ -5k_2 & k_2 & 0 & k_2\end{bmatrix}$.

评注 通过线性方程组求未知矩阵，关键点是：(1)未知矩阵必须处在已知矩阵的右边，这可以通过矩阵转置来解决；(2)未知矩阵分解为列向量组，其中的列向量为线性方程组的解；(3)根据未知矩阵的秩，确定未知矩阵.

Ⅲ 训练题

A. 基础题

(一)填空题

1. 设齐次线性方程组为 $x_1+2x_2+3x_3+\cdots+nx_n=0$，则它的通解为__________.

2. 设 n 阶矩阵 A 的各行元素之和均为零，且 A 的秩为 $n-1$，则线性方程组 $AX=O$ 的通解为__________.

3. 设 $\alpha_1,\alpha_2,\cdots,\alpha_t$ 为非齐次线性方程组 $AX=B$ 的一组解，如果 $c_1\alpha_1+c_2\alpha_2+\cdots+c_t\alpha_t$ 也是该方程组的一个解，则 $c_1+c_2+\cdots+c_t=$__________.

4. 设 $A=(a_{ij})$ 是 3 阶实矩阵，满足 $AA^T=I$，且 $a_{12}=1$，$B=(1,0,0)^T$，则 $AX=B$ 的解 $X=$__________.

5. 若线性方程组 $\begin{cases}x_1+2x_2=a_1\\ x_2+2x_3=a_2\\ x_3+2x_4=a_3\\ x_1+3x_2+x_3-2x_4=a_4\end{cases}$ 有解，则常数 a_1,a_2,a_3,a_4 应满足条件__________.

6. 已知一个非齐次线性方程组的增广矩阵经过初等变换化为

$$\begin{pmatrix}1 & -1 & 3 & 2 & 0 & 1\\ 0 & \lambda & -1 & 0 & 2 & 0\\ 0 & 0 & 0 & 2 & 0 & \lambda-2\\ 0 & 0 & 0 & 0 & \lambda-1 & \lambda-3\end{pmatrix},$$

则该方程组当 λ________时，有无穷多解，这时导出组的基础解系含有________个解向量；当 λ________时，方程组无解.

7. 设 A 是 n 阶方阵，若对任意 n 维列向量 α，都有 $A\alpha=0$，则方阵 $A=$________.

8. 设 A 是 n 阶方阵，$A^2=I$(n 阶单位阵)，则 $r(A-I)+r(A+I)=$________.

9. 设矩阵 $A=\begin{pmatrix}1 & 2 & 3\\ -1 & -2 & \lambda\\ 3 & 6 & 9\end{pmatrix}$，$B$ 为三阶非零矩阵，且满足 $BA=0$，则当 λ 满足________时，B 的秩恰为 1.

10. 已知$A=\begin{pmatrix}2 & a-6\\ a-3 & 2\\ 4 & 2\end{pmatrix}$，若有两个不同的二阶矩阵 B 和 C，使得 $AB=AC$，则 $a=$________.

11. 已知$A=(\alpha_1,\alpha_2,\alpha_3,\alpha_4)$，其中$\alpha_1,\alpha_2,\alpha_3,\alpha_4$为四维列向量，齐次线性方程组 $AX=0$ 的通解为$k(2,-1,3,1)^T$，则α_4可由$\alpha_1,\alpha_2,\alpha_3$表示为________.

12. 已知非齐次线性方程组$\begin{cases}x_1+2x_2+x_3=1\\ 2x_1+3x_2+(a+2)x_3=3\\ x_1+ax_2-2x_3=0\end{cases}$无解，则 $a=$________.

13. 已知三阶矩阵 $B\neq O$，且 B 的每一列向量都是方程组$\begin{cases}x_1+2x_2-2x_3=0\\ 2x_1-x_2+\lambda x_3=0\\ 3x_1+x_2-x_3=0\end{cases}$的解，则 $\lambda=$________，$|B|=$________.

14. 设$\alpha_1,\alpha_2,\alpha_3$是非齐次线性方程组 $AX=B$ 的 3 个解向量，$r(A)=1$，且 $\alpha_1+\alpha_2=\begin{pmatrix}2\\0\\-2\end{pmatrix}$，$\alpha_1+\alpha_3=\begin{pmatrix}1\\1\\-2\end{pmatrix}$，$\alpha_2+\alpha_3=\begin{pmatrix}2\\1\\0\end{pmatrix}$，则 $AX=B$ 的通解 $X=$__________.

15. 设 A 是 3×4 矩阵，$r(A)=3$，若α_1,α_2是非齐次线性方程组 $AX=B$ 的两个不同的解，则 $AX=B$ 的通解 $X=$__________.

(二)选择题

1. 设$\alpha_1=\begin{pmatrix}2\\0\\2\end{pmatrix}$，$\alpha_2=\begin{pmatrix}0\\1\\-1\end{pmatrix}$都是线性方程组 $AX=0$ 的解，则系数矩阵 $A=$(　　).

(A)$\begin{pmatrix}1 & 0 & -1\\ 2 & 0 & -2\\ 1 & -1 & -1\end{pmatrix}$　　(B)$\begin{pmatrix}1 & 0 & -1\\ 1 & -1 & -1\end{pmatrix}$

(C)$(1\ \ 0\ \ -1)$　　(D)$(1\ \ -1\ \ -1)$

2. 设 A 为 $n(n\geqslant2)$阶方阵，A^*是 A 的伴随矩阵，若对任一 n 维列向量α均有$A^*\alpha=0$，则线性方程组 $AX=0$ 的基础解系所含解向量的个数 k 必定满足(　　).

(A)$k=0$　　(B)$k=1$　　(C)$k>1$　　(D)$k=n$

3. 设 A 为 n 阶方阵，A^*是 A 的伴随矩阵，且$A^*\neq0$，若$\alpha_1,\alpha_2,\alpha_3,\alpha_4$是非齐次线性方程组 $AX=B$ 互不相等的解，则对应的齐次线性方程组 $AX=0$ 的基础解系(　　).

(A)不存在　　(B)仅含一个非零解向量

(C)含有两个线性无关的解向量　　(D)含有三个线性无关的解向量

4. 设 A 为 n 阶方阵，A^*是 A 的伴随矩阵，α_1,α_2是齐次线性方程组 $AX=0$ 的两个线性无关的解向量，则(　　).

(A)$A^*X=0$ 的解均是 $AX=0$ 的解

(B)$AX=0$ 的解均是 $A^*X=0$ 的解

(C)$A^*X=0$ 与 $AX=0$ 无非零公共解

(D)$A^*X=0$ 与 $AX=0$ 仅有两个非零公共解

5. 设 A 为 $n(n\geqslant 3)$ 阶方阵，$r(A)=n-3$，且 $\alpha_1,\alpha_2,\alpha_3$ 是 $AX=0$ 的线性无关的解向量，则下列各组向量中为 $AX=0$ 的基础解系是(　　).

(A)$\alpha_1-\alpha_2,\alpha_2-\alpha_3,\alpha_3-\alpha_1$　　(B)$\alpha_1+\alpha_2,\alpha_2+\alpha_3,2\alpha_1+3\alpha_2+\alpha_3$

(C)$\alpha_1+2\alpha_2,\alpha_2-\alpha_3,\alpha_1-\alpha_3$　　(D)$\alpha_1-\alpha_2,3\alpha_2+\alpha_3,\alpha_1+2\alpha_2+\alpha_3$

6. 已知 β_1,β_2 是非齐次线性方程组 $AX=B$ 的两个不同的解向量，α_1,α_2 是对应齐次线性方程组 $AX=0$ 的基础解系，k_1,k_2 是任意常数，则方程组 $AX=B$ 的通解是(　　).

(A)$k_1\alpha_1-k_2(\alpha_1+\alpha_2)+\dfrac{\beta_2-\beta_1}{2}$　　(B)$k_1\alpha_1-k_2(\alpha_1+\alpha_2)+\dfrac{\beta_2+\beta_1}{2}$

(C)$k_1\alpha_1+k_2(\beta_1+\beta_2)+\dfrac{\beta_2-\beta_1}{2}$　　(D)$k_1\alpha_1+k_2(\beta_1-\beta_2)+\dfrac{\beta_2+\beta_1}{2}$

7. 设 $A=\begin{pmatrix}1 & -2 & 1\\ 2 & -4 & t\\ 4 & -8 & 4\end{pmatrix}$，$B$ 为 3×2 非零矩阵，且 $AB=0$，则(　　).

(A)$t=2$ 时，B 的列向量组必线性无关　　(B)$t=2$ 时，B 的列向量组必线性相关

(C)$t\neq 2$ 时，B 的列向量组必线性相关　　(D)$t\neq 2$ 时，B 的列向量组必线性无关

8. 已知 A 为 3 阶方阵，$\alpha_1=\begin{pmatrix}1\\2\\0\end{pmatrix}$，$\alpha_2=\begin{pmatrix}1\\1\\1\end{pmatrix}$，$\alpha_3=\begin{pmatrix}1\\t\\0\end{pmatrix}$为非齐次线性方程组 $AX=B$ 的三个解向量，则(　　).

(A)当 $t=2$ 时，$r(A)=1$　　(B)当 $t=2$ 时，$r(A)=2$

(C)当 $t\neq 2$ 时，$r(A)=1$　　(D)当 $t\neq 2$ 时，$r(A)=2$

9. 设 A 为 $m\times n$ 矩阵，齐次线性方程组 $AX=0$ 仅有零解的充分必要条件是 A 的(　　).

(A)列向量组线性无关　　(B)列向量组线性相关

(C)行向量组线性无关　　(D)行向量组线性相关

10. $r(A)=n$ 是 n 元线性方程组 $AX=B$ 有唯一解的(　　).

(A)充分必要条件　　(B)充分条件　　(C)必要条件　　(D)无关条件

11. 设 A 为 $m\times n$ 矩阵，则齐次线性方程组 $AX=0$ 有结论(　　).

(A)$m>n$ 时，方程组仅有零解

(B)$m<n$ 时，方程组有非零解，且基础解系含 $n-m$ 个线性无关解向量

(C)若 A 有 n 阶子式不为零，则方程组仅有零解

(D)若 A 中所有 $n-1$ 阶子式不为零，则方程组仅有零解

12. n 元线性方程组 $AX=B$ 有唯一解的充分必要条件是(　　).

(A)导出组 $AX=0$ 仅有零解

(B)A 为方阵，且 $|A|\neq 0$

(C)$r(A)=n$

(D)A 的列向量组线性无关，且 B 可由 A 的列向量组线性表示

13. 设 A 为 n 阶方阵，α 为 n 维列向量，若 $r(A)=r\begin{pmatrix}A & \alpha\\ \alpha^T & 0\end{pmatrix}$，则线性方程组(　　).

(A)$AX=\alpha$ 必有无穷多解　　(B)$AX=\alpha$ 必有唯一解

(C)$\begin{pmatrix} A & \alpha \\ \alpha^T & 0 \end{pmatrix}Y=0$ 仅有零解　　(D)$\begin{pmatrix} A & \alpha \\ \alpha^T & 0 \end{pmatrix}Y=0$ 必有非零解

14. 设 A 为 $m\times n$ 矩阵，则与 $AX=B$ 同解的情形是(　　).

(A)当 $m=n$ 时，$A^TX=B$

(B)当 $r(P)=m$ 时(P 为 $n\times m$ 矩阵)，$PAX=PB$

(C)当 $r(P)=n$ 时(P 为 $n\times m$ 矩阵)，$PAX=PB$

(D)当 $r(A)=r(\overline{A})=r$ 时，由 $AX=B$ 的前 r 个方程构成的方程组

15. 设有齐次线性方程组 $AX=0$ 和 $BX=0$，其中 A,B 均为 $m\times n$ 矩阵，现有 4 个命题：

(1)若 $AX=0$ 的解都是 $BX=0$ 的解，则 $r(A)\geqslant r(B)$；

(2)若 $r(A)\geqslant r(B)$，则 $AX=0$ 的解都是 $BX=0$ 的解；

(3)若 $AX=0$ 与 $BX=0$ 同解，则 $r(A)=r(B)$；

(4)若 $r(A)=r(B)$，则 $AX=0$ 与 $BX=0$ 同解．

以上命题中正确的是(　　).

(A)(1)(2)　　(B)(1)(3)　　(C)(2)(4)　　(D)(3)(4)

16. 设齐次线性方程组 $AX=0$ 和 $BX=0$ 有相同的基础解系 $\alpha_1,\alpha_2,\alpha_3$，其中 A,B 均为 $m\times n$ 矩阵，则 $\alpha_1,\alpha_2,\alpha_3$ 也是下列方程组(　　)的基础解系．

(A)$(A+B)X=0$　　(B)$(A,B)X=0$

(C)$\begin{pmatrix} A \\ B \end{pmatrix}X=0$　　(D)$A^TBX=0$

(三)计算题

1. 设 $A=\begin{pmatrix} 1 & 1 & 2 \\ 2 & 2 & 4 \\ 3 & 3 & 6 \end{pmatrix}$，求一个秩为 2 的方阵 B，使得 $AB=O$.

2. 设 $A=\begin{pmatrix} 1 & 0 & 1 \\ -2 & 1 & 2 \\ 3 & -1 & 0 \\ -4 & 1 & -3 \end{pmatrix}$，$E$ 为 3 阶单位矩阵，求满足 $BA=E$ 的所有矩阵 B.

3. k 为何值时方程组$\begin{cases} x_1+x_2+kx_3=4 \\ -x_1+kx_2+x_3=k^2 \\ x_1-x_2+2x_3=-4 \end{cases}$无解、有唯一解、有无穷多解．在无穷多解时求通解．

4. a,b 为何值时方程组$\begin{cases} ax_1+x_2+x_3=4 \\ x_1+bx_2+x_3=3 \\ x_1+3bx_2+x_3=9 \end{cases}$无解、有唯一解、有无穷多解．在无穷多解时求通解．

5. a 为何值时方程组$\begin{cases} 3ax_1+(2a+1)x_2+(a+1)x_3=a \\ (2a-1)x_1+(2a-1)x_2+(a-2)x_3=a+1 \\ (4a-1)x_1+3ax_2+2ax_3=1 \end{cases}$无解、有唯一解、有无穷多解．在无穷多解时求通解．

6. 对于线性方程组$\begin{cases}ax_1-x_2+x_3=1\\x_1+x_2+(2a+1)x_3=2\\(a-1)x_1-2x_2-2ax_3=b\end{cases}$，讨论 a,b 取何值时方程组无解、有唯一解和无穷多解．并求解．

7. 设$A=\begin{pmatrix}1&2&1&2\\0&1&c&c\\1&c&0&1\end{pmatrix}$，已知方程组 $AX=0$ 的基础解系含有 2 个解向量，求 c 的值，并求方程组 $AX=0$ 的通解．

8. 求解线性方程组$\begin{cases}x_1+2x_2+3x_3+4x_4=2b\\ax_1+x_2+x_3+ax_4=b\\4x_1+3x_2+2x_3+x_4=3b\end{cases}$．

9. 已知 $X=k_1\begin{pmatrix}-1\\1\\0\end{pmatrix}+k_2\begin{pmatrix}1\\0\\1\end{pmatrix}$是齐次线性方程组 $AX=0$ 的通解，又 $A\alpha+3\alpha=0$，其中 $\alpha=\begin{pmatrix}1\\1\\1\end{pmatrix}$，求矩阵 A.

10. 已知齐次线性方程组$\begin{cases}x_1+2x_2+x_3+2x_4=0\\x_2+tx_3+tx_4=0\\x_1+tx_2+x_4=0\end{cases}$有 2 个线性无关的解向量，求 t 的值及方程组的通解．

11. 设非齐次线性方程组 $AX=B$ 的系数矩阵 A 的秩为 2，$\alpha_1,\alpha_2,\alpha_3$ 是它的三个解向量，且 $\alpha_1=\begin{pmatrix}-1\\0\\1\\2\end{pmatrix}$，$\alpha_2=\begin{pmatrix}0\\1\\-1\\1\end{pmatrix}$，$\alpha_3=\begin{pmatrix}1\\0\\2\\-1\end{pmatrix}$，求该方程组的通解．

12. 设齐次线性方程组(Ⅰ)$\begin{cases}x_1+x_2=0\\x_3-x_4=0\end{cases}$，又已知某齐次线性方程组(Ⅱ)的通解为 $k_1(0,1,1,0)^T+k_2(-1,2,2,1)^T$，

(1)求齐次线性方程组(Ⅰ)的基础解系；

(2)问(Ⅰ)和(Ⅱ)是否有非零公共解？若有，求出非零公共解．

13. 设有线性方程组(Ⅰ)$\begin{cases}x_1+x_2-2x_3=-6\\4x_1-x_2-x_3-x_4=1\\3x_1-x_2-x_3=3\end{cases}$和(Ⅱ)$\begin{cases}x_1+mx_2-x_3-x_4=-5\\nx_2-x_3-2x_4=-11\\x_3-2x_4=t+1\end{cases}$，

(1)求(Ⅰ)的通解；

(2)若(Ⅰ)和(Ⅱ)同解，求 m,n,t 的值．

14. 设线性方程组$\begin{cases}3x_1+ax_2+x_3-2x_4=0\\2x_2-5x_3+(a-1)x_4=0,\\x_1-x_2+2x_3=0\end{cases}$$\begin{cases}x_1-x_2+3x_3-2x_4=0\\x_1+x_2-x_3-6x_4=0\end{cases}$

有非零公共解，求 a 的值及所有非零公共解．

15. 已知 $\alpha_1=(1,1,0,0)^T,\alpha_2=(1,0,1,0)^T,\alpha_3=(1,0,0,1)^T$ 是齐次线性方程组（Ⅰ）的基础解系，$\beta_1=(0,0,1,1)^T,\beta_2=(0,1,0,1)^T$ 是齐次线性方程组（Ⅱ）的基础解系，求方程组（Ⅰ）与（Ⅱ）的公共解．

（四）证明题

1. 设线性方程组 $\begin{cases}a_{11}x_1+a_{12}x_2+\cdots+a_{1n-1}x_{n-1}=a_{1n}\\ a_{21}x_1+a_{22}x_2+\cdots+a_{2n-1}x_{n-1}=a_{2n}\\ \cdots\cdots \\ a_{n1}x_1+a_{n2}x_2+\cdots+a_{nn-1}x_{n-1}=a_{nn}\end{cases}$，证明：若 $\begin{vmatrix}a_{11} & a_{12} & \cdots & a_{1n}\\ a_{21} & a_{22} & \cdots & a_{2n}\\ \vdots & \vdots & \ddots & \vdots\\ a_{n1} & a_{n2} & \cdots & a_{nn}\end{vmatrix}\neq 0$，则方程组无解．

2. 设 A 为 n 阶方阵，且 $r(A)+r(A-I)=n$，I 为 n 阶单位阵，$A\neq I$，证明：方程组 $AX=0$ 有非零解．

3. 如果方程组（Ⅰ）$\begin{cases}a_{11}x_1+a_{12}x_2+\cdots+a_{1n}x_n=b_1\\ a_{21}x_1+a_{22}x_2+\cdots+a_{2n}x_n=b_2\\ \cdots\cdots \\ a_{n1}x_1+a_{n2}x_2+\cdots+a_{nn}x_n=b_n\end{cases}$ 的系数矩阵 A 与矩阵

$C=\begin{bmatrix}a_{11} & \cdots & a_{1n} & b_1\\ \cdots & \cdots & \cdots & \cdots\\ a_{n1} & \cdots & a_{nn} & b_n\\ b_1 & \cdots & b_n & k\end{bmatrix}$ 的秩相等，其中 k 为任意实数．证明方程组（Ⅰ）有解．

4. 设向量 α_1,α_2 是 n 元非齐次线性方程组 $AX=B$ 的两个不同解，β 是其导出组 $AX=0$ 的一个非零解．证明：

(1)向量组 $\alpha_1,\alpha_1-\alpha_2$ 线性无关．

(2)若 $r(A)=n-1$，则向量组 β,α_1,α_2 线性相关．

5. 设向量 $\alpha_1,\alpha_2,\cdots,\alpha_t$ 是齐次线性方程组 $AX=0$ 的一个基础解系，若存在 $\beta_i(i=1,2,\cdots,t)$，使得 $A\beta_i=\alpha_i$，证明：$\alpha_1,\alpha_2,\cdots,\alpha_t,\beta_1,\beta_2,\cdots,\beta_t$ 线性无关．

6. 设向量 $\alpha_1,\alpha_2,\cdots,\alpha_t$ 是齐次线性方程组 $AX=0$ 的一个基础解系，向量 β 不是 $AX=0$ 的解，证明：向量组 $\beta,\beta+\alpha_1,\beta+\alpha_2,\cdots,\beta+\alpha_t$ 线性无关．

7. 设 A 和 B 均为 $m\times n$ 矩阵，$r(A)+r(B)=n$，若 $BB^T=I$，且 B 的行向量是齐次线性方程组 $AX=0$ 的解向量，P 是 m 阶可逆矩阵，证明：PB 的行向量是齐次线性方程组 $AX=0$ 的基础解系．

8. n 元非齐次线性方程组 $AX=B$ 有解向量 β，$r(A)=r<n$，证明：方程组 $AX=B$ 有 $n-r+1$ 个线性无关的解向量，而且这 $n-r+1$ 个解向量可以线性表示方程组 $AX=B$ 的任意一个解向量．

9. 设 A 为 $m\times n$ 矩阵，$m>n$，且 $AX=B$ 有唯一解，证明：A^TA 为可逆矩阵，且 $AX=B$ 的解为 $X=(A^TA)^{-1}A^TB$．

10. 设 n 阶矩阵 $A=(\alpha_1,\alpha_2,\cdots,\alpha_{n-1},\alpha_n)$，其中 $\alpha_1,\alpha_2\cdots,\alpha_{n-1}$ 线性相关，$\alpha_2,\cdots,\alpha_{n-1},\alpha_n$ 线性无关，$\beta=\alpha_1+\alpha_2+\cdots+\alpha_{n-1}+\alpha_n$．证明：

(1)方程组 $AX=\beta$ 有无穷多解．

(2)若$(k_1,k_2,\cdots,k_n)^T$是$AX=\beta$的任一解，则$k_n=1$.

11. 已知A,B均为$m\times n$矩阵，$r(A)=n-s$，$r(B)=n-r$，且$r+s>n$，证明$AX=0$和$BX=0$有非零公共解.

12. 设$\alpha_i=(\alpha_{i1},\alpha_{i2},\cdots,a_{in})$，$i=1,2,\cdots,s$，$\beta=(b_1,b_2,\cdots,b_n)$，如果

$$\begin{cases}a_{11}x_1+a_{12}x_2+\cdots+a_{1n}x_n=0\\a_{21}x_1+a_{22}x_2+\cdots+a_{2n}x_n=0\\\cdots\cdots\\a_{s1}x_1+a_{s2}x_2+\cdots+a_{sn}x_n=0\end{cases}$$

的解全是方程$b_1x_1+b_2x_2+\cdots+b_nx_n=0$的解．证明：$\beta$可由$\alpha_1,\alpha_2,\cdots,\alpha_s$线性表示.

B. 提高题

1. 已知齐次线性方程

$$\begin{cases}bx_1+ax_2+ax_3+\cdots+ax_n=0\\ax_1+bx_2+ax_3+\cdots+ax_n=0\\ax_1+ax_2+bx_3+\cdots+ax_n=0,\\\cdots\cdots\\ax_1+ax_2+ax_3+\cdots+bx_n=0\end{cases}$$

其中，$a\neq0,b\neq0,n\geqslant2$. 讨论$a,b$满足什么条件时，

(1)方程组仅有零解；

(2)方程组有非零解，并求解.

2. 已知$A=(\alpha_1,\alpha_2,\alpha_3,\alpha_4)$是4阶矩阵，$\beta$是4维列向量，若方程组$AX=\beta$的通解是$(1,2,2,1)^T+k(1,-2,4,0)^T$，记$B=(\alpha_3,\alpha_2,\alpha_1,\beta-\alpha_4)$，求$BX=\alpha_1-\alpha_2$的通解.

3. 设齐次线性方程组(Ⅰ)的基础解系为$\alpha_1=(1,0,1,1)^T$，$\alpha_2=(2,1,0,-1)^T$，$\alpha_3=(0,2,1,-1)^T$，(Ⅰ)添加两个方程$\begin{cases}x_1+x_2+x_3+x_4=0\\x_1+2x_2+3x_4=0\end{cases}$后组成齐次线性方程组(Ⅱ)，求(Ⅱ)的通解.

4. 已知向量组$\alpha_1=(1\quad2\quad0\quad2)^T$，$\alpha_2=(1\quad-1\quad a\quad5)^T$，$\alpha_3=(-1\quad-1\quad1\quad\alpha)^T$，$\alpha_4=(2\quad a\quad-3\quad-5)^T$与$AX=O$的基础解系等价，且$r(A)=1$，求$AX=O$的通解.

5. 设线性方程组$\begin{cases}x_1-x_2+2x_3+x_4=1\\2x_1-x_2+x_3+2x_4=3\\x_1\qquad\quad-x_3+x_4=2\\3x_1-x_2\qquad\quad+3x_4=5\end{cases}$，求方程组满足条件$x_1^2=x_4^2$的全部解.

6. 设$\alpha_i=(a_{i1},a_{i2},\cdots,a_{in})^T$，$i=1,2,\cdots,r$，$r<n$，是$n$维实向量，且$\alpha_1,\alpha_2,\cdots,\alpha_r$线性无关．已知$\beta=(b_1,b_2,\cdots,b_n)^T$是线性方程组

$$\begin{cases}a_{11}x_1+a_{12}x_2+\cdots+a_{1n}x_n=0\\a_{21}x_1+a_{22}x_2+\cdots+a_{2n}x_n=0\\\cdots\cdots\\a_{r1}x_1+a_{r2}x_2+\cdots+a_{rn}x_n=0\end{cases}$$

的非零解向量．证明向量组$\alpha_1,\alpha_2,\cdots,\alpha_r,\beta$线性无关.

7. 设有两个线性方程组：

$$(\text{I})\begin{cases}a_{11}x_1+a_{12}x_2+\cdots+a_{1n}x_n=b_1\\a_{21}x_1+a_{22}x_2+\cdots+a_{2n}x_n=b_2\\\cdots\cdots\\a_{m1}x_1+a_{m2}x_2+\cdots+a_{mn}x_n=b_m\end{cases},(\text{II})\begin{cases}a_{11}y_1+a_{21}y_2+\cdots+a_{m1}y_m=0\\a_{12}y_1+a_{22}y_2+\cdots+a_{m2}y_m=0\\\cdots\cdots\\a_{1n}y_1+a_{2n}y_2+\cdots+a_{mn}y_m=0\end{cases},$$

其中，$\beta=(b_1,b_2,\cdots,b_m)^T\neq 0$. 证明：方程组(Ⅰ)有解的充分必要条件是(Ⅱ)的每一个解 $Y=(y_1,y_2,\cdots,y_m)^T$ 都满足 $b_1y_1+b_2y_2+\cdots+b_my_m=0$.

8. 设 A 为 $m\times n$ 矩阵，B 为 $n\times l$ 矩阵，证明：方程组 $ABX=0$ 和 $BX=0$ 是同解方程组的充分必要条件是 $r(AB)=r(B)$.

9. 设 A 为 $n\times n$ 矩阵，证明：方程组 $A^nX=0$ 和 $A^{n+1}X=0$ 是同解方程组.

10. 设 A 为 $m\times n$ 矩阵，$r(A)=m$，B 为 $n\times(n-m)$ 矩阵，$r(B)=n-m$，且满足关系 $AB=O$. 证明：若 η 是方程组 $AX=0$ 的解，则必存在唯一的 α，使得 $B\alpha=\eta$.

第五章

线性空间

Ⅰ　内容提要

一、向量空间

1. 向量空间的定义

向量空间　设 V 为 n 维实向量的非空集合，若 V 对于向量的加法及数乘两种运算封闭，那么称集合 V 为向量空间．所谓封闭是指：

(1)若 $\alpha,\beta\in V$，则 $\alpha+\beta\in V$；

(2)若 $\alpha\in V,\lambda\in R$，则 $\lambda\alpha\in V$.

由全体 n 维实向量构成的集合 R^n 是一向量空间．

子空间　设 V 是一个向量空间，W 是 V 的一个非空子集．如果 W 关于 V 上的加法和数乘运算封闭，则 W 也构成一个向量空间，称 W 为 V 的一个子空间．

任何由 n 维向量构成的向量空间都是 R^n 的子空间．

2. 基与维数

基　设 V 为一向量空间，向量 $\alpha_1,\alpha_2,\cdots,\alpha_r$ 为 V 中的 r 个向量，并且满足

(1)$\alpha_1,\alpha_2,\cdots,\alpha_r$ 线性无关；

(2)V 中的每个向量都可由 $\alpha_1,\alpha_2,\cdots,\alpha_r$ 线性表示，

则称向量组 $\alpha_1,\alpha_2,\cdots,\alpha_r$ 为向量空间 V 的一组基．

维数　基中所含向量的个数 r 称为向量空间 V 的维数，记作 $\dim V=r$，同时称 V 为 r 维向量空间．

注　空间的维数与向量维数是两个不同的概念．

R^n 中任意 n 个线性无关的 n 维向量都是 R^n 的一组基．

3. 生成向量子空间

生成向量子空间　设 $\alpha_1,\alpha_2,\cdots,\alpha_m$ 是向量空间 V 中的 m 个已知的 n 维向量，集合 $\{\alpha=k_1\alpha_1+k_2\alpha_2+\cdots+k_m\alpha_m\,|\,k_1,k_2,\cdots,k_m\in R\}$ 是一个向量空间，称它为由向量 $\alpha_1,\alpha_2,\cdots,\alpha_m$

生成的向量子空间,记为$L(\alpha_1,\alpha_2,\cdots,\alpha_m)$.

显然,生成向量子空间$L(\alpha_1,\alpha_2,\cdots,\alpha_m)$的基就是$\alpha_1,\alpha_2,\cdots,\alpha_m$的极大线性无关组,维数就是$\alpha_1,\alpha_2,\cdots,\alpha_m$的秩.

4. 坐标、基变换公式、过渡矩阵和坐标变换公式

坐标　设$\alpha_1,\alpha_2,\cdots,\alpha_n$是向量空间$V$的一组基,对于任一向量$\beta\in V$,有且仅有一组有序的数$x_1,x_2,\cdots,x_n$,使$\beta=x_1\alpha_1+x_2\alpha_2+\cdots+x_n\alpha_n$,即

$$\beta=(\alpha_1,\alpha_2,\cdots,\alpha_n)\begin{pmatrix}x_1\\x_2\\\vdots\\x_n\end{pmatrix},$$

则称这组有序的数$x_1,x_2,\cdots,x_n$为向量β在$\alpha_1,\alpha_2,\cdots,\alpha_n$这组基下的坐标,记为$(x_1,x_2,\cdots,x_n)^T$.

基变换公式　设$\alpha_1,\alpha_2,\cdots,\alpha_n$和$\beta_1,\beta_2,\cdots,\beta_n$是$n$维向量空间$V$的两组基,且

$$\begin{cases}\beta_1=p_{11}\alpha_1+p_{21}\alpha_2+\cdots+p_{n1}\alpha_n\\\beta_2=p_{12}\alpha_1+p_{22}\alpha_2+\cdots+p_{n2}\alpha_n\\\quad\cdots\cdots\\\beta_n=p_{1n}\alpha_1+p_{2n}\alpha_2+\cdots+p_{nn}\alpha_n\end{cases},$$

即

$$(\beta_1,\beta_2,\cdots,\beta_n)=(\alpha_1,\alpha_2,\cdots,\alpha_n)P,\tag{5.1}$$

其中,$P=\begin{pmatrix}p_{11}&p_{12}&\cdots&p_{1n}\\p_{21}&p_{22}&\cdots&p_{2n}\\\cdots&\cdots&\cdots&\cdots\\p_{n1}&p_{n2}&\cdots&p_{nn}\end{pmatrix}$,称为由基$\alpha_1,\alpha_2,\cdots,\alpha_n$到基$\beta_1,\beta_2,\cdots,\beta_n$的**过渡矩阵**;而称(5.1)为基变换公式.

坐标变换公式　设γ在基$\alpha_1,\alpha_2,\cdots,\alpha_n$下的坐标为$\begin{pmatrix}x_1\\x_2\\\vdots\\x_n\end{pmatrix}$,$\gamma$在基$\beta_1,\beta_2,\cdots,\beta_n$下的坐标为$\begin{pmatrix}y_1\\y_2\\\vdots\\y_n\end{pmatrix}$,若由基$\alpha_1,\alpha_2,\cdots,\alpha_n$到基$\beta_1,\beta_2,\cdots,\beta_n$的过渡矩阵为$P$,则

$$\begin{pmatrix}x_1\\x_2\\\vdots\\x_n\end{pmatrix}=P\begin{pmatrix}y_1\\y_2\\\vdots\\y_n\end{pmatrix}.$$

二、向量的内积与正交

1. 向量的内积与正交

内积　设有两个n维向量$\alpha=(a_1,a_2,\cdots,a_n)^T$,$\beta=(b_1,b_2,\cdots,b_n)^T$,则数$a_1b_1+a_2b_2+\cdots+a_nb_n$

定义为α与β的内积,记作(α,β).

内积满足下列运算规律:

(1)$(\alpha,\beta)=(\beta,\alpha)$;

(2)$(k\alpha,\beta)=k(\alpha,\beta)$;

(3)$(\alpha+\beta,\gamma)=(\alpha,\gamma)+(\beta,\gamma)$.

向量长度 非负实数$\sqrt{(\alpha,\alpha)}$称为向量α的长度(或模,或范数),记作$\|\alpha\|$.

单位向量 当$\|\alpha\|=1$时,称α为单位向量.

向量的单位化 对于非零向量α,除以它的长度$\|\alpha\|$,就得到一个与α同方向的单位向量$\beta=\dfrac{\alpha}{\|\alpha\|}$,称之为$\alpha$的单位化向量,而称此过程为向量$\alpha$的单位化.

向量夹角 当$\|\alpha\|\neq0$,$\|\beta\|\neq0$时,α与β的夹角θ定义为

$$\theta=\arccos\frac{(\alpha,\beta)}{\|\alpha\|\ \|\beta\|},0\leqslant\theta\leqslant\pi.$$

正交 当$(\alpha,\beta)=0$即$\theta=\dfrac{\pi}{2}$时,称α与β正交或垂直.

显然,零向量与任何向量正交,与自己正交的向量只有零向量.

正交向量组 如果非零向量组$\alpha_1,\alpha_2,\cdots,\alpha_n$两两正交,即$(\alpha_i,\alpha_j)=0,i\neq j$,称$\alpha_1,\alpha_2,\cdots,\alpha_n$为正交向量组.

正交向量组是线性无关的.

勾股定理 设α,β为n维列向量,且α,β正交,则$\|\alpha+\beta\|^2=\|\alpha\|^2+\|\beta\|^2$.

标准正交基 设n维向量$\gamma_1,\gamma_2,\cdots,\gamma_n$是向量空间$V$的一组基,如果$\gamma_1,\gamma_2,\cdots,\gamma_n$两两正交,且都是单位向量,则称$\gamma_1,\gamma_2,\cdots,\gamma_n$是$V$的一组标准正交基.

施密特(Schmidt)标准正交化过程 设$\alpha_1,\alpha_2,\cdots,\alpha_r$是向量空间$R^n$的一组线性无关的向量,由此来构造标准正交的向量组$\gamma_1,\gamma_2,\cdots,\gamma_r$. 构造过程如下:

取

$$\beta_1=\alpha_1,$$

$$\beta_2=\alpha_2-\frac{(\alpha_2,\beta_1)}{(\beta_1,\beta_1)}\beta_1,$$

$$\cdots\cdots$$

$$\beta_r=\alpha_r-\frac{(\alpha_r,\beta_1)}{(\beta_1,\beta_1)}\beta_1-\frac{(\alpha_r,\beta_2)}{(\beta_2,\beta_2)}\beta_2-\cdots-\frac{(\alpha_r,\beta_{r-1})}{(\beta_{r-1},\beta_{r-1})}\beta_{r-1},$$

再取$\gamma_1=\dfrac{\beta_1}{\|\beta_1\|},\gamma_2=\dfrac{\beta_2}{\|\beta_2\|},\cdots,\gamma_r=\dfrac{\beta_r}{\|\beta_r\|}$,则$\gamma_1,\gamma_2,\cdots,\gamma_r$是$V$的一个标准正交向量组.

重要 $\gamma_1,\gamma_2,\cdots,\gamma_r$与$\alpha_1,\alpha_2,\cdots,\alpha_r$等价.

2. 正交矩阵

正交矩阵 设A为n阶实方阵,如果$A^TA=AA^T=I$,称A为正交矩阵.

正交矩阵具有下列性质:

(1)若A为正交矩阵,则$A^T=A^{-1}$也是正交矩阵.

(2)若A为正交矩阵,则$|A|=\pm1$.

(3)正交矩阵的积仍为正交矩阵.

(4)方阵 A 为正交矩阵的充要条件是它的行(列)向量组为单位正交向量组.

(5)向量空间 V 的两组标准正交基之间的过渡矩阵是正交矩阵.

(6)(正交矩阵的保角性与保长性)若 A 为 n 阶正交矩阵,α,β 为 n 维列向量,则

$$(A\alpha,A\beta)=(\alpha,\beta),\ \| A\alpha \|=\| \alpha \|.$$

Ⅱ 例题精讲

一、基、维数与向量坐标

【例 1】 求向量空间 $V=\{\alpha=(x_1,x_2,\cdots,x_n)^T \mid x_1+x_2+\cdots+x_n=0\}$ 的基与维数.

解法 1 取 V 中 $n-1$ 个向量

$$\alpha_1=(1,-1,0,\cdots,0)^T,\alpha_2=(1,0,-1,\cdots,0)^T,\cdots,\alpha_{n-1}=(1,0,0,\cdots,-1)^T,$$

显然 $\alpha_1,\alpha_2,\cdots,\alpha_{n-1}$ 线性无关.

对 $\forall\alpha\in V,\alpha=(x_1,x_2,\cdots,x_n)^T$,且$\sum\limits_{i=1}^{n}x_i=0$. 因为

$$\begin{vmatrix} 1 & -1 & 0 & \cdots & 0 \\ 1 & 0 & -1 & \cdots & 0 \\ \cdots & \cdots & \cdots & \cdots & \cdots \\ 1 & 0 & 0 & \cdots & -1 \\ x_1 & x_2 & x_3 & \cdots & x_n \end{vmatrix}=\begin{vmatrix} 0 & -1 & 0 & \cdots & 0 \\ 0 & 0 & -1 & \cdots & 0 \\ \cdots & \cdots & \cdots & \cdots & \cdots \\ 0 & 0 & 0 & \cdots & -1 \\ \sum\limits_{i=1}^{n}x_i & x_2 & x_3 & \cdots & x_n \end{vmatrix}=\sum_{i=1}^{n}x_i=0,$$

所以 $\alpha,\alpha_1,\alpha_2,\cdots,\alpha_{n-1}$ 线性相关,由线性相关的性质,α 可由 $\alpha_1,\alpha_2,\cdots,\alpha_{n-1}$ 线性表示,因此,$\alpha_1,\alpha_2,\cdots,\alpha_{n-1}$ 是 V 的一组基,V 的维数为 $n-1$.

解法 2 方程组 $x_1+x_2+\cdots+x_n=0$ 的基础解系即为 V 的一组基,基础解系向量的个数即为 V 的维数. 显然 $\alpha_1=(1,-1,0,\cdots,0)^T,\alpha_2=(1,0,-1,\cdots,0)^T,\cdots,\alpha_{n-1}=(1,0,0,\cdots,-1)^T$ 即为一组基础解录,V 的维数为 $n-1$.

评注 按基与维数的定义,找出极大无关组和秩.

【例 2】 设 $\alpha_1=(1,-1,2,4)^T,\alpha_2=(0,3,1,2)^T,\alpha_3=(1,-1,2,0)^T,\alpha_4=(3,0,7,14)^T,\alpha_5=(2,1,5,6)^T$,求 $L(\alpha_1,\alpha_2,\alpha_3,\alpha_4,\alpha_5)$的基与维数.

解 $\alpha_1,\alpha_2,\alpha_3,\alpha_4,\alpha_5$ 的一个极大无关组即为 $L(\alpha_1,\alpha_2,\alpha_3,\alpha_4,\alpha_5)$的基,维数即为 $\alpha_1,\alpha_2,\alpha_3,\alpha_4,\alpha_5$ 的秩,对 $\alpha_1,\alpha_2,\alpha_3,\alpha_4,\alpha_5$ 为列构成的矩阵 A 进行初等行变换.

$$A=\begin{pmatrix} 1 & 0 & 1 & 3 & 2 \\ -1 & 3 & -1 & 0 & 1 \\ 2 & 1 & 2 & 7 & 5 \\ 4 & 2 & 0 & 14 & 6 \end{pmatrix}\to\begin{pmatrix} 1 & 0 & 1 & 3 & 2 \\ 0 & 3 & 0 & 3 & 3 \\ 0 & 1 & 0 & 1 & 1 \\ 0 & 2 & -4 & 2 & -2 \end{pmatrix}\to\begin{pmatrix} 1 & 0 & 1 & 3 & 2 \\ 0 & 1 & 0 & 1 & 1 \\ 0 & 0 & -4 & 0 & -4 \\ 0 & 0 & 0 & 0 & 0 \end{pmatrix},$$

所以,$\alpha_1,\alpha_2,\alpha_3$ 是极大无关组,$L(\alpha_1,\alpha_2,\alpha_3,\alpha_4,\alpha_5)$的基为 $\alpha_1,\alpha_2,\alpha_3$,维数为 3.

评注 求 $L(\alpha_1,\alpha_2,\alpha_3,\alpha_4,\alpha_5)$的基与维数即求向量组 $\alpha_1,\alpha_2,\alpha_3,\alpha_4,\alpha_5$ 的极大无关组和秩.

【例 3】 设 $\alpha_1=(1,1,2,1)^T,\alpha_2=(0,1,1,2)^T,\alpha_3=(0,0,3,1)^T,\alpha_4=(0,0,1,t)^T$，问当 t 为何值时，$\alpha_1,\alpha_2,\alpha_3,\alpha_4$ 可作为 R^4 的一组基．

解 只要 $\alpha_1,\alpha_2,\alpha_3,\alpha_4$ 线性无关，即以 $\alpha_1,\alpha_2,\alpha_3,\alpha_4$ 为列构成矩阵 A 的行列式

$$|A|=\begin{vmatrix}1&0&0&0\\1&0&1&0\\2&3&1&1\\1&1&2&t\end{vmatrix}=\begin{vmatrix}0&1&0\\3&1&1\\1&2&t\end{vmatrix}=1-3t\neq 0,$$

得 $t\neq\dfrac{1}{3}$ 时，$\alpha_1,\alpha_2,\alpha_3,\alpha_4$ 为 R^4 的一组基．

评注 n 维实向量空间 R^n 中的任意 n 个线性无关的向量都可作为 R^n 的基．

【例 4】 验证 $\alpha_1=(2,-1,0)^T,\alpha_2=(1,2,3),\alpha_3=(3,-1,2)^T$ 为 R^3 的一个基，并将 $\beta_1=(8,-3,4)^T,\beta_2=(4,6,11)^T$ 用这个基线性表示．

解 将 $\alpha_1,\alpha_2,\alpha_3,\beta_1,\beta_2$ 为列构成矩阵 A，

$$A=\begin{pmatrix}2&1&3&8&4\\-1&2&-1&-3&6\\0&3&2&4&11\end{pmatrix}\to\begin{pmatrix}1&0&0&1&-1\\0&1&0&0&3\\0&0&1&2&1\end{pmatrix},$$

所以 $\alpha_1,\alpha_2,\alpha_3$ 线性无关，即为 R^3 的一个基，且 $\beta_1=\alpha_1+2\alpha_3,\beta_2=-\alpha_1+3\alpha_2+\alpha_3$．

评注 n 维实向量空间 R^n 中的任意 n 个线性无关的向量都可作为 R^n 的基，可按向量组的线性相关性及线性表示的内容求解．

二、过渡矩阵和坐标变换

【例 5】 设 R^4 的两组基为(Ⅰ)$\begin{cases}\alpha_1=(1,0,0,0)^T\\\alpha_2=(0,2,0,0)^T\\\alpha_3=(0,1,2,0)^T\\\alpha_4=(1,0,1,1)^T\end{cases}$，(Ⅱ)$\begin{cases}\beta_1=(5,2,0,0)^T\\\beta_2=(2,1,0,0)^T\\\beta_3=(0,0,8,5)^T\\\beta_4=(0,0,3,2)^T\end{cases}$，

(1)求由基(Ⅱ)到基(Ⅰ)的过渡矩阵；

(2)求向量 $\beta=3\alpha_1+2\alpha_2+\alpha_3$ 在基(Ⅱ)下的坐标．

解 (1)设 $(\alpha_1,\alpha_2,\alpha_3,\alpha_4)=(\beta_1,\beta_2,\beta_3,\beta_4)P$，其中 P 为由基(Ⅱ)到基(Ⅰ)的过渡矩阵，代入，即得

$$P=\begin{pmatrix}1&-4&-2&1\\-2&10&5&-2\\0&0&4&-3\\0&0&-10&3\end{pmatrix}.$$

(2)β 在基(Ⅱ)下的坐标为 $P\begin{pmatrix}3\\2\\1\\0\end{pmatrix}=\begin{pmatrix}-7\\19\\4\\-10\end{pmatrix}$．

评注 基变换公式和坐标变换公式的直接应用，要特别注意一组基到另一组基的顺序．

【例 6】 设 R^4 的两组基为(Ⅰ)$\alpha_1,\alpha_2,\alpha_3,\alpha_4$；(Ⅱ)$\beta_1,\beta_2,\beta_3,\beta_4$，其中，$\beta_1=\alpha_1+\alpha_2+\alpha_3+\alpha_4$，

$\beta_2=\alpha_2+\alpha_3+\alpha_4,\beta_3=\alpha_3+\alpha_4,\beta_4=\alpha_4$，求：

(1)由基(Ⅱ)到基(Ⅰ)的过渡矩阵；

(2)在基(Ⅰ)和基(Ⅱ)下有相同坐标的全体向量.

解 (1)由基(Ⅰ)到基(Ⅱ)的过渡矩阵为

$$P=\begin{pmatrix}1&0&0&0\\1&1&0&0\\1&1&1&0\\1&1&1&1\end{pmatrix},$$

则基(Ⅱ)到基(Ⅰ)的过渡矩阵为

$$P^{-1}=\begin{pmatrix}1&0&0&0\\-1&1&0&0\\0&-1&1&0\\0&0&-1&1\end{pmatrix}.$$

(2)设 α 在基(Ⅰ)与基(Ⅱ)下的坐标分别为 $\begin{pmatrix}x_1\\x_2\\x_3\\x_4\end{pmatrix}$ 与 $\begin{pmatrix}y_1\\y_2\\y_3\\y_4\end{pmatrix}$，则

$$\begin{pmatrix}x_1\\x_2\\x_3\\x_4\end{pmatrix}=\begin{pmatrix}y_1\\y_2\\y_3\\y_4\end{pmatrix}=P\begin{pmatrix}x_1\\x_2\\x_3\\x_4\end{pmatrix},$$

$$(P-I)\begin{pmatrix}x_1\\x_2\\x_3\\x_4\end{pmatrix}=0,$$

$$\begin{cases}x_1=0\\x_1+x_2=0\\x_1+x_2+x_3=0\end{cases}\Rightarrow\begin{cases}x_1=0\\x_2=0\\x_3=0\\x_4=k,k\in R\end{cases},$$

$$\alpha=0\alpha_1+0\alpha_2+0\alpha_3+k\alpha_4=k\alpha_4(k\in R).$$

评注 应用基变换公式和坐标变换公式，并求解生成的齐次线性方程组.

三、向量的内积与正交

【例 7】 已知 $\alpha_1=(1,1,1)^T,\alpha_2=(1,-2,1)^T$ 正交，试求一个非零向量 α_3，使 $\alpha_1,\alpha_2,\alpha_3$ 两两正交.

解 设 $\alpha_3=(x_1,x_2,x_3)^T$，由 $\alpha_1,\alpha_2,\alpha_3$ 两两正交得：

$$(\alpha_1,\alpha_3)=0,(\alpha_2,\alpha_3)=0,$$

$$\begin{cases}x_1+x_2+x_3=0\\x_1-2x_2+x_3=0\end{cases},$$

解之 $$x_2=0,x_1+x_3=0,$$
得 $\alpha_3=k(1,0,-1)$，其中 $k\in R$，且 $k\neq 0$.

评注 应用正交的定义，并求解生成的齐次线性方程组.

【例 8】 设 A 为 n 阶正交矩阵，α,β 为 n 维列向量. 证明：
$$(A\alpha,A\beta)=(\alpha,\beta),\ \|A\alpha\|=\|\alpha\|.$$

证明 $$(A\alpha,A\beta)=(A\alpha)^T\cdot A\beta=\alpha^TA^TA\beta=\alpha^T\beta=(\alpha,\beta),$$
$$\|A\alpha\|=\sqrt{(A\alpha,A\alpha)}=\sqrt{(\alpha,\alpha)}=\|\alpha\|.$$

评注 向量内积可转换为矩阵乘法，即 $(\alpha,\beta)=\alpha^T\beta$.

【例 9】 设 α,β 为 n 维列向量，且 α,β 正交，试证 $\|\alpha+\beta\|^2=\|\alpha\|^2+\|\beta\|^2$.

证明 若 α,β 正交，则 $(\alpha,\beta)=(\beta,\alpha)=0$，
$$\|\alpha+\beta\|^2=(\alpha+\beta,\alpha+\beta)=(\alpha,\alpha)+2(\alpha,\beta)+(\beta,\beta)=\|\alpha\|^2+\|\beta\|^2.$$

评注 应用内积的性质即可.

【例 10】 设 $A=(a_{ij})$ 是 n 阶正交阵，证明 $A_{ij}=\pm a_{ij}\ (i,j=1,2,\cdots,n)$，其中 A_{ij} 为 a_{ij} 的代数余子式.

证明 因为 A 是正交阵，则 $|A|=\pm 1$ 且 $A^{-1}=A^T$，所以
$$A^*=|A|A^{-1}=\pm A^{-1}=\pm A^T,$$
当 $|A|=1$ 时，$A_{ij}=a_{ij}\ (i,j=1,2,\cdots,n)$；当 $|A|=-1$ 时，$A_{ij}=-a_{ij}\ (i,j=1,2,\cdots,n)$.

评注 运用正交阵的性质及伴随矩阵的定义.

【例 11】 已知 A 是实反对称矩阵，证明：$B=(A+I)(A-I)^{-1}$ 是正交矩阵.

证明 $B^T=[(A-I)^T]^{-1}(A+I)^T=(-A-I)^{-1}(-A+I)=(A+I)^{-1}(A-I)$，
$$BB^T=(A+I)(A-I)^{-1}(A+I)^{-1}(A-I)=(A+I)(A+I)^{-1}(A-I)^{-1}(A-I)=I,$$
得证.

评注 利用正交阵的定义.

【例 12】 设 $\eta_1,\eta_2,\cdots,\eta_n$ 为 R^n 的一组标准正交基，且
$$(\xi_1,\xi_2,\cdots,\xi_n)=(\eta_1,\eta_2,\cdots,\eta_n)Q,$$
证明：$\xi_1,\xi_2,\cdots,\xi_n$ 为标准正交基的充要条件是 Q 为正交阵.

证明 由于 $\eta_1,\eta_2,\cdots,\eta_n$ 为 R^n 的一组标准正交基，故矩阵 $A=(\eta_1,\eta_2,\cdots,\eta_n)$ 为正交阵. 记 $B=(\xi_1,\xi_2,\cdots,\xi_n)$.

必要性：若 $\xi_1,\xi_2,\cdots,\xi_n$ 为标准正交基，则 B 为正交阵，且 $B=AQ$，故
$$Q^TQ=(A^{-1}B)^T(A^{-1}B)=(A^TB)^T(A^TB)=B^TAA^TB=B^TB=I,$$
则 Q 为正交阵.

充分性：若 Q 为正交阵，则 $B^TB=(AQ)^T(AQ)=Q^TA^TAQ=Q^TQ=I$，即 B 为正交阵，从而 $\xi_1,\xi_2,\cdots,\xi_n$ 也为一组标准正交基.

评注 利用正交阵与标准正交基的定义.

Ⅲ 训练题

A. 基础题

(一)填空题

1. 已知三维向量空间的一组基为 $\alpha_1=(1,1,0)^T,\alpha_2=(1,0,1)^T,\alpha_3=(0,1,1)^T$，则向量

$\beta=(2,0,0)^T$ 在基 $\alpha_1,\alpha_2,\alpha_3$ 下的坐标是________.

2. 若向量组 $\alpha_1=(5,-3,2)^T,\alpha_2=(0,k,7)^T,\alpha_3=(0,0,1)^T$ 不能构成 R^3 的一个基，那么 $k=$________.

3. 设 $\alpha=(3,-1,2,5)^T,\beta=(2,5,4,-3)^T$，则 $(\alpha,\beta)=$________.

4. 设 $\alpha=(1,0,-1,2)^T$，则 $\|\alpha\|=$________.

5. 已知 $\alpha=(2,0,-1,0,1)^T,\beta=(0,2,0,3,0)^T$，则 α,β 之间的夹角 $\theta=$________.

6. 设 $\alpha_1=(2,3,-1,2)^T,\alpha_2=(k,1,5,3)^T$，若 α_1 与 α_2 正交，则 $k=$________.

7. 若 $\alpha_1=(3,1,0)^T,\alpha_2=(0,1,0)^T$ 是向量空间 V 的一组基，则 V 的维数为________.

8. 设 $\begin{pmatrix}\frac{2}{3} & \frac{2}{3} & \frac{1}{3}\\ -\frac{1}{3} & y & -\frac{2}{3}\\ x & \frac{1}{3} & \frac{2}{3}\end{pmatrix}$ 为正交矩阵，则 $x=$________，$y=$________.

9. 在向量空间 R^n 中，向量 α 与任意向量 β 的内积都等于零的充分必要条件是 α 为________.

10. 设 $\alpha_1=(1,4,-1,3)^T,\alpha_2=(2,1,-3,1)^T,\alpha_3=(0,2,1,-5)^T$，则 $L(\alpha_1,\alpha_2,\alpha_3)$ 的维数为________.

11. 已知向量 $\left(\frac{2}{3},k,\frac{1}{3}\right)^T$ 为单位向量，则 $k=$________.

12. 当 $k=$________时，向量 $(2,1,0,3)^T$ 与 $(1,-2,1,k)^T$ 的内积为 3.

13. 设 α,β 为两个正交的 n 维列向量，$A=\alpha\beta^T$，则 $r(A^k)=$________$(k\geqslant 2)$.

14. 设 $A=\begin{pmatrix}a & b\\ c & d\end{pmatrix}$ 为正交阵，则 $ac+bd=$________.

15. 设 A 为正交矩阵，则 $|A|=$________.

16. 设 A 为 4 阶正交矩阵，则 $tr(AA^T)=$________.

17. 设 $\alpha_1,\alpha_2,\alpha_3,\alpha_4$ 是向量空间 V 中的线性无关向量组，且 $\beta_1=2\alpha_1-\alpha_2+\alpha_4,\beta_2=\alpha_1-\alpha_4,\beta_3=\alpha_2+2\alpha_3-2\alpha_4,\beta_4=3\alpha_1+2\alpha_3$，则 $L(\beta_1,\beta_2,\beta_3,\beta_4)$ 的维数为________.

(二)选择题

1. 向量空间 R^3 的基可取向量组( ).

(A) $(1,1,1)^T,(2,0,0)^T,(1,-1,-1)^T$

(B) $(1,2,3)^T,(4,5,6)^T,(7,8,9)^T$

(C) $(1,a,a^2)^T,(1,b,b^2)^T,(1,c,c^2)^T$，$a,b,c$ 互不相等

(D) $(0,0,2)^T,(0,2,2)^T,(2,2,2)^T,(1,0,0)^T$

2. 设 V 是三维向量空间，则 V 的二维子空间有( ).

(A)3 个　　(B)8 个　　(C)16 个　　(D)无限个

3. 设 $\alpha_1,\alpha_2,\alpha_3,\alpha_4$ 是向量空间 V 中的向量，且 $3\alpha_1+2\alpha_2-\alpha_3+4\alpha_4=0$，则( ).

(A) $L(\alpha_1,\alpha_2)=L(\alpha_3,\alpha_4)$　　(B) $L(\alpha_1,\alpha_4)=L(\alpha_1,\alpha_3)$

(C) $L(\alpha_1,\alpha_2,\alpha_3)=L(\alpha_2,\alpha_3,\alpha_4)$　　(D) $L(\alpha_1,\alpha_2,\alpha_3)=L(\alpha_4)$

4. 设 $\alpha_1,\alpha_2,\alpha_3,\alpha_4$ 是向量空间 V 的向量，且 $3\alpha_1-\alpha_2+2\alpha_3+5\alpha_4=0,\alpha_1+2\alpha_2-4\alpha_3-10\alpha_4=0$,

则(　　).

(A)$L(\alpha_1,\alpha_2)\subseteq L(\alpha_3,\alpha_4)$　　(B)$L(\alpha_1,\alpha_2)=L(\alpha_3,\alpha_4)$

(C)$L(\alpha_1,\alpha_2)\supseteq L(\alpha_3,\alpha_4)$　　(D)$L(\alpha_1,\alpha_3)=L(\alpha_2,\alpha_4)$

5. 设$\alpha_1=(1,-2)^T,\alpha_2=(0,1)^T$是$R^2$的一组基,则向量$\alpha=(a,b)^T$在这组基下的坐标为(　　).

(A)$\begin{pmatrix}1&0\\-1&1\end{pmatrix}\begin{pmatrix}a\\b\end{pmatrix}$　　(B)$\begin{pmatrix}1&0\\2&1\end{pmatrix}\begin{pmatrix}a\\b\end{pmatrix}$

(C)$\begin{pmatrix}1&-2\\0&1\end{pmatrix}\begin{pmatrix}a\\b\end{pmatrix}$　　(D)$(a,b)\begin{pmatrix}1&0\\2&1\end{pmatrix}$

6. 已知R^2的两组基$\alpha_1=(a_1,a_2),\alpha_2=(b_1,b_2)$与$\beta_1=(c_1,c_2),\beta_2=(d_1,d_2)$,则基$\alpha_1,\alpha_2$到基$\beta_1,\beta_2$的过渡矩阵为(　　).

(A)$\begin{pmatrix}a_1&b_1\\a_2&b_2\end{pmatrix}^{-1}\begin{pmatrix}c_1&d_1\\c_2&d_2\end{pmatrix}$　　(B)$\begin{pmatrix}c_1&d_1\\c_2&d_2\end{pmatrix}^{-1}\begin{pmatrix}a_1&b_1\\a_2&b_2\end{pmatrix}$

(C)$\begin{pmatrix}a_1&a_2\\b_1&b_2\end{pmatrix}^{-1}\begin{pmatrix}c_1&c_2\\d_1&d_2\end{pmatrix}$　　(D)$\begin{pmatrix}c_1&c_2\\d_1&d_2\end{pmatrix}^{-1}\begin{pmatrix}a_1&b_1\\a_2&b_2\end{pmatrix}$

7. 设$(\alpha_1,\alpha_2,\cdots,\alpha_n),(\beta_1,\beta_2,\cdots,\beta_n)$为空间$R^n$的两组基,并且

$$(\alpha_1,\alpha_2,\cdots,\alpha_n)=(\beta_1,\beta_2,\cdots,\beta_n)A,$$

对于$\alpha\in R^n$,有$\alpha=x_1\alpha_1+x_2\alpha_2+\cdots+x_n\alpha_n=y_1\beta_1+y_2\beta_2+\cdots+y_n\beta_n$,且又有

$$(x_1,x_2,\cdots,x_n)=(y_1,y_2,\cdots,y_n)B,$$

则(　　).

(A)$B=A^T$　　(B)$B=A^*$　　(C)$B=(A^T)^{-1}$　　(D)$B=A$

8. 设矩阵A与B的列向量分别是R^3的两组基,其中$A=\begin{pmatrix}3&1&2\\0&2&1\\0&0&3\end{pmatrix},B=\begin{pmatrix}1&0&0\\0&2&0\\0&-1&3\end{pmatrix}$,则(　　).

(A)$A-B$的列向量不是R^3的一组基　　(B)$A+B$的列向量不是R^3的一组基

(C)$A-3B$的列向量是R^3的一组基　　(D)$A-B$的列向量是R^3的一组基

9. n维实向量α,β的内积组成行列式$\begin{vmatrix}(\alpha,\alpha)&(\alpha,\beta)\\(\beta,\alpha)&(\beta,\beta)\end{vmatrix}=0$是$\alpha,\beta$线性相关的(　　).

(A)充要条件　　(B)充分条件

(C)必要条件　　(D)既非充分也非必要条件

10. 设$\alpha_1,\alpha_2,\alpha_3$是$R^3$的一组基,则(　　)也可作为$R^3$的一组基.

(A)$\alpha_1-\alpha_2+2\alpha_3,-\alpha_1+2\alpha_2,2\alpha_1-6\alpha_2+3\alpha_3$

(B)$\alpha_1-2\alpha_2+2\alpha_3,-2\alpha_1+4\alpha_2-\alpha_3,-\alpha_1+2\alpha_2$

(C)$-2\alpha_1+4\alpha_2-\alpha_3,-4\alpha_1+8\alpha_2-2\alpha_3,3\alpha_1+\alpha_3$

(D)$\alpha_1-2\alpha_2+2\alpha_3,2\alpha_1-\alpha_2,3\alpha_1-3\alpha_2+2\alpha_3$

11. 设$\alpha_1,\alpha_2,\cdots,\alpha_n$是$R^n$的一组基,$A$为$n$阶可逆方阵,则(　　).

(A)$A\alpha_1,A\alpha_2,\cdots,A\alpha_n$不是$R^n$中的向量组

(B)$A\alpha_1,A\alpha_2,\cdots,A\alpha_n$线性相关

(C) $A\alpha_1, A\alpha_2, \cdots, A\alpha_n$ 不能构成 R^n 的一个基

(D) $A\alpha_1, A\alpha_2, \cdots, A\alpha_n$ 能构成 R^n 的一个基

12. 设 $\alpha=\left(0, y, -\frac{\sqrt{2}}{2}\right)^T$，$\beta=(x, 0, 0)^T$，若 α, β 为标准正交向量，则(　　).

(A) x 任意，$y=-\frac{\sqrt{2}}{2}$　　(B) x 任意，$y=\frac{\sqrt{2}}{2}$

(C) $x=\pm 1, y=\pm\frac{\sqrt{2}}{2}$　　(D) $x=1, y=-\frac{\sqrt{2}}{2}$

13. 设向量 $\alpha_1=(1,2,-a,-3)^T$，$\alpha_2=(-3,2,4,1)^T$，且 $(\alpha_1, \alpha_2)=-1$，则 $a=$(　　).

(A) $-\frac{2}{3}$　　(B) $-\frac{3}{4}$　　(C) $-\frac{1}{4}$　　(D) $\frac{1}{2}$.

14. 若 A, B 为 n 阶正交矩阵，则(　　).

(A) AB 正交，$A+B$ 正交　　(B) AB 正交，$A+B$ 非正交

(C) AB 非正交，$A+B$ 正交　　(D) AB 非正交，$A+B$ 非正交

15. 下列命题中错误的是(　　).

(A)两正交矩阵的积为正交矩阵　　(B)两正交矩阵的和为正交矩阵

(C)正交矩阵的逆阵是正交矩阵　　(D)单位矩阵是正交矩阵

16. P 是正交矩阵，则(　　).

(A) P 是不可逆矩阵　　(B) P 是奇异矩阵

(C) P 是对称矩阵　　(D) P 的不同行的对应元素的乘积之和为零

17. 设 $\alpha_1, \alpha_2, \alpha_3$ 是向量空间 V 的一组基，且 $\beta_1=\alpha_1+\alpha_2$，$\beta_2=\alpha_2+\alpha_3$，$\beta_3=\alpha_1+\alpha_3$，则(　　).

(A) $V \subseteq L(\beta_1, \beta_2, \beta_3)$　　(B) $V \supseteq L(\beta_1, \beta_2, \beta_3)$

(C) $V=L(\beta_1, \beta_2, \beta_3)$　　(D) $V=L(\beta_1, \beta_2)$

18. 设 r 是向量空间的维数，t 是该向量空间中的向量维数，则有(　　).

(A) $r \leqslant t$　　(B) $r \geqslant t$

(C) $r=t$　　(D) r 与 t 无确切关系

(三)计算题

1. 验证 $\alpha_1=(1,-1,0)^T$，$\alpha_2=(2,1,3)^T$，$\alpha_3=(3,1,2)^T$ 为 R^3 的一组基，并用这组基线性表示 $\beta_1=(5,0,7)^T$ 和 $\beta_2=(-9,-8,-13)^T$.

2. 设 $\alpha_1=(1,4,1,0)^T$，$\alpha_2=(2,1,-1,-3)^T$，$\alpha_3=(1,0,-3,-1)^T$，$\alpha_4=(0,2,-6,3)^T$，求 $L(\alpha_1, \alpha_2, \alpha_3, \alpha_4)$ 的基与维数.

3. 将向量 $\alpha_1=(1,2,0)^T$，$\alpha_2=(-1,1,1)^T$ 扩充成 R^3 的一组基.

4. 设 $\alpha_1=(2,3,-1,0)^T$，$\alpha_2=(1,5,3,-2)^T$，$\beta_1=(5,4,-6,2)^T$，$\beta_2=(-8,-5,11,-4)^T$，验证 $L(\alpha_1, \alpha_2)=L(\beta_1, \beta_2)$.

5. 求 $\alpha=(2,4,2,-2)^T$ 在 R^4 的一组基 $\alpha_1=(2,1,3,1)^T$，$\alpha_2=(2,1,-1,-1)^T$，$\alpha_3=(0,-3,2,1)^T$，$\alpha_4=(1,-1,1,-1)^T$ 下的坐标.

6. 在 R^4 中找一个向量，它在自然基 (e_1, e_2, e_3, e_4) 和基 $\beta_1=(2,1,-1,1)^T$，$\beta_2=(0,3,2,0)^T$，$\beta_3=(5,3,2,1)^T$，$\beta_4=(6,6,1,3)^T$ 下有相同的坐标.

7. 设 R^3 中两组基为(Ⅰ)$\alpha_1=(1,0,1)^T$,$\alpha_2=(0,1,0)^T$,$\alpha_3=(1,2,2)$;(Ⅱ)$\beta_1=(1,0,0)^T$,$\beta_2=(1,1,0)^T$,$\beta_3=(1,1,1)^T$.

(1)求(Ⅰ)到(Ⅱ)的过渡矩阵;

(2)求向量 $\beta=2\alpha_1+2\alpha_2-\alpha_3$ 在基(Ⅱ)下的坐标.

8. 设 R^4 的两组基为(Ⅰ)$\alpha_1,\alpha_2,\alpha_3,\alpha_4$;(Ⅱ)$\beta_1=(1,2,0,0)^T$,$\beta_2=(2,1,0,0)^T$,$\beta_3=(0,0,1,2)^T$,$\beta_4=(0,0,2,1)^T$,且由基(Ⅰ)到基(Ⅱ)的过渡矩阵为

$$C=\begin{pmatrix}2&1&0&0\\1&1&0&0\\0&0&3&5\\0&0&1&2\end{pmatrix},$$

(1)求出基(Ⅰ);

(2)求向量 $\alpha=(1,1,1,1)^T$ 在基(Ⅰ)下的坐标.

9. 设 $\alpha_1=(1,2,-3,-2)^T$,$\alpha_2=(-1,-1,1,2)^T$,$\alpha_3=(1,3,-5,2)^T$,求与 α_1 正交,且与 α_2,α_3 内积均为1的所有向量.

10. 已知 $\alpha_1=\left(\frac{1}{\sqrt{3}},\frac{1}{\sqrt{3}},\frac{1}{\sqrt{3}}\right)^T$,$\alpha_2=\left(\frac{1}{\sqrt{2}},0,-\frac{1}{\sqrt{2}}\right)^T$,求 α_3,使得 $A=(\alpha_1,\alpha_2,\alpha_3)$ 为正交阵.

11. 设 R^4 的两组基为(Ⅰ)$\alpha_1,\alpha_2,\alpha_3,\alpha_4$;(Ⅱ)$\beta_1=2\alpha_1+\alpha_2-\alpha_3+\alpha_4$,$\beta_2=3\alpha_2+\alpha_3$,$\beta_3=5\alpha_1+3\alpha_2+2\alpha_3+\alpha_4$,$\beta_4=6\alpha_1+6\alpha_2+\alpha_3+3\alpha_4$,

(1)求(Ⅰ)到(Ⅱ)的过渡矩阵;

(2)求在两组基下有相同坐标的非零向量.

12. 已知 $\alpha_1=(1,x,0)^T$,$\alpha_2=(2,-1,y)^T$,$\alpha_3=(2,-1,1)^T$ 两两正交,求 x,y.

13. 在 R^4 中按内积定义,求一单位向量与三个向量 $(1,1,-1,1)^T$,$(1,-1,-1,1)^T$,$(2,1,1,3)^T$ 正交.

14. 设 R^4 中的两个向量 $\alpha_1=(1,0,0,0)^T$,$\alpha_2=\left(0,\frac{1}{2},\frac{1}{2},\frac{1}{\sqrt{2}}\right)^T$,求 $\alpha_3,\alpha_4\in R^4$,使 $\alpha_1,\alpha_2,\alpha_3,\alpha_4$ 成 R^4 的标准正交基.

15. 求齐次线性方程组 $\begin{cases}2x_1+x_2-x_3+x_4-3x_5=0\\x_1+x_2-x_3+x_5=0\end{cases}$ 的解空间的一组标准正交基.

16. 设 B 是秩为2的 5×4 矩阵,$\alpha_1=(1,1,2,3)^T$,$\alpha_2=(-1,1,-4,1)^T$,$\alpha_3=(5,-1,16,3)^T$ 是齐次线性方程组 $BX=0$ 的解向量,求 $BX=0$ 的解空间的一组标准正交基.

(四)证明题

1. 设 $V=\{\alpha=(a,a+b,a-b)\mid a,b\in R\}$,证明 V 是向量空间.

2. 设 $\alpha_1,\alpha_2,\cdots,\alpha_n$ 是向量空间 R^n 的一组基,试证 $\alpha_1+\alpha_2,\alpha_2+\alpha_3,\cdots,\alpha_n+\alpha_1$ 也是 R^n 的一组基.

3. 证明:R^n 中任意 n 个非零的两两正交的 n 维向量,都是 R^n 的一组基.

4. 设向量空间 V 的每个向量都可用 $\alpha_1,\alpha_2,\cdots,\alpha_n$ 线性表示,且 V 中有一个向量 β 可由 $\alpha_1,\alpha_2,\cdots,\alpha_n$ 唯一线性表示,证明 $\alpha_1,\alpha_2,\cdots,\alpha_n$ 是 V 的一组基.

5. 设 $\alpha_1,\alpha_2,\alpha_3$ 为 R^3 的一组标准正交基,证明 $\beta_1=\frac{1}{3}(2\alpha_1+2\alpha_2-\alpha_3)$,$\beta_2=\frac{1}{3}(2\alpha_1-\alpha_2+2\alpha_3)$,

$\beta_3=\frac{1}{3}(\alpha_1-2\alpha_2-2\alpha_3)$也为标准正交基.

6. 证明:若 A 为正交矩阵,则 A 的伴随矩阵 A^* 也是正交矩阵.

7. 设 α 为 n 维列向量,证明 $I-\frac{2}{(\alpha,\alpha)}\alpha\alpha^T$ 为正交矩阵.

8. 设 V_1 和 V_2 是向量空间 V 的两个子空间,证明 $V_1\cap V_2$ 也是 V 的子空间.

9. 假定 $\alpha=(a_1,a_2)^T,\beta=(b_1,b_2)^T$ 是 R^2 中两个非零向量,如果 $L(\alpha)=L(\beta)$,试证 $a_1b_2-a_2b_1=0$.

10. 设 $\alpha_1,\alpha_2,\alpha_3\in R^n,c_1,c_2,c_3\in R,c_1,c_3\neq 0$,证明:若 $c_1\alpha_1+c_2\alpha_2+c_3\alpha_3=0$,则 $L(\alpha_1,\alpha_2)=L(\alpha_2,\alpha_3)$.

11. 证明:向量空间 V 中线性无关的向量组 $\alpha_1,\alpha_2,\alpha_3$ 生成的子空间与由 $\alpha_1+\alpha_2,\alpha_2+\alpha_3,\alpha_3+\alpha_1$ 生成的子空间一致.

12. 已知向量 β 与向量组 $\alpha_1,\alpha_2,\cdots,\alpha_n$ 中每一个向量都正交,求证 β 与 $\alpha_1,\alpha_2,\cdots,\alpha_n$ 的任意一个线性组合都正交.

13. 证明:如果 A 满足 $A^2+6A+8I=0$,且 $A^T=A$,则 $A+3I$ 为正交矩阵.

14. 已知 A 是正交矩阵,且 $A-I$ 可逆,记 $B=(A+I)(A-I)^{-1}$,试证 B 是实反对称矩阵.

B. 提高题

1. 求实数 a 和 b,使 $L(\beta_1,\beta_2,\beta_3)=L(\beta_1,\beta_2,\beta_3)$,其中 $\alpha_1=(1,1,0,0)^T$,$\alpha_2=(0,1,1,0)^T,\alpha_3=(0,0,1,1)^T,\beta_1=(1,a,b,1)^T,\beta_2=(2,1,1,2)^T,\beta_3=(0,1,2,1)^T$.

2. a,b,c,d,e 为何值时,矩阵 $A=\begin{pmatrix} a & \frac{3}{7} & \frac{2}{7} \\ b & c & d \\ -\frac{3}{7} & \frac{2}{7} & e \end{pmatrix}$ 为正交矩阵.

3. 设 A,B 均为 n 阶正交矩阵,且 $|A|=-|B|$,试求 $|A+B|$.

4. 设 $\alpha_1,\alpha_2,\cdots,\alpha_n$ 是向量空间 R^n 的一组基,A 是 $n\times s$ 矩阵,$(\beta_1,\beta_2,\cdots,\beta_s)=(\alpha_1,\alpha_2,\cdots,\alpha_n)A$,证明 $L(\beta_1,\beta_2,\cdots,\beta_s)$的维数$=A$ 的秩.

5. 设 V_1 和 V_2 都是 R^n 的子空间,且 $V_1\subseteq V_2$,如果 V_1 的维数等于 V_2 的维数,试证 $V_1=V_2$.

6. 设 A 是正交矩阵,其行列式为-1,证明 $|I+A|=0$.

7. 求证:不存在正交阵 A、B,使 $A^2=AB+B^2$.

8. 设 $\alpha_1,\alpha_2,\cdots,\alpha_{n-1}$ 是 R^n 中的 $n-1$ 个线性无关的向量,而 β_1,β_2 是 R^n 中与 $\alpha_1,\alpha_2,\cdots,\alpha_{n-1}$ 分别正交的两个向量,证明 β_1,β_2 线性相关.

第六章

特征值和二次型

Ⅰ 内容提要

一、方阵的特征值与特征向量

1. 方阵的特征值与特征向量的定义

定义式 $A\alpha=\lambda\alpha,\alpha\neq 0$,其中$\lambda$为$A$的一个特征值,$\alpha$为$A$的对应于(或属于)特征值$\lambda$的特征向量.

特征方程式 $|\lambda I-A|=0$,其根即为A的特征值.

注 如果α是方阵A的属于特征值λ的特征向量,则α一定是非零向量,且$k\alpha(k\neq 0)$也是A的属于特征值λ的特征向量.

如果α_1,α_2是A的属于特征值λ的特征向量,则$k_1\alpha_1+k_2\alpha_2(\neq 0)$也是$A$的属于特征值$\lambda$的特征向量.

如果α_1,α_2是A的分别属于特征值λ_1,λ_2的特征向量,$\lambda_1\neq\lambda_2$,则$\alpha_1+\alpha_2$不是A的特征向量.

2. 特征值与特征向量的计算

(Ⅰ)计算$|\lambda I-A|$;

(Ⅱ)求出A的特征方程$|\lambda I-A|=0$的全部根,它们就是A的所有特征值;

(Ⅲ)对于A的每一个特征值λ_i,求出方程组$(\lambda_i I-A)X=0$的一个基础解系:$\xi_1,\xi_2,\cdots,\xi_{n-r_i}$(其中$r_i=r(\lambda_i I-A)$),则$A$的对应于$\lambda_i$的全部特征向量为

$$k_1\xi_1+k_2\xi_2+\cdots+k_{n-r}\xi_{n-r_i},$$

其中,$k_1,k_2,\cdots,k_{n-r_i}$是不全为零的任意数.

3. 特征值与特征向量的性质

(1)(Vieta 定理)设$\lambda_1,\lambda_2,\cdots,\lambda_n$是$n$阶矩阵$A$的$n$个特征值,则

$$\lambda_1+\lambda_2+\cdots+\lambda_n=tr(A),\lambda_1\lambda_2\cdots\lambda_n=|A|.$$

(2)若$A\alpha=\lambda\alpha$,则$g(A)\alpha=g(\lambda)\alpha$(即:如果$\lambda$是矩阵$A$的特征值,$\alpha$是属于$\lambda$的特征向

量，则 $g(\lambda)$ 是 A 的多项式矩阵 $g(A)$ 的特征值）.

(3)矩阵 A 属于不同特征值的特征向量线性无关.

(4)如果 n 阶矩阵 A 有 n 个不同的特征值，则 A 有 n 个线性无关的特征向量.

(5)设 λ 是矩阵 A 的 k 重特征值，则属于 λ 的线性无关的特征向量个数至多有 k 个.

(6)方阵 A 可逆的充要条件是 A 的特征值均不为零.

(7)A 与 A^T 有相同的特征值，但特征向量一般不同；可逆矩阵 A 与 A^{-1} 之间的特征值成倒数关系，且对应的特征向量相同.

二、相似矩阵与矩阵对角化的条件

1. 相似矩阵的概念与性质

矩阵的相似 设 A,B 都是 n 阶方阵，如果存在 n 阶可逆矩阵 P，使 $P^{-1}AP=B$，则称矩阵 A 与 B 相似，记为 $A\sim B$.

性质 (1)如果 $A\sim B$，则 A 与 B 有相同的特征多项式、相同的特征值、相同的迹、相同的行列式、相同的秩.

(2)设 $g(x)=a_kx^k+a_{k-1}x^{k-1}+\cdots+a_1x+a_0$，如果 $A\sim B$，则 $g(A)\sim g(B)$.

注 具有相同特征值的同阶矩阵不一定相似. 例如，矩阵 $A=\begin{pmatrix}0&0\\0&0\end{pmatrix}$，$B=\begin{pmatrix}0&1\\0&0\end{pmatrix}$ 的特征值均为零，但非零矩阵 B 不可能相似于零矩阵.

2. 矩阵对角化的条件

(1)（充要条件）n 阶方阵 A 相似于对角矩阵的充分必要条件是 A 有 n 个线性无关的特征向量（即 A 的 k 重特征根有 k 个线性无关的特征向量）.

(2)（充分条件）如果 n 阶方阵 A 有 n 个不同的特征值，则 A 相似于对角矩阵.

对于相似于对角阵的 n 阶矩阵 A，设 $\lambda_i(i=1,\cdots,n)$ 是 A 的特征值，α_i 是对应于 λ_i 的 n 个线性无关特征向量，则

$$
\begin{aligned}
A(\alpha_1,\alpha_2,\cdots,\alpha_n)&=(A\alpha_1,A\alpha_2,\cdots,A\alpha_n)=(\lambda_1\alpha_1,\lambda_2\alpha_2,\cdots,\lambda_n\alpha_n)\\
&=(\alpha_1,\alpha_2,\cdots,\alpha_n)\begin{pmatrix}\lambda_1&&&\\&\lambda_2&&\\&&\ddots&\\&&&\lambda_n\end{pmatrix}.
\end{aligned}
$$

记 $P=(\alpha_1,\alpha_2,\cdots,\alpha_n)$，$\Lambda=\begin{pmatrix}\lambda_1&&&\\&\lambda_2&&\\&&\ddots&\\&&&\lambda_n\end{pmatrix}$，则 $P^{-1}AP=\Lambda$.

3. 实对称矩阵的相似对角化

性质 (1)实对称矩阵的特征值都是实数.

(2)对应实对称矩阵不同特征值的特征向量必正交.

(3)n 阶实对称矩阵 A 正交相似于对角矩阵，即存在正交阵 Q，使

$$Q^{-1}AQ=\begin{pmatrix}\lambda_1 & & & \\ & \lambda_2 & & \\ & & \ddots & \\ & & & \lambda_n\end{pmatrix},$$

其中，$\lambda_1,\lambda_2,\cdots,\lambda_n$ 是 A 的特征值．

正交矩阵 Q 的求法是：

（Ⅰ）求出 A 的特征值，设 $\lambda_1,\lambda_2,\cdots,\lambda_s$ 是 A 的全部不同的特征值；

（Ⅱ）对于每个 λ_i，解齐次线性方程组 $(\lambda_i I-A)X=0$，求出一个基础解系，再按施密特正交化方法，将其正交化，然后单位化；

（Ⅲ）将这些正交化、单位化后的向量作为矩阵的列向量，就构成了正交矩阵 Q．

注 因为实对称矩阵一定相似于对矩阵，所以实对称矩阵的 k 重特征值恰好对应 k 个线性无关的特征向量．

4*．若当(Jordan)标准型介绍

并不是所有的方阵都相似于对角阵，但总相似于一种比较简单的若当矩阵．

若当块 形如

$$J=\begin{pmatrix}\lambda & 1 & & & \\ & \lambda & 1 & & \\ & & \ddots & \ddots & \\ & & & \ddots & 1 \\ & & & & \lambda\end{pmatrix}$$

的 s 阶方阵称为 s 阶若当块，其中 λ 是一个复数．

若当矩阵 由若干个若当块组成的块对角矩阵

$$J=\begin{pmatrix}J_1 & & & \\ & J_2 & & \\ & & \ddots & \\ & & & J_t\end{pmatrix},\text{其中 } J_i=\begin{pmatrix}\lambda_i & 1 & & & \\ & \lambda_i & 1 & & \\ & & \ddots & \ddots & \\ & & & \ddots & 1 \\ & & & & \lambda_i\end{pmatrix},i=1,2,\cdots,t,$$

称为若当矩阵．

性质 任意一个 n 阶复数方阵 A 都相似于一个若当矩阵，即存在可逆矩阵 P，使得 $P^{-1}AP=J$ 是一个若当矩阵．

三、化二次型为标准形

二次型 含有 n 个变量的二次齐次多项式

$$f(x_1,x_2,\cdots,x_n)=\sum_{i=1}^{n}\sum_{j=1}^{n}a_{ij}x_ix_j,a_{ij}\in R,i,j=1,2,\cdots,n,$$

称为 n 元实二次型．

二次型的矩阵形式 $f(x_1,x_2,\cdots,x_n)=X^TAX$，其中

$$X=\begin{pmatrix}x_1\\x_2\\\vdots\\x_n\end{pmatrix},A=\begin{pmatrix}a_{11}&a_{12}&\cdots&a_{1n}\\a_{21}&a_{22}&\cdots&a_{2n}\\\cdots&\cdots&\cdots&\cdots\\a_{n1}&a_{n2}&\cdots&a_{nn}\end{pmatrix}.$$

二次型的秩 矩阵 A 称为二次型 $f(x_1,x_2,\cdots,x_n)$ 的矩阵，A 是一个实对称矩阵，它与二次型 f 互相唯一确定，矩阵 A 的秩称为二次型的秩．

1. 标准形

标准形 只含有平方项的二次型 $g(y_1,y_2,\cdots,y_n)=d_1y_1^2+d_2y_2^2+\cdots+d_ny_n^2$ 称为标准二次型，其矩阵为对角阵

$$A=\begin{pmatrix}d_1&&&\\&d_2&&\\&&\ddots&\\&&&d_n\end{pmatrix}.$$

规范形 形如 $y_1^2+\cdots+y_p^2-y_{p+1}^2-\cdots-y_r^2(r\leqslant n)$ 的标准形称为规范二次型，其中 r 是二次型的秩．

惯性定理 任何一个实二次型都可以化为规范形，且规范形唯一．

惯性指数 实二次型的规范形中，正平方项的个数 p 称为正惯性指数，负平方项的个数 $r-p$ 称为负惯性指数，正惯性指数与负惯性指数之差称为二次型的符号差．

2. 线性替换与矩阵的合同

线性替换 令 $X=(x_1,\cdots,x_n)^T,Y=(y_1,\cdots,y_n)^T$，$C$ 为 n 阶可逆矩阵，则称 $X=CY$ 为由 X 到 Y 的可逆线性替换．特别地，若 C 为正交矩阵，则称 $X=CY$ 为正交线性替换．

矩阵合同 设 A,B 为 n 阶矩阵．如果存在可逆矩阵 C，使

$$B=C^TAC,$$

则称 A 与 B 合同．

注 (1)经过非退化线性替换，原二次型矩阵与新二次型矩阵合同．

(2)两个合同的矩阵具有相同的惯性指数；反之，具有相同惯性指数的两个同阶实对称矩阵一定合同．

3. 化实二次型为标准形的方法

定理 任意 n 元实二次型 $f(x_1,x_2,\cdots,x_n)=X^TAX$，都存在正交线性替换 $X=QY$，使二次型 $f(x_1,x_2,\cdots,x_n)$ 化为标准形

$$f=\lambda_1y_1^2+\lambda_2y_2^2+\cdots+\lambda_ny_n^2,$$

其中，$\lambda_1,\lambda_2,\cdots,\lambda_n$ 是矩阵 A 的特征值．

(Ⅰ)正交替换法

写出二次型的矩阵 A；求正交矩阵 Q，使

$$Q^{-1}AQ=\begin{pmatrix}\lambda_1&&&\\&\lambda_2&&\\&&\ddots&\\&&&\lambda_n\end{pmatrix},$$

其中，$\lambda_1,\lambda_2,\cdots,\lambda_n$ 是 A 的特征值；作正交替换 $X=QY$，则二次型化为

$$f=\lambda_1 y_1^2+\lambda_2 y_2^2+\cdots+\lambda_n y_n^2.$$

(Ⅱ)配方法

任意实二次型均可通过配方法消去交叉项而成为标准形.

(Ⅲ)初等变换法

构造矩阵$\begin{bmatrix}A\\I\end{bmatrix}$,对$A$施以初等行变换,同时对$A,I$施以同样的初等列变换,经过有限次的这种变换化$\begin{bmatrix}A\\I\end{bmatrix}$为$\begin{bmatrix}\Lambda\\C\end{bmatrix}$,其中$\Lambda$为对角矩阵,那么$C$就是所求的替换矩阵.

四、正定二次型与正定矩阵

正定二次型 设A为实对称矩阵,对应的二次型为$f(x_1,x_2,\cdots,x_n)=X^TAX$. 如果对任意一组不全为零的实数$c_1,c_2,\cdots,c_n$,都有

$$f(c_1,c_2,\cdots,c_n)>0,$$

则称二次型$f(x_1,x_2,\cdots,x_n)$为正定二次型,正定二次型的矩阵A称为正定矩阵.

性质 非退化线性替换不改变二次型的正定性.

等价条件 实二次型$f(x_1,x_2,\cdots,x_n)=X^TAX$正定的充分必要条件是下列条件之一成立:

(1)A的特征值全大于零;

(2)f的正惯性指数为n;

(3)A与单位矩阵合同;

(4)A可表示为$A=C^TC$,其中C可逆;

(5)A的各阶顺序主子式均大于零.

注 (1)设为A正定矩阵,则A可逆,且$A^{-1},A^*,kA(k>0)$均为正定矩阵.

(2)设A,B为正定矩阵,则$A+B$为正定矩阵,但AB不一定是正定矩阵.

Ⅱ 例题精讲

一、利用定义及性质求矩阵的特征值和特征向量

【例1】 填空题

(1)设矩阵A满足等式$A^2-2A-3I=0$,则A的特征值取值范围为________.

(2)设A是三阶奇异矩阵,$|2I+A|=0$,$tr(A)=0$,则A的特征值为________.

答案 (1)$-1,3$;(2)$0,-2,2$.

分析 (1)当矩阵A满足多项式关系$f(A)=O$时,从特征值的定义可导出矩阵A的特征值满足$f(\lambda)=0$.

设λ是A的特征值,则存在非零向量α,使$A\alpha=\lambda\alpha$,故

$$(A^2-2A-3I)\alpha=A^2\alpha-2A\alpha-3\alpha=(\lambda^2-2\lambda-3)\alpha,$$

于是由条件$A^2-2A-3I=O$导出$\lambda^2-2\lambda-3=0$,解之得$\lambda=-1$或$\lambda=3$,即A的特征值取值范围为$\{-1,3\}$.

(2)奇异矩阵的行列式等于零，即$|A|=0$，因此根据特征方程式，$\lambda_1=0$是矩阵A的一个特征值；同理，$|2I+A|=0$表明$\lambda_2=-2$也是矩阵A的一个特征值；利用Vieta定理：$\lambda_1+\lambda_2+\lambda_3=tr(A)$，由$tr(A)=0$，得$\lambda_3=2$.

评注　从定义出发来探究矩阵有关特征值和特征向量的信息，主要基于以下两个基本表达式：

(1)定义式：$A\alpha=\lambda\alpha,\alpha\neq 0$；

(2)特征方程式：$|\lambda I-A|=0$，

有关特征值和特征向量的性质(如Vieta定理)都是以上两式的直接推论.

【例2】　设$\alpha=(a_1,a_2,\cdots,a_n)^T$是单位向量，其中$a_1\neq 0$，求矩阵$A=\alpha\alpha^T$的全部特征值与特征向量.

解　因为$A\alpha=(\alpha\alpha^T)\alpha=\alpha(\alpha^T\alpha)=\alpha$，所以根据定义式，$\alpha$是对应于特征值$\lambda_1=1$的一个特征向量.

任取正交于α的非零向量β，即$(\alpha,\beta)=\alpha^T\beta=0$，则有

$$A\beta=(\alpha\alpha^T)\beta=\alpha(\alpha^T\beta)=0\cdot\beta,$$

即β是对应于特征值$\lambda_2=0$的特征向量．为了确定特征值$\lambda_2=0$的重数，分别取正交于α的非零向量β为

$$\gamma_1=\left(-\frac{a_2}{a_1},1,0,\cdots,0\right)^T,\gamma_2=\left(-\frac{a_3}{a_1},0,1,\cdots,0\right)^T,r_{n-1}=\left(-\frac{a_n}{a_1},0,0,\cdots,1\right)^T,$$

则$\gamma_1,\gamma_2,\cdots,\gamma_{n-1}$是对应于特征值$\lambda_2=0$的线性无关特征向量．于是，特征值$\lambda_2=0$是$n-1$重根，对应的全部特征向量为$k_1\gamma_1+k_2\gamma_2+\cdots+k_{n-1}\gamma_{n-1}$($k_1,k_2,\cdots,k_{n-1}$不全为零)；特征值$\lambda_1=1$是单根，对应的全部特征向量为$k\alpha(k\neq 0)$.

评注　探究特征向量以及特征值的重数时，一般选用定义式．应注意的是：每个特征值λ_i的重数k_i不一定等于线性无关特征向量的个数l_i，两者之间的关系为$k_i\geqslant l_i$，其中等号成立当且仅当A相似于对角阵．特别地，本例中的矩阵是实对称矩阵，必相似于对角阵，所以等号一定成立.

二、相似对角化的判断

【例3】　设矩阵$A=\begin{pmatrix}3&2&-2\\-k&-1&k\\4&2&-3\end{pmatrix}$，问当$k$为何值时，存在可逆矩阵$P$，使$P^{-1}AP$为对角阵？并求出$P$及相应的对角阵.

解　A的特征多项式为

$$|\lambda I-A|=\begin{vmatrix}\lambda-3&-2&2\\k&\lambda+1&-k\\-4&-2&\lambda+3\end{vmatrix}=(\lambda-1)(\lambda+1)^2,$$

所以，A的特征值为$\lambda_1=\lambda_2=-1,\lambda_3=1$.

对于$\lambda=-1$有

$$(-I-A)=\begin{pmatrix}-4&-2&2\\k&0&-k\\-4&-2&2\end{pmatrix}\rightarrow\begin{pmatrix}2&1&-1\\0&k&0\\0&0&0\end{pmatrix},$$

要使 A 相似于对角阵，对应二重根 $\lambda_1=-1$，必有两个线性无关的特征向量，因此

$$r(-I-A)=3-2=1,$$

故 $k=0$. 对应的特征向量为

$$\alpha_1=(-1,2,0)^T,\alpha_2=(1,0,2)^T.$$

对于 $\lambda=1$ 有

$$(I-A)=\begin{pmatrix}-2 & -2 & 2\\ k & 2 & -k\\ -4 & -2 & 4\end{pmatrix}\to\begin{pmatrix}1 & 0 & -1\\ 0 & 1 & 0\\ 0 & 0 & 0\end{pmatrix}.$$

对应的特征向量为

$$\alpha_3=(1,0,1)^T.$$

因此 $k=0$ 时，令

$$P=\begin{pmatrix}-1 & 1 & 1\\ 2 & 0 & 0\\ 0 & 2 & 1\end{pmatrix},$$

则

$$P^{-1}AP=\begin{pmatrix}-1 & 0 & 0\\ 0 & -1 & 0\\ 0 & 0 & 1\end{pmatrix}.$$

评注 A 相似于对角阵 $\Leftrightarrow r(\lambda_i I-A)=n-k_i$，其中 k_i 是特征值 λ_i 的重数．此时，k_i 重特征值 λ_i 就有 k_i 个线性无关的特征向量．由于单根有且仅有一个线性无关的特征向量，因此判断相似对角化时仅需考虑重根的情况．

【例 4】 设矩阵 $A=\begin{pmatrix}0 & 0 & 1\\ x & 1 & y\\ 1 & 0 & 0\end{pmatrix}$ 有三个线性无关的特征向量，求 x,y 应满足什么条件．

解 A 的特征多项式为

$$|\lambda I-A|=\begin{vmatrix}\lambda & 0 & -1\\ -x & \lambda-1 & -y\\ -1 & 0 & \lambda\end{vmatrix}=(\lambda-1)^2(\lambda+1),$$

所以，A 的特征值为 $\lambda_1=\lambda_2=1,\lambda_3=-1$.

对于 $\lambda=1$，有

$$I-A=\begin{pmatrix}1 & 0 & -1\\ -x & 0 & -y\\ -1 & 0 & 1\end{pmatrix}\to\begin{pmatrix}1 & 0 & -1\\ 0 & 0 & -x-y\\ 0 & 0 & 0\end{pmatrix}.$$

由于 A 有 3 个线性无关的特征向量，所以对应于二重特征值 $\lambda=1$ 应有两个线性无关的特征向量，这表明 $r(I-A)=3-2=1$，故 $x+y=0$.

评注 对于非对称的 n 阶矩阵，已知它有 n 个线性无关的特征向量，则用对角化方法求解．其步骤是：先确定特征值，再对 k 重特征值 λ，依据 $r(\lambda I-A)=n-k$ 求解．

【例 5】 设 α 和 β 均为三维单位列向量，$\alpha^T\beta=0$，求矩阵 $A=\alpha\alpha^T+\beta\beta^T$ 的相似对角阵．

解 显然，矩阵 A 是实对称矩阵，所以 A 相似于对角阵．

同例 2，可以确定矩阵 A 的特征值．事实上，根据 $(\alpha,\alpha)=(\beta,\beta)=1,(\alpha,\beta)=0$，有

$$A\alpha=\alpha(\alpha^T\alpha)+\beta(\beta^T\alpha)=(\alpha,\alpha)\alpha+(\beta,\alpha)\beta=\alpha.$$

同理 $A\beta=\beta$. 这说明 α 和 β 是 A 的两个线性无关特征向量，对应的特征值为 $\lambda_1=\lambda_2=1$（2 重）.

选取非零向量 γ 与 α、β 均正交，即 $(\alpha,\gamma)=(\beta,\gamma)=0$，则

$$A\gamma=\alpha(\alpha^T\gamma)+\beta(\beta^T\gamma)=0\cdot\gamma,$$

故 A 的第三个特征值为 $\lambda_3=0$. 因此 A 相似于对角阵 $\begin{pmatrix}1&&\\&1&\\&&0\end{pmatrix}$.

评注 实对称矩阵必相似于对角阵，因此要求相似对角阵，只要确定矩阵的所有特征值及其重数．本例的第三个特征值也可利用 Vieta 定理来获得：

$$\begin{aligned}\lambda_1+\lambda_2+\lambda_3&=tr(A)=tr(\alpha\alpha^T)+tr(\beta\beta^T)\\&=(\alpha,\alpha)+(\beta,\beta)=2.\end{aligned}$$

【例 6】 求证：若存在自然数 k，使非零矩阵 A 满足 $A^k=O$，则 A 不能相似对角化．

证 首先利用定义式来确定矩阵的特征值．设 $A\alpha=\lambda\alpha,\alpha\neq0$，则

$$A^k\alpha=\lambda^k\alpha.$$

而 $A^k=O,\alpha\neq0$，因此 $\lambda^k=0$，即 A 的特征值全等于零．

其次，反设 A 相似于对角阵，则该对角阵是一个零矩阵，即存在可逆阵 P，使得 $P^{-1}AP=O$，从而 $A=O$，这与 A 非零相矛盾．

评注 反证法是证明不可对角化的常用方法．

【例 7】 设 A 为 n 阶幂等矩阵，即 $A^2=A$，证明：A 相似于对角阵．

证 由 $A^2=A$ 易知 A 的特征值的取值范围为 0 和 1.

将 $A^2=A$ 写为 $A(I-A)=0$，则有

$$r(A)+r(I-A)\leqslant n.$$

另一方面，注意到 $(I-A)+A=I$，则有

$$n=r(I)=r[(I-A)+A]\leqslant r(I-A)+r(A).$$

联合上述两式，得 $r(A)+r(I-A)=n$，因此

$$[n-r(I-A)]+[n-r(A)]=n.$$

这表明：属于特征值 1 的线性无关特征向量的个数与属于特征值 0 的线性无关特征向量的个数之和等于 n，因此 A 有 n 个线性无关的特征向量，从而 A 相似于对角阵．

评注 如果一个 n 阶矩阵 A 仅有两个不同的特征值 λ_1,λ_2，那么 A 相似于对角阵当且仅当 $[n-r(\lambda_1I-A)]+[n-r(\lambda_2I-A)]=n$. 这是因为，属于特征值 $\lambda_i(i=1,2)$ 的线性无关特征向量的个数为 $[n-r(\lambda_iI-A)]$，所以 A 正好有 n 个线性无关的特征向量，从而 A 相似于对角阵．

一般地，如果矩阵 A 适合条件 $(\lambda_1I-A)(\lambda_2I-A)=0$，其中 $\lambda_1\neq\lambda_2$，那么 A 可相似对角化．

【例 8】 设 A,B,C 均为 n 阶矩阵，且 $AB=0,AC+C=0$，如果 $r(C)+r(B)=n$，证明：A 相似于对角阵 Λ，并求 Λ.

证 设 $r(B)=k$，则 $r(C)=n-k$. 对 B,C 按列分块，则 B,C 各有 k 和 $n-k$ 个线性无关的列向量．

记 $B=(\alpha_1,\alpha_2,\cdots,\alpha_n)$，则

$$AB=(A\alpha_1,A\alpha_2,\cdots,A\alpha_n)=(0,0,\cdots,0),$$

即 $A\alpha_i=0\cdot\alpha_i(i=1,2,\cdots,n)$，所以 $\lambda_1=0$ 是 A 的特征值，且至少有 k 个线性无关的特征向量.

记 $C=(\beta_1,\beta_2,\cdots,\beta_n)$，则由 $AC=-C$，得

$$(A\beta_1,A\beta_2,\cdots,A\beta_n)=(-\beta_1,-\beta_2,\cdots,-\beta_n),$$

即 $A\beta_i=-\beta_i(i=1,2,\cdots,n)$，所以 $\lambda_2=-1$ 是 A 的特征值，且至少有 $n-k$ 个线性无关的特征向量.

综上所述，A 有 n 个线性无关的特征向量，所以 $A\sim\Lambda$，且 $\Lambda=\begin{pmatrix}-I_{n-k} & 0\\ 0 & 0\end{pmatrix}(0\leqslant k\leqslant n)$.

三、已知特征向量、特征值求矩阵

【例 9】 设三阶矩阵 A 满足 $A\alpha_i=i\alpha_i\ (i=1,2,3)$，其中列向量 $\alpha_1=(1,2,2)^T$，$\alpha_2=(2,-2,1)^T$，$\alpha_3=(-2,-1,2)^T$，试求矩阵 A.

解 由 $A\alpha_i=i\alpha_i(i=1,2,3)$ 知 A 有三个不同特征值 $\lambda_1=1,\lambda_2=2,\lambda_3=3$，因此 A 相似于对角阵．令

$$P=\begin{pmatrix}1 & 2 & -2\\ 2 & -2 & -1\\ 2 & 1 & 2\end{pmatrix},$$

则

$$P^{-1}AP=\Lambda=\begin{pmatrix}1 & & \\ & 2 & \\ & & 3\end{pmatrix},$$

求出 $P^{-1}=\frac{1}{9}\begin{pmatrix}1 & 2 & 2\\ 2 & -2 & 1\\ -2 & -1 & 2\end{pmatrix}$，因此

$$A=P\begin{pmatrix}1 & & \\ & 2 & \\ & & 3\end{pmatrix}P^{-1}=\frac{1}{3}\begin{pmatrix}7 & 0 & -2\\ 0 & 5 & -2\\ -2 & -2 & 6\end{pmatrix}.$$

评注 已知特征值和相应的特征向量，常用相似对角化方法来求得矩阵．

【例 10】 设三阶实对称矩阵 A 的特征值为 1,2,3；矩阵 A 的属于特征值 1,2 的特征向量分别为 $\alpha_1=(-1,-1,1)^T$，$\alpha_2=(1,-2,-1)^T$，求：

(1)属于特征值 3 的特征向量；

(2)矩阵 A.

解 (1)设 $(x_1,x_2,x_3)^T$ 为 A 属于特征值 3 的特征向量．因为实对称矩阵的不同特征值对应的特征向量相互正交，所以

$$\begin{cases}-x_1-x_2+x_3=0\\ x_1-2x_2-x_3=0\end{cases},$$

解得一基础解系：$(1,0,1)^T$，因此属于特征值 3 的特征向量为 $k(1,0,1)^T$，$k\neq0$.

(2)令 $P=\begin{pmatrix}-1 & 1 & 1\\ -1 & -2 & 0\\ 1 & -1 & 1\end{pmatrix}$，则 $P^{-1}AP=\begin{pmatrix}1 & & \\ & 2 & \\ & & 3\end{pmatrix}$，所以

$$A=P\begin{pmatrix}1&&\\&2&\\&&3\end{pmatrix}P^{-1}=\frac{1}{6}\begin{pmatrix}13&-2&5\\-2&10&2\\5&2&13\end{pmatrix}.$$

评注 与例 10 相比较，本题有关特征向量的信息不全．为了补全这些信息，我们利用了实对称矩阵的两个重要结果：

(1)实对称矩阵不同特征值对应的特征向量互相正交；

(2)实对称矩阵一定(正交)相似于对角阵．

【例 11】 设矩阵 $A=\begin{pmatrix}a&-1&c\\5&b&3\\1-c&0&-a\end{pmatrix}$，$|A|=-1$，$A^*$ 有特征值 λ_0，属于 λ_0 的特征向量为 $\alpha=(-1,-1,1)^T$，求 a,b,c 及 λ_0．

解 由题意知：$A^*\alpha=\lambda_0\alpha$，左乘 A，

$$AA^*\alpha=\lambda_0A\alpha,$$

而 $AA^*=|A|I=-I$，因此 $-\alpha=\lambda_0A\alpha$，即

$$\begin{cases}-a+1+c=\dfrac{1}{\lambda_0}\\-5-b+3=\dfrac{1}{\lambda_0}\\-1+c-a=-\dfrac{1}{\lambda_0}\end{cases},$$

所以 $\lambda_0=1,b=-3,a=c$．再由 $|A|=-1$，求出 $a=c=2$．

评注 已知特征向量，一般利用定义式 $A\alpha=\lambda\alpha$ 来求矩阵．

四、特征向量之间的线性关系和正交关系

【例 12】 设 A 是三阶矩阵，$\lambda_1,\lambda_2,\lambda_3$ 是其三个不同的特征值，$\alpha_1,\alpha_2,\alpha_3$ 是相应的特征向量，试证：$A\alpha_1,A(\alpha_1+\alpha_2),A(\alpha_1+\alpha_2+\alpha_3)$ 线性无关的充要条件是 A 可逆．

解 利用

$$\begin{aligned}&A\alpha_i=\lambda_i\alpha(i=1,2,3),\\&A\alpha_1=\lambda_1\alpha_1,\\&A(\alpha_1+\alpha_2)=\lambda_1\alpha_1+\lambda_2\alpha_2,\\&A(\alpha_1+\alpha_2+\alpha_3)=\lambda_1\alpha_1+\lambda_2\alpha_2+\lambda_3\alpha_3,\end{aligned}$$

因此

$$(A\alpha_1,A(\alpha_1+\alpha_2),A(\alpha_1+\alpha_2+\alpha_3))=(\alpha_1,\alpha_2,\alpha_3)\begin{pmatrix}\lambda_1&\lambda_1&\lambda_1\\0&\lambda_2&\lambda_2\\0&0&\lambda_3\end{pmatrix}.$$

由于 $\lambda_1,\lambda_2,\lambda_3$ 是 A 的不同的特征值，故 $\alpha_1,\alpha_2,\alpha_3$ 线性无关，所以 $A\alpha_1,A(\alpha_1+\alpha_2),A(\alpha_1+\alpha_2+\alpha_3)$ 线性无关当且仅当

$$\begin{vmatrix}\lambda_1&\lambda_1&\lambda_1\\0&\lambda_2&\lambda_2\\0&0&\lambda_3\end{vmatrix}=\lambda_1\lambda_2\lambda_3=|A|\neq0,$$

即 A 可逆．

评注 讨论特征向量的线性关系都基于如下基本判断：不同特征值所对应的特征向量组线性无关．如果某向量组能与特征向量组建立起线性表示关系，那么我们就能用表示矩阵的可逆与否来判断向量组的线性关系．

【例 13】 设 A 是三阶矩阵，α 是三维列向量，$\alpha, A\alpha, A^2\alpha$ 线性无关．如果

$$3A\alpha-2A^2\alpha-A^3\alpha=0,$$

证明：A 相似于对角阵，并求 $|A+I|$．

证 将 $3A\alpha-2A^2\alpha-A^3\alpha=0$ 写为

$$A(3\alpha-2A\alpha-A^2\alpha)=0=0\cdot(3\alpha-2A\alpha-A^2\alpha).$$

因为 $\alpha, A\alpha, A^2\alpha$ 线性无关，所以 $3\alpha-2A\alpha-A^2\alpha$ 不等于零，上式表明它是 A 的属于特征值 $\lambda_1=0$ 的特征向量．

再将 $3A\alpha-2A^2\alpha-A^3\alpha=0$ 写为

$$A(A^2\alpha+3A\alpha)=1\cdot(A^2\alpha+3A\alpha),$$

因此非零向量 $A^2\alpha+3A\alpha$ 是属于特征值 $\lambda_2=1$ 的特征向量．同理可证：$A^2\alpha-A\alpha$ 是属于特征值 $\lambda_3=-3$ 的特征向量．

综上，A 有三个不同的特征值，所以 A 相似于对角阵 $\begin{pmatrix}0&0&0\\0&1&0\\0&0&-3\end{pmatrix}$，从而

$$A+I\sim\begin{pmatrix}1&0&0\\0&2&0\\0&0&-2\end{pmatrix},$$

故 $|A+I|=-4$．

评注 一般地，已知 $\alpha, A\alpha, \cdots, A^{n-1}\alpha$ 线性无关，$f(A)\alpha=0$，其中 $f(A)$ 可以分解为

$$f(A)=(A-\lambda_1 I)(A-\lambda_2 I)\cdots(A-\lambda_n I),\lambda_i\neq\lambda_j,$$

那么 $f(\lambda)=(\lambda-\lambda_1)(\lambda-\lambda_2)\cdots(\lambda-\lambda_n)$ 就是 n 阶矩阵 A 的特征多项式，即特征值为 $\lambda_1, \lambda_2, \cdots, \lambda_n$，并且不难证明 λ_i 有一个特征向量

$$\xi_i=(A-\lambda_1 I)\cdots(A-\lambda_{i-1}I)(A-\lambda_{i+1}I)(A-\lambda_n I)\alpha.$$

【例 14】 设 A 是三阶实对称矩阵，特征值为 $1,2,-1$，矩阵 A 的属于特征值 $1,2$ 的特征向量分别为 $\alpha_1=(1,1,1)^T$，$\alpha_2=(1,0,-1)^T$，试用矩阵 A 的特征向量表示向量 $\beta=(-1,8,-1)^T$，并求 $A^{100}\beta$．

解 设 $\lambda=-1$ 所对应的特征向量为 $(x_1,x_2,x_3)^T$，因实对称矩阵 A 的属于不同特征值的特征向量相互正交，故有

$$\begin{cases}x_1+x_2+x_3=0\\x_1-x_3=0\end{cases},$$

解得基础解系 $\alpha_3=(1,-2,1)^T$，它是属于 $\lambda=-1$ 的特征向量．

作初等行变换

$$(\alpha_1,\alpha_2,\alpha_3\vdots\beta)=\begin{pmatrix}1&1&1&\vdots&-1\\1&0&-2&\vdots&8\\1&-1&1&\vdots&-1\end{pmatrix}\to\begin{pmatrix}1&0&0&\vdots&2\\0&1&0&\vdots&0\\0&0&1&\vdots&-3\end{pmatrix},$$

故 $\beta=2\alpha_1-3\alpha_3$，因此

$$A^{100}\beta=2A^{100}\alpha_1-3A^{100}\alpha_3=2\alpha_1-3(-1)^{100}\alpha_3=2\alpha_1-3\alpha_3=(-1,8,-1)^T.$$

评注 利用对角化的方法能够求出 A 及其方幂(参见例 10),进而求得 $A^n\beta$,但运算比较复杂.而将 β 表示成 $\alpha_1,\alpha_2,\alpha_3$ 的线性组合形式:$\beta=k_1\alpha_1+k_2\alpha_2+k_3\alpha_3$,再利用 $A^n\beta=k_1\lambda_1^n\alpha_1+k_2\lambda_2^n\alpha_2+k_3\lambda_3^n\alpha_3$ 来求解,则大大简化了计算.

五、二次型的矩阵及其惯性指数

【例 15】 填空题

(1)已知二次型 $f(x_1,x_2,x_3)=(x_1,x_2,x_3)\begin{pmatrix}2&2&-4\\2&5&-t\\0&0&5\end{pmatrix}\begin{pmatrix}x_1\\x_2\\x_3\end{pmatrix}$,当 $t=$________时,二次型的秩为 2;当 t 适合________时,二次型正定.

(2)设 $f(x_1,x_2,x_3)=(a_1x_1+a_2x_2+a_3x_3)(b_1x_1+b_2x_2+b_3x_3)$为非零二次型,二次型的矩阵为________.当 $a_1b_1+a_2b_2+a_3b_3=0$,二次型的正惯性指数为________,负惯性指数为________.

答案 (1)$-2,10$;$t\in(-2,10)$.(2)$\dfrac{\alpha\beta^T+\beta\alpha^T}{2}$;1;1.

分析 (1)二次型的矩阵为 $A=\begin{pmatrix}2&2&-2\\2&5&-\frac{t}{2}\\-2&-\frac{t}{2}&5\end{pmatrix}$,作初等行变换

$$A=\begin{pmatrix}2&2&-2\\2&5&-\frac{t}{2}\\-2&-\frac{t}{2}&5\end{pmatrix}\rightarrow\begin{pmatrix}2&2&-2\\0&3&2-\frac{t}{2}\\0&2-\frac{t}{2}&3\end{pmatrix}$$

因 $r(A)=2$,故

$$\frac{3}{2-\frac{t}{2}}=\frac{2-\frac{t}{2}}{3},$$

解得 $t=-2$ 或 $t=10$.

作行列成对的初等变换

$$A=\begin{pmatrix}2&2&-2\\2&5&-\frac{t}{2}\\-2&-\frac{t}{2}&5\end{pmatrix}\rightarrow\begin{pmatrix}2&0&0\\0&3&0\\0&0&9-(2-\frac{t}{2})^2\end{pmatrix}.$$

当 $t\in(-2,10)$时,二次型的正惯性指数为 3,此时二次型正定.

(2)记 $\alpha=(a_1,a_2,a_3)^T,\beta=(b_1,b_2,b_3)^T,X=(x_1,x_2,x_3)^T$,则

$$f(x_1,x_2,x_3)=X^T\alpha\beta^TX=X^T\left(\frac{\alpha\beta^T+\beta\alpha^T}{2}\right)X,$$

二次型的矩阵为$\frac{\alpha\beta^T+\beta\alpha^T}{2}$.

由 $f\neq 0$ 知 α,β 均为非零向量,而 $a_1b_1+a_2b_2+a_3b_3=0$ 表示 α 与 β 正交,因此 α,β 线性无关. 由此可作非退化的线性替换

$$y_1=a_1x_1+a_2x_2+a_3x_3,y_2=b_1x_1+b_2x_2+b_3x_3,y_3=x_3,$$

此时二次型成为 $f=y_1y_2$,令 $y_1=z_1+z_2,y_2=z_1-z_2,y_3=z_3$,则得规范形 $f=z_1^2-z_2^2$,因此 f 的正惯性指数为 1,负惯性指数也为 1.

评注 (1)二次型的矩阵是对称矩阵. 当 X^TBX 中的矩阵 B 非对称时,因

$$f=X^TBX=X^TB^TX,$$

故 $f=X^T\left[\frac{B+B^T}{2}\right]X$,其中$\frac{B+B^T}{2}$是二次型的矩阵;

(2)求二次型的惯性指数,常用成对的初等变换法和配方法,一般不用正交变换法,原因在于求矩阵的特征值往往比较困难.

【例 16】 设 A 为 n 阶实对称矩阵,$r(A)=n$,A_{ij} 是 $A=(a_{ij})_{n\times n}$ 中元素 a_{ij} 的代数余子式,二次型

$$f(x_1,x_2,\cdots,x_n)=\sum_{i=1}^{n}\sum_{j=1}^{n}\frac{A_{ij}}{|A|}x_ix_j.$$

(1)记 $X=(x_1,x_2,\cdots,x_n)^T$,把 $f(x_1,x_2,\cdots,x_n)$写成矩阵形式,并证明二次型 $f(X)$的矩阵为 A^{-1}.

(2)二次型 $g(X)=X^TAX$ 与 $f(X)$的规范形是否相同?并说明理由.

解 (1)二次型的矩阵形式为

$$f(x_1,x_2,\cdots,x_n)=(x_1,x_2,\cdots,x_n)\frac{1}{|A|}\begin{pmatrix}A_{11}&A_{21}&\cdots&A_{n1}\\A_{12}&A_{22}&\cdots&A_{2n}\\\vdots&\vdots&\ddots&\vdots\\A_{1n}&A_{2n}&\cdots&A_{nn}\end{pmatrix}\begin{pmatrix}x_1\\x_2\\\vdots\\x_n\end{pmatrix}.$$

$$=f(X)=X^T\frac{1}{|A|}A^*X.$$

因 $r(A)=n$,故 A 可逆,且 $A^{-1}=\frac{1}{|A|}A^*$,又$(A^{-1})^T=(A^T)^{-1}=A^{-1}$,即 A^{-1} 是实对称矩阵,因此二次型的矩阵为 A^{-1}.

(2)由 $A=AA^{-1}A=AA^{-1}A^T$ 知 A 合同于 A^{-1},因此二次型 $g(X)=X^TAX$ 与 $f(X)$的规范形相同.

评注 两个二次型的规范形相同,等同于它们的矩阵成合同关系.

六、正交替换法及其应用

【例 17】 用正交变换把下列二次型化为标准形,并写出相应的正交变换,

$$f(x_1,x_2,x_3)=x_1^2+x_2^2+x_3^2+4x_1x_2+4x_1x_3+4x_2x_3.$$

解 二次型的矩阵为

$$A=\begin{pmatrix}1&2&2\\2&1&2\\2&2&1\end{pmatrix},$$

其特征多项式为

$$|\lambda I-A|=\begin{vmatrix}\lambda-1 & -2 & -2\\ -2 & \lambda-1 & -2\\ -2 & -2 & \lambda-1\end{vmatrix}=(\lambda+1)^2(\lambda-5)=0,$$

所以 A 的特征值为 $\lambda_1=\lambda_2=-1,\lambda_3=5$. 将 $\lambda_1=\lambda_2=-1$ 代入方程组

$$\begin{pmatrix}\lambda-1 & -2 & -2\\ -2 & \lambda-1 & -2\\ -2 & -2 & \lambda-1\end{pmatrix}\begin{pmatrix}x_1\\ x_2\\ x_3\end{pmatrix}=\begin{pmatrix}0\\ 0\\ 0\end{pmatrix},$$

解得两个线性无关的特征向量

$$\alpha_1=\begin{pmatrix}-1\\ 1\\ 0\end{pmatrix},\alpha_2=\begin{pmatrix}-1\\ 0\\ 1\end{pmatrix}.$$

再将 $\lambda_3=5$ 代入上述方程组解得一个特征向量

$$\alpha_3=\begin{pmatrix}1\\ 1\\ 1\end{pmatrix}.$$

对 α_1,α_2 施行 Schmidt 正交化

$$\beta_1=\begin{pmatrix}-1\\ 1\\ 0\end{pmatrix},\beta_2=\begin{pmatrix}-\frac{1}{2}\\ -\frac{1}{2}\\ 1\end{pmatrix},$$

再将 β_1,β_2,α_3 单位化

$$\gamma_1=\begin{pmatrix}-\frac{1}{\sqrt{2}}\\ \frac{1}{\sqrt{2}}\\ 0\end{pmatrix},\gamma_2=\begin{pmatrix}-\frac{1}{\sqrt{6}}\\ -\frac{1}{\sqrt{6}}\\ \frac{2}{\sqrt{6}}\end{pmatrix},\gamma_3=\begin{pmatrix}\frac{1}{\sqrt{3}}\\ \frac{1}{\sqrt{3}}\\ \frac{1}{\sqrt{3}}\end{pmatrix},$$

取正交阵

$$Q=(\gamma_1,\gamma_2,\gamma_3)=\begin{pmatrix}-\frac{1}{\sqrt{2}} & -\frac{1}{\sqrt{6}} & \frac{1}{\sqrt{3}}\\ \frac{1}{\sqrt{2}} & -\frac{1}{\sqrt{6}} & \frac{1}{\sqrt{3}}\\ 0 & \frac{2}{\sqrt{6}} & \frac{1}{\sqrt{3}}\end{pmatrix},$$

作正交线性替换 $X=QY$,则二次型成为标准形

$$f(x_1,x_2,x_3)=-y_1^2-y_2^2+5y_3^2.$$

评注　由于实对称矩阵不同的特征值的特征向量必正交,所以可利用正交性来检查计算结果的正确性.

【例 18】 设二次型 $f(x_1,x_2,x_3)=x_1^2+x_2^2+x_3^2+2\alpha x_1x_2+2x_1x_3+2\beta x_2x_3$ 经正交变换 $X=PY$，化成 $f=y_2^2+2y_3^2$，其中 $X=(x_1,x_2,x_3)^T$，$Y=(y_1,y_2,y_3)^T$ 是三维列向量，P 是 3 阶正交矩阵，试求常数 α,β.

解 变换前后二次型的矩阵分别为

$$A=\begin{pmatrix}1&\alpha&1\\\alpha&1&\beta\\1&\beta&1\end{pmatrix},\Lambda=\begin{pmatrix}0&&\\&1&\\&&2\end{pmatrix},$$

$f=X^TAX$ 经过正交变换 $X=PY$ 化为 Y^TBY，所以 $P^TAP=\Lambda$，而 P 为正交阵，故 $P^{-1}AP=\Lambda$，因此 $|\lambda I-A|=|\lambda I-\Lambda|$，即

$$\begin{vmatrix}\lambda-1&-\alpha&-1\\-\alpha&\lambda-1&-\beta\\-1&-\beta&\lambda-1\end{vmatrix}=\begin{vmatrix}\lambda&&\\&\lambda-1&\\&&\lambda-2\end{vmatrix},$$

所以 $\lambda^3-3\lambda^2+(2-\alpha^2-\beta^2)\lambda+(\alpha-\beta)^2=\lambda^3-3\lambda^2+2\lambda$，比较系数得

$$2-\alpha^2-\beta^2=2,(\alpha-\beta)^2=0,$$

故 $\alpha=\beta=0$.

评注 经线性替换 $X=PY$，原二次型的矩阵合同于新二次型的矩阵，但合同关系包含的核心信息是惯性指数相同，仅凭此无法确定 α,β. 不过对于正交变换来说，这种合同关系也是相似关系，而相似关系包含的核心信息则是特征多项式不变，这为我们解题提供了足够的信息.

矩阵间的关系主要有等价、相似、合同以及正交相似，相似和合同必等价，正交相似既是相似也是合同. 本质上，这些关系保持如下重要代数量不变：

(1)等价保持矩阵的秩不变；

(2)相似保持矩阵的特征值不变；

(3)合同保持对称矩阵的惯性指数不变；

(4)正交相似保持对称矩阵的特征值、惯性指数不变.

因此针对不同的代数量，应选择适当的矩阵关系与之匹配. 例如，有关特征值问题选用相似关系，有关二次型的特征值问题则应选用正交关系.

【例 19】 设 n 阶实对称矩阵 A 的每个特征值均大于 a，证明

$$X^TAX>a\|X\|^2.$$

证 取正交矩阵 Q，使 Q^TAQ 为对角阵，即

$$Q^TAQ=\begin{pmatrix}\lambda_1&&&\\&\lambda_2&&\\&&\ddots&\\&&&\lambda_n\end{pmatrix},$$

其中，λ_i 是矩阵 A 的特征值. 令

$$X=QY,Y=(y_1,y_1,\cdots,y_n)^T,$$

则

$$X^TAX=Y^T(Q^TAQ)Y=\lambda_1y_1^2+\lambda_2y_2^2+\cdots+\lambda_ny_n^2,$$

因 $\lambda_i>a$，故

$$X^TAX>a(y_1^2+y_2^2+\cdots+y_n^2)=a\|Y\|^2,$$

由于正交变换不改变向量的长度，即 $\|X\|=\|Y\|$，上式成为 $X^TAX>a\|X\|^2$.

评注 正交变换不会改变向量的长度以及向量之间的夹角，因此有关长度、夹角等几何量以及二次型不等式问题，往往采用正交变换法来处理，其优点是其他方法（诸如配方法、初等变换法）所无法比拟的．配方法和初等变换法一般用来求二次型的惯性指数．

【例 20】 设 A 为 n 阶正定矩阵，证明：存在正定矩阵 C，使 $A=C^2$.

证 因为 A 是实对称矩阵，所以存在正交矩阵 Q，使得

$$Q^{-1}AQ=\begin{pmatrix}\lambda_1 & & & \\ & \lambda_2 & & \\ & & \ddots & \\ & & & \lambda_n\end{pmatrix},$$

其中，$\lambda_1,\lambda_2,\cdots,\lambda_n$ 为矩阵 A 的特征值．由于正定矩阵 A 的特征值 $\lambda_1,\lambda_2,\cdots,\lambda_n$ 全部大于零，因此

$$\begin{aligned}A&=Q\begin{pmatrix}\lambda_1 & & & \\ & \lambda_2 & & \\ & & \ddots & \\ & & & \lambda_n\end{pmatrix}Q^T\\
&=Q\begin{pmatrix}\sqrt{\lambda_1} & & & \\ & \sqrt{\lambda_2} & & \\ & & \ddots & \\ & & & \sqrt{\lambda_n}\end{pmatrix}\begin{pmatrix}\sqrt{\lambda_1} & & & \\ & \sqrt{\lambda_2} & & \\ & & \ddots & \\ & & & \sqrt{\lambda_n}\end{pmatrix}Q^T\\
&=Q\begin{pmatrix}\sqrt{\lambda_1} & & & \\ & \sqrt{\lambda_2} & & \\ & & \ddots & \\ & & & \sqrt{\lambda_n}\end{pmatrix}Q^TQ\begin{pmatrix}\sqrt{\lambda_1} & & & \\ & \sqrt{\lambda_2} & & \\ & & \ddots & \\ & & & \sqrt{\lambda_n}\end{pmatrix}Q^T\\
&=C^2,\end{aligned}$$

其中，$C=Q\begin{pmatrix}\sqrt{\lambda_1} & & & \\ & \sqrt{\lambda_2} & & \\ & & \ddots & \\ & & & \sqrt{\lambda_n}\end{pmatrix}Q^T$ 就是所需的正定矩阵．

评注 在合同的观点下，n 阶正定矩阵 A 合同于单位阵，即 A 可分解成 $A=C^TC$，其中 C 为可逆矩阵．与此相比，本题分解式中的矩阵 C 要求更高，证明这种结果往往需要在更高的观点下论证，即借助实对称矩阵的正交相似对角化工具．

七、判断二次型和对称矩阵的正定性

【例 21】 设有 n 元实二次型

$$f(x_1,x_2,\cdots,x_n)=(x_1+a_1x_2)^2+(x_2+a_2x_3)^2+\cdots+(x_{n-1}+a_{n-1}x_n)^2+(x_n+a_nx_1)^2,$$

其中 $a_i(i=1,2,\cdots,n)$ 为实数，试问：当 $a_1,a_2,\cdots,a_n$ 满足何种条件时，二次型 $f(x_1,x_2,\cdots,x_n)$

为正定二次型．

解 显然，$f(x_1,x_2,\cdots,x_n)\geqslant 0$. $f=0$ 当且仅当

$$\begin{cases}x_1+a_1x_2=0\\ x_2+a_2x_3=0\\ \cdots\cdots\\ x_{n-1}+a_{n-1}x_n=0\\ x_n+a_nx_1=0\end{cases}.$$

方程组的系数行列式为

$$|A|=\begin{vmatrix}1 & a_1 & 0 & \cdots & 0\\ 0 & 1 & a_2 & \cdots & 0\\ \vdots & \vdots & \ddots & \ddots & \vdots\\ 0 & 0 & 0 & 1 & a_{n-1}\\ a_n & 0 & 0 & \cdots & 1\end{vmatrix}=1+(-1)^{n+1}a_1a_2\cdots a_n,$$

因此方程组只有零解的充要条件是 $1+(-1)^{n+1}a_1a_2\cdots a_n\neq 0$.

所以，当 $1+(-1)^{n+1}a_1a_2\cdots a_n\neq 0$ 时，对任意一组不全为零的数 $x_1,x_2,\cdots,x_n$ 都有 $f(x_1,x_2,\cdots,x_n)>0$，即二次型正定．

评注 用定义法判定二次型的正定性，分两步进行：

(1)证明：$f(x_1,x_2,\cdots,x_n)\geqslant 0$；

(2)证明：$f(x_1,x_2,\cdots,x_n)=0$ 当且仅当 $x_1=x_2=\cdots=x_n=0$.

【例 22】 设矩阵 $A=\begin{pmatrix}1 & 0 & 1\\ 0 & 2 & 0\\ 1 & 0 & 1\end{pmatrix}$，矩阵 $B=(kI+A)^2$，其中 k 为实数，I 为单位矩阵，求对角阵 Λ，使 B 与 Λ 相似，并求 k 为何值时，B 为正定矩阵．

解 矩阵 A 的特征方程为

$$|\lambda I-A|=\begin{vmatrix}\lambda-1 & 0 & -1\\ 0 & \lambda-2 & 0\\ -1 & 0 & \lambda-1\end{vmatrix}=\lambda(\lambda-2)^2,$$

所以 A 的特征值为 $\lambda_1=0,\lambda_2=\lambda_3=2$. 由于 A 是实对称矩阵，所以 A 相似于对角阵，即存在可逆矩阵 P，使

$$P^{-1}AP=\begin{pmatrix}0 & & \\ & 2 & \\ & & 2\end{pmatrix}=\Lambda_1,$$

因此 $P^{-1}(kI+A)P=\begin{pmatrix}k & & \\ & k+2 & \\ & & k+2\end{pmatrix}$，从而

$$P^{-1}BP=P^{-1}(kI+A)^2P=\begin{pmatrix}k^2 & & \\ & (k+2)^2 & \\ & & (k+2)^2\end{pmatrix}=\Lambda.$$

$B=(kI+A)^2$ 的三个特征值为 $k^2,(k+2)^2,(k+2)^2$，当特征值全大于零，即 $k\neq 0$ 且 $k\neq -2$

时，B 为正定矩阵．

评注 如果 A 相似于对角阵 Λ，即 $P^{-1}AP=\Lambda$，那么 $f(A)$ 就相似于对角阵 $f(\Lambda)$，即 $P^{-1}f(A)P=f(\Lambda)$，其中 $f(A)$ 是 A 的多项式矩阵．由于相似关系保持特征值不变，所以根据特征值是否全部大于零来判定正定性．

【例 23】 (1)设 A 为 $m\times n$ 实矩阵，且 $m\leqslant n$，证明：矩阵 AA^T 正定的充要条件是 $r(A)=m$.

(2)设 B 为 n 阶正定矩阵，C 为 $n\times m$ 矩阵，且 $r(C)=m$．证明：C^TBC 是正定矩阵．

证 (1)因 $(AA^T)^T=AA^T$，故 AA^T 是实对称矩阵．考虑对应的实二次型 $f(X)=X^TAA^TX$，则有

$$f(X)=(A^TX)^TA^TX=(A^TX,A^TX)\geqslant 0.$$

因为内积具有正定性，所以 $f(X)=0$ 当且仅当 $A^TX=0$. 若 $r(A)=m$，则

$$r(A^T)=r(A)=m,$$

故 $A^TX=0$ 仅有零解，即 $f(X)=0$ 必有 $X=0$，于是 $f(X)$ 正定．

反之，若 $f(X)$ 正定，则 $f(X)=0$ 必有 $X=0$，即 $A^TX=0$ 仅有零解，因此

$$r(A)=r(A^T)=m.$$

(2)因为 n 阶正定矩阵 B 可分解成 $B=P^TP$，其中 P 为 n 阶可逆阵，则

$$C^TBC=(PC)^TPC=AA^T,$$

其中 $A=(PC)^T$ 是 $m\times n$ 矩阵．由 P 的可逆性知

$$r(A)=r(C^TP^T)=r(C^T)=r(C)=m,$$

即 A 是行满秩矩阵，于是根据(1)，AA^T 是正定矩阵，即 C^TBC 是正定矩阵．

评注 A^TA(或 AA^T)型的矩阵是代数中最为常见的一类矩阵，已被广泛地应用到实际问题中．下面我们就这类矩阵的特性归纳如下，供读者参考：

设 A 为 $m\times n$ 实矩阵，那么：

(1)A^TA 和 AA^T 分别为 n 和 m 阶对称矩阵；

(2)$A^TA=0$ 或 $tr(A^TA)=0\Leftrightarrow A=0$；

(3)$r(A^TA)=r(A)$；

(4)$A^TAX=0\Leftrightarrow AX=0$；

(5)$\forall\beta$，$A^TAX=A^T\beta$ 必有解(最小二乘法)，即 $r(A^TA)=r(A^TA,A^T\beta)$；

(6)A^TA(或 AA^T)正定$\Leftrightarrow A$ 列满秩(或行满秩).

Ⅲ 训练题

A. 基础题

(一)填空题

1. 若 n 阶矩阵 A 有 n 个属于特征值 λ 的线性无关特征向量，则 $A=$__________.

2. 设 A 是三阶奇异矩阵，已知 $|A+I|=0$，$|A+2I|=0$，则 $|A+3I|=$________，$r(A+I)=$________.

3. 已知 $|A|=\begin{vmatrix}-3&-a&3\\1&2&1\\-1&-b&1\end{vmatrix}=0$，$B+A=2I$，则 B 的一个特征值是________.

4. 已知四阶矩阵 A 和 B 相似，矩阵 A 的特征值为 1,2,3,4，则 $|B^{-1}-I|=$________.

5. 已知-2是$A=\begin{pmatrix}0 & 2 & -2\\ 2 & x & -2\\ -2 & 2 & b\end{pmatrix}$的特征值,其中$b$为非零的任意常数,则$x=$________.

6. 已知A相似于对角阵$\begin{pmatrix}1 & & \\ & 1 & \\ & & -2\end{pmatrix}$,则$r(A-I)+r(2I+A)=$________.

7. 设A是三阶实对称矩阵,λ_1是二重特征值,对应有两个线性无关的特征向量$(1,2,3)^T$和$(-2,1,-1)^T$,则另一特征值的特征向量是________.

8. 二次型$f(x_1,x_2,x_3)=2x_1^2+x_2^2+x_3^2+2x_1x_2+\lambda x_2x_3$的矩阵为________,当$\lambda$________时,二次型正定.这时,它的正惯性指数是________.

9. 二次型$f(x_1,x_2,x_3)=x_1^2+4x_2^2-x_3^2+4x_1x_2+3x_1x_3+6x_2x_3$的秩为________,它的正惯性指数是________,负惯性指数是________.

10. 已知$A=\begin{pmatrix}1 & 2 & -1\\ a+b & 5 & a-b\\ c & 0 & d\end{pmatrix}$是正定矩阵,则参数$a,b,c$分别等于________,而$d$满足________.

11. 设A为可逆的实对称矩阵,则将$f=X^TAX$化为$f=Y^TA^{-1}Y$的线性变换为________.

12. 设n阶实对称矩阵A的特征值为$1,2,\cdots,n$,则当t______时,$tI-A$为正定矩阵.

(二)选择题

1. 零为矩阵A的特征值是A不可逆的( ).

(A)充分条件　　(B)必要条件

(C)充要条件　　(D)非充分、非充要条件

2. 与n阶单位阵I相似的矩阵是( ).

(A)数量矩阵$kI(k\neq 1)$　　(B)对角矩阵D(对角元素不为零)

(C)单位矩阵I　　(D)任意n阶矩阵A

3. 设A相似于B,则( ).

(A)A,B的特征值相同　　(B)特征矩阵相同

(C)相似于同一对角阵　　(D)A,B合同

4. 设$C=\begin{pmatrix}1 & 1 & 0\\ 1 & 0 & 1\\ 0 & 1 & 1\end{pmatrix}$,则$C$的特征值是( ).

(A)1,0,1　　(B)1,1,2

(C)-1,1,2　　(D)-1,1,1

5. 设A是n阶可逆矩阵,λ是A的一个特征值,则A的伴随矩阵A^*的特征值之一是( ).

(A)$\lambda^{-1}|A|$　　(B)$\lambda|A|^{-1}$

(C)$\lambda|A|$　　(D)$\lambda|A|^n$

6. 矩阵$A=\begin{pmatrix}1 & 1\\ 0 & 2\end{pmatrix}$相似于矩阵( ).

(A)$\begin{pmatrix}-1&0\\0&-2\end{pmatrix}$　　(B)$\begin{pmatrix}1&1\\2&2\end{pmatrix}$

(C)$\begin{pmatrix}1&1\\2&0\end{pmatrix}$　　(D)$\begin{pmatrix}1&0\\1&2\end{pmatrix}$

7. 设 α,β 为矩阵 A 的属于不同特征值的特征向量，则(　　).

(A)α,β 线性相关

(B)$A\alpha,A\beta$ 线性无关

(C)$A\alpha,A\beta$ 线性相关

(D)不存在 $k_1\neq 0,k_2\neq 0$ 使 $k_1\alpha+k_2\beta$ 是 A 的特征向量

8. 设 A 为 n 阶方阵，且 $A^k=O$，则(　　).

(A)$A=O$　　(B)A 有且只有一个为 0 的特征值

(C)A 的全部特征值为 0　　(D)A 存在 n 个线性无关的特征向量

9. 设 A,B 均为 n 阶矩阵，且 A 与 B 相似，则(　　).

(A)$\lambda I-A=\lambda I-B$

(B)A 与 B 有相同的特征值和特征向量

(C)A 与 B 都相似于同一个对角阵

(D)对任意常数 t，$tI-A$ 与 $tI-B$ 相似

10. n 阶矩阵 A 相似于对角阵的充要条件是(　　).

(A)A 有 n 个不同的特征值

(B)A 有 n 个不同的特征向量

(C)A 的每个 k 重特征值 λ，有 $r(\lambda I-A)=n-k$

(D)A 是实对称矩阵

11. 已知 ξ_1,ξ_2 是 $(\lambda I-A)X=0$ 的两个不同的解向量，则下列必定是 A 的特征向量的是(　　).

(A)ξ_1　　(B)ξ_2　　(C)$\xi_1+\xi_2$　　(D)$\xi_1-\xi_2$

12. 设 A 是 n 阶可逆对称矩阵，B 是 n 阶非零反对称矩阵，则下列不能通过正交变换化为对角阵的是(　　).

(A)$AB-BA$　　(B)$A^T(B+B^T)A$　　(C)BAB　　(D)ABA

13. 矩阵 $\begin{pmatrix}1&&\\&-1&\\&&2\end{pmatrix}$ 合同于(　　).

(A)$\begin{pmatrix}-1&&\\&1&\\&&1\end{pmatrix}$　　(B)$\begin{pmatrix}1&&\\&-2&\\&&-3\end{pmatrix}$

(C)$\begin{pmatrix}2&&\\&1&\\&&1\end{pmatrix}$　　(D)$\begin{pmatrix}-1&&\\&2&\\&&-1\end{pmatrix}$

14. 实对称矩阵 $A=\begin{pmatrix}1&0\\0&2\end{pmatrix}$，$B=\begin{pmatrix}1&0\\0&-1\end{pmatrix}$，则 A 与 B(　　).

(A)等价　　(B)相似

(C)合同 (D)正交相似

15. 设 A 是 n 阶矩阵,C 是 n 阶正交矩阵,且 $B=C^TAC$,则下述结论不成立的是(　　).

(A)A 与 B 相似 (B)A 与 B 等价

(C)A 与 B 有相同的特征值 (D)A 与 B 有相同的特征向量

16. 实二次型 $f(x_1,x_2,\cdots,x_n)=X^TAX$ 为正定的充分必要条件是(　　).

(A)f 的负惯性指数为 0

(B)A 的特征值全大于零

(C)存在 n 阶矩阵 C,使 $A=C^TC$

(D)任意 $x_1\neq 0,x_2\neq 0,\cdots,x_n\neq 0$ 代入二次型 $f(x_1,x_2,\cdots,x_n)$,都有 $f>0$

17. n 阶实对称矩阵 A 为正定矩阵的充分必要条件是(　　).

(A)A 的主对角元素为正数

(B)A 的所有 k 阶子式($k=1,2,\cdots,n$)全大于零

(C)A^{-1} 为正定矩阵

(D)$r(A)=n$

18. 设 A,B 均为 n 阶矩阵,$X=(x_1,x_2,\cdots,x_n)^T$,且 $X^TAX=X^TBX$,则(　　)能推出 $A=B$.

(A)$r(A)=r(B)$ (B)$A^T=A$

(C)$B^T=B$ (D)$A^T=A$ 且 $B^T=B$

19. 设 A,B 是 n 阶正定矩阵,则正定矩阵是(　　).

(A)A^*+B^* (B)A^*-B^*

(C)A^*B^* (D)kA^*+lB^*

20. 设 $f=X^TAX$, $g=X^TBX$ 是 n 元正定二次型,则下列二次型中不一定正定的是(　　).

(A)$X^T(A+B)X$ (B)$X^T(AB)X$

(C)$X^TA^{-1}X$ (D)$X^T(A^{-1}+B^{-1})X$

21. 设 A 是一个 n 阶矩阵,交换 A 的第 i 列和第 j 列后再交换第 i 行和第 j 行得到矩阵 B,则 A,B 之间的关系是(　　).

(A)等价但不相似 (B)相似但不合同

(C)相似、合同但不等价 (D)等价、相似、合同

(三)计算题

1. 设 n 阶矩阵 A 的特征值为 $1,2,\cdots,n$,试求 $|2A+I|$.

2. 已知 $A=\begin{pmatrix}1 & -1 & -a\\ 2 & a & -2\\ -a & -1 & 1\end{pmatrix}$,求 A 的特征值和特征向量;a 为何值时,A 相似于对角阵.

3. 已知 $\alpha=(1,k,1)^T$ 是 A^{-1} 的特征向量,$A=\begin{pmatrix}2 & 1 & 1\\ 1 & 2 & 1\\ 1 & 1 & 2\end{pmatrix}$,求 k 及 α 对应的特征值.

4. 设矩阵 $A=\begin{pmatrix}1 & -1 & 1\\ 2 & 4 & -2\\ -3 & -3 & a\end{pmatrix}$ 相似于 $B=\begin{pmatrix}2 & & \\ & 2 & \\ & & b\end{pmatrix}$. 求 a,b 的值,求可逆矩阵 P,使得

$P^{-1}AP=B$.

5. 已知 1,1,−1 是三阶实对称矩阵 A 的特征值,$\begin{pmatrix}0\\1\\1\end{pmatrix}$是对应于−1 的特征向量,求 A.

6. 用配方法化 $f(x_1,x_2,x_3)=-x_2^2-8x_3^2+2x_1x_2+4x_1x_3$ 为标准形,并指出所作的线性替换矩阵.

7. 用初等变换法化下列二次型 $f(x_1,x_2,x_3)=2x_1x_2+4x_1x_3$ 为标准形,并指出所作的线性替换矩阵.

8. 用正交变换法化二次型 $f(x_1,x_2,x_3)=2x_1x_2-2x_1x_3+2x_2x_3$ 为标准形.

9. 已知二次型 $f(x_1,x_2,x_3)=x_1^2+ax_2^2+x_3^2-4x_1x_2-8x_1x_3-4x_2x_3$,通过正交变换化为标准形 $f=5y_1^2+by_2^2-4y_3^2$ 求 a,b 的值及所用的正交变换矩阵.

10. 已知二次型 $f(x_1,x_2,x_3)=2x_1^2+3x_2^2+3x_3^2+2ax_2x_3(a>0)$,通过正交变换化为标准形 $f=y_1^2+2y_2^2+5y_3^2$,求参数 a 的值及所用的正交变换矩阵.

11. 已知二次型 $f(x_1,x_2,x_3)=(x_1-x_2)^2+(x_2-x_3)^2+(x_3-x_1)^2$,

(1)用配方法将二次型化成标准形,并求所作的非退化线性替换;

(2)用正交变换法将二次型化成标准形,并求所作的正交变换矩阵.

12. 设矩阵 $A=\begin{pmatrix}0&1&0&0\\1&0&0&0\\0&0&y&1\\0&0&1&2\end{pmatrix}$,

(1)已知 A 的一个特征值为 3,试求 y;

(2)求矩阵 P,使$(AP)^T(AP)$为对角阵.

(四)证明题

1. 设 λ 是可逆矩阵 A 的特征值,证明 $1+\dfrac{1}{\lambda}$是 $I+A^{-1}$ 的特征值.

2. 设 A 是 n 阶实矩阵,I 是 n 阶单位阵,证明:若 $A^m=0$,则 $I-A$ 可逆.

3. 若 n 阶矩阵 A 的每行元素之和为 a,求证:

(1)a 为 A 的一个特征值;

(2)$\begin{pmatrix}1\\1\\\vdots\\1\end{pmatrix}$是 A 对应于 $\lambda=a$ 的特征向量;

(3)对于任意自然数 m,A^m 的每行之和为 a^m.

4. 设 A 是 n 阶实对称矩阵,且 $A^2=I$,证明:存在正交阵 Q,使得

$$Q^{-1}AQ=\begin{pmatrix}I_r&\\&-I_{n-r}\end{pmatrix}.$$

5. 设 A 是 n 阶正定矩阵,I 是 n 阶单位阵,证明:矩阵 $A+I$ 正定.

6. 设 n 阶实对称矩阵 A 满足 $A^3+A^2+A=3I$,证明 A 是正定矩阵.

7. 设 A 是 n 阶实对称的幂等阵($A^2=A,A^T=A$),$r(A)=r(0<r<n)$.

(1)证明:$A+I$ 是正定矩阵.

(2)计算：$|I+A+A^2+\cdots+A^k|$.

8. 设 A 是 n 阶实对称矩阵，求证：对充分小的 ε，$I+\varepsilon A$ 为正定矩阵.

B. 提高题

1. 已知 A 是三阶矩阵，$r(A)=1$，则 0(　　).

(A)必是 A 的二重特征值　　(B)至少是 A 的二重特征值

(C)至多是 A 的二重特征值　　(D)一、二、三重都可能

2. 设 A 是 n 阶实对称矩阵，$\lambda_1,\lambda_2,\cdots,\lambda_n$ 是 A 的 n 个互不相同的特征值，ξ_1 是 A 的对应于 λ_1 的一个单位特征向量，则矩阵 $B=A-\lambda_1\xi_1\xi_1^T$ 的特征值是________.

3. 已知 $A=\begin{pmatrix}-4 & -10 & 0\\ 1 & 3 & 0\\ 3 & y & 1\end{pmatrix}$ 相似于对角阵 $\begin{pmatrix}1 & & \\ & 1 & \\ & & -2\end{pmatrix}$，则 $y=$________.

4. 设 $A=\begin{pmatrix}1 & -1 & 1\\ x & 4 & y\\ -3 & -3 & 5\end{pmatrix}$ 有三个线性无关的特征向量，2 是 A 的二重特征值，求可逆矩阵 P 使 $P^{-1}AP$ 为对角阵.

5. 设 A 是三阶矩阵，1,2,3 是其特征值，分别对应特征向量 $\xi_1=(1,1,1)^T$，$\xi_2=(1,2,3)^T$，$\xi_3=(1,3,9)^T$，又 $\beta=(1,1,3)^T$，求 $A^n\beta$.

6. 设 $A=I+\alpha\beta^T$，其中 $\alpha=(a_1,a_2,\cdots,a_n)^T$，$\beta=(b_1,b_2,\cdots,b_n)^T$ 满足 $\alpha^T\beta=2$.

(1)求 A 的特征值和特征向量；

(2)求可逆矩阵 P，使 $P^{-1}AP$ 为对角阵.

7. 设 A 是 n 阶幂等阵，证明：对任意非零向量 β，向量 β 和 $A\beta-\beta$ 中至少有一个是 A 的特征向量.

8. 设 A,B 均是 n 阶矩阵，且 $r(A)+r(B)<n$，证明：A,B 有公共的特征向量.

9. 设 A 是 n 阶实矩阵，有 $A\xi=\lambda\xi$，$A^T\eta=\mu\eta$，其中 $\lambda\neq\mu$，证明 ξ,η 正交.

10. (1)设 A 是 n 阶正交阵，且 $|A|<0$，则 -1 是 A 的一个特征值；

(2)设 A,B 均为正交阵，$\dfrac{|A|}{|B|}=-1$，证明：-1 是 AB^{-1} 的特征值.

11. 设 A 为 n 阶正定矩阵，$\alpha_1,\alpha_2,\cdots,\alpha_m$ 为 n 维非零列向量，且对任意 $i\neq j$ 都有

$$\alpha_i^TA\alpha_j=0,i,j=1,2,\cdots,m,$$

证明：$\alpha_1,\alpha_2,\cdots,\alpha_m$ 线性无关.

12. 如果 A,B 为同阶正定矩阵，证明：AB 的所有特征值大于零.

13. 设实对称矩阵 A 的特征值全大于 a，实对称矩阵 B 的特征值全大于 b，证明：$A+B$ 的特征值全大于 $a+b$.

14. 设 A 是一个 n 阶实对称矩阵，证明：$r(A)=n$ 的充分必要条件为存在一个 n 阶实矩阵 B，使 $AB+B^TA$ 是正定矩阵.

15. 设 A,B 均为 n 阶方阵，A,B 有 n 个互异特征值分别为 $\lambda_1,\lambda_2,\cdots,\lambda_n$ 和 $\mu_1,\mu_2,\cdots,\mu_n$，且 λ_i 的属于 A 的特征向量均为 μ_i 的属于 B 的特征向量，证明：$AB=BA$.

16. 设 A 为 n 阶矩阵，若 $r(A)=n-1$，则：

(1)$r(A^*)=1$，A^* 为 A 的伴随矩阵；

(2)存在常数 k,使得$(A^*)^2=kA^*$;

(3)求 A^* 的特征值.

17. 已知向量 α_1 是矩阵 A 关于特征值 $\lambda=1$ 的特征向量,向量 α_2 是线性方程组 $AX=O$ 的非零解,向量 α_3 满足 $A\alpha_3=2\alpha_1-2\alpha_2+\alpha_3$. 证明:$\alpha_1,\alpha_2,\alpha_3$ 线性无关.

第七章

综合自测卷和考研真题

本章安排了5套综合自测卷和一些考研真题，以便同学们能在学完全部线性代数内容之后做一次综合性的练习及课程考前的复习之用。

5套综合自测卷选自上海财经大学《线性代数》课程考试前几年的试卷。

在全国考研《高等数学(三)》150分的试卷里，一般安排23题左右的题量，其中客观题14题左右，主观题9题左右。而线性代数部分的题量基本上占25%左右，其中客观题3题左右，主观题2题左右。

为使学生了解考研题的题型与难易程度，更好地检测自己掌握线性代数知识的程度，我们在考研真题里编排了近5年《高等数学(三)》中线性代数部分题目，供同学们练习。

Ⅰ 综合自测卷

卷 一

(一)填空题(每题2分，共计18分)

1. 已知 $D=\begin{vmatrix} 2 & 1 & 3 & 4 \\ 1 & 0 & 2 & 3 \\ 1 & 5 & 2 & 1 \\ -1 & 1 & 5 & 2 \end{vmatrix}$，则代数余子式之和 $A_{13}+A_{23}+A_{43}=$________.

2. 设 A 和 B 是四阶方阵，$A=(\alpha_1,\alpha_2,\alpha_3,\beta_1)$，$B=(\alpha_3,\alpha_1,\alpha_2,\beta_2)$，$|A|=1$，$|B|=2$，则 $|A+B|=$________.

3. 设 A,b 依次是 4×3，4×1 矩阵，$r(A\quad b)=r(A)=2$. 已知 $\eta_1=\begin{pmatrix}-2\\1\\-1\end{pmatrix}$，$\eta_2=\begin{pmatrix}0\\-1\\3\end{pmatrix}$都是 $Ax=b$ 的解，则 $Ax=b$ 的通解是________.

4. 设 $A=\begin{pmatrix}1&0&0&0\\-2&3&0&0\\0&-4&5&0\\0&0&-6&7\end{pmatrix}$，$I$ 是 4 阶单位矩阵且 $B=(I+A)^{-1}(I-A)$，则 $(I+B)^{-1}=$________.

5. 已知 $r(\alpha_1,\alpha_2,\alpha_3)=3$，而 $r(\alpha_1+\alpha_2,\alpha_1-t\alpha_3,\alpha_2+2\alpha_3)=2$，则 $t=$________.

6. 设 α 是 3 维列向量，α^T 是 α 的转置，若 $\alpha\alpha^T=\begin{pmatrix}1&-1&1\\-1&1&-1\\1&-1&1\end{pmatrix}$，则 $\alpha^T\alpha=$________.

7. 三阶实对称矩阵 A 不可逆，若 $(A+3I)X=0$ 的基础解系含有两个线性无关解，则 $A-2I$ 的三个特征值为________.

8. 设 $\alpha_1=(1\quad 0\quad -1\quad 2)^T$，$\alpha_2=(2\quad -1\quad -2\quad 6)^T$，$\alpha_3=(3\quad 1\quad a\quad 4)^T$，$\beta=(4\quad -1\quad -5\quad 10)^T$，已知 β 不可由 $\alpha_1,\alpha_2,\alpha_3$ 线性表示，则 $a=$________.

9. 设方程 $\begin{pmatrix}a&1&1\\1&a&1\\1&1&a\end{pmatrix}\begin{pmatrix}x_1\\x_2\\x_3\end{pmatrix}=\begin{pmatrix}1\\1\\-2\end{pmatrix}$ 有无穷多个解，则 $a=$________.

(二)选择题(每题 3 分，共计 15 分)

1. 与矩阵 $\begin{pmatrix}-1&3&-1\\-3&5&-1\\-3&3&1\end{pmatrix}$ 相似的是(　　).

(A) $\begin{pmatrix}1&0&0\\0&1&0\\0&0&2\end{pmatrix}$　(B) $\begin{pmatrix}1&0&0\\0&2&0\\0&0&3\end{pmatrix}$　(C) $\begin{pmatrix}1&0&0\\0&2&0\\0&0&2\end{pmatrix}$　(D) $\begin{pmatrix}1&0&0\\0&2&0\\0&0&-2\end{pmatrix}$

2. 设 $\eta_1,\eta_2,\eta_3,\eta_4$ 是齐次线性方程组 $AX=0$ 的基础解系，则 $AX=0$ 的基础解系还可以有(　　).

(A) $\eta_1-\eta_2,\eta_2+\eta_3,\eta_3-\eta_4,\eta_4+\eta_1$
(B) $\eta_1+\eta_2,\eta_2+\eta_3+\eta_4,\eta_1+\eta_2+\eta_3$
(C) $\eta_1+\eta_2,\eta_2+\eta_3,\eta_3+\eta_4,\eta_4+\eta_1$
(D) $\eta_1+\eta_2,\eta_2-\eta_3,\eta_3+\eta_4,\eta_4+\eta_1$

3. 已知 $P^{-1}AP=\begin{pmatrix}1&0&0\\0&5&0\\0&0&5\end{pmatrix}$，$\alpha_1$ 是属于矩阵 A 的特征值 1 的特征向量，α_2,α_3 是属于 A 的特征值 5 的特征向量，那么矩阵 P 一定不能是(　　).

(A) $(\alpha_1,-\alpha_2,3\alpha_3)$　(B) $(\alpha_1,\alpha_3,-2\alpha_2)$
(C) $(\alpha_1+\alpha_2,\alpha_1-\alpha_2,\alpha_3)$　(D) $(\alpha_1,\alpha_2+\alpha_3,\alpha_2-2\alpha_3)$

4. 设 A 为 n 阶矩阵，对于齐次线性方程组 $(I)A^nX=0$ 和 $(II)A^{n+1}X=0$，现有 4 个命题：
(1) (I) 的解必是 (II) 的解　(2) (II) 的解必是 (I) 的解
(3) (I) 的解不一定是 (II) 的解　(4) (II) 的解不一定是 (I) 的解
以上命题中正确的是(　　).
(A)(1)(2)　(B)(1)(4)　(C)(3)(4)　(D)(2)(3)

5. 设 A 是 3 阶矩阵，其特征值是 1，3，-2，相应的特征向量依次是 X_1,X_2,X_3，若 $P=(X_1,2X_3,-X_2)$，则 $P^{-1}AP=$(　　).

(A)$\begin{pmatrix}1&&\\&-2&\\&&3\end{pmatrix}$　(B)$\begin{pmatrix}1&&\\&-4&\\&&-3\end{pmatrix}$　(C)$\begin{pmatrix}1&&\\&-2&\\&&-3\end{pmatrix}$　(D)$\begin{pmatrix}1&&\\&3&\\&&-2\end{pmatrix}$

(三)计算题(57 分)

1.(10 分)计算行列式 $D=|(a_{ij})|$ 的值，其中 $a_{ij}=|i-j|\quad(i,j=1,2,\cdots,n)$.

2.(10 分)已知 $A=\begin{pmatrix}1&-1&1\\1&1&-1\\-1&1&1\end{pmatrix}$，矩阵 X 满足 $A^*X=A^{-1}+2X$，其中 A^* 是 A 的伴随矩阵. 求矩阵 X.

3.(10 分)已知向量组 $\beta_1=\begin{pmatrix}-1\\1\\0\end{pmatrix}$，$\beta_2=\begin{pmatrix}1\\2\\a\end{pmatrix}$，$\beta_3=\begin{pmatrix}0\\1\\b\end{pmatrix}$ 与向量组 $\alpha_1=\begin{pmatrix}-3\\2\\1\end{pmatrix}$，$\alpha_2=\begin{pmatrix}1\\0\\3\end{pmatrix}$，$\alpha_3=\begin{pmatrix}-7\\6\\9\end{pmatrix}$ 具有相同的秩，且 β_3 可由 $\alpha_1,\alpha_2,\alpha_3$ 线性表示，求 a,b 的值.

4.(12 分)设线性方程组 $\begin{cases}x_1+x_2+x_3=0\\x_1+2x_2+ax_3=0\\x_1+4x_2+a^2x_3=0\end{cases}$，与方程 $x_1+2x_2+x_3=a-1$ 有公共解，求 a 的值及所有公共解.

5.(15 分)二次型 $f(x_1,x_2,x_3)=ax_1^2+2x_2^2-2x_3^2+2bx_1x_3\ (b>0)$，其中二次型的矩阵 A 的特征值之和为 1，特征值之积为 -12.

(1)求 a,b 的值；

(2)利用正交变换将二次型化为标准形，并写出所用的正交变换.

(四)证明题(10 分)

1.(5 分)已知向量组 $\alpha_1,\alpha_2,\cdots,\alpha_m$，令 $\beta_1=\alpha_1+\alpha_2$，$\beta_2=\alpha_2+\alpha_3$，$\cdots$，$\beta_{m-1}=\alpha_{m-1}+\alpha_m$，$\beta_m=\alpha_m+\alpha_1$. 证明：

(1)当 m 为偶数时，向量组 $\beta_1,\beta_2,\cdots,\beta_m$ 线性相关；

(2)当 m 为奇数时，若 $\alpha_1,\alpha_2,\cdots,\alpha_m$ 线性无关，则向量组 $\beta_1,\beta_2,\cdots,\beta_m$ 也线性无关.

2.(5 分)设 A 是一个 n 阶方阵，满足 $A^2-3A=4I$，且 A 有两个不同的特征值.

试证 A 可对角化.

卷　二

(一)填空题(每题 2 分，共计 20 分)

1. 在函数 $f(x)=\begin{vmatrix}2x&x&1&2\\1&x&1&-1\\3&2&x&1\\1&1&1&x\end{vmatrix}$ 中，常数项为________.

2. A_{ij} 为4阶行列式 $D_4=\begin{vmatrix} a & b & c & d \\ c & b & d & a \\ d & b & c & a \\ a & b & d & c \end{vmatrix}$ 中元素 a_{ij} 的代数余子式，则 $A_{41}+2A_{42}+A_{43}-A_{44}$ =____________.

3. 设 A 为列矩阵，矩阵 $AA^T=\begin{pmatrix} 1 & -2 & 3 \\ -2 & 4 & -6 \\ 3 & -6 & 9 \end{pmatrix}$，则 $A^TA=$____________.

4. 设方阵 A 满足 $A^3-A^2+2A=I$，则 $(I-A)^{-1}=$____________.

5. 设 $\alpha_1=(1,2,-1)^T,\alpha_2=(2,-3,a)^T,\alpha_3=(4,1,-1)^T$ 线性相关，则 $a=$____________.

6. 设矩阵 $A=\begin{pmatrix} 1 & 2 & -2 & 1 \\ 2 & -1 & k & -2 \\ 3 & 1 & -1 & -1 \end{pmatrix}$，矩阵 B 的秩为2，且 $AB=O$，则 $k=$____________.

7. 当常数 $a=$____________时，方程组 $\begin{cases} x_1-x_2+2x_3=1 \\ 2x_1-x_2+7x_3=2 \\ -x_1+2x_2+x_3=a \end{cases}$ 有解.

8. 设 A 为四阶矩阵，$r(A)=3$，A^* 为 A 的伴随矩阵，则 $A^*X=O$ 的基础解系所含解向量的个数为____________.

9. 已知四阶矩阵 A 和 B 相似，矩阵 A 的特征值为1，2，3，4，则 $|B^*-4I|=$____________.

10. 若二次型 $f(x_1,x_2,x_3)=5x_1^2+x_2^2+\lambda x_3^2+4x_1x_2-2x_1x_3+4x_2x_3$ 正定，则 λ 的取值范围为____________.

(二)选择题(每题3分，共计18分)

1. 若三阶行列式 $\begin{vmatrix} a_1 & a_2 & a_3 \\ 2b_1-a_1 & 2b_2-a_2 & 2b_3-a_3 \\ c_1 & c_2 & c_3 \end{vmatrix}=6$，则行列式 $\begin{vmatrix} a_1 & a_2 & a_3 \\ b_1 & b_2 & b_3 \\ c_1 & c_2 & c_3 \end{vmatrix}=(\quad)$.

(A)3　　(B)-3　　(C)6　　(D)-6

2. 设 $A=\begin{pmatrix} A_1 & B \\ 0 & A_2 \end{pmatrix}$，其中 A_1,A_2 都是方阵，且 $|A|\neq 0$，则(　　).

(A)A_1 可逆，A_2 不可逆　　(B)A_2 可逆，A_1 不可逆

(C)A_1,A_2 都可逆　　(D)A_1,A_2 都不可逆

3. 设矩阵 $A=\begin{pmatrix} a_{11} & a_{13} & a_{13} \\ a_{21} & a_{22} & a_{23} \\ a_{31} & a_{32} & a_{33} \end{pmatrix}$，$B=\begin{pmatrix} a_{21} & a_{22} & a_{23} \\ a_{11} & a_{12} & a_{13} \\ a_{31}+a_{11} & a_{32}+a_{12} & a_{33}+a_{13} \end{pmatrix}$，$P_1=\begin{pmatrix} 0 & 1 & 0 \\ 1 & 0 & 0 \\ 0 & 0 & 1 \end{pmatrix}$，$P_2=\begin{pmatrix} 1 & 0 & 0 \\ 0 & 1 & 0 \\ 1 & 0 & 1 \end{pmatrix}$，则必有(　　).

(A)$AP_1P_2=B$　　(B)$AP_2P_1=B$　　(C)$P_1P_2A=B$　　(D)$P_2P_1A=B$

4. 设向量组 $\alpha_1,\alpha_2,\alpha_3$ 线性无关，则下列向量组线性相关的是____________.

(A)$\alpha_1-\alpha_2,\alpha_2-\alpha_3,\alpha_3-\alpha_1$　　(B)$\alpha_1-2\alpha_2,\alpha_2+\alpha_3,\alpha_3+\alpha_1$

(C)$\alpha_1-2\alpha_2,\alpha_2-2\alpha_3,\alpha_3-2\alpha_1$　　(D)$\alpha_1+2\alpha_2,\alpha_2+2\alpha_3,\alpha_3+2\alpha_1$

5. 设 n 阶矩阵 A 的伴随矩阵 $A^*\neq O$，若 ξ_1,ξ_2,ξ_3,ξ_4 是非齐次线性方程组 $Ax=b$ 的互不相等的解，则对应的齐次线性方程组 $Ax=0$ 的基础解系__________.

(A)不存在　　(B)仅含一个非零解向量

(C)含有两个线性无关的解向量　　(D)含有三个线性无关的解向量

6. 设矩阵 $A=\begin{pmatrix}2&-1&-1\\-1&2&-1\\-1&-1&2\end{pmatrix}$，$B=\begin{pmatrix}1&0&0\\0&1&0\\0&0&0\end{pmatrix}$，则 A 与 B __________.

(A)合同，且相似　　(B)合同，但不相似

(C)不合同，但相似　　(D)既不合同，也不相似

(三)计算题(52 分)

1.(10 分)计算 n 阶行列式 $\begin{vmatrix}2&0&\cdots&0&2\\-1&2&\cdots&0&2\\\vdots&\vdots&\ddots&\vdots&\vdots\\0&0&\cdots&2&2\\0&0&\cdots&-1&2\end{vmatrix}$.

2.(8 分)设 A,B 满足 $A^*BA=2BA-4E$，其中 $A=\begin{pmatrix}1&&\\&1&\\&&-2\end{pmatrix}$，求矩阵 B.

3.(10 分)$\alpha_1=(1,0,1)^T,\alpha_2=(0,1,1)^T,\alpha_3(1,3,5)^T$ 不能由 $\beta_1=(1,1,1)^T,\beta_2=(1,2,3)^T$，$\beta_3=(3,4,a)^T$ 线性表示.

(1)求 a；

(2)将 β_1,β_2,β_2 由 $\alpha_1,\alpha_2,\alpha_3$ 线性表出.

4.(10 分)λ 为何值时，方程组 $\begin{cases}2x_1+\lambda x_2-x_3=1\\\lambda x_1-x_2+x_3=2\\4x_1+5x_2-5x_3=-1\end{cases}$ 无解，有唯一解或有无穷多解？并在有无穷多解时写出方程组的通解.

5.(14 分)设二次型 $f(x_1,x_2,x_3)=2x_1^2-x_2^2+ax_3^2+2x_1x_2-8x_1x_3+2x_2x_3$ 在正交变换 $X=QY$ 下的标准型 $\lambda_1y_1^2+\lambda_2y_2^2$，求 a 的值及一个正交矩阵 Q.

(四)证明题(5 分)

设 n 阶方阵 A,B 满足 $A^2=A,B^2=B$，且 $I-A-B$ 可逆，证明：$r(A)=r(B)$.

卷　三

(一)填空题(每题 2 分，共计 20 分)

1. 排列 $2\cdot3\cdot1\cdot i\cdot5\cdot k\cdot7$ 为偶排列，则 $i-k=$__________.

2. 若二次型 $f(x_1,x_2,x_3)=x_1^2+2x_2^2+tx_3^2+2x_1x_2+4x_1x_3+6x_2x_3$ 正定，则 t 的取值范围为__________.

3. 设 A 是奇数阶矩阵，$|A|>0,AA^T=I_n$，则 $|I_n-A|=$__________.

4. 设$A=(A_1,A_2,A_3)$是3阶方阵，且$|A|=-2$，则$|A_1-2A_3,3(A_2+A_3),A_1|=$__________.

5. 设$A=\begin{pmatrix}2&-1&2\\4&-2&4\\2&-1&2\end{pmatrix}$，则$A^{100}=$____________.

6. 已知$A=\begin{pmatrix}2&2&2&\cdots&2\\0&1&1&\cdots&1\\0&0&1&\cdots&1\\\vdots&\vdots&\vdots&\vdots&\vdots\\0&0&0&\cdots&1\end{pmatrix}$，$A_{ij}$为$A$中元素$a_{ij}$的代数余子式，则$\sum\limits_{i,j=1}^{n}A_{ij}=$____________.

7. 设n阶非单位矩阵A满足$r(A+I_n)+r(A-I_n)=n$，则A必有特征值__________.

8. 已知$A=\begin{pmatrix}1&-1&0\\0&1&-1\\-1&0&1\end{pmatrix}$，$AX=2X+A$，则$X=$____________.

9. 已知$\alpha_1=\begin{pmatrix}a\\0\\c\end{pmatrix}$，$\alpha_2=\begin{pmatrix}b\\c\\0\end{pmatrix}$，$\alpha_3=\begin{pmatrix}0\\a\\b\end{pmatrix}$线性相关，则$abc=$____________.

10. 设A是实对称矩阵，且$A^k=O$，则A正交相似于对角形矩阵为____________.

(二)选择题(每题3分，共计15分)

1. A是3阶方阵，A^*是A的伴随矩阵，且A的所有2阶子式等于零，则(　　).

(A)$r(A)\leqslant1,r(A^*)=0$　　(B)$r(A)=1,r(A^*)=0$

(C)$r(A)\leqslant1,r(A^*)=1$　　(D)$r(A)=2,r(A^*)=1$

2. A是n阶矩阵，交换A的第一、二行后再交换A的第一、二列，所得矩阵为B，则A和B的特征值(　　).

(A) 完全相同　　(B)B的特征值是A的特征值的相反数

(C)B的特征值是A的特征值的平方　　(D)B的特征值是A的特征值的倍数

3. 若矩阵A只与自己相似，则(　　).

(A)A必为单位矩阵I　　(B)A必为零矩阵O

(C)A必为数量矩阵kI　　(D)A必为对角矩阵Λ

4. A、B为n阶正定矩阵，则下列为正定阵的是(　　).

(A)A^*+B^*　　(B)A^*-B^*　　(C)A^*B^*　　(D)B^*A^*

5. 设A是n阶方阵，B是m阶方阵，且$|A|=a$，$|B|=b$，则$\begin{vmatrix}O&A\\B&O\end{vmatrix}$(　　).

(A)$(-1)^{\frac{m}{n}}ab$　　(B)$(-1)^{\frac{n}{m}}ab$　　(C)$(-1)^{mn}ab$　　(D)$(-1)^{m+n}ab$

(三)计算题(58分)

1. (10分)计算行列式$D_n=\begin{vmatrix}1+a_1&a_n&\cdots&a_1\\a_2&1+a_2&\cdots&a_2\\\vdots&\vdots&\ddots&\vdots\\a_n&a_n&\cdots&1+a_n\end{vmatrix}$.

2.(7 分)设矩阵 $A=\begin{pmatrix} a & -1 & c \\ 5 & b & 3 \\ 1-c & 0 & -a \end{pmatrix}$，$|A|=-1$，$A^*$ 有特征值 λ，且属于特征值 λ 的特征向量为 $\alpha=(-1\quad -1\quad 1)^T$，求 λ,a,b,c 的值.

3.(5 分) 已知 $r(\alpha_1,\alpha_2,\alpha_3,\alpha_4)=3$，$r(\alpha_1,\alpha_2,\alpha_3,\alpha_5)=4$，求 $r(\alpha_1,\alpha_2,\alpha_3,\alpha_4-\alpha_5)$.

4.(10 分)设矩阵 $A=\begin{pmatrix} 1 & 1 & -1 \\ -1 & 1 & 1 \\ 1 & -1 & 1 \end{pmatrix}$，且 $A^*X\left(\frac{1}{2}A^*\right)^*=I+8A^{-1}X$，求 X.

5.(12 分)设 $\alpha=(1,-1,1,-1)^T$ 是方程组

$$\begin{cases} x_1+ax_2+bx_3+x_4=0 \\ 2x_1+x_2+x_3+2x_4=0 \\ 3x_1+(2+a)x_2+(4+b)x_3+4x_4=1 \end{cases}$$

的一个解，试求方程组的通解.

6.(14 分)设 $a>0$，实二次型

$f(x_1,x_2,x_3)=2x_1^2+5x_2^2+5x_3^2+2ax_1x_2+2bx_1x_3-8x_2x_3$ 经过正交变换后化为 $y_1^2+y_2^2+cy_3^2$，求 a,b,c 的值和正交阵 P.

(四)证明题(7 分)

设 A,B 为 n 阶方阵，证明

(1)$tr(AB)=tr(BA)$；

(2)$tr(ABAB)=tr(BABA)$.

卷 四

(一)填空题(每题 2 分，共计 24 分)

1. 设行列式 $D=\begin{vmatrix} a_{11} & a_{12} & a_{13} & a_{14} \\ a_{21} & a_{22} & a_{23} & a_{24} \\ a_{31} & a_{32} & a_{33} & a_{34} \\ a_{41} & a_{42} & a_{43} & a_{44} \end{vmatrix}=12$，$k$ 是一非零常数，则

$D_1=\begin{vmatrix} a_{11} & k^{-1}a_{12} & k^{-2}a_{13} & k^{-3}a_{14} \\ ka_{21} & a_{22} & k^{-1}a_{23} & k^{-2}a_{24} \\ k^2a_{31} & ka_{32} & a_{33} & k^{-1}a_{34} \\ k^3a_{41} & k^2a_{42} & ka_{43} & a_{44} \end{vmatrix}=$__________.

2. A_{ij} 为 4 阶行列式 $D_4=\begin{vmatrix} 1 & 2 & 3 & 4 \\ -1 & -3 & -2 & -2 \\ 0 & 2 & 4 & 1 \\ 3 & 2 & 2 & 6 \end{vmatrix}$ 中元素 a_{ij} 的代数余子式，则 $A_{41}+2A_{42}+A_{43}-A_{44}=$__________.

3. 已知 $\alpha_1,\alpha_2,\alpha_3$ 为 3×1 矩阵，矩阵 $A=(\alpha_1\quad\alpha_2\quad\alpha_3)$，且 $|A|=4$，$B=(\alpha_1+\alpha_2-\alpha_3\quad \alpha_1-3\alpha_2+4\alpha_3\quad 2\alpha_1+3\alpha_2+9\alpha_3)$，则 $|B|=$__________.

4. 设 $(A+I)^3=(A-I)^3$，则 $A^{-1}=$__________.

5. 设$A=\begin{pmatrix}0&0&0\\2&-1&-3\\0&0&0\end{pmatrix}$,则$A^{2019}=$____________.

6. 设α,β线性无关,则$\alpha-2\beta$线性(相关,无关)____________.

7. 设矩阵$A=\begin{pmatrix}1&2&-2&1\\2&-1&k&-2\\3&1&-1&-1\end{pmatrix}$,矩阵$B$的秩为2,且$AB=O$,则$k=$____________.

8. 设α_1,α_2为非齐次线性方程组$AX=B$的一组解,β_1,β_2是其导出组$AX=O$的解,如果$2\alpha_1+c\alpha_2-\beta_1+3\beta_2$也是该方程组的一个解,则$c=$____________.

9. 设A为五阶矩阵,A^*为A的伴随矩阵,若ξ_1,ξ_2是$AX=O$的两个分量不成比例的解向量,则$r(A^*)=$____________.

10. 若二次型$f(x_1,x_2,x_3)=2x_1^2+x_2^2+x_3^2+2x_1x_2+tx_2x_3$正定,则$t$的取值范围为____________.

11. 已知实对称矩阵A与矩阵$B=\begin{pmatrix}2&0&0\\0&0&1\\0&1&0\end{pmatrix}$合同,则二次型$f(x_1,x_2,x_3)=X^TAX$的规范形为____________.

12. 已知三阶矩阵$A=\begin{pmatrix}1&2&3\\x&y&1\\0&0&1\end{pmatrix}$的特征值为1,2,3,则$x+y=$____________.

(二)选择题(每题3分,共计15分)

1. 设A是$m\times n$矩阵,B为$n\times m$矩阵,且$AB=E$,其中E为m阶单位矩阵,则(　　).

(A)$r(A)=r(B)=m$　　(B)$r(A)=m,r(B)=n$

(C)$r(A)=n,r(B)=m$　　(D)$r(A)=r(B)=n$.

2. 设矩阵$A=\begin{pmatrix}a_{11}&a_{13}&a_{13}\\a_{21}&a_{22}&a_{23}\\a_{31}&a_{32}&a_{33}\end{pmatrix}$,$B=\begin{pmatrix}a_{21}&a_{22}&a_{23}\\a_{11}&a_{12}&a_{13}\\a_{31}+a_{11}&a_{32}+a_{12}&a_{33}+a_{13}\end{pmatrix}$,$P_1=\begin{pmatrix}0&1&0\\1&0&0\\0&0&1\end{pmatrix}$,$P_2=\begin{pmatrix}1&0&0\\0&1&0\\1&0&1\end{pmatrix}$,则必有(　　).

(A)$AP_1P_2=B$　　(B)$AP_2P_1=B$　　(C)$P_1P_2A=B$　　(D)$P_2P_1A=B$.

3. 设A,B,C均为n阶矩阵,若$AB=C$,且B可逆,则____________.

(A)矩阵C的行向量组与矩阵A的行向量组等价

(B)矩阵C的列向量组与矩阵A的列向量组等价

(C)矩阵C的行向量组与矩阵B的行向量组等价

(D)矩阵C的列向量组与矩阵B的列向量组等价

4. 设$A=(\alpha_1,\alpha_2,\alpha_3,\alpha_4)$是4阶矩阵,$A^*$是$A$的伴随矩阵,若$(1,0,1,0)^T$是方程组$Ax=0$的一个基础解系,$A^*x=0$的基础解系可为____________.

(A)α_1,α_3　　(B)α_1,α_2　　(C)$\alpha_1,\alpha_2,\alpha_3$　　(D)$\alpha_2,\alpha_3,\alpha_4$

5. 设矩阵 $A=\begin{pmatrix}2 & -1 & -1\\ -1 & 2 & -1\\ -1 & -1 & 2\end{pmatrix}$，$B=\begin{pmatrix}1 & 0 & 0\\ 0 & 1 & 0\\ 0 & 0 & 0\end{pmatrix}$，则 A 与 B ________.

(A)合同，且相似　　(B)合同，但不相似

(C)不合同，但相似　　(D)既不合同，也不相似

(三)计算题(56 分)

1.(10 分)计算 $n+1$ 阶行列式 $\begin{vmatrix}1 & a_1 & a_2 & \cdots & a_n\\ 1 & a_1+b_1 & a_2 & \cdots & a_n\\ 1 & a_1 & a_2+b_2 & \cdots & a_n\\ \cdots & \cdots & \cdots & \ddots & \cdots\\ 1 & a_1 & a_2 & \cdots & a_n+b_n\end{vmatrix}$.

2.(10 分)设矩阵 A 的伴随矩阵 $A^*=\begin{pmatrix}1 & 0 & 0 & 0\\ 0 & 1 & 0 & 0\\ 1 & 0 & 1 & 0\\ 0 & -3 & 0 & 8\end{pmatrix}$，且 $AXA^{-1}=XA^{-1}+3I$，其中 I 为四阶单位矩阵，求矩阵 X.

3.(10 分)设向量组 $\alpha_1=(1,1,1,3)^T$，$\alpha_2=(-1,-3,5,1)^T$，$\alpha_3=(3,2,-1,p+2)^T$，$\alpha_4=(-2,-6,10,p)^T$.

(1)p 为何值时该向量组线性无关？并在此时将向量 $\alpha=(4,1,6,10)^T$ 用 $\alpha_1,\alpha_2,\alpha_3,\alpha_4$ 线性表出；

(2)p 为何值时该向量组线性相关？并在此时求出它的秩和一个极大线性无关组.

4.(12 分)设线性方程组 $\begin{cases}x_1+x_2+x_3=0\\ x_1+2x_2+ax_3=0\\ x_1+4x_2+a^2x_3=0\end{cases}$ 与方程 $x_1+2x_2+x_3=a-1$ 有公共解，求 a 的值及所求公共解.

5.(14 分)设二次型 $f=x_1^2+x_2^2+x_3^2+2\alpha x_1x_3+2\beta x_2x_3+2x_1x_3$ 经正交变换 $X=PY$ 化成 $f=y_2^2+2y_3^2$. 试求常数 α,β 和正交矩阵 P.

(四)证明题(5 分)

设 A,B 都是 n 阶矩阵，已知 $|B|\neq 0$，$A-I$ 可逆，且有 $(A-I)^{-1}=(B-I)^T$，求证 A 可逆.

卷　五

(一)填空题(每题 2 分，共计 20 分)

1. 设 $\alpha=\begin{pmatrix}1\\2\\3\end{pmatrix}$，$\beta=\begin{pmatrix}1\\-1\\1\end{pmatrix}$，则 $(\alpha\beta^T)^{100}=$ ________.

2. 设矩阵 $A=\begin{pmatrix}1 & 2 & 0\\ 0 & 3 & 1\\ 1 & 3 & 0\end{pmatrix}$，$B=\begin{pmatrix}2 & 3 & 4\\ 0 & 5 & 6\\ 0 & 0 & 7\end{pmatrix}$，则 $|AB^{-1}|=$ ________.

3. 与向量 $\alpha=\begin{pmatrix}1\\0\\1\end{pmatrix},\beta=\begin{pmatrix}1\\1\\1\end{pmatrix}$ 均正交的单位向量为__________.

4. 若向量组 $\alpha_1,\alpha_2,\alpha_3$ 线性无关，则当参数 k 为__________时 $\alpha_1-\alpha_2,k\alpha_2-\alpha_3,\alpha_3-\alpha_1$ 也线性无关.

5. 已知二次型 $f(x_1,x_2,x_3)=(x_1x_2x_3)\begin{pmatrix}2&2&-4\\2&5&-t\\0&0&5\end{pmatrix}\begin{pmatrix}x_1\\x_2\\x_3\end{pmatrix}$ 正定，则 t 满足______.

6. 若可逆矩阵 P 使得 $AP=PB,B=\begin{pmatrix}1&-2\\0&3\end{pmatrix}$，则方阵 A 的特征多项式为__________.

7. 若 A 是正交矩阵，则 $|A^3A^T|=$__________.

8. 设 n 阶方阵 $A=\begin{pmatrix}a&b&\cdots&b\\b&a&\cdots&b\\\cdots&\cdots&\cdots&\cdots\\b&b&\cdots&a\end{pmatrix}$，则 $\begin{vmatrix}A&A\\A&2A\end{vmatrix}=$__________.

9. 设 A 是 4 阶方阵，且 $r(A)=2$，则 $r(A^*)=$__________.

10. 设矩阵 A 用列向量表示为 $A(\alpha_1\alpha_2\alpha_3\alpha_4)$，且 $\alpha_1,\alpha_2,\alpha_4$ 线性无关，$\alpha_3=2\alpha_1-\alpha_2+\alpha_4$，则齐次线性方程组 $AX=O$ 的一个基础解系为__________.

(二)选择题(每题 3 分，共计 15 分)

1. 设 A,B 都是 3 阶方阵，$AB=0,r(A)-r(B)=2$，则 $r(A)+r(B)=($　　$)$.

(A)5　　(B)4　　(C)3　　(D)2

2. 已知 A 是 3 阶矩阵，$r(A)=1$，则 0 (　　).

(A)必是 A 的二重特征值　　(B)至少是 A 的二重特征值

(C)至多是 A 的二重特征值　　(D)一、二、三重特征值都可能

3. 设 A,B 为 3 阶非零方阵，B 的列向量是 $AX=(1,0,0)^T$ 的解向量，则(　　).

(A)$r(A)=1$　　(B)$r(B)=1$　　(C)$r(AB)=1$　　(D)$r(A)+r(B)=3$

4. 设 $n\times m$ 矩阵 A 和 $m\times n$ 矩阵 B，有 $AB=I$，I 为单位矩阵，则下列(　　)成立.

(A)A 的行向量线性相关，B 的行向量线性相关

(B)A 的行向量线性无关，B 的列向量线性无关

(C)A 的列向量线性相关，B 的行向量线性无关

(D)A 的列向量线性为关，B 的列向量线性相关

5. 设 A 是 $n(n\geqslant 2)$ 阶可逆矩阵，交换 A 的第一行和第二行得到矩阵 B，则下列正确的是(　　).

(A)交换 A^* 的第一列与第二列得到 B^*　　(B)交换 A^* 的第一行与第二行得到 B^*

(C)交换 A^* 的第一列与第二列得到 $-B^*$　　(D)交换 A^* 的第一行与第二行得到 $-B^*$

(三)计算题(54 分)

1.(10 分)求 n 阶行列式 $\begin{vmatrix} x+a_1 & a_2 & a_3 & \cdots & a_{n-1} & a_n \\ -1 & x & 0 & \cdots & 0 & 0 \\ 0 & -1 & x & \cdots & 0 & 0 \\ \vdots & \vdots & \vdots & \ddots & \vdots & \vdots \\ 0 & 0 & 0 & \cdots & x & 0 \\ 0 & 0 & 0 & \cdots & -1 & x \end{vmatrix}$ 的值.

2.(10 分)设矩阵 $A=\begin{pmatrix} 1 & 1 & 1 & 1 \\ 3 & -1 & 2 & 0 \\ 1 & -3 & k & -2 \end{pmatrix}$,已知 $r(A)=2$,

(1)求 k;

(2)求一个 4×2 矩阵 B,使得 $AB=0$,且 $r(B)=2$.

3.(10 分)设 $A=\begin{pmatrix} 1 & 1 & 0 \\ 0 & 1 & 1 \\ 1 & 0 & 1 \end{pmatrix}$,$X$ 是 3 阶矩阵,满足$(A^*)^*XA^*=4(AX+A)$,求$|(A^*)^*|$及 X.

4.(12 分)设 $\alpha_1=\begin{pmatrix} \lambda \\ 1 \\ 1 \end{pmatrix}$,$\alpha_2=\begin{pmatrix} 1 \\ \lambda \\ 1 \end{pmatrix}$,$\alpha_3=\begin{pmatrix} 1 \\ 1 \\ \lambda \end{pmatrix}$,$\beta=\begin{pmatrix} 1 \\ \lambda \\ \lambda^2 \end{pmatrix}$,问 λ 为何值时,

(1)β 可以由 $\alpha_1,\alpha_2,\alpha_3$ 线性表示,且表示法唯一;

(2)β 可以由 $\alpha_1,\alpha_2,\alpha_3$ 线性表示,但表示法不唯一,并求出一个表示式;

(3)β 不可以由 $\alpha_1,\alpha_2,\alpha_3$ 线性表示.

5.(12 分)用正交变换把二次型 $f(x_1,x_2,x_3)=x_1^2+x_2^2+x_3^2+4x_1x_2+4x_1x_3+4x_2x_3$ 化为标准形,并写出相应的正交变换.

(四)证明题(11 分)

1.(5 分)假设 A,B 都是 n 阶实对称矩阵,并且 A 的特征值都大于 a,B 的特征值都大于 b,证明 $A+B$ 的特征值都大于 $a+b$.

2.(6 分)设 A 是可逆实对称矩阵,S 为实反对称矩阵,S 与 A 乘法可交换且$|I-A^{-1}S|\neq 0$,证明$(A+S)(A-S)^{-1}$ 为正交阵.

Ⅱ 考研真题
(全国硕士研究生《高等教学(三)》招生考试)

2015 年线性代数部分试题

(一)选择题(每小题 4 分)

1. 设矩阵 $A=\begin{pmatrix} 1 & 1 & 1 \\ 1 & 2 & a \\ 1 & 4 & a^2 \end{pmatrix}$,$b=\begin{pmatrix} 1 \\ d \\ d^2 \end{pmatrix}$. 若集合 $\Omega=\{1,2\}$,则线性方程组 $Ax=b$ 有无穷多解的充分必要条件为(   ).

(A)$a\notin\Omega,d\notin\Omega$ (B)$a\notin\Omega,d\in\Omega$

(C)$a\in\Omega,d\notin\Omega$ (D)$a\in\Omega,d\in\Omega$

2. 设二次型 $f(x_1,x_2,x_3)$ 在正交变换 $x=Py$ 下的标准形为 $2y_1^2+y_2^2-y_3^2$,其中 $P=(e_1,e_2,e_3)$. 若 $Q=(e_1,-e_3,e_2)$,则 $f(x_1,x_2,x_3)$ 在正交变换 $x=Qy$ 下的标准形为(　　).

(A)$2y_1^2-y_2^2+y_3^2$ (B)$2y_1^2+y_2^2-y_3^2$ (C)$2y_1^2-y_2^2-y_3^2$ (D)$2y_1^2+y_2^2+y_3^2$

(二)填空题(每小题 4 分)

设 3 阶矩阵 A 的特征值为 $2,-2,1$,$B=A^2-A+E$,其中 E 为 3 阶单位矩阵,则行列式 $|B|=$__________.

(三)解答题

1.(11 分)设矩阵 $A=\begin{pmatrix}a&1&0\\1&a&-1\\0&1&a\end{pmatrix}$,且 $A^3=O$.

(Ⅰ)求 a 的值;

(Ⅱ)若矩阵 X 满足 $X-XA^2-AX+AXA^2=E$,其中 E 为 3 阶单位矩阵,求 X.

2.(11 分)设矩阵 $A=\begin{pmatrix}0&2&-3\\-1&3&-3\\1&-2&a\end{pmatrix}$ 相似于矩阵 $B=\begin{pmatrix}1&-2&0\\0&b&0\\0&3&1\end{pmatrix}$.

(Ⅰ)求 a,b 的值;

(Ⅱ)求可逆矩阵 P,使 $P^{-1}AP$ 为对角矩阵.

2016 年线性代数部分试题

(一)选择题(每小题 4 分)

1. 设 A,B 是可逆矩阵,且 A 与 B 相似,则下列结论错误的是(　　).

(A)A^T 与 B^T 相似 (B)A^{-1} 与 B^{-1} 相似

(C)$A+A^T$ 与 $B+B^T$ 相似 (D)$A+A^{-1}$ 与 $B+B^{-1}$ 相似

2. 设二次型 $f(x_1,x_2,x_3)=a(x_1^2+x_2^2+x_3^2)+2x_1x_2+2x_2x_3+2x_1x_3$ 的正、负惯性指数分别为 1,2,则(　　).

(A)$a>1$ (B)$a<-2$ (C)$-2<a<1$ (D)$a=1$ 或 $a=-2$

(二)填空题(每小题 4 分)

1. 行列式 $\begin{vmatrix}\lambda&-1&0&0\\0&\lambda&-1&0\\0&0&\lambda&-1\\4&3&2&\lambda+1\end{vmatrix}=$__________.

(三)解答题

1.(11 分)设矩阵 $A=\begin{pmatrix}1&1&1-a\\1&0&a\\a+1&1&a+1\end{pmatrix}$,$\beta=\begin{pmatrix}0\\1\\2a-2\end{pmatrix}$,且方程组 $Ax=\beta$ 无解.

(Ⅰ)求 a 的值;

(Ⅱ)求方程组 $A^TAx=A^T\beta$ 的通解.

2.(11 分)已知矩阵 $A=\begin{pmatrix}0&-1&1\\2&-3&0\\0&0&0\end{pmatrix}$.

(Ⅰ)求 A^{99};

(Ⅱ)设 3 阶矩阵 $B=(\alpha_1,\alpha_2,\alpha_3)$满足 $B^2=BA$. 记 $B^{100}=(\beta_1,\beta_2,\beta_3)$,将 β_1,β_2,β_3 分别表示为 $\alpha_1,\alpha_2,\alpha_3$ 的线性组合.

2017 年线性代数部分试题

(一)选择题(每小题 4 分)

1. 设 α 为 n 维单位列向量,E 为 n 阶单位矩阵,则(　　).

(A)$E-\alpha\alpha^T$ 不可逆　　(B)$E+\alpha\alpha^T$ 不可逆

(C)$E+2\alpha\alpha^T$ 不可逆　　(D)$E-2\alpha\alpha^T$ 不可逆

2. 已知矩阵 $A=\begin{pmatrix}2&0&0\\0&2&1\\0&0&1\end{pmatrix}$,$B=\begin{pmatrix}2&1&0\\0&2&0\\0&0&1\end{pmatrix}$,$C=\begin{pmatrix}1&0&0\\0&2&0\\0&0&2\end{pmatrix}$,则(　　).

(A)A 与 C 相似,B 与 C 相似　　(B)A 与 C 相似,B 与 C 不相似

(C)A 与 C 不相似,B 与 C 相似　　(D)A 与 C 不相似,B 与 C 不相似

(二)填空题(每小题 4 分)

设矩阵 $A=\begin{pmatrix}1&0&1\\1&1&2\\0&1&1\end{pmatrix}$,$\alpha_1,\alpha_2,\alpha_3$ 为线性无关的 3 维列向量组,则向量组 $A\alpha_1,A\alpha_2,A\alpha_3$ 的秩为________.

(三)解答题

1.(11 分)设 3 阶矩阵 $A=(\alpha_1,\alpha_2,\alpha_3)$有 3 个不同的特征值,且 $\alpha_3=\alpha_1+2\alpha_2$.

(Ⅰ)证明 $r(A)=2$;

(Ⅱ)若 $\beta=\alpha_1+\alpha_2+\alpha_3$,求方程组 $Ax=\beta$ 的通解.

2.(11 分)设二次型 $f(x_1,x_2,x_3)=2x_1^2-x_2^2+ax_3^2+2x_1x_2-8x_1x_2+2x_2x_3$ 在正交变换 $x=Qy$ 下的标准形为 $\lambda_1y_1^2+\lambda_2y_2^2$,求 a 的值及一个正交矩阵 Q.

2018 年线性代数部分试题

(一)选择题(每小题 4 分)

1. 下列矩阵中,与矩阵 $\begin{pmatrix}1&1&0\\0&1&1\\0&0&1\end{pmatrix}$ 相似的为(　　).

(A)$\begin{pmatrix}1&1&-1\\0&1&1\\0&0&1\end{pmatrix}$　(B)$\begin{pmatrix}1&0&-1\\0&1&1\\0&0&1\end{pmatrix}$　(C)$\begin{pmatrix}1&1&-1\\0&1&0\\0&0&1\end{pmatrix}$　(D)$\begin{pmatrix}1&0&-1\\0&1&0\\0&0&1\end{pmatrix}$

2. 设 A,B 为 n 阶矩阵,记 $r(X)$为矩阵 X 的秩,(X,Y)表示分块矩阵,则(　　).

(A)$r(A,AB)=r(A)$　　(B)$r(A,BA)=r(A)$

(C)$r(A,B)=\max\{r(A),r(B)\}$　　(D)$r(A,B)=r(A^T,B^T)$

(二)填空题(每小题 4 分)

设 A 为 3 阶矩阵,$\alpha_1,\alpha_2,\alpha_3$ 是线性无关的向量组．若 $A\alpha_1=\alpha_1+\alpha_2,A\alpha_2=\alpha_2+\alpha_3,A\alpha_3=\alpha_1+\alpha_3$,则 $|A|=$____________．

(三)解答题

(11 分)设实二次型 $f(x_1,x_2,x_3)=(x_1-x_2+x_3)^2+(x_2+x_3)^2+(x_1+ax_3)^2$,其中 a 是参数．

(Ⅰ)求 $f(x_1,x_2,x_3)=0$ 的解;

(Ⅱ)求 $f(x_1,x_2,x_3)$的规范形．

2.(11 分)已知 a 是常数,且矩阵 $A=\begin{pmatrix}1&2&a\\1&3&0\\2&7&-a\end{pmatrix}$可经初等列变换化为矩阵 $B=\begin{pmatrix}1&a&2\\0&1&1\\-1&1&1\end{pmatrix}$．

(Ⅰ)求 a;

(Ⅱ)求满足 $AP=B$ 的可逆矩阵 P.

2019 年线性代数部分试题

(一)选择题(每小题 4 分)

1. 按 A 是 4 阶矩阵,A^* 是 A 的伴随矩阵,若线性方程组 $Ax=0$ 的基础解系中只有 2 个向量,则 $r(A^*)=($　　$)$.

(A)0　　(B)1　　(C)2　　(D)3

2. 设 A 是 3 阶实对称矩阵,E 是 3 阶单位矩阵,若 $A^2+A=2E$,且 $|A|=4$,则二次型 x^TAx 的规范形为(　　).

(A)$y_1^2+y_2^2+y_3^2$　　(B)$y_1^2+y_2^2-y_3^2$

(C)$y_1^2-y_2^2-y_3^2$　　(D)$-y_1^2-y_2^2-y_3^2$

(二)填空题(每小题 4 分)

已知矩阵 $A=\begin{pmatrix}1&0&-1\\1&1&-1\\0&1&a^2-1\end{pmatrix}$,$b=\begin{pmatrix}0\\1\\a\end{pmatrix}$,若线性方程组 $Ax=b$ 有无穷多解,则 $a=$____________．

(三)解答题

1.(11 分)已知向量组Ⅰ:$\alpha_1=\begin{pmatrix}1\\1\\4\end{pmatrix}$,$\alpha_2=\begin{pmatrix}1\\0\\4\end{pmatrix}$,$\alpha_3=\begin{pmatrix}1\\2\\a^2+3\end{pmatrix}$与Ⅱ:$\beta_1=\begin{pmatrix}1\\1\\a+3\end{pmatrix}$,$\beta_2=\begin{pmatrix}0\\2\\1-a\end{pmatrix}$,$\beta_3=\begin{pmatrix}1\\3\\a^2+3\end{pmatrix}$．若向量组Ⅰ与Ⅱ等价,求 a 的取值,并将 β_3 用 $\alpha_1,\alpha_2,\alpha_3$ 线性表示．

2.(11 分)已知矩阵 $A=\begin{pmatrix}-2 & -2 & 1\\ 2 & x & -2\\ 0 & 0 & -2\end{pmatrix}$与 $B=\begin{pmatrix}2 & 1 & 0\\ 0 & -1 & 0\\ 0 & 0 & y\end{pmatrix}$相似.

(Ⅰ)求 x,y;

(Ⅱ)求可逆矩阵 P,使得 $P^{-1}AP=B$.

答案与提示

训练题部分

第一章　行列式

A. 基础题

(一)填空题

1. 3,1.

2. 正.

3. -1.

4. 8.

5. $(-1)^{n-1}d$.

6. 当 n 为偶数时,$(-1)^{\frac{n}{2}}d$,当 n 为奇数时,$(-1)^{\frac{n-1}{2}}d$.

7. D.

8. 0,0.

9. 1,3,-2.

10. 2 000.

11. 3 072.

12. $(a_0+a_1+\cdots+a_n)x^n$.

13. $a^2+b^2+c^2\neq 1$.

14. $-\dfrac{a_{22}}{2}$.

15. $-acx^2$.

(二)选择题

1.(B);　2.(C);　3.(C);　4.(D);　5.(B);
6.(A);　7.(C);　8.(D);　9.(C);　10.(A);
11.(C);　12.(A);　13.(D);　14.(C);　15.(C).

(三)计算题

1. $\tau(41235)=3,\tau(41253)=4,\tau(41325)=4,\tau(41352)=5,\tau(41523)=5$,
$\tau(41532)=6$.

2. $-a_{11}a_{24}a_{33}a_{42},-a_{13}a_{21}a_{34}a_{42},-a_{14}a_{23}a_{31}a_{42}$.

3. (1)25;　(2)80 000;　(3)4;　(4)1;　(5)3/8.

4. (1)$4t-x-y-z$;
(2)0;

(3)$3a-b+2c+d$；

(4)$x^2y^2+2xy(x+y)$；

(5)$1-a+a^2-a^3+a^4-a^5$；

(6)216；

(7)$\prod\limits_{1\leqslant j<i\leqslant 4}(\cos x_i-\cos x_j)$.

5. (1)$x_1=x_2=0,x_3=2a,x_4=-2a$；

(2)$x_{1,2}=\dfrac{1\pm\sqrt{97}}{8}$.

6. (1)$A_{11}=-2,A_{21}=-4,A_{22}=2,A_{31}=5,A_{32}=-2,A_{33}=-1,A_{12}=A_{13}=A_{23}=0$；

(2)$A_{11}=A_{12}=A_{13}=A_{21}=A_{22}=A_{23}=0,A_{31}=-5,A_{32}=1,A_{33}=3$.

7. $(a^2+b^2+c^2+d^2)^2$.

8. (1)ab；

(2)$(-1)^{nm}ab$.

9. (1)$(-1)^{3(n-2)}$；

(2)$(-1)^{(k+1)(n-k)}$.

10. (1)$x^n+(-1)^{n+1}y^n$；

(2)$(-2)(n-2)!\ (n\geqslant 2)$；

(3)$(-1)^{n+1}n!$；

(4)$(-1)^{\frac{n(n-1)}{2}}b_1\cdots b_n$；

(5)$(ax+(n-2)xy-(n-1)ab)(a-y)^{n-2}$；

(6)$b_1\prod\limits_{i=2}^{n}(b_i-a_{i-1,i})$；

(7)$(-1)^{n-1}2^{n-2}(n+1)$；

(8)$(-1)^{n+1}x^{n-2}$；

(9)$\dfrac{5^{n+1}-2^{n+1}}{3}$；

(10)$(n-1)!$；

(11)$(\sum\limits_{i=1}^{n}x_i-m)(-m)^{n-1}$.

11. (1)$x_1=1,x_2=0,x_3=-1$；

(2)$x_1=x_2=x_3=x_4=1$；

(3)$x_1=\dfrac{1\,507}{665},x_2=-\dfrac{229}{133},x_3=\dfrac{37}{35},x_4=-\dfrac{79}{133},x_5=\dfrac{212}{665}$.

12. 当a,b,c两两不等时，方程组有唯一解.

13. 当$k\neq-1,1,2$时，方程组有唯一解：$x_1=0,x_2=\dfrac{k-1}{k-2},x_3=-\dfrac{1}{k-2}$.

(四)证明题

1. 提示：按定义证.

2. 提示：利用$D_n^2=D_nD_n^T$.

3. 略.

4. 提示:用析因子法.

5. 提示:按第一列展开建立递推关系.

B. 提高题

1.(1)0;

(2)提示:行和相等,$(x-S)^{n-1}[x+(n-2)S]$;

(3)当 $x=-a$ 时,$(-1)^n 2^{n-1} a^n$,当 $x\neq -a$ 时,$(x+a)^{n-2}[x^2-(n-2)ax+(n-1)a^2]$;

(4)提示:用加边法,$(-1)^{\frac{1}{2}(n-1)(n-2)}\prod\limits_{k=1}^{n} k!$;

(5)提示:利用范德蒙行列式的结论,$\left(\prod\limits_{i=1}^{n+1} a_i^n\right)\left[\prod\limits_{1\leqslant j<i\leqslant n+1}\left(\frac{b_i}{a_i}-\frac{b_j}{a_j}\right)\right]$;

(6)$(-1)^{\frac{1}{2}(n-1)n}\dfrac{n^{n-1}}{2}(n+1)$;

(7)提示:用加边法使其成为范德蒙行列式,见例 28.

2.(1)提示:分别析出因子,$x-(a+b+c)$,$x-(a+b-c)$等,

$x_1=-(a+b+c)$,$x_2=a+b-c$,$x_3=a-b+c$,$x_4=-a+b+c$

(2)提示:令对角元等于 1,则行列式等于零,$x_1=0$,$x_2=\dfrac{1}{2}$,$\cdots$,$x_n=\dfrac{n-2}{n-1}$.

3. 提示:按定义证.

4. 提示:按第一行展开,处理三对角行列式.

5. 提示:用行列式性质与展开定理.

第二章 矩 阵

A. 基础题

(一)填空题

1.I.

2.$6^{n-1}A$.

3.I.

4.$k^2(k-2^n)$.

5.2 025.

6.$\begin{pmatrix} 1 & -\frac{2}{3} & 0 & 0 & 0 \\ 0 & \frac{1}{3} & 0 & 0 & 0 \\ 0 & 0 & \frac{1}{4} & 0 & 0 \\ 0 & 0 & 0 & \frac{1}{5} & 0 \\ 0 & 0 & 0 & \frac{1}{10} & -\frac{1}{4} \end{pmatrix}$.

7.$3I$.

8. $\begin{pmatrix} 3 & 0 & 0 \\ 0 & 3 & 0 \\ 0 & 0 & -1 \end{pmatrix}$.

9. 2.

10. $n-m$.

11. $\frac{1}{2}\begin{pmatrix} 2 & 0 & 0 & 0 \\ -2 & 4 & 0 & 0 \\ 0 & -4 & 6 & 0 \\ 0 & 0 & -6 & 8 \end{pmatrix}$.

12. $\begin{pmatrix} 1 & \frac{1}{2} & 0 \\ \frac{1}{2} & 1 & \frac{1}{2} \\ 0 & \frac{1}{2} & 1 \end{pmatrix}$;$\begin{pmatrix} 0 & \frac{1}{2} & 0 \\ -\frac{1}{2} & 0 & \frac{1}{2} \\ 0 & -\frac{1}{2} & 0 \end{pmatrix}$.

13. 64;32;-16.

14. $\frac{4^n|A|}{|B|}$.

15. $\begin{pmatrix} \frac{1}{2} & \frac{\sqrt{3}}{2} \\ -\frac{\sqrt{3}}{2} & \frac{1}{2} \end{pmatrix}$.

16. $\begin{pmatrix} \frac{1}{12} & \frac{1}{6} & \frac{1}{4} \\ \frac{1}{6} & \frac{1}{12} & 0 \\ 0 & \frac{1}{6} & \frac{1}{6} \end{pmatrix}$.

17. $(-2)^n 3$.

18. 0.

19. -2^{2n}.

20. -8.

21. O.

22. $\begin{pmatrix} la & & \\ & ma & \\ & & na \end{pmatrix}$.

23. $-3A$.

24. $-\frac{1}{2}(A-2I)$.

25. $(A-3I)^2$.

26. $\begin{pmatrix}2&0&1\\0&3&0\\1&0&2\end{pmatrix}$.

27. $\begin{pmatrix}\frac{11}{35}&\frac{1}{7}&0\\\frac{1}{35}&\frac{2}{7}&0\\0&0&\frac{1}{4}\end{pmatrix}$.

28. $\begin{pmatrix}\frac{1}{3}&-\frac{2}{3}&0\\\frac{2}{3}&\frac{2}{3}&0\\0&0&1\end{pmatrix}$.

29. $-\frac{5}{2}$.

30. $E(i,j)$.

31. 当 $m=2k$ 时，$A=\begin{pmatrix}a_{11}&a_{12}&a_{13}\\a_{21}&a_{22}&a_{23}\\a_{31}&a_{32}&a_{33}\end{pmatrix}$；当 $m=2k+1$ 时，$A=\begin{pmatrix}a_{13}&a_{12}&a_{11}\\a_{23}&a_{22}&a_{21}\\a_{33}&a_{32}&a_{31}\end{pmatrix}$.

32. $X=\begin{pmatrix}-2&2&1\\-\frac{8}{3}&5&-\frac{2}{3}\end{pmatrix}$.

(二)选择题

1.(C)； 2.(D)； 3.(B)； 4.(D)； 5.(D)；
6.(C)； 7.(A)； 8.(A)； 9.(A)； 10.(C)；
11.(D)； 12.(D)； 13.(C)； 14.(A)； 15.(B)；
16.(D)； 17.(C)； 18.(D)； 19.(C)； 20.(C).

(三)计算题

1. $A=\begin{pmatrix}0&a_{12}&0&0\\a_{12}&0&0&0\\0&0&0&1\\0&0&1&0\end{pmatrix}$ 或者 $A=\begin{pmatrix}0&a_{12}&0&0\\a_{12}&0&0&0\\0&0&0&-1\\0&0&-1&0\end{pmatrix}$.

2. $\varphi(A)=P\Lambda^8(5I-6\Lambda+\Lambda^2)P^{-1}=\begin{pmatrix}4&4&4\\4&4&4\\4&4&4\end{pmatrix}$.

3. $C^n=A^T(BA^T)^{n-1}B=2^{n-1}A^TB=2^{n-1}\begin{pmatrix}0&1&-2&1\\0&2&-4&2\\0&1&-2&1\\0&2&-4&2\end{pmatrix}$.

4. $A^n=8^{n-1}A$.

5. 当 n 为偶数时，$A^n=4^nI$；当 n 为奇数时，$A^n=4^{n-1}A$.

6. $a\neq 0$；$A^{-1}=\begin{pmatrix} \frac{3}{2} & -\frac{1}{2} & 0 & 0 & 0 \\ -\frac{1}{2} & \frac{1}{2} & 0 & 0 & 0 \\ 0 & 0 & \frac{1}{a} & -1 & 0 \\ 0 & 0 & 0 & \frac{1}{a} & -1 \\ 0 & 0 & 0 & 0 & \frac{1}{a} \end{pmatrix}$.

7. $D=-2$.

8. $D=-76$.

9. $A^3+A^2-A=I\Rightarrow A(A^2+A-I)=I$，故 A 可逆，且 $A^{-1}=A^2+A-I$.

10. $B=\begin{pmatrix} 2 & & \\ & -4 & \\ & & 2 \end{pmatrix}$.

11. $B=6(2I-A^*)^{-1}=\begin{pmatrix} 6 & 0 & 0 & 0 \\ 0 & 6 & 0 & 0 \\ 6 & 0 & 6 & 0 \\ 0 & 3 & 0 & -1 \end{pmatrix}$.

12. 提示：

$|A^*|=|A|^{n-1}=|A|^2=4\Rightarrow |A|=2$

$$A=2(A^*)^{-1}=2\begin{pmatrix} 1 & 0 & 0 \\ -\frac{1}{2} & \frac{1}{2} & -1 \\ 0 & 0 & \frac{1}{2} \end{pmatrix}=\begin{pmatrix} 2 & 0 & 0 \\ -1 & 1 & -2 \\ 0 & 0 & 1 \end{pmatrix}$$

$$(I+A)^{-1}=\begin{pmatrix} \frac{1}{3} & 0 & 0 \\ \frac{1}{6} & \frac{1}{2} & \frac{1}{2} \\ 0 & 0 & \frac{1}{2} \end{pmatrix}$$

$2(A^*)^{-1}B+(A^*)^{-1}B(A^*)^*=I$

$\Rightarrow B=A^*(2I+(A^*)^*)^{-1}=A^*(2I+|A|^{n-2}A)^{-1}=A^*(2I+2A)^{-1}$

$$=\frac{1}{2}A^*(I+A)^{-1}=\begin{pmatrix} \frac{1}{6} & 0 & 0 \\ \frac{1}{3} & \frac{1}{2} & \frac{3}{2} \\ 0 & 0 & \frac{1}{2} \end{pmatrix}.$$

13. $X=A+A^{-1}B(B-I)^{-1}=\begin{pmatrix}3&-1&-6\\0&3&3\\0&0&-3\end{pmatrix}$.

14. $X=[(A-B)^{-1}]^2=\begin{pmatrix}1&2&5\\0&1&2\\0&0&1\end{pmatrix}$.

15. $A=\frac{1}{2}\begin{pmatrix}4&2&-2\\1&5&-1\\-1&1&3\end{pmatrix}$.

16. $|B|=|A|+\sum_{i=1}^{3}A_{i1}+2\sum_{i=1}^{3}A_{i2}+3\sum_{i1}^{3}A_{i3}=-4$.

17. $AB=\begin{pmatrix}0&1&2\\-\frac{1}{3}&0&1\\-\frac{2}{3}&7&9\end{pmatrix}$.

18. $A=\begin{pmatrix}1&0\\0&\frac{1}{\cos\alpha}\end{pmatrix}\begin{pmatrix}1&0\\\sin\alpha&1\end{pmatrix}\begin{pmatrix}1&-\sin\alpha\\0&1\end{pmatrix}\begin{pmatrix}\cos\alpha&0\\0&1\end{pmatrix}$.

19. $A^{-1}=\begin{bmatrix}(A_1-A_2A_4^{-1}A_3)^{-1}&-A_1^{-1}A_2(A_4-A_3A_1^{-1}A_2)^{-1}\\-A_4^{-1}A_3(A_1-A_2A_4^{-1}A_3)^{-1}&(A_4-A_3A_1^{-1}A_2)^{-1}\end{bmatrix}$.

20. (1) $A^{-1}=\begin{pmatrix}0&0&\cdots&0&\frac{1}{n}\\1&0&\cdots&0&0\\0&\frac{1}{2}&\cdots&0&0\\\vdots&\vdots&&\vdots&\vdots\\0&0&\cdots&\frac{1}{n-1}&0\end{pmatrix}$.

(2) $A_{i1}+A_{i2}+\cdots+A_{in}=\frac{(-1)^{n+1}n!}{i}$,其中 $i=1,2,\cdots,n$.

21. $XYZ=\begin{pmatrix}A&O\\O&D-CA^{-1}B\end{pmatrix}$.

22. (1) $-ab\begin{pmatrix}O&B^{-1}\\A^{-1}&O\end{pmatrix}$;　　(2) $-a^5b^5$;　　(3) $-\frac{1}{ab}\begin{pmatrix}O&A\\B&O\end{pmatrix}$.

23. $|A|=1$,且 $x_1=x_2=x_3=0$.

(四)证明题

1. 略.

2. 略.

3. 提示:利用 $(I-A)(I+A+A^2+\cdots+A^{m-1})=I-A^m=I$.

4. 提示:$(I-A)(-2A+A^2+A+I)=I$.

5. 提示：$(A-I)(B-I)=I$.

6. 提示：$B=A(A+2I)(A-I)$，$(A-I)(A^2+A+I)=I$，$(A+2I)(A^2-2A+4I)=10I$，$A\left(\frac{1}{2}A^2\right)=I$. $B^{-1}=\frac{1}{10}(A^2+3A+4I)$.

7. 提示：$AB+BA=0$，则 $\begin{cases}ABA+BA^2=0\\A^2B+ABA=0\end{cases}\Leftrightarrow\begin{cases}ABA=-BA\\ABA=-AB\end{cases}$ 代入 $AB+BA=0$，可得 $2AB=0$，即 $AB=0$.

8. 提示：利用齐次线性方程组 $(B\pm I)X=0$ 只有零解的充要条件.

9. 略.

10. 提示：$X=(0\ \cdots\ \overset{i}{1}\ \cdots\ 0)$，其中 $i=1,2,\cdots,n$.

11. 提示：反证. 由 $A^2=AB+B^2$，得 $A^2=(A+B)B$，$A(A-B)=B^2$.

因为 A，B 正交，可得 $A+B$，$A-B$ 正交.

因此 $(A+B)(A+B)^T=AB^T+BA^T+2I=I$，$(A-B)(A-B)^T=-AB^T-BA^T+2I=I$，两式相加得 $I=0$，矛盾.

12. 提示：注意 $(I+AB)^{-1}A=(A^{-1}+B^{-1})^{-1}$ 即证.

13. 提示：直接验证，注意 $\beta^TA^{-1}\alpha$ 为一数即可.

B. 提高题

1. 提示：利用二项式展开 $A^n=\begin{pmatrix}5^n & n5^{n-1} & 2n(n-1)5^{n-2}\\0 & 5^n & 2n5^{n-1}\\0 & 0 & 5^n\end{pmatrix}$.

2. 提示：首先利用定义证两个 n 阶上(下)三角矩阵 A，B 的积 AB 也为上(下)三角矩阵. 再由可逆上三角矩阵 A 用初等行变换化为单位矩阵 I 的过程知，都是用倍加和倍乘变换这种上三角初等矩阵，即存在上三角初等矩阵 $P_1,P_2,\cdots,P_s$ 使 $P_sP_{s-1}\cdots P_1A=I$，所以 $A^{-1}=P_s\cdots P_2P_1$，由第一步知，A^{-1} 也为上三角矩阵.

3. 证明：(1)用数学归纳法证明. 当 $n=2,3$ 时结论显然成立. 假定小于 n 时结论成立. 则 $A^n=A\cdot A^{n-1}=A\cdot(A^{n-3}+A^2-I)=A^{n-2}+A^3-A=A^{n-2}+A^2-I$.

(2)由 $A^3+A^2-A+I=0$，令 $g(x)=x^3+x^2-x+1$，则 $g(x)=(x+1)(x-1)^2$. 令 $x^{100}=g(x)q(x)+ax^2+bx+c$. 上式两边求导

$100x^{99}=g'(x)q(x)+g(x)q'(x)+2ax+b$.

代入 $x=1$ 及 $x=-1$，则有

$$\begin{cases}a+b+c=1\\a-b+c=1,\\2a+b=100\end{cases}$$

解得 $a=50$，$b=0$，$c=-49$. 从而 $A^{100}=50A^2-49I=\begin{pmatrix}1 & 0 & 0\\50 & 1 & 0\\50 & 0 & 1\end{pmatrix}$.

4. 提示：$|A|=DD^T$，其中，D 是范德蒙(Vandermonde)行列式，则

$$|A|=\prod_{1\leqslant i<j\leqslant n}(x_j-x_i)^2.$$

5. 提示：因为上三角矩阵与上三角矩阵的乘积还是上三角矩阵，故可令 $A^{100}=\begin{pmatrix}a^{100} & g(a,b,c)\\ 0 & b^{100}\end{pmatrix}$，其中，$g(a,b,c)$ 为 a,b,c 的函数，则 $a^{100}=1,b^{100}=1,g(a,b,c)=0$. 即 $a=\pm1,b=\pm1$. (1)当 $a=1,b=1$ 时，$c=1$. (2)当 $a=-1,b=-1$ 时，$c=1$. (3)当 $a=1$，$b=-1$ 时，c 为任意数. (4)当 $a=-1,b=1$，c 为任意数.

6. 略.

7. (1)$A^{-1}=\dfrac{1}{3}(A+2I)$ 和 $(A+2I)^{-1}=\dfrac{A}{3}$.

(2)$(A+4I)^{-1}=\dfrac{1}{5}(A-2I)$.

(3) 提示：$(A+nI)[A-(n-2)I]=-(n-3)(n+1)I$，故当 $n\neq3$ 且 $n\neq-1$ 时，$A+nI$ 可逆且 $(A+nI)^{-1}=-\dfrac{1}{(n-3)(n+1)}[A-(n-2)I]$.

当 $n=3$ 时，若 $A=I$，则 $A+3I=4I$，$(A+3I)^{-1}=\dfrac{1}{4}I$；若 $A\neq I$，则 $A-I\neq O$，$A+3I$ 不可逆.

当 $n=-1$ 时，若 $A=-3I$，$(A-I)^{-1}=-\dfrac{1}{4}I$；若 $A\neq-3I$，$A-I$ 不可逆.

8. (1)提示：$A^2=A$ 亦即 $(\xi^T\xi-1)\xi\xi^T=0$.

(2)方法 1：反证，当 $\xi^T\xi=1$ 时，$A^2=A$. 若 A 可逆，则有 $A^{-1}A^2=A^{-1}A$，从而 $A=I$，与 $A=I-\xi\xi^T\neq I$ 矛盾，故 A 是不可逆矩阵.

方法 2：$A(I-A)=O$，而 $I-A=\xi\xi^T\neq0$，故 $I-A$ 的每一列都是方程 $AX=O$ 的解，说明 $AX=0$ 有非零解，由克莱姆法则，因此 $|A|=0$.

方法 3：因为 $A\xi=\xi-\xi\xi^T\xi$，当 $\xi^T\xi=1$ 时，$A\xi=0$，说明 $AX=0$ 有非零解，由克莱姆法则，于是 $|A|=0$.

方法 4：由 $A(I-A)=A\xi\xi^T=0$，故秩$(A\xi\xi^T)=0$. 又有秩$(A\xi\xi^T)\geqslant$秩 $A+$秩 $\xi\xi^T-n$，且秩$(\xi\xi^T)\geqslant1$，故秩 $A\leqslant n-1$，则 $|A|=0$. (关于秩的定义及性质参见第三章)

9. (1)提示：$\begin{pmatrix}I_m & O\\ -CA^{-1} & I_n\end{pmatrix}\begin{pmatrix}A & B\\ C & D\end{pmatrix}\begin{pmatrix}I_m & -A^{-1}B\\ O & I_n\end{pmatrix}=\begin{pmatrix}A & O\\ O & D-CA^{-1}B\end{pmatrix}$.

(2)$T^{-1}=\begin{pmatrix}A^{-1}+A^{-1}B(D-CA^{-1}B)^{-1}CA^{-1} & -A^{-1}B(D-CA^{-1}B)^{-1}\\ -(D-CA^{-1}B)^{-1}CA^{-1} & (D-CA^{-1}B)^{-1}\end{pmatrix}$.

10. 提示：$Q=\begin{pmatrix}I_r & X\\ O & I_s\end{pmatrix}$，则 $Q^TPQ=\begin{pmatrix}A & AX+C\\ X^TA+D & X^TAX+DX+X^TC+B\end{pmatrix}$. 令 $AX+C=O$，$X^TA+D=O$，则 $X=-A^{-1}C$，$\hat{B}=(X^TA+D)X+X^TC+B=B-C^TA^{-1}C$.

11. 提示：设 $(A+B)X=O$ 为齐次线性方程组，由 B 为反对称矩阵，则 $(AB)^T=-AB$，AB 也为反对称矩阵，故有 $X^TABX=(X^TABX)^T=-X^TABX$，从而 $X^TABX=0$. 又因为 $X^TA(A+B)X=0$，有 $X^TA^2X+X^TABX=0$，则 $X^TA^2X=0$，亦即 $(AX)^T(AX)=0$，故 $AX=0$，从而 $X=0$，即 $(A+B)X=0$ 只有零解，由克莱姆法则，$|A+B|\neq0$，故 $A+B$ 可逆.

第三章　向量的线性相关性与矩阵的秩

A. 基础题

(一)填空题

1. 表示法不唯一，$\beta=3\alpha_1-\alpha_2$.

2. 相关 .

3. $a=1/2$.

4. 无关 .

5. 无关 .

6. 1.

7. 2.

8. -3.

9. 4.

(二)选择题

1.(D)；　2.(B)；　3.(A)；　4.(C)；　5.(B)；

6.(A)；　7.(B)；　8.(A)；　9.(A)；　10.(D)；

11.(B)；　12.(A)；　13.(C)；　14.(B)；　15.(A)；

16.(D)；　17.(B)；　18.(A)；　19.(C).

(三)计算题

1. (1) $a\neq-4$ 时，β 可由 $\alpha_1,\alpha_2,\alpha_3$ 线性表示，且表达式唯一；

(2) $a=-4$，$c-3b+1\neq0$ 时，β 不能由 $\alpha_1,\alpha_2,\alpha_3$ 线性表示；

(3) $a=-4$，$c-3b+1=0$ 时，β 可由 $\alpha_1,\alpha_2,\alpha_3$ 线性表示，但表示法不唯一．一般表达式为 $\beta=k\alpha_1+(-1-b-2k)\alpha_2+(1-2b)\alpha_3$.

2. (1) $a=0$ 时，β 不能由 $\alpha_1,\alpha_2,\alpha_3$ 线性表示；

(2) $a\neq0$，$a\neq b$ 时，β 可由 $\alpha_1,\alpha_2,\alpha_3$ 唯一地线性表示，$\beta=\left(1-\frac{1}{a}\right)\alpha_1+\frac{1}{a}\alpha_2$；

(3) $a=b\neq0$ 时，β 可由 $\alpha_1,\alpha_2,\alpha_3$ 线性表示，但表达式不唯一，一般表达式为

$$\beta=\left(1-\frac{1}{a}\right)\alpha_1+\left(\frac{1}{a}+k\right)\alpha_2+k\alpha_3.$$

3. s 为奇数时线性无关，s 为偶数时线性相关 .

4. $t=5$ 时线性相关，$t\neq5$ 时线性无关．当 $t=5$ 时，$\alpha_3=-\alpha_1+2\alpha_2$.

5. $a=0$ 时线性相关，极大线性无关组为 α_1，$\alpha_2=2\alpha_1$，$\alpha_3=3\alpha_1$，$\alpha_4=4\alpha_1$.

$a=-10$ 时线性相关，极大线性无关组为 $\alpha_1,\alpha_2,\alpha_3$，$\alpha_4=-\alpha_1-\alpha_2-\alpha_3$.

6. $p\neq2$ 时线性无关，$\alpha=2\alpha_1+\frac{3p-4}{p-2}\alpha_2+\alpha_3+\frac{1-p}{p-2}\alpha_4$.

$p=2$ 时线性相关，秩为 3，$\alpha_1,\alpha_2,\alpha_3$ 为一个极大线性无关组 .

7. $a\neq1$，$a\neq\frac{1}{1-n}$ 时秩为 n；$a=1$ 时秩为 1；$a=\frac{1}{1-n}$ 时秩为 $n-1$.

(四)证明题

1. 略 .

2. 任取 $t_{r+1},t_{r+2},\cdots,t_n$，与 $t_1,t_2,\cdots,t_r$ 为两两不同的数，设向量组成部分 $\alpha_i=(1,t_i,t_i^2,\cdots,t_i^{n-1})^T$，$i=r+1,r+2,\cdots,n$. 则向量组 $\alpha_1,\alpha_2,\cdots,\alpha_n$ 线性无关，因此 $\alpha_1,\alpha_2,\cdots,\alpha_r$ 也线性无关．

3. 提示：将所有等式相加，得 $(s-1)(\alpha_1+\alpha_2+\cdots+\alpha_s)=\beta_1+\beta_2+\cdots+\beta_s$.

4. 提示：由 $\alpha_2,\alpha_3,\alpha_4$ 线性无关，得 α_2,α_3 线性无关.

5. 提示：利用 $r(BA)\leqslant r(A)$.

6. 略.

7. 略.

8. 提示：利用 $r(\alpha_1,\alpha_2,\cdots,\alpha_{m-1})\geqslant r(\alpha_1,\alpha_2,\cdots,\alpha_m)-1$.

9. 略.

10. 略.

11. 提示：利用 $A-B+B=A$.

12. 见第 8 题.

13. 略.

14. 提示：由 $r(A)=r$ 得，存在可逆矩阵 P 和 Q，使得 $PAQ=\begin{pmatrix}I_r & 0\\ 0 & 0\end{pmatrix}$. 于是

$$A=P^{-1}\begin{pmatrix}I_r & 0\\ 0 & 0\end{pmatrix}Q^{-1}.$$

15. 提示：因为矩阵 B 的秩为 n，所以 B 中有 n 个列线性无关，将这 n 列组成矩阵 C，因此 C 是 n 阶可逆矩阵. 由 $AB=0$，得 $AC=0$，所以 $A=0$.

B. 提高题

1. $a=1$ 时，$\alpha_1,\alpha_2,\alpha_3$ 可由 β_1,β_2,β_3 线性表示，但 β_1,β_2,β_3 不能由 $\alpha_1,\alpha_2,\alpha_3$ 线性表示．

2. 略．

3. 提示：构造矩阵 $A=(\alpha_1,\alpha_2,\cdots,\alpha_n)$，则

$$A^TA=\begin{pmatrix}\alpha_1^T\alpha_1 & \alpha_1^T\alpha_2 & \cdots & \alpha_1^T\alpha_n\\ \alpha_2^T\alpha_1 & \alpha_2^T\alpha_2 & \cdots & \alpha_2^T\alpha_n\\ \cdots & \cdots & & \\ \alpha_n^T\alpha_1 & \alpha_n^T\alpha_2 & \cdots & \alpha_n^T\alpha_n\end{pmatrix}.$$

4. 由 $A^m=0(m\geqslant 2)$ 得 A 为奇异矩阵，即 $r(A)\leqslant 1$. 若 $r(A)=0$，即 A 为零矩阵，于是 $A^2=0$. 若 $r(A)=1$，则由基础题第 10 题得 $A=\begin{pmatrix}a_1\\ a_2\end{pmatrix}(b_1,b_2)$，于是 $A^2=kA$，而 $A^m=k^{m-1}A=0$，因此 $k=0$，所以 $A^2=0$.

5. 利用(四)性质(1)(4).

6. 利用提高题 5.

7. 若 $r(A)=n$ 则 A 可逆，于是

$$A^*=|A|A^{-1},$$
$$(A^*)^*=|A^*|(A^*)^{-1}=|A|^{n-1}|A|^{-1}A=|A|^{n-2}A.$$

若 $r(A)=n-1$，由例 12 得 $r(A^*)=1$. 如果 $n>2$，那么 $(A^*)^*=0=|A|^{n-2}A$；如果 $n=2$，留给读者自己验算．

若 $r(A)<n-1$，由例 12 得 $r(A^*)=0$，即 $A^*=0$，于是 $(A^*)^*=0=|A|^{n-2}A$.

8. 记 $r(A)=r$，设 $A_1=\begin{pmatrix} I_r & 0 \\ 0 & 0 \end{pmatrix}$，则 $A_1B=\begin{pmatrix} b_{11} & b_{12} & \cdots & b_{1s} \\ \cdots & \cdots & & \\ b_{r1} & b_{r2} & \cdots & b_{rs} \\ 0 & 0 & \cdots & 0 \\ \cdots & \cdots & & \\ 0 & 0 & \cdots & 0 \end{pmatrix}$，即 A_1B 由矩阵 B 的前 r 行及零向量组成．于是 A_1B 的秩就是这 r 个行向量组的秩．因此由基础题 12 得

$$r(A_1B)\geqslant r(B)+r-n.$$

因为 $r(A)=r$，所以存在可逆矩阵 P 和 Q 使得 $A=PA_1Q$. 因此，

$$r(AB)=r(PA_1QB)=r(A_1QB)\geqslant r(QB)+r-n=r(B)+r-n.$$

第四章　线性方程组

A. 基础题

(一)填空题

1. $X=k_1(-2,1,0,\cdots,0)^T+k_2(-3,0,1,\cdots,0)^T+\cdots+k_{n-1}(-n,0,0,\cdots,1)^T$.
2. $X=k(1,1,\cdots,1)^T$.
3. $c_1+c_2+\cdots+c_t=1$.
4. $X=(0,1,0)^T$.
5. $a_1+a_2=a_3+a_4$.
6. $\lambda\neq1$，1 个，$\lambda=1$.
7. $A=0$.
8. $r(A-I)+r(A+I)=n$.
9. $\lambda\neq-3$.
10. $a=7$.
11. $\alpha_4=-2\alpha_1+\alpha_2-3\alpha_3$.
12. $a=-1$.
13. $\lambda=1,|B|=0$.
14. $X=(1,0,-1)^T+k_1(1,-1,0)^T+k_2(0,-1,-2)^T$.
15. $X=\alpha_1+k(\alpha_1-\alpha_2)$，$k$ 为任意常数．

(二)选择题

1.(D)；　2.(C)；　3.(B)；　4.(B)；　5.(C)；
6.(B)；　7.(C)；　8.(C)；　9.(A)；　10.(C)；
11.(C)；　12.(D)；　13.(D)；　14.(B)；　15.(B)；
16.(C).

(三)计算题

1. $AX=O$ 的一个基础解系为：$\begin{pmatrix}-1\\1\\0\end{pmatrix},\begin{pmatrix}-2\\0\\1\end{pmatrix}$，则 $B=\begin{pmatrix}-1 & -2 & -3\\1 & 0 & 1\\0 & 1 & 1\end{pmatrix}$.

2. $B=(\alpha_1 \quad \alpha_2 \quad \alpha_3)^T$, $\alpha_1=k_1\begin{pmatrix}-1\\2\\3\\1\end{pmatrix}+\begin{pmatrix}2\\-1\\-1\\0\end{pmatrix}$, $\alpha_2=k_2\begin{pmatrix}-1\\2\\3\\1\end{pmatrix}+\begin{pmatrix}6\\-3\\-4\\0\end{pmatrix}$, $\alpha_3=k_3\begin{pmatrix}-1\\2\\3\\1\end{pmatrix}+\begin{pmatrix}-1\\1\\1\\0\end{pmatrix}$.

3. $k\neq-1, k\neq4$ 时,方程组有唯一解.
$k=-1$ 时,方程组无解.

$k=4$ 时,方程组有无穷多解.方程组通解为 $X=k\begin{pmatrix}-3\\-1\\1\end{pmatrix}+\begin{pmatrix}0\\4\\0\end{pmatrix}$.

4. $a\neq1, b\neq0$ 时,方程组有唯一解.
$a=1, b\neq\frac{3}{4}$时,方程组无解.
$b=0, a$ 任意时,方程组无解.

$a=1, b=\frac{3}{4}$时,方程组有无穷多解.方程组通解为 $X=k\begin{pmatrix}-1\\0\\0\end{pmatrix}+\begin{pmatrix}0\\4\\0\end{pmatrix}$.

5. $a\neq\pm1$ 时,方程组有唯一解.
$a=-1$ 时,方程组无解.

$a=1$ 时,方程组有无穷多解.方程组通解为 $X=k\begin{pmatrix}-1\\1\\0\end{pmatrix}+\begin{pmatrix}1\\0\\-1\end{pmatrix}$.

6. $a=-1$ 时,b 任意实数,$r(\overline{A})\neq r(A)$,方程组无解;
$a\neq-1$ 时,$b\neq-1$,$r(\overline{A})\neq r(A)$,方程组无解;
$a\neq-1$ 时,$b=-1$,$r(\overline{A})=r(A)=2<3$,方程组有无穷多解.

方程组通解为 $X=k\begin{pmatrix}-2\\2a-1\\1\end{pmatrix}+\begin{pmatrix}\frac{3}{1+a}\\\frac{2a-1}{1+a}\\0\end{pmatrix}$.

7. 由条件 $4-r(A)=2$,得 $r(A)=2$,于是 $c=1$,方程组通解为 $X=k_1\begin{pmatrix}1\\-1\\1\\0\end{pmatrix}+k_2\begin{pmatrix}0\\-1\\0\\1\end{pmatrix}$.

8. $a=1$ 时,方程组通解为 $X=k_1\begin{pmatrix}1\\-2\\1\\0\end{pmatrix}+k_2\begin{pmatrix}2\\-3\\0\\1\end{pmatrix}+\begin{pmatrix}0\\b\\0\\0\end{pmatrix}$.

$a\neq1$ 时,方程组通解为 $X=k\begin{pmatrix}-1\\3\\-3\\1\end{pmatrix}+\begin{pmatrix}0\\b\\0\\0\end{pmatrix}$.

9. $A\begin{pmatrix}-1&1&1\\1&0&1\\0&1&1\end{pmatrix}=\begin{pmatrix}0&0&-3\\0&0&-3\\0&0&-3\end{pmatrix}$，$A=\begin{pmatrix}0&0&-3\\0&0&-3\\0&0&-3\end{pmatrix}\begin{pmatrix}-1&1&1\\1&0&1\\0&1&1\end{pmatrix}^{-1}=\begin{pmatrix}-3&-3&3\\-3&-3&3\\-3&-3&3\end{pmatrix}$.

10. $AX=0$ 有 2 个无关的解，所以 $n-r(A)\geqslant 2$，即 $r(A)\leqslant 2$.

得 $t=1$，方程组通解为 $X=k_1\begin{pmatrix}1\\-1\\1\\0\end{pmatrix}+k_2\begin{pmatrix}0\\-1\\0\\1\end{pmatrix}$.

11. 方程组的通解为 $X=\begin{pmatrix}-1\\0\\1\\2\end{pmatrix}+k_1\begin{pmatrix}-1\\-1\\2\\1\end{pmatrix}+k_2\begin{pmatrix}-2\\0\\-1\\3\end{pmatrix}$，$k_1,k_2$ 为任意常数．

12. (1) $\begin{pmatrix}-1\\1\\0\\0\end{pmatrix}$，$\begin{pmatrix}0\\0\\1\\1\end{pmatrix}$；

(2)（Ⅰ）和（Ⅱ）的所有非零公共解为：$(x_1,x_2,x_3,x_4)=k_2(-1,1,1,1)$，$k_2\neq 0$.

13. (1) $X=\begin{pmatrix}-2\\-4\\-5\\0\end{pmatrix}+k\begin{pmatrix}1\\1\\2\\1\end{pmatrix}$；

(2)将 $\begin{pmatrix}-2\\-4\\-5\\0\end{pmatrix}$ 代入（Ⅱ）得 $m=2,n=4,t=6$.

14. $a=-1$，非零公共解 $X=k(2,6,2,1)^T$，$k\neq 0$.

15. 由题设 $a_1\alpha_1+a_2\alpha_2+a_3\alpha_3=b_1\beta_1+b_2\beta_2$，则方程组（Ⅰ）与（Ⅱ）的公共解

$$X=a_1\alpha_1+a_2\alpha_2+a_3\alpha_3=b_1\beta_1+b_2\beta_2=k(0,1-1,0)^T.$$

(四)证明题

1. 提示：$r(A)\leqslant n-1$，$r(\overline{A})=n$.

2. 提示：$r(A)=n-r(A-I)\leqslant n-1$.

3. 提示：$r(A)\leqslant r(\overline{A})\leqslant r(C)$.

4. 提示：(1)向量组线性无关的反证法.

(2) $AX=0$ 的基础解系只有 1 个解，即 $k\beta=\alpha_1-\alpha_2$.

5. 提示：向量组线性无关的反证法.

6. 提示：向量组线性无关的反证法.

7. 提示：PB 的行向量即 $(PB)^T$ 的列向量，证明其符合基础解系的三大要求.

8. 提示：$AX=0$ 的基础解系有 $n-r$ 个解向量，设为 $\alpha_1,\alpha_2,\cdots,\alpha_{n-r}$.

由证明题 6，得 $\beta,\beta+\alpha_1,\beta+\alpha_2,\cdots,\beta+\alpha_{n-r}$ 线性无关.

设 η 为 $AX=B$ 的任意一个解向量，则 $\eta-\beta$ 为 $AX=0$ 的解，即

$$\eta-\beta=k_1\alpha_1+k_2\alpha_2+\cdots+k_{n-r}\alpha_{n-r},$$

整理后可得

$$\eta=(1-k_1-k_2-\cdots-k_{n-r})\beta+k_1(\beta+\alpha_1)+k_2(\beta+\alpha_2)+\cdots+k_{n-r}(\beta+\alpha_{n-r}).$$

9. 提示：$R(A^TA)=R(A)=n$.

10. 提示：(1)$r(A)=n-1<n$，$(1,1,\cdots,1)^T$ 是 $AX=\beta$ 的解.

(2)$AX=\beta$ 的通解为 $X=k(a_1,a_2,\cdots,a_{n-1},0)^T+(1,1,\cdots,1,1)^T$.

11. 提示：$r\begin{bmatrix}A\\B\end{bmatrix}\leqslant r(A)+r(B)<n$.

12. 令(Ⅰ)：$\begin{cases}a_{11}x_1+a_{12}x_2+\cdots+a_{1n}x_n=0\\a_{21}x_1+a_{22}x_2+\cdots+a_{2n}x_n=0\\\cdots\cdots\\a_{s1}x_1+a_{s2}x_2+\cdots+a_{sn}x_n=0\\b_1x_1+b_2x_2\cdots b_nx_n=0\end{cases}$ (Ⅱ)：$\begin{cases}a_{11}x_1+a_{12}x_2+\cdots+a_{1n}x_n=0\\a_{21}x_1+a_{22}x_2+\cdots+a_{2n}x_n=0\\\cdots\cdots\\a_{s1}x_1+a_{s2}x_2+\cdots+a_{sn}x_n=0\end{cases}$

(Ⅰ)和(Ⅱ)同解，因而 $n-r(\alpha_1,\cdots,\alpha_s)=n-r(\alpha_1,\cdots,\alpha_s,\beta)$，所以 $\alpha_1,\cdots,\alpha_s$ 与 $\alpha_1,\cdots,\alpha_s$，β 等价，即 β 可由 $\alpha_1,\cdots,\alpha_s$ 线性表示．

B. 提高题

1.(1)当 $b\neq a$ 且 $b\neq(1-n)a$ 时，方程组仅有零解．

(2)当 $b=a$ 时，基础解系为 $\xi_1=(-1,1,0,\cdots,0)^T$，$\xi_2=(-1,0,1,\cdots,0)^T$，…，$\xi_{n-1}=(-1,0,0,\cdots,1)^T$，方程组通解为 $X=k_1\xi_1+k_2\xi_2+\cdots+k_{n-1}\xi_{n-1}$.

当 $b=(1-n)a$ 时，得基础解系：$\xi=(1,1,1,\cdots,1)^T$，方程组通解为 $X=k\xi$.

2.

$$X=\begin{pmatrix}0\\-1\\1\\0\end{pmatrix}+k_1\begin{pmatrix}4\\-2\\1\\0\end{pmatrix}+k_2\begin{pmatrix}2\\-4\\0\\1\end{pmatrix}.$$

3.(Ⅱ)的基础解系为

$$\xi_1=2\alpha_1-3\alpha_2=(-4,-3,2,5)^T,\xi_2=\alpha_2-\alpha_3=(2,-1,-1,0)^T.$$

(Ⅱ)的通解为

$$X=k_1\xi_1+k_2\xi_2.$$

4. $a=-3$，$X=k_1\alpha_1+k_2\alpha_2+k_3\alpha_4$；

$a=1$，$X=k_1\alpha_1+k_2\alpha_2+k_3\alpha_3$；

$a=4$，$X=k_1\alpha_1+k_2\alpha_2+k_3\alpha_3$.

5. 条件 $x_1^2=x_4^2$ 等价于 $x_1=x_4$ 或 $x_1=-x_4$.

若 $x_1=x_4$，$X=k\begin{pmatrix}1\\6\\2\\1\end{pmatrix}+\begin{pmatrix}0\\-5\\-2\\0\end{pmatrix}$；

若 $x_1=-x_4$，$X=k\begin{pmatrix}-1\\0\\0\\1\end{pmatrix}+\begin{pmatrix}0\\-5\\-2\\0\end{pmatrix}$.

6. 提示：令矩阵 $A=(\alpha_1,\alpha_2,\cdots,\alpha_r)$，假设 $\alpha_1,\alpha_2,\cdots,\alpha_r,\beta$ 线性相关，$AX=\beta$，则 $A^TAX=A^T\beta=0$，$X^TA^TAX=0$，得 $AX=0$，即 $\beta=0$，矛盾！

7. 提示：参照证明题 12.

8. 提示：$BX=0$ 的一个基础解系也是 $ABX=0$ 的一个基础解系，即方程组 $ABX=0$ 和 $BX=0$ 是同解方程组.

9. 提示：设 n 维向量 α 是 $A^{n+1}X=0$ 的任意一个解，假设 $A^n\alpha\neq0$，可得 $A^{n-1}\alpha\neq0$，$A^{n-2}\alpha\neq0$，$\cdots$，$A\alpha\neq0$，$\alpha\neq0$，证明 $A^n\alpha,A^{n-1}\alpha,A^{n-2}\alpha,\cdots,A\alpha,\alpha$，这 $n+1$ 个 n 维向量线性无关，矛盾.

10. 提示：记 $B=(\beta_1,\beta_2,\cdots,\beta_{n-m})$，证明 $\beta_1,\beta_2,\cdots,\beta_{n-m}$ 是 $AX=0$ 的基础解系. 则 η 可由 $\beta_1,\beta_2,\cdots,\beta_{n-m}$ 唯一线性表示，即 $BX=\eta$ 有唯一解.

第五章　线性空间

A. 基础题

(一)填空题

1. $\begin{pmatrix}1\\1\\-1\end{pmatrix}$.

2. 0.

3. -6.

4. $\sqrt{6}$.

5. $\frac{\pi}{2}$.

6. -2.

7. 2.

8. $-\frac{2}{3},\frac{2}{3}$.

9. 零向量.

10. 3.

11. $\pm\frac{2}{3}$.

12. 1.

13. 0.

14. 0.

15. ±1.

16. 4.

17. 4.

(二)选择题

1. (C)；　2. (D)；　3. (C)；　4. (A)；　5. (B)；
6. (A)；　7. (C)；　8. (D)；　9. (A)；　10. (A)；
11. (D)；　12. (C)；　13. (C)；　14. (B)；　15. (B)；
16. (D)；　17. (C)；　18. (A).

(三)计算题

1. $\beta_1=2\alpha_1+3\alpha_2-\alpha_3$, $\beta_2=3\alpha_1-3\alpha_2-2\alpha_3$.

2. 基:$\alpha_1,\alpha_2,\alpha_3$,维数=3.

3. $\alpha_1=(1,2,0)^T$, $\alpha_2=(-1,1,1)^T$, $\alpha_3=(0,1,0)^T$.

4. 验证 α_1,α_2 与 β_1,β_2 等价即可.

5. $(1,-1,-2,2)^T$.

6. $(0,0,0,0)^T$.

7. (1) $P=\begin{pmatrix}2&2&1\\2&3&3\\-1&-1&0\end{pmatrix}$; (2) $(1,0,0)^T$.

8. (1) $\alpha_1=(-1,1,0,0)^T$, $\alpha_2=(3,0,0,0)^T$, $\alpha_3=(0,0,0,3)^T$, $\alpha_4=(0,0,1,-7)^T$;
(2) $\left(1,\frac{2}{3},\frac{8}{3},1\right)^T$.

9. $(-2,1,0,0)^T+k(-1,2,1,0)^T$, $k\in R$.

10. $\alpha_3=\frac{1}{\sqrt{6}}(1,-2,1)^T$.

11. (1) $P=\begin{pmatrix}2&0&5&6\\1&3&3&6\\-1&1&2&1\\1&0&1&3\end{pmatrix}$;

(2) $k\alpha_1+k\alpha_2+k\alpha_3-k\alpha_4$, $k\neq 0$.

12. $x=2$, $y=-5$.

13. $\frac{1}{\sqrt{26}}(4,0,1,-3)^T$.

14. 一组标准正交基为 $\alpha_1,\alpha_2,\alpha_3=\left(0,\frac{1}{\sqrt{2}},-\frac{1}{\sqrt{2}},0\right)^T$, $\alpha_4=(0,-1,-1,\sqrt{2})^T$.

15. $\gamma_1=\frac{1}{3\sqrt{3}}(1,0,0,-5,-1)^T$, $\gamma_2=\frac{1}{3\sqrt{15}}(-7,9,0,-1,-2)^T$, $\gamma_3=\frac{1}{3\sqrt{35}}(7,6,15,1,2)^T$.

16. $\gamma_1=\frac{1}{\sqrt{15}}(1,1,2,3)^T$, $\gamma_2=\frac{1}{\sqrt{39}}(-1,2,-5,3)^T$.

(四)证明题

1. 提示:验证向量运算的封闭性.

2. 提示:只需证 $\alpha_1+\alpha_2,\alpha_2+\alpha_3,\cdots,\alpha_n+\alpha_1$ 线性无关即可.

3. 提示:不妨设 $\alpha_1,\alpha_2,\cdots,\alpha_n$ 两两正交,只需证 $\alpha_1,\alpha_2,\cdots,\alpha_n$ 线性无关即可.

4. 提示:只需证 $\alpha_1,\alpha_2,\cdots,\alpha_n$ 线性无关即可.

5. 提示:根据 $\alpha_1,\alpha_2,\alpha_3$ 为标准正交基,利用标准正交基的定义来验证 β_1,β_2,β_3.

6. 提示:$A^*=|A|A^{-1}$,因为 A 正交,A^{-1} 也正交,且$|A|\pm1$,所以 $A^*(A^*)^T=I$.

7. 提示:验证$\left[I-\frac{2}{(\alpha,\alpha)}\alpha\alpha^T\right]\left[I-\frac{2}{(\alpha,\alpha)}\alpha\alpha^T\right]^T=I$ 即可.

8. 提示:按子空间定义验证.

9. 提示:$L(\alpha)=L(\beta)$,则α,β线性相关,即$a_1b_2-a_2b_1=0$.

10. 提示:只需证α_1,α_2能被α_2,α_3表示,α_2,α_3能被α_1,α_2表示即可.

11. 提示:证明$\alpha_1+\alpha_2,\alpha_2+\alpha_3,\alpha_3+\alpha_1$线性无关,即$\alpha_1,\alpha_2,\alpha_3$与$\alpha_1+\alpha_2,\alpha_2+\alpha_3,\alpha_3+\alpha_1$等价即可.

12. 提示:证明β与$\alpha_1,\alpha_2,\cdots,\alpha_n$的任意一个组合$k_1\alpha_1+k_2\alpha_2+\cdots+k_n\alpha_n$的内积为0即可.

13. 提示:证明$(A+3I)(A+3I)^T=I$即可.

14. 提示:证明$B^T=-B$即可.

B. 提高题

1. $a=b\neq\frac{1}{2}$.

2. $a=-\frac{6}{7},b=-\frac{2}{7},c=\frac{6}{7},d=\frac{3}{7},e=-\frac{6}{7}$或$a=-\frac{6}{7},b=\frac{2}{7},c=-\frac{6}{7},d=-\frac{3}{7},e=-\frac{6}{7}$.

3. 提示:$|A+B|=|A(B^T+A^T)B|=|A||B^T+A^T||B|=-|B|^2|(B+A)^T|=-|A+B|$,所以$|A+B|=0$.

4. 提示:$\alpha_1,\alpha_2,\cdots,\alpha_n$线性无关,$(\alpha_1,\alpha_2,\cdots,\alpha_n)$为可逆矩阵,所以$\beta_1,\beta_2,\cdots,\beta_s$的秩$=A$的秩,$L(\beta_1,\beta_2,\cdots,\beta_s)$的维数$=A$的秩.

5. 提示:设$\alpha_1,\alpha_2,\cdots,\alpha_r$为$V_1$的一组基,根据题意,也是$V_2$的一组基,所以

$$V_1=V_2=L(\alpha_1,\alpha_2,\cdots,\alpha_r).$$

6. 提示:$|I+A|=|AA^T+A|=|A||A^T+I|=|A||A+I|=-|I+A|$.

7. 提示:反证法.

8. 提示:用线性相关与线性无关的定义.

第六章　特征值与二次型

A. 基础题

(一)填空题

1. λI.

2. 6,2.

3. 2.

4. 0.

5. 0.

6. 3.

7. $k\begin{pmatrix}-1\\-1\\1\end{pmatrix},k\neq0$.

8. $\begin{pmatrix}2&1&0\\1&1&\frac{\lambda}{2}\\0&\frac{\lambda}{2}&1\end{pmatrix}$;$-\sqrt{2}<\lambda<\sqrt{2}$;3.

9. 2;1;1.

10. $a=1,b=1,c=-1;d>5$.

11. $X=A^{-1}Y$;

12. $t>n$.

(二)选择题

1.(C)； 2.(C)； 3.(A)； 4.(C)； 5.(A)；
6.(D)； 7.(D)； 8.(C)； 9.(D)； 10.(C)；
11.(D)； 12.(D)； 13.(A)； 14.(A)； 15.(D)；
16.(B)； 17.(C)； 18.(D)； 19.(A)； 20.(B)；
21.(D).

(三)计算题

1. $(2n+1)(2n-1)\cdots 5\cdot 3$.

2. 特征值 $\lambda_1=\lambda_2=1-a,\lambda_3=1+a$. 当 $a\neq\frac{1}{2}$ 且 $a\neq 0$ 时，三个特征值互不相等，此时 A 相似于对角阵；当 $a=\frac{1}{2}$，$\lambda_1=\lambda_2=\frac{1}{2}$，因为 $r\left(\frac{1}{2}I-A\right)=2$，所以 A 不能相似于对角阵；当 $a=0$ 时，$\lambda_1=\lambda_2=1$，因为 $r(I-A)=2$，所以 A 不能相似于对角阵.

3. $k=1$ 或 $k=-2$. 当 $k=1$ 时，$\alpha=\begin{pmatrix}1\\1\\1\end{pmatrix}$，$\lambda=\frac{1}{4}$；当 $k=-2$ 时，$\alpha=\begin{pmatrix}1\\-2\\1\end{pmatrix}$，$\lambda=1$.

4. $a=5,b=6;P=\begin{pmatrix}1&1&1\\-1&0&-2\\0&1&3\end{pmatrix}$. 提示：利用 $tr(A)=tr(B)$，$|A|=|B|$.

5. $\begin{pmatrix}1&0&0\\0&0&-1\\0&-1&0\end{pmatrix}$.

6. $f=-y_1^2+y_2^2-12y_3^2,C=\begin{pmatrix}0&1&-2\\-1&1&-2\\0&0&1\end{pmatrix}$(不唯一).

7. $f=2y_1^2-\frac{1}{2}y_2^2,C=\begin{pmatrix}1&-\frac{1}{2}&0\\1&\frac{1}{2}&-2\\0&0&1\end{pmatrix}$(不唯一).

8. $f=y_1^2+y_2^2-2y_3^2,Q=\begin{pmatrix}\frac{1}{\sqrt{2}}&-\frac{1}{\sqrt{6}}&\frac{1}{\sqrt{3}}\\\frac{1}{\sqrt{2}}&\frac{1}{\sqrt{6}}&-\frac{1}{\sqrt{3}}\\0&\frac{2}{\sqrt{6}}&\frac{1}{\sqrt{3}}\end{pmatrix}$.

9. $a=4,b=5,\begin{pmatrix} -\frac{1}{\sqrt{2}} & \frac{1}{3\sqrt{2}} & \frac{2}{3} \\ 0 & -\frac{4}{3\sqrt{2}} & \frac{1}{3} \\ \frac{1}{\sqrt{2}} & \frac{1}{3\sqrt{2}} & \frac{2}{3} \end{pmatrix}$.

10. $a=2,\begin{pmatrix} 0 & 1 & 0 \\ -\frac{1}{\sqrt{2}} & 0 & \frac{1}{\sqrt{2}} \\ \frac{1}{\sqrt{2}} & 0 & \frac{1}{\sqrt{2}} \end{pmatrix}$.

11. (1) $f=2y_1^2+\frac{3}{2}y_2^2,\begin{cases} x_1=y_1+\frac{1}{2}y_2+y_3 \\ x_2=y_2+y_3 \\ x_3=y_3 \end{cases}$;

(2) $f=3y_2^2+3y_3^2,\begin{pmatrix} \frac{1}{\sqrt{3}} & -\frac{1}{\sqrt{2}} & \frac{1}{\sqrt{6}} \\ \frac{1}{\sqrt{3}} & \frac{1}{\sqrt{2}} & \frac{1}{\sqrt{6}} \\ \frac{1}{\sqrt{3}} & 0 & \frac{2}{\sqrt{6}} \end{pmatrix}$.

12. (1) $y=2$;

(2) $P=\begin{pmatrix} 1 & 0 & 0 & 0 \\ 0 & 1 & 0 & 0 \\ 0 & 0 & 1 & -4/5 \\ 0 & 0 & 0 & 1 \end{pmatrix},(AP)^T(AP)=\begin{pmatrix} 1 & 0 & 0 & 0 \\ 0 & 1 & 0 & 0 \\ 0 & 0 & 5 & 0 \\ 0 & 0 & 0 & 9/5 \end{pmatrix}$.

(四)证明题

1. 提示:用定义式:设 $A\alpha=\lambda\alpha,\alpha\neq 0$,乘 A^{-1} 即可.

2. 提示:先证幂零矩阵 A 的特征值都为零,由此导出 $I-A$ 的特征值均为 1,故 $|I-A|=1$.

3. 提示:将 n 阶矩阵 A 的每行元素之和为 a,等价地表达成 $A\begin{pmatrix} 1 \\ 1 \\ \vdots \\ 1 \end{pmatrix}=a\begin{pmatrix} 1 \\ 1 \\ \vdots \\ 1 \end{pmatrix}$,这就证明了(1)和(2). 左乘 A^{m-1},导出 $A^m\begin{pmatrix} 1 \\ 1 \\ \vdots \\ 1 \end{pmatrix}=a^m\begin{pmatrix} 1 \\ 1 \\ \vdots \\ 1 \end{pmatrix}$,即 A^m 的每行之和为 a^m.

4. 提示:利用 $A^2=I$ 证明实对称阵 A 的特征值只有 1(r 重)和 -1($n-r$ 重),再根据实对称阵正交相似于对角阵即可.

5. 提示:证明 $A+I$ 的特征值全大于零.

6. 提示：证明 A 的特征值大于零.

7. 提示：(1)利用 $A^2=A$，确定 A 的特征值取值范围是 0 和 1. 从而 $A+I$ 的特征值的取值范围是 1 和 2，故 $A+I$ 是正定的．从 $r(A)=r$ 和 A 的对称性，知 1 是 A 的 r 重特征值，0 是 $n-r$ 重特征值；因此，2 是 A 的 r 重特征值，1 是 $n-r$ 重特征值.

(2) $|I+A+A^2+A^k|=|I+kA|=(1+k)^r$.

8. 提示：只要取 ε，使 $1+\varepsilon\lambda_i>0$，其中 λ_i 是 A 的特征值，此时 $I+\varepsilon A$ 的特征值全大于零．

B. 提高题

1. (B).

2. $0,\lambda_2,\lambda_3,\cdots,\lambda_n$.

3. 6.

4. $P\begin{pmatrix}1&1&1\\-1&0&-2\\0&1&3\end{pmatrix}$，$P^{-1}AP=\begin{pmatrix}2&&\\&2&\\&&6\end{pmatrix}$.

5. $A^n\beta=2\lambda_1^n\xi_1-2\lambda_2^n\xi_2+\lambda_3^n\xi_3$. 提示　将 β 表示成 $\beta=2\xi_1-2\xi_2+\xi_3$.

6. (1)特征值：$\lambda_1=1,\lambda_2=\cdots=\lambda_n=3$. 设 $b_1\neq0$，特征向量：$\xi_1=\alpha,\xi_2=(b_2-b_1,0,\cdots,0)$，$\cdots,\xi_n=(b_n,0,\cdots,0,-b_1)$.

(2)取 $P=(\xi_1,\xi_2,\cdots,\xi_n)$ 则 $P^{-1}AP=diag(3,1,\cdots,1)$.

7. 提示：若 $A\beta-\beta=0$，则 β 是 A 的一个特征向量，对应的特征值为 1；若 $A\beta-\beta\neq0$，则 $A(A\beta-\beta)=(A^2-A)\beta=0$，所以 $A\beta-\beta$ 是 A 的一个特征向量，对应的特征值为 0.

8. 提示：只要证明对应于特征值 0，A,B 有公共的特征向量，即证明 $AX=0,BX=0$ 有非零的公共解，即证明 $\begin{pmatrix}A\\B\end{pmatrix}X=0$ 有非零解．因为 $r\begin{pmatrix}A\\B\end{pmatrix}\leqslant r(A)+r(B)<n$，所以 $\begin{pmatrix}A\\B\end{pmatrix}X=0$ 有非零解．

9. 提示：利用证明实对称矩阵的不同特征值所对应的特征向量正交的方法推导即可.

10. 提示：(1) $|I+A|=|AA^T+A|=|A||I+A^T|=-|I+A|$. (2)是(1)的推论．

11. 提示：设 $k_1\alpha_1+k_2\alpha_2+\cdots+k_m\alpha_m=0$，左乘 A，$k_1A\alpha_1+k_2A\alpha_2+\cdots+k_mA\alpha_m=0$，用 α_i 与等式两边作内积，得 $k_1\alpha_i^TA\alpha_1+k_2\alpha_i^TA\alpha_2+\cdots+k_m\alpha_i^TA\alpha_m=0$. 因 $\alpha_i^TA\alpha_j=0,i\neq j$，故 $k_i\alpha_i^TA\alpha_i=0$. 又 A 正定，$\alpha_i\neq0$，故 $\alpha_i^TA\alpha_i>0$，从而 $k_i=0$. 因此 $\alpha_1,\alpha_2,\cdots,\alpha_m$ 线性无关．

12. 提示：A 正定，则有可逆矩阵 P，使 $P^TAP=I$，所以

$$PABP^{-1}=PAP^T(P^T)^{-1}BP^{-1}=(P^{-1})^TBP^{-1},$$

当 B 正定时，$(P^{-1})^TBP$ 阵也正定，因而特征值全大于零，而 AB 与 $(P^{-1})^TBP$ 相似，故特征值相同且全大于零．

13. 提示：利用例题 19 的结论．

14. 提示：必要性：取 $B=A$ 即可．充分性：考虑二次型

$$f=X^T(AB+(AB)^T)X=X^TABX+X^T(AB)^TX=2X^TABX,$$

因为 $AB+B^TA$ 是正定矩阵，所以当 $X\neq0$ 时，$X^TABX>0$. 若 $r(A)<n$，即 $r(A^T)<n$，则存在 $X\neq0$，使 $A^TX=0$，即 $X^TA=0$，因此 $X^TABX=0$，这与 $X^TABX>0$ 矛盾．

15. 提示：用相似对角化的方法.

16. 提示：(1)利用 $AA^*=|A|I$；

(2)秩为 1 的矩阵可分解为列向量乘行向量；

(3)$\lambda=0$ 或 $\lambda=k$.

17. 由 $A\alpha_1=1\cdot\alpha_1$，$A\alpha_2=0\cdot\alpha_2$，得 α_1,α_2 线性无关. 反设 $\alpha_1,\alpha_2,\alpha_3$ 线性相关，则有 $\alpha_3=k_1\alpha_1+k_2\alpha_2$，故 $A\alpha_3=k_1\alpha_1=(2+k_1)\alpha_1+(-2+k_2)\alpha_2$，从而 $k_1=2+k_1$，$-2+k_2=0$，矛盾.

综合自测卷部分

卷 一

(一)填空题

1. -4.

2. 6.

3. $k(\eta_1-\eta_2)+\eta_1=k\begin{pmatrix}-2\\2\\-4\end{pmatrix}+\begin{pmatrix}-2\\1\\-1\end{pmatrix}$，$\forall k$.

4. $(I+B)^{-1}=\begin{pmatrix}1&0&0&0\\-1&2&0&0\\0&-2&3&0\\0&0&-3&4\end{pmatrix}$.

5. $t=2$.

6. $\alpha^T\alpha=3$.

7. $-2,-5,-5$.

8. $a=-3$.

9. $a=-2$.

(二)选择题

1. (C)　2. (D)　3. (C)　4. (A)　5. (A)

(三)计算题

1. $D=\begin{vmatrix}0&1&1&1&\cdots&1\\1&-1&1&1&\cdots&1\\2&-1&-1&1&\cdots&1\\\cdots&\cdots&\cdots&\ddots&\cdots&\cdots\\n-1&-1&\cdots&-1&\cdots&-1\end{vmatrix}=(-1)^{n-1}2^{n-2}(n-1)$.

2. $X=\dfrac{1}{4}\begin{pmatrix}1&0&1\\1&1&0\\0&1&1\end{pmatrix}$.

3. $b=5$，$a=15$.

4. $a=1$，$X=k\begin{pmatrix}-1\\0\\1\end{pmatrix}$；$a=2$ 时，$X=\begin{pmatrix}0\\1\\-1\end{pmatrix}$.

5. (1)$a=1$，$b=2$.

(2)$2y_1^2+2y_2^2-3y_3^2$;$Q=\begin{pmatrix} \frac{2}{\sqrt{5}} & 0 & \frac{1}{\sqrt{5}} \\ 0 & 1 & 0 \\ \frac{1}{\sqrt{5}} & 0 & -\frac{2}{\sqrt{5}} \end{pmatrix}$.

(四)证明题

1. 提示:令 β_j 组合为零,用 α_i 代入. 考察 α_i 组合为零前的各系数为零情形.

2. 提示:$r(A-4I)+r(A+I)=n$,由此判断 $\lambda_1=4$ 和 $\lambda_2=-1$ 共有 n 个线性无关特征向量.

卷 二

(一)填空题

1. -8.
2. 0.
3. 14.
4. $2I+A^2$.
5. $a=1$.
6. $k=1$.
7. $a=-1$.
8. 3.
9. $|B^*-4I|=1280$.
10. $\lambda>29$.

(二)选择题

1.(D) 2.(C) 3.(C) 4.(A) 5.(B)

6.(B)

(三)计算题

1. $2^{n+1}-2$.

2. $B=\begin{pmatrix} 1 & & \\ & 1 & \\ & & -2 \end{pmatrix}$.

3. (1)$a=5$.

(2)$(\beta_1,\beta_2,\beta_2)=(\alpha_1,\alpha_2,\alpha_3)\begin{pmatrix} 2 & 1 & 5 \\ 4 & 2 & 10 \\ -1 & 0 & -2 \end{pmatrix}$.

4. $\lambda\neq1$ 且 $\lambda\neq-\frac{4}{5}$时,方程组有唯一解.

当 $\lambda=1$ 时,原方程组有无穷多解$(1,-1,0)^T+k(0,1,1)^T$,k 为任意常数。

当 $\lambda=-\frac{4}{5}$时,原方程组无解.

5. $a=2$；$Q=\begin{pmatrix} \frac{1}{\sqrt{3}} & -\frac{1}{\sqrt{2}} & \frac{1}{\sqrt{6}} \\ -\frac{1}{\sqrt{3}} & 0 & \frac{2}{\sqrt{6}} \\ \frac{1}{\sqrt{3}} & \frac{1}{\sqrt{2}} & \frac{1}{\sqrt{6}} \end{pmatrix}$.

(四)证明题

提示：利用若 $AB=0$，则 $r(A)+r(B)\leqslant n$；$r(A+B)\leqslant r(A)+r(B)$.

卷　三

(一)填空题

1. -2.
2. $t>5$.
3. 0.
4. -12.
5. $2^{99}A$.
6. 1.
7. -1.
8. $X=\begin{pmatrix} 0 & 1 & -1 \\ -1 & 0 & 1 \\ 1 & -1 & 0 \end{pmatrix}$.
9. 0.
10. O.

(二)选择题

1.(A)　　2.(A)　　3.(C)　　4.(A)　　5.(C)

(三)计算题

1. $1+a_1+a_2+\cdots+a_n$.
2. $\lambda=1, a=2, b=-3, c=2$.
3. 4.
4. $X=-\frac{1}{4}\begin{pmatrix} 0 & 1 & 0 \\ 0 & 0 & 1 \\ 1 & 0 & 0 \end{pmatrix}$.
5. $a=b$，当 $a=\frac{1}{2}$ 时，有无穷多解，

$$X=\begin{pmatrix} -\frac{1}{2} \\ 1 \\ 0 \\ 0 \end{pmatrix}+k_1\begin{pmatrix} 1 \\ -3 \\ 1 \\ 0 \end{pmatrix}+k_2\begin{pmatrix} -1 \\ -2 \\ 0 \\ 2 \end{pmatrix}, k_1, k_2 \text{ 任意；}$$

当 $a\neq\frac{1}{2}$ 时，有无穷多解，$X=\begin{pmatrix}-1\\0\\0\\1\end{pmatrix}+k\begin{pmatrix}2\\-1\\1\\-2\end{pmatrix}$，$k$ 任意.

6. $a=2,b=-2,c=10$.

$$P=\begin{pmatrix}-\frac{2}{\sqrt{5}} & \frac{2}{3\sqrt{5}} & -\frac{1}{3}\\ \frac{1}{\sqrt{5}} & \frac{4}{3\sqrt{5}} & -\frac{2}{3}\\ 0 & \frac{5}{3\sqrt{5}} & \frac{2}{3}\end{pmatrix}.$$

(四)证明题

提示：(1)按定义证.(2)利用(1).

卷　四

(一)填空题

1. 12.
2. 20.
3. -196.
4. $-3A$.
5. A.
6. 无关.
7. 1.
8. -1.
9. 0.
10. $-\sqrt{2}<t<\sqrt{2}$.
11. $y_1^2+y_2^2-y_3^2$.
12. 3.

(二)选择题

1.(A)　2.(C)　3.(B)　4.(D)　5.(B)

(三)计算题

1. $b_1b_2\cdots b_n$.

2. $X=\begin{pmatrix}6&0&0&0\\0&6&0&0\\6&0&6&0\\0&3&0&-1\end{pmatrix}$.

3. 对矩阵 $[\alpha_1,\alpha_2,\alpha_3,\alpha_4 \vdots \alpha]$ 作初等行变换可得

$$\begin{pmatrix}1 & -1 & 3 & -2 & 4\\0 & -2 & -1 & -4 & -3\\0 & 0 & 1 & 0 & 1\\0 & 0 & 0 & p-2 & 1-p\end{pmatrix}$$

(1)当 $p\neq 2$ 时,$\alpha_1,\alpha_2,\alpha_3,\alpha_4$ 线性无关.

$\alpha=x_1\alpha_1+x_2\alpha_2+x_3\alpha_3+x_4\alpha_4$,其中

$x_1=2,x_2=\dfrac{3p-4}{p-2},x_3=1,x_4=\dfrac{1-p}{p-2}$.

(2)当 $p=2$ 时,$\alpha_1,\alpha_2,\alpha_3,\alpha_4$ 线性相关.$\alpha_1,\alpha_2,\alpha_3$ 为其一个极大线性无关组.

4. 当 $a=1$ 时,公共解为 $x=k\begin{pmatrix}-1\\0\\1\end{pmatrix}$,其中 k 为任意常数.

当 $a=2$ 时,公共解为 $x=\begin{pmatrix}0\\1\\-1\end{pmatrix}$.

5. $|\lambda E-A|=|\lambda E-B|$,即 $\begin{vmatrix}\lambda-1 & -\alpha & -1\\-\alpha & \lambda-1 & -\beta\\-1 & -\beta & \lambda-1\end{vmatrix}=\begin{vmatrix}\lambda & 0 & 0\\0 & \lambda-1 & 0\\0 & 0 & \lambda-2\end{vmatrix}$,$\alpha=\beta=0$.

$$P=\begin{pmatrix}-\frac{1}{\sqrt{2}} & 0 & \frac{1}{\sqrt{2}}\\0 & 1 & 0\\\frac{1}{\sqrt{2}} & 0 & \frac{1}{\sqrt{2}}\end{pmatrix}.$$

(四)证明题

提示:$A=(A-I)B^T$.

卷 五

(一)填空题

1. $2^{99}\begin{pmatrix}1 & -1 & 1\\2 & -2 & 2\\3 & -3 & 3\end{pmatrix}$.

2. $-\dfrac{1}{70}$.

3. $\pm\begin{pmatrix}-\frac{\sqrt{2}}{2}\\0\\\frac{\sqrt{2}}{2}\end{pmatrix}$.

4. $k\neq 1$.

5. $t\in(-2,10)$.

6. $(\lambda-1)(\lambda-3)$.

7. 1.

8. $(a+(n-1)b)^2(a-b)^{(2n-2)}$.

9. 0.

10. $(2,-1,-11)^T$

(二)选择题

1. (D) 2. (B) 3. (C) 4. (B) 5. (C)

(三)计算题

1. $x^n+a_1x^{n-1}+\cdots+a_{n-1}x+a_n$

2. $k=0$. $B=\begin{pmatrix}-3 & -1\\ -1 & -3\\ 4 & 0\\ 0 & 4\end{pmatrix}$.

3. $|A^{**}|=16$.

$X=-\begin{pmatrix}1 & 0 & 1\\ 1 & 1 & 0\\ 0 & 1 & 1\end{pmatrix}$.

4. (1) $\lambda\neq1$ 且 $\lambda\neq-2$;

(2) $\lambda=1$ 时, $\beta=\alpha_1$;

(3) $\lambda=-2$.

5. $f=-y_1^2-y_2^2+5y_3^2$. $P=\begin{pmatrix}-\frac{1}{\sqrt{2}} & -\frac{1}{\sqrt{6}} & \frac{1}{\sqrt{3}}\\ \frac{1}{\sqrt{2}} & -\frac{1}{\sqrt{6}} & \frac{1}{\sqrt{3}}\\ 0 & \frac{2}{\sqrt{6}} & \frac{1}{\sqrt{3}}\end{pmatrix}$.

(四)证明题

1. 提示:证明 $A+B-(a+b)I$ 为正定矩阵.

2. 提示:按定义证.

考研真题部分

2015 年

(一)选择题

1.(D); 2.(A).

(二)填空题

21.

(三)解答题

1.(Ⅰ)$a=0$;

(Ⅱ)$X=\begin{pmatrix}3 & 1 & -2\\ 1 & 1 & -1\\ 2 & 1 & -1\end{pmatrix}$.

2.(Ⅰ)$a=4,b=5$.

(Ⅱ)$P=\begin{pmatrix}2 & -3 & -1\\ 1 & 0 & -1\\ 0 & 1 & 1\end{pmatrix}$.

2016 年

(一)选择题

1.(C); 2.(C).

(二)填空题

$\lambda^4+\lambda^3+2\lambda^2+3\lambda+4$.

(三)解答题

1.(Ⅰ)$a=0$.

(Ⅱ)$x=\begin{pmatrix}1\\ -2\\ 0\end{pmatrix}+k\begin{pmatrix}0\\ -1\\ 1\end{pmatrix}$.

2.(Ⅰ)$A^{99}=\begin{pmatrix}2^{99}-2 & 1-2^{99} & 2-2^{98}\\ 2^{100}-2 & 1-2^{100} & 2-2^{99}\\ 0 & 0 & 0\end{pmatrix}$.

(Ⅱ)$\begin{cases}\beta_1=(2^{99}-2)\alpha_1+(2^{100}-2)\alpha_2\\ \beta_2=(1-2^{99})\alpha_1+(1-2^{100})\alpha_2\\ \beta_3=(2-2^{98})\alpha_1+(2-2^{99})\alpha_2\end{cases}$.

2017 年

(一)选择题

1.(A)；　2.(B).

(二)填空题

2.

(三)解答题

1.(Ⅰ)$r(A)=2$；

(Ⅱ)$x=\begin{pmatrix}1\\1\\1\end{pmatrix}+k\begin{pmatrix}1\\2\\-1\end{pmatrix}$.

2.$a=2$；

$$Q=\begin{pmatrix}\frac{1}{\sqrt{3}} & -\frac{1}{\sqrt{2}} & \frac{1}{\sqrt{6}}\\ -\frac{1}{\sqrt{3}} & 0 & \frac{2}{\sqrt{6}}\\ \frac{1}{\sqrt{3}} & \frac{1}{\sqrt{2}} & \frac{1}{\sqrt{6}}\end{pmatrix}.$$

2018 年

(一)选择题

1.(A)；　2.(A)

(二)填空题

2.

(三)解答题

1.(Ⅰ)$x=k\begin{pmatrix}-2\\-1\\1\end{pmatrix}$；

(Ⅱ)$y_1^2+y_2^2$.

2. 提示:(Ⅰ)$a=2$；

(Ⅱ)$P=\begin{pmatrix}3-6k_1 & 4-6k_2 & 4-6k_3\\ -1+2k_1 & -1+2k_2 & -1+2k_3\\ k_1 & k_2 & k_3\end{pmatrix}$,其中 $k_2\neq k_3$.

2019 年

(一)选择题

1.(A)；　2.(C).

(二)填空题

1.

(三)解答题

1. 当 $a\neq1$ 时，$\beta_3=\alpha_1-\alpha_2+\alpha_3$

当 $a=1$ 时，$\beta_3=(3-2k)\alpha_1+(k-2)\alpha_2+k\alpha_3$.

2.(Ⅰ)$x=3,y=-2$；

(Ⅱ)$P=\begin{pmatrix}1&1&1\\-2&-1&-2\\0&0&-4\end{pmatrix}$.